无脊椎动物学（第2版）

任淑仙　编著

图书在版编目(CIP)数据

无脊椎动物学/任淑仙编著.—2 版.—北京：北京大学出版社，2007.7
ISBN 978-7-301-01301-4

Ⅰ. 无… Ⅱ. 任… Ⅲ. 无脊椎动物学 Ⅳ. Q959.1

中国版本图书馆 CIP 数据核字（2006）第 127906 号

书 名：无脊椎动物学(第 2 版)
著作责任者：任淑仙 编著
责 任 编 辑：黄 炜
标 准 书 号：ISBN 978-7-301-01301-4
出 版 发 行：北京大学出版社
地 址：北京市海淀区成府路 205 号 100871
网 址：http://www.pup.cn 电子信箱：zpup@pup.cn
电 话：邮购部 010-62752015 发行部 010-62750672 编辑部 010-62764976
印 刷 者：北京虎彩文化传播有限公司
经 销 者：新华书店
787 毫米×1092 毫米 16 开本 25.75 印张 630 千字
1990 年 10 月第 1 版
2007 年 7 月第 2 版 2024 年 5 月第 2 版第 7 次印刷
定 价：65.00 元

第 2 版前言

本书第 1 版上、下册分别于 1990、1991 年由北京大学出版社出版，1995 年又由台湾淑馨出版社以繁体字在台湾地区出版，十余年来得到许多院校及广大读者的认可及鼓励。近年来不少读者及同行希望再版，特别是北京大学陈守良教授一再鼓励与支持，才使本书得以再版面世。在此深致谢意。

近年来，随着分子生物学的迅速进展，并不断地深入无脊椎动物学领域。使这一学科得到不断发展，特别是一些模糊不清的亲缘关系得到澄清，改变了某些门、纲的传统定位；一些悬而未决的小门也找到了亲缘上的归属，使动物的系统分类不仅有形态、生理学基础，也具有了分子生物学基础，从而更接近真实地反映了动物的演化。因此，在第 2 版的修订中，对近年来的这些新成果、新观点，尤其是一些类群的新的分类、定位及归属加以介绍。考虑到国内长期形成的研究体系，在内容的撰写时，有的完全按照新的分类体系，如“软体动物门”；有的将新旧分类体系融合在一起，如“原生动物门”等；还有的按照旧的分类体系，并对新的分类体系加以简单介绍，如“刺胞动物门”等。考虑到本课程教学学时的减少，围绕着动物的多样性及演化的观点，还在内容上做了适当的删减。希望本书的出版能在国内无脊椎动物研究中起到抛砖引玉的作用，进而推动无脊椎动物研究的发展。

本书仍适用于实验课在前，课堂讲授在后的教学方式。以有利于调动同学的积极性，培养自学能力，也利于教师课堂讲授更开阔、深入。

在第一版书中所引用的他人的插图，有部分未能标明出处，在此特对原作者深表歉意并致以诚挚的谢意。此外，对黄炜编辑的热心帮助亦表示衷心的感谢。

受学识及能力所限，错误与不当之处，敬请赐教指正。

任淑仙

2006 年 7 月 16 日于北京大学中关园

目　　录

第一章　绪　论

第一节　动物学及其发展

动物学是研究动物的生命现象及其发生发展规律的科学。具体地说它既包括动物的形态、解剖的内容，也包括新陈代谢、生长发育、衰老死亡、遗传进化、与环境的相互关系等内容。动物学是人类在自然界生存斗争中对动物不断认识、利用与改造的知识总结，所以它是来自人类的生产实践及科学实验。

动物学是生物科学的一个分支，也是一个基础学科。因为动物的种类繁多，目前发现约有150万种左右，生命现象复杂，由它必然派生出许多学科，涉及生物学的各个领域，例如，专门研究动物形态结构的形态学（morphology）、解剖学（anatomy）、组织学（histology）、细胞学（cytology）、分类学（taxonomy）；研究其动态变化的生物化学（biochemistry）、生理学（physiology）、胚胎学（embryology）、遗传学（genetics）、进化论（evolution）；研究动物与环境相互关系的生态学（ecology）；研究已灭绝动物的古动物学（palaeozoology）；由低等到高等分门别类地研究整个动物界的系统动物学（systemal zoology）。如果是以不同的动物类群作为研究对象，动物学又可分为原生动物学（protozoology）、蠕虫学（helminthology）、寄生虫学（parasitology）、贝类学（malacology）、昆虫学（entomology）、鱼类学（ichthyology）、鸟类学（ornithology）、哺乳动物学（mammalogy）等；如果所研究的动物身体的背部都有一根起支持作用的脊柱，则是脊椎动物学（vertebrate zoology），身体的背部没有脊柱的则是无脊椎动物学（invertebrate zoology）。无脊椎动物包括了由简单到复杂、由低等到高等的许多门类的动物，占动物种类总数的95%，本书系统地讲述无脊椎动物。

人类对动物的认识很早就有了记载，积累了动物学的基本知识。我国早在公元前21世纪至公元前11世纪，在我国最古老的文字——甲骨文中就记述了家畜及家禽的内容，公元前11世纪我国的《尔雅》一书中就有了虫、鱼、鸟、兽、畜等分类知识的描述。在公元前8世纪至2世纪时，我国的农牧业已有了相当的发展，在植物栽培技术、动物饲养技术方面取得了很大进步，已培育及筛选了许多优良品种，为人类做出很大贡献。到公元6世纪时，我国的《齐民要术》一书对当时的栽培技术及饲养技术做了系统的总结。明朝的李时珍编写了《本草纲目》一书（1596），书中记载了2000多种动植物，全书共分52卷，有1100多幅插图，其中记载的动物有400多种。这本驰名中外的巨著是我国分类学上的一部伟大著作，为当时生物学水平的总结。长期以来，我国封建制度的束缚，特别是近一百多年以来，我国处于半殖民地的统治时，曾极大地阻碍了科学技术的发展，使我们的科学技术，也包括生物学处于落后状态。但中华人民共和国成立以后，尤其是改革开放以来我国科学技术得到飞速发展。

西方的生物科学奠基于公元前4世纪希腊的亚里士多德（Aristotle）（公元前384—前322年）。他对动物进行了分类，描述了454个物种。因此被誉为动物学之父。在15世纪之后，西方进入了文艺复兴时期，西方的生物科学也随着工业、农业及科学技术的发展而发展起来，并逐渐在世界上处于领先地位。此后，许多西方生物学家对动物学的发展做出过伟大贡献（表 1-1）。

表 1-1　在动物学发展中做出伟大贡献的主要西方生物学家

人　名	年　代	国　籍	贡　献
约翰·雷(J. Ray)	1627—1705	英　国	确立了“物种”的概念，划分了“种”“属”及其他分类等级的范畴
列文虎克(A. V. Leeuwenhoek)	1632—1723	荷　兰	发明了显微镜，被誉为原生动物之父
林奈(C. Linné)	1707—1778	瑞　典	建立了物种的双名命名法，奠定了现代分类学的基础
拉马克(J. B. Lamarck)	1744—1829	法　国	提出了物种进化思想，对无脊椎动物分类学做了贡献
施莱登(M. Schleiden)	1804—1881	德　国	发现细胞是动、植物的基本结构单位，奠定了细胞学说
施旺(T. Schwann)	1810—1882		
达尔文(C. R. Darwin)	1809—1882	英　国	从自然选择观点、确立了进化论，发表了《物种起源》一书
赫克尔(E. Haeckel)	1834—1919	德　国	澄清了许多无脊椎动物的亲缘关系
海曼(L. Hyman)	1888—1969	美　国	对无脊椎动物及其亲缘关系做了系统的叙述及总结
沃森(J. D. Watson)	1928—	美　国	提出 DNA 双螺旋结构，促进了生物科学在分子水平上的研究和发展
克里克(F. H. C. Crick)	1916—2004	英　国	

从 19 世纪末到 20 世纪初，生物学发展相当迅速，在各个领域中积累了大量新的资料，随之，生物学的分科也越来越细，研究的领域也逐渐深化。特别是近数十年来，电子显微镜的发明，现代数学、化学、物理学、电子学及计算机科学等学科与技术的大量渗入，使生物学的发展异常迅速，生物学由宏观或微观的研究进入到亚微观的研究，以致进入到分子水平的研究，在此基础上建立了分子生物学(molecular biology)、分子遗传学(molecular genetics)、量子生物学(quantum biology)、仿生学(bionics)等一批新学科。同样新学科的建立又推动了基础学科的发展。以经典分类学为例，过去是以形态学作为分类的基础，从宏观上判断物种间的亲缘关系，而当前将生物化学、遗传学、免疫学等引入分类学，即对某些物种在分子或接近分子水平上进行分类。例如，染色体在不同基因位点上具有相同催化功能的一种酶，称为同工酶(isozyme)，它们往往表现出不同的生化表型，根据同工酶谱的差异和酶活性的高低，可作为种属鉴定的重要手段；近年来更有利用分子生物学的方法来研究物种的分类地位及生物的演化，例如，比较遗传物质 DNA 的物理图谱、DNA 分子的核苷酸序列的异同以及通过分子杂交技术来分析种属的亲缘关系；还有研究血红蛋白的合成和调控，即根据血红蛋白链上氨基酸数量的变异来推算出不同物质在进化上分歧的年代，从而确定物种的分类地位及物种间的亲缘关系；利用细胞色素 c 的多肽链中氨基酸排列顺序的不同来判断物种间的亲缘关系，其相似程度

越大、其亲缘关系越相近；利用免疫学的方法，即抗原与抗体的特异性血清反应，来分析免疫交叉物的结构和特性来比较物种间的亲疏；用细胞分化和细胞分裂过程中，其染色体带型的异同来确定物种的异同或亲缘关系。总之，近代生物学的发展使经典的分类学同时建立在形态生态、生理生化及分子学水平上，使分类学更客观真实、细微准确地反映出动物界自然进化的历程。

当然，分类学研究方法的改变，仅仅是现代生物学推动经典学科的一个例证，现代生物学的发展必然会冲击、渗透到各领域，给人类的生产实践开创新的局面，它将更迅速地推动人类改造自然的进程。

第二节 生物的界级分类

生物的分界是随着科学发展的水平在不断地改变及深化的。在林奈的时代，对生物的观察仅限于肉眼所能看到的特征及区别，那时生物界仅分为植物界(Plantae)与动物界(Animalia)两大界。到19世纪中叶，霍洛(Hogg,1860)及赫克尔(1866)提出了生物的三界系统，即原生生物界(Protista)、植物界与动物界，其中原生生物界包括单细胞动物、藻类及真菌，他们的三界系统反映了单细胞生物与多细胞生物的区别。直到1959年魏泰克(Whittaker)提出了四界系统，即原生生物界、真菌界(Fungi)、植物界与动物界。其中原生生物界包括了细菌、蓝藻及原生动物，将真菌独立成一界。1974年李代尔(Leedale)又提出了原核界(Monera)，其中包含细菌及蓝藻，仍为四界系统，即原核界、植物界、真菌界及动物界。以后魏泰克又在李代尔的基础上提出了五界系统，即原核界、原生生物界、植物界、真菌界及动物界。以后又有人主张病毒也应独立成界。

关于病毒是否独立成界，目前生物学家还有不同的看法。有人认为病毒不能独立生存，不能独立地进行新陈代谢，而必须寄生于其他生物的细胞内才能生存，因此不能认为是生物，而仅是核酸的片段，所以不能独立成界。也有人认为病毒内含有核酸物质DNA或RNA(在一种病毒中仅有其中的一种核酸)，它们使用着与其他生物相同的遗传密码，能在寄主细胞内复制自己，进行繁殖，所以是有生命的物质，是代表着生命进化到非细胞结构的阶段，所以应该独立成界。

原核生物界 包括细菌及蓝藻。原核生物的细胞是细胞结构的初级阶段。细胞内没有核膜，DNA分子结构呈环状位于细胞质中，细胞内也没有如线粒体、内质网、高尔基体等膜细胞器，细胞壁含有黏多肽复合物，细胞行无丝分裂，这种细胞称原核细胞，由这种细胞构成的生物称原核生物。

原生生物界 包括单细胞动物及藻类，是具有真核的单细胞生物或单细胞群体。它们已进入细胞结构的高级阶段，具有染色体，DNA分子成线状排列，形成细胞核，核的外层有双层结构的核膜包围，细胞内具有细胞器，细胞行有丝分裂。藻类如具细胞壁，则由纤维素及果胶组成。

真菌界 包括真菌，是真核生物，大多数像植物一样营固着生活。细胞壁由纤维素及甲壳素组成，没有叶绿体，不能行光合作用，营腐生或寄生生活。

植物界 是多细胞的真核生物，具叶绿体、行光合作用，营固着生活。细胞壁由纤维素组成，细胞质内常具大的中心液泡，具繁殖组织或器官，有明显的世代交替或发育阶段。

动物界 行摄食营养的多细胞真核生物，无细胞壁，由肌肉收缩引起运动，具有神经系统，能对刺激产生反应，以协调与环境的平衡。

如果生物界按六界系统划分(图 1-1)，那么六界系统反映了生物进化的几个阶段：即由病毒界所代表的非细胞阶段，也是最原始的生命阶段，进化到由原核生物所代表的初级细胞阶段，再进化到原生生物界代表的真核的单细胞阶段，即细胞结构的高级阶段，最后再进化到真核多细胞阶段，由植物界、真菌界及动物界所代表。六界系统还反映了 3 种营养类型的进化：即吸收式的腐食性营养类型(病毒界、绝大部分的原核生物界、真菌界、部分的原生生物界)；行光合作用的自养类型(藻类、植物界、部分原生生物界)；行摄食性营养类型(大部分的原生生物界、动物界)。这种划分似乎既反映了生物进化过程的历史阶段，又反映了生物的营养方向，是有其优点的，所以被多数动物学家所接受。

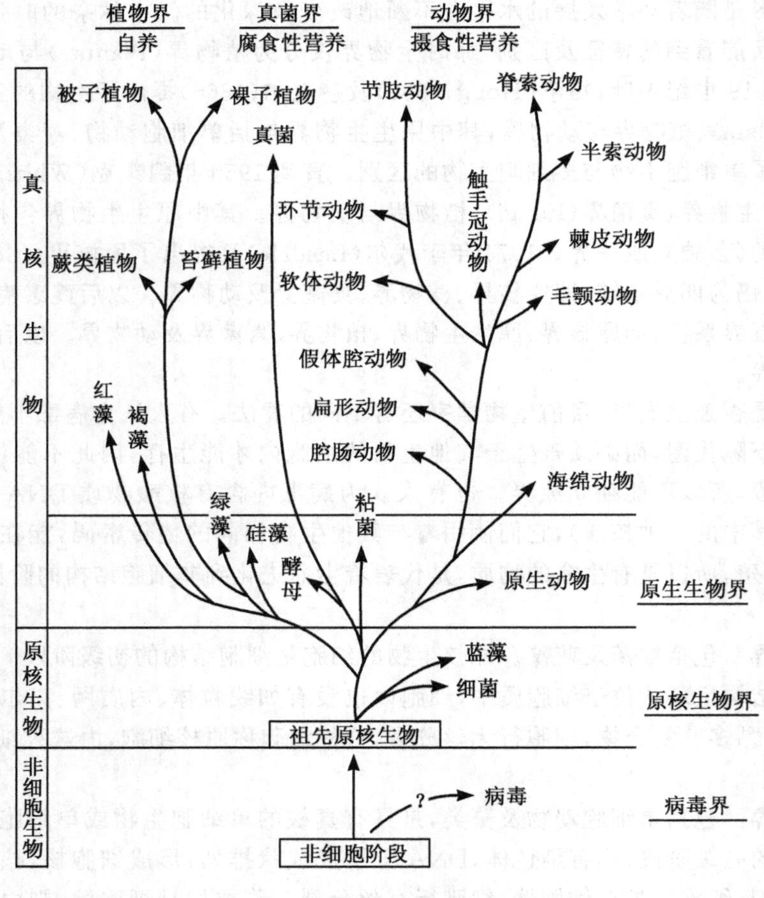

图 1-1 生物的分界

无论划分为五界系统还是六界系统，将原生生物独立成界也会带来一些概念上的混乱，因为这样，动物界就不再包括原生动物，植物界就不再包括单细胞藻类。而事实上单细胞动物(或原生动物)与动物界的所有动物有着共同的生命现象，例如，取食营养、呼吸、排泄、繁殖等生理功能。而单细胞藻类与其他植物也有着共同的生命现象,例如,光合作用、繁殖方式与阶段等,它们之间是难以截然划分的,如果将原生生物不独立成界,将其中单细胞动物归入动物界,其中的藻类归入植物界,这样可以使每个界更完整,而生物也将划分为五界,即病毒界、原核界、植物界、真菌界及动物界五界系统。至于像眼虫这类动物,它具有叶绿体,能行自养营养;同时又像真菌能行腐生性营养;又具有鞭毛能够运动。所以它既有植物界、真菌界的特征,又有动物界的特征,说明了低等真核生物的原始性,也说明了生物发展进化的连续性。所以植物学家将眼虫这类动物看做是植物;而动物学家将它看做是动物,都各有道理。本书是按原核生物界、原生生物界、植物界、真菌界及动物界五界系统的观点来叙述的。

第三节 生物的地层记录及地质年代

从生物的分界中可看到生物是随着时间的推移在不断地发展变化着,这可以由生物死亡后其遗体在地层中的保存或被矿物质浸润而形成的化石得到证明。从对化石的研究可以看到不同类群的生物会出现在不同的地层中,越原始、低等的生物出现在越古老的地层中,越高等的生物出现在越年轻的地层中;也可以看到一些生物化石出现在漫长的地质年代的地层中,另一些生物化石出现在很短促的地质年代的地层中,这些生物化石都记录了各种生物在地球上出现、繁盛及灭绝的时间,记录了它们的演化,从而能够由生物的发展进化中了解生物。

从所发现的化石可以看到,凡是那些具有骨骼或外壳的动物,更易于被保存成化石,例如,原生动物的有孔虫及放射虫类,腔肠动物的珊瑚类,软体动物,节肢动物,棘皮动物及脊椎动物等;而身体柔软、没有外壳或骨骼的动物不易于形成化石,例如,一些原生动物,腔肠动物的大多数水螅类及水母类,以及蠕形动物等。这说明地层中保存的化石不是动物发展历史的全部记录,它只能从总体上提供生物演化的进程,而不能具体地说明每一类动物的演化过程。

表 1-2 说明地质年代的划分及化石记录的生物发展演化的概况。

表 1-2 地质年表及生物发展概况

代(Era)	纪(Period)	距今年数(百万年)	植物	无脊椎动物	脊椎动物
新生代(Caenozoic)	第四纪(Quaternary)	1.5～2	被子植物繁殖	接近现代动物类群	人类出现
	第三纪(Tertiary)	65		节肢动物与软体动物繁盛	哺乳动物繁盛,鸟类兴起
中生代(Mesozoic)	白垩纪(Cretaceous)	138		菊石类灭绝,昆虫类扩展	
	侏罗纪(Jurassic)	180	被子植物兴起	菊石类繁盛,昆虫兴起	哺乳类鸟类出现
	三叠纪(Triassic)	230	裸子植物繁盛	海洋动物减少,腕足类衰老,六放珊瑚出现	爬行类繁盛

续表

代(Era)	纪(Period)	距今年数(百万年)	植物	无脊椎动物	脊椎动物
古生代(Palaeozoic)	二叠纪(Permian)	280	蕨类植物繁盛	三叶虫、板足鲎灭绝,菊石类兴起,海百合衰退	爬行类兴起
	石炭纪(Carboniferous)	345	蕨类植物兴起	海百合繁盛,昆虫及肺螺出现	两栖类繁盛,爬行类出现
	泥盆纪(Devonian)	405	裸子植物出现	板足鲎繁盛,淡水蚌、蜘蛛出现,三叶虫衰退	两栖类出现,淡水鱼繁盛
	志留纪(Silurian)	440			
	奥陶纪(Ordovician)	500	蕨类植物出现	珊瑚、腕足类繁盛,陆生无脊椎动物出现	鱼类出现
	寒武纪(Cambrian)	600	藻类植物繁盛	鹦鹉螺、三叶虫繁盛,珊瑚、海百合、腕足类等主要门类出现,海绵动物、三叶虫、腕足类较多	甲青鱼出现
元古代(Proterozoic)	前寒武纪(Precambrian)	2000	细菌、蓝藻		
太古代(Archaeozoic)		4600—6000	32亿年前出现古代蓝藻及细菌		

第二章　原生动物门

原生动物门(Protozoa)的动物是动物界中分布最广、最为低等的一类,它们大多是单细胞的有机体。从细胞结构上看,原生动物的单细胞类似于多细胞动物身体中的一个细胞,它也可以区分成细胞质(cytoplasm)及细胞核(nucleus),细胞质的表面还有细胞膜(cell membrane)包围。从机能上看,原生动物的这个细胞又是一个完整的有机体,它能完成多细胞动物所具有的生命机能,例如,营养、呼吸、排泄、生殖及对外界刺激产生反应,这些机能由细胞或由细胞特化而成的细胞器(organelle)来执行。不同的细胞器在机能上相当于多细胞动物体内的器官及系统。所以它们是在不同的结构水平上执行着相同的生理机能。构成原生动物的这个细胞在结构与机能上分化的多样性及复杂性是多细胞动物中任何一个细胞无法比拟的,所以从细胞水平上说,构成原生动物的细胞是分化最复杂的细胞。

极少数原生动物是由几个或许多个细胞组成,但每个细胞仍然保持着一定的独立性,细胞之间可能没有形态与机能的分化,也可能出现了初步的形态机能的分化,这类原生动物称为群体(colony),例如,盘藻(*Gonium*)、杂球藻(*Pleodorina*)等。

第一节　原生动物的一般形态、生理及分纲

一、一般形态及生理

1. 大小与形态结构

绝大多数的原生动物是显微镜下的小型动物,最小的种类体长仅有 2～3 μm,例如,寄生于人及脊椎动物网状内皮系统细胞内的利什曼原虫(*Leishmania*)。大型的种类,例如,淡水生活的旋口虫(*Spirostomum*)体长可达 3 mm,海产的某些有孔虫类(Foraminifera),体长可达 7 cm,新生代化石有孔虫,例如,钱币虫(*Nummulites*)竟达 19 cm,这是原生动物在个体大小上曾经达到过的最大记录。但是大多数的原生动物体长在 300 μm 以下,例如,草履虫(*Paramecium*),在 150～300 μm 之间,可用肉眼勉强看到。

原生动物的体形随种及生活方式表现出多样性,一些种类身体没有固定的形态,身体的表面只有一层很薄的原生质膜(plasmalemma),因而能使细胞的原生质流动而不断地改变体形,例如,变形虫(*Amoeba*)。多数的种类有固定的体形,例如,眼虫(*Euglena*)由于体表的细胞膜内蛋白质增加了厚度及弹性形成了皮膜(pellicle),使身体保持了一定的形状,皮膜的弹性使身体可以适当的改变形状;衣滴虫(*Chlamydomonas*)的细胞外表是由纤维素及果胶组成,因而形成了和植物一样的细胞壁,体形不能改变。原生动物的体形与生活方式相关,例如,固着生活的种类身体多呈锥形、球形,有柄,柄内有肌丝纤维,可使虫体收缩运动,钟形虫(*Vorticella*)和足吸管虫(*Podophrya*)就是这种体形;漂浮生活的种类,身体多呈球形,并伸出细长的伪足,以增加虫体的表面积,例如,辐球虫(*Actinosphaerium*)及某些有孔虫;营游泳生活的种类,身体呈梭形,例如,草履虫(*Paramecium*)。适合于底栖爬行的种类,身体多呈扁形,腹面纤毛联

合形成棘毛用以爬行，例如，棘尾虫(*Stylonychia*)；营寄生生活的种类或者失去了鞭毛，如利什曼原虫，或者鞭毛借原生质膜与身体相连形成波动膜(undulating membrane)，以增加鞭毛在血液或体液中运动的能力，例如，锥虫(*Trypanosoma*)。

一些种原生动物能分泌一些物质形成外壳或骨骼以加固体形，例如，薄甲藻(*Glenodinium*)能分泌有机质，在体表形成纤维素板；表壳虫(*Arcella*)能分泌几丁质形成褐色外壳；砂壳虫(*Difflugia*)能在体表分泌蛋白质胶，再黏着外界的沙粒形成一砂质壳；有孔虫可以分泌碳酸钙形成壳室；而放射虫类(Radiolaria)可在细胞质内分泌形成几丁质的中心囊，并有硅质或锶质骨针伸出体外以支持身体，例如，等棘虫(*Acanthometra*)。

原生动物的细胞质可以分为外质(ectoplasm)和内质(endoplasm)。外质透明清晰，较致密，内质不透明，其中含有颗粒。在变形虫中这种区分很明显，并能看到外质与内质可以互相转化。由外质还可以分化出一些细微结构，例如，腰鞭毛虫类可分化出刺丝囊(nematocyst)；丝孢子虫类可分化出极囊(polar capsule)；纤毛虫类可分化出刺丝泡(trichocyst)、毒泡(toxicyst)。这些结构在受到刺激时，可放出长丝以麻醉或刺杀敌人，具有攻击和防卫的功能，或用以固着。一些纤毛虫类外质还可分化成肌丝(myoneme)，肌丝是由许多可收缩的纤维组成，例如，钟形虫的柄部。外质也参与构成运动细胞器，例如，鞭毛、纤毛及伪足等。

内质中包含有细胞质特化形成的执行一定机能的细胞器，例如，色素体(chromatophore)、眼点(stigma)、食物泡(food vacuole)、伸缩泡(contractile vacuole)等以及细胞结构，如线粒体、高尔基体等。

原生动物的细胞核位于内质中，除了纤毛虫类之外，均有一种类型的核。在一个虫体内，核的数目可以是一个或多个。在电子显微镜下观察证明核的外层是一双层膜结构，其上有小孔，可使核基质与细胞质相沟通。核膜内包含有核基质、染色质及核仁。如果核内染色质丰富、均匀而又致密的散布在核内，这种细胞核称为致密核(massive nucleus)，如果核质较少，不均匀的散布在核膜内，这种核称为泡状核(vesicular nucleus)。纤毛虫具有两种类型的核，大核(macronucleus)与小核(micronucleus)。其大核是致密核，含有 RNA，有表达的功能；小核通常是泡状核，含有 DNA，无表达功能，与纤毛虫的表型无关，而与生殖有关，也称生殖核。

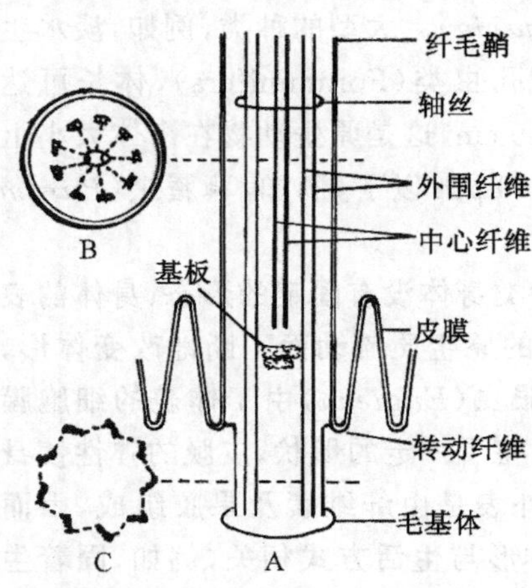

图 2-1 鞭毛及纤毛的超微结构

A. 鞭毛结构；B. 体外部分的横断面；C. 体内部分的横断面

(引自 Sleigh MA，1962)

2. 运动

原生动物的运动是由运动细胞器进行，运动细胞器有两种类型，一种是鞭毛(flagellum)及纤毛(cilium)；一种是伪足(pseudopodium)，它们运动的方式不同。

用电子显微镜观察证明鞭毛与纤毛的结构是相同的，只是鞭毛更长(5～200 μm)、数目较少(多鞭毛虫类除外)，多数鞭毛虫具有 1～2 根鞭毛。纤毛较短(3～20 μm)、数目很多。鞭毛与纤毛的直径是固定的，两者直径的差别在 0.1～0.3 μm之间。

鞭毛与纤毛的外表是一层外膜，它与细胞的原生质膜相连(图 2-1A)，膜内共有 11 条纵行的轴丝，其中 9 条轴丝从横断面上排成一圈，称为外围纤维(peripheral fibril)。每条外围纤维是由两个亚纤维(subfibril)组成双联体(图2-1B),其中一个亚纤维从断面看具有两个腕,腕的方向均为顺时针排列。在9条外围纤维的中央有两条中心纤维(central fibril),中心纤维是单管状,外面有中心鞘包围。这就是鞭毛及纤毛轴丝排列的“9×2+2”模式。9个外围纤维在进入细胞质内形成一筒状结构,称为毛基体(kinetosome),或称生毛体(blepharoplast)。每根外围纤维变成3个亚纤维,成车轮状排列(图2-1C),而中心纤维在进入细胞质之前终止。毛基体向细胞内伸出纤维称为根丝体(rhizoplast),终止在细胞核或其附近。毛基体的结构与中心粒相似,在细胞分裂时,毛基体也可起中心粒的作用。纤毛由于数量很多,在毛基体之间都有动纤丝(kinetodesma)相连,构成一个下纤列系统(infraciliature)(详见纤毛虫纲)进行纤毛间的协调动作。

不仅原生动物的鞭毛与纤毛有相似的结构,所有后生动物精子的鞭毛、海绵动物领鞭毛细胞的鞭毛、扁形动物原肾细胞中的鞭毛都有相似的结构,这可作为各类动物之间有亲缘关系的一个例证。

关于鞭毛与纤毛运动的机制,流行的解释是在ATP的参与下,9个双联体外围纤维的两个腕与相邻的一个双联体无腕的纤维互相滑动,结果引起整个轴丝的弯曲,而不是令鞭毛或纤毛缩短。

鞭毛与纤毛除了运动功能之外,它们的摆动,可以引起水流、利于取食、推动物质在体内的流动,另外它们也具有某些感觉的功能。

伪足也是一种细胞运动器,不同种类的伪足的形状有叶状、针状、网状或轴状。例如,变形虫具有叶状伪足(图2-2)。变形虫的体表具有一层很薄的细胞膜,细胞质分为内质与外质。实际上外质较硬,呈半固态的凝胶质(plasmagel),内质为液态的溶胶质(plasmasol)。当伪足形成时,是在外质的某个部位凝胶质液化延伸并形成一透明层,允许细胞内质流入,并流向周围,到达前端的内质又由溶胶状态变成凝胶,即转变成外质。随内质的前流、身体后端的外质也不断地溶胶化而变成内质。变形虫不断地变换伪足及体形,使身体向伪足的方向前进。

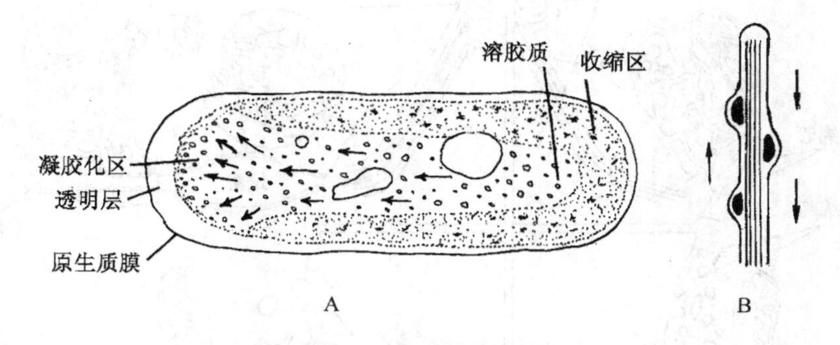

图2-2　变形运动图解

A. 叶状伪足的运动;B. 丝状、轴状伪足的运动

(引自Mast SO,1926)

凝胶质与溶胶质的转换是由细胞内的肌动蛋白丝(actin filament)集合(assembly)与去集合(disassembly)的结果,当肌动蛋白丝在细胞周缘集合时,溶胶质硬化变成了凝胶质,而当肌动蛋白丝去集合时,后端的凝胶质变成了溶胶质。

3. 营养

原生动物包含了生物界的全部营养类型。植鞭毛虫类,内质中含有色素体,色素体中含有叶绿素(chlorophyll)、叶黄素(xanthophyll)等,它们的色素体像植物的色素体一样,利用日光能将 CO_2 和水合成碳水化合物,即行光合作用,自己制造食物,这种营养方式称植物性营养(holophytic nutrition)。孢子虫类及其他一些寄生或自由生活的种类,能通过体表的渗透作用从周围环境中摄取溶于水中的有机物质而获得营养,这种营养方式称为腐生性营养(saprophytic nutrition)。绝大多数的原生动物还是通过取食活动而获得营养。例如,变形虫类通过伪足的包裹作用(engulment)吞噬食物;纤毛虫类通过胞口、胞咽等细胞器摄取食物,食物进入体内后被细胞质形成的膜包围成为食物泡,食物泡随原生质而流动,经消化酶作用使食物消化,消化后的营养物经食物泡膜进入内质中,不能消化吸收的食物残渣再通过体表或固定的肛门点(cytopyge)排出体外,这种营养方式称为动物性营养(holozoic nutrition)。

4. 呼吸

绝大多数原生动物是通过气体的扩散作用,从周围的水中获得 O_2。线粒体是原生动物的呼吸细胞器,其中含有三羧酸循环的酶系统,它能把有机物完全氧化分解成 CO_2 和水,并能释放出各种代谢活动所需要的能量,所产生的 CO_2 还可通过扩散作用排到水中。少数腐生性或寄生的种类,生活在低氧或完全缺氧的环境下,有机物不能完全氧化分解,而是利用大量的糖的发酵作用产生很少的能量来完成代谢活动。

5. 水分调节及排泄

淡水生活的原生动物随着取食及细胞膜的渗透作用,相当多的水分也随之不断地进入体内,因此需要不断地将过多的水分排出体外,否则原生动物将会膨胀致死。原生动物的伸缩泡担任这一功能。在身体的一定部位,细胞质内过多的水分聚集,形成小泡(图 2-3C,D)或小管及海绵网(spongiome)(图 2-3A,B)状结构,它由小变大,最后进入一个被膜包围的伸缩泡,当其中充满水分后,就自行收缩将水分通过临时或固定的孔排出体外。其排出的速率因种而异,

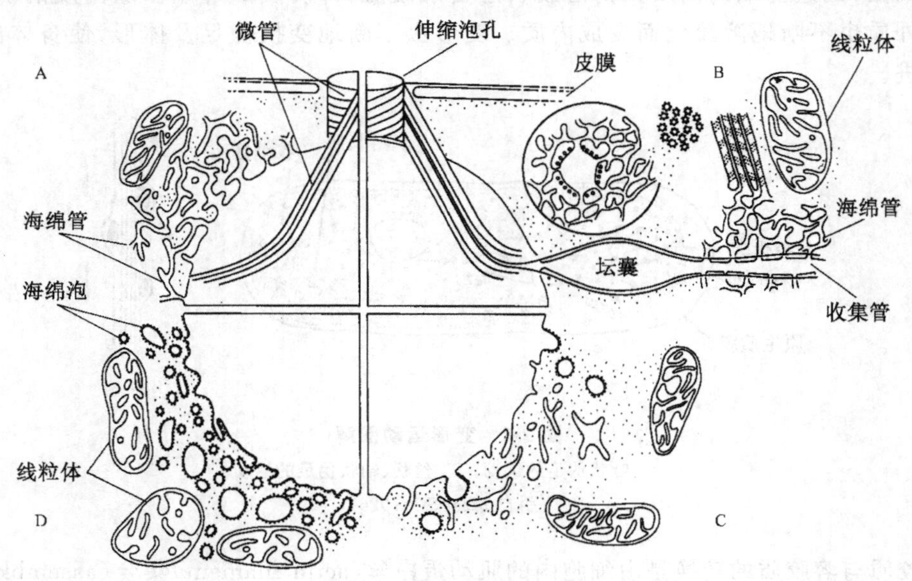

图 2-3 伸缩泡结构

A,B. 纤毛虫伸缩泡具海绵管; C,D. 变形虫类伸缩泡具海绵泡

(引自 Patterson DJ,1980)

例如，草履虫伸缩泡从形成到排空约需 6 秒，而排出相当于草履虫个体体积的水需 15 分钟。同时细胞代谢过程中所产生的含氮废物，也溶于水中后进入伸缩泡排出体外，所以伸缩泡维持着体内水分的平衡并兼有排泄作用。

6. 生殖和生活史

原生动物的生殖有无性生殖(asexual reproduction)及有性生殖(sexual reproduction)两种。无性生殖存在于所有的原生动物，在一些种类中它是唯一的生殖方式，例如锥虫。无性生殖有以下几种形式：(1) 二分裂(binary fission)，是原生动物最普遍的一种无性生殖，一般是有丝分裂(mitosis)。分裂时细胞核先由一个分为两个，染色体均等地分布在两个子核中，随后细胞质也分别包围两个细胞核，形成两个大小、形状相等的子体。二分裂可以是纵裂，如眼虫；也可以是横裂，如草履虫；或者是斜分裂，如角藻(*Ceratium*)。(2) 出芽生殖(budding reproduction)，实际也是一种二分裂，只是形成的两个子体大小不等，大的子细胞称母体，小的子细胞称芽体。(3) 多分裂(multiple fission)，分裂时细胞核先分裂多次，形成许多核之后细胞质再分裂，最后形成许多单核的子体，多分裂也称裂殖生殖(schizogony)，多见于孢子虫纲。(4) 质裂(plasmotomy)，这是一些多核的原生动物，如多核变形虫所进行的一种无性生殖，即核先不分裂，而是由细胞质在分裂时直接包围部分细胞核形成几个多核的子体，子体再恢复成多核的新虫体。

原生动物的有性生殖有两种方式：(1) 配子生殖(gametogony)，大多数原生动物的有性生殖行配子生殖，即经过两个配子的融合(syngamy)或受精(fertilization)形成一个新个体。如果融合的两个配子在大小、形状上相似，仅生理机能上不同，则称为同形配子(isogamete)，同形配子的生殖称同配生殖(isogamy)。如果融合的两个配子在大小、形状及机能上均不相同，则称异形配子(heterogamete)，根据其大小不同分别称为大配子(macrogamete)及小配子(microgamete)，大、小配子从仅略有大小的区别，分化到形态与机能完全不同的精子(sperm)和卵(ovum)。卵受精后形成受精卵，亦称合子(zygote)。异形配子所进行的生殖称为异配生殖(heterogamy)。(2) 接合生殖(conjugation)，是纤毛虫所具有的生殖方式。两个二倍体虫体腹面相贴，每个虫体的小核减数分裂，形成单倍体的配子核，相互交换部分小核，交换后的单倍体小核与对方的单倍体小核融合，形成一个新的二倍体的结合核，然后两个虫体分开，各自再行有丝分裂，形成数个二倍体的新个体。

原生动物的生活史也有多种类型(图 2-4)。有的种类生活史中仅有分裂生殖，从未出现过有性生殖(图 2-4A)，那么子体与母体都是单倍体(haploid)，用“*N*”表示，如锥虫。一些鞭毛虫及孢子虫，生活史中出现了无性生殖与有性生殖，但大部分时期为单倍体时期(*N*)，即细胞核内染色体的数目为受精后染色体数目的 1/2。形成二倍体(diploid)，用“2*N*”表示。其二倍体时期很短，减数分裂(meiosis)出现在受精作用之后(图 2-4B)。如果二倍体时期延长，减数分裂仍在受精作用之后，结果单倍体与二倍体交替出现，单倍体时期为无性世代(asexual generation)，二倍体时期为有性世代(sexual generation)(图 2-4C)，例如，有孔虫及绿色植物就是这样。纤毛虫类及多细胞动物生活史的绝大部分时期为二倍体，减数分裂发生在受精作用之前(图 2-4D)，减数分裂之后才产生单倍体的配子，配子在受精作用之后个体又立刻进入二倍体时期。

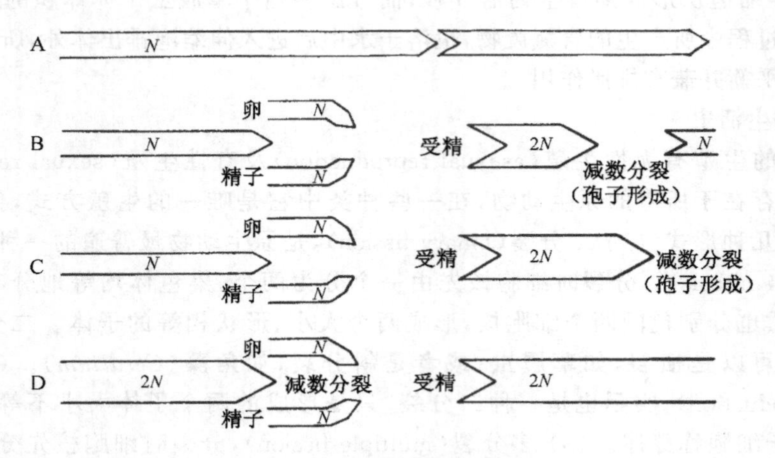

图 2-4 原生动物生活史类型

A. 仅有分裂生殖,生活史中均为单倍体时期,如锥虫;
B. 生活史的大部分时期为单倍体,减数分裂发生在受精作用之后,如衣藻、孢子虫类;
C. 二倍体时期延长,单倍体与二倍体在生活史交替出现,如有孔虫类及绿色植物;
D. 主要为二倍体时期,减数分裂发生在配子形成时,如纤毛虫及多细胞动物
(引自 Sleigh MA,1962)

二、原生动物的生态

原生动物的分布十分广泛,淡水、海水、潮湿的土壤、污水沟,甚至雨后积水中都会有大量的原生动物分布,以致从两极的寒冷地区到60℃温泉中都可以发现它们。另外往往相同的种可以在差别很大的温度、盐度等条件下发现,说明原生动物可以逐渐适应改变了的环境,具有很强的应变能力。许多原生动物在不利的条件下可以形成包囊(cyst),即体内积累了营养物质,失去部分水分,身体变圆,外表分泌厚壁,不再活动。包囊具有抵抗干旱、极端温度、盐度等各种不良环境的能力,并且可借助于水流、风力、动植物等进行传播,在恶劣环境下甚至可存活数年不死,而一旦条件适合时,虫体还可破囊而出,甚至在包囊内还可以进行分裂、出芽及形成配子等生殖活动。所以许多种原生动物在分布上是世界性的。

但是原生动物的分布也受各种物理、化学及生物等因素的限制,在不同的环境中各有它的优势种,也就是说不同的原生动物对环境条件的要求也是不同的。水及潮湿的环境对所有原生动物的生存及繁殖都是必要的,原生动物最适宜的温度范围是20～25℃,温度过高或过低地骤然变化会引起虫体的大量死亡,但如果缓慢地升高或降低,很多原生动物会逐渐适应正常情况下致死的温度。食物、含氧量等都可构成限制性因素,但这些环境因素往往只决定了原生动物在不同环境中的数量及优势种,而并不决定它们的存活与否。

原生动物与其他动物存在着各种相互关系,例如,共栖现象(commensalism),即一方受益、一方无益也无害,例如,纤毛虫纲的车轮虫(*Trichodina*)与腔肠动物门的水螅(*Hydra*)就是共栖关系;共生现象(symbiosis),即双方受益,例如,多鞭毛虫与白蚁的共生;还有寄生现象(parasitism),即一方受益,一方受害,例如,寄生于人体的痢疾变形虫等。原生动物的各纲中都有寄生种类,而孢子虫纲全部营寄生生活。

三、原生动物门的分纲

已经记录的原生动物约有 50 000 种，其中约有 20 000 种为化石种。对于原生动物的分类，动物学家目前正在进行着讨论，按传统的分类，原生动物作为动物界中的一个门，包括四个纲，即鞭毛虫纲(Mastigophora)、肉足虫纲(Sarcodina)、孢子虫纲(Sporozoa)及纤毛虫纲(Ciliata)。但随着原生动物在结构、生理、生活史方面大量新资料的积累，特别是分子生物学方面的研究，例如，基因组序列的分析、核糖体 RNA 及某些蛋白质的编码证据，使得许多原生动物学家重新审视原生动物的地位，许多人主张原生动物应列为"界"，重新分门别类。例如，1980 年原生动物学家协会建立的新系统将原生动物分为 7 个门。一些新的教科书将之分为 9 个门或 12 个门，总之，目前正在讨论之中，尚无定论。为了学习的简便，本书仍将原生动物看做是一个门，仍按传统分为四类讲述，并适当地介绍一些新的分类意见。

第二节 鞭毛虫纲

鞭毛虫纲的动物在其成年阶段都有一根、几根或许多根鞭毛作为其运动细胞器。根据营养方式，传统上将其分为两个亚纲：植鞭毛亚纲(Phytomastigina)和动鞭毛亚纲(Zoomastigina)，前者具有色素体，可行光合作用，即自养。淀粉及副淀粉是其主要的食物贮存物，有无性生殖和有性生殖，虫体通常具有两根鞭毛，体表为皮膜或纤维素细胞壁，自由生活。后者没有色素体，行动物性营养或腐生性营养，糖原是其食物贮存物，不行有性生殖，有一到数根鞭毛，虫体表面只有细胞膜，除少数种类自由生活外，多数种类在多细胞动物体内营共生或寄生生活。

随着动物学的深入研究与发展，在鞭毛虫类中对鞭毛着生部位、鞭毛中副轴杆(paraxial rod)、茸鞭毛(mastigoneme)的存在与形态，线粒体、叶绿体的存在与否，表膜小泡(alveolae)的结构，特别是基因序列的相似程度等的研究都说明鞭毛虫类不再能用植鞭毛亚纲及动鞭毛亚纲来概括。因此，总结新的积累资料，动物学家将鞭毛虫纲中一些种类独立或合并成门，但由于本书是把原生动物设为门，又同时保留四个纲，所以把鞭毛虫类中一些相关的种姑且称为类，摘其重要的介绍于后。

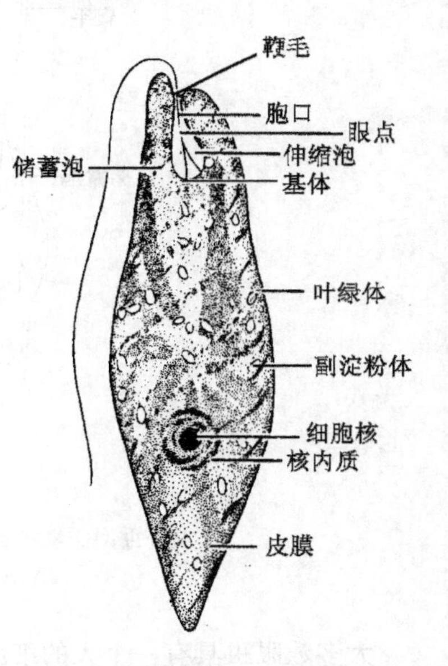

图 2-5 绿眼虫(*Euglena Viridis*)

(引自 Boolootian RA,1981)

一、眼虫类

眼虫类(Euglenoidea)身体多长圆形，鞭毛 1～2 根，具色素体或不具色素体，多数种有眼点，主要为淡水生活。

1. 基本形态

眼虫类身体呈卵圆形、长圆形等，通常能分出前后端，都以鞭毛作为运动器官，体表具细胞膜或皮膜，例如，眼虫(图 2-5)，体表具有皮膜，皮膜很薄、富有弹性，是由一层蛋白质组成螺旋形排列的条纹，使皮膜呈现斜纹，在条纹上有嵴和沟，靠相邻条纹上嵴与沟的滑动使身体可以收缩改变形状，做眼虫式运动(euglenoid movement)。眼虫缺乏明显的内质与外质的分化。

眼虫身体的前端有一凹陷的沟，称储蓄泡（reservoir）或胞咽，但它不是取食的器官，是水的贮存处及鞭毛着生部位，基体位于它的基部，由基体伸出两根鞭毛，一根很长伸向体外，一根很短不伸出储蓄泡。

眼虫和其他一些植鞭毛虫类在身体的前端含有类胡萝卜素（carotinoid）的脂类球集合而成的红色眼点，这种色素球只有在基质中含有很少的氮及磷时才出现，否则将消失，它可以吸收光线。在鞭毛的基部具有副鞭毛体（paraflagellar body），是一种光敏感结构，当一侧的光被眼点吸收后，可使它产生一个定向的光反应，所以副鞭毛体与眼点构成了某些植鞭毛虫类的感光细胞器。

眼虫和许多淡水鞭毛虫有一个或多个伸缩泡。眼虫的伸缩泡位于身体前端，它是由几个小泡收集了细胞质内过多的水分愈合而成，当伸缩泡充满水分之后，排到储蓄泡中，再通过其开口排到体外。某些鞭毛虫没有储蓄泡，则伸缩泡内的水分通过体表排到体外。海洋或寄生种类的伸缩泡不发达或完全不存在。

一些种类的眼虫细胞内散布有形状、数目不等的色素体，眼虫的色素体中含有叶绿素 a 和 b，使虫体也表现出绿色。与色素体常伴随出现的是淀粉核（pyrenoid），在淀粉核中形成副淀粉体作为食物的贮存物。还有接近 2/3 的种类不具色素体，例如，囊杆虫（*Peranema*）（图 2-6A）行动物性营养。

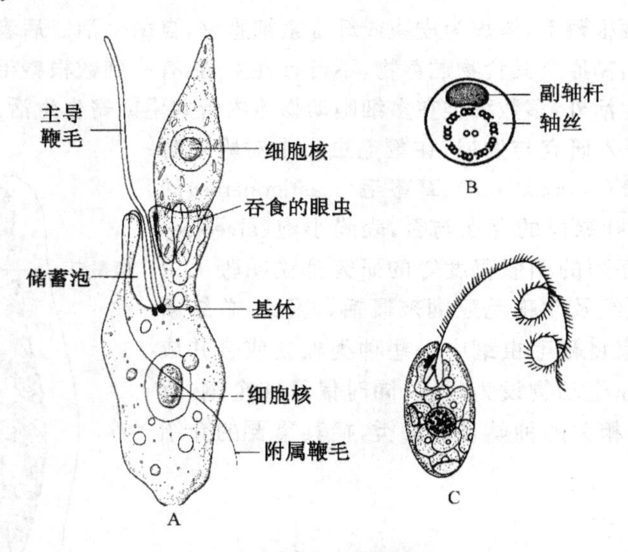

图 2-6 囊杆虫及茸鞭毛

A. 囊杆虫；B. 囊杆虫主导鞭毛的横切面示副轴杆；C. 一种眼虫示一侧具茸鞭毛

（A，B 引自 Chen YT，1950；C 引自 Farmer，1980）

大多数眼虫具有一个大的细胞核，位于身体的近后端，核内有核内质（endosome）。眼虫的细胞核在分裂间期时染色质浓缩，分裂过程中不形成纺锤体，核膜不消失，这是很原始的现象。

2. 鞭毛与运动

眼虫类是以鞭毛作为运动器官，它们的两根鞭毛等长或不等长，如果不等长，其中一根起主导作用，另一根是附属的，例如囊杆虫。其向后伸出的鞭毛是附属鞭毛，用以捕食或临时附着，向前伸出的鞭毛是主导鞭毛，其直径较后鞭毛大5倍，且鞭毛内轴丝的一侧具有副轴杆(图2-6B)以增加鞭毛的硬度。鞭毛仅末端缺乏副轴杆的部分可以运动。

许多植鞭毛虫的鞭毛可向一侧或两侧伸出许多平行排列的细丝，称茸鞭毛(图2-6C)，具有两根不等长鞭毛的种类，一般主鞭毛是茸鞭毛，它的作用可能是增加作用面积及推动力。

关于鞭毛运动的理论，早期认为鞭毛在运动时是螺旋旋转，像推进器一样推动身体前进。现在知道鞭毛运动更多的是划动(rowing)及波动(undulating)。划动是鞭毛与附着点成直角方向在水中甩动(图2-7A)，随之是鞭毛的恢复打动(图2-7B)，借助于鞭毛甩动时水流的反作用力推动身体前进，并沿身体的纵轴向前旋转前进，或左右摆动前进；波动运动是鞭毛在一个平面上呈波状摆动(图2-7C，D)。如果波状摆动是由鞭毛的基部向端部发生，则驱使身体向相反的方向运动，即推动身体向后运动。如果波动是由鞭毛的端部向基部进行，则推动身体向前运动，在有两个鞭毛的种类，运动的方向及路线是由主鞭毛决定的。

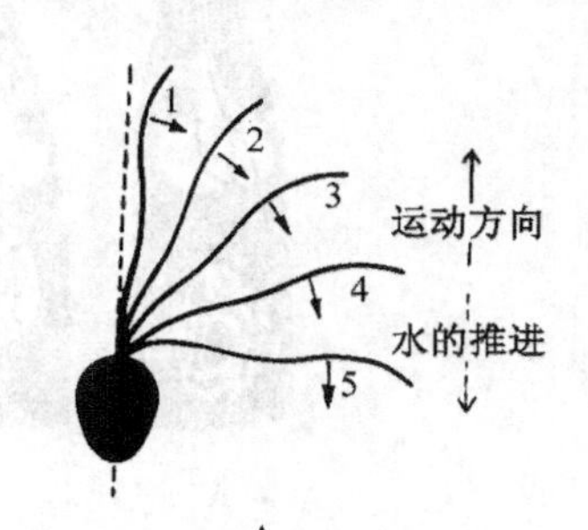

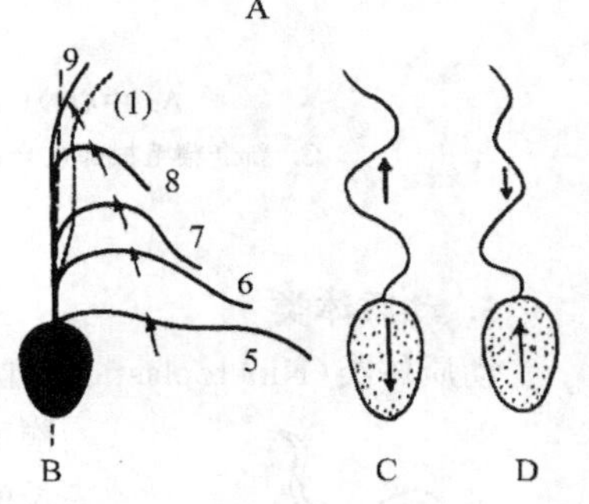

图2-7 鞭毛的运动

A. 1～5鞭毛的划动运动；B. 5～9划动时鞭毛的恢复打动；C，D. 波状运动；C. 虫体向后运动；D. 虫体前进

(A，B仿自Russell-Hunter WD，1979；C，D引自Jahn TL，et al，1967)

3. 营养

眼虫类除了没有化学合成营养物之外，可以行各种营养方式。具色素体的种类可行自养(autotroph)；没有色素体的种类行动物性或腐生性营养，或两者兼行，统称为异养(heterotroph)。实际上对许多植鞭毛虫并不能严格地区分自养与异养。例如，眼虫在光照条件下，它能自行合成有机物，如把眼虫放在黑暗中饲养一段时间之后，眼虫的叶绿素会逐渐消失，而改行腐生性营养，如果把眼虫再放回光照条件下，它又可重新出现叶绿素，又恢复自养。

营养实验研究表明，鞭毛虫类比其他的原生动物的营养需求更简单。植鞭毛虫类生活的环境中只要有适当的氮源及碳源，它就可以合成所需要的蛋白质；腐生性的鞭毛虫要求环境中有氨盐就可以合成蛋白质；在营动物性营养的鞭毛虫则要求环境中有氨基酸及蛋白胨以合成所需要的蛋白质。其他纲原生动物则需要现成的食物(蛋白质)，其自行合成食物的生理机能已经消失。

4. 生殖

眼虫类的无性生殖主要是二分裂，其中多数又是纵二分裂，例如眼虫(图2-8)，细胞分裂由中心粒(centriole)或基体的分裂开始，由每个中心粒产生一个新的基体及一根鞭毛，然后每一根新鞭毛与一根老鞭毛根部愈合，同时核也进行有丝分裂，但核膜不消失，不形成纺锤体，随后细胞质由前向后分裂，并复制新的细胞器，最后形成两个相似的子细胞。眼虫类未发现有性生殖。

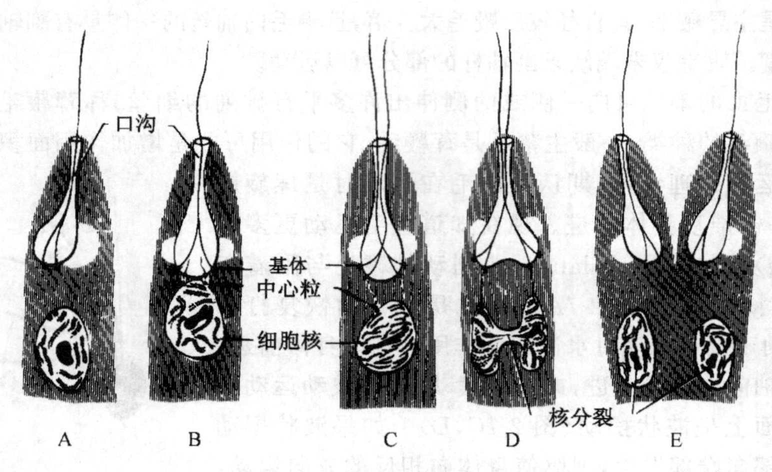

图 2-8 眼虫的纵分裂

A. 中心粒已开始分裂；B. 每个中心粒产生一个基体及一个鞭毛；

C. 新老鞭毛根部愈合；D. 细胞核进行有丝分裂；E. 细胞质开始纵裂，并复制小器官

（转引自 Barnes RD，1980）

5. 动质体类

动质体类(Kinetoplastida)过去列为动鞭毛亚纲的一个目。虫体也具有 1～2 根鞭毛，但因主鞭毛中也具有副轴杆，现列为眼虫类。体内具有一团 DNA 位于细长的线粒体内，称动质体(Kinetoplast)。少数种类自由生活，如波豆虫(*Bodo*)，大多数营寄生生活，例如锥虫、利什曼原虫等。

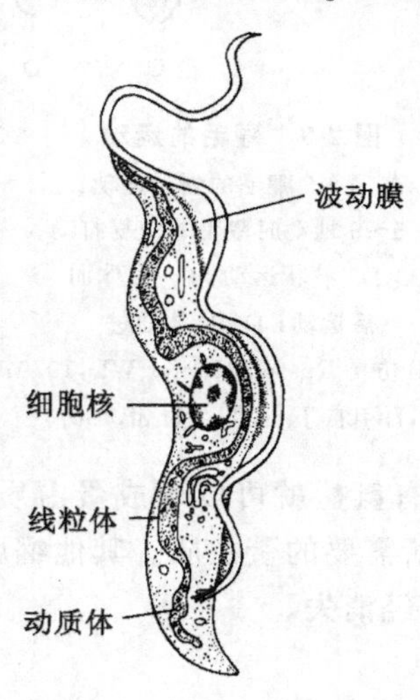

图 2-9 锥虫

（引自 Farmer JN，1980）

锥虫：一种寄生在昆虫消化道及脊椎动物血液中的动质体虫，它仅有一根鞭毛，由身体后端开始有原生质与一侧身体相连，形成波动膜，以利于在黏滞度很高的血液或体液中运动(图 2-9)。在非洲由一种吸血的采采蝇(tsetse fly)进行传播，人体感染后虫体寄生于脑脊髓液中，引起患者嗜睡、昏迷至死，称睡眠病。

利什曼原虫：寄生于人体肝、脾等细胞之内，每个寄主细胞内可多达上百个虫体，不伸出鞭毛，使寄主出现高烧、毛发脱落等病症，严重时造成死亡。由吸血的白蛉子(Phlebotomus)进行传播，在昆虫体内伸出鞭毛。中华人民共和国成立前导致了我国重要的寄生虫病——黑热病的流行，现已灭绝。

二、绿藻类

绿藻类(Chlorophytes)主要淡水生活，单体或群体。例如，衣滴虫(图 2-10A)个体呈卵圆形，身体前端具有两根鞭毛(少数种 1 或 4 根)，色素体杯形，很大，包含叶绿素 a 和 b，以及淀粉核，有眼点，两个伸缩泡，体表具纤维素膜(cellulose membrane)。群体种类大多由 4～128 个细胞组成，最多时可达数千个细胞。群体中的每个细胞均相似于衣滴虫，被纤维素膜或胶状液包围在一起，形成球形或盘状的群体。简单的群体包含的细胞数较少，细胞间没有形态与机

能的分化，每个细胞均能行无性生殖及有性生殖。例如，盘藻（图2-10B），由4～16个细胞组成，个体呈盘状分布；实球虫（*Pandorina*）（图2-10C），群体呈球形，实心，由16～32个细胞组成；空球虫（*Eudorina*）（图2-10D），由16～32个细胞组成，排列成一空球状。较复杂的群体，其细胞数目继续增加，细胞间出现了形态与机能的分化，即具有营养细胞与生殖细胞的分工，如杂球虫（*Pleodorina*）（图2-10E），由32～128个细胞组成，位于群体前端的小型细胞只有营养的功能，后端的大型细胞具有生殖功能，群体出现了极性。团藻（*Volvox*）（图2-10F）是更复杂的群体，它是由数千个细胞组成的大形、中空的群体，群体中的个体之间有原生质桥彼此相连，细胞间也有营养细胞与生殖细胞的分化，群体也具有极性。

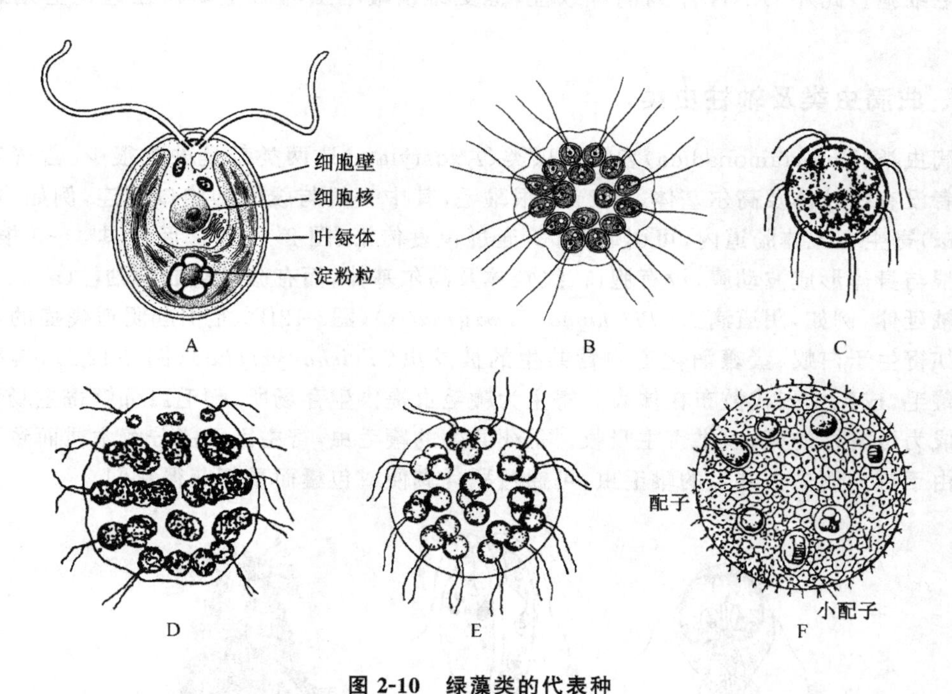

图 2-10　绿藻类的代表种

A. 衣滴虫；B. 盘藻；C. 实球虫；D. 空球虫；E. 杂球虫；F. 团藻

（A. 引自 Sleigh M，1989；B～E. 引自 Hyman LH，1940）

从上述由衣滴虫到团藻可以看到由单细胞动物到多细胞群体，其细胞数目逐渐增加的过程，群体中的细胞由彼此间没有分化到分化成营养细胞及生殖细胞，彼此间由没有联系到出现了细胞间的原生质桥，它们的生殖由同配生殖（衣滴虫）到异配生殖（空球虫），再到精子与卵的分化（团藻）。使动物学家利用这些变化推测并旁证了由单细胞动物到多细胞动物的进化过程。

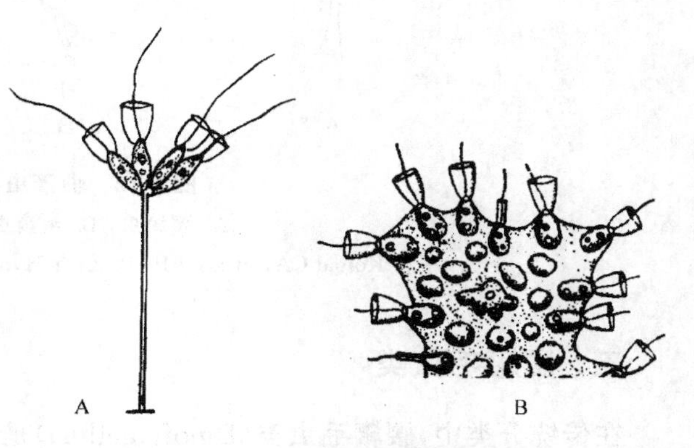

图 2-11　领鞭毛虫代表种

A. 静钟虫；B. 原绵虫

（A. 引自 Lapage G，1925）

三、领鞭毛类

领鞭毛类(Choanoflagellida)是很小的一类动物,单体或群体,海水或淡水,附着或自由生活。每个细胞具一根鞭毛,鞭毛两侧具茸毛,鞭毛基部周围有一圈微绒毛状原生质领、靠鞭毛打动产生水流,用领过滤水中的细菌或微小有机颗粒以吞噬。固着的种类具有一长柄,如静钟虫(*Codosiga*)(图 2-11A),柄是虫体壳的延伸物。群体浮游生活的种类如原绵虫(*Proterospongia*),由几十个细胞包埋在一胶质团中(图 2-11B)。在动物界中只有领鞭毛虫及海绵动物具领鞭毛细胞。此外 rRNA 序列的一致性,也支持领鞭毛虫与后生动物在进化上是姊妹关系。

四、曲滴虫类及轴柱虫类

曲滴虫类(Retortamonadida)和轴柱虫类(Axostylate)这两类都是种数很少、营寄生的种类。前者没有线粒体及高尔基体,有 2~4 根鞭毛,其中一根与腹面的胞口相连,例如,贾第虫(*Giardia*)寄生在人体肠道内,可引起腹泻,通过包囊传染(图 2-12A)。后者具 4~6 根鞭毛,其中一根与身体形成波动膜,没有胞口、线粒体及高尔基体,而有微丝组成的轴柱(axostyle)沿身体纵轴延伸,例如,阴道滴虫(*Trichomonas vaginalis*)(图2-12B),是引起阴道炎症的一种滴虫。又如寄生于白蚁、蜚蠊消化道内营共生的披发虫(*Trichonympha*)(图 2-12C),具有数目极多的鞭毛,成束排列或散布在体表。寄主为鞭毛虫提供生存场所、鞭毛虫分解寄主肠道内的纤维素成为可溶性的糖,以供寄主吸收。杀死共生的鞭毛虫,寄主因不能分解木质而致死。昆虫如果由于蜕皮而失去共生的鞭毛虫,可通过舔食粪便或包囊而重新获得它们。

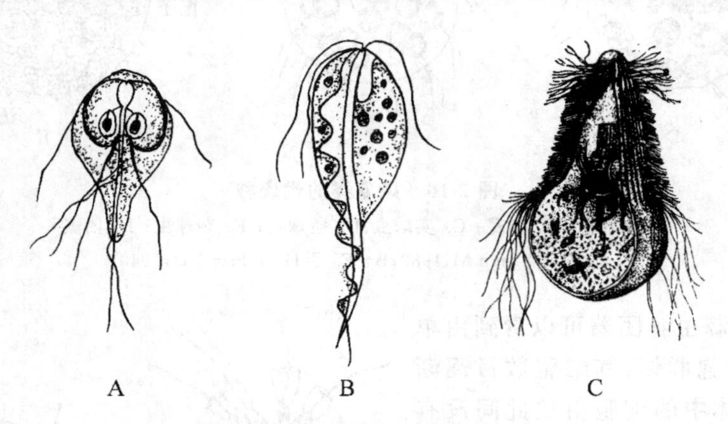

图 2-12 曲滴虫类代表种

A. 贾第虫; B. 毛滴虫; C. 披发虫

(A. 引自 Kofoid CA, et al,1919;B. 引自 Hyman LH,1940;C. 引自 Kirby H,1932)

五、腰鞭毛虫类

在传统分类中,腰鞭毛虫类(Dinoflagellida)是植鞭毛亚纲中的一个目,但现代分类学把腰鞭毛虫类、纤毛虫类及孢子虫类合成一个表膜泡门(Alveolata)。这是因为它们具有相似的核糖体 DNA 序列,以及在结构上都有表膜泡(alveoli)。将这三类分别列为亚门。

腰鞭毛虫类身体具两根鞭毛，分别位于身体中部的横沟及后部的纵沟内，横沟内的鞭毛一侧具茸毛，使身体旋转，纵沟内的鞭纤毛两侧具茸毛推动身体前进。一些种类无色素体，一些种类具有叶绿素 a、c，以及叶黄素，使身体具红褐色或褐色。一些种类体表裸露，例如，裸甲腰鞭虫(*Gymnodinium*)(图 2-13A)，有些种体表有一些甲板，是由纤维素充满的表膜小泡组成，例如，淡水的薄甲藻(图 2-13B)。有的种身体向外伸出长角，如角藻(图 2-13C)，通常具眼点。无性生殖为纵二分裂，也有的斜裂，如角藻。许多种类具有生物发光现象，如夜光虫(*Noctiluca*)(图 2-13D)，在平静的夜晚，岸边大量虫体发出淡绿色光，可以使人很远就看清海岸线。一些腰鞭毛虫如动物黄藻(*Zooxanthellae*)与珊瑚虫共生，没有它们造礁珊瑚不能造礁。

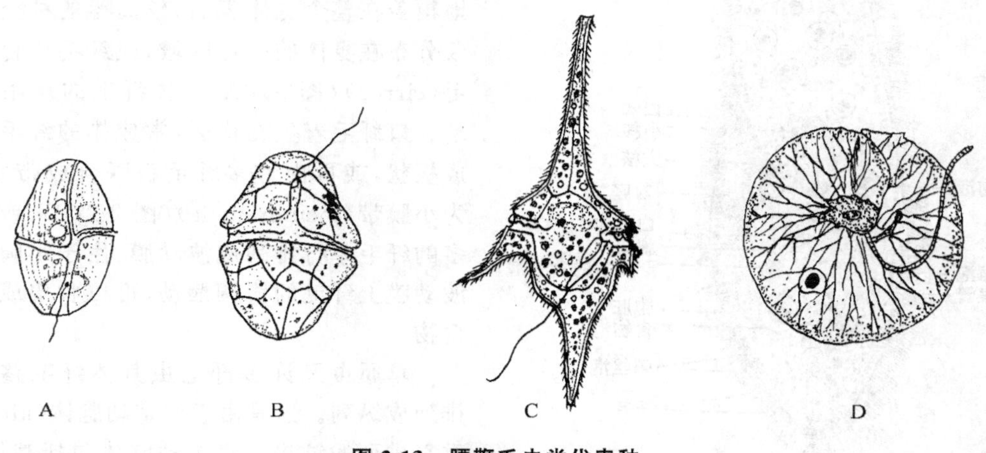

图 2-13　腰鞭毛虫类代表种

A. 裸甲腰鞭虫；B. 薄甲藻；C. 角藻；D. 夜光虫

(引自 Sleigh MA，1973；Pratje A，1921)

大量的腰鞭毛虫是海洋浮游生物的重要成员，也是海洋初级食物的生产者，特别是在热带。在环境适合时，它们大量繁殖，可达 $2\times10^8\sim4\times10^8$ 个/m^3，致使海水呈现红色、褐色、金黄色等，由优势种的色素体决定，称为赤潮。它们代谢的产物污染海水，造成鱼类及养殖贝类大量死亡，特别是有的种能分泌毒素造成食物链中后期捕食者的中毒死亡。

第三节　纤毛虫纲

纤毛虫纲的原生动物成体或生活周期的某个时期具有纤毛，以纤毛为其运动及取食的细胞器。纤毛虫都具有两种类型的细胞核，即大核与小核。大核与细胞的 RNA 合成有关，也称营养核(vegetative nucleus)；小核与细胞的生殖有关，也称生殖核(reproduction nucleus)。无性生殖行横分裂，有性生殖为接合生殖。纤毛虫纲是原生动物中种类最多，行为结构最复杂的一类。

一、形态与结构

纤毛虫类分布广泛，任何水域、潮湿土壤、甚至污水沟也有分布。绝大多数单体自由生活，少数群体营固着生活，也有少数营共生或寄生。体长一般在 10 μm～4.5 mm 之间。体形变化很大,一般游动的种类呈长圆形或卵圆形,爬行生活的种类多呈扁平形,固着生活的种类具有长柄,还有极少数种类可以分泌黏液或用外来物质黏合成兜甲。体表均有表膜,表膜外全身或部分披有纤毛或纤毛的衍生物,内质与外质分化明显。例如,最熟悉的代表种草履虫(*Paramecium caudatum*)(图 2-14)。

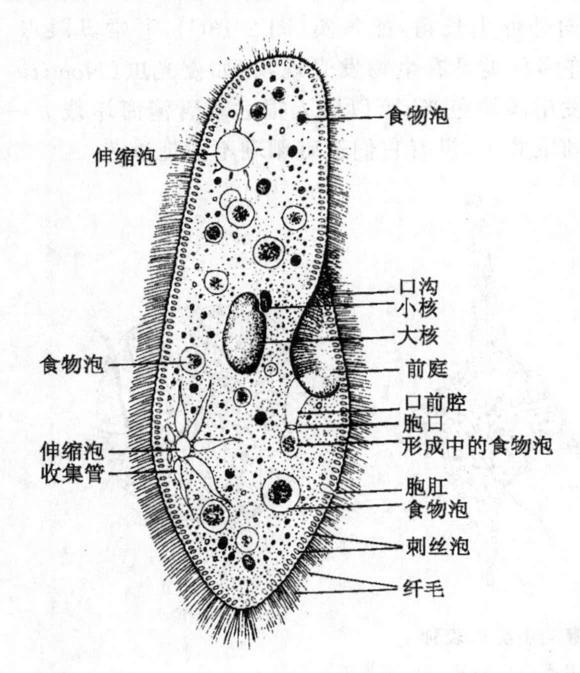

图 2-14 草履虫

(引自 Engemann JG,1981)

纤毛虫的身体可区分成前、后端,身体具有大量的纤毛,由于着生部位及功用的不同,可以分为体纤毛及口纤毛。体纤毛着生在身体表面,在原始的纤毛虫,纤毛是均匀地覆盖在整个身体表面,较高等的种类纤毛仅分布在身体的一定区域,或纤毛愈合成棘毛(cirrus)(图2-18A)。体纤毛的作用是运动。口纤毛着生在口区,常成排的纤毛黏着成板状,或再由许多纤毛板联合成带状,称为小膜带(membranella)(图 2-27B),或是更多的纤毛单行排列成波动膜,由于小膜带或波动膜上纤毛的协调摆动,可以收集或传送食物。

草履虫及许多纤毛虫其体纤毛整齐地排列成纵列。这是由于许多动胞体(kinetid)重复排列的结果。每个动胞体包括基体、纤毛及相关的纤维。每个基体在发出纤毛的同时也伸出一根纤维前行并与其他基体伸出的纤维联合,如同电线加入电缆,这就是

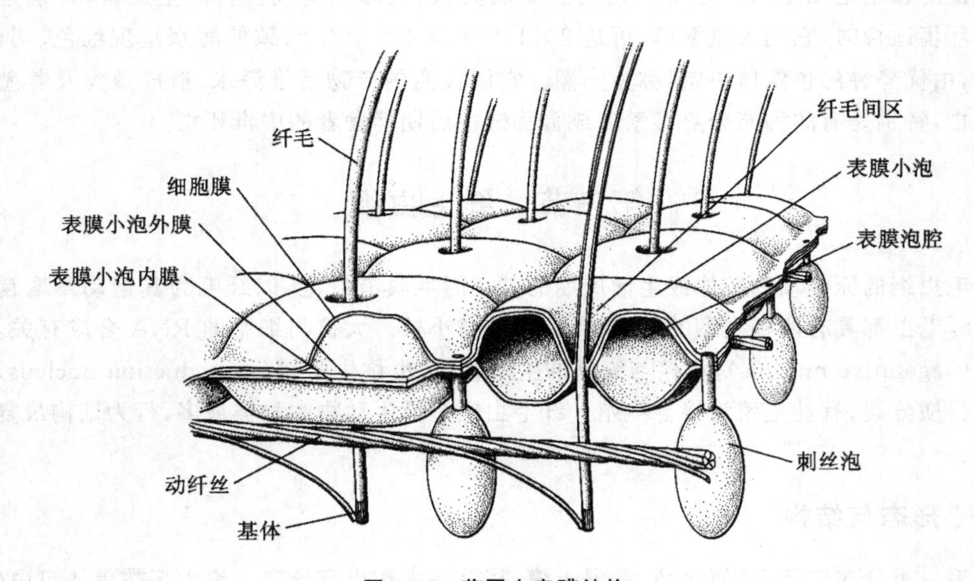

图 2-15 草履虫表膜结构

(引自 Corliss JO,1979)

动纤丝(图 2-15)。由基体还可向后或横行发出另外的纤维,构成纤毛虫的下纤列系统。有人认为下纤列系统具有神经传导及协调纤毛运动的作用,因为他们发现纤毛虫类也具有乙酰胆碱及乙酰胆碱酯酶。也有人认为纤毛的协调运动是由于细胞膜的去极化作用,与神经冲动的传递作用相似。下纤列系统为纤毛虫类所特有,在一些成虫期纤毛消失的种类如吸管虫(*Suctorida*)却仍保留有下纤列系统。

纤毛虫体表在细胞膜之下有一复杂的表膜(pellicle),它是由单层膜构成的囊状物,称为表膜泡(图 2-15)。纤毛及刺丝泡就是在相邻的表膜泡之间伸出。它的存在增加了表膜的硬度,固定了纤毛及刺丝泡的位置,有利于体形的维持。另外在表膜泡中也贮存有 Ca^{2+},当细胞遇到刺激时,Ca^{2+} 释放到细胞质,可以调整纤毛的打动及刺丝泡的排放。

在外质中与表膜泡相间排列的有垂直于体表的刺丝泡(图 2-15)。当遇到各种理化刺激,泡中的物质被排出,吸水聚合而成刺丝,丝中通常有毒素,用以麻醉、捕获食物,或用于自身防卫。

二、运动

原生动物中纤毛虫类纤毛的运动是最迅速的,一般达到鞭毛运动的 2～10 倍,其运动方式也像鞭毛一样进行划动(图 2-16A,B),先产生一次推动运动,然后是恢复运动。前者是纤毛伸

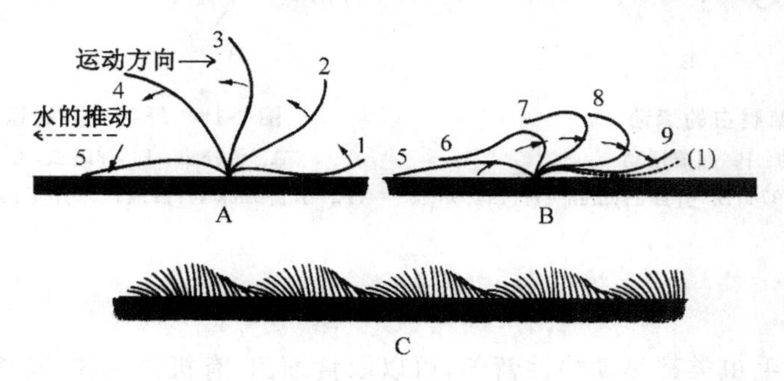

图 2-16　纤毛运动

A. 纤毛的推动运动; B. 纤毛的恢复运动; C. 体表纤毛群呈波浪状运动。1～9 示纤毛运动顺序

(引自 Gray J,1928)

长,从前向后尽快移动,以产生较大的水的阻力;后者是纤毛弯曲,由后向前恢复到原来的位置并尽量减少水的阻力,如此以推动身体前进。由于纤毛排列紧密,周围水层的干扰,一个纤毛的划动可诱导其邻近的纤毛相随而进行划动,使身体表面的纤毛群呈波浪运动(图 2-16C)。

由于纤毛运动的方向是倾斜于身体的纵轴,当所有的体表纤毛运动时,会引起虫体旋转前进(图 2-17A),草履虫就是这样。前进中如遇到障碍物时,纤毛会产生相反方向的运动,引起身体的倒退。随后纤毛又恢复正常运动,身体又前进(图 2-17B)。这种现象在草履虫的回避运动或试探性前进中常可看到。

纤毛除了用以游泳,还可以用以爬行及跳跃。例如,游扑虫(*Euplotes*)(图 2-18A)其身体腹面的纤毛愈合成许多棘毛,可以用它爬行或步行。一种弹跳虫(*Halteria*)(图 2-18B)纤毛联合成毛刷状,可以联合产生爆发式运动,使身体在水中呈跳跃状前进。纤毛除了运动功能之外,它也是一种感受器,运动时具有感觉作用。

还有一些纤毛虫,身体的运动不是靠纤毛,而是由肌丝,特别是固着生活的种类,如钟形虫

(图 2-18C),身体的基部有长柄,以柄固着生活,柄的外质中包含有肌丝,肌丝的收缩使柄部缩短。喇叭虫(*Stentor*)(图 2-29A)整个虫体的外质中都含有肌丝,围绕口区旋转分布,所以喇叭虫可以全身收缩,或部分收缩而使虫体旋转。

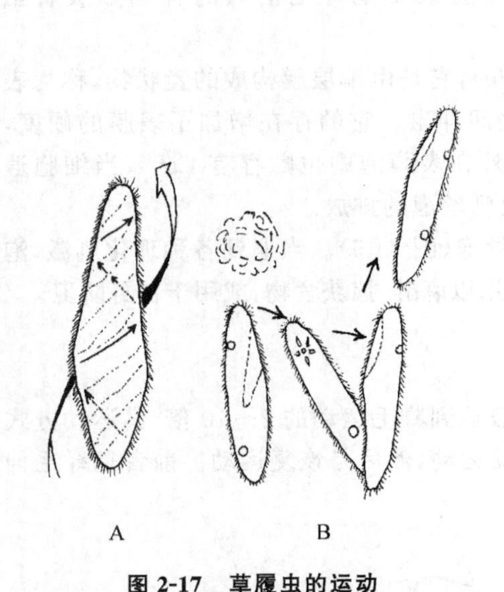

图 2-17 草履虫的运动

A. 前进运动; B. 回避运动

(A. 引自 Machemert H,1974;B. 引自 Hyman LH,1940)

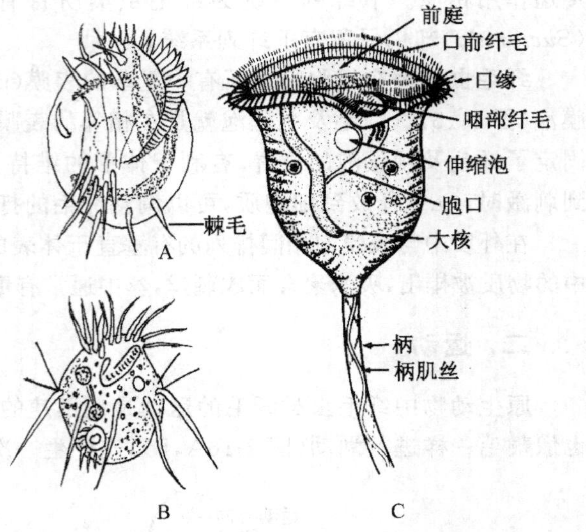

前庭
口前纤毛
口缘
咽部纤毛
伸缩泡
胞口
大核
棘毛
柄
柄肌丝
A
B
C

图 2-18 纤毛虫类的运动方式

A. 游扑虫; B. 弹跳虫; C. 钟形虫

(A. 引自 Bick H,1972;C. 引自 Farmer JN,1980)

三、营养

自由生活的纤毛虫类都是动物性营养,可以取食细菌、有机物颗粒、其他原生动物,甚至绿藻及硅藻。它们都有取食的细胞器,例如,胞口、胞咽、纤毛等,只有极少数种类取食的细胞器又次生性的退化。

纤毛虫类的取食结构在不同的种类有很大的变化,其复杂的程度与其在纤毛虫纲中进化的水平密切相关。原始的裸口目(Gymnostomata)纤毛虫胞口位于虫体的顶端或前端(图 2-19A,B),胞咽很不发达,其中有支持作用的毛状体。庭口目(Vestibulifera)纤毛虫口区的表膜下陷,形成一个前庭(vestibulum)(图 2-19C),前庭内只有来自表膜的简单纤毛,胞口位于前庭的底部,其后为胞咽。膜口目(Hymenostomata)纤毛虫,前庭底部延伸又形成了口前腔(buccal cavity),前庭及口前腔中不再是简单的纤毛,而是由纤毛联合形成小膜带或波动膜(图 2-19D),例如,草履虫由前庭向后延伸经口前腔再经胞口进入胞咽,共同形成一漏斗形结构。前庭及口前腔中也有波动膜。缘毛目(Peritricha)的纤毛虫,其体纤毛相当退化或完全消失,口纤毛却相当发达,并在虫体的顶端形成大的围口盘。由两圈纤毛带组成,由纤毛带的起始处进入一细长漏斗形的口前腔,再经胞口到胞咽(图 2-19E),例如钟形虫,其内层的纤毛带旋转产生水流,外层的纤毛带作为一个滤食器,悬浮在水中的微小食物由两纤毛带之间进入口前腔中。旋毛目(Spirotricha)的纤毛虫具有高度发达的口旁纤毛列(adoral zone membranelle),它是由许多小膜带联合组成。例如,喇叭虫在身体的顶端形成一个盘状纤毛列(图 2-29),游扑虫在围绕着口前腔形成一个三角形口旁纤毛列。

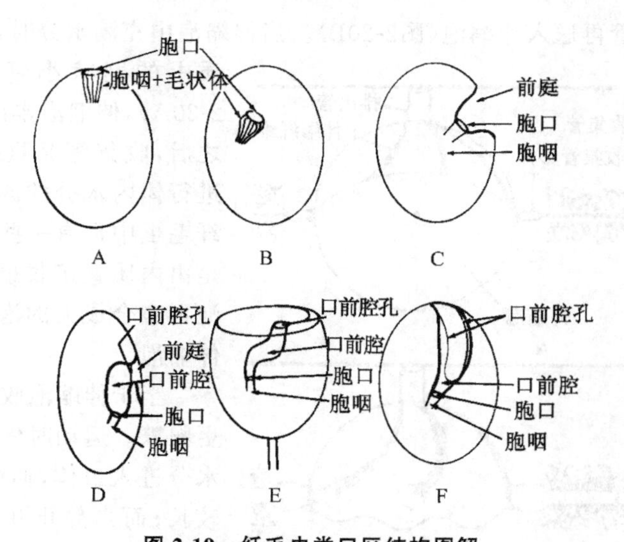

图 2-19　纤毛虫类口区结构图解

A,B. 裸口目；C. 庭口目；D. 膜口目；E. 缘毛目；F. 旋毛目

（引自 Corliss JO,1961）

少数纤毛虫可以捕食，例如栉毛虫(*Didinium*)(图 2-23A)，虫体的顶端突出形成吻，口位于吻的前端，当吻接触到草履虫或其他食物时，立刻用吻吸附住捕获物，再用口进行取食。又如自由生活的足吸管虫(图 2-26A)，成虫时体纤毛及口纤毛均消失，也没有胞口及胞咽，而形成了多个触手(tentacle)，触手末端呈球形，内有黏液囊，当触手接触到食物时，黏液囊被排出附着在捕获物体表，再用触手吸食捕获物的体液，在吸食草履虫时，仅仅留下它的表膜，原生质全部被吸收。

以上各种不同结构的纤毛虫在取食时，都是由口区纤毛的摆动将食物颗粒送入前庭、口前腔和胞口。食物在胞口处经吞噬作用取食，在胞咽的末端形成食物泡，然后离开胞咽进入内质中。食物泡随内质的环流而流动，并同时进行食物的消化，例如，草履虫食物泡中由细胞质加入许多酸性小泡使其 pH 降到 3，以后溶酶体加入，pH 升到 4.5～5，消化作用开始。吸收的营养以糖原及脂肪的形式在内质中贮存，不能被消化的食物残渣由固定的胞肛(图 2-14)排出体外。

纤毛虫中也有极少数营共生的种类，例如车轮虫(图 2-28C)，它们在水螅或某些淡水鱼类的体表营共生，也有一些种类营寄生生活，例如，可以在人体或猪结肠内寄生的肠袋虫(*Balantidium*)(图 2-24B)，寄生于鱼鳃、皮肤、鳍等处的斜管虫(*Chilodonella*)等。

四、水分调节及排泄

淡水生活及部分海洋生活的纤毛虫也具有伸缩泡作为身体水分调节及排泄的细胞器，伸缩泡的位置在纤毛虫类是固定的，具有一个伸缩泡的种类常位于身体的近后端，具有两个伸缩泡的种类伸缩泡则分别位于身体的近前端与近后端，例如草履虫。少数种类具有多个伸缩泡。伸缩泡的结构也比变形虫复杂。每个伸缩泡的周围有 6～10 个收集管(collecting canal)，收集管的近端膨大并与伸缩泡相连，伸缩泡也有小孔与外界相通。在电子显微镜下观察、收集管周围的内质中充满网状小管，当这些网状小管在收集内质中过多的水分及部分代谢产物时，可与收集管相连，经收集管再送入伸缩泡（图2-20B）。当伸缩泡中充满水分时，收集管停止收集，内质中的网状小管与收集管分离（图2-20A），伸缩泡排出其中的液体。排空之后，收集管又重新开始，如此重复以进行体内水分的调节及代谢物的排出。纤毛虫中也有一些种类没有收集管，而是由内质直接收集水分形成小泡，由小泡再愈合成大的泡，最后将水分再送入伸缩泡。

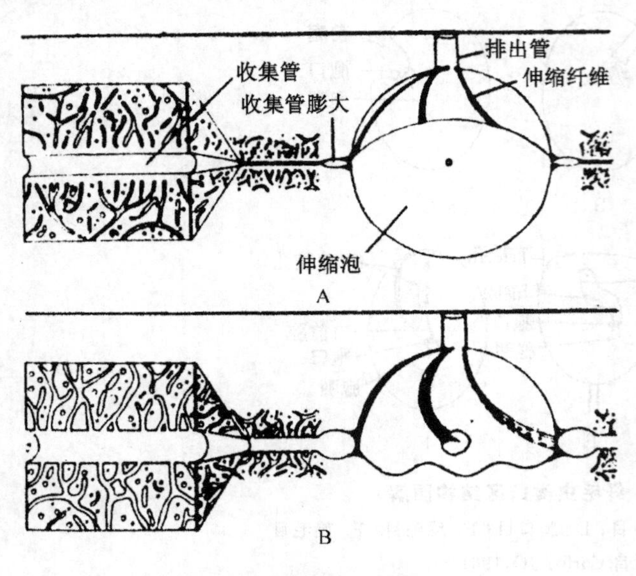

图 2-20 伸缩泡的作用机制

（引自 Mckanna JA，1973）

至于伸缩泡收缩的频率，淡水种类更频繁。运动时停止取食，只有很少的水分进入虫体，伸缩泡收缩的间隔时间较长；而当静止并取食时，两个伸缩泡交替进行收缩，其中间隔的时间仅数秒钟。靠近口部的伸缩泡一般较远离口端的收缩更快。

五、生殖

纤毛虫类的生殖与细胞核密切相关，纤毛虫类都具有两种类型的细胞核：大核与小核。小核一般呈球形，大核的形状随种而不同，例如草履虫的大核呈肾形（图 2-14）；喇叭虫的大核呈念珠形（图 2-29A）；游仆虫的呈"C"形；钟形虫的呈马蹄形（图 2-18C）；吸管虫的呈球形（图 2-26）。小核的数目不定，一般在 1～20 个，均为二倍体核。它负责基因的重组、交换，只在细胞分裂时活动，因此小核又称为生殖核。大核一个到多个，均为多倍体核。它来源于小核，负责日常的代谢、合成及控制细胞分化，也称营养核。大核中含有大量的 DNA，并通过不断复制，放大百万倍，大核中也包含许多核仁，在其中合成 rRNA，这些都提高了蛋白质合成的速率，以用于小器官的代谢与分化。

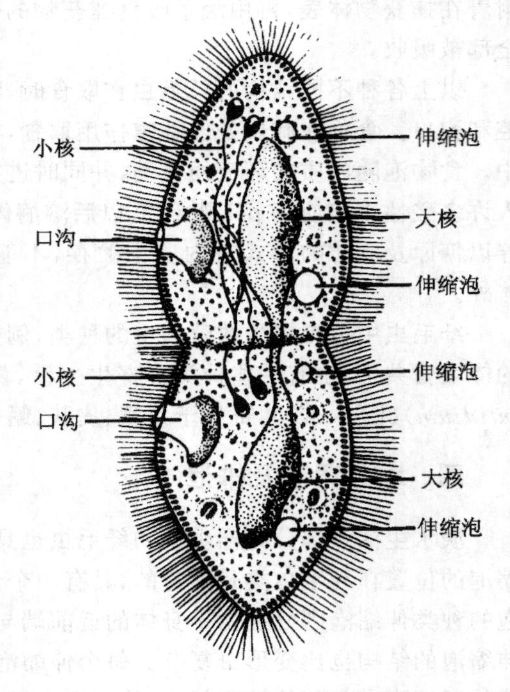

图 2-21 草履虫的横分裂

（转引自 Engemann JG，1981）

纤毛虫类具有无性生殖及接合生殖两种生殖方式。

（1）无性生殖。纤毛虫类的无性生殖主要是二分裂，除了缘毛目为纵二分裂之外，其余的均为横二分裂（图 2-21），生殖时，小核行有丝分裂，出现纺锤丝（spindle），大核行无丝分裂（amitosis），不形成纺锤丝。大核先延长膨大，然后再浓缩集中，最后进行分裂。由于大核是多倍体的，其中包含有许多由内质有丝分裂产生的基因组，但核本身的分裂不涉及染色体的改变。

许多固着生活的纤毛虫行出芽生殖，例如，吸管虫及钟形虫等，或是由体表长出芽体，或是体表内陷形成空腔，在腔内再长出芽体，以后芽体脱落，长出柄再固着生活。

(2) 有性生殖。纤毛虫类的有性生殖是接合生殖，即两个进入生殖时期的虫体。直接交换基因的过程，例如，大草履虫的接合生殖是这样的：进入生殖期的虫体成群聚集，然后适合于交配的两个个体各在口面分泌黏液，使两个虫体以口面紧贴(图 2-22)，相贴处细胞膜消失，细胞之间有原生质桥联结，每个接合体(conjugant)各有一个二倍体小核，小核分裂

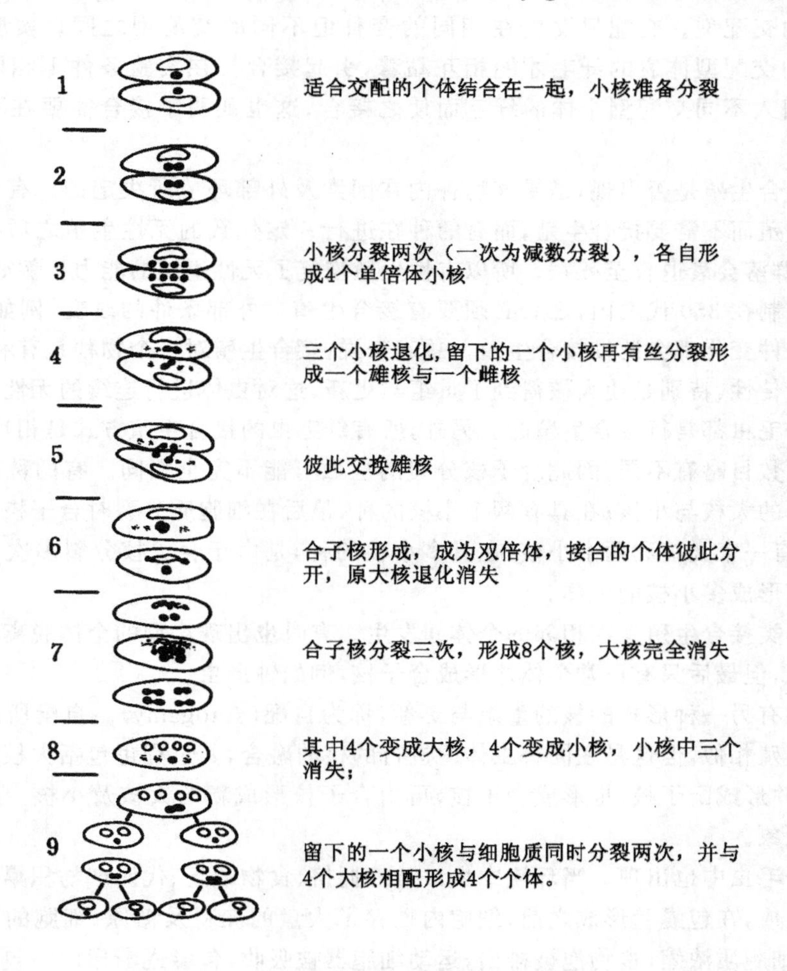

图 2-22　草履虫的接合生殖

(引自 Wichterman R，1953)

两次，其中一次是减数分裂，细胞核内的染色体数目减半，结果各形成 4 个单倍体的小核。随后其中的 3 个小核退化，留下的一个小核进行有丝分裂，形成两个单倍体的配子核。两个配子核中一个不活动，可以认为是雌核；另一个是游动的，可以认为是雄核。这时，两个接合体相互交换雄性核，并与对方的雌性核融合，形成一个二倍体的合子核之后两个接合

体分开。原来接合体的大核逐渐退化消失。一般地,纤毛虫合子核再进行有丝分裂恢复该种固有的细胞核数目,完成接合生殖。例如,具有一个大核一个小核的种,合子核有丝分裂后,一个形成大核,一个形成小核,不涉及细胞的分裂。但草履虫合子核再分裂三次形成8个核,其中4个变成新的大核,4个变成小核,4个小核中3个小核又消失,留下的一个小核与细胞质又同时分裂两次,各自带一个已形成的大核,最后形成4个各有一个大核和一个小核的新个体,完成了接合生殖。

草履虫的接合生殖不是在任何两个个体之间都可以进行,而是必须在不同的交配型(mating type)之间进行。每种纤毛虫都可以分为不同的遗传上独立的变种,每个变种都包含有两个或更多的交配型。交配只发生在相同的变种但不同的交配型之间。实验证明这是由于只有不同的交配型体表的纤毛才能相互黏着,引起接合。在实验条件下相同交配型的成员可以通过引入不同交配型个体的纤毛而使之接合,这也证明了接合需要在不同的交配型中进行。

在纤毛虫类接合生殖是否出现,是受该物种内在因素及外部环境所决定的。有的种可以无限地进行无性生殖而不需要接合生殖,而有的种在进行一定代数的无性生殖之后必须要有接合生殖,否则该群落会衰退直至死亡。所以有性生殖恢复了无性生殖的能力。例如,某些草履虫的无性世代限制在350代之内,之后必须要有接合生殖。外部条件的改变,例如温度、光照、盐度、食物等条件变化都会诱发接合生殖。总起来说,接合生殖对一个物种是有利的,它融合了两个个体的遗传性,特别是使大核得到了重组与更新,这对虫体进行连续的无性生殖是必要的。所以多数纤毛虫都是行接合生殖的。另外,所有纤毛虫的接合生殖方式是相当一致的,只是每个种小核的数目略有不同,因此合子核分裂的次数可能不完全相同。有的种由合子核直接分裂成新个体的大核与小核;在具有两个小核的种,最后在细胞质分裂时合子核多分裂一次,形成新个体具有一个大核和两个小核;在具多小核的种,是由于合子核分裂多次之后才进行细胞质的分裂而形成多小核的个体。

固着生活的种类接合生殖是在相邻的个体间发生。有时也出现小型的个体脱离柄部游向正常个体进行接合,但最后只有正常个体才形成合子核,例如钟形虫。

纤毛虫类中还有另一种形式的核的重组与更新,称为自配(autogamy)。自配所进行的过程及效果与接合生殖相似,但这是在同一虫体内进行的核的融合,其过程也包括大核的退化消失,小核分裂数次并形成配子核,也形成合子核,再由合子核形成新的大核及小核。草履虫就有这种自配生殖现象。

包囊形成在纤毛虫中也出现。当环境中虫口过度拥挤、食物缺乏、代谢产物积累过多等因素都可诱发包囊形成,在包囊壁形成之前,细胞内贮存了大量的淀粉及糖原,细胞的周围出现胶状物质的积累,细胞质浓缩,食物泡被排出,运动细胞器被吸收,包囊逐渐形成。包囊的形态随种而异,它是由多糖、几丁质或角蛋白组成。当环境条件改善后,包囊内的细胞器重新再生,细胞质环流开始,外壁也由于吸水而破裂,新个体由包囊中出来。

六、行为

纤毛虫类的行为反应也很明显,例如,它的趋避反应很易于观察。将含有草履虫的培养液滴在载片上,在水滴的中央加入微量弱酸,草履虫很快游向中心进入弱酸区,这是它的正趋性;如果酸度增加,草履虫会立刻逃避,这是它的负趋性。又如草履虫对可见光没有反应,但回避紫外光，在紫外光下很快引起死亡。草履虫喜欢在流水中逆流而上，当游到水面后，纤毛不再反转。弱电流时，虫体一般趋向负极，较强的电流时趋向正极。纤毛虫最适宜的生长温度是20～28℃，过高或过低的温度会引起它们生长繁殖的延缓或死亡。纤毛虫类的许多种都表现出明显的试探行为，前进中遇到障碍物时，它们会前进、后退、再前进，试探多次，直到成功地越过障碍物。

七、纤毛虫纲的分目

根据纤毛的模式及胞口的性质将纤毛虫类分为三个亚纲七个目。

1. 动片亚纲

动片亚纲(Kinetofragminophora)体表纤毛一致，没有复合纤毛器官，口区结构简单。

(1) 裸口目。纤毛一致，分布于整个体表，沿口区成规则的平行线旋转排列。胞口直接开口于体表，口区无纤毛，是纤毛纲中最原始的一目。代表种有栉毛虫(图 2-23A)、棒槌虫(*Dileptus*)(图 2-23B)和长吻虫(*Lacrymaria*)(图2-23C)等。

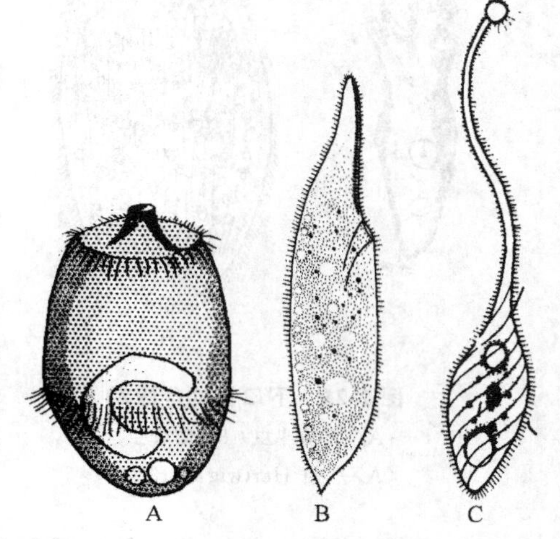

图 2-23 裸口目的代表种

A. 栉毛虫；B. 棒槌虫；C. 长吻虫

(A. 引自 Blochmann，1895；B,C. 转引自 Engemann JG，1981)

(2) 庭口目。口区具前庭，胞口位于前庭底部，前庭中只有简单的纤毛，口前腔(口沟)或有或无，但其中无纤毛。体表纤毛一致，绝大多数自由生活，如肾形虫(*Colpoda steini*)(图 2-24A)，生活在含有腐烂植物的水中。少数种类为脊椎动物消化道内共生或寄生的动物，例如结肠肠袋虫(*Balantidium coli*)(图 2-24B)，是唯一寄生于人体的纤毛虫。它通过包囊感染，引起寄主肠道溃疡及痢疾。肠纤毛菌虫(*Isotricha intestinalis*)(图 2-24C)是牛胃中共生的纤毛虫。

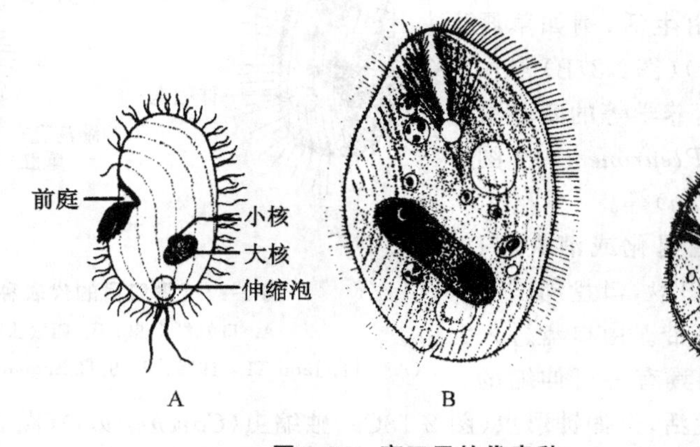

图 2-24 庭口目的代表种

A. 肾形虫；B. 结肠肠袋虫；C. 肠纤毛菌虫

(转引自 Engemann JG，1981)

(3) 下口目(Hypostomata)。身体呈瓶形或卵圆形,或背腹扁平,体纤毛常减少。身体前端有一对外质漏斗,漏斗内有纤毛伸入胞口与胞咽,常以外出芽方式行无性生殖,如旋漏斗虫(*Spirochona*)(图 2-25A),蓝管虫(*Nassula aurea*)(图 2-25B)。

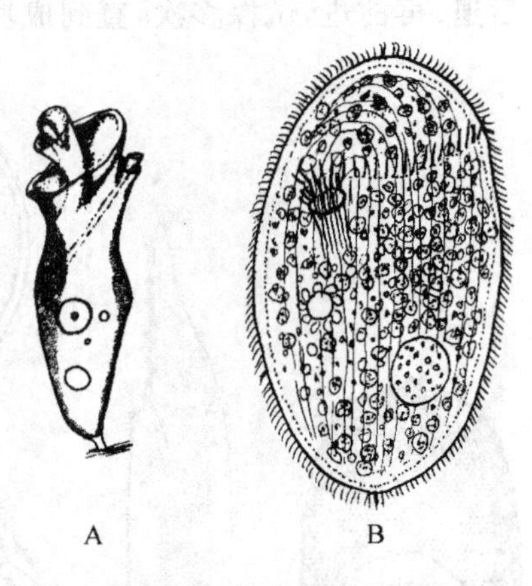

图 2-25 下口目的代表种

A. 旋漏斗虫; B. 蓝管虫

(A. 引自 Hertwig R,1877)

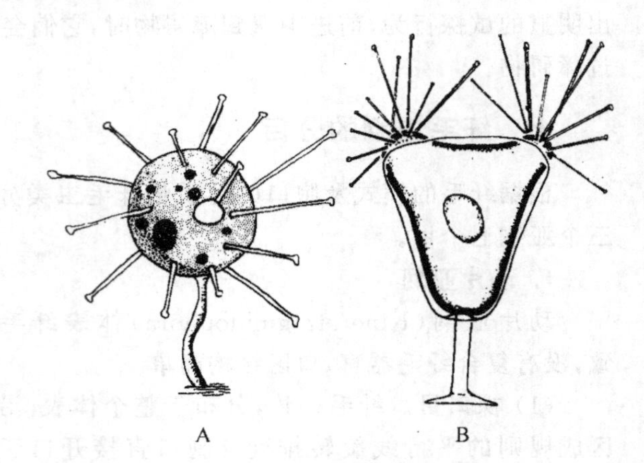

图 2-26 吸管虫目的代表种

A. 足吸管虫; B. 壳吸管虫

(引自 Jahn TL,1979)

(4) 吸管虫目(Suctoria)。幼虫具纤毛,自由生活。成虫期纤毛消失,具柄,营固着生活。体表具表膜或甲,无口,具触手,有的种具有两种类型的触手:一种用以穿刺;一种用以吸食。常附着在水生植物上生活。如足吸管虫(图 2-26A)、壳吸管虫(*Acineta*)(图2-26B)。

2. 寡膜亚纲

寡膜亚纲(Oligohymenophora)口区结构较发达,包含有复合的纤毛器官。

(1) 膜口目。体纤毛一致,覆盖全身,腹面具前庭及口前腔,口前腔中有纤毛构成的小膜带或波动膜,口前腔末端为胞口及胞咽。大多数淡水自由生活,例如草履虫、四膜虫(*Tetrihymena*)(图2-27B)常作为研究遗传学、细胞学、营养学等的实验材料;又如口帆纤毛虫(*Pleuronema*)(图2-27A)、豆形虫(*Colpidium*)等。

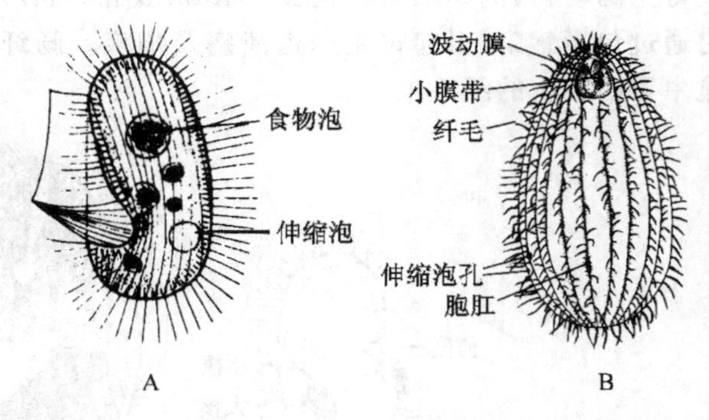

图 2-27 膜口目的代表种

A. 口帆纤毛虫; B. 四膜虫

(A. 引自 Jahn TL, 1979; B. 引自 Engemann JG, 1981)

(2) 缘毛目。体纤毛退化或消失,口纤毛带显著,虫体顶端具口盘,口盘周围有两行平行排列的口旁纤毛带。由口盘进入口前腔,很多种类反口端具有一可伸缩的柄,柄内有肌丝,营固着生活,例如钟形虫(图 2-18C)、独缩虫(*Carchesium*)(图 2-28A)、累枝虫(*Epistylis*)(图 2-28B);又如车轮虫(图 2-28C),它的反口端也有一个盘状的纤毛附着器,可在水螅、淡水鱼体表营共生或外寄生生活。

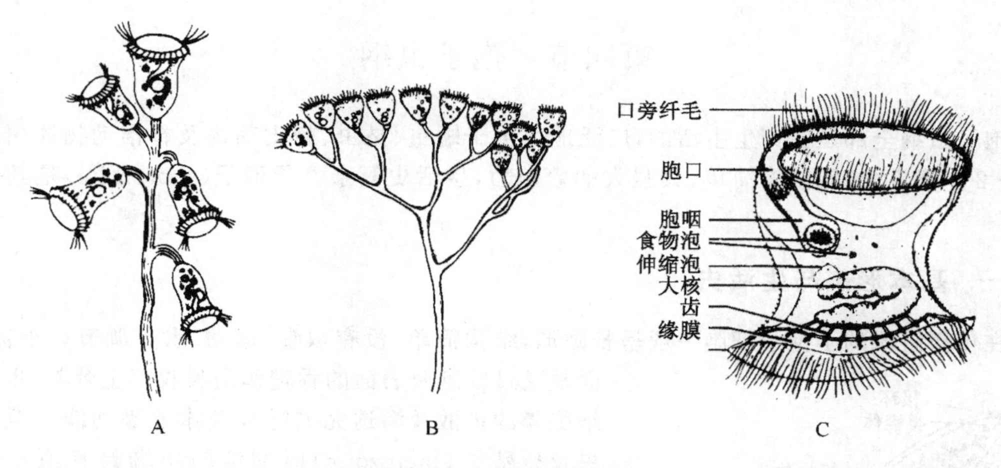

图 2-28 缘毛目的代表种

A. 独缩虫；B. 累枝虫；C. 车轮虫

（转引自 Engemann JG，1981）

3. 多膜亚纲

多膜亚纲(Polyhymenophora)口区具显著的口旁小膜带，体表纤毛一致，或构成复合的纤毛结构，如棘毛。

旋毛目。口旁小膜带发达，身体呈卵圆形、长圆形等。体表纤毛一致或形成棘毛，例如喇叭虫(图 2-29A)，是一种喇叭形大型个体，口旁纤毛带在虫体顶端旋转排列，大核长念珠状，旋口虫(图 2-29B)也是常见代表种。又如游扑虫(图2-18A)、尾棘虫(*Stylonychia*)(图 2-29C)等，大多数的体纤毛愈合成棘毛，棘毛位于腹面用以爬行；口旁纤毛带呈三角形，位于腹面，是原生动物中高度进化的种类。

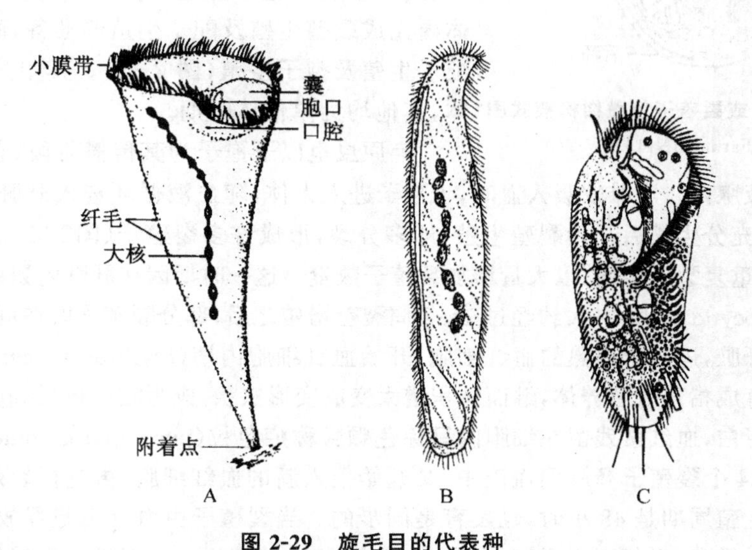

图 2-29 旋毛目的代表种

A. 喇叭虫；B. 旋口虫；C. 尾棘虫

（A. 引自 Schaeffer AA，1920；B. 引自 Hick H，1972；C. 引自 Hyman LH，1940）

第四节 孢子虫纲

孢子虫纲全部是营寄生生活的,广泛地寄生于蠕虫、昆虫、棘皮动物及脊椎动物体内。具有1～2个寄主,细胞结构简单,具强大的繁殖力,生活史复杂。子孢子(sporozoite)是其传播阶段。

一、基本形态与生活史

在传播阶段的子孢子细胞一般呈长圆形,结构简单,没有取食、运动、水分调节等小器官,而是通过细胞膜表面的吞噬作用吸收寄主营养,也通过细胞膜的扩散及渗透完成呼吸及排泄等功能。但孢子虫及裂殖子(merozoite)时期细胞顶端具有顶复合器(apical complex),顶复合器包括一个前端的类锥体(conoid)、1～2个极环(polar ring)、两个或多个棒状体(rhoptry)和许多表膜下的微丝(microneme)(图 2-30)。微丝上具有酶,用以穿透寄主细胞,其他结构机能不清楚。体表的微孔(micropore)可能用于取食。另外,在细胞膜之下,还有两层薄膜构成的表膜泡(alveolus)包围着除了两端和微孔的体表部分。

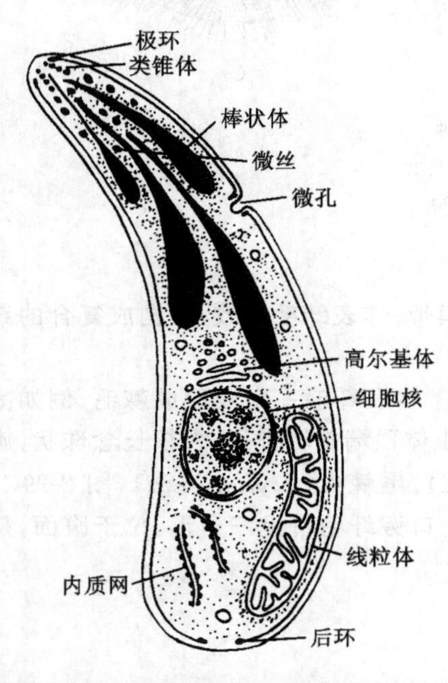

图 2-30 孢子虫或裂殖子超微结构模式图
(引自 Farmer JN,1980)

孢子虫的生活史是相当复杂的,以引起人体疟疾病的间日疟原虫(*Plasmodium vivax*)为例。它有两个寄主:人与雌性按蚊(*Anopheles*)。生活史中有裂殖生殖、配子生殖及孢子生殖(sporogony)三个时期。在人体内完成裂殖生殖及配子生殖的准备,而在蚊体内完成配子生殖及孢子生殖(图 2-31)。其中只有合子是二倍体,其他均为单倍体时期。

疟原虫也以子孢子为其传播阶段,它大量地存在于雌性按蚊的唾液腺内。当雌蚊吸人血时,子孢子进入人体,随血液循环进入肝脏的内皮细胞内,吸食寄主细胞,充分生长后开始裂殖生殖,即多分裂,形成许多裂殖子(图2-31)。裂殖子又重新侵入内皮细胞,重复裂殖生殖,以大量增加裂殖子数量。这一时期因在肝脏内繁殖称为血红细胞外期(exoerythrocytic cycle)。大约经过1～2周裂殖增殖之后,部分裂殖子留在肝脏内皮细胞,部分裂殖子离开肝脏,进入未成熟的血红细胞,开始血红细胞内期(erythrocytic cycle)的裂殖繁殖。裂殖子首先发育成指环状营养体,继而体积增大变成变形虫状,成为滋养体(trophozoite),它取食细胞内的血红蛋白,血红素残留在细胞内呈棕色颗粒称疟色粒(pigmental granule)。滋养体经多分裂形成16～24个裂殖子释放到血液中,又开始侵入新的血红细胞,再进行裂殖生殖。间日疟原虫每次裂殖生殖周期是48小时,且发育是同步的。当裂殖子由血红细胞释放时,其代谢产物及疟色素也同时排放,引起寄主恶寒、高烧、大汗,继而症状消失。一般寄主在感染2～3周后,裂殖子达到相当数量时才出现症状,这之前称为潜伏期。

之后,进入血红细胞的裂殖子经生长后,发育成雌、雄配子母细胞。前者细胞质染色较深,

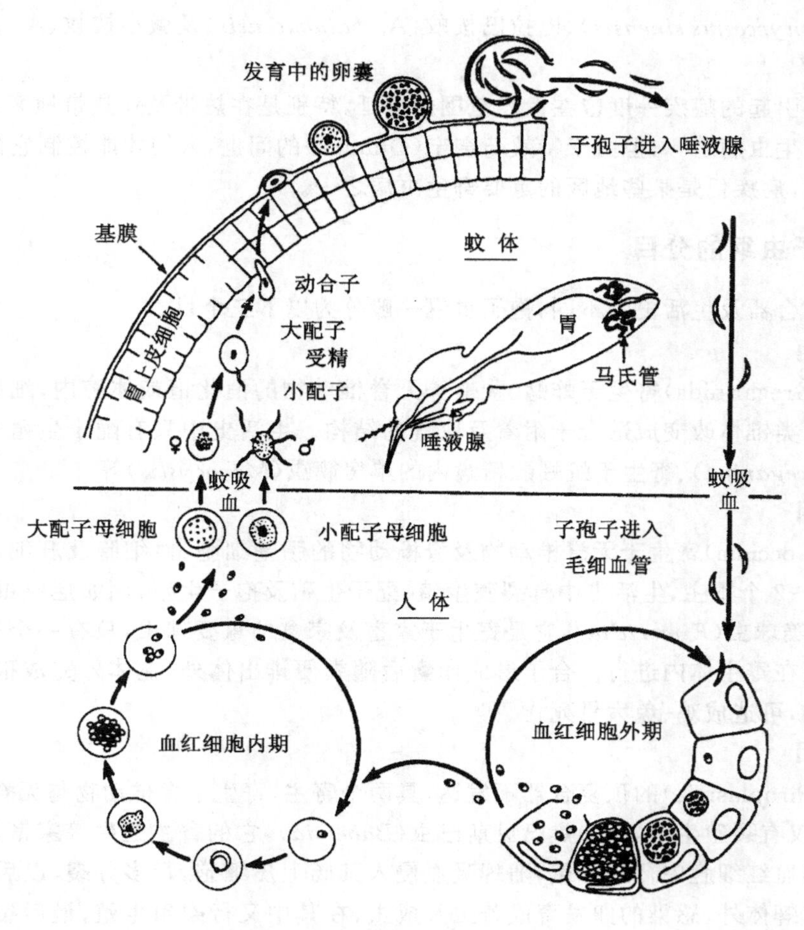

图 2-31　间日疟原虫生活史
(引自 Adam KMG,et al,1971)

核小而密致,位于细胞一侧。后者核大而疏松,位于中央。配子母细胞经一周的成熟之后,在人体内完成配子生殖的准备,并停止发育。它必需进入蚊体后才能继续发育,否则 30～60 天之后死亡。如果配子母细胞随按蚊吸血进入蚊胃即立刻发育。大(雌)配子母细胞发育成大配子,小(雄)配子母细胞分裂 3 次形成 8 个具双鞭毛的小配子,于是大小配子结合形成二倍体的合子,在蚊体内完成有性生殖。

疟原虫的合子能蠕动,称为动合子(Ookinete),它进入蚊胃壁形成卵囊,先经减数分裂,恢复单倍体,再经不断地分裂进行孢子生殖,卵囊也由小变大,经 2～3 周发育,一个卵囊内有数千个核形的子孢子,一个蚊胃内可有数百个卵囊,当卵囊成熟后,囊壁破裂,子孢子释放出来,随体液进入蚊唾液腺内,待蚊虫再度吸血时,子孢子又进入新的寄主,开始人体寄生时期。

寄生于人体的疟原虫共有四种。除了间日疟原虫之外,还有三日疟原虫(*P. malariae*),在人体内需 72 小时完成一个裂殖周期,患者每三日出现一次症状。还有恶性疟原虫(*P. falciparum*),在人体内 36～48 小时完成一次裂殖周期,这种疟原虫与间日疟原虫较为常见,为害也最剧烈。此外还有卵形疟原虫(*P. orale*),我国偶有发现。作为终寄主的按蚊在我国主要有中华按蚊(*A. hyrcanus sinensis*)、巴拉巴按蚊(*A. balabacensis*)及微小按蚊(*A. minumus*)等少数几种。

由疟原虫引起的疟疾一度曾在世界范围内蔓延,特别是在热带及亚热带地区,该病曾被列为我国五大寄生虫病之一,但由于特效药奎宁(Quinine)的问世,人们才能控制它的蔓延,至今在世界范围内,疟疾仍是某些地区的重要寄生虫病之一。

二、孢子虫纲的分目

根据顶复合器及生活史的不同,孢子虫纲一般分为以下三个目。

1. 簇虫目

簇虫目(Gregarinida)寄生于蚱蜢、蜚蠊等无脊椎动物的消化道或体腔内,细胞外寄生,只有一个寄主。类锥体改变成适合于附着及取食的结构。生活史中只有配子生殖与孢子生殖,例如,簇虫(*Gregarina*)、寄生于蚯蚓贮精囊内的单房簇虫(*Monocystis*)等。

2. 球虫目

球虫目(Coccidia)寄生于无脊椎动物及脊椎动物的肠壁细胞、血细胞及肝细胞等,为细胞内寄生物。1～2个寄主,生活史中具裂殖生殖、配子生殖及孢子生殖,例如疟原虫(*Plasmodium*)。又如艾美球虫(*Eimeridia*),它是寄生于家畜及家禽的重要球虫,只有一个寄主,裂殖生殖及配子生殖在寄主体内进行。合子形成卵囊后随粪便排出体外,在体外完成孢子生殖。卵囊为其传播期,可造成鸡、兔大量死亡。

3. 焦虫目

焦虫目(Piroplasmia)的顶复合器不发达,具两个寄主,寄生于脊椎动物与无脊椎动物细胞内,生活史中仅有裂殖生殖,例如焦巴贝斯巴虫(*Babecsia*),它的寄主是牛等家畜及蜱(蛛形纲动物),在牛的血红细胞中行双分裂,随蜱吸血侵入其肠上皮细胞,行多分裂,以后裂殖子进入蜱卵内被排出蜱体外,感染的卵发育成若虫及成虫,在其中又行裂殖生殖,最后裂殖子进入蜱的唾腺中,随蜱的吸血再行传播。它可以引起牛"血尿",是我国牧区重要的寄生虫病之一。

一般认为孢子虫类是异源性的一类,例如,还有一类寄生于无脊椎动物或低等脊椎动物细胞内的原虫,生活史中也有孢子阶段,但电子显微镜观察它的孢子虫不具顶复合器,而具极囊(图2-32A),极囊内有盘卷的极丝(polar filament),或孢子仅有极丝而无极囊(图2-32B)。用极丝以附着。因此将它们独立成纲,称为丝孢子虫纲(Cnidospora),并分为两个亚纲。

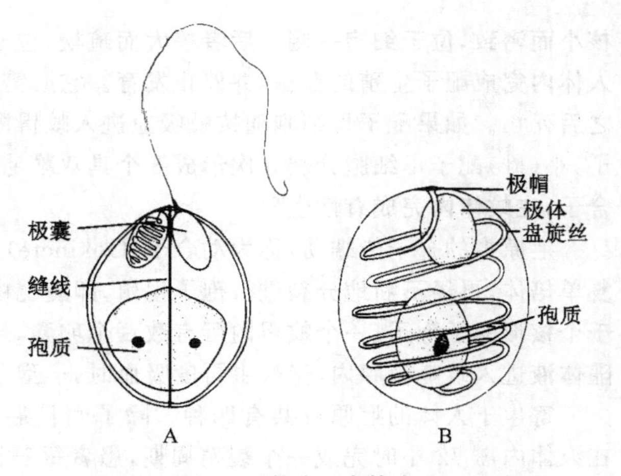

图 2-32 丝孢子虫的孢子

A. 具极囊;B. 具极丝而无极囊

(引自 Farmer JN,1980)

1. 黏孢子亚纲

黏孢子亚纲(Myxospora)主要寄生在鱼体体表或体内,生活史中有孢子阶段,孢子由2～3瓣组成(图2-32A)。中间有缝线,有2～6个极囊及一团具双核的胞质,胞质溢出后形成营养体，经多分裂形成多个母孢子，每个母孢子有两个孢子，孢子中有6个核，其中每两个分别发育成极囊、孢壳及孢质，现在又有人认为极囊与腔肠动物的刺细胞相似，且是多细胞的，因此列入腔肠动物门。

2. 微孢子亚纲

微孢子亚纲(Microspora)主要寄生在节肢动物肠上皮或其他细胞中，其孢子极小，很少超过5 μm，具极丝，胞质单核，由孢子出来后经多分裂形成裂殖子，裂殖子或重新感染或形成母孢子(图2-33)，母孢子或直接发育成孢子或经核多分裂再形成孢子。例如，寄生于家蚕或蜂体内的微粒子(nosema)，造成蚕或蜂的大量死亡。现在有人把它放在真菌或真核生物的基部，因为它们缺乏鞭毛、线粒体及高尔基体。

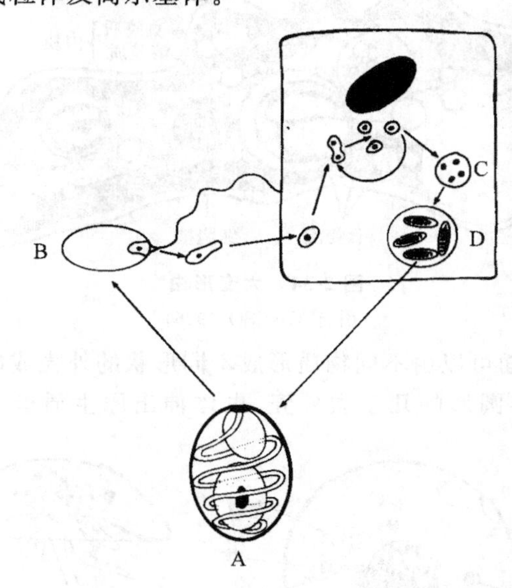

图2-33 微孢子虫生活史模式图

A. 成熟孢子；B. 逸出的孢质带有极丝；C. 寄主细胞内的多核体；D. 单核母孢子产生多核孢子

(引自Farmer TN，1980)

第五节 肉足虫纲

在传统的动物学中，变形虫及有孔虫类合并成根足亚纲(Rhizopoda)，太阳虫及放射虫类归为辐足亚纲(Actinopoda)，它们共同构成原生动物门的肉足虫纲。但现代分子生物学的研究表明它们不是单源性起源的一类，合并成一类是不妥当的。因此都主张将变形虫、有孔虫、太阳虫及放射虫四类各自独立成门，或根据后两类都有轴型伪足而合成辐足门。把原来的肉足虫纲统称为变形虫类(Amoeboid)。

肉足虫纲最主要的特征是身体的细胞质可以延伸形成伪足，作为取食及运动的细胞器。一些种类体表具一层很薄的细胞膜，可以改变体形并做变形运动；一些种类具有骨骼——壳，细胞结构简单，具较少的细胞器，均为异养；一些种类生活史中出现带鞭毛的配子时期。淡水、海水及潮湿土壤均有分布；极少数种类寄生。

一、一般形态与生理

肉足虫纲中一些种类体表是裸露的，只有一层很薄的细胞膜，例如生活在池塘、小溪或淤泥表面的大变形虫(*Amoeba proteus*)(图 2-34)。由于身体任何地方均可伸出伪足，使体形变换而不固定。伪足伸出的方向代表身体临时的前端。身体可以明显地分为内质与外质，在内质中含有盘状细胞核及食物泡、伸缩泡等细胞器。

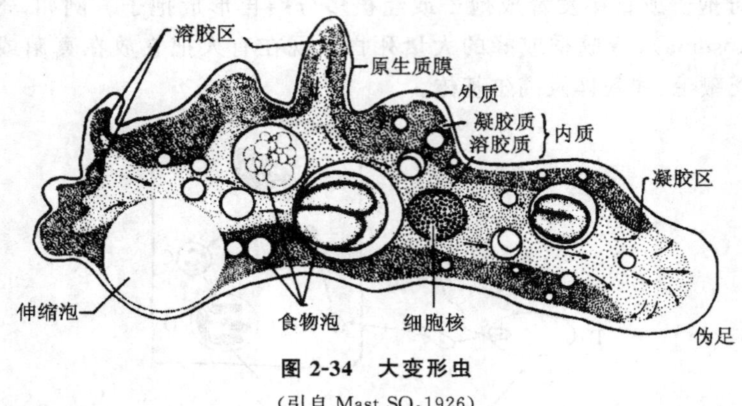

图 2-34 大变形虫

(引自 Mast SO，1926)

但许多种类虫体的表面可以由不同物质形成不同形状的外壳或内壳，例如，细胞质可以分泌几丁质，构成一黄褐色半圆形的几丁质外壳，虫体伸出原生质丝以固着在壳内，如表壳虫

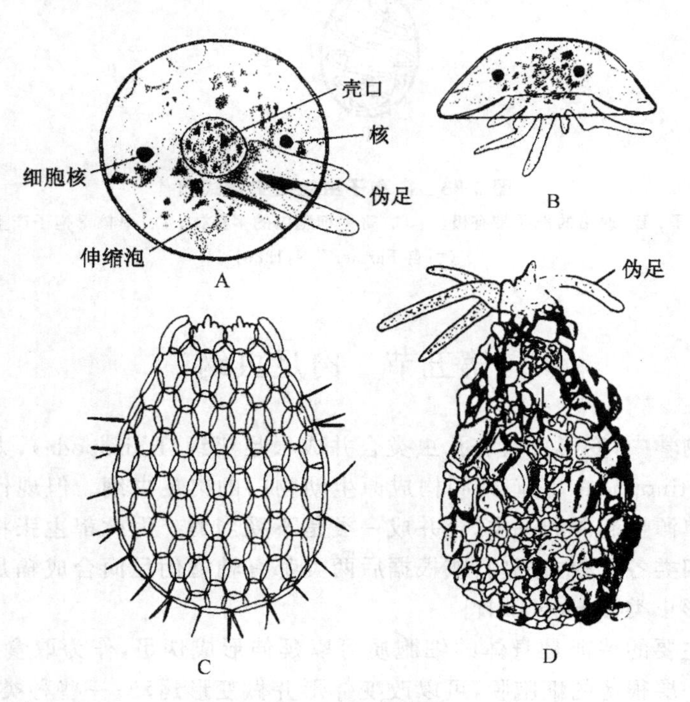

图 2-35 壳的结构

A. 表壳虫的顶面观；B. 侧面观；C. 鳞壳虫；D. 砂壳虫

(引自 Deffandre G，1953)

(*Arcella vulgaris*)(图 2-35A,B);或者分泌硅质板,构成硅质外壳,如鳞壳虫(*Euglypha strigosa*)(图 2-35C);或者分泌黏液,由黏液黏着沙粒等外来物质,构成砂质壳,壳的一端有大孔,由此伸出伪足,壳内虫体结构与变形虫相似,如砂壳虫(*Difflugia oblonga*)(图 2-35D);还有的种类细胞质分泌碳酸钙,形成单室或多室的钙质壳,如有孔虫类(图 2-40);还有的种类形成硅质或几丁质的内壳,以及长的骨针等。

肉足虫类的伪足也存在着不同的类型,最普通的是大变形虫具有的叶足(lobopodia),这种伪足较粗大,末端钝,它是由内质与外质共同流动形成(图 2-36A);一些有壳变形虫的伪足细长,末端尖,而且常常分支,仅由外质组成,这种称丝足(filopodia)(图 2-36B);如果丝足分支、再分支,并互相联结形成网状或根状,则称为根足(rhizolopodia)(图 2-36C),有孔虫类即是;在太阳虫及放射虫类,它们的伪足也细长,但中央有微管组成的轴棒支持,微管是由许多微丝按一定的几何形式排列形成,这种伪足称轴足(axopodia)(图 2-36D),轴足可以伸出及撤回。丝型、根型及轴型的伪足均由外质组成。在光学显微镜下借助于伪足内颗粒的流动,可以看到原生质沿两个相反的方向流动:在伪足的一侧,原生质由基部向端部流动;另一侧由端部向基部流动。一般底栖生活的种类,靠伪足拖曳身体向前爬行。漂浮生活的种类水平方向的移动借助于水流及风力,在水中的垂直运动是通过增加或减少外质的泡化、增减或改变内质中的油滴来进行调节。

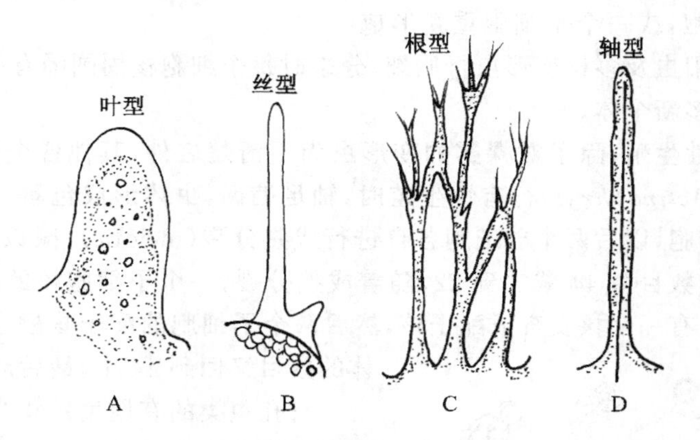

图 2-36　伪足的类型

A. 变形虫类的叶足;B. 有壳虫类的丝足;
C. 有孔虫类的根足;D. 太阳虫类的轴足
(引自 Engemann JG,1981)

1. 营养

肉足虫纲除了寄生生活的种类营腐生性营养之外,其他种类都营动物性营养。食物包括细菌、藻类、其他原生动物,甚至小型的多细胞动物。具叶足的种类取食时,靠伪足在食物周围呈杯形包围,伪足逐渐向食物四周延伸靠拢,直至把食物完全包围在原生质内形成食物泡,食物泡内含有一定量的水分,使食物悬浮在水中;具丝足的种类取食时,伪足紧贴食物进行包围,食物泡中不含水分;具根足及轴足的种类,当伪足接触到食物时,食物立刻被伪足表面的颗粒黏着,并迅速被表面的黏液膜包围,黏液膜中含有溶酶体,溶酶体能麻醉及消化捕获物,形成食物泡后再进入虫体的细胞质中。食物泡是肉足虫纲临时的消化细胞器,内质分泌的酸及各种消化酶注入食物中进行分解与消化。具中心囊的种类,食物泡是在囊外的原生质中进行消化,不能消化的食物残渣随原生质的流动被留在身体后端，最后通过细胞膜排出体外，食物残渣被排出的过程称为排遗。

2. 生殖与生活史

无性生殖是肉足虫纲的主要生殖方式，主要行二分裂或多分裂。不同种类分裂的方式有所不同。裸露变形虫的无性生殖就是细胞的有丝分裂(图 2-37A)。有壳变形虫分裂时先由壳口流出部分的细胞质，在壳外形成一个新壳(图 2-37B)，新壳初步形成后，细胞质与细胞核再进行有丝分裂(图 2-37C)，再生出各自失去的部分，最后形成两个新个体，其中一个新个体具原来的壳，另一个新个体的壳是新形成的，如鳞壳虫。放射虫的无性生殖相似于有壳变形虫，一个新个体接受原来的中心囊，另一个新个体重新形成中心囊，而其骨针部分或者是分配到两个子细胞，或一个子细胞重新形成骨针。一些多核太阳虫及多核变形虫行质裂，分裂时每个细胞核周围围有一部分细胞质，最后母细胞破裂形成许多新个体。

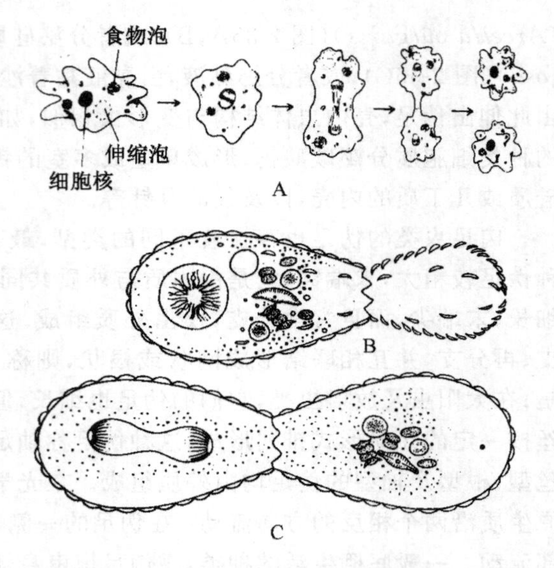

图 2-37 变形虫类的无性生殖

A. 裸露的变形虫；B. 有壳变形虫；C. 示核分裂

(转引自 Ruppert EE，2004)

肉足虫纲的有性生殖，除了对裸露的变形虫尚不清楚之外，其他各个目的动物都是存在的。例如，太阳虫(*Actinophrys*)行有性生殖时，轴足缩回，虫体形成包囊，在包囊内进行细胞分裂，形成两个子细胞，以后两个子细胞各自进行成熟分裂(meiotic)(减数分裂)，分裂时仅涉及细胞核，染色体的数目由 44 减少到 22，随着成熟分裂，一个子细胞核的内含物作为极体被抛出，每个子细胞只有一个核发育成配子核，然后两个子细胞的配子核融合形成合子核，染色体的数目又回到 44 个，最后形成一个新个体。

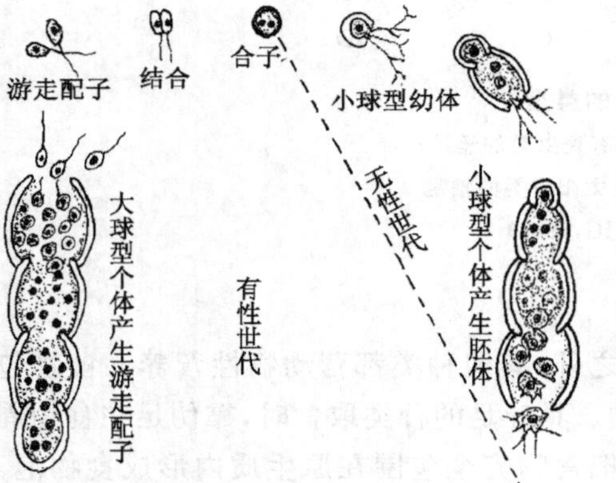

有孔虫类的有性生殖相当复杂并相当一致。在大多数多壳室的有孔虫具有二态现象(dimorphism)，即有两种形态的个体。一种形态为小球型(图 2-38)，即具有小的胚室(proloculum)，小球型体内含有多核，它以无性生殖方式产生许多个体，这种个体具有大的胚室，因此称大球型，大球型成熟后可以产生许多具双鞭毛的游走配子，当不同个体的配子结合时形成了结合子，由结合子再发育成小球型个体，完成生活史，所以小球型称为无性世代，大球型称为有性世代，无性世代与有性世代交替进行，称为世代交替现象(metagenesis)。单壳室的有孔虫其生活史及生殖方式与多壳室种类相同，只是大球型与小球型在胚室形态上没有区别。

图 2-38 有孔虫的生活史

(引自 Kudo RR，1966)

3. 行为

肉足虫纲对外界环境中的刺激能产生一定的行为反应，刺激包括接触、热、光、温度、化学等多方面。变形虫身体的任何一点接触到固体物质的刺激，立刻会改变运动的方向，悬浮生活的种类遇到固体物质又立刻伸出伪足，直到爬上固体物；适当的温度促使变形虫加快运动，过高或过低的温度又会抑制它的运动；适当的光线刺激引起被刺激部位的溶胶质凝胶化，并增加局部凝胶质的弹性；任何微量的化学物质的刺激会使它们产生逃避运动，如果把变形虫由培养液移入清水中，它会很快变成放射状，当在清水中加入适量的氯化钠后，体形又恢复正常。总之，变形虫对刺激产生的反应是逃避时，称为负趋性(negatively taxis)，产生的反应是趋向性的称正趋性(positively taxis)。肉足虫纲没有感觉细胞器，它所产生的行为反应说明原生质对环境刺激具有激应性。肉足虫类在环境不利时形成包囊的现象也很普遍。

二、肉足虫纲的分目

根据伪足的不同可将肉足虫纲分为两个亚纲。

1. 根足亚纲

根足亚纲的伪足为叶型、丝型、根型，但无轴型，淡水或海水生活，极少数寄生于昆虫、脊椎动物及人体消化道内。

(1) 变形虫目(Amoebina)。身体裸露，体形随原生质流动而改变，或包围在一单个的壳中。裸露的变形虫伪足叶型。例如大变形虫(图 2-34)、棘变形虫(*Acanthamoeba*)(图 2-39A)和哈氏变形虫(*Hartmannella*)(图 2-39B)。极少数寄生于昆虫及脊椎动物体内。例如，寄生于人体肠道内的痢疾内变形虫(*Entamoeba histolytic*)(图 2-39C,D)，其生活史中有滋养体及包囊阶段。包囊是传播阶段，其中有四个核。当人误食包囊之后，在人体小肠内包囊破裂，四个细胞核释出，形成小滋养体。小滋养体在肠腔中以细菌为食，行无性生殖形成更多小滋养体或大滋养体。大滋养体侵入肠壁，溶解肠组织，吞噬组织和血红细胞，造成肠壁脓肿，大便脓血，称为阿米巴痢疾或赤痢。大滋养体还可侵入人体肝、肺等器官，也造成脓肿，在肠内只有小滋养体可以形成包囊，随寄主粪便排出体外并进行传播。

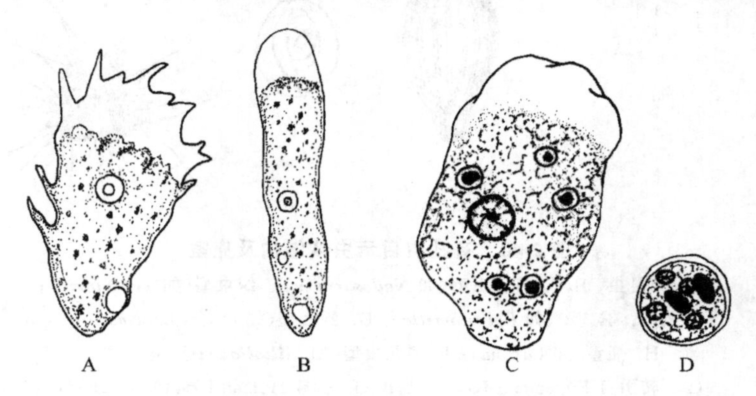

图 2-39　变形虫目的代表种

A. 棘变形虫；B. 哈氏变形虫；C,D. 痢疾内变形虫的滋养体及包囊

(A,B. 引自 Farmer JN,1980;C,D. 引自 Hickman CP, 1973)

变形虫目中还有一些种类能分泌几丁质、硅质或黏液形成外壳，例如表壳虫、砂壳虫、鳞壳

虫等(图 2-35)。它们的伪足为叶型或丝型。其无性生殖是二分裂,有性生殖是异配生殖,但配子也呈变形虫状。有壳的变形虫也曾被单独成目,称有壳目(Testacea)。变形虫目主要生活在淡水,也有的生活在海水及潮湿土壤的表面,包囊形成很普遍。

(2) 有孔虫目(Foraminiferida)。具有碳酸钙或拟壳质构成的单室壳或多室壳,壳的形状多种(图 2-40)。多室壳是由胚壳室按一定方向及排列连续分泌形成。壳内各室之间有钙质板相隔,但板上有小孔,使壳室内的原生质彼此相连。壳内的细胞质中含有一个到多个细胞核,壳室的外表面包有一层极薄的外质,通过壳口、壳孔及壳外的原生质伸出伪足。伪足根型,浓密成网用以捕食及在海底爬行。极少数为淡水生活,例如异网足虫(*Allogromia*),具单壳。绝大多数为海洋生活,如球房虫(*Globigerina*)(图 2-40J)等。有人估计有孔虫约有 20 000 种之多。大多数有孔虫在海洋中底栖或漂浮生活,它们的壳及尸体在海底形成有孔虫软泥,覆盖了世界海洋的 1/3 海底,深度不超过 4 000 m。超过此限度由于水的更大压力及更高浓度的 CO_2,容易将钙质壳溶解掉。从寒武纪地层中已发现大量有孔虫化石,中生代更繁盛。现在生存的种的个体一般在 1 mm 之下,但化石的种可达数厘米,最大的直径竟有 15 cm。许多化石种也可做地层的指示化石,在采矿、寻找石油方面具有经济意义。

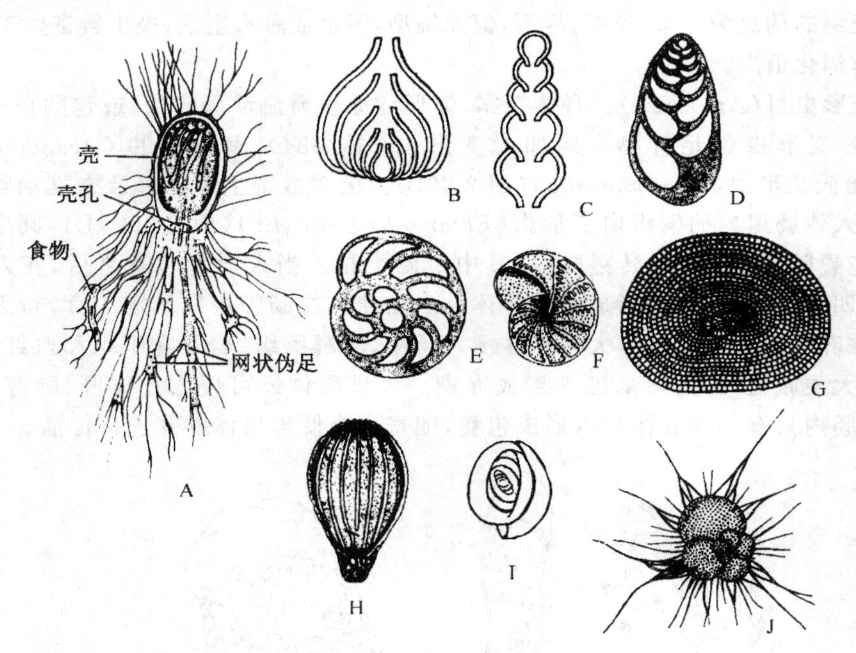

图 2-40 有孔虫目示虫体结构及壳室

A. 异网足虫; B,C. 节房虫型(如 *Nodosaria*); D. 织虫型(如 *Textularia*);
E,F. 螺旋型(如 *Polystomella*); G. 圆线型(如 *Discospirulina*);
H. 瓶型(如 *Lagena*); I. 粟孔虫型(如 *Miliolida*); J. 球房虫
(A. 转引自 Engemann JG, 1981; B~J. 引自 Hyman LH, 1948—1967)

2. 辐足亚纲

辐足亚纲具轴型伪足,淡水和海水生活,多数营漂浮生活。

(1) 太阳虫目(Heliozoa)。体呈球形,主要在淡水及海水中营漂浮生活,也有一些种底栖，营爬行生活。具轴型伪足，从体表放射伸出。有的种除轴型伪足外还有丝型伪足。伪足用以漂浮、捕食及附着。细胞质可以明显地分为高度泡化的外层，称为皮质(cortex)和具颗粒的致密的内层，称为髓质(medulla)。例如，多核的辐球虫(图 2-41A)。淡水种的皮质中含有伸缩泡，髓质中还有一个到多个细胞核。在皮质与髓质之间缺乏有机质的壳。一些种在皮质外覆盖有一层几丁质胶，而散布的一些骨骼附着在表层的几丁质胶中。所谓骨骼是由细胞质分泌的有机质或硅质的针、管片、瘤状等结构，它们也像轴足一样，由身体向外放射伸出，例如，一种太阳虫(*Heterophrys myriopoda*)就具有一层几丁质长刺(图 2-41B)。

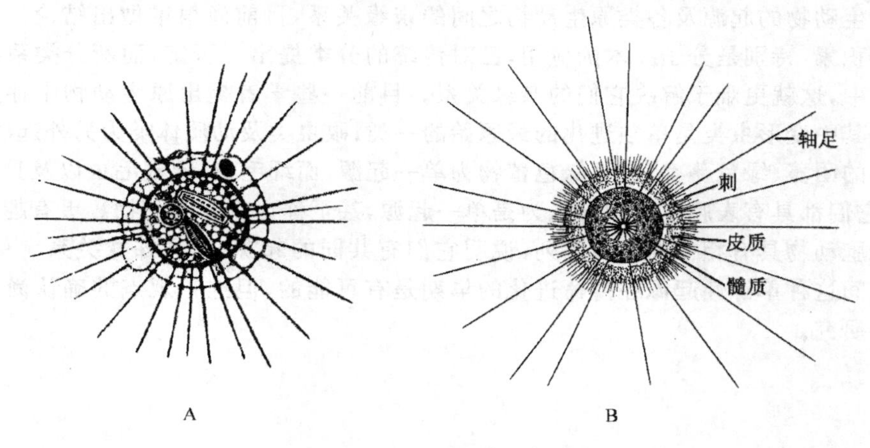

图 2-41　太阳虫目的代表种

A. 辐球虫；B. 太阳虫

(A. 引自 Doflein F,1949;B. 转引自 Ruppert EE,et al,2004)

(2) 放射虫目(Radiolaria)。身体亦呈球形，体形较大，一般直径为几个毫米，全部海洋漂浮生活。身体亦区分成内、外两层。但两层之间一定有一几丁质或拟壳质构成的中心囊(central capsule)相隔(图 2-42A)，囊壁上有小孔，使内、外层的细胞质可以相互沟通。囊外的细胞质形成大量的黏泡，其中充满黏液。一些种在黏泡层中有大量共生的腰鞭毛虫等的非鞭毛阶段。囊内部分含有 1 个或多个细胞核。伪足亦为轴型，也同时有丝型，由体表放射伸出，而轴足中的微管是由囊内的细胞质产生并穿过黏泡层向外伸出。

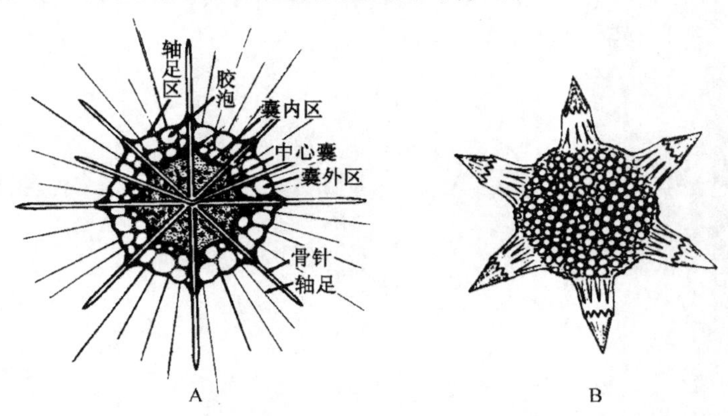

图 2-42　放射虫目的代表种

A. 等棘虫；B. 锯六锥星虫

(引自 Farmer JN,1980)

放射虫通常是具有骨骼的，多数为硅质，还有一些种为硫酸锶。一种类型的骨骼是细长的刺状或针状，由中心囊内向外放射伸出并超过细胞的黏泡层，例如等棘虫（图 2-42A）；另一种类型是构成球形或两侧式的网格状的骨骼，例如六锥星虫（*Hexacontium*）（图 2-42B）。

放射虫在海洋中的垂直分布可以从海平面到水下 5000m 之间，它们的骨骼也形成大量的海底的放射虫软泥及化石，且深度可达 4000～6000m。因为壳是有机质的，可以承受更大的海水压力。但含有硫酸锶壳的骨骼，虫体死后即被溶解。

关于原生动物的起源及各类原生动物之间的亲缘关系，目前尚很难做出结论。正如随着新的资料的积累，特别是分子技术的应用，已对传统的分类提出了否定，而新分类系统的建立尚在讨论之中，这就更难于解决它们的亲缘关系。目前一些学者提出原生动物中存在几个单源性起源。其中变形虫类是单独进化的最原始的一类；眼虫类及动质体类为另外起源的一类；具有色素体的团藻、绿色藻类，甚至绿色植物为单一起源；而纤毛虫、腰鞭毛虫以及具顶复合器的孢子虫，它们都具有表膜小泡而被认为是单一起源，甚至称为表膜泡动物。更有趣的是领鞭毛虫与多细胞动物具有相似的基因序列，说明它们有共同的起源，而具姊妹关系。总之，原生动物各类之间这种单源性起源在生命进化的早期是有可能的，但这一观点的确认尚待更多资料的积累及研究。

第三章　后生动物的起源与进化

后生动物(Metazoa)是相对于原生动物而言,原生动物是单细胞动物,后生动物则是多细胞动物。构成多细胞动物身体中的每一个细胞在自然条件下已失去了独立生存的能力,通过细胞形态的分化、机能的分工、细胞之间的相互联系而共同完成生命机能。

后生动物包括动物界中除原生动物之外的所有动物,在这样庞大的类群中,如何客观地、分门别类地区分这些后生动物,而又能相对真实地反映它们之间的亲缘关系,这一直是动物学家力图解决的课题。在这里,后生动物(主要是无脊椎动物)组织的分化、区分后生动物的发生学特征以及后生动物中起源与进化关系是本章将要讨论的问题。

第一节　后生动物的组织分化

后生动物随着身体细胞数目的增加,细胞间的形态与机能产生了分化,结果使形态相似、功能相关的一群细胞及细胞间质构成了组织(tissue),以担任机体中某种生理机能。构成后生动物身体的基本组织有上皮组织、结缔组织、肌肉组织及神经组织四种类型。

一、上皮组织

上皮组织(epithelial tissue)覆盖于身体表面、内部器官的表面和腔隙及管道的腔面。上皮组织的细胞排列紧密,细胞间质极少,细胞具极性,分基底面与游离面,以基底面附着在基膜(basement membrane)上,上皮组织具脱落及更换的特征,在机体中担任保护、吸收、分泌、排泄及感受等多种机能。上皮组织可分为 3 种类型。

1. 被覆上皮

被覆上皮(lining epithelium)覆盖在身体表面、器官表面及腔隙的腔面。无脊椎动物的上皮组织细胞都是单层排列,称单层上皮(simple epithelium);脊椎动物除了单层上皮之外,细胞可多层排列,称复层上皮(stratified epithelium)。

在单层上皮中,如果构成上皮组织的每个细胞均呈扁平形,排成扁平的一层,称为扁平上皮(squamous epithelium),例如,血管及体腔的腔面皆是;如果细胞均呈立方形,则称为立方上皮(cuboid epithelium),例如,有些腺体的腺泡细胞;如果细胞均呈柱形,则称为柱状上皮(columnar epithelium)(图 3-1),例如,动物的胃、肠道的腔面,许多无脊椎动物的体表上皮等。

上皮细胞常出现一些特化,例如,细胞表面具有纤毛,称为纤毛上皮(ciliated epithelium),例如,涡虫腹面的体表上皮;如具有鞭毛,称鞭毛上皮(flagellated epithelium),如假体腔动物的体表上皮;如上皮细胞中具肌肉纤维则称肌上皮(muscular epithelium),例如腔肠动物;棘皮动物上皮细胞具许多突起,并与神经细胞的突起交织在一起,构成神经上皮(neuroepithelium)等。

2. 腺上皮

腺上皮(gland epithelium)具有很强的分泌能力,它们或是存在于上皮中的独立的单个细胞,或由许多细胞构成腺体。不同部位的腺上皮分别能分泌黏液、唾液、汗液、乳汁、激素等多

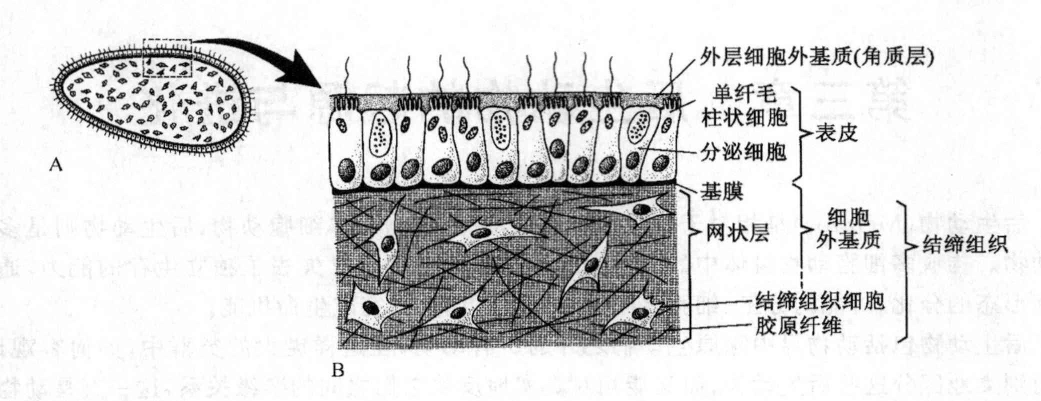

图 3-1 上皮组织与结缔组织

A. 假想的原始后生动物；B. 部分放大图

(引自 Ruppert EE,2004)

种物质。

3. 感觉上皮

感觉上皮(sensory epithelium)是能感受各种理化刺激的上皮细胞,细胞为柱形,外端有感觉突起,如鞭毛或纤毛等,内端也有突起与神经细胞相连。无脊椎动物的感觉上皮多暴露于体外,例如昆虫的各种感觉毛等。

二、结缔组织

结缔组织(connective tissue)广泛地分布于表皮下不同组织及器官之间,是由少量的细胞及大量的细胞间质所组成,间质中又包含无定形的基质及纤维。在体内担任着联结、支持、贮存、输送等多种机能,根据形态与机能的不同,可将结缔组织分为以下几种:

1. 联结组织

联结组织(connected tissue)最广泛分布在体内组织与器官之间的一种起联结作用的组织。例如,海绵动物及腔肠动物的中胶层(mesoglea),是由黏多糖组成的基质、类胶原纤维及少量的细胞组成,细胞多呈变形虫状,起着连接内外两层细胞的作用(图 3-1)。扁形动物体内的实质也是一种联结组织。

2. 脂肪组织

多数无脊椎动物的脂肪细胞在体内游离存在,只有昆虫形成发达的脂肪组织(adipose tissue),是由大量含有丰富脂肪滴的细胞聚集形成,其脂肪滴充塞整个细胞,常将细胞核挤在一旁。聚集的脂肪细胞常被少量疏松结缔组织分隔成小叶。脂肪组织在体内担任贮存、隔离及保护的机能。

3. 骨组织

骨组织(osseous tissue)是一种起支撑及保护身体作用的结缔组织。在无脊椎动物中这种起支撑作用的结缔组织有多种形式,例如,以液体形式支撑身体的体腔液可以视为一种液体静力骨骼(hydrostatic skeleton),由蛋白质、多糖及水组成的胶状物质做成骨骼。例如中胶质、韧带等,可以承受压力并恢复原体形。由结缔组织细胞分泌形成的海绵动物的钙质或硅质骨针(spicule),腔肠动物外胚层分泌的有机质围鞘(perisare)及钙质骨杯(skeletal cup),软体动物分泌的贝壳(shell),节肢动物表皮细胞分泌的几丁质外骨骼(chitinous exoskeleton)都具有支持及保护身体的作用。在无脊椎动物中只有棘皮动物及一些头足类有由中胚层形成的骨骼,称内骨骼(endoskeleton)与脊椎动物骨骼来源相同。

4. 血液

血液为液体状、起物质输送作用的结缔组织。间质发达呈液体状,细胞游离分散,只有出现了真体腔的无脊椎动物才出现血液,一些种类只有较大的血管,而无毛血管,以致使血液与体腔液混淆。只有极少数种类含有蚯蚓血红蛋白(haemerythrin)的红细胞(erythrocyte)。血液中的白细胞(leucocyte)没有统一的分类类型,而是因不同类别的动物而形态各异。呼吸色素多数种类是血蓝素(haemocyanin),多溶于血浆(间质)中。

三、肌肉组织

肌肉组织(muscular tissue)是由肌细胞及间质组成,间质不发达,细胞呈纤维状,因此称肌纤维(muscle fiber),细胞内含有平行排列的肌原纤维(myofibril),肌原纤维由两种肌丝组成:一种粗肌丝,又叫肌球蛋白丝(myosin filament);一种细肌丝,主要为肌动蛋白丝。肌肉具有收缩及运动的功能。

无脊椎动物的肌肉成分具有多种形态:变形虫的原生质中含有粗、细微丝,使身体可做变形运动;钟形虫的柄部细胞质中含有肌线(肌丝)(图 2-18C),肌线也是一种蛋白质,它的收缩不需要能源物质 ATP 的参加,而是在 Ca^{2+} 的参与下进行收缩;腔肠动物的表皮细胞中含有肌

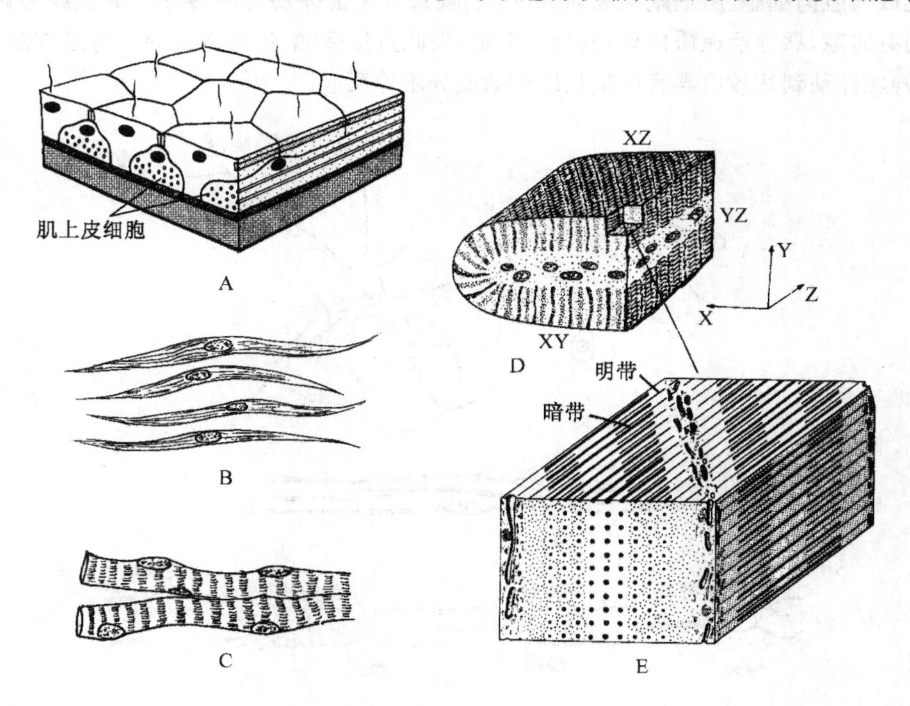

图 3-2 肌肉组织

A. 上皮肌肉细胞; B. 平滑肌; C. 横纹肌; D,E. 斜纹肌

(A. 引自 Ruppert EE,2004; B,C. 引自 Storer T,1979)

原纤维,称为上皮肌肉细胞(epitheliomuscular cell)(图 3-2A),也具有收缩的特性;此外还具有平滑肌(smooth muscle)、横纹肌(cross-striated muscle)及斜纹肌(obliquely striated muscle)。平滑肌肌细胞呈梭形(图 3-2B),核位于细胞中央,它收缩缓慢持久,不易疲劳,收缩时耗氧量也低,一般多存在于身体易于延伸及收缩的部分,例如,触手等。横纹肌肌细胞呈圆柱形,多核(图 3-2C),位于肌膜之下,肌丝均在同一平面上起始,肌丝上的明带与暗带呈平行排列,使肌细胞表现出横纹,收缩时靠肌动蛋白在肌球蛋白上滑动并使肌细胞缩短,收缩迅速不易持久,易于疲劳。多分布在运动部位,如昆虫的附肢、大颚等处。斜纹肌肌细胞柱形或梭形,核位于中央,但明带与暗带在肌原纤维中呈螺旋状分布,因此在外表出现斜纹状,故名斜纹肌。它的收缩能力介于平滑肌与横纹肌之间,收缩相当迅速,延伸能力大于横纹肌,多出现在身体易于伸展的部分,例如,在蠕虫中,可以迅速运动。

四、神经组织

神经组织(nervous tissue)是由神经细胞及神经胶质细胞组成。神经细胞也称神经元(neuron)。神经元胞体内有细胞核及细胞器,由细胞体向外伸出数目不等的突起(图 3-3A～D),根据突起的数目可将神经元分为单极神经元、双极神经元及多极神经元。凡是传导冲动离开胞体的突起称为轴突(axon),每个神经元只有一个轴突。凡是传导冲动到达胞体的突起称树突(dendrite),每个神经元有一个或多个树突或没有树突。突起的末端均分枝。一个神经元与另一个神经元或与肌肉细胞、腺细胞构成突触(synapse),以保证冲动定向传导。突触或为化学突触,彼此之间有间隙,靠神经递质传导;或为电突触,彼此直接接触,进行电传导。神经细胞能接受刺激、传导神经冲动到达效应器官产生收缩运动或分泌等反应。

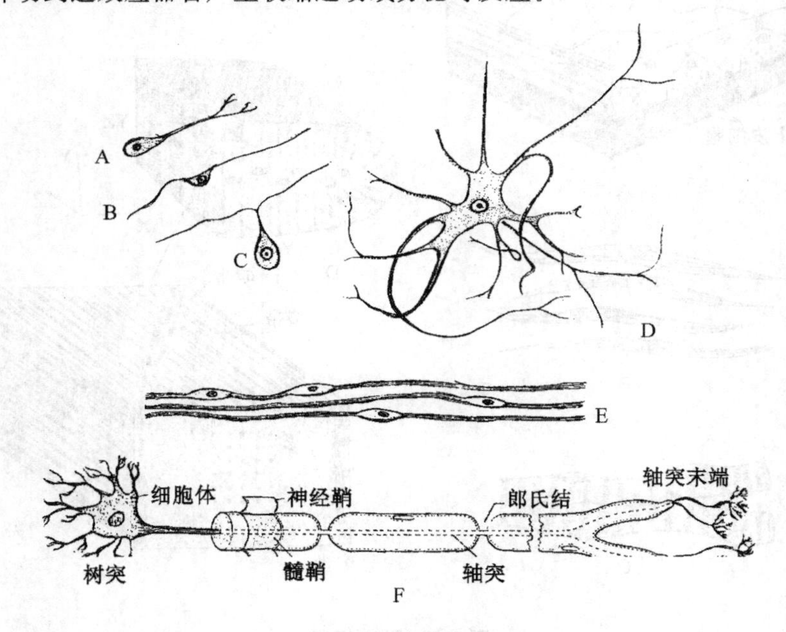

图 3-3 神经组织

A. 单极神经元; B. 双极神经元; C. 假单极神经元;
D. 多极神经元; E. 无髓神经纤维; F. 有髓神经纤维
(引自 Storer TI,1979)

许多无脊椎动物的神经轴突之外没有神经胶质细胞包围，形成裸露的或许多轴突外面共包一层薄膜状胶质细胞，这种神经称无髓神经纤维（nonmyelinated nerve fiber）（图 3-3E），如腔肠动物及棘皮动物的神经。高等的种类，如节肢动物每个神经元的轴突之外有膜状胶质细胞分段环绕，构成有髓神经纤维（myelinated nerve fiber）（图 3-3F）。

上述四种基本组织在多数后生动物中联合形成器官（organ），例如，胃、心脏、肾等。再由机能相近的器官联合起来形成系统（system），例如，口、口腔、食道、胃、肠、肛门及各种消化腺联合成消化系统，共同完成取食、消化、吸收及排遗等功能，再由不同的系统构成整个机体，完成生命机能。

第二节　后生动物的发生学特征

多细胞动物不仅有共同的组织分化，也有着相似的发生学特征。后生动物的一生，可以人为地划分成胚前发育、胚胎发育及胚后发育三个阶段。胚前发育是指在亲本体内进行的生殖细胞形成的阶段；胚胎发育是从精子与卵子的融合形成受精卵开始，直到新个体的孵化或出生；胚后发育是新个体的生长、变态、繁殖、衰老及死亡的过程。由于动物类群的多样性，在发生上不同类群之间也存在着某些差异，这种差异构成形态学区分的基础。下面将动物的发生学特征做一简要的叙述。

一、胚前发育——生殖细胞的形成

在行有性生殖的后生动物中，生殖细胞的形成也就是精子及卵子的形成，这一过程是在亲本的生殖腺中进行。由生殖腺上皮形成精（卵）原细胞，它们又经过多次有丝分裂不断地增加数量，形成增殖期。其中部分精（卵）原细胞开始生长、增大体积形成初级精（卵）母细胞，在初级卵母细胞内大量积累、合成并贮存 RNA、核糖体及蛋白质等，形成生长期。初级精（卵）母细胞须经过两次成熟分裂：第一次成熟分裂通常是减数分裂，即分裂后的子细胞染色体减少了一半；第二次成熟分裂为普通的有丝分裂。精母细胞经两次成熟分裂后形成 4 个相等的精细胞，精细胞经过分化形成 4 个能游动的精子。卵母细胞经过两次成熟分裂后只形成一个成熟的卵和 3 个将要退化的极体，这就是成熟期。精子与卵的形成完成了胚前发育。

二、动物的早期胚胎发育

精子与卵子成熟以后，当两者相遇质膜互相融合，随之核也融合，并形成合子，这就是卵子的受精作用。所形成的受精卵染色体又恢复原来的数目。受精卵是新生命的开始，并进入胚胎发育。

1. 卵裂

卵受精后很快即开始细胞分裂，这就是卵裂（cleavage）。卵裂后形成的细胞叫分裂球（blastomeres），分裂球本身不生长，分裂次数越多，分裂球体积越小。后生动物由于卵的类型不同，其卵裂的方式也不同。如果卵黄少且分布均匀，分裂时整个细胞进行分裂，称为完全卵裂（holoblastic cleavage）；如果卵黄多且集中，分裂时仅卵的原生质进行分裂，则称为不完全卵裂（meroblastic cleavage）。卵裂时，第一、二次均为经裂（meridional cleavage），即彼此呈直角平行于卵的极轴（polar axis）（动物极与植物极之间的轴）、垂直于卵的赤道面（equator plane）；

第三次为纬裂(latitudinal cleavage),是与赤道面平行的分裂。以后的分裂因卵的类型不同而不同。

在完全卵裂中,如分裂球在动物极与植物极之间均呈直线排列,且分裂球大小相似,这种卵裂称辐射卵裂(radial cleavage)(图 3-4)。如果在早期分裂球可以相互替补,例如,海星的受精卵在分裂成 4 个分裂球以后,将其每个分裂球分离单独培养,若条件适宜,每个分裂球都能发育成一个完整的囊胚,甚至完整的幼体,这种分裂称为不决定型卵裂(indeterminate cleavage)。例如,棘皮动物及哺乳动物即是。如果从第三次分裂开始,其分裂轴与赤道面呈 45°倾斜,使下排分裂球介于上排两个分裂球之间,彼此交错排列且动物极分裂球小于植物极分裂球,这种分裂称螺旋卵裂(spiral cleavage)(图 3-5)。早期分裂球之间不可替补的卵裂称为决定型卵裂(determinate cleavage)。例如,扁形动物、环节动物及软体动物等属于这种。

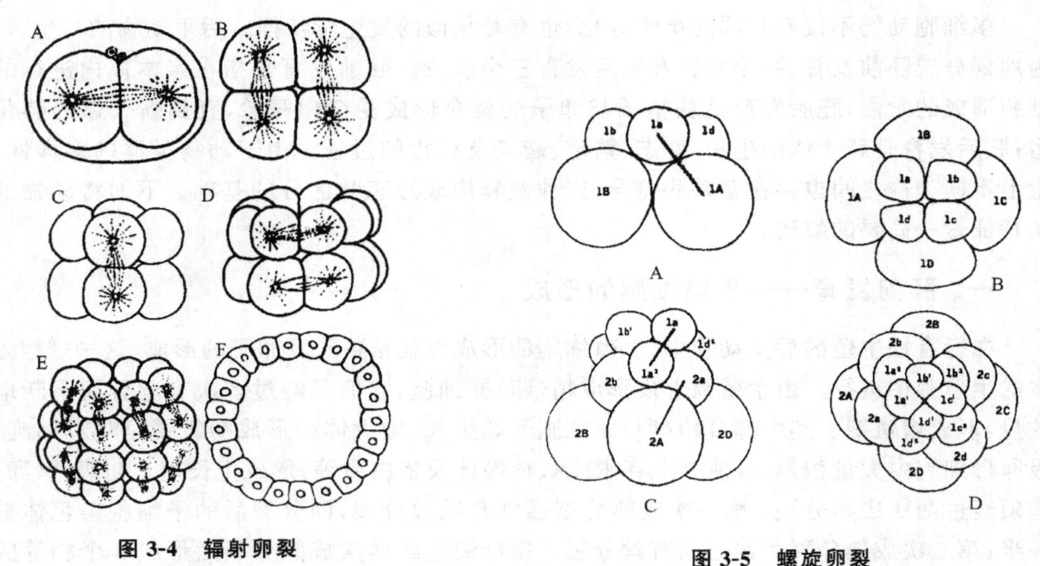

图 3-4 辐射卵裂

(引自 Balinsky BI,1970)

图 3-5 螺旋卵裂

有一些种类为不完全卵裂。它们的卵含有大量的卵黄并集中在植物极,受精卵分裂时仅发生在动物极的原生质部位,植物极的卵黄不分裂,结果胚盘位于动物极形成盘状卵裂(discoidal claevage)。例如,软体动物的头足类、鸟类、爬行类等即是。昆虫的卵为中黄卵,即卵黄位于卵的中央,外周是原生质,卵裂仅发生在外周的原生质部位,这种卵裂称为表面卵裂(superficial cleavage)。

2. 囊胚形成

囊胚形成(blastulation)在卵裂形成一定数量的分裂球之后,例如,螺旋卵裂在形成 4 个四集体之后,分裂球呈单层球形分布,进入囊胚期(blastula),这层细胞称囊胚层(blastoderm),一般中央为一空腔,称囊胚腔(blastocoel)。也有少数动物的囊胚无囊胚腔,称为实囊胚(stereoblastula),例如,某些腔肠动物。

3. 原肠形成

原肠形成(gastrulation)是形成一双层细胞的时期,即形成原肠胚(gastrula)的时期。外层细胞称外胚层(ectoderm),内层细胞称内胚层(endoderm),原来的囊胚腔逐渐消失,而在内胚层中又重新出现了一个空腔，称为原肠腔(archenteric cavity)，它与外界相通的开口称为胚孔(blastopore)。

原肠胚形成的方式有：① 内陷法(invagination)(图 3-6A)，即植物极细胞向囊胚腔内陷形成内胚层及原肠，原来的囊胚细胞形成外胚层；② 外包法(epiboly)，即动物极细胞分裂迅速，并包围植物极细胞，以后植物极细胞形成内胚层(图 3-6B)；③ 移入法(ingression)(图 3-6C)，由囊胚壁细胞不断移入囊胚腔，以后排列形成内胚层，并出现原肠及胚孔。一般地说，小型的卵，卵黄也少，多行移入法；中等大小的卵多行内陷法；大型的卵，卵黄也多，多行外包法形成原肠胚。

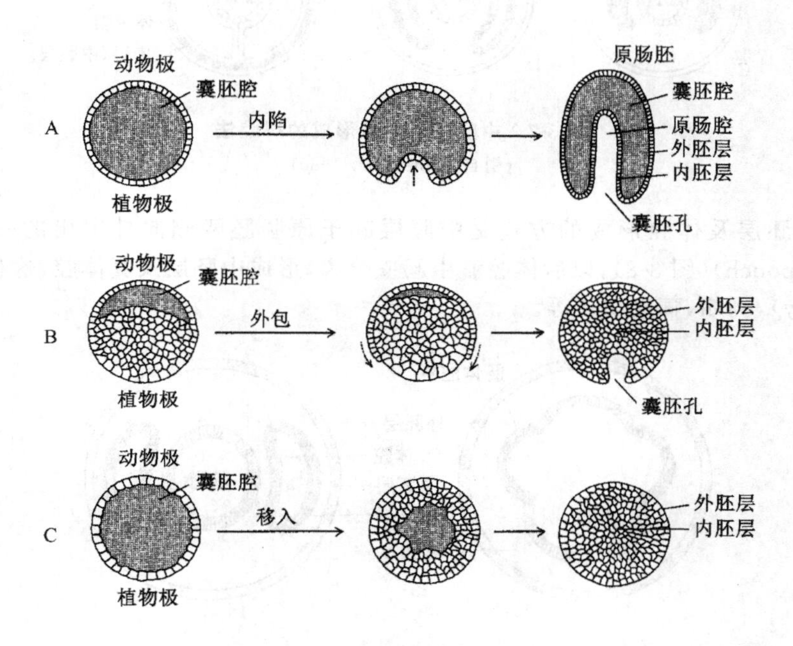

图 3-6　原肠形成方式

A. 内陷法；B. 外包法；C. 移入法

(引自 Ruppert EE，2004)

4. 中胚层与体腔的形成

一些动物胚胎经过原肠期之后，继续发育则出现了中胚层(mesoderm)，这就是三胚层动物。低等的种类中胚层成实质状充塞在内外胚层之间，如扁形动物；或中胚层仅分布于外胚层之下，仍保留囊胚腔，如线虫等。但大多数动物在中胚层出现的同时还出现了体腔(coelom)。中胚层及体腔形成的方式有两种。一种是中胚层来源于原肠胚胚孔两侧的两个端细胞(teloblast cell)，以后端细胞各自繁殖成团(图 3-7)，并在细胞团中央裂开成腔，形成体腔囊，最后囊壁外侧的中胚层细胞与外胚层联合形成了体壁，囊壁内侧的中胚层细胞与内胚层(肠壁)联合形成了脏壁中胚层，中间出现的空腔即为成体的真体腔(coelom)，这种体腔形成的方式称裂腔法(schizocoely)，例如，环节动物、节肢动物等。

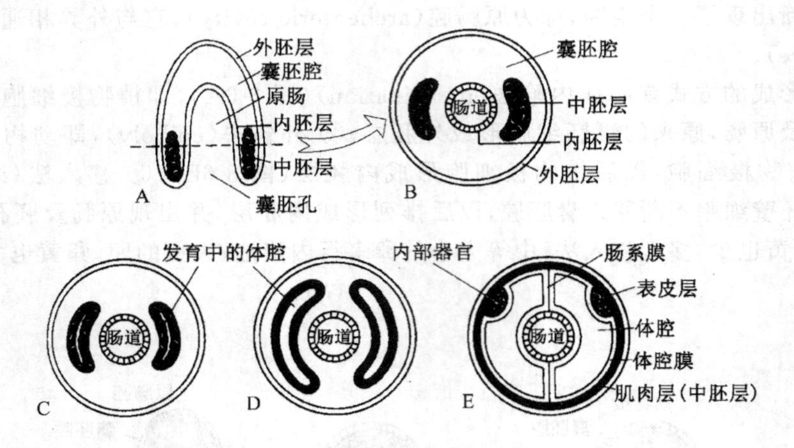

图 3-7　中胚层及体腔形成的裂腔法

(引自 Barnes RD, 1980)

另一种中胚层及体腔形成的方式是中胚层起于原肠胚两侧向外突出的一对肠体腔囊(enterocoelic pouch)(图 3-8),以后体腔囊由肠壁分离,形成中胚层及真体腔,这种方式称肠腔法(enterocoely),例如,棘皮动物等。

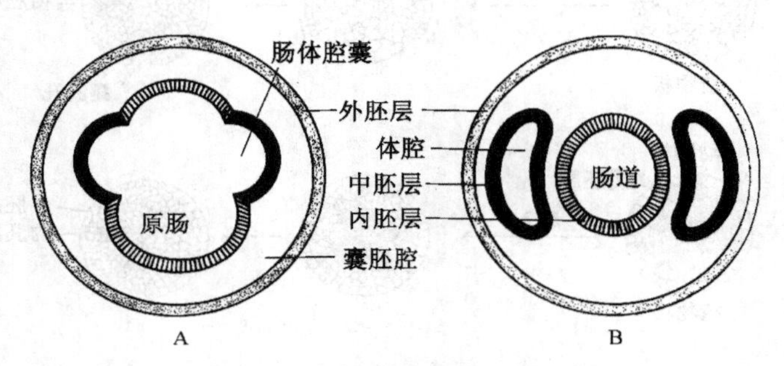

图 3-8　中胚层及体腔形成的肠腔法

(引自 Barnes RD, 1980)

中胚层出现以后,胚胎的继续发育形成了组织、器官结构及功能上的分化。其中外胚层分化成了皮肤及皮肤的衍生物(毛、发、鳞、甲等)、神经组织、感官及消化道的前、后肠;内胚层分化成消化道的中肠及其腺体(肝、胰等),以及呼吸道及尿道的上皮等;中胚层分化成内骨骼、肌肉、结缔组织及循环、排泄及生殖系统等。两侧对称体制的出现使动物适合于爬行及游泳生活。根据胚孔的形成发展,可以人为地将动物分为两大类:如果胚孔形成了成体的口,这类动物称为原口动物(protostome);如果胚孔形成了成体的肛门,并在胚孔相当距离之外重新形成口,这类动物则称为后口动物(deuterostome)。

三、动物的胚后发育

胚后发育是指由卵孵化或由母体出生之后新个体的生长、变态、成熟、繁殖直至衰老死亡的过程。这将在以后涉及。

第四章　海绵动物门

海绵动物门(Spongia)是一类主要在海洋中营固着生活的、最原始的后生动物。呈单体或群体。身体是由多细胞组成,但还没有形成真正的组织或器官。身体由两层细胞构成体壁,占有很大的表面积。体壁上有许多进水的小孔或管道,所以也称为多孔动物(Porifera)。体壁围绕一中央腔,并以大的出水口与外界相通。海绵动物从通过体壁及中央腔的水流完成过滤取食、呼吸及排泄等生理机能,细胞间保持着相对的独立性,可各自完成生理机能。构成海绵动物身体的细胞分化简单,有的具原始性,但其中的领鞭毛细胞(choanocyte)与原生动物中的领鞭毛虫相似,除此在其他后生动物中不曾发现这种细胞。另外海绵动物胚胎发育过程中动物极与植物极细胞的后期分化不同于所有其他后生动物(参阅 61 页)。因此,动物学家认为,海绵动物在进化中很早就分离出来,并进化成区别于其他后生动物的一个侧支,因此也常被称为侧生动物(Parazoa)。

一、形态与结构

海绵动物都是固着生活的,它们的形状、大小、色泽在不同的种类间差别很大。少数种类单体生活,例如毛壶(*Grantia*),呈柱状或瓶状,体长仅数毫米到 1cm。又如佛子介(*Hyalonema*)等,身体呈杯状或筒状,它们以身体的基部固着,或以基部伸出的骨针束固着在海底。绝大多数海绵动物为群体生活,群体中的个体有的界线明显,例如,群体白枝海绵(*Leucosolenia*)(图 4-1A),多数种群体中的个体界线不明显,如淡水海绵(*Spongilla*),它们往往没有固定的形状,整个群体常受附着的基底、空间、水流等环境因素所影响,例如,附着在岩石表面的常呈片状,附着在柱上的群体呈筒状,附着在岩缝中的群体常成簇状,即使相同的种也常因附着的基底不同而形成不同形状的群体。群体的体积一般较大,最大的群体直径可达 1 m、高 2 m。许多种海绵身体呈明亮的颜色,如橘红色、黄色、绿色、紫色、褐色等,少数种类呈灰色、白色。其中绿色的种类往往是由于体内共生的藻类所致,其他色彩均由体内的色素所形成,其体色出现的意义尚不清楚,可能具有警戒及保护的作用。

海绵动物常与其他动物具有共生或寄生关系。例如,大的海绵为虾、蟹、软体动物、腕足动物等提供隐蔽所,而海绵动物也常生活在这些动物体表,借以进行扩散及保护。

大约有 8000 种海绵,主要生活在海洋不同区域及不同深度,固着在海底或岩石上,甚至附着在泥沙中。其中只有 150 种生活在淡水中。

如前所述,海绵动物的基本结构是由两层细胞,围绕一中央腔所组成。但构成身体的两层细胞在不同种类组成复杂程度不同的沟系。根据沟系可将海绵动物分为三种类型。

1. 单沟型

单沟型(asconoid)是海绵动物中最原始也是最简单的身体结构,种类很少。前面提到的白枝海绵就属于这一类。单沟型海绵呈单体或群体(图 4-1A),长度一般不超过 10 cm,群体中的个体轮廓明显,每个个体呈小管状,游离端为出水口,周围有骨针包围,中央腔(atrium)也称海绵腔(spongocoel),宽阔(图 4-1B),体壁很薄(图 4-3A),是由两层细胞中间夹有中胶质

(mesoglea)组成。外层主要是单层扁平细胞(pinacocyte)组成,这种扁平细胞没有基膜,细胞边缘可以收缩。扁平细胞同时收缩可以使身体变小。一些扁平细胞特化形成管状,称为孔细胞(porocyte)(图 4-1B),穿插在扁平细胞之间。孔细胞的外端与外界相通,内端与中央腔相通。与外界相通的小孔就是单沟型海绵动物体表的进水小孔(ostia),或称流入孔(incurrent pore),所以它是细胞内孔。外界的水由进水小孔进入中央腔,孔细胞的收缩及舒张可以控制水进入体内的流量。

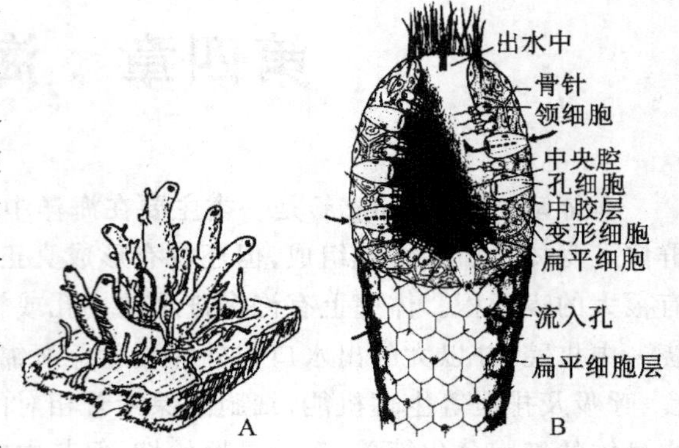

图 4-1 白枝海绵

A. 外形; B. 剖面图解

(A. 转引自 Engemann JG, et al, 1981;
B. 转引自 Barnes RD, 1980)

身体的内层是由单层领鞭毛细胞组成,它围绕着整个中央腔排列。领鞭毛细胞(也称领细胞)呈卵圆形(图 4-2A),其基部疏松地坐落在中胶层中,游离端伸出一根鞭毛,围绕鞭毛的基部有一可伸缩的原生质领,是由许多分离的微绒毛(microvilli)所组成(图4-2B)。领细胞在形态上相似于原生动物门的领鞭毛虫,因此有人认为海绵动物是由领鞭毛虫进化而来。在中央腔的上端,也就是游离端具有一大的开口,即出水口(osculum)。单沟型海绵通过领细胞鞭毛的摆动,使外界的水由孔细胞(或进水小孔)流入,经领细胞、中央腔,再由出水口流出。

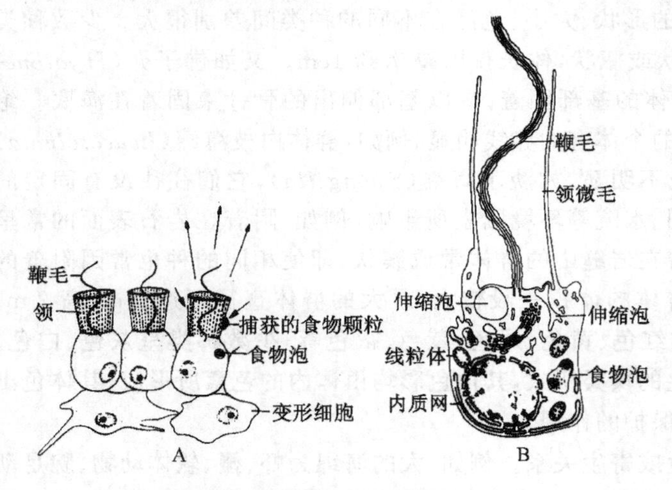

图 4-2 海绵动物的领细胞

A. 光学放大; B. 电镜放大

(A. 引自 Barnes RD, 1980; B. 引自 Brill B, 1973)

身体的皮层(扁平细胞层)与胃层(领鞭毛细胞层)之间是起连接作用的中胶层(mesohyl),它是一种含有蛋白质的胶状透明基质。其中含有分化的及未分化的细胞及骨骼成分。例如,原细胞(archeocyte)是一种变形虫状的细胞,它有明显的细胞核及大量的溶酶体(lysosome),是一种未分化的全能细胞,除了本身具有吞噬、消化及传送机能之外,它可以分化成其他类型的细胞;还有胶原细胞(collencyte),也是一种变形虫状的细胞,可以分泌大量的胶原纤维丝;造骨细胞(sclerocyte),可以分泌海绵动物的骨针;海绵丝细胞(spongocyte),它仅出现在寻常海绵纲动物中,它分泌胶原物质并聚合成骨骼成分——海绵丝(spongin);一种肌细胞(myocyte),其中含有肌动蛋白及肌球蛋白,围绕出水口及进水小孔分布,可以调节进、出水孔的大小以控制流过海绵动物的水量;最后还有具生殖功能的生殖细胞(generative cell)等。

单沟型海绵最大的特征是身体结构简单,其两层细胞平直的分布在中央腔周围(图 4-3A),流经中央腔的水量是依靠其周围领细胞鞭毛的打动,所以水流速度是缓慢的,单沟型海绵动物直径一般不超过 1 mm，因此要增大个体的体积，必须要更大地增加细胞特别是领细胞的表面积。单沟型海绵仅发生在钙质海绵纲。

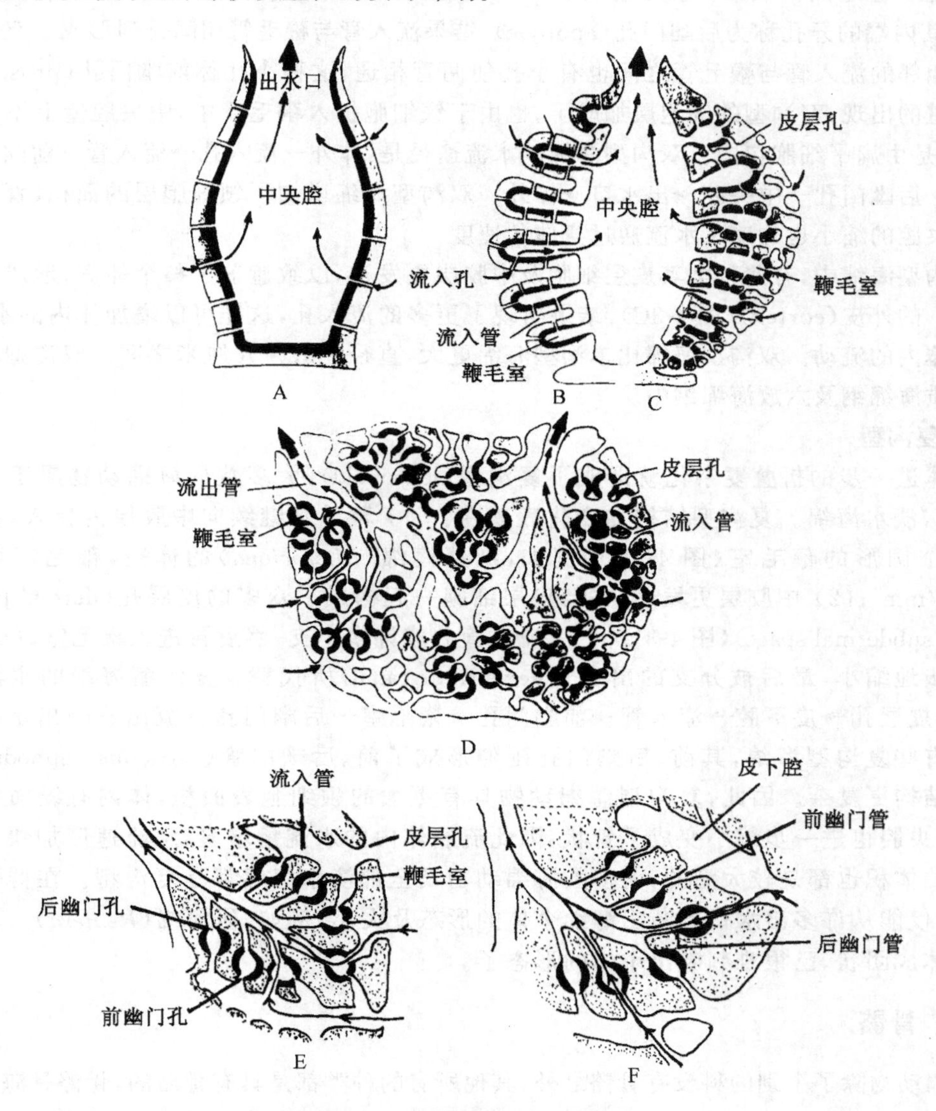

图 4-3　海绵动物的三种沟系

A. 单沟型；B,C. 双沟型；D. 复沟型；E. 出现前、后幽门孔；F. 出现前、后幽门管及皮下腔

（A～D. 引自 Barnes RD，1980；E,F. 引自 Hyman LH，1940）

海绵动物在进化过程中通过细胞层的折叠增加了领细胞的数量及分布的表面积，同时减少了中央腔的体积，其结果是形成了双沟型或复沟型的结构，这样就加速了水流过身体的速度，提高了代谢的能力，使个体也增大了体积。

2. 双沟型

双沟型(syconoid)是细胞层折叠的一种初步形式(图 4-3B)，例如，樽海绵(*Scypha*)、毛壶等。双沟型海绵皮层的扁平细胞褶向中胶层，形成多个平行排列的盲管，称为流入管(incurrent canal),流入管外端的开孔称为流入孔。胃层的领细胞由中央腔向外端突出也形成多个穿插于流入管之间的盲管,称为鞭毛管(flagellated canal)或鞭毛室,也称为放射管(radial canal),其内端的开孔称为后幽门孔(apopyle),结果流入管与鞭毛管相间排列形成了双沟型的结构。相邻的流入管与鞭毛管之间也有小孔使两管相通,这种小孔称前幽门孔(prosopyle)。由于管道的出现,双沟型的细胞层加厚了,也由于领细胞折入鞭毛管中,中央腔壁上不再有领细胞,而是由扁平细胞包围。双沟型海绵的水流途径是:体外→流入孔→流入管→前幽门孔→鞭毛管→后幽门孔→中央腔→出水口→体外。双沟型海绵增加了领细胞层的面积,管道的增加及中央腔的缩小也加速了水流通过身体的速度。

双沟型海绵中,有些种类其皮层细胞及中胶层更发达,以致遮盖了整个体表,形成了一层薄厚不一的外皮(cortex)(图 4-3C),结果出现了更多的流入孔,这样可以增加体内的水压,加速水在体内的流动。双沟型海绵比单沟型海绵更大,直径一般在几厘米之间。双沟型海绵出现在钙质海绵纲及六放海绵纲中。

3. 复沟型

身体进一步的折叠复杂化就形成了复沟型(leuconoid),大多数的海绵动物属于这种类型,例如,淡水海绵。复沟型结构的变化表现在:(1) 鞭毛管继续向中胶层内折入,以致形成了多个圆形的鞭毛室(图 4-3D),例如,细芽海绵(*Microciona*)的体壁,鞭毛室可多达1000 个/mm^2;(2) 中胶层更发达,并与皮层细胞一起构成了众多的皮层孔(dermal pore)或皮下腔(subdermal space)(图 4-3E);(3) 流入管分成许多小支,然后再进入鞭毛室;(4) 中央腔进一步地缩小,最后被分支的出水管(excurrent canal)所代替。复沟型海绵的水流途径是:水→皮层孔→皮下腔→流入管→前幽门孔→鞭毛室→后幽门孔→流出管→出水口→体外。在有些复沟型海绵,其前、后幽门孔延伸形成了前、后幽门管(prosodus, aphodus)(图 4-3F),结构更复杂。因此,复沟型海绵动物具有更大的领细胞表面积,体内有纵横相通的管道,中央腔也进一步缩小变成了管状,因此流经体内的水流量增多,水流速度加快。复沟型海绵的体积也都是较大型的,大多数海绵动物及全部淡水海绵都是复沟型。在群体大型海绵中,仅能从许多出水口判断出海绵个体的形态及大小,例如,矶海绵(*Reniera*)。淡水海绵的群体成团状,已很难判断出个体的形态了。

二、骨骼

海绵动物除了个别的科没有骨骼之外,其他所有的种类都是具有骨骼的,骨骼是海绵动物的一个典型特征。一些身体较软的种类,在中胶层中仅有胶原丝作为骨骼支持身体,但更普通的是有骨针或海绵丝,也可能两者共同存在,它们或构成网架,或分散其中,或突出体表,构成骨骼以支持及保护身体。

骨针的成分或是由 $CaCO_3$ 组成钙质骨针,或是由 $SiO_2 \cdot nH_2O$ 组成硅质骨针,其中还可能包括微量的 Cu^{2+}、Mg^{2+}、Zn^{2+} 等离子。骨针按其大小又可分为大骨针(megasclere)和小骨针(microsclere),前者构成支持身体的骨架,后者散布在中胶层内,以支持体内的管道部分。

从形态上骨针可以分为多种(图 4-5),其中常见的有:(1) 单轴骨针(monaxon),即沿一个轴生长形成的骨针,轴或直或弯,轴的两端或相似或不相似,末端或尖或具有其他改变;(2) 四轴骨针(tetraxon),也称四放骨针(quadriradiate),这种骨针在一个平面上有四个放射端,但常因丢失一些放射端而变成三放、二放或一放型,三放骨针是钙质海绵纲动物中最普通的一种骨

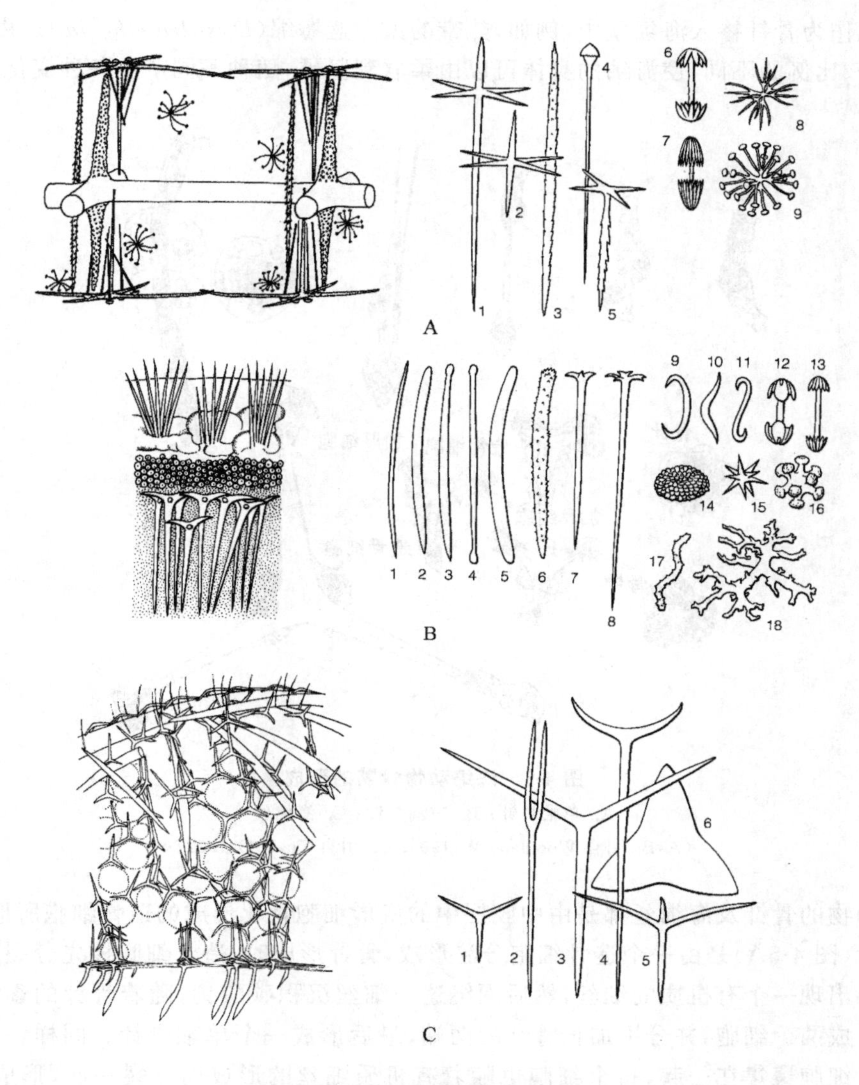

图 4-4　海绵动物的骨骼及骨针

A. 六放海绵的骨骼及骨针：1～5 大骨针，6～9 小骨针；
B. 寻常海绵的骨骼及骨针：1～8 大骨针，9～18 小骨针；C. 钙质海绵的骨骼及骨针
（引自 Bergquist PR，1978）

针；(3) 三轴骨针（triaxon），它的三个轴相互以直角愈合，因而呈六放型（hexactinal），这种也常因末端减少而改变放数，其末端可有弯曲、分支或具钩、具结等变化而形成了多种形态；(4) 多轴骨针（polyaxon），由中心向外伸出多射，形成星状，这种类型多见于小骨针。不同种的海绵，各种骨针可彼此分离，也可按一定结构形成疏松的或坚实的网架以支持身体，因此，可以骨针的类型、数量及排列作为海绵动物分类的依据。

海绵丝是纤维状骨骼（图 4-5C），它由有机的硬蛋白（scleroprotein）组成，例如，沐浴海绵（*Spongia*，*Euspongia*），体内有高密度的海绵丝，使身体柔软，有弹性，可压缩。海绵丝可单独存在，但更常见的是与骨针共同存在，由海绵丝构成骨架，骨针包埋在海绵丝之中。有的种，外

来的沙粒也作为骨针掺入海绵丝中，例如，热带的太空蓝海绵（*Dysidea etheria*）。由于海绵丝与骨针成分、比例的不同，使海绵的身体可以由柔软到坚硬，随种不同产生各种变化。

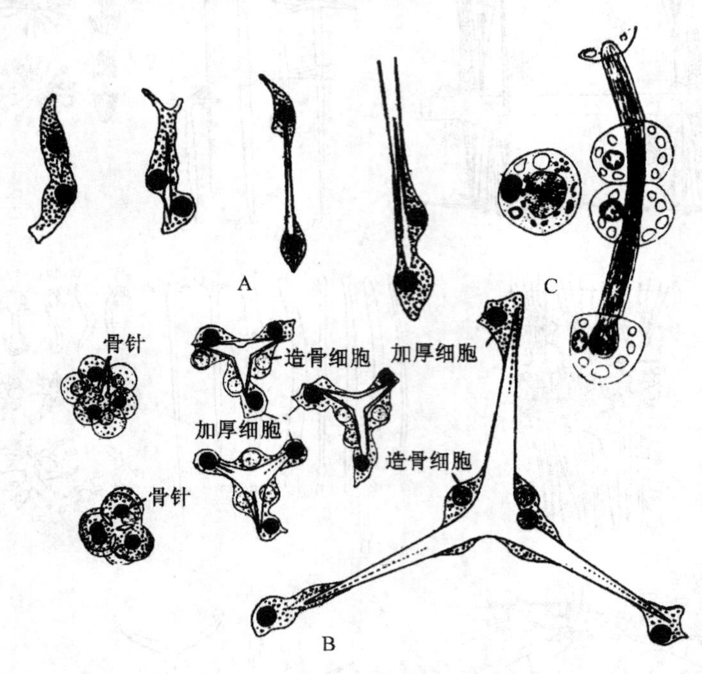

图 4-5 海绵动物骨骼的形成

A. 单轴骨针；B. 三轴骨针；C. 海绵丝

（A,B. 引自 Woodland W,1905；C. 引自 Tuzet O,1932）

海绵动物的骨针及海绵丝都是由中胶层中的变形细胞特化形成的造骨细胞所形成。单轴的钙质骨针（图 4-5A）是由一个造骨细胞分泌形成，骨针形成时，造骨细胞核先分裂，并在双核细胞的中心出现一个有机质的细丝，然后围绕这一细丝沉积碳酸钙，随着骨针的逐渐增长，双核细胞也分成两个细胞，并分别加长骨针的两端，最后形成一个单轴骨针。同样，三轴骨针是由三个造骨细胞聚集在一起，每个细胞也随着有机质细丝的形成而分裂一次，形成六个细胞（图 4-5B），碳酸钙围绕有机质细丝沉积愈合的结果形成了一个三轴型骨针。海绵丝是由许多造骨细胞联合形成，先是由少数细胞形成分离的小段，然后再愈合成长的海绵丝（图 4-5C）。在寻常海绵纲动物中，这些海绵丝再相互联结形成网状骨架。

三、生理

海绵动物是固着生活的动物，没有移位的运动，但通过整个身体的收缩或体表扁平细胞及其他细胞的集体变形运动而略微改变身体体积，可以产生 1～4 mm/d 的移动。由于海绵动物细胞间缺乏联系，甚至扁平细胞缺乏基膜，所以细胞的运动常是独立的。例如，进水小孔及出水口四周的扁平细胞特化成类肌细胞，它的收缩可以改变水孔的大小以调节水流出入的速度，甚至当环境恶劣时（污染、暴露等），类肌细胞的收缩可以关闭小孔或出水口，但这些反应都是极其缓慢的，有时数分钟后才能看到微小的变化。

海绵动物的生理活动是依靠通过身体的水流进行的，水流带进食物与 O_2，带走代谢产物、生殖细胞，以此完成生长、发育及繁殖。一般地说，海绵动物每几秒钟就可以抽吸相当于自身体积的水流过身体，因为鞭毛室领鞭毛细胞的横切面积是进水小孔及出水口的几十倍，所以出水口水的流速最快，而领鞭毛室的流速最慢（图 4-6）。有人观察过一种白海绵（*Leucandra*），这是一种复沟型的小的钙质海绵，流经出水口的水流速度是 8.5 cm/s，估计直径 1 cm、高 10 cm的白海绵大约有 225 万个鞭毛室，每天可有 22.5 L 的海水流过身体。在生活中，可以通过关闭进水小孔，调节出水口及鞭毛的打动以减缓水流过身体的速度。水在体内的流动是由领鞭毛细胞的鞭毛打动所引起。鞭毛由基部向端部旋转打动。同一鞭毛室的鞭毛运动既不同步，也不互相协调，但鞭毛的方向都是指向后幽门孔。许多复沟型海绵在鞭毛室的出口处有一中央细胞（图 4-7），它的收缩也可以调节水的流量，甚至完全关闭后幽门孔以阻止水的流过。

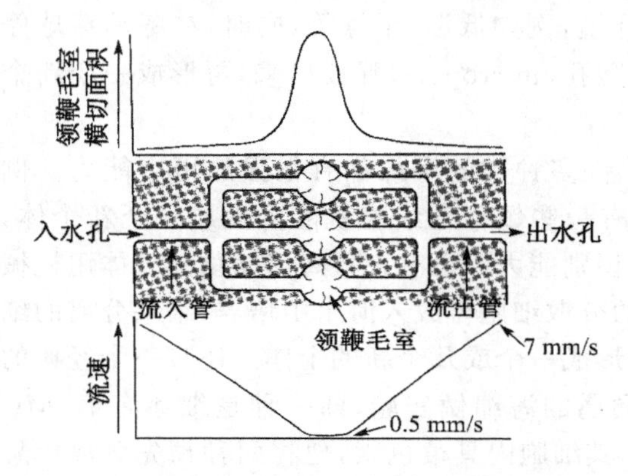

图 4-6 海绵动物体内水流速的比较

（引自 Reiswig HM，1975）

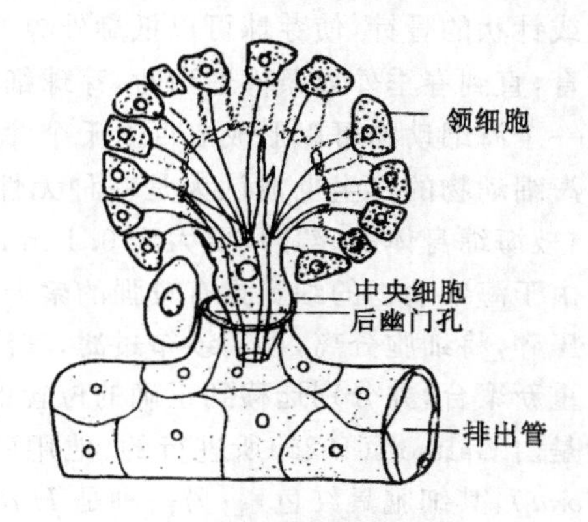

图 4-7 鞭毛室的中央细胞

（引自 Bergquist PR，1978）

海绵动物以随水流进入体内的有机物颗粒及少量的细菌、单细胞的浮游生物等为食。一般有机物颗粒大小的范围在 1～50 μm 之间，同时海绵动物的所有细胞都可以通过吞噬作用取食食物。当食物颗粒超过 50 μm，则不可能穿过进水小孔，但适当的可以被体表的扁平细胞吞噬。5～50 μm 的食物颗粒可以进入入水小管，可以被管壁的扁平细胞及原细胞所吞噬。随水流进入鞭毛室的都是些更小的食物颗粒或细菌等，它们在领鞭毛细胞的表面被吞噬作用或胞饮作用所吸收，鞭毛基部的微绒毛也可以黏着及捕获有机物颗粒，特别是鞭毛室水流速度缓慢，更有利于领鞭毛细胞的取食。食物的消化主要在领鞭毛细胞及原细胞中进行，营养物质如糖原及脂类贮存在原细胞及其他变形细胞内。不能消化的食物残渣，仍由变形细胞运出。海绵动物体内常共生有进行光合作用的藻类，如淡水海绵共生有绿藻，海产的海绵共生有蓝藻，藻类光合作用的产物也为海绵动物提供能量。

海绵动物没有专营呼吸与排泄的细胞，而是当水流过身体时，大多数细胞均可与水接触，各自独立完成呼吸与排泄的机能。许多淡水海绵，大多数细胞内具有一到几个伸缩泡，这些伸缩泡像原生动物一样，承担着调节水与盐分的平衡。

海绵动物没有神经结构，对刺激的反应常是局部的、缓慢的，对刺激反应的大小是依赖于刺激的强弱。信息物质的传递是通过中胶质中的扩散作用、游离变形细胞及固定细胞彼此的接触而进行。尚未发现海绵动物具有电传导。

四、生殖与发育

海绵动物的生殖有无性生殖及有性生殖两种方式。无性生殖包括出芽、形成芽球及再生。出芽生殖多发生在海产种类中。出芽时,亲本的变形细胞,特别是一些原细胞由中胶层迁移到母体的顶端聚集成团,发育成小的芽体,随后脱落到底部发育成新海绵,或不脱离母体而相连形成群体。

许多淡水海绵及少数海产种类,一般在秋季可形成芽球(gemmule),也被认为是一种无性生殖。个体中的原细胞摄食大量食物之后聚集成团。外面自行分泌一层保护膜,其成分类似于海绵丝,以保护内部的芽球细胞。膜外还有一层造骨细胞(图 4-8)。造骨细胞分泌一层双盘状或针状的骨针,使芽球可以抵御外界的恶劣环境,例如低温、干燥等,同时,在冬季芽球停止发育,直到春季外界条件适当时,芽球细胞通过微孔(micropyle)释放出来,再形成一个新个体。一个海绵动物可以形成成百上千个芽球。

海绵动物的再生也被认为是一种无性生殖。许多种类的海绵都有很强的再生能力。例如,白枝海绵身体的碎片只要大于 0.1 mm,并带有一些领鞭毛细胞就能再生成一个新个体,这是由于海绵动物的细胞具有较强的聚合能力与识别能力。也有人将海绵动物的身体用机械方法压碎,将细胞分离,再用纱布过滤,其滤液中的分散细胞再放入海水中培养,结果分离的细胞又重新聚合,并分别迁移到正确的位置上,最后形成一个或几个新的个体。还有一个经典的实验是由 Galtsoff(1925)所进行的,他用两种不同属的海绵做实验,即一种是细芽海绵(*Microciona*),其细胞具红色素;另一种是 *Haliclona*,其细胞内具黄色素,他将两种预先分离成悬液的海绵细胞混合在一起,起初两种细胞随机聚合,但很快两种细胞按种彼此分开,分别形成红色细胞群及黄色细胞群,以后两种不同的细胞群各自分化,最后形成细芽海绵(红色素细胞)和 *Haliclona*(黄色素细胞)两种新个体。以后也发现许多淡水海绵及海产的海绵都有此特性。后来有人用实验证实了海绵细胞表面的一种大分子量的糖蛋白是海绵细胞的识别因子,它具有种的特异性,所以同种的细胞能聚合,不同种的细胞相分离。同种细胞的聚合能力使它能再生及组成新的个体。

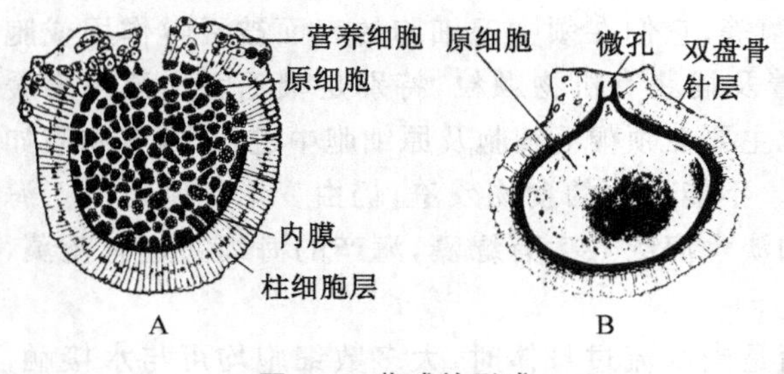

图 4-8 芽球的形成

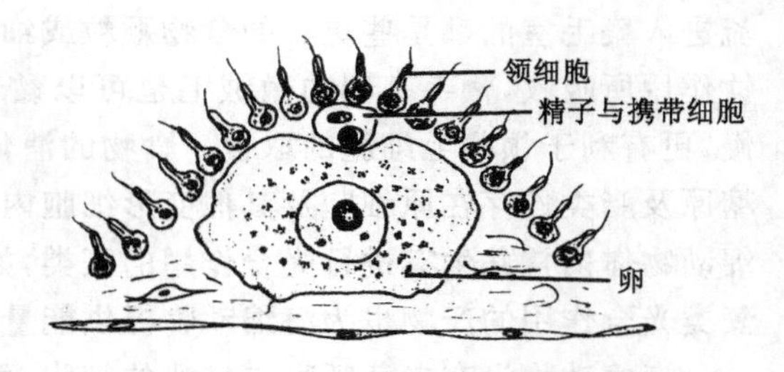

图 4-9 精子与携带细胞及卵

(引自 Hickman CP, 1973)

除了四射海绵(Tetractinellida)之外,海绵动物均能行有性生殖。大多数种类为雌雄同体(hermaphordite),但精子与卵常不在同一时期成熟。少数种类为雌雄异体(dioecism)。生殖细胞由中胶层中的原细胞形成,有时领细胞也可以失去鞭毛及原生质领而变成精原细胞(spermatogonia),再分裂形成精子。精子成熟后随水流排出体外,并随水流进入其他个体的鞭毛室。有人观察到某些热带地区的海绵能突发性地释放精子于海水中,形成一条乳白色的云雾状的精子带，其长度可达2～3 m。一个海绵释放精子常可诱导周围海绵也释放精子。精子随水流进入其他个体的鞭毛室之后，再被领细胞吞噬。这时领细胞失去领及鞭毛，携带着精子到中胶层与卵融合形成受精卵(图 4-9)。大多数海绵动物的受精卵是在体内发育。

海绵动物的胚胎发育在不同纲中也不尽相同，这表现在可以形成不同类型的幼虫。例如，有的单沟型钙质海绵，如篓海绵(*Clathrina*)具有有腔囊胚幼虫(coeloblastula larva)(图 4-10A)，这种幼虫是一中空的球，由一层具鞭毛的细胞组成。经一段游泳之后某些表面细胞失去鞭毛变成变形细胞进入囊胚腔中，最后变成一实囊胚(stereoblastula)，再经固着发育成成体。但在大多数钙质海绵，例如，毛壶、白枝海绵及少数寻常海绵中具有一很强的固定的发育模式。它的受精卵在母体的中胶层中发育，当受精卵分裂成 16 个细胞时，其中 8 个为动物极的小细胞，8 个为植物极的大细胞，小细胞分裂迅速，形成了一个具囊胚腔的囊胚(图 4-10B)，小细胞向囊胚腔伸出鞭毛，以后小细胞经大细胞间的开口向外翻出，结果小细胞的鞭毛移到表面，形成了一个一端有鞭毛，一端无鞭毛的中空的幼虫，称为两囊幼虫(amphiblastula)(图4-10B)。两囊幼虫随水流离开母体，在水中游泳一段时间之后，经过小细胞的内陷或大细胞的外包，也可能两种方式联合，形成了两层细胞并固着在底部。原来具鞭毛的小细胞变成了新个体的领鞭毛细胞和原细胞，而没有鞭毛的大细胞变成了扁平细胞及造骨细胞，再由两层细胞共同形成中胶层，经固着发育成成体。海绵动物的这种细胞分化与分层不同于其他后生动物。一般其他动物的动物极小细胞都发育成成体的外胚层，植物极大细胞发育成内胚层。海绵动物的大细胞发育成皮层，小细胞发育成胃层。发育中的这一现象称为逆转现象(inversion)，这也是将海绵动物列为侧生动物的主要原因。

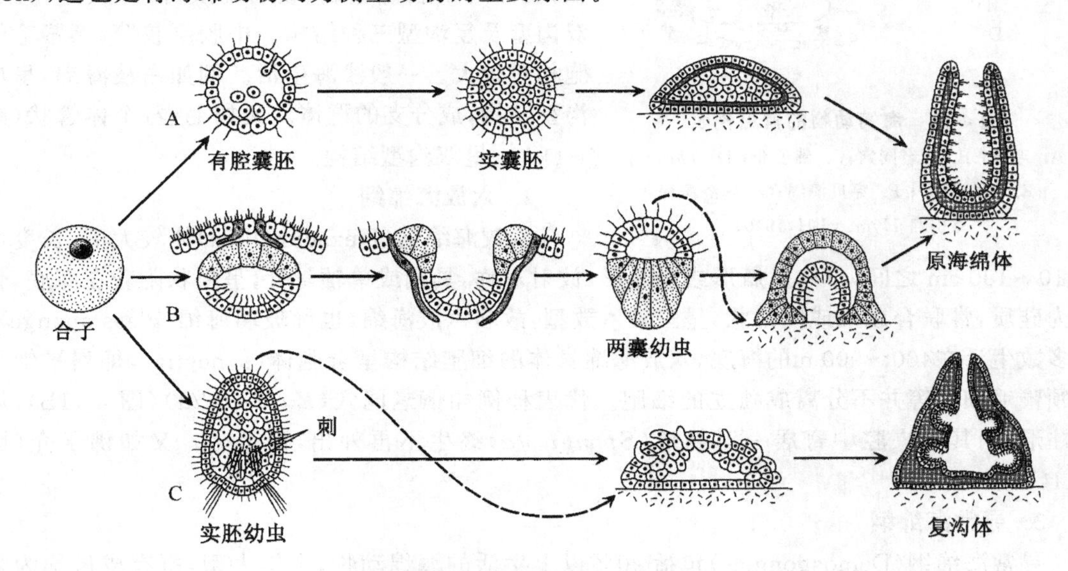

图 4-10　海绵动物的发育

A. 单沟型钙质海绵；B. 双沟型钙质海绵；C. 寻常海绵及某些六放海绵

(引自 Ruppert EE，2004)

在寻常海绵纲及大多数六放海绵纲发育中经过一实胚幼虫(parenchymula larva)阶段(图 4-10C)。实胚幼虫的外表除后端外均为具鞭毛的小细胞，以后具鞭毛的小细胞移入内部形成领鞭毛细胞及鞭毛室。幼虫原内部未分化的一些细胞，如原细胞、变形细胞、造骨细胞等，固着以后移到外面形成皮层，并经细胞层折叠形成复沟型个体。

五、海绵动物的分类

海绵动物约有8000种，其中一半为化石种。现存种类中仅有150种为淡水种，其他均为海洋生活，从潮间带到9000m的深海均有分布，靠近河口处的海域往往更丰富。海绵动物由于有骨针及恶劣的腥臭味，很少被其他动物捕食。许多海绵动物与其他动物具共生或寄生关系，例如，其宽阔的中央腔可以为环节动物、节肢动物等提供居住及保护场所；与海绵共生的海葵可以携带其移动居所；寄居蟹螺壳完全被硅质的皮海绵（*Suberites*）所包围；一些穿贝海绵（*Cliona*）在软体动物的瓣壳上钻穴，使壳的内面充满穴道。所以海绵动物常与其他动物组成一复杂的群落。

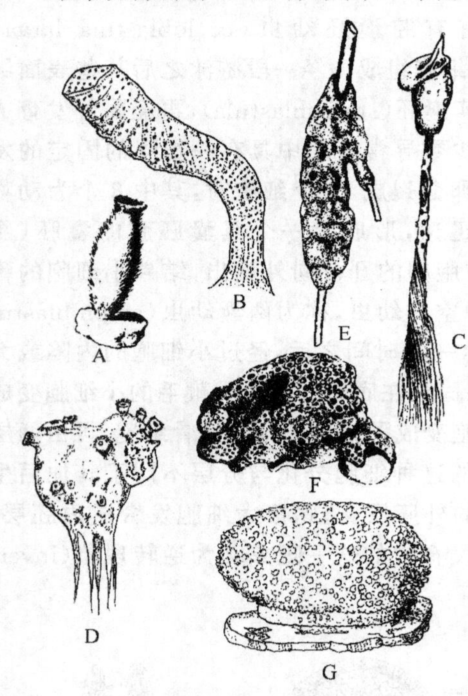

图 4-11 海绵动物的常见代表

A. 毛壶；B. 偕老同穴；C. 佛子介；D. *Thenea*；E. 淡水海绵；F. 穿贝海绵；G. 沐浴海绵

（引自 Hyman LH，1940）

现存海绵动物可以分为以下三个纲：

1. 钙质海绵纲

钙质海绵纲（Calcarea）体小型，一般高度在10 cm之下，呈管形或瓶形，骨针为单轴、三轴或四轴，全部由碳酸钙组成，故名钙质海绵，具单沟型、双沟型及复沟型三种结构。中胶层较薄，领鞭毛细胞相对较大。一般浅海生活。例如白枝海绵，呈单沟型结构，成分支的群体。又如毛壶，个体管状（图4-11A），呈双沟型结构。

2. 六放海绵纲

六放海绵纲（Hexactinellida）体较大型，长度可在10～100 cm之间，单体呈瓶形或漏斗形，放射对称，具柄或单轴骨针，呈根状附着在海底，骨针为硅质，常联合成束或网格状，呈三轴六放型，故名六放海绵，也称玻璃海绵（glass sponge）。大多数生活在400～900 m的海底，六放海绵身体的细胞结构呈合胞体（syncytia），即扁平细胞及领鞭毛细胞等并不分离成独立的细胞。代表种例如偕老同穴（*Euplectella*）（图4-11B），体呈柱形，因其中央腔中寄居一对俪虾（*Spongicola*）终生不再外出，而得名。又如佛子介（图4-11C）。

3. 寻常海绵纲

寻常海绵纲（Demospongiae）包括90%以上生活的海绵动物，个体大型，所有成员均为复沟型，具硅质骨针或海绵丝，或两者联合，骨针为单轴骨针或四射骨针，绝非六放型。如两种骨骼同时存在，骨针多埋在海绵丝中成网状。除一个科为淡水海绵外，其余分布从浅海到深海。根据骨骼不同分为三个亚纲。

（1）四射海绵亚纲（Tetractinellida）。骨针四放型，没有海绵丝，个体常呈圆形或扁平形，浅海生活。如 *Thenea*（图4-11D）。

（2）单轴海绵亚纲（Monaxonida）。骨针为单轴型，具或不具海绵丝，体型多种形态。淡水海绵(图 4-11E)是此亚纲的代表种,广泛地分布在世界各地湖泊及溪流中;又如海产的穿贝海绵(图4-11F),由于变形细胞分泌酸性物质,可在珊瑚礁中或贝壳上钻成穴道。

(3) 角质海绵亚纲(Keratosa)。没有骨针只有海绵丝构成网状骨骼,群体体积较大,表面粗糙呈皮革状,如沐浴海绵(图 4-11G)。

关于海绵动物的分类地位目前尚在探讨中,海绵动物由于没有组织器官的分化,没有口及消化腔,没有神经结构,体内细胞的分化具有相当的独立性及原始性,身体的沟系结构、具领鞭毛细胞以及发育中胚层的逆转现象,这些特征都是原始的。按传统观点认为海绵动物是很早就与其他多细胞动物分离而独立进化的一支,是动物进化中的一个侧支。持这种观点的动物学家认为海绵动物是由原生动物领鞭毛虫类(Choanoflagellate)进化而来,主要依据是二者形态结构上的相似性。然而许多动物学家反对这种观点,例如,Tuzet(1963)提出领鞭毛细胞并不局限于海绵动物及领鞭毛虫,也存在于某些珊瑚及棘皮动物的幼虫中。况且海绵动物在胚胎发育中,幼虫的外层细胞具有鞭毛,不具有领,直到它们进入内层后才产生领变成领鞭毛细胞。但 RNA 基因序列的分析证据却支持领鞭毛虫与后生动物是姊妹类群,也支持海绵动物与真后生动物是姊妹类群,所以它们之间有亲缘关系,可能是在腔肠动物进化之前,海绵动物已经分离出来,而它们共享一个祖先。

附　中生动物门

中生动物门(Mesozoa)是一类小型的内寄生动物,目前已报道过的只有 100 种左右。它们结构很简单,身体呈蠕虫形,体长不超过 9 mm,具有复杂的生活史。中生动物可分为二胚虫目(Dicyemida)及直泳目(Orthonectida)两个目。

二胚虫目的中生动物均寄生在软体动物头足类的肾脏内,身体呈线虫形(nematogen),长约 0.5～7 mm,是由 20～30 个细胞组成。相同的种的细胞数目是固定的。细胞也分两层,外层是单层的具纤毛的体细胞(somatic cell),包围着中央的一个或几个延长的轴细胞(axial cell),身体前端的 8～9个体细胞排列成两圈,用以附着寄主,其余的体细胞或多或少呈螺旋形排列(图 4-12A)。体细胞具有营养的功能,轴细胞具繁殖功能。由轴细胞可以产生线虫形幼体,也称蠕虫形幼体(vermiform larvae),幼体形成后离开母体,进入感染期,特别是在年幼或未成熟的寄主体内,通过这种无性生殖方式以增加群体的数量与密度。

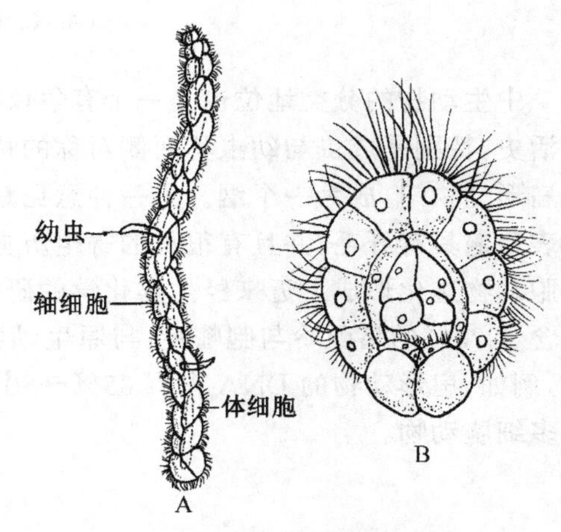

图 4-12　二胚虫目的成虫与幼虫

A. 成虫; B. 滴毛形幼虫

(引自 Lapan EA,1972)

当寄主成熟之后,或寄主体内种群数量极大时,轴细胞变成了两性腺,它同时可以产生精子与卵子,并在体内受精,受精卵发育成滴毛形幼虫(infusoriform larvae)(图 4-12B)。幼虫随寄主排泄物排到海水中,以后的生活史不详,可能又重新进入头足类体内而没有中间寄主。

直泳目中的动物寄生在许多海洋无脊椎动物体内，例如，扁形动物、线形动物、软体动物、环节动物及棘皮动物等。成虫多数雌雄异体（图 4-13A，B），身体呈蠕虫形，雌性个体较大，外层为单层的具纤毛的体细胞，呈环状整齐排列，致使体表宛如分节状，前端体细胞的纤毛指向前方，其余的纤毛指向后方，体细胞中央围绕着许多生殖细胞（卵或精子）。在少数种类，成虫雌雄同体，这时精细胞位于卵细胞的前方。

雌性个体与雄性个体形成后，由寄主同时排到海水中，精子通过体壁进入雌体，在雌体内受精，受精卵在雌体内发育成具纤毛的幼虫（图 4-13C）。幼虫离开母体又感染新寄主。幼虫进入新寄主之后变成多核的变形虫状的合胞体（图 4-13D）。合胞体由无性的碎裂方法产生雌性个体或雄性个体，例如直尾虫（*Rhopalura*）。

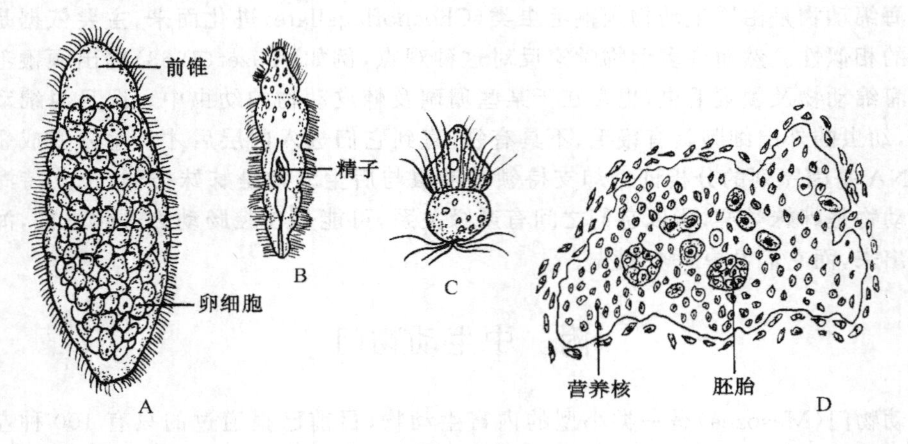

图 4-13 直泳目的形态及生活史

A. 雌性成虫；B. 雄性成虫；C. 幼虫；D. 合胞体

（A～C. 引自 Atkins D，1933）

中生动物的分类地位也是一个有争议的问题，一部分学者基于它们的生活方式及复杂的生活史，特别是成虫与幼虫具两侧对称的特点，认为它们是退化的扁形动物，甚至认为可以列入扁形动物门，成为一个纲。另一种意见是基于它们的身体结构有体细胞与生殖细胞之分化，体表普遍具有纤毛，并且有很长的寄生历史，故认为中生动物是原始的种类，是由最原始的多细胞动物进化形成。近来经生物化学的研究指明：中生动物的细胞核中脱氧核糖核酸（DNA）包含了 23％的鸟嘌呤与胞嘧啶，与原生动物的纤毛虫类所含的量相近，但低于其他多细胞动物，例如，扁形动物的 DNA 含有 35％～50％的鸟嘌呤与胞嘧啶，因此中生动物更可能是原始的多细胞动物。

第五章　刺胞动物门　栉水母动物门

刺胞动物门(Cnidaria)过去称为腔肠动物门(Coelenterata),因为它的含义适用于刺胞动物及栉水母动物,现多已废弃不用。

刺胞动物和栉水母动物身体也是由两层细胞构成的多细胞动物,但在结构、生理及进化水平上超过了海绵动物。刺胞动物出现了一些海绵动物还没有发生,而为其他多细胞动物所共有的基本特征:(1) 在动物进化的历程中,刺胞动物第一次出现了胚层的分化,构成刺胞动物体壁的两层细胞分别来源于胚胎时期的外胚层与内胚层。外胚层发育成成体的表皮层(epidermis),具有保护、运动及感觉等机能;内胚层发育成成体的胃层(gastrodermis),具有消化、吸收、生殖等机能。刺胞动物两个胚层的机能分化与高等的多细胞动物的外胚层与内胚层的机能分化是相同的。(2) 刺胞动物的身体都有了固定的对称体制,即辐射对称(radial symmetry)及两辐射对称(biradial symmetry)。前者是指通过身体的中轴的任意一个纵切面都可以将身体分成相等的两半;后者是指通过身体的中轴只有相互垂直的两个纵切面可以将身体分成相等的两半。这种体制是与刺胞动物在水中营固着生活或漂浮生活的生活方式相关,而海绵动物大多数种类是没有固定体制的。(3) 刺胞动物首先出现了组织的分化,例如上皮组织,这是一种上皮细胞内含有肌原纤维所构成的组织,具有一定的收缩能力。又如神经组织,在刺胞动物中它是由单极神经细胞、双极神经细胞及多极神经细胞构成的一种神经网,它的神经传导总体上说是不定向的,由于没有神经中枢,呈网状分布,所以它与感觉细胞及效应细胞一起构成了对外界刺激的散漫传导及反应。(4) 海绵动物体壁包围的中央腔仅是水流经过身体的通道,而刺胞动物则出现了消化腔,也称为胃循环腔(gastrovascular cavity),并有一个开孔与外界相通,这个孔兼有口(mouth)与肛门(anus)的双重作用。胃循环腔被内胚层起源的胃层细胞包围,是食物进行初步消化的场所,所以刺胞动物最先出现了细胞外的消化过程,同时也兼行细胞内消化,这对动物更有效地取食与消化,提高新陈代谢的能力是具有重要意义的。所以,消化腔的出现是动物由低等向高等发展的重要步骤。综上所述,如果把海绵动物看做是侧生动物,那么刺胞动物则是最原始的真后生动物(Eumetazoa),是其他高等多细胞动物的一个起点。

刺胞动物除了以上具有进化意义的特征之外,还有其他特征,例如,具有用以攻击与防卫的刺细胞(cnidoblast),这是该门动物命名的来源。许多种类为群体,群体中具有二态(dimorphism)或多态(polymorphism)现象,生活史中常有世代交替现象等。

第一节　刺胞动物的一般形态、生理及分纲

一、一般形态——水螅型与水母型

刺胞动物的体型具有两种基本形态,即水螅型(polyp type)及水母型(medusa type)(图5-1)。大多数水螅型个体,身体呈柱状或管状,辐射对称或两辐射对称,柱的一端具有口或口

盘(oral disc),周围有触手,口端游离,柱的另一端具有一基盘(pedal disc),用以附着或固着,所以水螅型营固着生活。水螅型或为单体生活,或为群体生活。群体生活中的某些种分化成形态与机能不同的个体,例如,有的个体专营取食与消化,有的个体专营生殖,有的个体营保护与防卫等。这种群体具有多态现象。

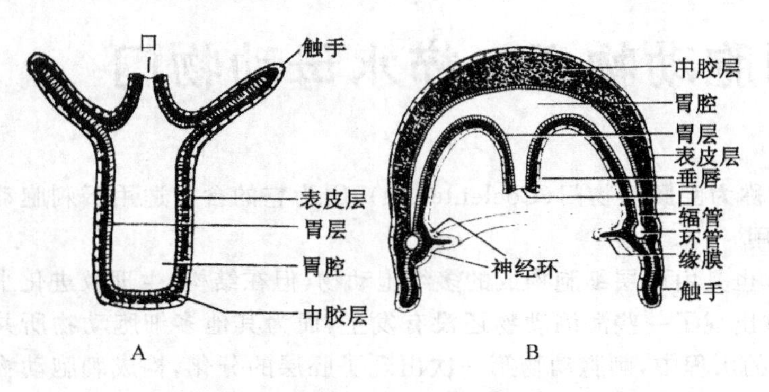

图 5-1 腔肠动物的两种基本体型

A. 水螅型;B. 水母型

(引自 Parker TJ, et al,1963)

水母型呈伞形或铃形,辐射对称。身体向外凸出的一面称外伞面(exumbrella);凹入的一面称下伞面(subumbrella)。下伞面中央有垂唇(manubrium)及口,伞的边缘向外延伸,形成一圈触手。水母型适合于漂浮或游泳生活。水母型通常为单体生活,极少数种为群体生活,也具有多态现象。

表面上看水螅型与水母型十分不同,实际上水母型是一个倒置的未附着的水螅型,体柱向外扩充压扁而成。水螅型与水母型身体都是由两层上皮细胞包围中央的消化腔而构成,所不同的是水母型个体两层上皮细胞之间的中胶层特别发达,构成身体的大部分,使之适合于漂浮生活。

水螅型与水母型两种体型在刺胞动物的不同类群中有不同的存在方式,例如,有的类群水螅型发达,特别是群体生活的种类水母型不发达,或水螅型与水母型交替出现在生活史中,即无性生殖阶段表现为水螅型,有性生殖阶段为水母型(水螅虫纲)。有的类群水母型发达,水螅型不发达或完全消失(钵水母纲)。有的类群只有水螅型体型,水母型已不存在(珊瑚虫纲)。

二、组织的分化

刺胞动物首先出现了上皮组织及神经组织的分化,上皮组织是构成刺胞动物表皮层及胃层的最主要的一种细胞。细胞一般呈柱状,排列紧密,基部都固着在中胶层上。表皮层的上皮细胞基部延伸并平行于身体的主轴,其延伸物中包含有肌原纤维(myoneme)(图5-2)。许多细胞的延伸物依次排列,彼此相连形成平行于身体的可伸缩的肌肉层,肌肉的收缩可使身体缩短,因此上皮细胞也称为上皮肌肉细胞。胃层的上皮细胞也成柱状,基部呈横向延伸,也含有肌原纤维,但垂直于体轴,形成一环状的肌肉层,肌肉收缩可使身体延伸变细长。刺胞动物这种上皮细胞具有肌肉细胞的特性,是细胞组织分化的一种原始现象。另外胃层上皮肌肉细胞其游离端具有伪足及鞭毛,它具有吞噬及消化的机能,细胞中也含有许多食物泡,所以胃层的上皮肌肉细胞也称为营养肌肉细胞(nutritive-muscular cell)。在一些水母及珊瑚虫类,其肌原纤维已独立于上皮细胞,而是存在于中胶层,形成独立的肌肉束。

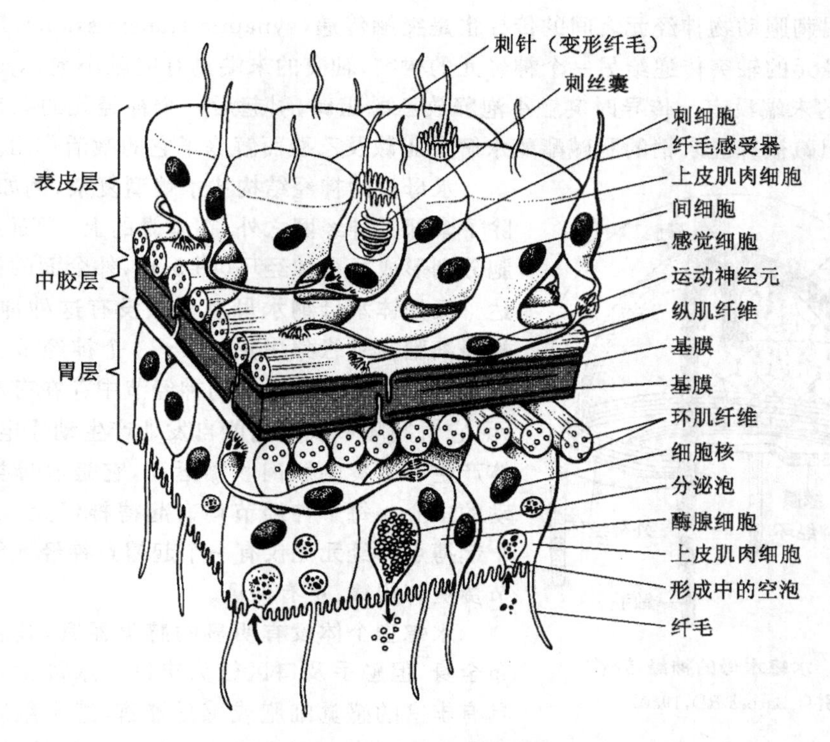

图 5-2　水螅的体壁结构

（引自 Ruppert EE，et al，2004）

刺胞动物是最早出现神经结构的多细胞动物，它的神经组织也包括感受外界刺激的感觉神经元（sensory neuron），支配效应器官（肌肉、刺细胞等）的运动神经元（motor neuron）以及联结感觉神经元和运动神经元的联结神经元（internuncial neuron）。这些神经细胞一般位于表皮层及胃层上皮肌肉细胞的基部（图 5-3A），细胞体相互分离，靠神经纤维相连呈网状分布，并分别形成两个独立的神经网（图 5-3B），故称为网状神经系统（net nervous system）。

感觉神经元通常是双极神经元（bipolar neuron），即细胞的一端具有接受冲动的树突，另一端具有传出冲动的轴突，神经冲动只能向一个方向传导。而运动神经元及联结神经元多为多极神经元（multipolar neurons），即每个神经细胞具有几个树突和一个轴突，因此冲动可以向几个方向传导，形成散漫式传导（diffuse conduction），这种原始的传导方式，是刺胞动物网状神经所特有的一种传导。

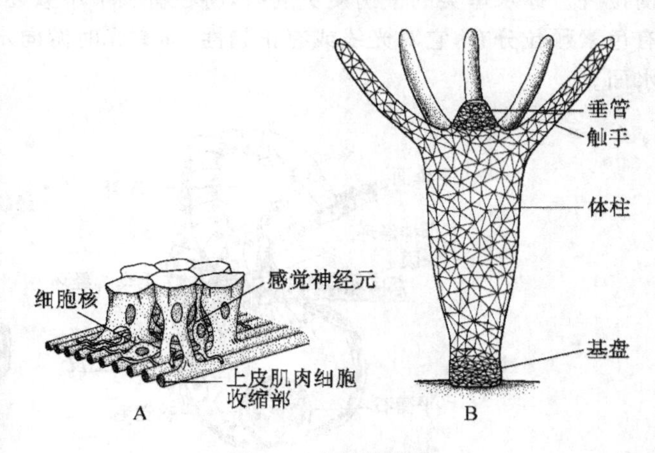

图 5-3　水螅的神经

A. 表皮的神经元；B. 水螅的神经网

（A. 引自 Mackie GO，1968；B. 引自 Ruppert，et al，2004）

现已证明刺胞动物神经元之间的传导也是突触传递(synaptic transmission),即神经冲动是由一个神经元的轴突传递给另一个神经元的树突,轴突的末端具有突触小泡(synaptic vesicle),而树突的末端没有。传导时突触小泡释放乙酰胆碱,引起后一个神经元的兴奋。冲动传出之后乙酰胆碱被神经末梢的胆碱酯酶水解成胆碱及乙酸而解除了它的激活作用。

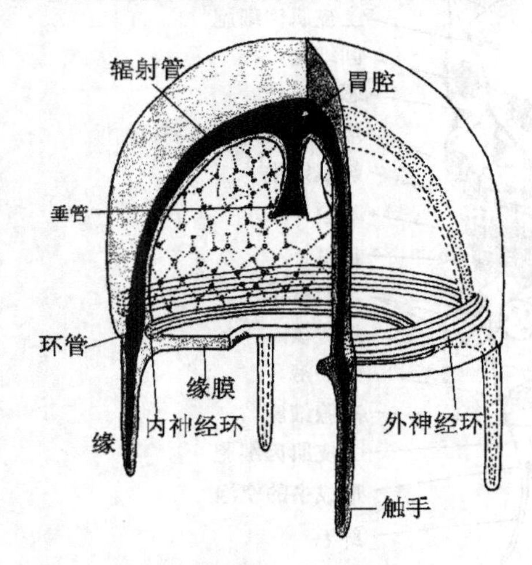

图 5-4 水螅水母的神经结构

(转引自 Barnes RD,1980)

水母型的神经结构比水螅型复杂,例如,水螅水母除了伞部具神经网之外,在伞缘的上、下面上皮神经细胞分别形成两个神经环(图 5-4),外伞面的神经环更发达。又如钵水母纲水母型多数没有这种神经环,而是神经细胞在伞缘集中形成 4～8 个神经节。在水螅水母的外神经环及钵水母的神经节中存在有起搏点神经元,它每间隔一段时间能自发地产生动作电位,引起身体产生有节奏的肌肉收缩运动,它是水母类有节奏搏动的中心。每个神经节均有起搏神经元,实验证明多个起搏点神经元比仅有一个起搏点神经元能使收缩的节奏更有规律、更有保证。

水螅型个体没有明显的感觉器官,其感觉细胞分布全身,但触手及口区较为丰富。水母型个体在伞缘具有丰富的感觉细胞或感觉器官,感觉细胞都是具纤毛的,感觉器官包括平衡囊(statocyst)和眼点(ocelli)。平衡囊在水螅水母结构较简单,即在缘膜基部或下伞面神经环处形成一个小囊(图 5-5A),囊的内壁有感觉细胞,细胞上也有纤毛,囊的底部有一钙质结石,它是一种重力感受器,当伞缘倾斜时,结石与感觉细胞的纤毛接触并刺激感觉细胞产生动作电位,抑制了该侧肌肉纤维的收缩,通过肌肉收缩再调整身体恢复到平衡位置。钵水母类的平衡囊更复杂,将在有关节中叙述。眼点是由感觉细胞构成的杯状物,内有色素颗粒分布,它对光线或有正趋性,即有光时游向水面;或有负趋性,即无光或弱光时浮向水面。

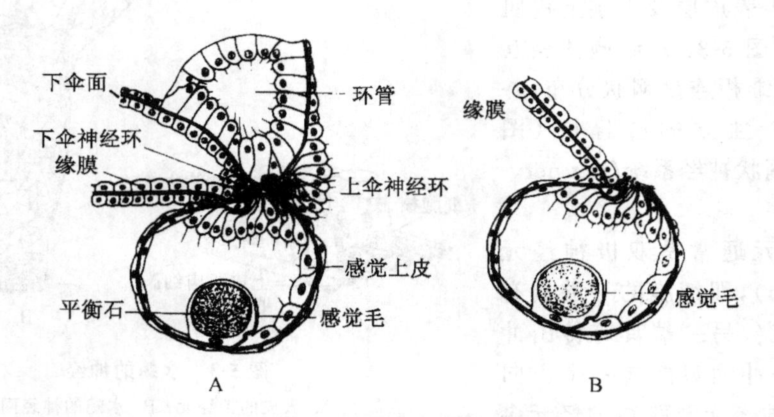

图 5-5 水螅水母的平衡囊

A. 水平位置; B. 倾斜位置

(引自 Singla CL,1975)

三、刺细胞

刺细胞(cnidocyte)是刺胞动物特有的一种攻击与防卫性细胞，也是一种特化了的上皮细胞。它主要存在于表皮层中，特别是在触手及口周围。在钵水母及珊瑚虫类，除了表皮、触手及口区外，在消化腔的胃丝及隔膜丝上也有大量分布，以帮助捕食。

刺细胞散布在表皮肌肉细胞之间，细胞核位于基部，细胞的顶端具有一刺针(cnidocil)，它是改变了的纤毛，可伸出体表。刺细胞内具有一刺丝囊(图 5-6A)，是由几丁质物质组成，囊的顶端具有一盖板(operculum)，囊内盘旋着丝状的管，管的基部有倒刺(barb)。当刺针或刺细胞受到刺激时，刺丝囊由刺细胞中被排出，同时刺丝也由囊内外翻出来，形成不同长度及不同功能的丝(图 5-6B)。

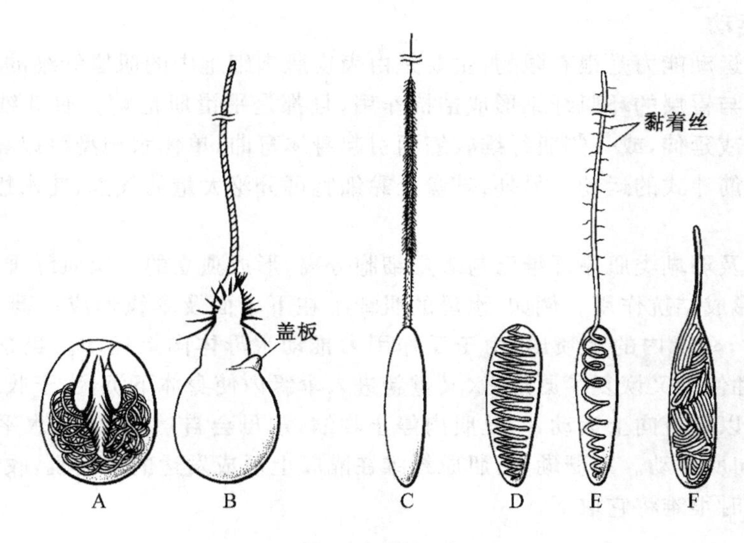

图 5-6　刺细胞

A,B. 水螅纲穿刺刺细胞，A. 未排放，B. 已排放；C. 珊瑚纲穿刺刺细胞；D,E. 珊瑚纲缠绕刺细胞，D. 未排放，E. 已排放；F. 海葵黏着刺细胞未排放

(A～E. 引自 Ruppert EE，2004；F. 引自 den Hartog JC，1977)

每个刺细胞仅能排放一次，当刺丝囊排出之后，刺细胞被吸收，但可以由间细胞不断地补充及更新。有人观察水螅一次捕食可以排放出触手上 25％的刺丝囊，并在 48 小时内更新。根据被排放出的刺丝囊的形态及刺丝的不同，已知刺胞动物有 30 余种不同的刺丝囊，但每种动物一般有 1～7 种。其中有三种是最基本的：一种是穿刺刺丝囊(图 5-6A,B)，它们都具刺及毒性，这是所有的刺胞动物都具有的，用以穿刺及毒杀捕获物；一种是缠绕刺丝囊(spirocyst)(图 5-6D,E)，刺丝未排放时，像弹簧一样盘旋在囊内，没有刺、倒棘及感觉毛，排放以后刺丝像瓶刷一样向四周伸出细丝，用以缠绕捕获物，这种刺丝囊仅存在于珊瑚虫纲中；还有一种是黏着的刺丝囊(ptychocyst)(图 5-6F)，未排放时刺丝在囊内紧密地折叠在一起，排放后形成强韧的丝用以黏着，也多存在于珊瑚虫纲中。

刺丝囊的排放机制是由机械刺激及化学刺激的联合作用所引起，单独的触觉刺激仅能引起极少量的排放。例如，机械感受器——刺针对捕获物震动的频率是十分敏感的，适当的频率能引起排放。又如捕获物黏液中特定的氨基酸及糖的分子及其改变也可以引起刺丝囊的排放，排放前，囊内充满包含氨基酸、蛋白质及离子组成的大分子，当刺细胞受到适当刺激时，这些大分子溶解并产生很高的囊内渗透压，并由细胞质中吸收水分，引起刺丝外翻及刺丝囊的排放。有人从一种海葵 *Aiptasia* 的胃丝上收集的大量刺丝囊毒液进行分析，结果发现其中有四种蛋白成分，再用这四种蛋白成分对招潮蟹 *Clea* 及蝲蛄虾 *Procambarus* 做毒性实验，结果发现有的蛋白成分有毒杀作用，有的蛋白有破坏细胞膜及神经索传导动作电位的能力，有的蛋白成分引起实验动物强烈痉挛，这都说明这些蛋白的毒性是通过神经系统的作用所引起。由此说明由胃丝排放并收集的这些蛋白质具有神经毒素、肌肉毒素、溶血性及坏死性的特征。刺丝囊中的毒素严重的甚至对人体也造成麻痹及损伤作用。

四、生理

1. 肌肉与运动

刺胞动物的运动能力是很有限的，主要是由表皮肌肉细胞中的肌原纤维的收缩所引起，表皮层的纵肌纤维与胃层的环肌纤维形成拮抗作用，且都是平滑肌范畴。肌纤维的收缩可以使水螅型身体缩短或延伸，或一侧肌纤维收缩而引起身体弯曲，单体水螅型可以靠触手及基盘的交替附着而做翻筋斗式的运动。另外，基盘处黏细胞可分泌大量的气泡，使水螅体在水面上做短暂的漂浮。

在钵水母类及珊瑚类肌原纤维已与表皮细胞分离，形成独立的一层肌纤维，其肌纤维具横纹，并与中胶层形成拮抗作用。例如，水母的肌纤维在下伞面及伞缘形成一薄层肌肉环，当伞面及伞缘收缩时，伞缘内的水喷出，由于反作用力推动水母体向上运动。当伞及伞缘肌舒张时，中胶层的弹性使伞又恢复了原形，水又重新进入伞缘内使身体下沉，由于收缩比舒张要快，所以水母还是可以垂直向上运动，一旦肌肉停止收缩，水母会自然下沉，其水平运动多是被动的，由水流及风向所推动。在珊瑚类，肌原纤维在隔膜上形成发达的牵缩肌，收缩有力，所以当其固着在岩石上时很难将它取下。

2. 骨骼

刺胞动物支持身体的骨骼具有多样性，特别是在水螅型体，例如，水螅虫纲中的一些群体，个体外部围有一层几丁质的围鞘(periderm)，用以支持身体(图 5-7A)。一些石珊瑚类在个体的基部及周围分泌石灰质的基盘(图 5-7B)作为外骨骼，无数世代的分泌物重叠堆积形成巨大的礁石。一些海羽或海扇在中胶层中有分泌的钙质骨针及有机质丝作为内骨骼(图 5-7C)。有的种类在胃层内包含有一空泡化的细胞柱用以支持(图 5-7D)，如筒螅，一些海葵收集外来的砂粒，甚至贝壳的碎片黏着在体表用以支持身体(图 5-7E)。水母型个体发达的中胶层也被认为是一种骨骼成分(图 5-7F)，它具有很强的弹性，靠它支持及维持水母型的体型。

3. 取食与消化

刺胞动物都是肉食性的，以浮游生物、小的甲壳类、多毛类甚至小的鱼类为食。由于食物的机械刺激和化学刺激，引起水螅类动物伸长触手，并放出刺丝囊以缠绕、麻痹、毒杀捕获物，再将其送入口中。口区腺细胞分泌的黏液有利于食物的吞咽，食物进入胃腔后，胃层的腺细胞开始分泌蛋白酶，分解、消化食物使之形成许多多肽，同时在胃腔中由于营养肌肉细胞的鞭毛运动，食物得以混合与推动。经这种细胞外消化之后，开始细胞内的消化过程，营养肌肉细胞的伪足吞噬食物颗粒，在细胞内形成大量的食物泡，经过酸性及碱性的化学过程之后，营养物质由细胞的扩散作用输送到全身。钵水母类及珊瑚类的胃腔结构比较复杂。钵水母的胃腔中

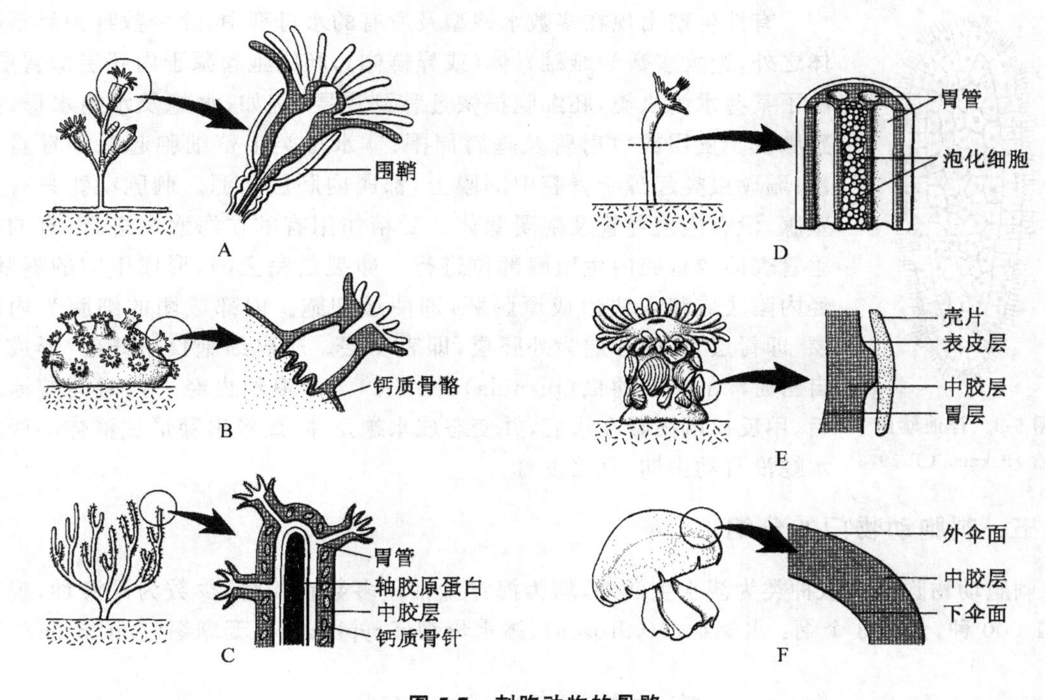

图 5-7　刺胞动物的骨骼

A. 几丁质围鞘；B. 钙质外骨骼；C. 有机质内骨骼；D. 泡化内骨骼；E. 外源壳碎片；F. 弹性胶原蛋白

(引自 Ruppert EE，et al，2004)

有各种辐管及环管，胃囊中有内胚层起源的胃丝；珊瑚类的胃腔被许多隔膜分隔成许多小室，隔膜上有隔膜丝。胃丝及隔膜丝中含有大量的刺细胞及腺细胞，它们是将食物吞入胃腔之后才杀死及消化。消化后的营养物通过各种管道输送到全身，未消化的食物残渣仍由口排出。糖原及脂肪是刺胞动物的主要贮存物。

刺胞动物中许多种类，特别是海洋中的造礁珊瑚类，体内均有共生的藻类，如动物黄藻、腰鞭毛藻之类。藻类能进行光合作用，产生甘油、脂肪、糖等，并提供给刺胞动物作为其补充营养。这将在珊瑚纲中做进一步的叙述。

4. 呼吸与排泄

刺胞动物没有专门的呼吸与排泄器官，由于身体是由两层细胞围绕胃循环腔所组成，并通过口使胃腔与外界相通，实际上体壁的两层细胞均与外界环境接触，所以呼吸与排泄作用可以由体壁细胞独立进行。出、入口及胃腔的水流可以携带入新鲜的 O_2，并带走代谢产物。刺胞动物的主要含氮废物是氨。氨易溶于水并经体壁扩散排出。

5. 生殖及发育

无性生殖及有性生殖在刺胞动物都是很普遍的。水螅型和水母型均可行无性生殖，但水螅型更普遍。无性生殖的方式主要为分裂，即纵分裂、横分裂、出芽以及碎裂(fragmentation)。水螅虫类主要进行出芽生殖，钵水母类进行出芽及横分裂，珊瑚虫类可以采用上述各种无性生殖方式。另外，刺胞动物都具有很强的再生能力，可以很快地修复或再生损伤、丢失的部分，再生时口端与反口端的极性不变，口端再生更迅速。所以再生现象也被认为是无性生殖的一种方式。

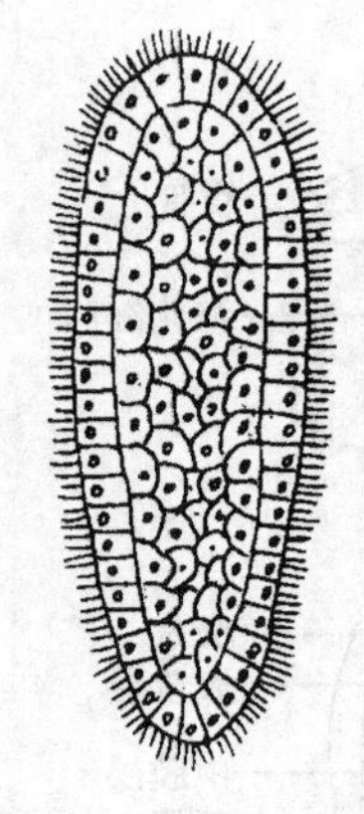

图 5-8　浮浪幼虫

(引自 Hickman CP,1973)

有性生殖出现在多数水螅型及所有的水母型中,除少数种为雌雄同体之外,绝大多数为雌雄异体(或异群体),胚细胞起源于内胚层即胃层,除了某些水螅虫类,胚细胞很快迁移到皮层,例如,水螅及水螅水母,生殖腺位于皮层或放射管及垂唇周围;钵水母类生殖细胞起源于胃囊底部;珊瑚虫类起源于胃腔中隔膜上,都属内胚层来源。刺胞动物只有生殖腺,没有生殖导管及附属腺体。受精作用有的在海水中进行,有的在垂管表面或胃腔内生殖腺部位进行。卵裂是完全的,形成中空的囊胚。经内陷法或移入法形成原肠胚,即两层细胞。内部成团的细胞为内胚层,即胃层,外面一层为外胚层,即表皮层。表皮细胞长出纤毛,形成了自由游泳的浮浪幼虫(planula)(图 5-8)。浮浪幼虫经一段时间游泳之后,用反口端固着在水底,并变态成水螅型体,或经出芽形成群体。淡水水螅没有幼虫期,直接发育。

五、刺胞动物门的分纲

刺胞动物除极少数种类为淡水生活外,均为海洋生活。多数在浅海,少数为深海种,现存有 11 000 种,分为 3 个纲:水螅纲(Hydrozoa)、钵水母纲(Scyphozoa)、珊瑚纲(Anthozoa)。

第二节　水　螅　纲

水螅纲是刺胞动物中唯一包含有极少数淡水种类的一个纲,其余均为海产,约有 3000 种。少数单体生活,绝大多数为群体。身体呈水螅型、水母型或两种类型同时存在于群体中,还有的是水螅型与水母型在生活周期中不同时期出现,其中水螅型行无性生殖,水母型行有性生殖。水螅纲的水螅型结构简单,没有口道,胃腔中没有隔膜及隔膜丝。水螅纲的水母型结构绝大多数具有缘膜,胃腔中没有刺细胞,在水螅纲中刺细胞均限制在表皮层中。水螅型及水母型的中胶层中均无细胞结构,生殖细胞虽来自内胚层,但生长、发育及成熟均在外胚层中进行。

一、单体水螅型体

水螅是水螅纲动物中极少数单体生活的种类之一,呈水螅型(图 5-9),淡水生活,一般在池塘、溪流、稻田中可以找到。身体呈管形或筒形,伸展时体长可达 25～30 mm 长,从口到基盘的体轴名为口-反口轴,口端游离,顶端有口,口的周围有一圈触手,5～10 个,中空。反口端形成黏着的基盘,其中含有大量的腺细胞,其分泌物用以黏着在水草或其他物体上;也可以分泌气泡用以漂浮。

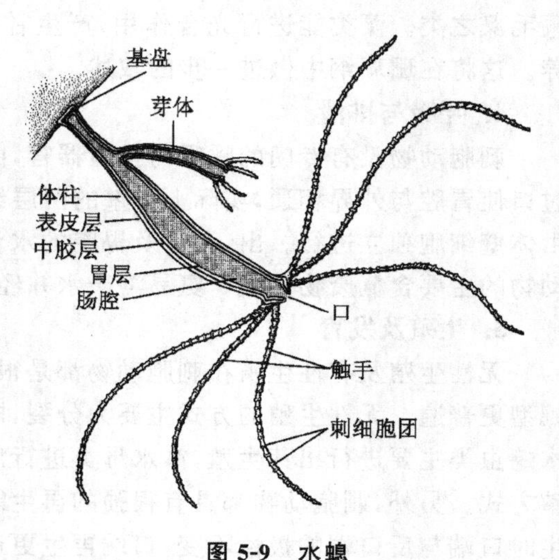

图 5-9　水螅

(引自 Hyman LH,1940)

水螅的体壁也是由表皮层及胃层,中间夹有中胶层组成,并包围中央的消化腔(gastrovascular cavity),也称肠腔(coelenteron),消化腔与触手的腔相通，表皮层中包含有上皮肌肉细胞(epitheliomuscular cell)(图 5-10A,B)、腺细胞(gland cell)、间细胞(interstitial cell)、刺细胞(cnidocyte)、神经细胞(nerve cell)及感觉细胞(sensory cell)。其中间细胞是一些小的、圆形的、位于上皮细胞之间的细胞，常成堆分布。它来源于胚胎的未分化的细胞，并可以转化成腺细胞、刺细胞及生殖细胞等。在胃层中含有上皮肌肉细胞、腺细胞及间细胞，只是上皮肌肉细胞具伪足、鞭毛及大量的食物泡，腺细胞中含有大量的颗粒，可以转化成消化酶，这些都与取食和消化相关。

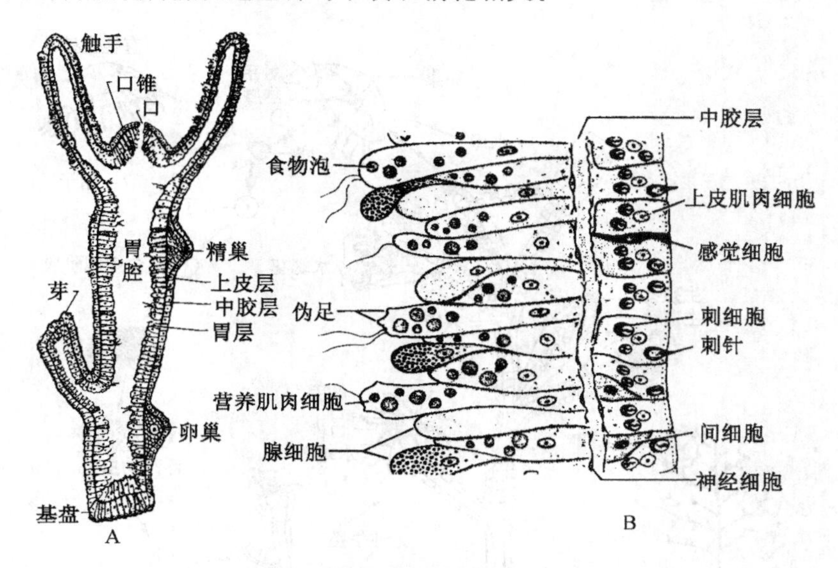

图 5-10　水螅的体壁结构

A. 水螅全形；B. 部分体壁放大

(引自 Hyman LH,1940)

水螅以出芽方式行无性生殖(图 5-9)，在秋季可行有性生殖，多雌雄异体，也有雌雄同体(图 5-10A)，卵受精后第二年春天直接发育成新个体。

二、群体结构及其形式

水螅纲动物绝大多数种类为群体生活，呈水螅型，沿海常见的薮枝螅(*Obelia*)(图 5-11)即为水螅型群体。群体呈树状，高从几厘米到十几厘米，固着在沿海沙石及海藻上。群体基部固着部分呈水平方向生长，形成匍匐茎，也称螅根(hydrorhiza)，由螅根上直立长出的茎称为螅茎(hydrocaulus)，螅茎或再分支，分支的末端再长出螅体(hydranth)。薮枝螅的螅体有两种形态：一种螅体有口，有触手，具有取食与消化的功能，称为营养体(gastrozooid)；另一种是无口、无触手的棒形个体，其中央茎也称子茎(blastostyle)，可以由出芽方式形成许多水母芽，这种个体称为生殖体(gonozooid)。薮枝螅生殖体产生的水母芽成熟后离开母体，营独立生活，即形成水母型体。水母型体为雌雄异体，行有性生殖。卵在海水中受精，并发育成浮浪幼虫，游泳一段时间后在水底固着，形成水螅型体，再以出芽方式形成新的群体。

薮枝螅的体壁也是由表皮层、胃层以及中间夹有中胶层所组成。个体之间以及基部相连的体壁称为共肉(coenosarc)，胃腔在个体之间也是相互沟通的。营养体将消化后的营养物质经共肉及胃腔输送到整个群体。群体体壁的外表有一薄层表皮细胞分泌的支持物称为围鞘

(perisarc),它是由几丁质及苯醌鞣化的蛋白质所组成,它对逐渐增大体积的群体起支持作用,对个体有保护的功能,所以可以看做是一种外骨骼。围鞘常在分支处或个体基部形成一些环,起着加固作用。围鞘如果一直延伸到螅体周围,这种群体称为有围鞘的群体,其围鞘随螅体而命名,如营养鞘(hydrotheca)及生殖鞘(gonotheca)(图 5-11)。群体的围鞘如果仅包围螅根、螅茎及共肉部分,而不包围螅体,这种群体称无围鞘(athecate)的群体。例如笔螅、筒螅便是这种(图 5-12B,C)。

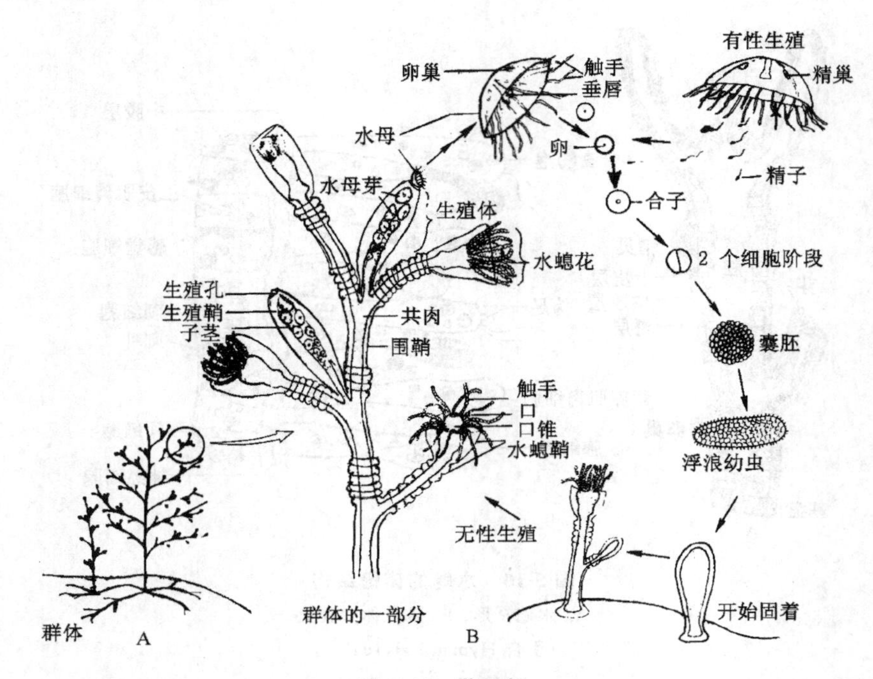

图 5-11　薮枝螅

A. 全形; B. 部分放大及生活史

(转引自 Hickman CD,1973)

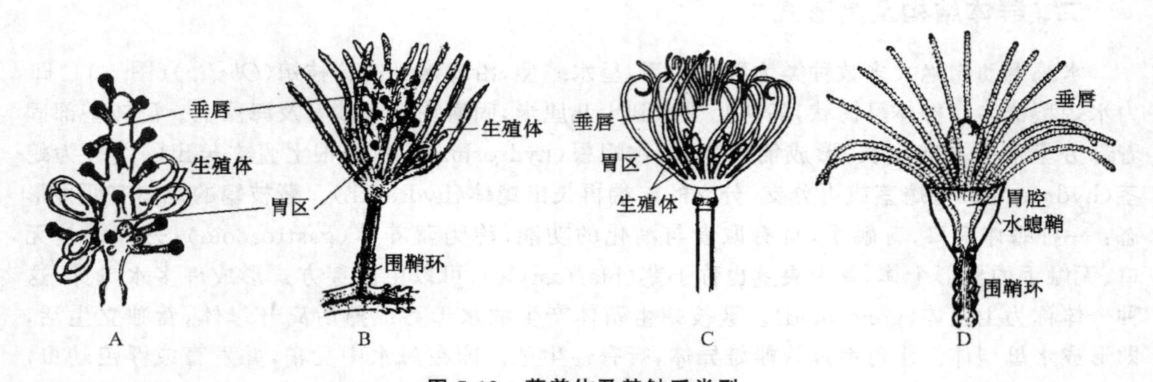

图 5-12　营养体及其触手类型

A. 遍枝螅触手棒状,散布; B. 笔螅棒状触手散布,丝状触手排成一圈;

C. 筒螅触手丝状,排成两圈; D. 薮枝螅触手均丝状,排成一圈

(引自 Hyman LH,1940)

水螅纲不同种类其触手的形态、数目及着生方式均可不同。原始的种类触手多是实心的，呈棒状，端部具大量刺细胞，并聚集成球形在营养体上散布，例如遍枝螅（*Syncoryne*）（图5-12A）；较高等的种类触手呈丝状，刺细胞沿触手全长散布或规则排列。笔螅（*Pennaria*）具有这两种形态的触手，棒状的触手在垂唇上散布，丝状触手在垂唇基部排成一圈（图5-12B）。筒螅（*Tubularia*）全部为丝状触手，排成两圈，分别位于垂唇的端部及基部（图5-12C）。最进化的种类是薮枝螅，触手丝状、中空，在垂唇基部排成一圈（图5-12D）。

水螅型群体的形成是以出芽方式进行，绝大多数种类芽体是由螅根或螅茎产生，很少种类由营养体产生。群体形成的方式有以下四种：（1）螅根型（hydrorhizal type），芽体单个的由螅根处产生，并垂直生长，每个芽体形成一个直立的螅体。这是一种原始的群体形成方式，多见于原始种类，例如贝螅（*Hydractinia*）（图5-13）。（2）单轴型（monopodial type），群体的生长带在第一个螅体的基部，所以第一个螅体的茎可以不断地生长延伸（图5-14A），螅茎延伸时，它的侧芽长出新的螅体，新螅体的基部也有生长带，它也不断地向前延伸，在延伸过程中再形成新的侧芽，如此重复形成群体，结果群体的主轴是由第一个螅体所形成，最老的螅体是在主轴的最顶端，例如真枝螅（*Eudendrium*）（图5-14B）。这种群体形成方式在无围鞘的种类中流行。（3）假单轴

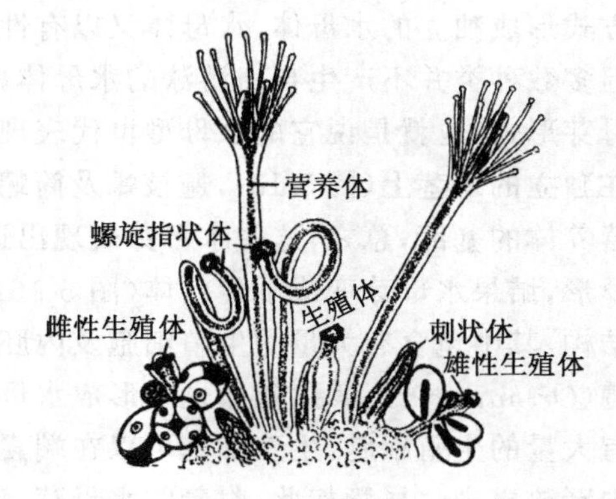

图5-13　贝螅

示螅根型群体形成方式

（引自 Hyman LH，1940）

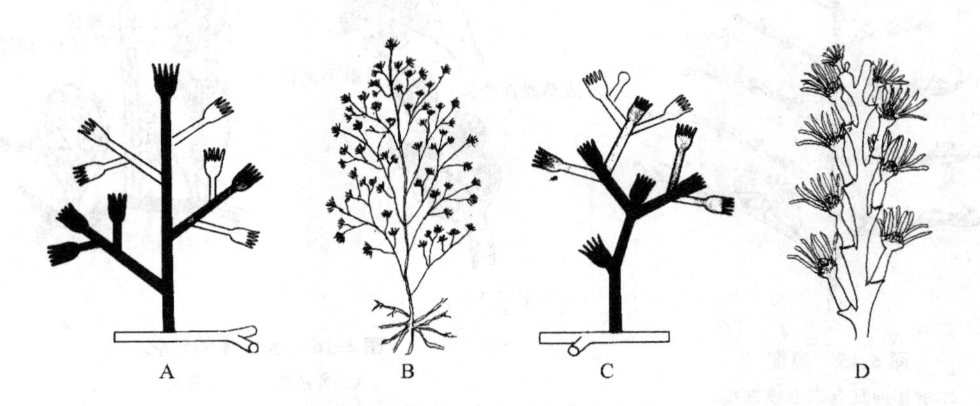

图5-14　单轴型及假单轴型的群体形成方式

A. 单轴型图解；B. 真枝螅示单轴型；C. 假单轴型图解；D. *Halecium* 示假单轴型

（A，C. 引自 Barnes RD，1980；B，D. 引自 Hyman LH，1940）

型（sympodial type），第一个螅体的基部没有生长带，所以它不能向前延伸，而是通过出芽方式产生一个或多个侧芽，同样侧芽也不继续延伸，而是又产生新侧芽，新侧芽越过亲本芽体，因此群体的主轴是由许多螅体的茎联合组成（图5-14C），最年轻的个体在分枝的顶端，越老的个体越靠近群体的基部。这种生长类型在低等的有围鞘的种类中流行，例如 *Halecium*（图5-14D）。（4）复合型（compound type），这是在假单轴型的基础上又恢复到单轴型生长，螅茎及侧枝的

末端不是螅体，而是生长点，因此它们可以不断地延伸，其芽枝及螅体均由侧面发生，每个侧枝来自一侧的生长点。这种生长方式似乎是最成功的，最大的水螅群体都是以这种方式形成，例如海桐(*Plumularia*)(图 5-15)。这种类型出现在较高等的有围鞘的群体中。

三、水母型的退化

水螅纲中的一些种类具有自由游泳的水母体，薮枝螅就是这样，它的水螅型体以无性出芽方式形成独立的水母体，水母体又以有性生殖产生水螅型体，即具有世代交替现象(图 5-11)。但多数种类并不产生自由游泳的水母体，其水母体世代是永远附着在亲本水螅群体上形成水母芽形式，也就是说它的水母型世代表现出不同程度的退化。例如，贝螅的水母芽是永远附着在独立的螅茎上(图 5-13)，遍枝螅及筒螅散布在营养体垂唇上(图 5-12A,C)，真枝螅是发生在营养体的基部，总之，这些水母芽表现出退化，它们没有口及胃腔，触手减少或消失，身体失去伞形，结果水母芽变成了囊状体(图 5-16A)。囊状体实际就是由外胚层形成的一囊形的膜状结构，其中包含有大量的生殖细胞及内胚层形成的实心轴，水母形态已完全消失。在一种直杯螅(*Orthopyrix*)，其生殖体也不形成水母芽，而形成一种端囊(acrocyst)(图 5-16B)，其中也含有大量的生殖细胞，生殖细胞可以在端囊中受精并发育，直到形成浮浪幼虫之后，才由生殖体中释放出来。尽管如此，附着的水母芽、囊状体、端囊都仍然代表了有性生殖的个体，只是它们的水母型形态表现出了退化而已。

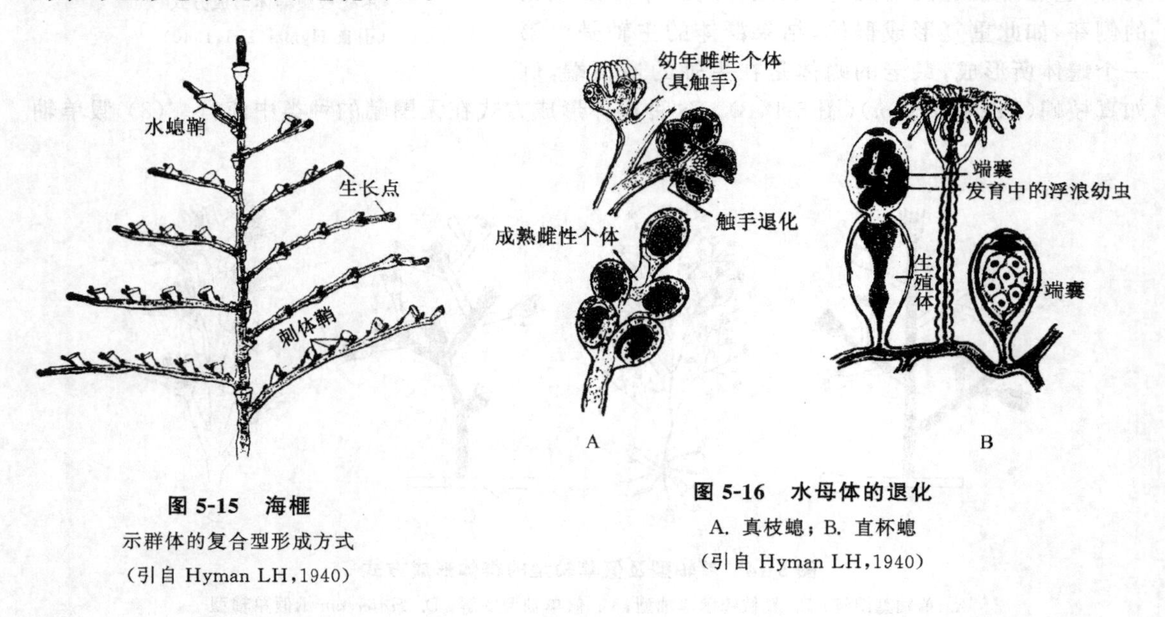

图 5-15 海桐
示群体的复合型形成方式
(引自 Hyman LH,1940)

图 5-16 水母体的退化
A. 真枝螅；B. 直杯螅
(引自 Hyman LH,1940)

四、多态现象

水螅纲中许多营群体生活的种类都含有营养体与生殖体两种形态与机能完全不同的个体，这种现象称为二态现象。群体中如果包括两种以上不同形态与机能的个体，则称为多态现象。例如贝螅(图 5-13)，群体中包含有四种不同形态的个体：(1) 正常的具有触手、能捕食的营养体；(2) 没有口与触手，个体顶端具有大量刺细胞，个体或直立或弯曲，具有保护功能的指状体；(3) 表皮内包有几丁质骨刺，具有支持及保护功能的刺状体(spinezooid)；(4) 生殖体，它具有水母芽，但从不由群体中释放出能自由游泳的水母体，而是由水母芽产生精子或卵，并在海水中受精。而且有趣的是贝螅也具有很强的再生能力，再生时不同形态与机能的个体碎片只能再生出它原来类型的个体，这说明了群体中不同类型的个体在最初形成时，已经在发生学上被决定。所以贝螅的多态现象引起了发生学家极大的兴趣。

多态现象在管水母类(Siphonophora)中发展程度达到了最高，群体中的个体分化达到了七种之多，并且分属水螅型或水母型两种类型的个体，例如 *Agalma*(图 5-17)。(1) 群体中呈水螅型的个体有：营养体，这类个体具触手，但触手细长，并缠绕有刺丝带，是群体中唯一可以

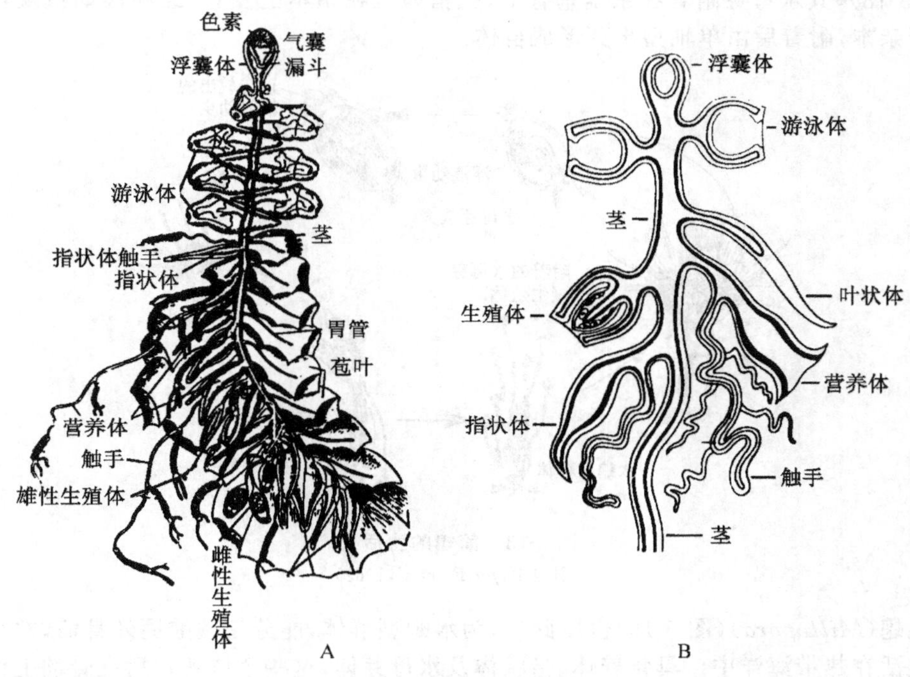

图 5-17　一种管水母 *Agalma*

A. 全形示多态现象；B. 部分结构图解

(A. 引自 Mayer AG,1910)

取食、消化的一类个体；指状体，这类个体没有口，但有大量的刺细胞分布在触手上，与营养体触手相似，这是一种保护性个体；生殖体，这类个体无口、无触手、呈子囊状，可以通过出芽方式产生水母芽。(2) 群体中呈水母型的个体有：浮囊体(pneumatophore)，这是一种变形的水母体，位于群体的顶端，中胶层不发达，在内、外胚层细胞之间形成一个大的气囊或气室，胃层细胞特化成腺细胞，由它产生 CO_2 或空气充满气室中，用以漂浮；游泳体(nectophore)，这类个体呈水母型，具缘膜、放射管及环管等结构，肌纤维发达，但无口、无触手及垂唇，它的功能是使群体运动；叶状体(phyllozooid)，这类个体呈叶状或盔状，体型很小，与水母型相似，有很厚的胶质，在群体中担任保护与漂浮的机能；水母型生殖体，个体呈退化的水母型结构，无口、无触手及感官，具有大量的生殖细胞，雌雄异体，但群体可以是雌雄同体，个体在生殖细胞释放之后死去。

刺胞动物中多态现象的生物学意义可以认为是群体中个体之间的劳动分工，因为刺胞动

物尚未出现器官系统来执行不同的生理机能，而是通过群体中个体的形态分化来担任不同的生理机能，这种分化是一种很原始的形式，这与刺胞动物的生活史及发展水平是密切相关的。

五、水螅纲的分目

1. 花水母目

花水母目(Anthomedusae)的水螅型世代发达，体表围鞘不包围螅体，触手多呈棒状或丝状，常随年龄增长而数目增加。生殖体附着在垂唇上，水母型存在或不存在，呈高杯状。例如，筒螅(图 5-18)，其水母芽附着在亲本垂管上，受精卵也在亲本上发育，经浮浪幼虫及辐射幼虫后才离开亲本，附着后由单轴型出芽形成群体。

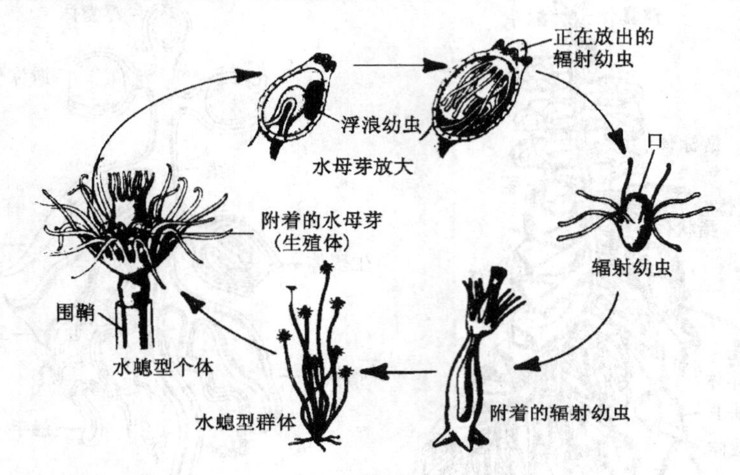

图 5-18 筒螅的生活史

(引自 Bayer F, et al,1968)

多孔螅(*Millepora*)(图 5-19)也属此目，为水螅型群体，能分泌碳酸钙外骨骼，常与造礁珊瑚一起生活在热带海洋中。具营养体、指状体及水母芽体，这些个体死亡后在骨骼上留下无数小孔，故名多孔螅。

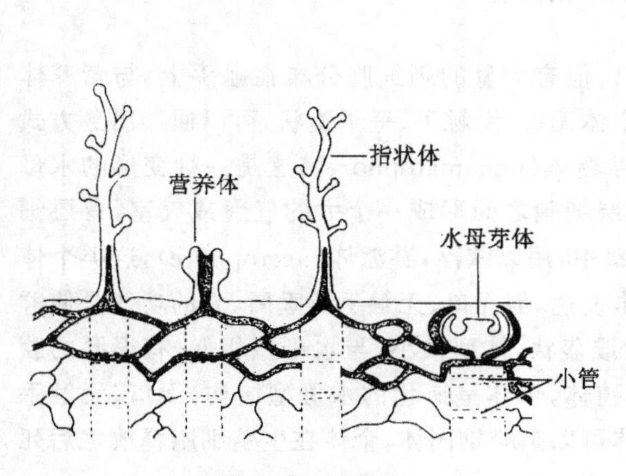

图 5-19 多孔螅

(引自 Hickson SJ,1888)

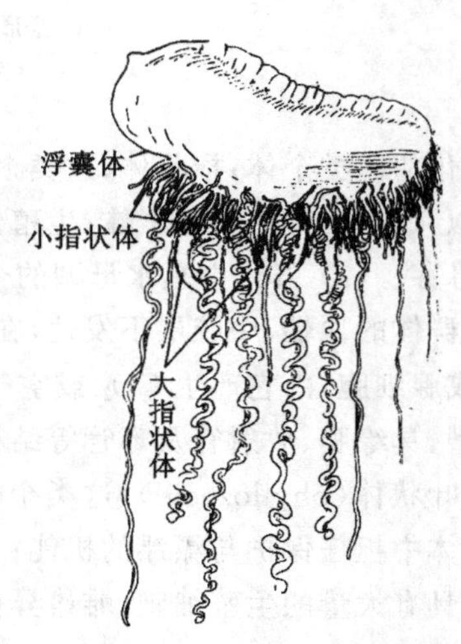

图 5-20 管水母目的代表种(僧帽水母)

(引自 Hyman LH,1940)

此外，海产的真枝螅、贝螅，淡水的水螅均属此目，它们的触手呈丝状。

2. 管水母目

管水母目(Siphonophora)均为较大型的营漂浮生活的水母型群体，多态，身体由几种变态的水螅型及水母个体由共肉茎联结在一起，紧密聚集。也由单轴型出芽形成群体。例如*Agalma*(图5-17)、僧帽水母(*Physalia*)(图5-20)。

3. 瘦水母目

瘦水母目(Leptomedusae)水螅型群体的围鞘包围螅体，营养体触手数目不随年龄而增加。大多数种类不具自由生活的水母体。水母体多扁平盘形，多以假单轴型或复合型形成群体。常见种类如薮枝螅(图5-11)、海榧(图5-15)、钟形螅(*Campanularia*)等。

4. 淡水水母目

淡水水母目(Limnomedusae)生活史具水螅型及水母型，但以水母型体为主。水螅型体无围鞘，甚至无触手，单体常仅数毫米。水母体也为小型，都具缘膜(velum)，这是水螅纲水母的特征，具很多触手。例如桃花水母(*Craspedacusta*)(图5-21A)，是淡水生活的小型水母，我国嘉陵江上游清洁的水中有分布。还有浅海产的小型的钩手水母(*Gonionemus*)(图5-21B)也属这一目。

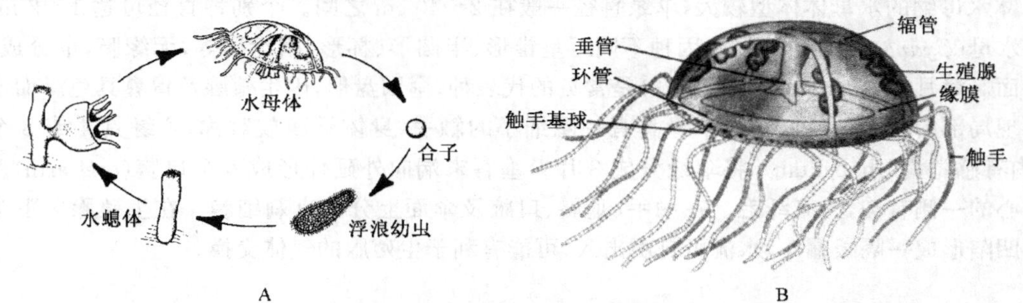

图5-21　淡水水母目的代表种

A. 桃花水母及生活史；B. 钩手水母

(A. 引自Bayer F, Owre HB, 1968; B. 引自Mayer AG, 1910)

5. 硬水母目

硬水母目(Trachylina)成员生活史中没有水螅型，完全为水母型(图5-22)。体态属小型，

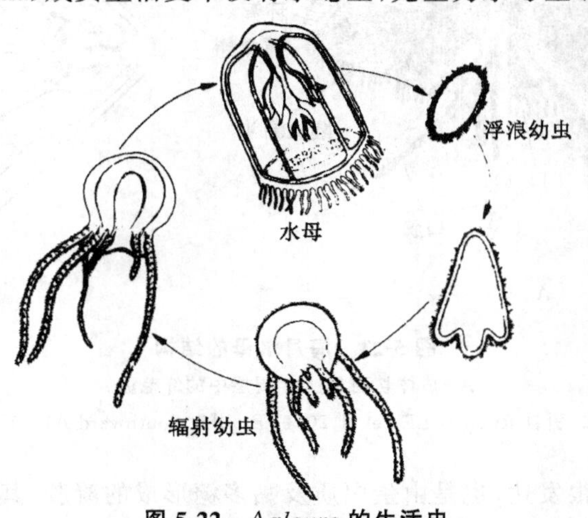

图5-22　*Aglaura*的生活史

(引自Bayer F, et al, 1968)

生活在浅海到深海中。具或不具垂唇，生殖腺位于放射管下的表皮细胞间，发育中经浮浪幼虫及辐射幼虫再发育成水母型体。例如 *Aglaura*(图 5-22)、三身翼水母(*Geryonia*)等。

第三节 钵水母纲

钵水母纲动物生活史的主要阶段是单体水母型，其水螅型阶段不发达或完全消失。钵水母纲的水母体不同于水螅纲的水母体，这种区别主要表现在：(1) 钵水母纲的水母体一般体型较大，没有缘膜；(2) 胃循环腔复杂，辐射管发达，有内胚层起源的胃丝，胃丝上有刺细胞；(3) 中胶层中有外胚层起源的细胞及纤维；(4) 生殖细胞起源于内胚层，水螅纲水母均来源于外胚层；(5) 神经感官较发达，集中形成 4～8 个感觉器官。本纲动物已有记载的约 200 余种，全部海洋生活。

一、水母体及生活史的一般特征

钵水母纲的水母体体型较大，伞缘直径一般在 2～40 cm 之间。个别种直径可达 1～2 m，例如霞水母(*Cyanea capilata*)。伞因种不同可呈锥形、半圆形、杯形、圆盘形等，无缘膜，也分成上、下伞面。海月水母(*Aurelia*)(图 5-23)是常见的代表种，伞圆盘形，因生殖腺及胃囊具色泽而使身体呈现局部的粉红色或橘色。伞缘具有一圈细小的触手，身体呈四放对称，伞缘具 4 或 8 个缺刻，内有感觉囊(rhopalium)，将伞缘分成 8 片。垂唇末端向外延伸形成 4 个口腕(oral arm)。口腕向心的一侧有沟，内有纤毛。在触手、垂唇、口腕及伞面上分布有刺细胞。在生殖腺区下伞面向内凹陷形成一隔板漏斗，水流可自由出入，可能有利于生殖腺的气体交换。

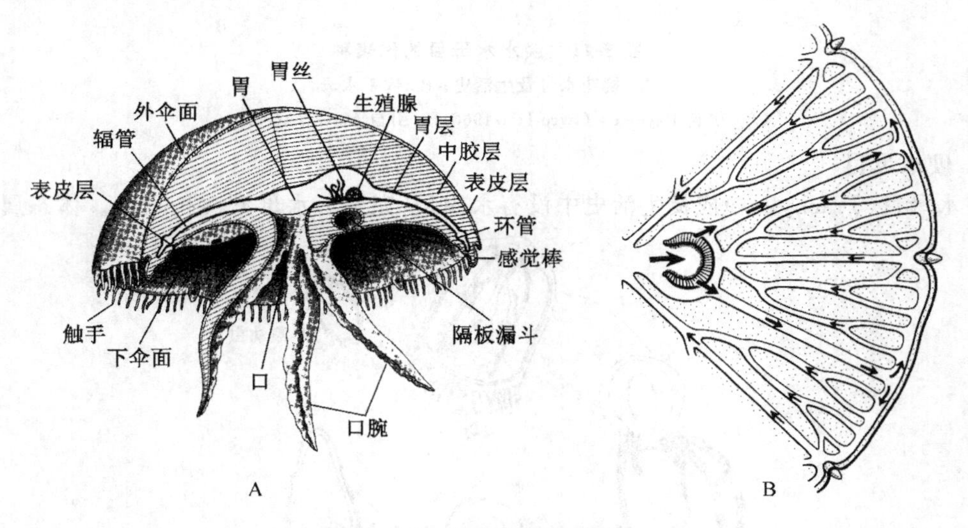

图 5-23 海月水母的结构

A. 成体切面观；B. 胃层中的纤毛流

(A. 引自 Ruppert EE, et al, 2004；B. 引自 Southward AJ, 1955)

钵水母类的中胶层很发达，也是由蛋白质及黏多糖形成的凝胶，其中含有胶原纤维。不同于水螅水母的是中胶层中游离着外胚层起源的变形细胞，这些变形细胞对动物的再生、组织修复起重要作用。中胶层也有很大的弹性，由于它能维持及调节离子的成分及浓度，而使身体在海水中保持一定的浮力。钵水母类的肌肉及运动类似于水螅水母，围绕着下伞缘有由外胚层形成的环行肌肉，触手上有纵行的肌纤维，它们的收缩造成水母的运动。

钵水母类的胃腔比水螅水母复杂，原始的种类由口经垂唇进入中央的胃腔，胃腔向外延伸形成 4 个胃囊（图 5-23，5-24），胃囊之间有隔板（septum），隔板上有小孔，可使胃囊之间互相沟通以帮助液体的循环流动。隔板上有隔板肌，内缘有内胚层起源的胃丝（gastric filament），其上含有许多刺细胞及腺细胞，可以固定及杀死进入胃腔的食物。例如，十字水母类（Stauromedusae）就具有这种胃腔。

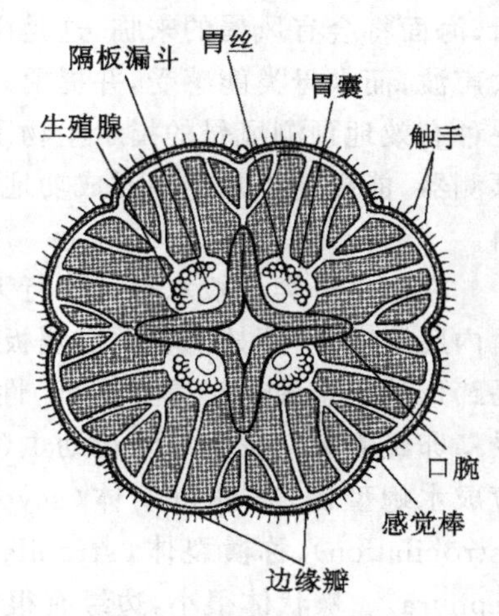

图 5-24　海月水母的口面观

（引自 Ruppert EE，et al，2004）

较进化的钵水母类，例如，海月水母，这种胃囊及隔板的结构仅在幼年阶段出现，成年阶段时形成了发达的胃腔及环流管系统。海月水母的胃环流管包括由口腕方向伸向伞缘的 4 条分支的正辐管（perradial canal），由胃囊方向伸向伞缘的 4 条分支的间辐管（interradial canal），及位于正辐管与间辐管之间的 8 条不分支的从辐管（adradial canal）（图5-23B），这些放射管在伞缘处均与环管相连。

钵水母类均为肉食性动物，以小的甲壳类、浮游生物等为食，实际上也是一类悬浮取食者，它们以触手过滤水中的微小的浮游生物，经口腕沟靠纤毛作用送入口及胃腔，胃丝上的刺细胞杀死捕获物，再由胃丝上的腺细胞分泌消化酶消化食物，消化后的营养物靠环流管壁的纤毛摆动以推动营养物由胃腔经从辐管进入环管，再经正辐管、间辐管、胃腔及口将未消化吸收的食物残渣排出体外。

钵水母类的神经结构也是由外胚层形成的神经网，也具有突触传导。原始的种类，例如，立方水母类（Cubomedusae），也像水螅水母一样，在伞缘具有两个神经环。但多数的钵水母类已不存在这种伞缘神经环，而是神经细胞集中，形成 4 个或 8 个神经节分布在伞缘的感觉囊中。显然，其中含有起搏点神经元，它控制着水母类的肌肉收缩运动。因为如果切去全部的神经节，水母则失去搏动的能力；如果切去部分神经节，甚至只留一个神经节，水母仍能做有节奏的收缩运动。

钵水母类伞缘的 4 或 8 个缺刻是感觉囊所在部位，外伞缘在其上端延伸形成笠（hood）用以保护（图 5-25A），感觉囊的两侧有感觉瓣（lappet）（图 5-25B），囊的末端是内胚层延伸形成的小盲管，内有内胚层分泌的钙质颗粒，形成一平衡囊，用以调节身体的平衡。在平衡囊上有小眼，在感觉囊的上、下表皮处有内、外感觉窝（sensory pit），整个感觉囊是其重力、化

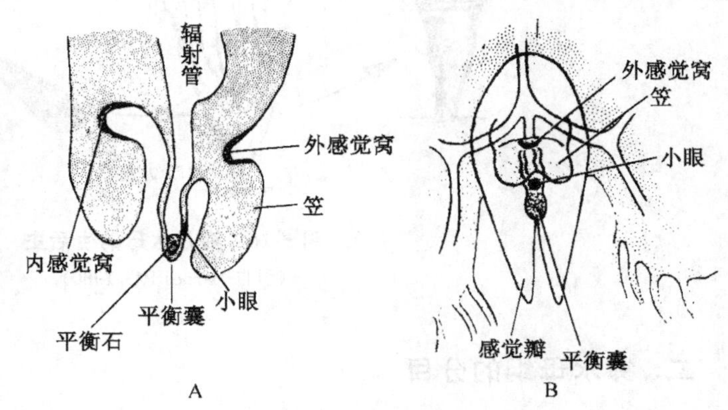

图 5-25　海月水母的感觉器官

A. 触手囊的纵剖面；B. 触手囊的顶面观

（引自 Fowler GH，1889）

学及光学感受器。它具有敏锐的感觉能力，例如，它能感受到比声波还微弱得多的次声波。有时风平浪静的海面会见到水母类的聚集或成群游动，有经验的渔民及海员会意识到几小时之后，海面将会有风暴的来临，这是由于空气中的气流及海浪的摩擦所产生的一种人不能察觉的次声波，而水母类能感受，并提前开始了迎战风暴的准备。因此，人们把某些钵水母类看做是一种有效地预测风暴的指示生物了。仿生学家也利用了它的触手囊结构，成功地制成了风暴预测器，能提前十几个小时成功地预报风暴的来临、方向和级别等，为航海者提供了可贵的资料。

在钵水母类一般水螅型体行无性生殖，水母型体行有性生殖。水母体为雌雄异体，生殖腺由内胚层产生，原始的种类在隔板两侧共有8个，无隔板的种类具有4个。海月水母就有4个马蹄形的生殖腺位于胃囊底部，性成熟时具明亮颜色。生殖细胞排到海水中或口腕处受精。受精卵经囊胚期发育成浮浪幼虫（图5-26），经过一段自由游泳之后，用其前端固着在水底发育成水螅型体，称钵口幼体（scyphistoma）。钵口幼体由顶端向基部进行无性的横裂生殖（strobilation），称横裂体（strobila）。横裂体可以生活一到数年。脱离母体后称为蝶状体（ephyra）。蝶状体很小，边缘有很深的缺刻，它经过大量的取食、生长再发育成水母型体。远洋漂浮的钵水母没有水螅型阶段，它们或直接发育，如游水母（*Pelagia*）、棕色水母（*Atolla*）；或是幼体在亲本的胃腔内发育，如霞水母。

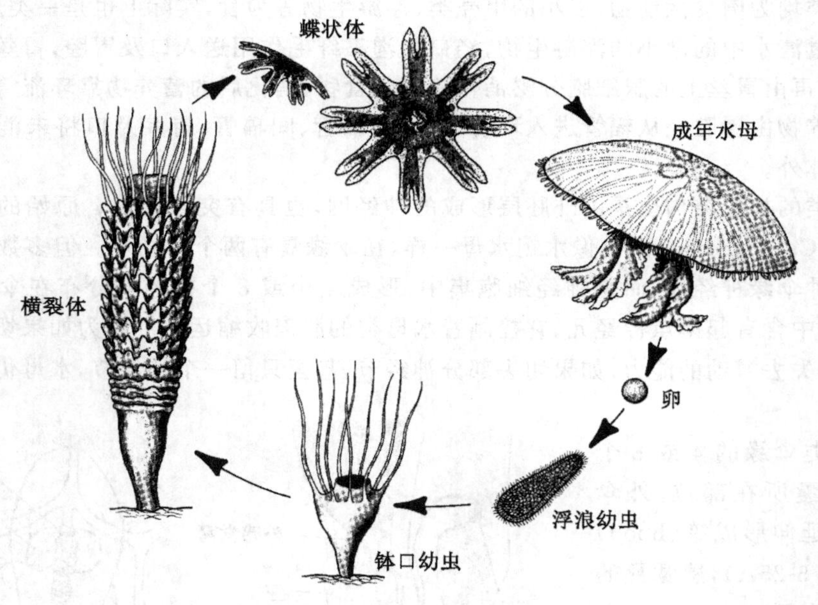

图5-26　海月水母的生活史

（引自 Barnes RD，1980）

二、钵水母纲的分目

1. 立方水母目

立方水母目（Cubomedusae）伞呈立方形，伞缘呈四边形，在四个角处各有一个或多个触手，其基部形成足叶（pedalium）。下伞面向内延伸形成假缘膜（velarium），也具边缘神经环，并与感觉囊相联，与水螅水母相似。发育中，钵口幼体直接变态成成体。刺细胞具很高毒性，对人有伤害，例如，手曳水母(*Chiropsalmus*)(图 5-27A)。

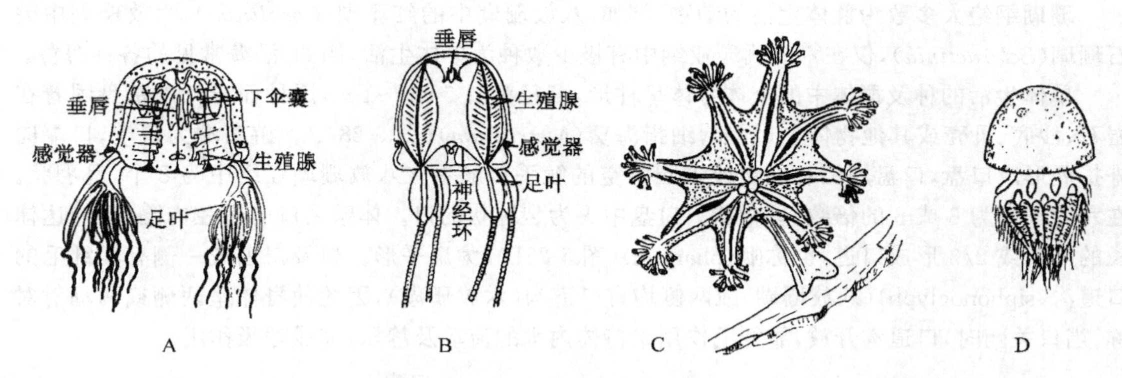

图 5-27　钵水母纲的几个代表种

A. 手曳水母；B. 缘叶水母；C. 喇叭水母；D. 海蜇

(引自 Mayer AG,1910)

2. 冠水母目

冠水母目(Coronatae)的水母体呈锥形、圆顶形，但外伞中部有一紧缩，将伞、胃囊分成上、下两部分，下伞边缘具一圈足叶，足叶下端为触手，深海生活，例如，缘叶水母(*Periphylla*)(图 5-27B)。

3. 十字水母目

十字水母目(Stauromedusae)是营固着生活的钵水母类，其上伞面延长成柄状，末端具基盘用以固着，下伞面向上，边缘有 8 簇触手，没有感觉囊。口四边形，口周围有 4 个口叶，胃腔内有隔板。浮浪幼虫无纤毛，经爬行后固着变态成成体，多分布在较冷的海水中，例如，喇叭水母(*Haliclystus*)(图 5-27C)。

4. 旗口水母目(Semaeostomae)

海月水母属此目，是本纲最常见的一个目，伞形、缺刻及触手数目因种而异，具口腕，腕有纤毛沟，胃腔无隔板，有复杂的辐射管，多在沿海生活，游水母及巨型霞水母均属此目。

5. 根口水母目

根口水母目(Rhizostomae)伞碗形，很厚，伞缘无触手。早期发育具有正常的口腕及口，以后发育时垂唇分支，口腕愈合并再分支、再愈合，原来口腕中的纤毛沟愈合成小管，内与胃腔相通，外端破裂成吸口(suctorial mouth)，用以吸食及喷水以运动。胃腔中也有辐射管，环管或有或无，具感觉囊，代表种如海蜇(*Rhopilema*)(图 5-27D)、硝水母(*Mastigias*)等。海蜇为名贵食品，我国东海、南海有大量分布。

第四节　珊　瑚　纲

珊瑚纲(Anthozoa)全部为水螅型群体或单体动物，没有水母型世代。身体呈八分或六分的两辐射对称，口部体壁内陷形成口道(stomodaeum)，胃腔内内胚层及中胶层向心延伸形成了隔膜(mesenterium)。肌肉发达，中胶层中有细胞存在，生殖细胞来源于内胚层，许多种具有骨骼。珊瑚纲约有 7000 种，全部海产，可分为八放珊瑚亚纲(Octocorallia)和六放珊瑚亚纲(Hexacorallia)。

一、一般形态结构

珊瑚纲绝大多数为群体生活的动物，例如，八放珊瑚中的红珊瑚(*Corallium*)、六放珊瑚中的石珊瑚(*Scleractinia*)，仅在六放珊瑚亚纲中有极少数种为单体生活，例如，沿海常见的各种海葵。

单体生活的种及群体中的个体身体呈柱形，直径为 0.5 cm～1 m，因种而异。以基盘固着在岩石、沙底、贝壳或其他物体上，例如，细指海葵(*Metridium*)(图 5-28A)。游离端为口端，口端向外扩展形成口盘，口盘周围有一圈或多圈中空的触手。触手在八放珊瑚亚纲中为 8 个，呈羽状。在六放珊瑚为 6 或 6 的倍数，呈指状。口盘中央为裂缝状的口。体壁由口向胃腔内陷、延伸达体长的 1/2 或 2/3 形成口道，也称咽(pharynx)(图 5-28B)，为扁平形。口及口道或一侧有具纤毛的口道沟(siphonoglyph)(八放珊瑚)或两侧均有口道沟(六放珊瑚)，因此使身体呈两侧或两辐射对称，当口关闭时，口道沟开放，靠纤毛作用维持体内水的流动及静压，完成呼吸作用。

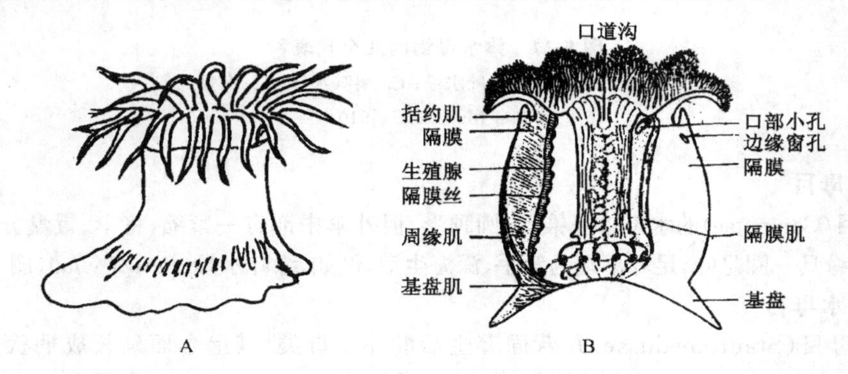

图 5-28 细指海葵

A. 全形；B. 纵剖面

(引自 Hyman LH，1940)

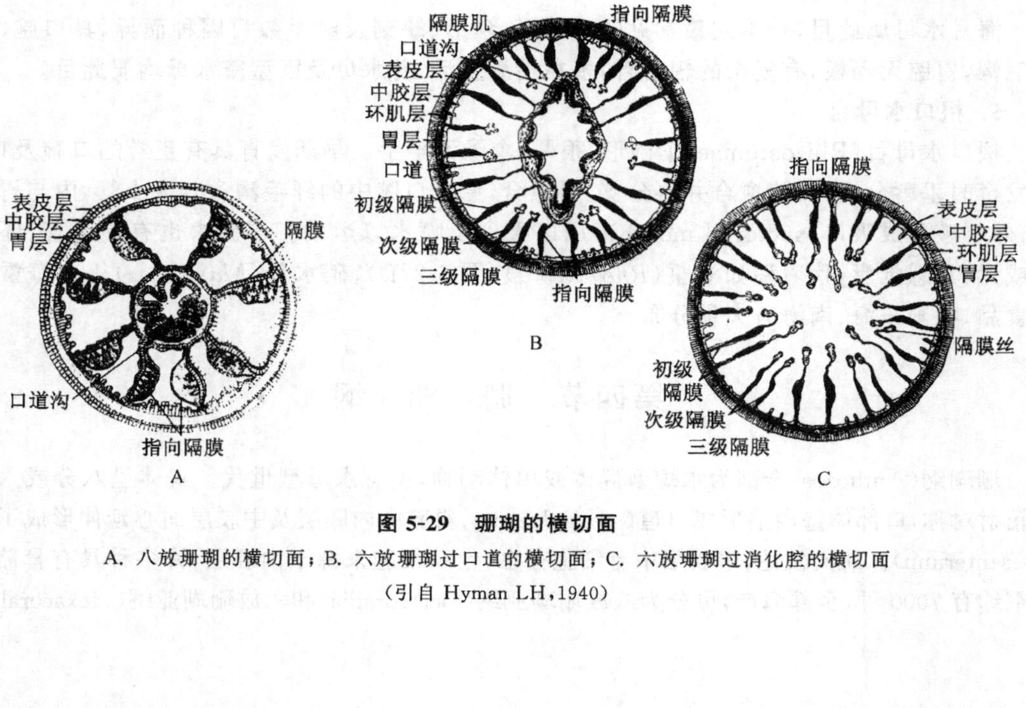

图 5-29 珊瑚的横切面

A. 八放珊瑚的横切面；B. 六放珊瑚过口道的横切面；C. 六放珊瑚过消化腔的横切面

(引自 Hyman LH，1940)

珊瑚纲动物体壁的内胚层及中胶层向胃腔中央延伸形成了隔膜,将胃腔分成许多小室,以增加胃腔的表面积。八放珊瑚的隔膜为 8 个,上端均与口道相连(图 5-29A);六放珊瑚常成对并列发生,为 6 对或 6 的倍数(图 5-29B,C)。根据发生的顺序、宽窄及位置,隔膜可分为初级隔膜、次级隔膜及三级隔膜等。初级隔膜最先形成也最宽,上端与口道相连,其中两对隔膜位于口道沟方向,称指向隔膜(directive mesentery)。隔膜数目与体型大小相关,体积越大,数目越多,也是珊瑚分类的依据之一。

除了初级隔膜的上端与口道相连外,其他内端均游离,游离端隔膜膨大呈三叶状,称隔膜丝(mesenterial filament)(图 5-30A)。其中两个侧叶上细胞表面分布有大量的纤毛(图 5-30B),靠纤毛摆动引起胃腔液体及食物的循环,中叶上分布有大量的刺细胞及腺细胞。刺细胞是内胚层来源,腺细胞分泌消化酶进行食物的消化。八放珊瑚的隔膜丝仅有中叶而无侧叶。某些海葵隔膜丝比隔膜更长,盘绕在胃腔底部称为枪丝(acontium),在紧急时可通过口或体壁小孔伸出体外,用以防卫及捕获食物。

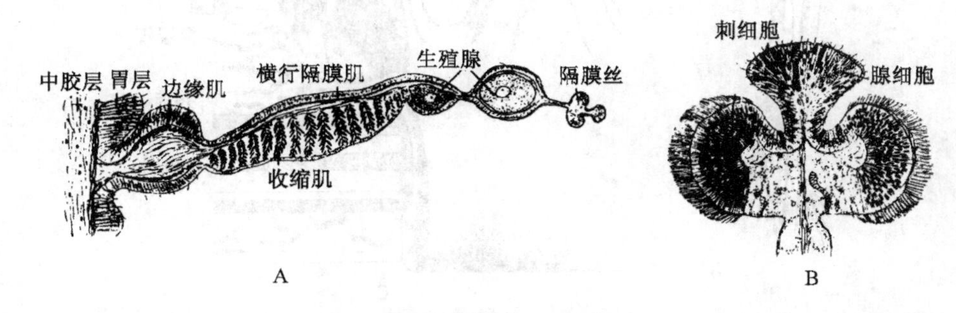

图 5-30 海葵的隔膜及隔膜丝

A. 隔膜横切面; B. 隔膜丝放大

(引自 Hyman LH,1940)

珊瑚纲动物皮层及胃层中的上皮肌肉细胞呈片状分布在口盘及触手中。在口盘周围还有括约肌(sphincter muscle)(图 5-28)负责使口盘及触手缩回胃腔内。此外,体柱及口道的环肌、纵肌及放射肌均由内胚层产生,并在隔膜上形成独立的纵行的肌肉束,它们在指向隔膜上背向排列(图 5-29),在其他每对隔膜上面向排列,它们负责身体的伸缩,是由肌细胞组成。

许多珊瑚类在触手及口盘的胃层内共生有大量的动物黄藻,也有的是动物绿藻(*Zoochlorellae*),由它们进行光合作用产生的营养物质供给珊瑚及海葵以营养。气体的交换及代谢产物氨的排出是通过体表的扩散作用进行的,由于胃腔及体表纤毛的作用,使扩散作用更易于进行。神经结构包括表皮及胃层的两个上皮内神经网,具有很多双极神经元,没有特殊的感官。

海葵及珊瑚纲动物的无性生殖是很普遍的,出芽、分裂及身体碎裂都有发生。有性生殖中多数为雌雄异体,少数为雌雄同体,其生殖细胞来源于内胚层,位于隔膜丝之后,呈带状(图 5-30),指向隔膜一般是不孕的。雌雄同体的种雄性先熟(protandry),避免自体受精。生殖细胞经口排到体外,在海水中(偶尔也在胃腔)受精,经浮浪幼虫再变态成成体。

二、珊瑚的骨骼及造礁珊瑚

珊瑚纲大多数种类都能形成骨骼,但在八放珊瑚及六放珊瑚两个亚纲中由于生活环境及生活方式的不同,它们的骨骼形成方式、形态、部位、成分等都是不同的。

八放珊瑚生活环境比较广泛,热带或寒带、浅海或深海、砂质或岩石海底均有分布,许多种类

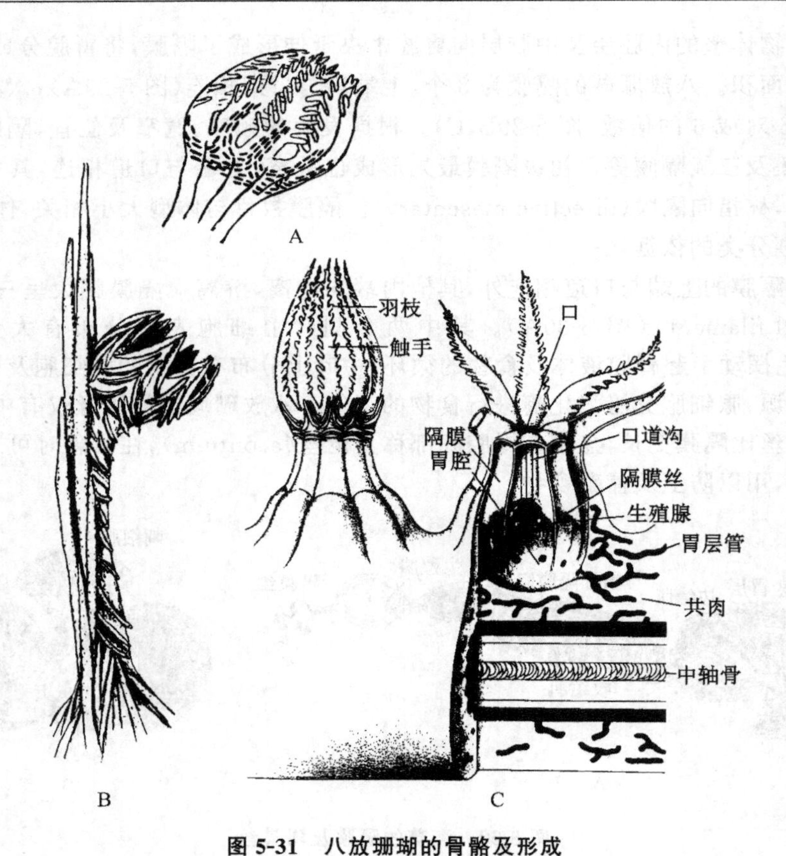

图 5-31　八放珊瑚的骨骼及形成

A. 海鸡头的骨针；B. *Gersemia* 的骨针；C. 柳珊瑚的骨骼及结构

（引自 Hyman LH，1940）

是单体式群体，例如，海鳃（*Pennatula*）。在低等的八放珊瑚中，其中胶层中的变形细胞也像海绵动物的造骨细胞一样，能分泌形成钙质骨针，它们或分散分布，或成行地排列在隔膜之间，如海鸡头（*Nephthya*）（图 5-31A）；或骨针伸向体外，如 *Gersemia*（图 5-31B）。在较进化的八放珊瑚中，例如，柳珊瑚（*Gorgonia*）（图 5-31C）所形成的骨针或骨片互相愈合形成中轴骨，柳珊瑚的中轴骨是由蛋白质及黏多糖组成的一种有机质，称为珊瑚硬蛋白（gorgonin）。另外，围绕中轴骨的共肉中也有内胚层来源的细胞分泌的钙质骨针。这种硬蛋白中含有较少的硫，因此具有很大的弹性，所以，八放珊瑚常被称为软珊瑚。红珊瑚也属柳珊瑚目，它的中轴骨是由红色的钙质骨针愈合成实心的轴骨所形成，所以八放珊瑚的骨骼可以是珊瑚硬蛋白，也可以是钙质。

六放珊瑚主要生活在热带浅海。绝大多数为群体生活，群体中的个体都很小，一般直径在1～3 mm之间，没有口道沟。骨骼是由个体体柱下端表皮细胞向外分泌碳酸钙形成杯槽状，个体基盘部在成对隔膜之间体壁内陷，也分泌钙质而形成许多隔板，隔板也相应地分为一级隔板、二级隔板等（图 5-32），个体之间共肉部分的表皮细胞分泌形成共骨（coenenchyme），身体位于杯槽内。这种石灰质骨骼不断地在浅海中堆积，并与其他动植物的钙质骨骼一起（例如软体动物、石灰藻等），经过地质年代的作用形成了礁石与岛屿。因此，这类珊瑚也称造礁珊瑚（reef coral）。

六放珊瑚的群体中个体的形状、分布、共骨及个体分裂方式各不相同，因而形成不同形态的珊瑚骨骼，并常以群体骨骼的形态命名珊瑚体。仅我国南海就有 100 多种造礁珊瑚，常见的种，如单体的大型珊瑚——石芝（*Fungia fungites*）（图 5-33C），直径可达 25 cm，隔板排列紧密。鹿角

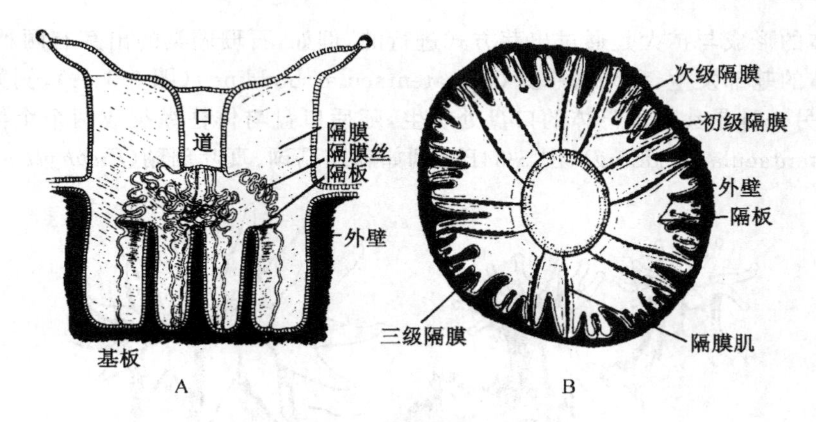

图 5-32 六放珊瑚的骨骼结构

A. 纵剖面；B. 横切面

（引自 Hyman LH,1940）

珊瑚(*Acropora*)群体骨骼呈鹿角状分支(图 5-33A)，个体珊瑚杯细小而清楚。扁脑珊瑚(*Platygyra*)骨骼呈凸形块状，表面隔板呈脑回状(图 5-33F)，这是由于个体界限消失，杯壁相连，隔板仍整齐排列所致。又如盔形珊瑚(*Galaxea*)骨骼呈块状，个体珊瑚杯突出，杯壁分离(图5-33E)。陀螺珊瑚(*Turbinaria*)珊瑚个体相距甚远，共肉发达(图 5-33I)。一般地说，凡迎风浪生长的种类，群体骨骼多呈块状，分支粗短；背风浪生长的种类，多呈分支状且枝体细长脆弱。

图 5-33 几种造礁珊瑚

A. 鹿角珊瑚；B. 蔷薇珊瑚；C. 石芝；D. 刺石芝；

E. 盔形珊瑚；F. 扁脑珊瑚；G. 叶状珊瑚；H. 真叶珊瑚；I. 陀螺珊瑚

珊瑚群体的形成与扩大是通过出芽方式进行的，例如，石珊瑚类的出芽有两种方式：一种是芽体由母体的基部发生，称外触手芽（extratentacular budding）（图 5-34A），例如鹿角珊瑚、陀螺珊瑚等；另一种是芽体由母体的口盘处发生，随后口盘与体柱纵裂成两个个体，这种称内触手芽（intratentacular budding）（图 5-34B），例如扁脑珊瑚、真叶珊瑚（*Euphyllia*）等。

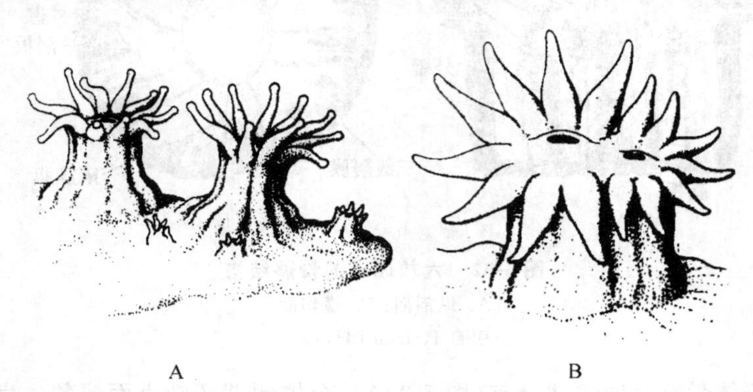

图 5-34 石珊瑚的出芽方式

A. 外触手芽；B. 内触手芽

（引自 Barnes RD，1980）

造礁珊瑚要求的生态条件是十分严格的。首先，温度是其生长的限制性因素，只有海水的年平均温度不低于 20℃，珊瑚虫才能造礁，最适温度在 22～28℃，所以珊瑚岛与珊瑚礁都分布在南北回归线之内，很少超过 2°～3°。其次，要求一定的海域深度，主要分布在浅海区、大陆架及海岛周围，其垂直分布在 60m 之内，30m 处最好。因为浅海有充足的阳光、潮汐、风浪，有利于为珊瑚虫提供氧气、阳光、食物并带走代谢产物。再次，要求生活在标准盐度范围内，即海水含盐量为 35 g/L，没有陆源物质及河水的注入，海水清洁。最后，就是具有钙质骨骼的动植物的存在，它们共同礁结在一起，特别是藻类起着重要的黏合作用。

目前地球上的珊瑚礁根据其形态及形成可以分为三种：离岸最近的由海岸伸向海中，退潮时可露出海面并形成一礁坪的称为裙礁（fringing reef），我国海南岛南岸有大量分布；如离岸较远，礁坪与海岸或海岛被礁湖（lagoon）隔离则称为堡礁（barrier reef），澳大利亚的大堡礁沿东北海岸长约 2000 多千米，是地球上最大的堡礁；如果珊瑚礁位于开阔海洋中，在沉没于海水中火山顶周围，围绕中央的礁湖呈环状分布则为环礁（atoll），在印度洋及太平洋就有 300 多个这种环礁。

三、珊瑚纲的分目

1. 八放珊瑚亚纲

八放珊瑚亚纲全部营群体生活，个体直径一般为 0.5 mm～2 cm，每个个体具 8 个羽状触手，咽仅有一个口道沟，位于腹面。隔膜 8 个不成对，隔膜肌向腹生长，隔膜丝单叶状。骨骼多在体内，或体内发生后伸向体外。分为 6 个目。

（1）匍匐珊瑚目（Stolonifera）。具匍匐茎，个体直立发生在匍匐茎上，个体基部及茎上有角质围鞘，中胶层薄，例如，角棒珊瑚（*Cornularia*）（图 5-35A）。珊瑚礁中常见的笙珊瑚（*Tubipora*）（图 5-35B）水螅体竖立，平行并列，个体间有共肉相连，中胶层中骨针愈合在螅体，共肉处形成骨管及横行板以支持身体，群体形如笙状，红色。

(2) 苍珊瑚目(Helioporacea)。群体骨骼呈巨大块状，是八放珊瑚中唯一的造礁种。个体直径1 mm，具宽阔的胃腔，缺乏隔板。共肉在表皮下形成许多盲管以增加表面积及分泌钙质，如呈蓝色的苍珊瑚(*Heliopora*)(图5-36)。

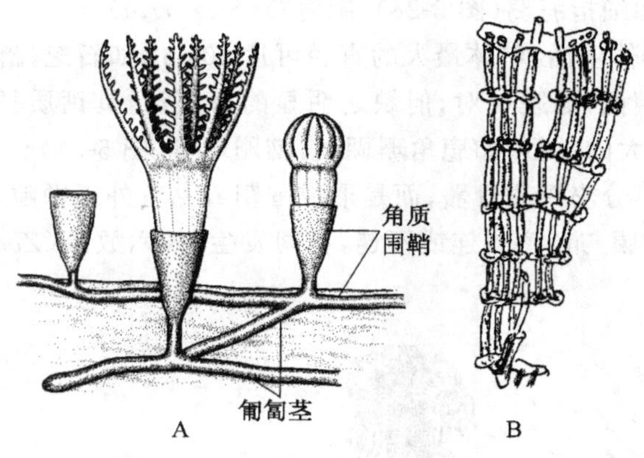

图 5-35　匍匐珊瑚目的代表种

A. 角棒珊瑚；B. 笙珊瑚

(A. 引自 Kaestner A，1984；B. 引自 Hyman LH，1940)

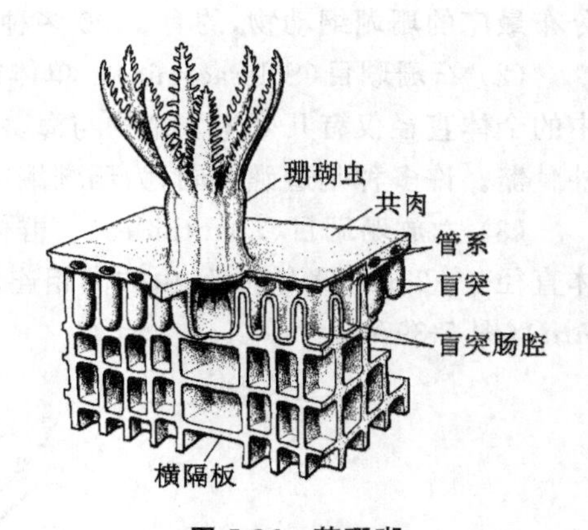

图 5-36　苍珊瑚

(引自 Delage Y，1901)

(3) 海鸡冠目(Alcyonacea)。群体树状或蘑菇状，群体中的个体延长，平行排列呈管状。集中在远端，完全埋在很厚的共肉中，具分散的骨针，为肉质软珊瑚，例如，海鸡冠(*Alcyonium*)(图 5-37)。

(4) 柳珊瑚目(Gorgonacea)。群体呈树状且平面分支的小型八放珊瑚，具珊瑚硬蛋白组成的黑色中轴骨。例如，柳珊瑚(图 5-31C)，又如红珊瑚群体也呈树枝状，但不在同一平面上分支，中轴骨为钙质，红色。

(5) 海鳃目(Pennatulacea)。是单体状肉质群体珊瑚。由一柱状初级轴螅体及分布其上的次级螅体组成，初级螅体下端呈柄状，用以固着在软质海底，次级螅体常二态，由营养体与管状体呈放射状或两侧排列在初级螅体上，具有分散的骨针，例如海鳃(图 5-38)、海仙人掌(*Cavernularia*)等。

图 5-37　海鸡冠

(转引自 Engeman JG，1981)

图 5-38　海鳃

(引 Hyman LH，1940)

2. 六放珊瑚亚纲

六放珊瑚亚纲单体或群体生活，触手与隔膜为6或6的倍数，触手指状，口道沟两个，大多数种隔膜成对发生，每对隔膜的肌肉多相对而生。骨骼在体外由表皮分泌形成。约4000种。

(1) 海葵目(Actiniaria)。为大型单体生活，一般高1.5～10 cm，直径1～5 cm。是世界上分布最广的珊瑚纲动物，约有1300多种。如细指海葵(图5-28)、绿海葵(*Sagartia*)。

(2) 石珊瑚目(Scleractinia)。单体或群体生活，单体最大的直径可达50 cm，如石芝，群体中的个体直径仅有几毫米。结构与海葵很相似，隔膜成对，但缺乏明显的口道沟，具钙质杯状外骨骼。许多种是造礁珊瑚，为珊瑚纲中最大的一目，如鹿角珊瑚、扁脑珊瑚等(图5-33)。

(3) 六放珊瑚目(Zoanthidea)。群体，不分泌钙质骨骼，而是形成围鞘或黏着外来颗粒，个体直径1～2 cm，没有基盘，由共肉相连。隔膜与口道或连或不连，相间发生，如六放虫(*Zoanthid*)(图5-39A)。

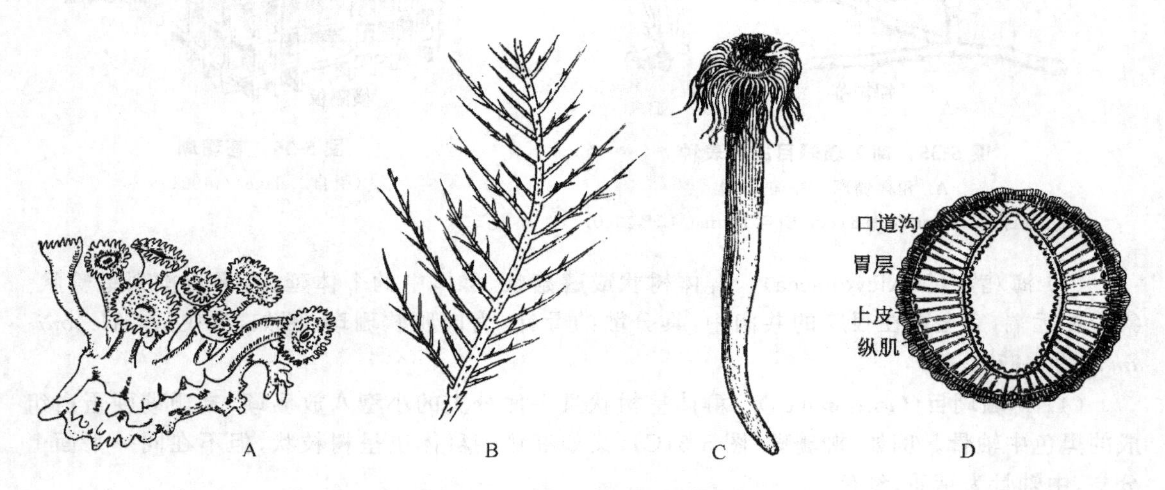

图5-39 六放珊瑚的几个代表种

A. 六放虫；B. 角珊瑚；C. 角海葵；D. 角海葵过咽道横切面

(引自 Hyman LH,1940)

(4) 角珊瑚目(Antipatharia)。群体，细长分支，茎和枝具有黑色的有刺的中轴骨，并被螅体的共肉所包埋，具细长的触手，隔膜不成对，肌肉不发达，生活在深海中，如角珊瑚(*Antipathes*)(图5-39B)。

(5) 角海葵目(Ceriantharia)。单体，穴居在自行分泌及黏着砂粒形成的骨管中，也称管海葵。没有基盘，具两圈触手，可缩回管内。隔膜不成对，排成一圈，均与口道相连，仅一个口道沟，如角海葵(*cerianthus*)(图5-39C,D)。

关于刺胞动物的起源还是不清楚的，但多数人支持它是来源于放射对称的浮浪幼虫状的祖先。目前对刺胞动物现存三个纲的亲缘关系又有不同的看法及进展。传统的观点从原始到进化是水螅纲→水母纲→珊瑚纲。因为水螅纲的生活史中水母型→浮浪幼虫→水螅型→水母型是一种原始的生活状态，其中水母型行有性生殖是祖先的成虫期，经浮浪幼虫而行无性生殖的水螅型体是幼虫期的持续。而现存的硬水母目(水螅纲)是最原始的种类。

但现在分子生物学的引入及形态学的分析认为这三纲的进化顺序是珊瑚纲→钵水母纲→

水螅纲。这种排列说明水螅型体行有性生殖是祖先的成虫期，浮浪幼虫才是幼虫期，而水母型最初是没有的，生活史应该是水螅型→浮浪幼虫→水螅型体。这与珊瑚纲动物的生活状态是完全符合的。但珊瑚纲水螅型具口道、隔膜、隔膜丝，刺细胞及生殖腺均来源于内胚层，中胶层中具有变形细胞等，这比水螅纲的水螅型要复杂得多。新的分类学观点认为珊瑚纲水螅型体的这些复杂性是由于珊瑚纲个体体积的增大，体壁的内胚层向内折叠形成隔膜所致，隔膜的形成还可增加消化腔的表面积，减少消化腔体积。在以后的进化中随着漂浮生活水母型体的出现，并行有性生殖，而生活史中水螅型体减少或丢失，这就形成了钵水母纲。而水螅纲水螅型体积很小，体壁未折叠，结构简单，保留了水母型的有性生殖，出现缘膜，而以水螅型行无性生殖。本章虽按传统观点介绍，但新观点的进化顺序似更具说服力。

第五节 栉水母动物门

栉水母动物门(Ctenophora)是近海或远洋生活的一类两辐射对称动物，身体也是由表皮层及胃层、中间夹有发达的中胶层组成，也具有发达的胃循环腔，与钵水母类很相似，但它们是靠纤毛而不是靠表皮肌肉运动。除一个种(*Euchlora rubra*)之外均无刺细胞，但有黏细胞，这又不同于刺胞动物。身体多数无色透明，呈球形、卵圆形、扁平形或带形，一般在海洋中漂浮、爬行或固着生活。多数种能生物发光。目前已报道的不足 100 种。

栉水母动物中人们较熟悉的种类，如侧腕栉水母(*Pleurobranchia*)(图 5-40A)，其身体呈卵圆形，直径 0.5～2 cm。下端有口，称口极(oral pole)，相对的一端称反口极(aboral pole)。反口极有顶器(apical organ)，身体表面具有 8 行由成行的栉板(comb plate)组成的栉带(comb band)，从反口极一直延伸到口极前终止。栉板又是由横行排列、基部愈合的纤毛组成(图 5-40B)。栉水母动物借助于栉板上纤毛的摆动及栉板下肌纤维的收缩推动身体以反口极向前运动。这是动物中主要靠纤毛运动的最大的动物。靠近反口极的两侧表皮内陷形成一对触手鞘(tentacular sheath)，由触手鞘中伸出一对细长触手，触手上分布有大量的黏细胞(colloblast)(图 5-40C)。黏细胞半圆形，下端有长丝，可伸入中胶层中，细胞表面有许多黏着颗粒，与捕获物接触时可释放出黏液以捕获食物。黏细胞是由表皮层中的间细胞分化形成，只能使用一次。触手内也有发达的肌纤维，收缩时触手可全部缩回鞘内。由于触手鞘的存在，从而使栉水母动物身体成为两辐射对称。

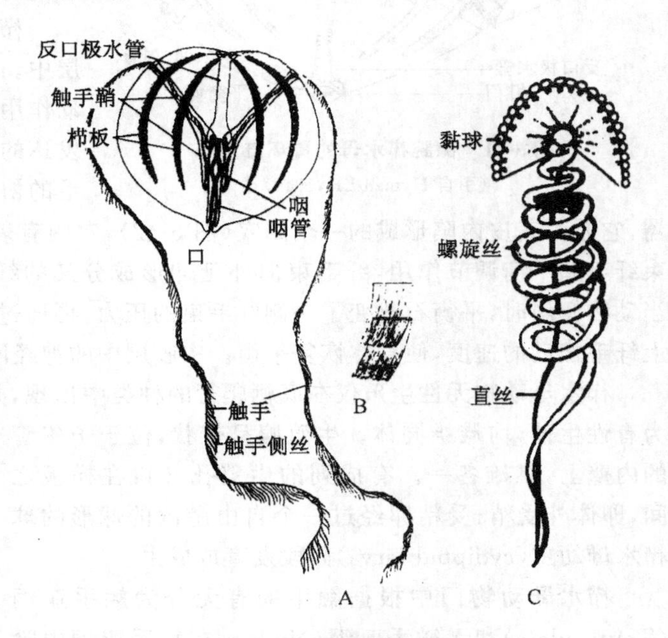

图 5-40 侧腕栉水母

A. 全形；B. 栉板放大；C. 黏细胞放大

(引自 Hyman LH,1940)

栉水母的体壁结构类似于钵水母，但其表皮细胞是双层的，在整个表皮及中胶层中含有肌纤维，它的肌纤维不仅在表皮细胞中，也形成肌细胞，具有纵肌、环肌，排列成网状，都是平滑肌。中胶层中也有外胚层起源的变形细胞。

栉水母的胃环流腔较复杂，由口进入细长的咽，咽内有大量的腺细胞，是食物进行初步消化的场所，不能消化的物质仍由口吐出体外。咽后进入中央的胃（图 5-41），胃向反口极伸出一个反口极管（aboral canal），其末端分成两支形成肛门孔（anal pore）。胃向口极咽两侧伸出两个咽管（pharyngeal canal），在触手鞘外伸出两个触手管（tentacular canal），由胃向两侧伸出 2 个侧管（lateral canal），由侧管分出 8 个子午管（meridional canal），分别位于 8 个栉带之下，所有胃管的内壁都是具纤毛的细胞，靠纤毛的摆动推动食物及营养在体内流动，大多数栉水母用触手捕食各种浮游的生物。在进入胃及管道后先行胞外消化，再由管壁的营养细胞进行胞内消化。

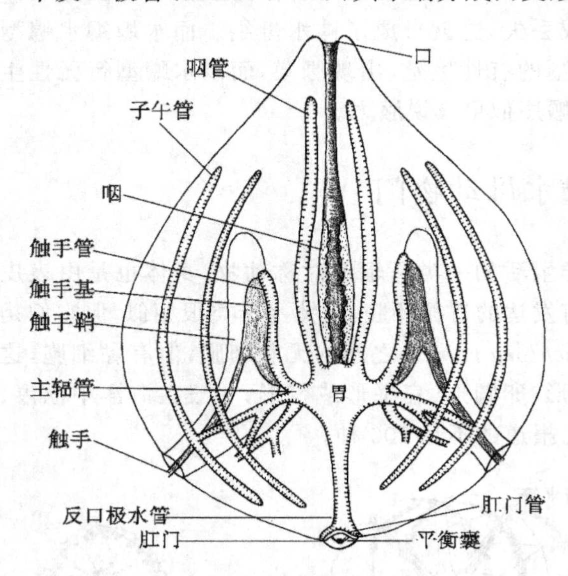

图 5-41 侧腕栉水母的胃环流系统

（引自 Hyman LH，1940）

栉水母的呼吸及排泄是通过体表的扩散进行的。

栉水母的神经系统存在于表皮层及中胶层中。在上皮中形成神经网，由于栉带的运动作用，神经网已向栉带处集中，形成 8 条不发达的神经索。这些神经索支配着栉带上纤毛的协调运动。唯一的感官是反口极的顶器，它是由表皮内陷形成的一个凹穴（图 5-42），穴内有表皮细胞分泌形成的平衡石，石下有 4 束纤毛起平衡调节作用，纤毛束向外延伸形成分叉的纤毛沟（ciliated furrow），再通向栉带。当动物倾斜时，平衡石改变了一侧纤毛束的压力，再通过纤毛沟将刺激传向栉带，以调整栉板上纤毛摆动的速度，使身体恢复平衡。中胶层中的神经网主要支配肌肉运动。

栉水母动物无性生殖仅在底栖爬行的种类中出现，是通过身体的碎裂生殖。其他种类均为有性生殖，均雌雄同体。生殖腺呈带状，位于子午管的内壁上，雌雄各一。有成列的生殖孔开口在栉板之间，卵体外受精，受精卵经过一个自由游泳的球形的球栉水母幼虫（cydippid larva）阶段发育成成虫。

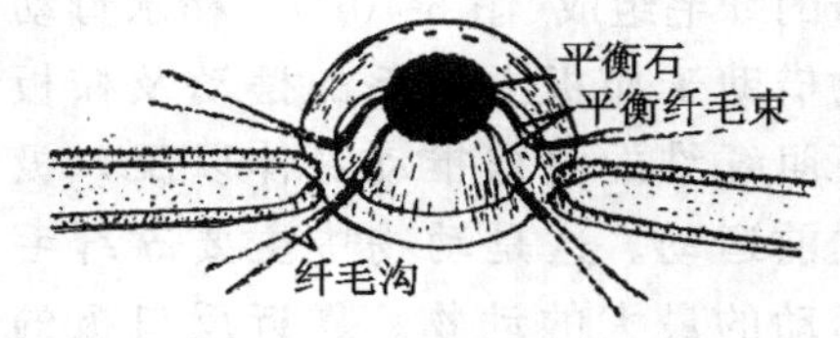

图 5-42 栉水母的感觉器

（引自 Chun C，1880）

栉水母动物门中根据触手的有无分为触手亚纲（Tentaculata）和无触手亚纲（Nuda），在触手亚纲中除了侧腕栉水母外，还有带栉水母（*Cestum*）（图 5-43A），身体沿触手面侧扁延长，呈带状，栉带位于反口面，触手丝状，由口向两侧延伸。此外还有扁栉水母（*Ctenoplana*）（图 5-43B），口与反口轴缩短，身体呈扁平形，爬行生活，栉带减少或不存在。无触手亚纲中如瓜水母（*Beroe*）（图 5-43C），口与反口轴延长，身体近柱状，口与咽变宽，子午管分支成网状。

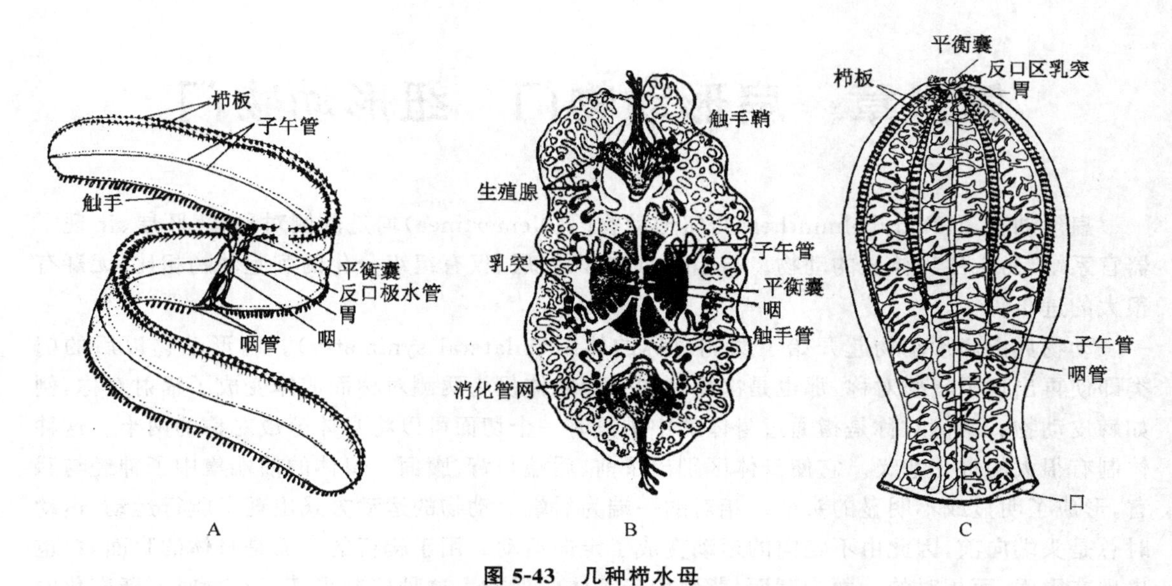

图 5-43　几种栉水母

A. 带栉水母；B. 扁栉水母；C. 瓜水母

（A. 转引自 Hickman CP，1973；B. 引自 Dawydoff C，1933；C. 引自 Hyman LH，1940）

关于栉水母动物门的起源问题，过去一直认为是来自刺胞动物门中的钵水母类。它们之间有相似性，例如，具口与反口体轴，放射对称，胃环流腔、中胶层发达等，但这是一种自然现象，是对漂浮生活的适应，不能说明它们之间的亲缘关系。特别是分子生物学的证据说明栉水母动物很早，在海绵动物之后但在刺胞动物出现之前即已由后生动物中分离出来。总之，刺胞动物与栉水母动物的共同祖先与两侧对称的后生动物形成姊妹关系是无疑的。

第六章 扁形动物门 纽形动物门

扁形动物门(Platyhelminthes)与纽形动物门(Nemertinea)均是两侧对称、三胚层、出现了器官系统、尚未出现体腔的动物。与辐射对称、两胚层、仅有组织分化的刺胞动物相比,无疑有很大的进步。

动物界由扁形动物起开始了两侧对称的体制(bilateral symmetry)。扁形动物以后的门类即使再出现了辐射对称,那也是次生性的。即幼体仍为两侧对称而成体变成了辐射对称,例如棘皮动物。两侧对称是指通过身体的中轴只有一个切面可以将身体分成对称的两半。这种体制有很大的进化意义。它使身体区别出了前、后端与背、腹面。身体的前端集中了神经与感官,形成了明显或不明显的头部。相对的一端为后端。动物的运动方式出现了爬行运动,运动时总是头端向前,因此由不定向的运动变成了定向运动。用于爬行的一面是身体的腹面,口也出现在腹面,而相对的一面为背面,背面用于身体的保护。这种体制提高了动物对不断变化的环境的应变能力,使身体更迅速而有效地趋向有利、逃避不利的局部环境。

两侧对称出现的同时,扁形动物也伴随出现了中胚层(mesoderm)。如果说两胚层已使动物进化到细胞与组织分化的阶段,那么三胚层的出现使动物进化到了出现器官与系统的水平。中胚层的出现为动物的形态分化及生理功能进一步的复杂化提供了必要的物质基础。中胚层形成了肌肉,增强了运动功能。运动的增强又促使了动物更迅速地取食、消化、吸收及排泄。所以扁形动物出现中胚层之后,才全面地出现了消化、排泄、生殖、神经等器官系统,以分别执行相应的生理功能。

扁形动物的中胚层还形成了实质(parenchyma),填充在体壁内器官系统之间,没有出现体腔。实质是由分支成网状的合胞体及充塞其间的细胞间质所组成。实质中贮存有大量的水分及营养物质,可以提高动物抵抗干旱及饥饿的能力,这对动物的生存及开辟新的生活领域是十分重要的。如果说腔肠动物还只能生活在水域中,那么扁形动物由于运动、新陈代谢的增强及实质的存在,使它能够侵入了新的生活领域,成为最先出现的、适合在潮湿土壤表面生活的种类。

第一节 扁形动物的一般形态、生理及分纲

扁形动物根据其生活环境及生活方式的不同可以分为两大类,其中,不到20%的种类是营自由生活的,另外80%的种类为寄生生活。营自由生活的扁形动物——涡虫纲,其形态与生理特征代表了扁形动物进化发展水平,而寄生种类的形态生理改变大多是对寄生生活方式的一种适应,这将在有关章节内叙述。

扁形动物除了两侧对称、三胚层、体内充满实质之外,它的进化水平远高于刺胞动物还表现在出现了器官、系统以完成相应的生理机能。它的体壁已是由表皮细胞及肌肉联合组成的皮肌囊,这就具有更强的运动能力及保护机能。它的消化道仍是由单层上皮组成管道,有口无肛门,没有独立的消化腺,呼吸及排泄仍主要是由体表的扩散作用完成。但也出现了原肾

(protonephridia)系统，它的主要机能是维持体内的离子平衡并有一定的排泄作用，它是靠一端由细胞经渗透作用、另一端开口到体外的管道来调节体内的水分。另外，它出现了梯状神经系统，虽然原始的种类还有上皮神经网，但大多数种类神经细胞已集中形成了脑，并由脑向外延伸形成一对或数对神经索，神经索之间有横的联系而呈梯状，这种神经结构适合于头的出现及爬行定向运动。生殖系统已经相当复杂，虽然是雌雄同体，但已具有生殖腺(精巢、卵巢)、生殖导管、附属腺及交配器官，一般都需异体交配受精。淡水的种类为直接发育，海产种类经过螺旋卵裂再经幼虫期发育为成体。

现存的扁形动物约有 18 000 多种，可分为一个自由生活的纲——涡虫纲(Turbellaria)，与三个寄生生活的纲——吸虫纲(Trematoda)、单殖纲(Monogenea)和绦虫纲(Cestoda)。

第二节　涡　虫　纲

涡虫纲约有 3000 种，绝大多数种类在浅海潮间带石块下或海藻间隐居生活，能忍耐温度及盐度的变化，如平角涡虫(*Planocera*)、蛭态涡虫(*Bdelloura*)等。少数种类进入淡水，多在清洁的溪流、泉水及湖泊中，例如，真涡虫(*Euplanaria*)、三角涡虫(*Dugesia*)(图 6-1A)等。极少数种类生活在热带及亚热带丛林中，那里年降雨量高、气候潮湿，例如，笄蛭涡虫(*Bipalium*)(图 6-1C)。还有极少数为共生或寄生的种类(约 150 种)。

涡虫纲动物体小型，一般在几个毫米到十毫米左右，最长的呈带状，可达 60 cm，如笄蛭涡虫。体背腹扁平，体表多暗灰黑色，头部通常明显，如三角涡虫(图 6-1A)，头两侧向外突出形成耳突(auricle)。头部前端具一对(或多对)眼，口与生殖孔开口在腹中线上。也有的种类身体卵圆形，头不明显，头的前端突出形成短小的触手，例如多肠目的一些种(图 6-1D)。

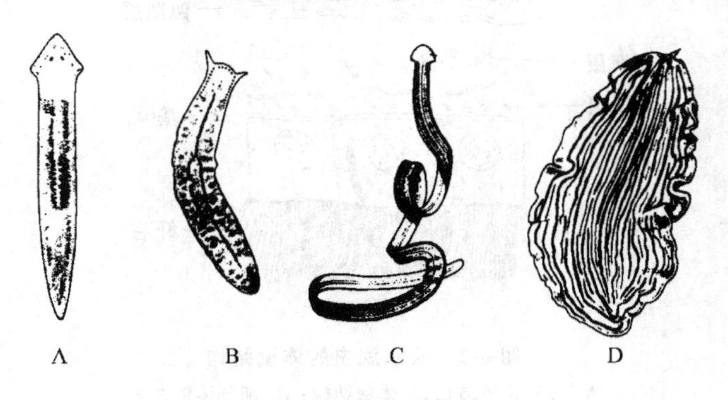

图 6-1　几种涡虫

A. 三角涡虫；B. 多目涡虫(*Polycelis*)；C. 笄蛭涡虫；D. 多肠目涡虫(*Prostheceraeus*)
(A,B. 引自 Steinmann P, et al,1913；C. 引自 Hyman LH,1951；D. 引自 Barnes RD,1980)

一、形态与生理

1. 体壁与实质

扁形动物的体壁是由外胚层起源的上皮细胞层及中胚层起源的肌肉层共同组成皮肌囊(dermomuscular sac)包裹身体(图 6-2A)。上皮细胞呈柱形或扁平形，排列紧密。细胞的表面具有许多纤毛及微绒毛覆盖全身，或限于腹面。细胞的基部是基膜，对体壁起支持作用。在上皮细胞之间有大量的腺细胞存在(图 6-2B)，或是腺细胞的细胞体沉入实质中，而仅仅腺细胞管伸到体表。腺细胞中含有大量的颗粒，颗粒被排到体外，遇水则形成黏液。另外，在上皮细

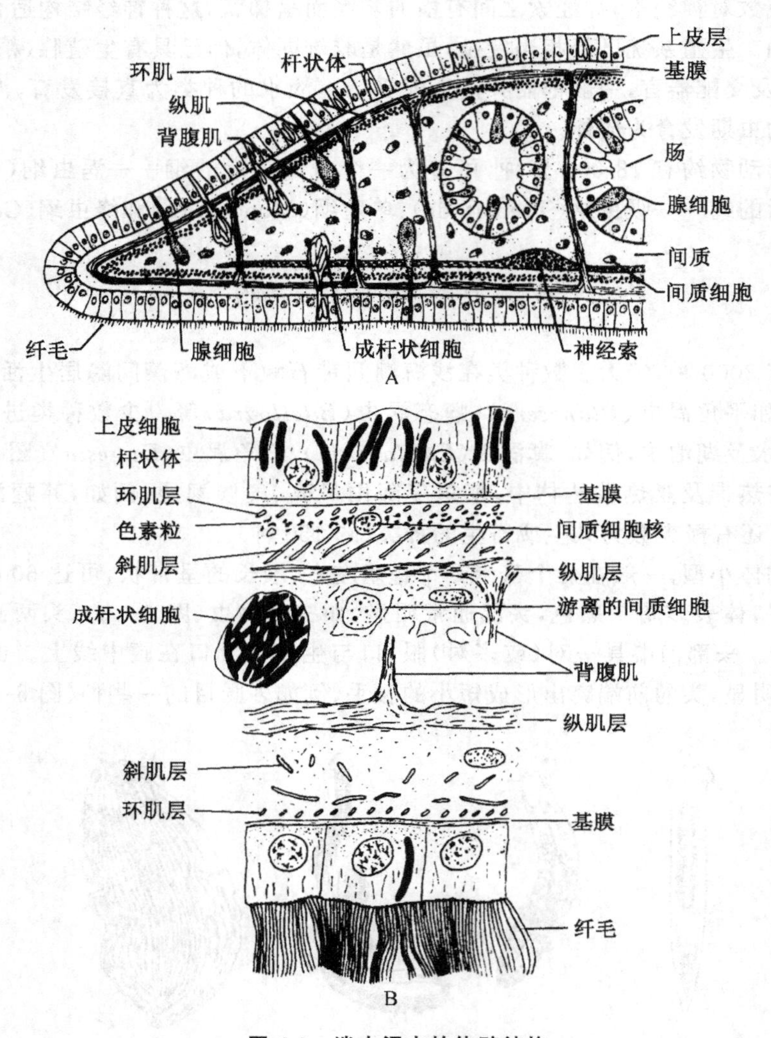

图 6-2 淡水涡虫的体壁结构

A. 过消化道横切，示体壁结构；B. 部分体壁放大

(A. 引自 Store TL, et al,1979；B. 引自 Hyman LH,1951)

胞内散布着垂直于体表的杆状体(rhabdoid)，它是由实质中的腺细胞分泌形成后贮存于表皮细胞中的，排出后遇水也形成黏液，这些黏液用于运动，即在物体上形成黏液膜，再由纤毛的摆动产生纤毛波以推动身体向前运动，另外，黏液也可用于攻击及捕获食物及保卫自己，以及形成卵袋等。

一些种类在头端或尾端聚集一些分泌细胞，形成头腺(frontal gland)或尾腺(tail gland)，它们在捕食及自卫中起作用。在一些潮间带，附着在沙粒上的涡虫的体表常有一些乳突(papilla)，这实际上是腺状的黏着器官(图 6-3)，内有两种腺细胞：一种是黏液腺(viscid gland)，其分泌物可以牢牢地附着在沙粒上；另一种是释放腺(releasing gland)，分泌物可以破坏黏液腺的黏液，使身体由黏着中游离，这对潮间带生活的种类是十分重要的。

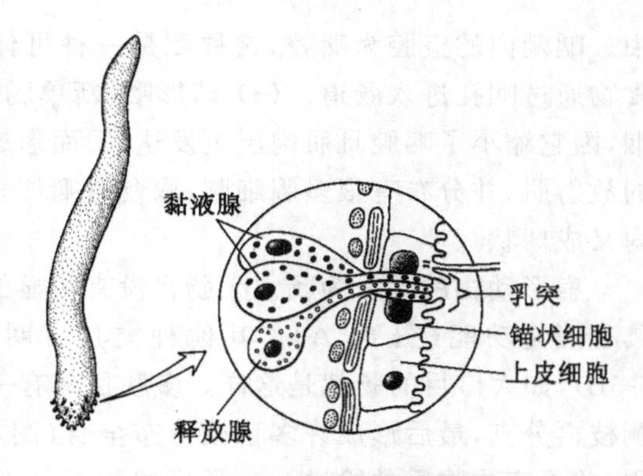

图 6-3　涡虫类双腺黏附腺
(引自 Tyler S, 1976)

上皮细胞下面即为肌肉层，其外层为环肌，内层为纵肌，之间还有斜肌(obliquely muscle)，个体大的种类还有背腹肌(dorsoventral muscle)，它们都是平滑肌。小型的个体，其主要的运动是靠纤毛在分泌的黏液膜上做滑行运动；而较大形的个体，主要靠肌肉的收缩及延伸进行爬行、蠕动、游泳等，当然也有纤毛的帮助。

在身体背部的体壁，如上皮细胞基部或肌肉层中，或在实质中存在着色素颗粒(pigmental granule)，它们构成涡虫体表的颜色。在体壁之内为实质，它是一种合胞体(syncytium)结构，由实质细胞的分支相互联结成疏松的网状，其中充满液体及游离的细胞，填充在器官系统之间，执行着体内营养物及代谢产物的输送，组织损伤后的修复、再生以及生殖方面的机能。

2. 消化系统及营养

扁形动物的消化系统(digestive system)包括口、咽及肠等，一般没有肛门。口位于腹中线上，可前可后，随不同的种而不同。口的周围有环肌及放射状的肌肉。除了某些无肠目之外，其他自由生活的涡虫都有咽。咽是体壁内陷形成的一种管道，用以吞食或抽吸食物，并输送食物入肠。根据咽的复杂程度可以分为 3 种类型：(1) 管状咽，是最简单的一种，出现在某些原始的无肠目(Acoela)、大口涡虫目(Macrostomida)等之中，它是体壁由口内陷形成的一个短管(图 6-4A)，咽道内具纤毛，咽道的外周是实质，实质中的单细胞腺可穿过咽上皮而开口于咽道，以协助输送食物。(2) 褶皱咽，多肠目(Polycladida)及三肠目(Tricladida)的咽为此类(图 6-4B)。它是由简单的管状咽进一步折叠形成咽鞘，因此咽位于咽鞘之内而不再是埋于实质之

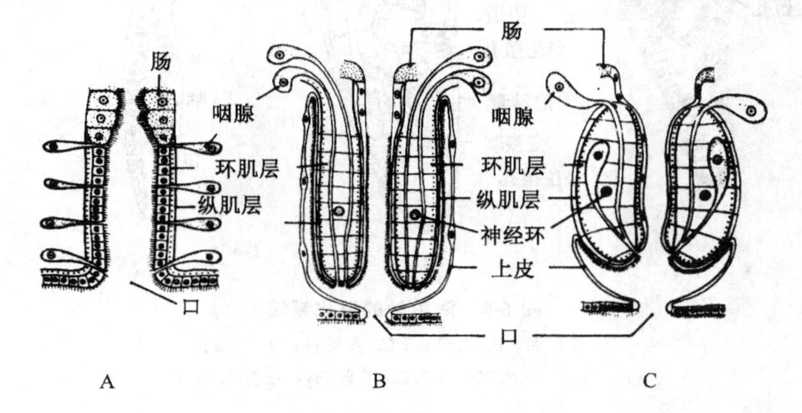

图 6-4　涡虫类咽的 3 种类型
A. 管状咽；B. 褶皱咽；C. 球型咽
(引自 Ax P, 1963)

中。咽鞘内的空腔为咽腔，这种咽是一种可伸缩的咽，取食时由口伸出，取食后缩回咽腔内。食物通过咽孔进入肠道。(3) 球形咽，新单肠目(Neorhabdocoela)具有此类咽，其来源于褶皱咽，因它缩小了咽腔且肌肉层更发达，因而形成了球状(图 6-4C)。咽壁上具环肌、纵肌及发达的放射肌，并分布有很多腺细胞，取食时咽伸长，并由口伸出体外，取食后肌肉收缩，咽缩回体内又成球状。

扁形动物的咽后为肠。无肠目没有明显的肠道，咽后为一堆吞噬细胞，也呈合胞体状，但具有消化功能(图 6-5A)。其他种类具有明显的肠道，简单的肠道为一囊状或盲管状(图 6-5B)，如大口目的肠就是这样。多肠目具有一个中央肠道，由中央肠道向两侧伸出许多侧枝，侧枝再分支，最后形成许多盲枝分布全身(图 6-5C)，这种肠道不仅可以扩大消化吸收的表面积，并可完成物质的输送。三肠目的肠道分为三支(图 6-5D)，一支向前，两支向后，每支又分出许多小的盲枝。各种类型的肠道均由单层上皮细胞组成，其中包含有两种形态的细胞：一种是正常的柱状细胞，也称为吞噬细胞(phagocytic cell)，动物在取食后该细胞中出现大量的食物泡及脂肪球；另一种是较小的颗粒细胞(granular cell)，被认为是一种腺细胞，其中的颗粒是消化酶的前身，由它形成肽链内切酶，以助食物的消化。

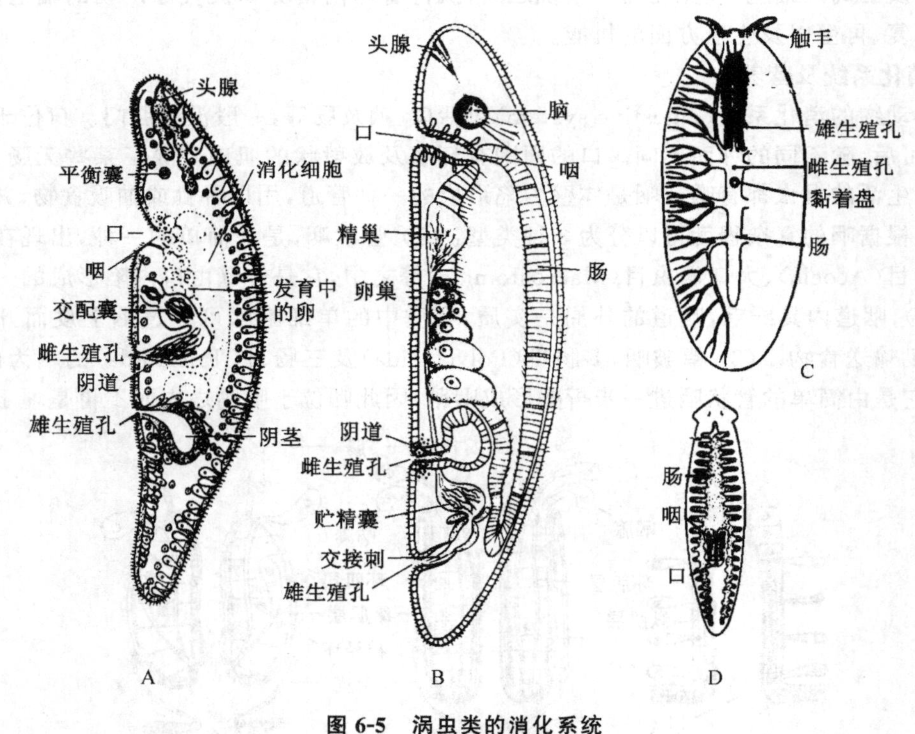

图 6-5　涡虫类的消化系统

A. 无肠目；B. 大口目；C. 多肠目；D. 三肠目

(A. 引自 Ax P，1963；C，D. 引自 Hyman LH，1951)

自由生活的扁形动物绝大多数为肉食性的，取食各类小动物，如小型甲壳类、线虫、环节动物等。取食时先分泌黏液，缠绕并固定捕获物同时伸出咽，由咽腺分泌溶蛋白酶先将捕获物进行部分的体外消化；随后，有的将食物全部吞食（管状咽），有的用咽的抽吸作用吸食食物中的汁液（褶皱咽及球形咽）。食物进入肠道后先行胞外消化，由肠壁的腺细胞产生肽链内切酶，将食物分解成碎片，再由吞噬细胞吞噬，进行细胞内消化，消化后的营养物质以脂肪滴的形式贮存在吞噬细胞内。涡虫类没有肛门，不能消化的食物残渣仍由口排出体外。但多分支及形体特长的种类具肛门。

自由生活的扁形动物具有很强的耐饥能力，有的种可以数月甚至一年不取食而不致饿死，但虫体的体积可减少到原来的 1/300。在饥饿过程中，间质、生殖系统、消化系统等相继逐渐减小，以致消失。而神经系统却很少受到影响，当动物重新获得食物之后，失去的器官又很快地相继得到恢复，虫体也逐渐恢复正常体积。

3. 呼吸

扁形动物没有特殊的呼吸器官，自由生活的扁形动物是通过体表进行气体的交换。扁形动物的身体均成扁平形，有利于增加体表面积，便于气体在体内的扩散。有人用淡水涡虫做实验，O_2 的消耗是 0.2～0.3 mL/(h·g 体重)。体积越小，单位体重内 O_2 的消耗越高。用多肠目做实验也说明体积增加，CO_2 的产量反而下降，这说明体积、表面积与 O_2 的消耗相关。扁形动物一般在活动、再生、胞内消化及饥饿的后期阶段，O_2 的消耗量均有增加。

4. 排泄与渗透调节

扁形动物蛋白质代谢的含氮产物是氨，它主要是通过体表的扩散作用排出体外。用活体染料对涡虫类做实验，结果发现染料颗粒均被肠壁细胞吸收，以后再经口排出体外，或以颗粒形式留在色素颗粒中。

另外，在大多数扁形动物中都存在有原肾管结构（protonephridium），它是位于身体两侧的由外胚层起源的一对或数对排泄管（excretory canal），它沿途分支、再分支构成网状（图 6-6A，B）。分支的末端是由帽细胞（cap cell）及管细胞（tubule cell）组成的盲管（图 6-6C）。由帽细胞顶端向内伸出多根鞭毛悬垂在管细胞中央，由于鞭毛不停地摆动状如火焰，故也称为焰细

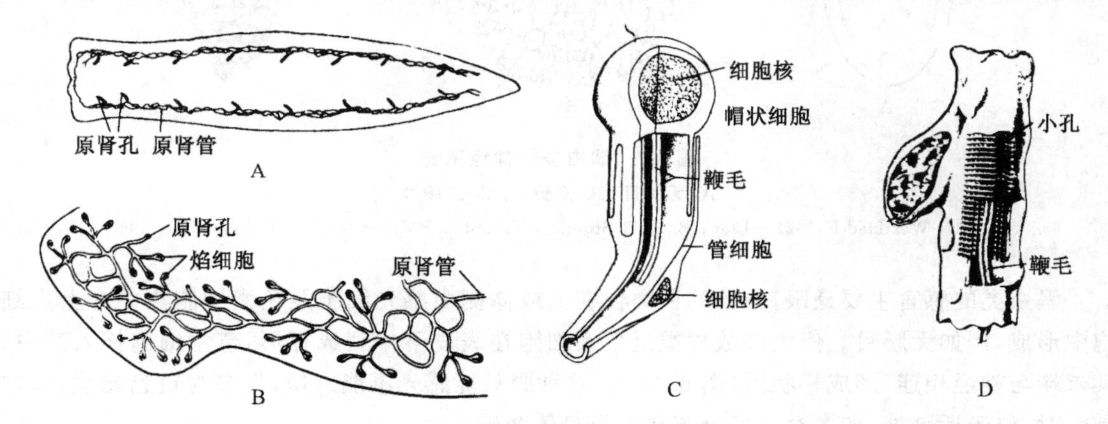

图 6-6　扁形动物原肾系统的结构

A. 全形；B. 部分放大；C. 帽状细胞及管细胞图解；D. 电镜下管细胞的小孔及鞭毛

（B. 引自 Hyman LH，1951；C. 引自 Wilson RA，et al，1974；D. 引自 Kummel G，1962）

胞(flame cell)。管细胞在电子显微镜下观察有无数小孔(图 6-6D),可使实质中的水分自由出入。身体两侧的排泄管(也称原肾管)在背侧有成对的肾孔(nephridiopore)开口到体外。原肾系统的作用方式是通过焰细胞的打动,在管的末端产生负压,引起实质中的液体经细胞膜的过滤作用使 Cl^-、K^+ 等离子被重吸收而产生低渗的液体,再经过管细胞、排泄管及排泄孔排出体外,所以原肾管主要机能是维持体内的水盐平衡,而溶于水中的微量废物的排出是其次要的功能。另外,原肾系统在淡水生活的扁形动物中很发达,而海产种类不发达或完全缺乏也证明了这一点。

5. 神经与感官

涡虫的神经系统在头部出现了脑,它是由神经细胞集中形成环状,由脑向后发出 1～5 对纵行的神经索,依种而不同。当原始的种类有几对神经索时,它们彼此等距围绕脑呈放射伸出,同时上皮下的神经网也是存在的,并与神经索相连(图 6-7A,B),所以说整体看仍呈网状。在高等的种类仅有腹侧的一对神经索发达,并按一定的距离有横行的神经纤维相连,构成梯形,故称梯状神经。例如,涡虫及三肠目等(图 6-7C)。它们的传导及支配不再呈网状,但扁形动物的神经系统除了脑不存在神经节。

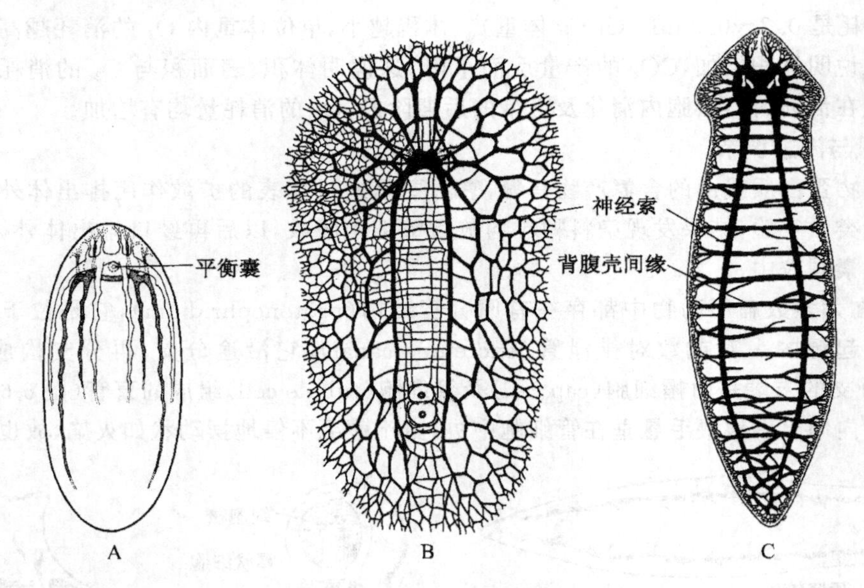

图 6-7 涡虫类的神经系统

A. 无肠目; B. 多肠目; C. 三肠目

(A. 引自 Westblad E,1922—1936; B. 引自 Stummer-Traunfels RV,1933; C. 引自 Lentz TL, 1968)

涡虫类的感官主要是眼,原始的种类仅在头或体侧由感光细胞及色素细胞集中在上皮细胞中形成,例如无肠目。但大多数种类是色素细胞在表皮下排列成杯形,感觉细胞伸入其中,其末端与神经相连,形成杯状眼(图 6-8A)。这种眼只能感光不能成像,且多为负趋光性,通常是一对,位于近脑处,如多对的可分布在头及身体两侧。

除了眼,平衡囊也在一些原始种类中存在。一般为一个,在头部,它由一个包含液体的囊,其中有 1～2 个平衡石组成,缺乏感觉毛,它可能是重力感受器(gravity receptor)。自由生活的扁形动物体表,特别是耳突、触角等处分布有丰富的触觉感受器(tangoreceptor)、化学感受

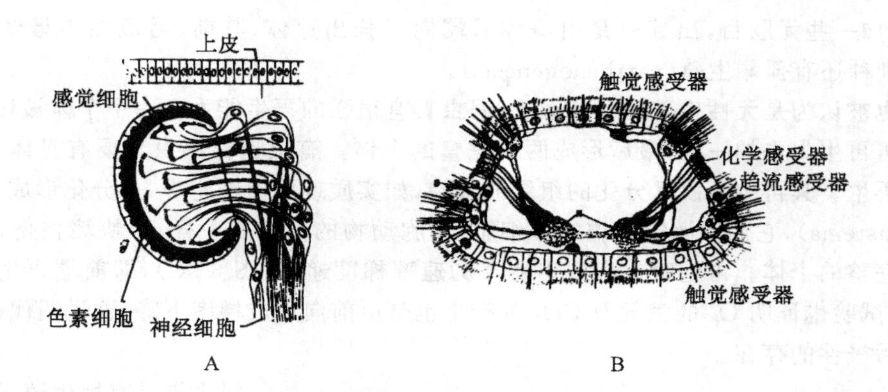

图 6-8 涡虫类的感官

A. 真涡虫眼的结构；B. 中口涡虫(*Mesostoma*)的感受器

(A. 引自 Store et al,1979)

器(chemoreceptor)及趋流感受器(rheoreceptor)(图 6-8B)，它们是由单个的或成群的感觉细胞特化形成。这些感觉细胞的近端与神经相连，远端具有感觉毛或毛刷穿过上皮细胞伸向体表，它们分别感受触觉刺激、化学刺激及水流刺激。

6. 生殖与发育

涡虫类具有无性生殖与有性生殖，淡水及陆生的涡虫其无性生殖常以分裂方式进行，例如真涡虫，分裂时以身体的后端黏着在基底上，而身体前端继续向前移动，直到身体横断为两半。其分裂面常发生在咽后，然后各自再生出失去的一半形成两个新个体。适当的提高温度或去头易于诱导分裂。有些小型涡虫，如微口涡虫、直口涡虫(*Stenostomum*)等，经数次分裂后的个体并不立刻分离，彼此相连，形成一个个体串(图 6-9A)，当幼体生长到一定程度之后，再彼此分离营独立生活。无性生殖多发生在夏季，它是受温度及日照所控制。另外少数种也可以

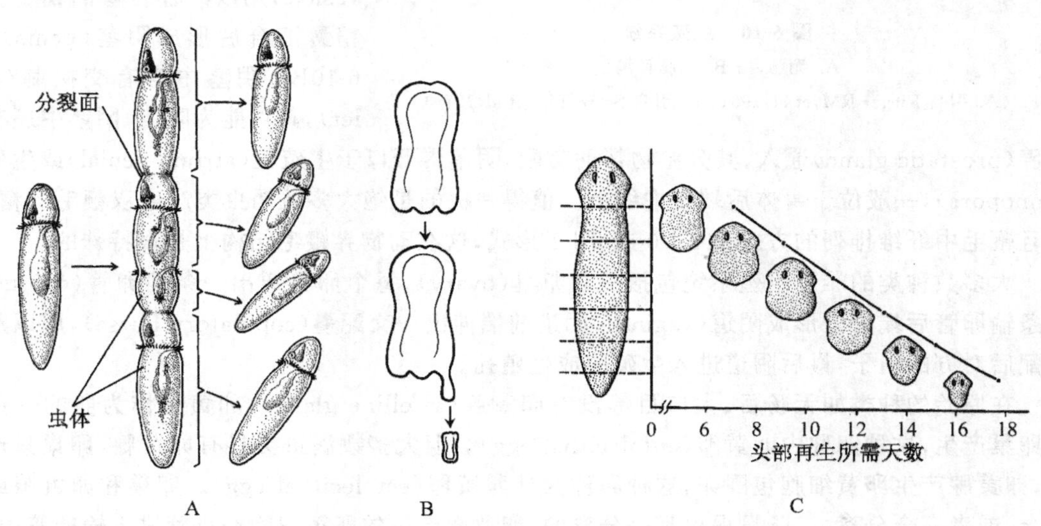

图 6-9 涡虫类的无性生殖

A. 分裂生殖；B. 出芽生殖；C. 再生

(A. 引自 Ruppert EE, et al,2004;B. 引自 Tyler S,1999; C. 引自 Dubois F,1949)

出芽生殖，如一些无肠目，出芽时是由身体后端向后长出芽体，其前、后极性与母体相反（图6-9B）。个别种还有孤雌生殖（parthenogenesis）。

再生也被认为是无性生殖的一种形式，涡虫具有很强的再生能力。一个个体被切成两半，每一半均可再生失去的一半，最后形成两个完整的个体。有报道称涡虫只要有身体1/300的部分都能再生。其再生是由已分化的组织或细胞，如实质或肌肉细胞等，去分化形成原始的芽基细胞（blastema），它们像海绵动物的原细胞、刺胞动物的间细胞一样，很快堵住伤口并再生及分化成完整的个体。再生时也表现出明显的速率梯度递减（图6-9C），即前端再生快，后端慢，生理学试验也证明 O_2 的消耗及 CO_2 的产生也是由前向后成梯度下降，这说明代谢速率的不同及前后极性的存在。

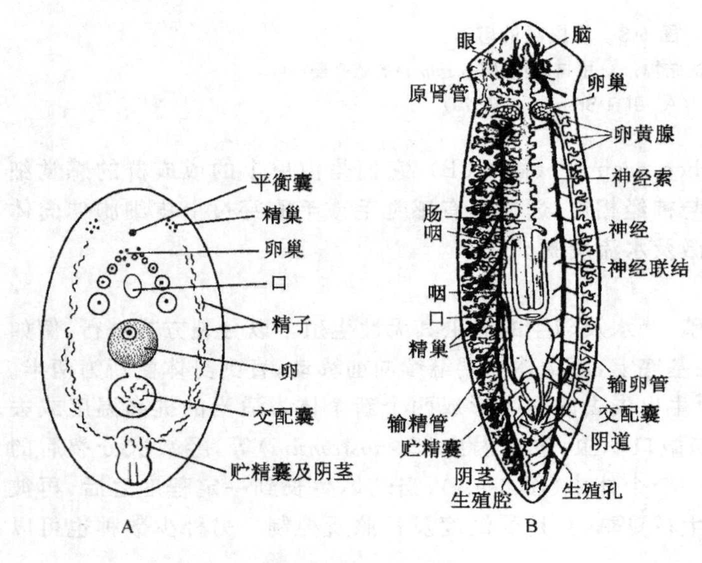

图 6-10 生殖系统

A. 无肠目；B. 三肠目涡虫

（A. 引自 Rieger RM, et al, 1991；B. 引自 Store TL, et al, 1979）

涡虫类具有性生殖，绝大多数为雌雄同体，行交配，体内受精。原始的种类，如无肠目没有固定的生殖腺，生殖时实质中的间质细胞临时排列成行，即形成精巢与卵巢，也没有生殖导管，雌雄性生殖孔分别开口于体外（图6-10A）。但绝大多数种类具有复杂的雌、雄生殖系统，雄性的包括有一或多对精巢（testes），每个精巢通出小管再汇合成一对输精管（vas deferens）。纵行于消化道两侧，输精管末端常膨大形成贮精囊（seminal vesicle）用以贮存自身的精子。贮精囊汇合后形成阴茎（penis）（图6-10B），阴茎中常有交接刺（stylet），其功能为防卫，阴茎中还有前列腺（prostatic gland）通入，其分泌物帮助交配，阴茎再开口于生殖腔（atrium genial）或生殖孔（gonopore），一般位于身体后端腹中线上。值得一提的是绝大多数涡虫类产生双鞭毛的精子，而且鞭毛中纤维排列的方式是9＋0或9＋1形式，这在动物界鞭毛结构上是很特殊的。

大多数种类的雌性生殖系统包括一对卵巢（ovary），每个卵巢通出一条输卵管（oviduct），两条输卵管后端汇合形成阴道（vagina），阴道前端伸出一交配囊（copulatory bursa），用以贮存交配后对方的精子，最后阴道进入生殖腔或生殖孔。

在原始的种类如无肠目、大口目等没有卵黄腺（vitelline gland），卵黄是作为卵的一部分由卵巢产生，这种卵称内卵黄卵（entolecithal egg）。但大多数涡虫类具有卵黄腺，卵巢只产生卵，卵黄腺产生卵黄细胞包围卵，这种卵称为外卵黄卵（ectolecithal egg）。卵巢和卵黄腺或者联合，或者完全分离，三肠目涡虫都是分离的，卵黄腺产生的卵黄细胞经小管进入输卵管中（图6-10B）。

涡虫须异体交配受精，交配（copulation）是相互的（图6-11A）。原始种类的交配是皮下授孕，即用阴茎刺入对方皮下将精子注入实质中，精子再迁移到卵巢附近与卵受精，但大多数种类是将阴茎送入对方生殖腔或交配囊中(图 6-11B),卵在输卵管上端受精,然后下行,沿途接受卵黄细胞并被黏液包围形成卵荚或卵块以后附着在水底物体上(图 6-12A,B)。夏季产生的卵、卵荚薄,数日后可孵化;秋季产生的卵为休眠卵(resting egg),卵荚厚,翌春孵化。

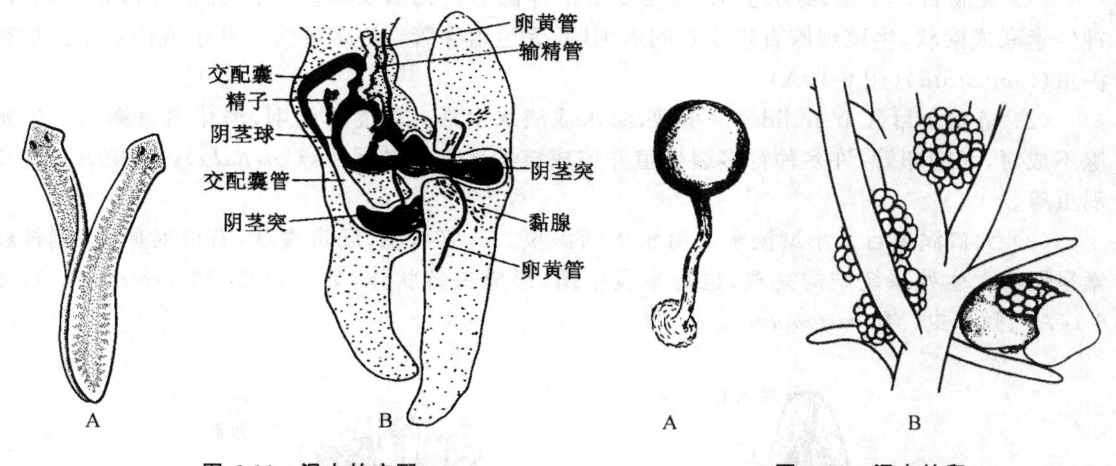

图 6-11　涡虫的交配

A. 外形; B. 相互送入交配器

(引自 Hyman LH,1951)

图 6-12　涡虫的卵

A. 涡虫的卵荚; B. 旋涡虫的卵块

(A. 引自 Pennak RW,1978; B. 引自 Apett G,1969)

淡水及陆生的涡虫为直接发育,海产的种类经螺旋卵裂,再经牟勒幼虫(Muller's larva)(图 6-13A),幼虫自由生活一段时间后变态成成虫(图 6-13B)。

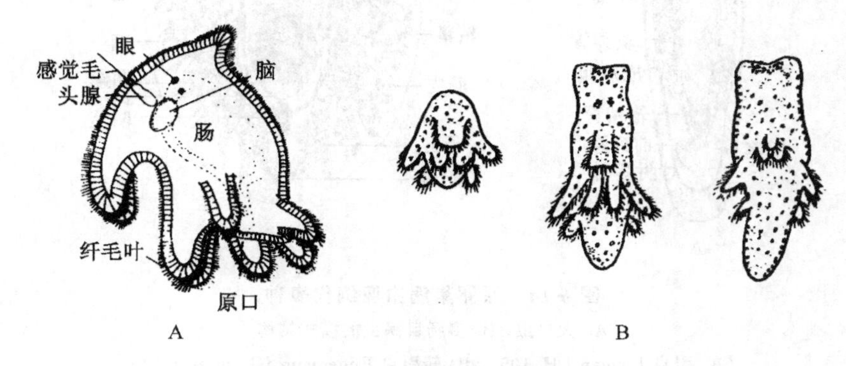

图 6-13　涡虫的发育及变态

A. 牟勒幼虫; B. 发育及变态

(A. 引自 Hyman LH,1951; B. 引自 Ruppert EE,1978)

二、分类

涡虫纲的分目,过去一直是以消化道结构复杂的程度作为涡虫纲分目的依据,据此,涡虫纲分为无肠目、单肠目、三肠目及多肠目,多肠目是最进化的种类。但多肠目的神经系统及生殖系统的原始性说明它们不是涡虫纲中最进化的种类,因此近年来更多的人主张以生殖系统为主要依据并结合消化道的结构进行分类。按照这种方式涡虫纲分为 12 目,其中三肠目应是最进化的涡虫,这种分类方式似乎更确切。据此分为以下两个亚纲。

1. 原卵巢涡虫亚纲

原卵巢涡虫亚纲(Archoophoran Turbellarians)的生殖系统没有卵黄腺,为内卵黄卵,具典型的螺旋卵裂,包括结构较原始的一些目。

(1) 无肠目。小型,海水生活,通常 2 mm,卵圆形。无咽或具管状咽,无消化道亦无原肾。神经索联成网状,生殖细胞直接来自间质细胞,无生殖导管。许多种为外共生或内共生。如旋涡虫(*Convoluta*)(图 6-10A)。

(2) 链涡虫目(Catenulida)。小型,海水或淡水生活。具简单的咽,消化道盲囊状。生殖腺不成对,无输卵管,许多种行多裂生殖并连成链状体。如链涡虫(*Catenula*)(图 6-9A)、直口涡虫等。

(3) 大口涡虫目。小型淡水及海水生活涡虫。具管状咽,肠盲囊状,有成对原肾,侧神经索呈网状。生殖系统结构完整,也行多裂生殖,形成虫链状体,如大口虫(*Macrostomum*)(图 6-14A)、微口虫(*Microstomum*)。

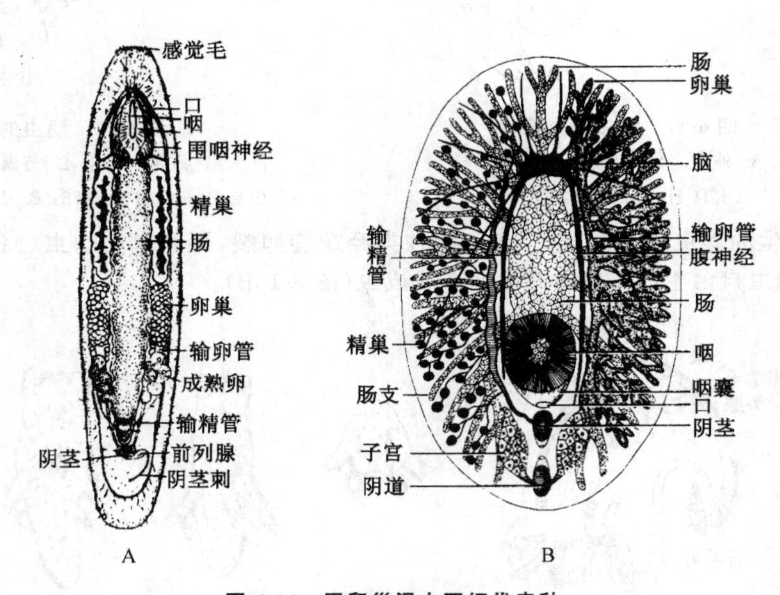

图 6-14 原卵巢涡虫亚纲代表种

A. 大口虫; B. 多肠目涡虫的模式结构

(A. 引自 Hyman LH,1951; B. 转引自 Engemann JG, et al,1981)

(4) 多肠目。海水生活,身体扁圆形,长 3~20 mm。具触手,具褶皱咽,肠由中央分出许多盲枝,故名多肠目。神经索成网状,生殖系统完整,发育经幼虫期。如平角涡虫(图 6-14B)。

2. 新卵巢涡虫亚纲

新卵巢涡虫亚纲(Neoophoran Turbellarians)具卵黄腺,外卵黄卵,螺旋卵裂不典型,包括结构较发达的一些目。

(1) 卵黄上皮目(Lecithoepithellata)。淡水及海水生活。卵被单层上皮的卵黄细胞包围,生殖腺与卵黄腺联合成胚卵黄腺(germovitellarium)。具管状咽,肠不分支,神经索 4 对。如前吻涡虫(*Prorhynchus*)(图 6-15A)。

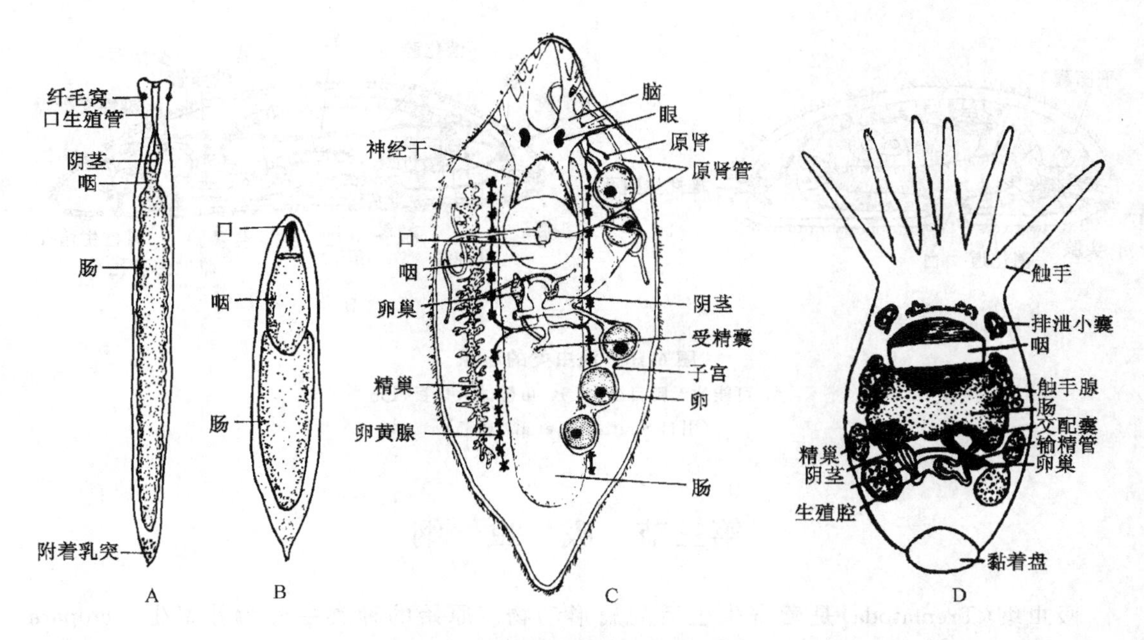

图 6-15　新卵巢亚纲涡虫的代表种

A. 前吻涡虫；B. 斜口涡虫；C. 中口涡虫；D. 切头虫

（C. 引自 Barnes RD,1980；A,B,D. 引自 Hyman LH,1951）

(2) 原卵黄卵巢目(Prolecithophora)。海水或淡水生活。卵黄腺与卵巢分离或仍联合。具褶皱咽或球形咽,肠道简单。口位于前端,神经索 4 对。如斜口涡虫(*Plagoiostomum*)(图 6-15B)。

(3) 新单肠目。淡水或海水生活。具球形咽,肠囊状不分支,卵巢与卵黄腺分离,神经索一对。如淡水的中口涡虫(*Mesostoma*)(图 6-15C)。

(4) 切头虫目(Temnocephalida)。外共生或寄生在淡水软体动物等身上,体表无纤毛,后端具黏着盘,前端具指状突起,有卵黄腺。如切头虫(*Temnocephala*)(图 6-15D)。

(5) 三肠目。体长 2 mm～50 cm。褶皱咽或球形咽,肠分三支,个别种体外共生,如蛭态涡虫。代表种如真涡虫、三角涡虫及笄蛭涡虫(图 6-1)。

涡虫纲众多的类群中,哪一类是最原始的,最接近于祖先形式,在动物学家中还存在着不同的看法。"原卵巢涡虫类是较低等的种类,新卵巢涡虫类是较进化的种类"这是大家公认的。过去很长时间以来,大多数人认为无肠目是最原始的涡虫类,因为它们没有肠道,没有原肾,生殖结构简单,神经成放射状,具头腺及平衡囊(图 6-16A)。而另一种观点认为大口目是最接近祖先的形式,它们具有简单的咽,盲囊状不分支的肠道,也具有放射状的神经索,也具有头腺及平衡囊(图 6-16B),具原肾。这些结构更接近刺胞动物,而无肠目及链涡虫目是由大口目分出的分支。这后一种观点目前比前一种观点得到更广泛的接受。特别是关于胚胎发育,中胚层起源,以及神经结构的 rDNA 研究提出无肠目不是扁形动物的成员,而是与其他两侧对称动物为姊妹关系。

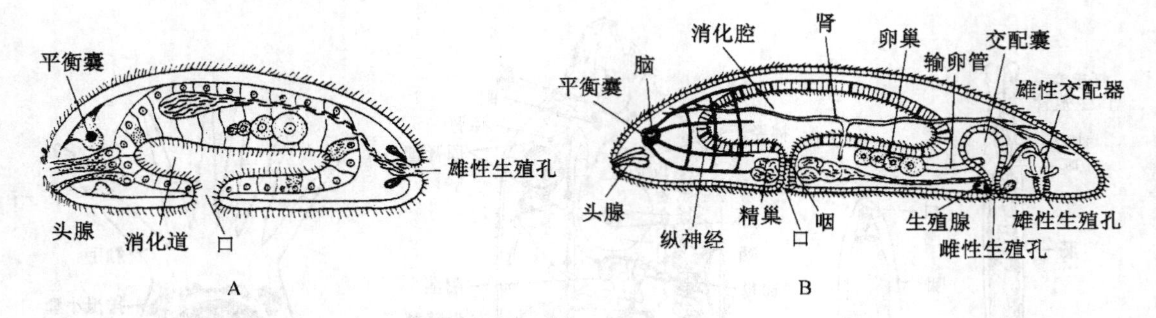

图 6-16　涡虫类的起源

A. 可能的无肠目祖先；B. 可能的大口目祖先

（引自 Smith JP, et al, 1985）

第三节　吸　虫　纲

吸虫纲(Trematoda)是营寄生生活的扁形动物。原始的种类主要为外寄生(ectoparasite)种类，寄生在软体动物及鱼的体表，有的也寄生在消化道或排泄器官的腔隙中，例如，盾腹吸虫(*Aspidogastraea*)。进化的种类主要为内寄生(endoparasite)，主要寄生在脊椎动物体内，例如，复殖吸虫(*Digenea*)。由于寄生生活方式，吸虫类在形态及生理上产生了适应性特征，例如，运动减少，体表的纤毛及腺细胞消失，出现了附着寄主的吸盘与吸钩；消化道退化，出现了兼有保护及吸收寄主营养物质的皮层；由有氧呼吸变成无氧呼吸；神经感官退化；特别是由于寄主的更换而具有强大的繁殖力及复杂的生活史，但吸虫类在幼虫阶段还保留了自由生活。

一、形态与生理

1. 外形与体壁

吸虫纲动物身体一般细长或叶形，背腹扁平，长 0.2 mm～6 cm，少数厚，肉质。具1～2个吸盘(图 6-17)，前端有口吸盘(oral sucker)环绕在口的周围，多数还在腹面、中部或后端具一腹吸盘(ventral sucker)，如具两个吸盘的称双盘吸虫(distome)，若后吸盘不存在称单盘吸虫(monostome)。生殖孔开口在腹中线腹吸盘附近。

吸虫体壁的最外层是一层原生质层，没有细胞核及细胞膜，像合胞体状，其中含有线粒体(mitochondria)、内质网(endoplasmic reticulum)以及胞饮小泡(pinocytotic vesicle)等，称为皮层(tegument)，它的细胞体及细胞核下沉到实质中，由这些下沉的细胞伸出细长的原生质桥与表面的皮层相连(图 6-18)。皮层下为基膜(basal lamina)，基膜之下为外层环肌、内层纵肌以及背腹肌，肌细胞均为平滑肌。吸虫由于寄生生活，体表没有纤毛及杆状体，而它的皮层结构不仅可以直接从寄生部位吸收营养物质——糖原及氨基酸等，以合成生长繁殖所需要的蛋白质，而且对抵抗寄主消化酶也起着保护作用，另外，在气体交换及代谢产物的扩散传递中也起重要作用。

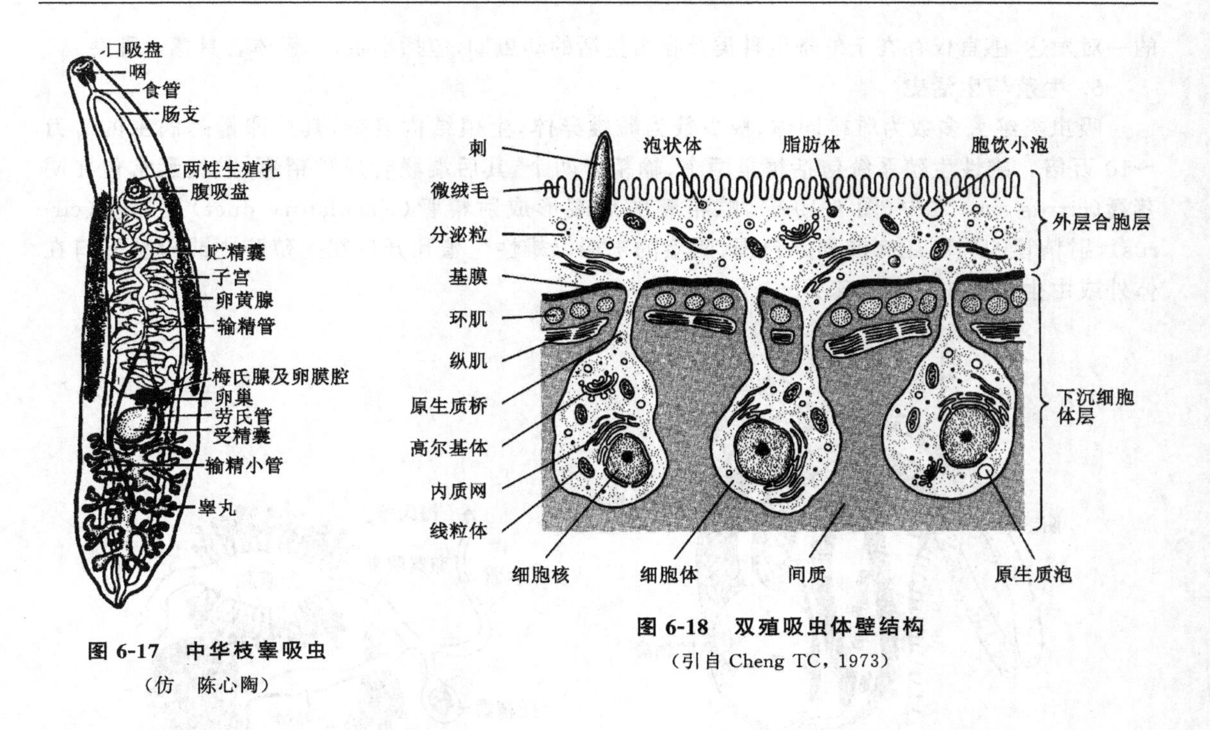

图 6-17　中华枝睾吸虫
（仿　陈心陶）

图 6-18　双殖吸虫体壁结构
（引自 Cheng TC，1973）

2. 消化系统及营养

吸虫类的消化系统结构简单，包括口、咽、食道及肠，没有肛门。咽壁具肌肉，便于抽吸食物，食道很短，肠为单支或双支，末端为盲端（图 6-17）。它们以寄主的上皮细胞、黏液等各种组织及其排出物，甚至由寄主直接而来的食物颗粒为食。例如，寄生在人体肛门静脉中的血吸虫（*Schistosoma*）直接以寄主的血红细胞为食。有实验证明雄性个体每小时取食 30 000 个血红细胞，而雌性个体的取食量是雄性的 10 倍。一只雌虫每日产卵 1000 粒，会消耗掉自身体重的 10%，所以必须由食物中获取大量的蛋白质及氨基酸。它也先行胞外消化，再行胞内消化。另外，由于皮层中含有来源于自身的内源性酶（intrinsic enzyme）及来源于寄主的外源性酶（extrinsic enzyme），它可以直接从环境中吸收大量营养以补充代谢的需求。

3. 呼吸及排泄

外寄生的吸虫及营自由生活的幼虫是行有氧呼吸（aerobic respiration），即通过体表进行气体扩散。内寄生的种类由于周围环境中缺乏游离的氧，行无氧呼吸（anaerobic respiration）。无氧呼吸是体内的糖原在无氧的条件下经过酵解作用（glycolysis）产生能量的过程。这是一种不完全的异化过程，一分子的葡萄糖酵解中释放出两个高能磷酸键，其代谢产物为乳酸盐等中间产物。而有氧呼吸一分子葡萄糖在氧化过程中释放出 38 个高能磷酸键，其终产物为 CO_2 及水。所以内寄生的种类需消耗大量贮存的营养物质以产生代谢所需的能量。

吸虫排泄器官亦为原肾，有大量的焰细胞及一对排泄管，其末端联合形成一"Y"形膀胱，以单个肾孔开口在身体后端中央。由于环境中离子浓度变化不大，所以原肾管的主要作用是排泄，渗透调节作用很有限。

4. 神经与感官

神经系统基本相似于涡虫，包括一对脑神经节，呈环状，由它向后分出三对纵行神经索，腹部的一对发达，感官仅存在于外寄生种类及自由生活的幼虫期，包括小眼，一般体表具感觉乳突。

5. 生殖与生活史

吸虫类绝大多数为雌雄同体，极少数为雌雄异体，生殖结构复杂，其产卵量是涡虫的1万～10万倍。雄性生殖系统包括精巢两个、输精管两个，其后端联合成贮精囊，贮精囊常包在阴茎囊(cirrus sac)之中(图6-19A)，贮精囊的后端形成射精管(ejaculatory duct)及阴茎(cirrus)，射精管的周围还有前列腺包围，阴茎的末端以雄性生殖孔开口在生殖腔中或单独开口在体外或由生殖腔中外伸出来。

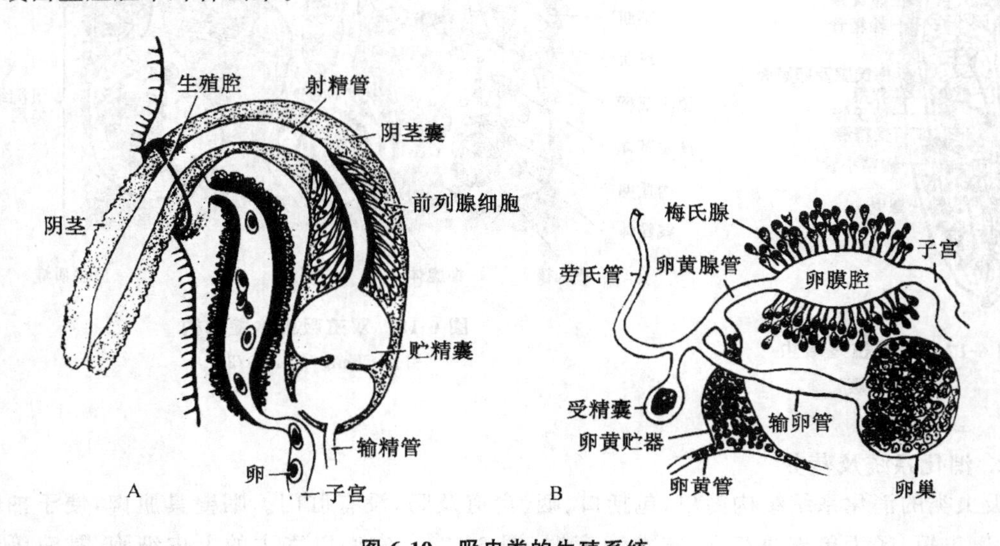

图 6-19 吸虫类的生殖系统

A. 雄性生殖系统的末端；B. 雌性生殖系统部分放大

(A. 转引自 Barnes RD,1980；B. 引自 Hyman LH,1951)

雌性生殖系统包括一个卵巢(图6-17,图6-19B)，由卵巢通出一条输卵管，输卵管后端接受精囊管、卵黄腺管，三个管汇合后膨大形成卵膜腔(ootype)，卵在卵膜腔中受精。卵膜腔周围围有梅氏腺(Mehli's gland)，离开卵膜腔后为一盘旋的管状子宫，子宫末端或开口在生殖腔或直接开口体外，生殖腔有肌肉包围，肌肉的收缩使卵易于排出。许多吸虫输卵管在进入卵膜腔之前，具有一短管，称为劳氏管(Laurer's canal)，可能是退化的阴道，为贮存过多的精子之用。

吸虫在通常情况下行异体受精，有时也发生自体受精。交配时，雄性的前列腺分泌黏液，以保护精子的存活，交配后精子经雌性子宫上游，最后进入受精囊并贮存在其中。卵由卵巢排出后，经输卵管到卵膜腔或在进入卵膜腔之前与从受精囊出来的精子相遇而使卵受精。吸虫的卵也是外卵黄卵，受精卵周围接受卵黄物质。梅氏腺的功能是对卵壳的形成起模板作用或刺激卵黄细胞释放卵黄物质以及活化精子，也有人认为它的分泌物有滑润作用，以利于卵通过子宫。卵经过子宫、生殖孔之后排出体外。

复殖吸虫生活史复杂，均有寄主更换现象。一般有2～4个寄主，经过两个自由生活，即寄主转移阶段。凡吸虫行有性生殖的寄主称终寄主(definitive host)，通常为脊椎动物；凡吸虫行无性生殖的寄主称为中间寄主(intermediate host)，通常为螺类、节肢动物、鱼类等。

复殖吸虫生活史一般包括下列阶段：受精卵→毛蚴(miracidium)→胞蚴(sporocyst)→雷蚴(redia)→尾蚴(cercaria)→后尾蚴(metacercaria)→成虫(adult)(图 6-19)。当受精卵随寄主的粪便、痰液等排出物离开终寄主时，如果落到陆地会被陆生螺类吃进。如果进入水中，则孵化成具纤毛的会游泳的毛蚴，它具有头腺、神经感官、原肾，在水中可自由游泳寻找中间寄主。当毛蚴遇到水生螺类时，则穿透其体壁，进入体内变态成胞蚴；胞蚴无消化道，仅有许多胚胎，每个胚胎发育成下一代胞蚴或雷蚴；雷蚴具消化道及胚胎，其胚胎又发育成尾蚴；尾蚴具消化道、神经感官、吸盘及尾。尾蚴离开螺体在水中自由游泳，寻找第二中间寄主；或尾蚴再形成包囊，即后尾蚴，落在水生植物上等待终寄主吃进。如果有第二中间寄主，一般是节肢动物或鱼，这时尾蚴脱掉尾部穿透寄主皮肤，并在寄主组织中形成后尾蚴。当第二中间寄主被终寄主吃进，后尾蚴由包囊中出来，迁移到寄主的特定寄生部位，例如，肠道、肝脏、肺、静脉等，生长成成虫。

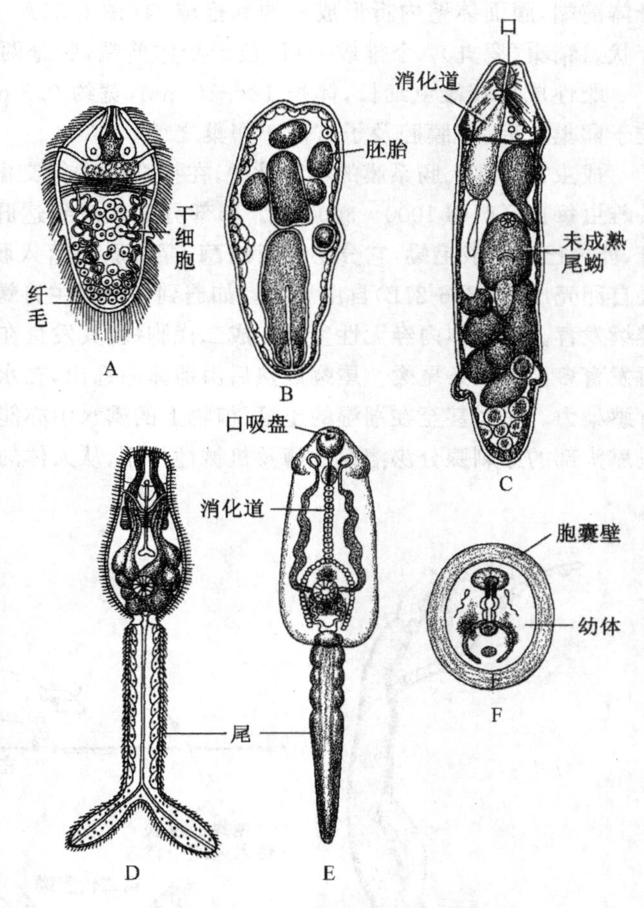

图 6-20　双殖吸虫的蚴虫类型

A. 毛蚴；B. 胞蚴；C. 雷蚴；D、E. 尾蚴；F. 后尾蚴

(引自 U.S. Naval Medical school Laboratory manual)

在生活史中，卵具有种的特异性，常用来鉴别成虫的类别。毛蚴及尾蚴为两个自由生活，即寄主转移时期，所以具有纤毛和神经感官等。寄主的分泌物及脂肪酸对它们具有吸引力。胞蚴及雷蚴为吸虫的无性生殖时期，以扩大种群数量。但不是所有的吸虫都经过上述阶段，最常见的改变是(1) 多于一代胞蚴或雷蚴；(2) 没有胞蚴或没有尾蚴；(3) 没有后尾蚴，由尾蚴直接感染终寄主。

下面介绍两种人体寄生吸虫：

(1) 日本血吸虫(*Schistosoma japonica*)。寄生在人体及哺乳动物静脉血管中，其中寄生于人体的血吸虫共有三种，在我国流行的只有一种，即日本血吸虫(*Schistosoma japonicum*)，它是我国人体最主要的寄生虫之一。在我国主要分布于长江流域以南，包括台湾省在内的13个省市，有上亿人口受其威胁，另外，日本、印度尼西亚、菲律宾等东南亚地区也是日本血吸虫病的主要流行区。还有两种吸虫是埃及血吸虫(*S. haematobium*)，主要分布于非洲、亚洲西部、欧洲南部；曼氏血吸虫(*S. mansoni*)，主要分布于非洲及拉丁美洲。

日本血吸虫成虫雌雄异体，雄虫体长约 10～20 mm，宽约 0.5 mm，口吸盘及腹吸盘均位于身体前端，腹面体壁内折形成一沟称抱雌沟（图 6-21A），雌虫即位于此沟内，与雄虫呈雌雄抱合状。精巢（睾丸）7 个排成一行，位于身体前端，肠分两支，后端汇合。

雌性成虫较雄虫细长，体长 12～26 mm，宽约 0.3 mm，卵巢长圆形位于身体中部，卵黄腺位于卵巢之后，卵膜腔及子宫位于卵巢之前。

成虫寄生在人肠系膜的小静脉中，在抱合中进行交配，在小静脉或肠壁的小血管里产卵，每头雌虫每日可产卵 1000～3000 粒。卵部分随血流到达肝脏，部分卵沉积在肠壁，经十多天的发育，卵内已发育成毛蚴，它分泌溶组织酶，穿破肠壁落入肠腔，随寄主粪便排出体外。在水中，毛蚴自卵壳出来（图 6-21B）自由游泳。如遇到中间寄主钉螺（*Oncomelania hupensis*），则进入螺体内继续发育。在螺体内经无性生殖完成二代胞蚴，其发育在夏季，需两个月左右，最后，每个螺体内可发育多至数万条尾蚴。尾蚴成熟后由螺体内逸出，在水中自由生活，多浮于水面，1～2 天内具有感染力。尾蚴甚至在潮湿的土壤、植物上的露水中亦能逸出。人如与含有尾蚴的水接触，则尾蚴靠头部的穿刺腺分泌溶组织酶及机械性作用，从人体的皮肤或黏膜处侵入人体。

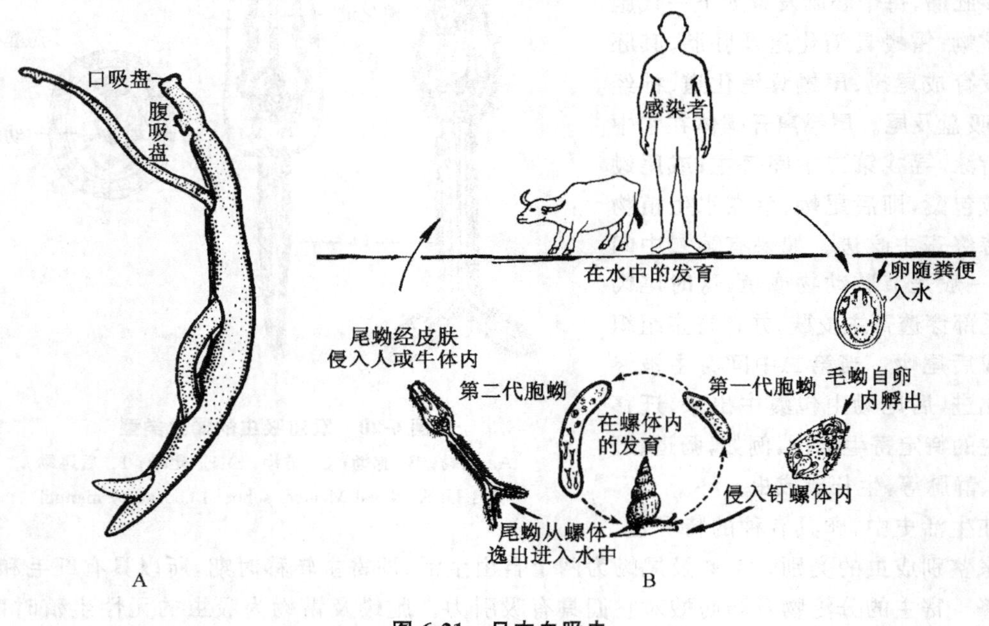

图 6-21 日本血吸虫
A. 雌雄抱合；B. 生活史

尾蚴进入人体后先侵入小静脉或淋巴管，随血液循环经心而到肺，进而经大循环流至全身各部，但只有到达肠系膜静脉的虫体才能发育成熟，也可以到肝门静脉内发育到一定程度后，最后仍回肠系膜静脉寄生。人体感染 25 天后雌虫开始产卵，35 天后患者粪便中出现虫卵。虫卵也部分沉积在肝脏及结肠等处。成虫寿命数年，有的可达 10～20 年。

人体受感染后几天内出现荨麻疹或皮炎，几周后由于虫体的移行，患者会阵咳、呼吸受阻。如大量感染，6～7 个月后肝、脾开始肿大，并转入慢性期。肝脏逐渐纤维化及硬化，以致出现腹水（图 6-22），并伴有黄疸，生长发育受阻，丧失劳动能力直至死亡。

日本血吸虫病在我国长江流域及其以南地区的流行是受多方面的因素所影响，一方面，钉螺的地理分布决定了血吸虫病的流行区域，在江南一带土壤肥沃、水草丰富、湖泊滩洲众多，农

图 6-22　日本血吸虫病患者

左侧为 13 岁儿童；右侧为 24 岁患者

（引自 Roberts LS，et al，2000）

田沟渠纵横，为钉螺的繁殖提供了良好的滋生地；另一方面，农民多用未加处理的生粪施肥，人们的生活用水也多来自河流、湖泊等未加处理的自然水，这样造成了血吸虫病的扩散，还有各种家畜及一些野生脊椎动物也是日本血吸虫病的保存宿主。因此，以上各种因素导致了日本血吸虫病的流行。

多年来由于党与政府的重视，科技人员及广大群众的共同努力，经过积极地治疗病人及病畜、全面消灭钉螺、加强粪便管理、个人防护等多种措施，到目前已有大部分的流行县市基本上消灭了血吸虫病。但就全部流行区内消灭血吸虫病尚待今后的努力。

(2) 中华枝睾吸虫（*Clonorchis sinensis*）。这种血吸虫的成虫寄生在人、狗、猫等的肝脏及胆管内，过去曾在广东、福建一带及台湾地区流行，现南方诸省虽仍有报道，但多呈点状分布。

成虫扁平、细长如叶状，长 10～25 mm，宽 3～5 mm，结构如图 6-17。其生活史有两个中间寄主，第一中间寄主为淡水螺。在我国有 3 个科 7 个种均可作为中间寄主，例如纹沼螺（*Parafossarulus striatulus*）、赤豆螺（*Bithynia fuchsianus*）等。在螺体内约需 3 个月完成胞蚴、雷蚴及尾蚴的发育。第二中间寄主为鲤科鱼类，如白鲩鱼（*Ctenopharyngodon idellus*）、黑鲩鱼（*Mylopharyngodon aethiops*）等，在其中形成后尾蚴，人取食未经煮熟的鱼而被感染。

患者感染中华枝睾吸虫后出现慢性腹泻、胆囊炎、黄疸、水肿、肝疼等症状，病情严重时常发生肝硬化、肝癌造成死亡。

此外，在我国江南一带寄生于人小肠的布氏姜片吸虫（*Fasciolopsis buski*），在江南及东北寄生于人肺内的卫氏并殖吸虫（*Paragonimus westermani*）都具有一定的分布及危害，都在研究与控制之中。

二、分类

1. 盾腹亚纲

盾腹亚纲(Aspidogastraea)是吸虫纲中很小的一类,仅有三十多种,主要寄生在软体动物体表,少数寄生在鱼、海龟等脊椎动物的体表、消化系统和排泄系统中。例如,盾腹吸虫(*Aspidogaster*)(图 6-23)身体腹面具有一个极大的腹吸盘,几乎占整个身体的腹面,吸盘上有纵行及横行肌肉将吸盘分成成行成排的许多小室(alveoli)。具口、咽、囊状肠。一个排泄孔开口在身体后端中央,生殖系统相似于复殖吸虫,大多数种类直接发育,少数种有幼虫期。寄生于脊椎动物的种类要求有一中间寄主。许多种类没有寄主的专一性,在软体动物及鱼体上均可生活及产卵。这一类似乎说明由自由生活到寄生生活的过渡类型。

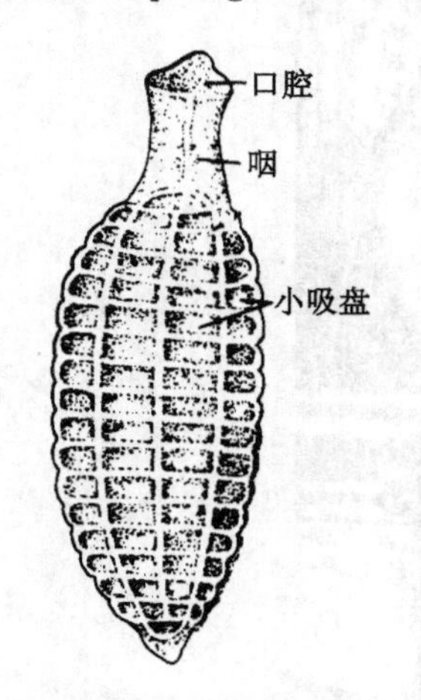

图 6-23　盾腹吸虫(*Aspidogaster conchicola*)

(引自 Hyman LH,1951)

2. 复殖亚纲

复殖亚纲(Digenea)是吸虫纲中最大的一类,已报道的种超过了 9000 种,其中许多是人体及家畜等体内寄生虫,有很重要的经济意义。成虫期具口吸盘及腹吸盘,个别种只有一个吸盘或没有吸盘。生活史复杂,有 2～4 个寄主,终寄主为脊椎动物。其中间寄主为软体动物中的螺类、甲壳类、鱼类,还有水生植物等,具几个幼虫期。

第四节　单　殖　纲

单殖纲(Monogenea)的吸虫主要是鱼、两栖类动物的体表及鳃上的外寄生种类,偶然也可以寄生在寄主的口、膀胱、子宫等腔隙内,大多数种长 1～5 mm,少数达到 20 mm。约有 1100 种。身体背腹扁平,身体前端具有口,口周围常有肌肉质的口吸盘围绕,或是黏附腺(adhesive gland)。身体后端具有一大的附着器,在附着器上具有钩及吸盘,以牢固地附着在寄主体表,例如,似多盘吸虫(*Polystomoides*)(图 6-24A)。

单殖吸虫的消化系统与复殖吸虫相似,但咽具蛋白酶,可以消化寄主的皮肤。因外寄生,为有氧呼吸。原肾排泄,雌雄同体,生殖系统结构类似于吸虫,交配受精,生活史中只有一个寄主,即没有中间寄主,不存在无性生殖。由卵发育成一具纤毛的有钩的钩毛蚴虫(*oncomiracidium*)(图 6-24B)。重要的代表种如指环虫(*Dactylogyrus*)、三代虫(*Gyrodactylus*)都是造成养殖鱼类死亡的单殖吸虫。

单殖吸虫过去一直是作为吸虫纲中的一个亚纲,与复殖亚纲并列,但近年来研究其中的钩毛蚴虫时发现,它与绦虫纲的六钩蚴相似,成虫后附着器有新月形钩,从亲缘关系上更接近绦虫而不是吸虫,因此单殖吸虫独立出来形成了一个纲。

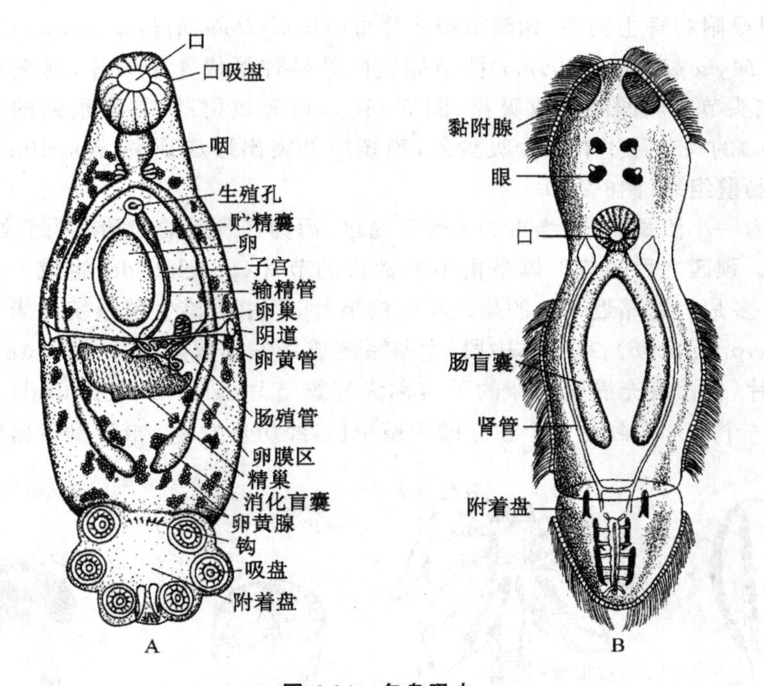

图 6-24　多盘吸虫

A. 成虫；B. 钩毛蚴

（A. 引自 Smyth JD,1976；B. 转引自 Barnes RD,1980）

第五节　绦　虫　纲

如果说吸虫纲还有外寄生及内寄生两种寄生方式，生活史中还有自由生活的幼虫期，那么绦虫纲(Cestoda)则只有内寄生而无外寄生种类，所有的绦虫都是寄生在脊椎动物的肠道内，生活史中多无自由生活的阶段，幼虫期也营寄生生活，这可能说明绦虫纲比吸虫纲有着更长久的寄生历史，因此在形态、结构与生理上产生了更多的寄生适应。例如，体壁表面具有微毛(microtriche)，通过体壁及微毛吸收营养，消化道完全退化消失。附着器官全部集中在身体前端，感官进一步退化，具有更发达的生殖系统及更强大的繁殖力。

一、形态与生理

绦虫纲除了个别种形似吸虫外，绝大多数体呈长带状。最长的可达 25 m，可分为头节(scolex)、颈节(neck)及节裂体。例如，牛绦虫(*Taenia saginata*)(图 6-25)。头节很小，球形，具附着器官。头节的结构是绦虫分类的重要依据之一。简单的头节有一对浅的凹陷，形成吸沟

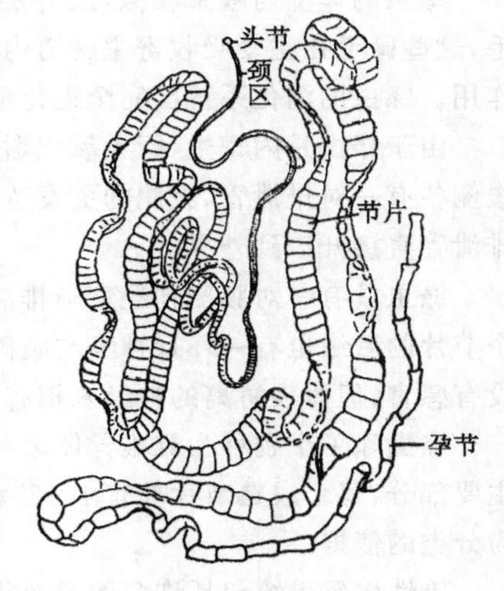

图 6-25　牛绦虫

（引自 Hyman LH,1951）

(bothria),用以吸附在寄主肠壁,如阔节裂头绦虫(*Diphyllobothrium latum*)(图6-26A);又如吸盘叶槽绦虫(*Myzophyllobothrium*)头节体壁向外延伸形成4个裂片,前端具小吸盘(图6-26B);牛绦虫在头节四周凹陷形成吸盘(图6-26C),内有放射肌,具有很强的吸附力;猪绦虫(*Taenia solium*)的头节除了有四个吸盘外,顶端向外突出形成顶突(rostellum),其周围有成排的钩以插入肠壁组织(图6-26D)。

头节之后为一小段颈区,是绦虫的无性生殖区,因为在颈区的前端靠头节处能不断地横裂形成新的节片。颈区之后的节裂体是由不同数目的节片(proglottide)组成。少的只有2片,多的可达4000多片。越靠近颈区的是越年轻的节片,其中雌雄生殖系统尚未成熟,称未成熟节片(immature proglottid);靠身体中段,生殖系统成熟的称成熟节片(mature proglottid);靠身体后端的节片,仅留有充满受精卵的子宫称为妊娠节片(gravid proglottid),妊娠节片会不断地脱落。每一个节片实际是一个独立的生殖单位,经历从发生、成熟到脱落的过程。

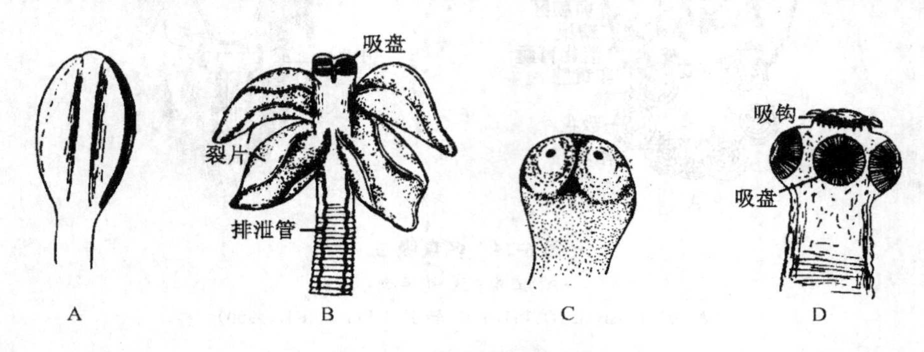

图6-26 绦虫的各种头节

A. 阔节裂头绦虫;B. 吸盘叶槽绦虫;C. 牛绦虫;D. 猪绦虫

(A. 引自Hyman LH,1951;D. 引自Southwell T,1930)

绦虫的体壁与吸虫相似,最外层也为原生质层,但绦虫的原生质层向外伸出无数小的微毛,这些微毛在主动吸收寄主肠道内的碳水化合物、氨基酸以及逃避寄主的免疫反应中起重要作用。绦虫的消化系统已完全退化消失,完全靠体壁吸收营养。体壁中也有环肌及纵肌。

由于绦虫是内寄生,行无氧代谢。以原肾排泄,焰细胞存在于每个节片的实质中,背侧及腹侧各有一对排泄管,腹侧的更发达,每节片的后端有横管联结两腹侧管。妊娠节片脱落后,排泄管直接开口到外界。

绦虫具有一对腹侧神经索与排泄管并行。在头节神经索之间有神经环相连形成脑丛。每个节片的后缘也有一环行神经与腹侧神经索相连。有的种还有附属的背神经索及腹神经索。没有感官,但体表游离的神经末梢有触觉及化学感觉功能。

绦虫除了个别种为雌雄异体之外,绦虫均为雌雄同体。生殖系统极为发达,占据了身体的主要部分,每个成熟节片都有1~2套完整的雌雄生殖器官,生殖系统的结构、排列与分布常作为分类的依据。

雄性生殖系统包括许多圆形泡状的精巢,其数目因种而有很大的区别,从一个到数百个不等,散布在每个节片的实质中。例如,牛绦虫每个成熟节片中有300~400粒精巢小泡(图6-27),由每个精巢小泡通出一条输精小管,然后联合成输精管,输精管末端膨大成贮精囊,最后形成肌肉质的阴茎囊，开口在生殖腔中，以生殖孔开口在体外。生殖孔的位置因种而异，多数种所有节片均开口在身体一侧，但也有的开口在两侧、背中线或腹中线上。有的种还具前列腺，开口在阴茎囊中。

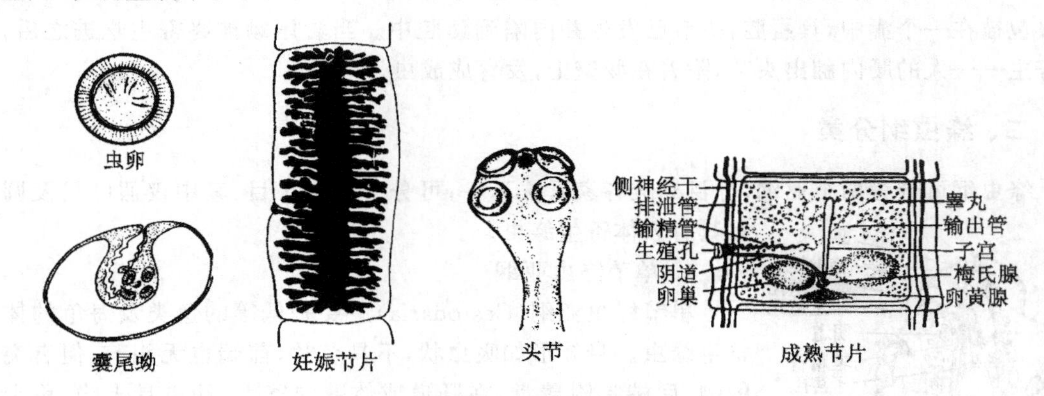

图 6-27　牛绦虫的结构
(引自 Noble ER, Noble GA, 1982)

雌性生殖系统包括一个卵巢，其大小、形状、位置因种而异。牛绦虫的卵巢分两叶状（图 6-27），卵黄腺位于卵巢之后成一实心腺体，也有的种卵黄腺成小泡状，散布在实质中。为外黄卵，输卵管与阴道后端汇合形成卵膜腔，卵在其中受精，受精卵被卵黄细胞包围，并在梅氏腺分泌物作用下，由卵黄物质形成卵壳，卵壳形成后进入子宫。牛绦虫子宫早期仅为囊状，随着卵的增多，子宫向两侧分出许多分支，子宫的形态、分支的数目也是分类特征之一。有的种子宫完全消失，卵散布在实质中。受精卵通常在进入子宫之后立即开始胚胎发育过程。

随寄主体内寄生的虫体数不同，绦虫可进行异体受精（体内两条以上寄生虫）或同体受精（仅一条寄生虫），甚至同体同节片受精。通常，大多数是雄性先熟，也有少数种为雌性先熟(protogyny)，以避免同节片或同体受精。极少数种类还可进行皮下授精。

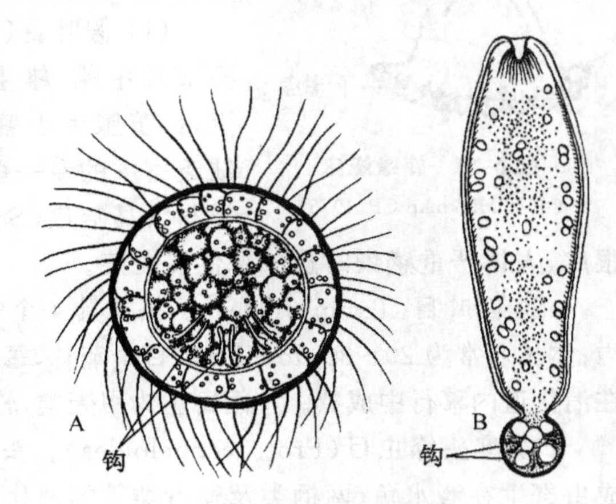

图 6-28　阔节裂头绦虫的幼虫
A. 六钩蚴；B. 原尾蚴
(转引自 Barnes RD, 1980)

绦虫除个别种为直接发育外，均有幼虫期，甲壳类、昆虫、软体动物、环节动物及脊椎动物均可做绦虫的中间寄主，终寄主是脊椎动物。原始的绦虫生活史具有 1～2 个中间寄主，例如，阔节裂头绦虫由卵孵化出六钩蚴(oncosphere)（图 6-28A）。六钩蚴具纤毛，能自由游泳，当被第一中间寄主——甲壳类吃进之后，脱去纤毛，用尾部的钩穿破寄主消化道，进入血腔内，经变态后形成原尾蚴(procercoid)（图 6-28B）；如果第一中间寄主被第二中间寄主——鱼取食之后，幼虫穿过鱼的肠壁，进入骨骼肌中发育，并形成裂头蚴(plerocercoid)，它已具有头节，节裂体也在形成之中；如未经煮熟的鱼被终寄主——人、狗、猫等取食之后，裂头蚴则进入终寄主肠道内，并经发育变态成成虫。

在较进化的种类，只有一个中间寄主，也没有自由生活的阶段，生活史中没有原尾蚴及裂头蚴阶段，卵是由中间寄主取食之后才孵化成六钩蚴的，且中间寄主也是脊椎动物，例如牛绦虫(图 6-27)，六钩蚴穿过中间寄主——牛的肠壁进入肌肉中发育成囊尾蚴(cysticercoid)，整个幼虫包被在一个囊中，具囊腔，头节已发生并内陷到囊腔中。当囊尾蚴被终寄主吃进之后，在终寄主——人的肠内翻出头节，附着在肠壁上，发育成成虫。

二、绦虫纲分类

绦虫纲可分为两个亚纲，分目标准各家看法不一，可分为 7～11 目，其中仅假叶目及圆叶目具有人体寄生绦虫。

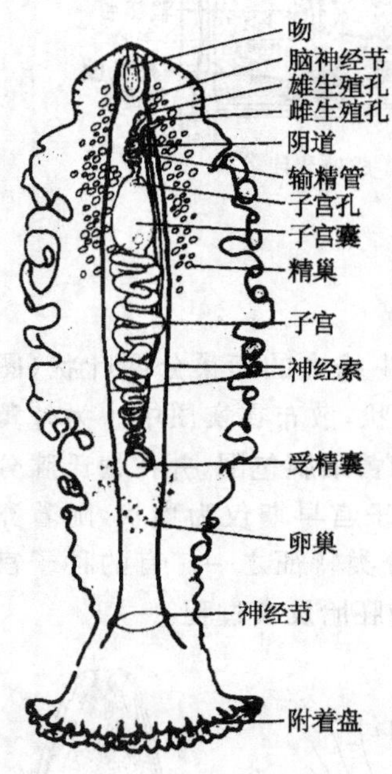

图 6-29 旋缘绦虫
(引自 Hickman CP，1973)

1. 单节绦虫亚纲

单节绦虫亚纲(Cestodaria)主要是低等的鱼类及海龟的体内寄生绦虫。身体形如吸虫状，不具节片，前端也无头节，但有突出的吻，后端具附着盘，在肠道或体壁内寄生，幼虫具十钩，称十钩蚴(decacanth)。如旋缘绦虫(*Gyrocotyle*)(图 6-29)，身体边缘及后端有许多褶皱，生殖孔、子宫孔均开口在身体前部腹中线上，没有消化道。又如两线绦虫(*Amphilina*)，生殖孔开口在身体后端，子宫开口在身体前端。

2. 多节绦虫亚纲

多节绦虫亚纲(Eucestoda)成虫寄生在各种脊椎动物肠道内。成虫具头节，身体分成节片，中间寄主 1～2 个，幼虫为六钩蚴，仅介绍以下 4 个重要的目。

(1) 假叶目(Pseudophyllidea)。头节具有两个浅的吸沟，成熟节片中雌、雄生殖孔及子宫孔均单独开口在腹中线或背中线上，卵黄腺为小囊状，散布在节片内，终寄主为犬、猫、鼬及人等，缺乏寄主的专一性，具两个中间寄主，即剑水蚤(*Cyclops*)等甲壳类与大马哈鱼(*Salmons*)等鱼类。常见的如阔节裂头绦虫，分布很广，人体严重感染时造成恶性贫血症。

(2) 四叶目(Tetraphyllidea)。头节具 4 个叶状裂片(图6-30)。成虫寄生在软骨鱼的消化道内；体长通常为 20～30 cm，仅有数百个节片，每个节片中有一套生殖系统，未成熟节片常脱落并在消化道内移行中成熟。中间寄主为甲壳类、软体动物等，如叶槽绦虫(*Phyllobothrium*)。

(3) 变头绦虫目(Proteocephaloidea)。头节具 4 个吸盘，或具顶突，节片与四叶目相似。成虫寄生在淡水鱼、两栖类及爬行类等的消化道中。中间寄主为剑水蚤等甲壳动物，在其中发育成原尾蚴及裂头蚴。如变头绦虫(*Proteocephalus*)。

(4) 圆叶目(Cyclophyllidea)。头节具 4 个吸盘，常有顶突及一圈钩。卵黄腺为单个实体结构。子宫没有开孔。终寄主为温血脊椎动物及人，寄生在肠道中。只有一个中间寄主，可为无脊椎动物，也可为脊椎动物，在寄主中发育为六钩蚴及囊尾蚴。一些种是人畜体内重要的寄生绦虫。例如，牛绦虫(头节具吸盘，卵巢二叶状，子宫分支 15～30 个，囊尾蚴头节无小钩)及猪绦虫(头节具吸盘及顶突，卵巢三叶状，子宫分支 7～12 个，囊尾蚴头节具小钩)是寄生于人体小肠内的绦虫，前者主要分布在内蒙古等牧区；后者主要分布在西北、东北及云贵高原等地区。人体感染寄生于牛或猪肌肉中的囊尾蚴，2～3 个月后囊尾蚴发育成成虫，成虫寿命 10～20 年，每只成虫每日脱落十几个妊娠节，每个妊娠节内有卵2 万～3万粒。感染绦虫后人体会出现营养障碍、腹泻，严重时出现中毒、失眠、恶心等症状。目前我国已加强了肉类的检疫，大大地控制了此类病的流行。

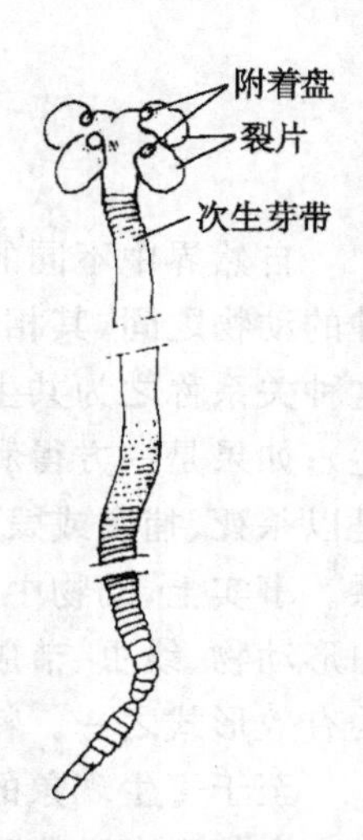

图 6-30　叶槽绦虫

细粒棘球绦虫(*Echinococcus granulosus*)也是感染人的一种重要绦虫。成虫寄生在狼、犬、狐等动物的小肠内，幼虫寄生在牛、羊、马及人等的肝、肾、肺等部位。此类寄生虫病多在牧区流行，成虫体长仅数毫米，由头节、颈、成熟节片及妊娠节片共 4 节组成(图 6-31)。虫卵被中间寄主吞食后，发育成六钩蚴，并随血液到寄主的肝、肺等组织内发育成棘球蚴(hydatid)。棘球蚴呈囊状，内层为生发层(germinal layer)，它可以生发出许多子囊。内长出头节，子囊长大后落入囊腔，子囊内的生发层又可长出它的头节及子囊，最后棘球蚴直径可达十余厘米。一旦破裂，大量的抗原物质进入寄主体内，可引起过敏性休克而骤死，或引起肝、肺疾病。破裂的碎片又可发育成新的棘球蚴。严重时体内有数万个之多。人一般幼年时感染，成年时发病。

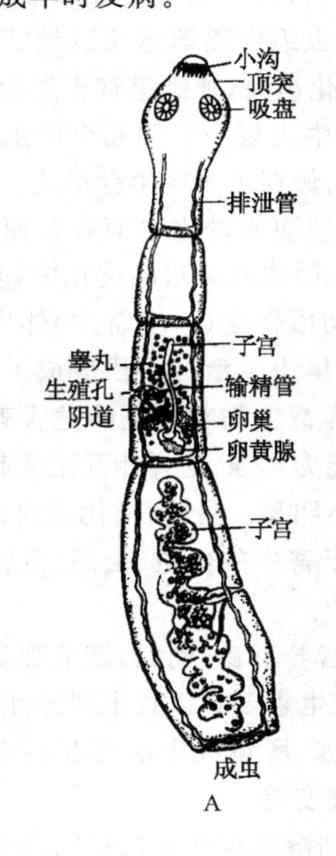

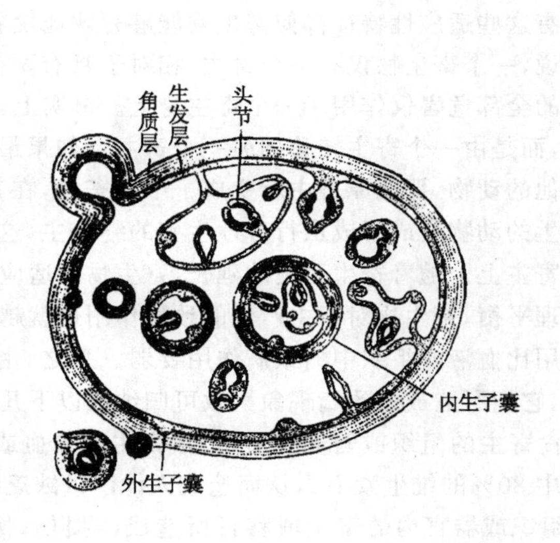

图 6-31　细粒棘球绦虫

A. 成虫；B. 棘球蚴

(引自 Southwell T，1930)

第六节 寄生物与寄主的相互关系

自然界中不同的生物之间不是孤立的,而是相互依存又相互制约的。在具体的某两个物种的动物之间,其相互关系可以表现出不同的形式。例如,两种动物之间相互依存,共同得利,这种关系称之为共生;如果是一方得利,一方既无利又无害,这种关系称之为共栖(或偏利共生);如果是一方得利,一方受害,这就是寄生,也就是说一方依赖于另一方而存在,这种依赖不是以杀死、捕食或毁灭寄主而告终,是寄生物与寄主共同进化,相互协调,从而建立起寄生的关系。事实上,动物中的这种寄生关系是较共生与共栖更广泛存在的一种形式,例如,原生动物、扁形动物、线虫、节肢动物中都有相当多的类群是营寄生生活,这就足以说明寄生是生物生存的有效形式之一。特别是吸虫纲及绦虫纲是动物界中最广泛的营寄生生活的类群。

至于寄生现象的起源,目前无据可考,它是否来自共栖或共生,这也仅是一种推测。但寄生物由外寄生进化到内寄生,由兼性寄生进化到专性寄生是可以肯定的,这从吸虫纲及绦虫纲的一些种中就能得到很好的说明。

寄生物对寄生环境、寄生生活方式在形态、生理及生活史许多方面都产生了寄生适应。例如,它们产生了吸附器官,体表改变成原生质膜及微毛等结构,使体壁的外表面形成了一种营养界面,以直接吸收营养,而相应的消化系统在吸虫纲及绦虫纲中逐渐退化以致完全消失,消化的酶系也产生了改变。另外体表的色素、纤毛、杆状体退化消失,神经感官不发达,低氧或无氧呼吸,具有发达的生殖系统以及强大的繁殖能力,生活史中出现一个到几个幼虫期,进行寄主转移。所有这些适应性特征都使寄生物能够有效地发展、保存了寄生生存形式。

一般地说,一个寄生物仅有一个寄主,相对于具有两个或更多的寄主而言是原始的情况,因为寄生物的全部危害仅作用于一个寄主身上。事实上,在吸虫及绦虫的进化中,多数种都不是一个寄主,而是由一个寄主转移到另一个寄主。如果最初原寄主(一个寄主)体内的寄生物又感染了其他的动物,那么原寄主就变成了中间寄主,在其体内生活的阶段变成了幼虫阶段,而最后被寄生的动物变成了成虫行有性生殖的终寄主,这样寄生物对寄主的危害就分散到两个或更多的寄主上。随着寄生历史的延长,寄生物的适应能力越强,这样相互之间越有可能建立起一种生理平衡,寄生物对寄主产生的致病作用也就越不明显。另外,消化道内寄生物所造成的致病作用比血液或组织中的致病作用要弱。总之,由于寄生的部位、虫态、危害方式及种等各不相同,它们所造成的致病现象大致可归纳成以下几种:

(1) 取食寄主的组织或营养物质,造成寄主的贫血或营养不良,例如,阔节裂头绦虫摄食了人的食物中80%的维生素 B_{12},从而造成人体严重缺乏维生素 B_{12},以致出现恶性贫血症状。

(2) 在组织或器官内的寄生或移行所造成的损伤,例如,肠道吸虫所引起的小肠黏膜充血,中华枝睾吸虫引起的肝脏机械损伤,造成器官的溃疡、硬变等。

(3) 寄生物的分泌物、排泄物及毒素具有抗原的性质和溶组织作用,例如,血吸虫尾蚴的透明质酸酶和胶原纤维酶引起的组织溶解,使尾蚴穿透皮肤,进入体内。寄主皮肤出现的丘疹或过敏性皮炎,就是抗原与抗体反应。

在进化过程中,寄主对寄生物的寄生及其抗原物质形成了免疫反应,这种反应表现为免疫系统的识别及清除寄生物的反应,包括非特异性免疫与特异性免疫。前者表现为吞噬、炎症等反应,它具有种的特异性及遗传性;后者是寄主的免疫系统对寄生物特异性抗原的识别,结果使寄主产生体液免疫、细胞免疫，这种免疫又称为获得性免疫。寄主对寄生物的免疫常常是两种免疫协同作用的结果。

扁形动物是两侧对称、三胚层的动物，应是来源于辐射对称、两胚层的动物，但如何进化，历来有不同看法。有学者认为是由栉水母经过水底爬行生活，演化成涡虫纲多肠目一类的动物；也有学者认为是来自有体腔的动物，只是在体腔分化之前，未成熟的幼体发展成扁形动物；但更多的学者认同 L. von Graff 提出的浮浪幼虫祖先理论。Graff 认为浮浪幼虫祖先与刺胞动物的浮浪幼虫相似，是由两层上皮细胞和中间具有的结缔组织组成，然后一支进化成现代的刺胞动物，而另一支则选择了爬行生活，感官向前集中，出现头化而形成了类似无肠目一样的动物，再进化成扁形动物。但最近的文献(Ruiz-Trillo，et al，1999)指出，从 18S rDNA 序列分析，胚胎卵裂模式、中胚层起源及神经结构都说明无肠目不是扁形动物的成员，而是所有两侧对称动物的姐妹类群，那么，扁形动物也有可能是多源的。

关于寄生扁虫的起源，可能是来自涡虫纲的单肠目祖先，因为它们的体形大小、生活方式、体壁结构、具卵黄的卵荚、球状咽等都有相似性，由最早的寄生祖先一支发展成盾腹吸虫及复殖吸虫，也就是吸虫纲；另一支发展成为单殖吸虫及绦虫，它们具有相似的幼虫，成虫都具附着钩，所以这两类亲缘关系相近。

第七节 纽形动物门

纽形动物门是一类具吻的长带形动物，绝大多数为海洋底栖生活，仅有 1150 余种。它与扁形动物同属两侧对称、三胚层、无体腔的动物，因此它们在形态及生理上具有很多的相似性，例如，体表具纤毛，适于爬行运动；体壁内充满了实质；原肾排泄；神经及感官的结构等，这些相似性说明了两者间有密切的亲缘关系。但纽形动物不同于扁形动物的是它出现了完整的消化道，即有口和肛门；出现了无心脏的循环系统；多数种类为雌雄异体，这些特征说明纽形动物较扁形动物更为进化，再加上纽形动物具有一个能捕食和防卫的可伸缩的长吻，因此现行分类系统中均将纽形动物独立成一个门。

一、形态与生理

1. 外形

纽形动物体长从几毫米到几米，大多数种类小于 20 cm，多数种类身体扁平，呈带形，少数呈圆柱形，也有的种前端柱形，后端扁平，细长具弹性，生活时常扭曲成团，故名纽形动物。体色多灰暗，少数种类色泽鲜艳。前端略宽，但未形成头部(图 6-32)。前端的开孔为吻孔，近前端腹面为口，或吻孔与口合并，尾端有肛门。

大多数种类为浅海潮间带底栖生活，多在石块、贝壳下或海藻间隐居或是在泥沙中分泌黏液形成管，营管居生活，仅有小体纽虫(*Prostoma*)这一个属为淡水生活。也有极少数种类在潮湿的土壤中生活或在软体动物及虾、蟹的体表共生或寄生。

2. 体壁与运动

纽形动物身体的最外层为一层具纤毛的上皮细胞层，上皮细胞间也含有大量分散或成堆聚集的腺细胞，并有单独的管开口到体外，表皮细胞中也沉积有色素，使身体呈现出颜色。表皮细胞下为一层结缔组织层，称为真皮(dermis)(图 6-33)。真皮下为发达的肌肉层。肌肉的排列常作为分目的标准。多数种类肌肉分为外环肌及内纵肌，有的种类多1～2层纵肌或环肌。体壁与肠道之间也充满间质而无体腔，间质中也有连接背、腹体壁的背腹肌，其间质不发达，而往往被肌肉所代替。

纽形动物的运动可以像扁形动物一样，由体壁的腺细胞分泌黏液，然后靠纤毛在黏液膜上滑行或爬行。只有小型的种类适合于完全靠纤毛进行运动，多数种类还是靠体壁中发达的环肌与纵肌拮抗性收缩运动及间质的支持作用，使身体不断地改变长度或扭曲以完成运动。例如，管居纽虫可伸长到体长的10倍。

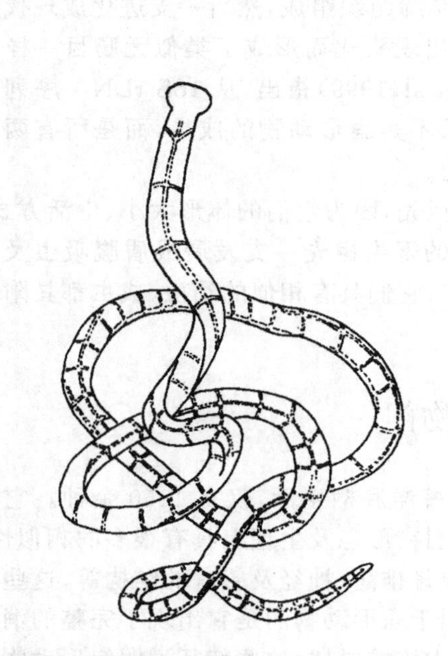

图 6-32 管居纽虫(*Tubulanus capistratus*)

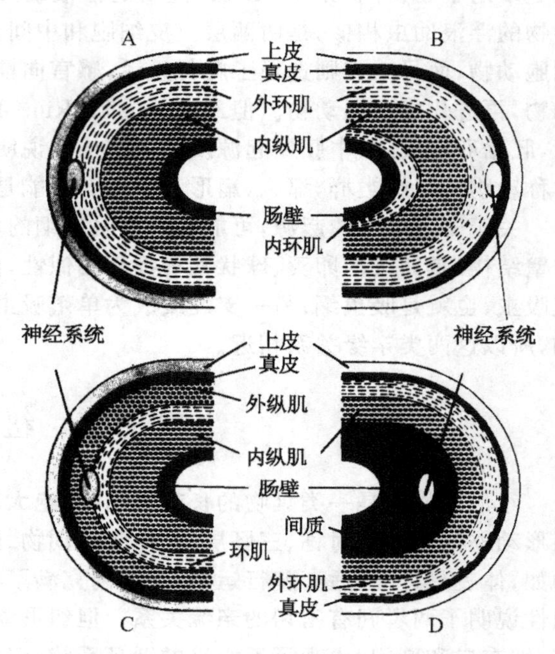

图 6-33 纽形动物的横切面图解

A,B. 古纽虫目; C. 异纽虫目; D. 针纽虫目

(引自 Russell-Hunter WD,1979)

3. 捕食与营养

纽形动物均为肉食性动物，捕食各种小型动物，如环节动物、软体动物、甲壳动物等。它用以捕食及防卫的器官是吻(proboscis)。无脊椎动物中许多种类有吻，如涡虫类、腹足类、多毛类等，它们的吻都与消化道相关，但纽形动物的吻与消化道不相关(图 6-34A,B)，只有某些种仅与消化道次生性相关(图 6-34C,D)。因为纽虫的吻是由身体背部体壁内陷所形成的一个盲管，管壁为吻鞘(proboscis sheath)，吻鞘内腔称吻腔(rhynchocoel)，其中充满液体，所以纽形动物也称为吻腔动物(Rhynchocoela)。吻鞘整个位于消化道背面，前端单独以吻孔(proboscis pore)开口体外，吻即位于吻腔中；吻的后端有长的缩肌(retractor muscle)连接到吻鞘上。低等的种类，吻仅是一个直管(图 6-34A,B)；较高等的种类，吻近后端膨大形成球状，球上长有数目不等的刺(图 6-34C)。

哺食时靠吻鞘内肌肉的收缩，产生压力作用于吻腔内的液体，迫使吻由吻孔翻出(图 6-35)，并将吻刺翻到了身体的最前端，吻壁上有腺体，其分泌物可以固着被捕物，由吻刺戳伤并注入毒液杀死捕获物。靠吻的伸出可以捕到远离口部的食物。吻的回收是靠基部缩肌的收缩。另外，许多种的吻的前端背面也有头腺，其来源及功能与扁形动物的头腺相同。

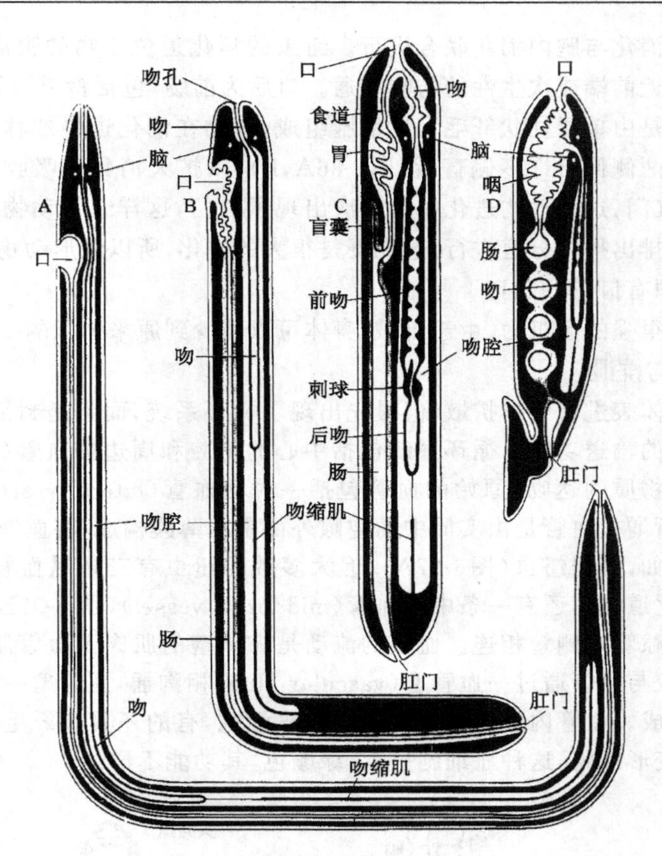

图 6-34　纽形动物纵剖面示吻与消化道

A. 古纽目；B. 异纽目；C. 针纽目；D. 蛭纽目

(引自 Russell-Hunter WD，1979)

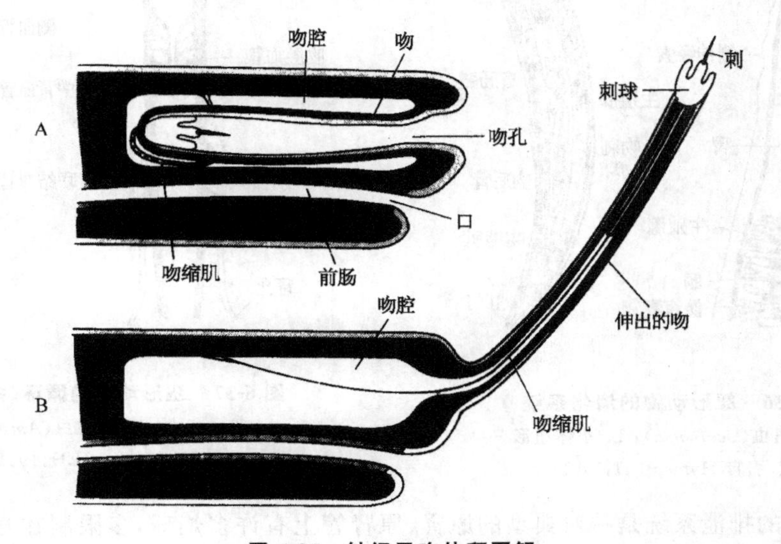

图 6-35　针纽目吻外翻图解

A. 吻缩回状；B. 吻向外翻出

(引自 Russell-Hunter WD,1979)

纽形动物胞外消化与胞内消化联合进行。纽虫的消化道位于吻的腹面，吻捕食后送入消化道。口位于腹面近前端或次生性的与吻相通。口后为前肠，包括食道及胃，前肠壁细胞具有丰富的腺体。中肠是由单层柱状纤毛上皮细胞组成，食物在消化道中的移动主要是靠其中的纤毛作用。中肠向两侧伸出许多侧盲囊(图6-36A,B)，以扩大消化及吸收的场所。中肠后为后肠，包括直肠及肛门，这是动物进化中第一次出现了肛门，这样纽形动物的消化道使食物的进入与食物残渣的排出得以分道进行，这无疑是很大的进化，所以纽形动物以后出现的动物都具完整的消化道，即有口、有肛门。

纽形动物也有很强的耐饥力，由于饥饿，身体可以减少到原来体积的1/12而不致死亡。

4. 呼吸、循环与排泄

纽形动物仍靠体表进行气体扩散，但最先出现了循环系统，而且是封闭式的，它担任着营养物质及代谢废物的输送功能。循环系统包括中心的吻腔和周边的血管(vessel)。吻腔中液体的流动可以输送物质到达吻，原始的血管包括一对侧血管(lateral vessel)，侧血管的前、后端由横血管相连，所谓横血管是由实质中的空隙外面围以薄膜构成，将血液限制在血管及封闭的实质间隙中。例如，管居纽虫(图6-37A)，但大多数的纽虫有三条纵血管，除了两条侧血管之外，在吻鞘与消化道之间还有一条中背血管(middorsal vessel)(图6-37B)，在身体的后端借助于一些横行的间隙管与侧管相连。血液的流动是靠体壁的肌肉及血管肌肉收缩的推动，没有固定的流向，吻腔与血管通过一血管塞(vascular plug)相沟通，血管塞一般发生在血管与吻鞘壁相连处膨大而成。血管内壁是一层中胚层上皮细胞，有的还具有纤毛。纽形动物的血液无色，其中包含有变形细胞，这种血细胞呈黄、绿颜色，其功能不详。

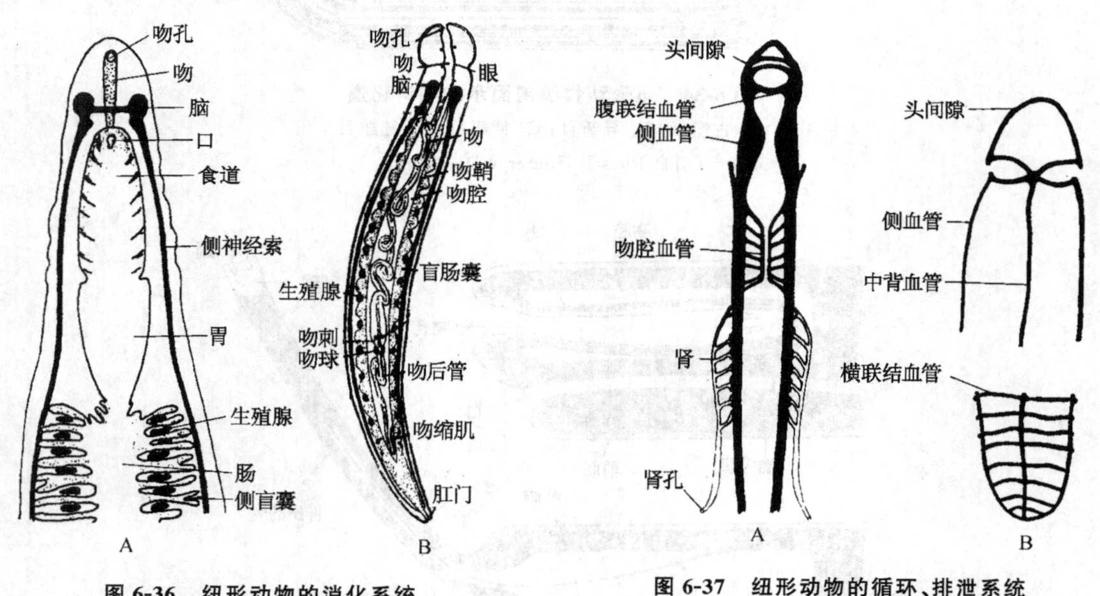

图 6-36 纽形动物的消化系统

A. 古纽虫(*Carinoma*)；B. 小体纽形

(B. 引自 Hyman LH,1951)

图 6-37 纽形动物的循环、排泄系统

A. 管居纽虫；B. 端纽虫(*Amphiporus*)

(引自 Hyman LH,1951)

纽形动物的排泄系统是一对典型的原肾，原肾管上有许多焰球，多限制在身体的前端，并伸向侧血管壁上(图6-37A)。许多种侧血管与原肾管相接触处，侧血管壁消失，焰球直接沐浴在血液中(图6-38)，这种结构说明了纽形动物原肾真正的排泄机能，最后排泄物再经过位于前肠区的两侧肾孔而排出。纽虫的原肾也有渗透调节功能,因为淡水及半陆生的种类焰细胞远远大于海洋生活的种类。

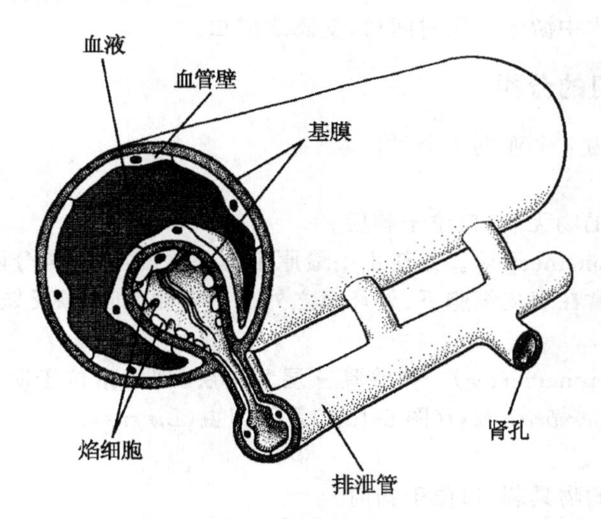

图 6-38　焰细胞与血管
(引自 Ruppert EE,2004)

5. 神经与感官

纽形动物的神经系统包括脑及侧神经索(图 6-36A),脑呈四叶状,即在前端吻的周围有两个腹神经节、两个背神经节,彼此间有神经相连。由脑向后发出一对侧神经索,原始的种类有的还具有背中、腹中神经索及食道神经索,反映出原始的放射状排列的形式。低等的纽虫目神经索位于体壁表皮细胞的基部(图 6-33A,B),较高等的目,侧神经索位于体壁肌肉层(图 6-33C)或实质中(图 6-33D)。由侧神经还可以分出小神经分支到体壁。

纽形动物感官不发达,在身体前端脑的背面有两个到几百个小眼,眼或有色素,呈杯状;或仅有色素细胞形成的小点,惧怕强光,白天隐居,夜间活动。在头区有两个脑器(cerebral organ),是表皮内陷形成的两个小盲管,内有丰富的腺细胞及神经细胞,向外开口于头沟,可能是化学感受器。此外,具有触觉机能的感觉毛及感觉细胞散布在整个体表,特别是在身体的前端。

6. 生殖与发育

绝大多数的纽形动物为雌雄异体,生殖系统的结构简单。生殖腺来源于实质细胞,成堆的实质细胞聚集,外面包有一层薄膜,许多这样形成的生殖腺规则地排列在两侧的间质中,如果肠道具侧囊,则生殖腺与侧囊相间排列(图 6-36A)。生殖腺成熟以后,每个生殖腺发生一个小管开口到外界,因此生殖孔常在身体背面两侧成行排列。每个生殖腺中包含有 1～50 粒卵。成虫不经交配,行体外受精,产卵时,常数条纽虫聚集在一起,多在秋季进行。

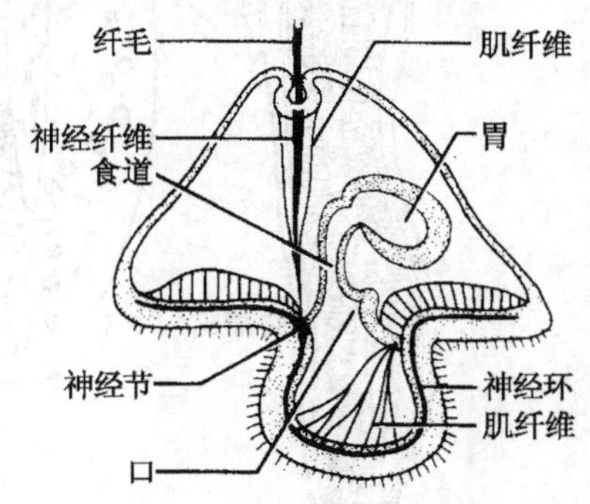

图 6-39　纽形动物的帽状幼虫
(转引自 Engemann JG, et al,1981)

纽形动物具有很强的再生能力及身体的自发断裂现象。当高温的夏季或受其他强烈刺激时,身体可自行断裂成许多碎片,以后每个碎片可再生成一个完整的个体,这种现象被认为是纽形动物的一种无性生殖方式。

纽形动物经典型的螺旋卵裂,大部分为直接发育,异纽虫目为间接发育,经过一个自由游泳并取食的幼虫期,称为帽状幼虫(pilidium)(图 6-39),呈头盔形,顶端具纤毛束,体表披有纤毛,体内有消化道,在水中游泳一段时间后,变态成成虫。

二、纽形动物门的分类

纽形动物门可分为 2 个亚纲 4 个目。

1. 无刺纲

无刺纲(Anopla)的吻无刺,口位于脑后。

(1) 古纽目(Paleonemertea)。是纽虫中最原始的一类,体壁肌肉分两层或三层(环肌—纵肌—环肌),神经索通常在表皮细胞下、外环肌之外。只有侧血管,缺乏眼与脑,如管居纽虫(图 6-32)。

(2) 异纽目(Heteronemertea)。体壁具三层肌肉层,神经索位于肌肉之间,具三条血管,具脑器,如脑纹纽虫(*Cerebratulus*)(图 6-40A)及线纽虫(*Lineus*)。

2. 有刺纲

有刺纲(Enopla)的吻具刺,口位于脑前。

(1) 蛭纽目(Bdellonemertea)。为软体动物外套腔内共生的纽虫,吻无刺,但可能是来自有刺的种类,吻与食道共同开口在一个腔内(图 6-34D),神经索位于间质中,缺乏眼及脑,有的种身体后端具黏附着器。只有一个属,即蛭纽虫属(*Malacobdella*)(图6-40B),包括有 4 个种。

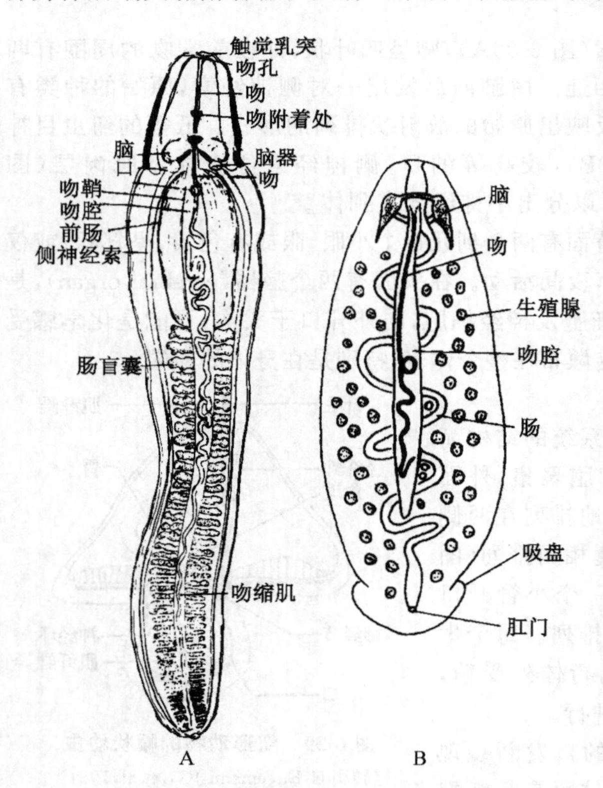

图 6-40 脑纹纽虫(A)和蛭纽虫(B)

(2) 针纽目(Hoplonemertea)。所有吻具刺的纽虫均属此目,体壁肌肉两层,分别为外环肌、内纵肌,神经位于间质中(即体壁肌肉层之内),具中背血管。海水、淡水、陆地生活均有,也有的种共生,例如,海水的端纽虫(*Amphiporus*)、淡水的小体纽虫(图 6-36B)、陆生的陆生纽虫(*Geonemertes*)等。

关于纽形动物的分类地位,传统的观点一直认为与扁形动物是姊妹关系,因为它们均为扁平形,具纤毛上皮、杆状体,具实质、原肾以及生殖腺结构相似性。但也有人认为它们的杆状体及实质并不完全相似,而纤毛上皮及原肾并非这两门动物所专有,而是广泛存在于无体腔及有体腔动物之中,而最近的研究也指明纽虫的循环系统(侧血管等)不是血系统而是体腔管,相似于肠腔,而且有中胚层起源的纤毛上皮。所以纽形动物更与担轮动物(Trochozoa)相近而具姊妹关系。

第七章　假体腔动物

腹毛动物门(Gastrotricha)
线虫动物门(Nematoda)
线形动物门(Nematomorpha)
兜甲动物门(Loricifera)
动吻动物门(Kinorhyncha)
颚胃动物门(Gnathostomulida)
轮虫动物门(Rotifera)
棘头动物门(Acanthocephala)
内肛动物门(Entoprocta)

假体腔动物(Pseudocoelomata)包括了上面列举的形态并不很相似，亲缘关系也不十分清楚，分类地位尚待确定的一些类群。不同的动物学家根据不同的特征将它们归结成不同的类别，而不再使用假体腔动物一词。例如，有的动物学家根据神经在消化道前端形成环或分出前、中、后环而将上列的前五个门命名为环神经动物(Cycloneuralia)；有的根据许多动物有蜕皮现象而将线虫、线形、动吻及兜甲等四类动物归结为蜕皮动物(Ecdysozoa)，并认为它们与节肢动物的亲缘关系更为密切；有的将颚胃动物、轮虫动物及棘头动物归结为有颚动物(Gnathifera)。总之，目前对它们的亲缘关系正在进行形态生理学，特别是生物化学及分子生物学的研究。为了讲述方便，在此仍使用假体腔动物一词概括它们。

所谓假体腔，是动物体腔的一种形式，是动物进化中最早出现的一种原始的体腔类型。它是由胚胎发育期囊胚腔持续到成体而形成的体腔，没有体腔膜，其中充满体腔液或结缔组织，腔隙或大或小。它的出现较无体腔动物有明显的进化意义，主要表现在：体腔液较间质能更有效地运送营养物质及代谢产物，也更能调节及维持体内水分的平衡及内环境的稳定。此外，体腔液作为一种流体静力骨骼(hydrostatic skeleton)能使身体更有效地运动，从而使假体腔动物大多数类群摆脱了以纤毛作为主要运动器官而代之以肌肉运动。

假体腔动物除了寄生种类外，大多为小型动物，体长一般在几毫米到几厘米之间。体表覆盖有一层细胞分泌的角质层(cuticle)，具弹性，与表皮的肌肉有拮抗作用。大多数种类体表已无纤毛，即使存在也是在感官及原肾之中。具完整的消化道，即有口，有肛门，肠道的前端有放射状肌肉质的球形咽，肠道为单层上皮细胞。具原肾型排泄系统，无呼吸及循环器官。主要为雌雄异体，甚至雌雄异形，发育中经决定型卵裂。组成身体的细胞数目是相当少的，大约1000个左右，而且每个种是固定的。这是因为虫体的细胞分裂在孵化之前已经停止，孵化后个体的生长仅是由于细胞体积的增长所致。

第一节 腹毛动物门

腹毛动物是生活在海洋潮间带、河流和湖泊等淡水的一种小型假体腔动物，多在水底沉积物周围，甚至陆地植物表面的水膜中也有分布，大约有 500 种。因身体腹面披有纤毛而得名，一般认为是假体腔动物中最原始的一类，可以分为海洋生活的大鼬目(Macrodasyida)和主要淡水生活的鼬虫目(Chaetonotida)两大类。

一、一般形态及生理

腹毛动物身体呈瓶形或长筒形，例如鼬虫(*Chaetonotus*)(图 7-1)，体长 0.1～3 mm，背面略突，腹面扁平，体无色透明，或有淡绿色、浅红褐色。前端有一分化不明显的头，尾端尖细分叉，分叉的末端有黏液腺的开口。此外，头区及身体两侧也可能有黏液管开口。它的黏液腺也与涡虫相似，是双腺型，即分泌黏着的腺体与分泌去黏着的腺体同时存在，分布于头区、体侧及尾端。

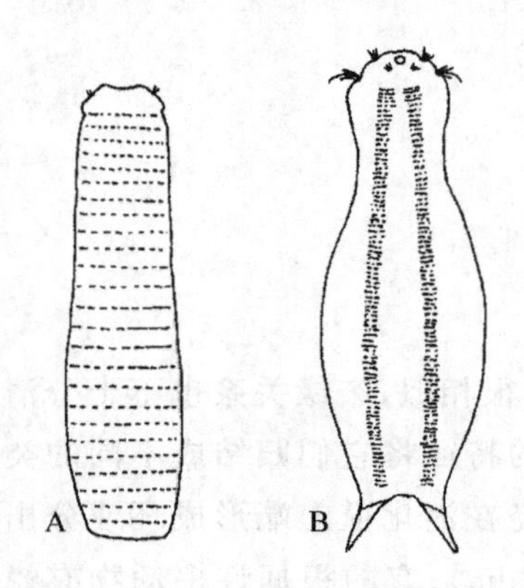

图 7-1 腹毛动物
A. 大鼬虫(*Macrodasys*)；B. 鼬虫
(引自 Remane A,1936)

腹毛类动物头区及腹部体表还保留有较发达的纤毛(图 7-1)，排列成纵行、横排或成刚毛束。腹部的纤毛还保留着在黏液上滑行的功能，头区的纤毛主要是感觉功能。

体壁的最外层为一层或薄或厚、特化成鳞状或钩状的角质层，角质层内为单层的上皮细胞，细胞界限或清楚(大鼬目)或为合胞体(鼬虫目)。上皮细胞为单纤毛上皮，即每个上皮细胞仅有一根纤毛，这个特征还见于颚胃动物。上皮内为肌肉层，即外环肌和内纵肌，纵肌发达为成对的纵肌束，纵贯全身，收缩时使身体缩短及运动，肌肉内为不发达的假体腔，有结缔组织充塞其间，呈间隙状。

消化道包括口、咽、肠及肛门(图 7-2A)。咽为一腺状肌肉质管，具有很厚的肌肉层，内壁也有角质层，咽腔为“Y”形(图 7-2B)。在大鼬目咽道后端有一对咽管，并开口在体侧，用以排出随食物进入的过多水分。肠为单层上皮，取食各种小的食物如细菌、藻类、原生动物等。腹毛动物兼有胞外消化及胞内消化。

腹毛动物没有呼吸及循环结构，排泄器官为一对(鼬虫目)或数对(大鼬目)原肾(图 7-2A)，有肾孔开口在体侧，兼有调节水分平衡的作用，一些海产种没有原肾。

腹毛动物具有很大的环状脑，位于咽的背面，由脑分出一对侧神经索纵贯全身。没有特殊的感官，是由单纤毛的细胞改变成机械、化学及光感受器，分布在头区及体侧。

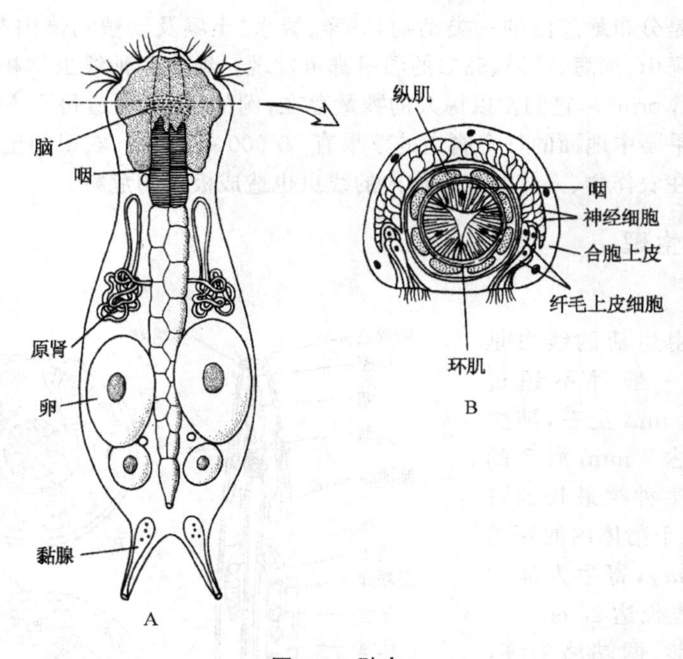

图 7-2　鼬虫

A. 内部结构；B. 过咽横切

(引自 Ruppert EE,1991)

二、生殖与发育

腹毛动物还保留着原始的雌雄同体。海产的种类有一对精巢，位于身体的近前端；一对输精管，分别以雄性生殖孔开口在身体中部腹侧。有的种类还有交配囊，卵巢一个或一对，位于精巢之后，经短小的输卵管以一个雌性生殖孔开口在中后部腹面。许多种还有受精囊，交配后体内受精，受精卵通过体壁破裂而释放，每次产卵一粒。

淡水种类雄性生殖系统退化，生殖腺仅有雌性功能，行孤雌生殖。可产生两种类型的卵，一种卵产出 3～4 天后即孵化，另一种为休眠卵，它可以抵抗低温及干燥，待条件好转后再孵化。产卵较多。腹毛类为决定型卵裂，直接发育。

三、腹毛动物的分目

1. 大鼬目

海产，体多带形，黏附腺位于身体前端、后端及两侧，有咽孔，雌雄同体，交配受精，如大鼬虫、侧鼬虫(*Pleurodasys*)等。

2. 鼬虫目

多数淡水生活，极少数海产，体瓶形，黏附腺位于后端，无咽孔，行孤雌生殖，如鼬虫、鳞皮鼬虫(*Cepidodermetia*)等。

第二节　线虫动物门

线虫动物门是假体腔动物中最大的一门，已记录的种约有 20 000 种，估计还有几十万种尚待发现及定名，也是分布最广泛的一类动物，海洋、淡水、土壤及动植物体内都有生存，从两极到赤道各种环境，如高山、深海、沙漠、53℃的温泉都可发现。绝大多种线虫体积很小，呈圆柱形，所以又名圆虫(roundworm)。它们常以惊人的数量存在，例如，曾有报道每平方米的海底泥沙中含有442万条线虫，果园中地面的一个腐烂的苹果有90 000条线虫。农田的土壤中也含有大量的线虫。此外，寄生在农作物、人体及家畜体内的线虫也造成极大的危害。

一、形态与生理

1. 外形

绝大多数自由生活的线虫是小型动物，体长一般都不超过2.5 mm，多数在1 mm左右，陆生的大型个体可长达7 mm，海产的可达5 cm。但寄生种类最长的可达1 m，例如，寄生于猪体内的膨结线虫(*Dioctophyma*)，寄生人体内的蛔虫(*Ascaris*)也长达20 cm。

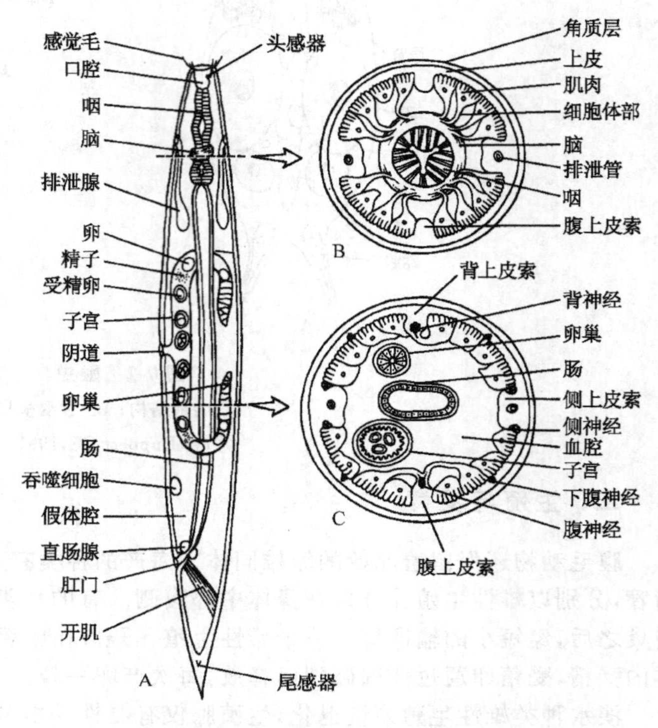

图 7-3　线虫的一般结构

A. 整体侧面观；B,C. 横切面

(引自 Lee DL, Athinson HJ, 1977)

身体多圆柱形、两端略尖细，身体没有分区(图7-3)，适合狭小空间生存。身体前端有口，口周围有唇(lip)，原始的海产种类具有6个唇片，如*Plectus*(图7-4)，其他种常有3个唇片，唇上及其周围有感觉乳突(papillae)或感觉毛(bristles)等感觉器官。唇及感觉器的数目、排列及形态是线虫分类的重要依据之一，它们多呈放射状排列。有人认为这种对称形式说明线虫的祖先是固着生活的，是以尾端黏液腺分泌黏液附着在底部，以后垂直延长身体，脱离固着生活，而进化成现代的线虫。

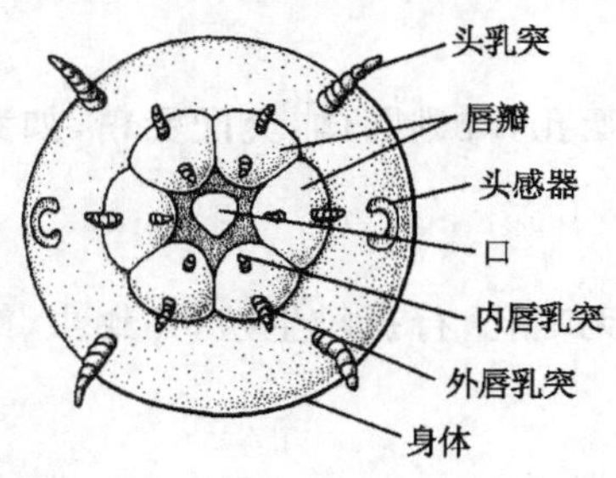

图 7-4　线虫的口面观示唇及感觉乳突

(引自 Lee DL, Atkinson HJ, 1977)

线虫体表光滑或由角质层特化形成环、嵴、瘤及纵线等，使体表呈现出各种装饰。身体近后端腹面有肛门，在身体中段、腹中线上，雌性个体有生殖孔。许多自由生活的种类尾端也有双腺黏着器官，另外每个种都有固定的细胞数目。

2. 体壁与运动

线虫的体壁也由角质层、上皮细胞及肌肉组成。角质层由上皮细胞分泌，结构复杂，可分为三层(图7-5A)，遮盖体表及前、后肠。最外为一层上表皮(epicuticle)，可能是由脂类及碳水化合物组成；其下为中层(median layer)，中层本身又包括三层，其中包含弹性蛋白及液体；最内为基层（basal layer），它具横纹或纤维，有弹性，互相交错形成网格状，支持身体的弯曲伸展及缩短，并允许水、气体及某些离子与外界进行交换。但角质层在一定程度上限制了身体的生长，因此，线虫在生长过程中需经数次蜕皮（ecdysis）。蜕皮时，首先是老的角质层离开下面的上皮细胞（图7-5B）并开始水解旧表皮的最内层；其次，开始分泌新表皮，并继续水解（图7-5C）；最后旧表皮完全蜕落（图7-5D，E），蜕皮的进行也是受蜕皮激素（ecdysone）的控制。蜕皮后随身体生长，表皮可以一定程度地膨胀。蜕皮仅在幼虫期进行，成虫期不再蜕皮。

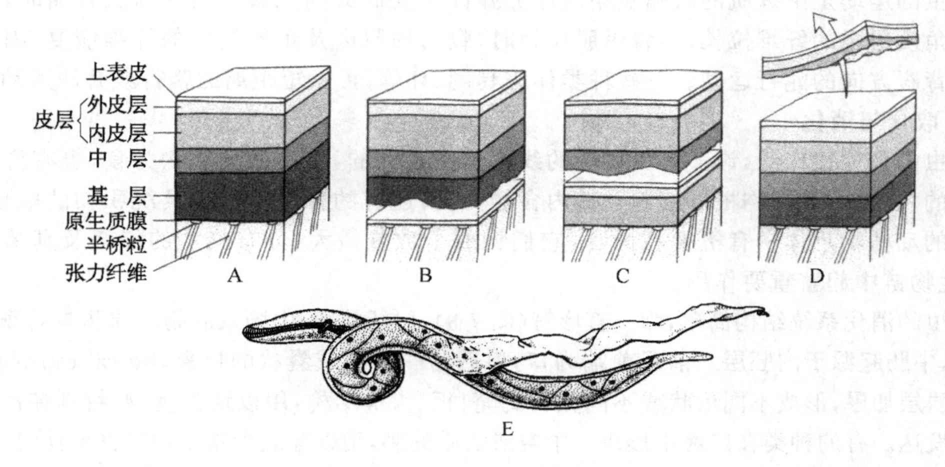

图 7-5　线虫的蜕皮

A. 完整的体壁；B. 老的角质层与上表皮分离基层被消化；
C. 分泌新皮层，中层被消化；D. 分泌新基层；E. 老的角质层蜕落
（引自 Ruppert EE，2004）

角质层内为上皮细胞，上皮细胞或界线清楚或为合胞体。在身体背、腹中线及两侧，上皮细胞向内凸出形成4条纵行的上皮索（图7-3B，C）。上皮细胞核仅局限在索中，并排列成行。这4条上皮索在体表明显可见，分别称为背线、腹线及侧线。

上皮之内为肌肉层，线虫缺乏环肌，只有纵肌，分布在上皮索之间，肌肉为斜纹肌。肌细胞

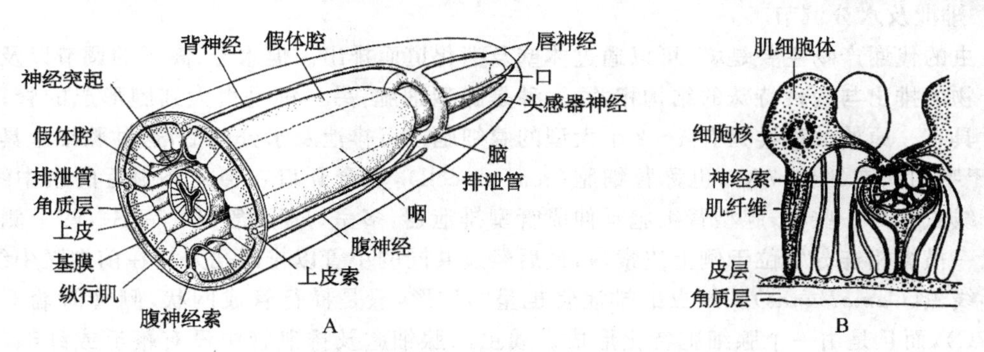

图 7-6　线虫的肌肉与神经

A. 前端解剖示神经与上皮、肌肉的关系；B. 肌细胞与神经
（A. 引自 Ruppert EE，2004；B. 引自 Rosenbluth J，1965）

的基部为可收缩的肌纤维，端部为不能收缩的细胞体部(图 7-6A)，它的功能可能是贮存糖原，核位于细胞体部。细胞体部的原生质延伸形成腕状，分别连接到背索与腹索内的神经上，在那里接受神经支配(图 7-6B)。其他动物是由神经发出分支分布到肌肉上进行支配，而不是像线虫由肌肉延伸到神经处，去接受支配。

体壁之内为假体腔，其中充满体腔液，体腔液内没有游离的细胞，但有体腔细胞固着在肠壁及体壁上起内部的防卫功能。体腔液除了担任输送营养物及代谢物之外，还有抗衡肌肉收缩所产生的压力，起着骨骼的作用。一些小型自由生活的种类体腔很小，充满结缔组织。

线虫的运动是由纵肌的收缩及角质层的弹性改变而共同完成。当背纵肌收缩时，腹面的肌肉及角质层中的纤维拉长，当背纵肌松弛时，腹面的肌肉及角质层中的纤维恢复，因此表现出身体背腹方向的蛇行运动。一些种类体表具刺、环等，可做短距离的爬行或游泳运动。

3. 取食与消化

线虫的食性很广泛，许多自由生活的线虫是肉食性的，以小型的动物为食，也有许多种为植食性的，以藻类及植物根部细胞及其内含物为食，还有的种类是细菌及沉积物的取食者，是以溶解的动植物尸体中有机颗粒为食，它们构成了数量最大、分布最广的细菌及真菌的取食者，在生物链中起着重要作用。

线虫的消化系统结构简单，为一直形管(图 7-3)，包括前肠、中肠及后肠。前肠与后肠起源于外胚层，中肠起源于内胚层。前肠前端为口，口后为一管状或囊状的口囊(buccal capsule)，口囊内壁角质层加厚，形成不同形状或不同数目的嵴、板、齿等结构，用以切割食物，特别在肉食性的种类较发达。有的种类在口囊中形成一中空或实心的刺，用以穿刺食物或抽吸食物汁液。

口囊之后为咽，咽常形成一个或几个咽球，由于肌肉细胞的加厚，咽腔在断面上呈三放形(图 7-6A)，三放中的一放总是指向腹中线，构成线虫咽的一个特征。咽内有成对的咽腺开口在咽前端，可分泌消化液。由于咽有很厚的肌肉层，具有泵的作用，可由口抽吸食物进入咽及肠。咽后紧接为中肠，是由单层上皮细胞组成，中肠的两端均有瓣膜，以阻止肠内食物逆流。中肠后为短的后肠，即直肠，最后以肛门开口在近末端的腹中线上。线虫的咽腺及中肠的腺细胞产生消化酶，在中肠内进行食物的消化，并在肠壁细胞内完成细胞内的消化。肠道也是营养物贮存场所。

线虫类通过体表进行气体交换或行低氧呼吸，没有专门的呼吸及循环结构。

4. 排泄及水分调节

线虫的代谢产物主要是氨，可以通过体壁及消化道而排出。但水分、离子的调节以及某些代谢产物的排出与两种特殊的结构相关，一种是腺型细胞；另一种是由大细胞形成的管；或两种同时具有。原始的种类只有 1～2 个大型的腺细胞进行排泄及水分调节，这种腺细胞具有长颈，位于咽的周围(图 7-7A)，也称肾细胞(renette cell)，联合开口在神经环附近的腹中线上，如小杆线虫。另一些种，腺型肾细胞延伸成管型排泄器，多呈“H”形管(图 7-7B)，两个侧管在前端以一横管相连分别位于侧上皮索内，最后经过共同的小管以排泄孔开口在前端腹中线上，如驼形线虫(*Camallanus*)。蛔虫的排泄管也呈“H”形，只是横行管成网状，侧管前端不发达(图 7-7C)，而且是由一个腺细胞特化形成。线虫的腺细胞及排泄管中没有鞭毛或纤毛，不呈焰细胞状，不同于一般的原肾，除了具调节作用之外，这些肾细胞及肾形管还可能具有分泌的机能，例如，分泌蜕皮液、卵壳物质等。另外，线虫的肾管系统对维持其体腔液的压力是十分重要的，水可以通过口及体壁进入体内，过多的水分可通过这些器官排出。实验证明，海产的种类可以在 NaCl 的低渗液中进行调节，而不能在高渗液中调节；淡水及陆生的种类相反，维持体腔液低渗于周围环境；陆生线虫还可以在高度干燥条件下，像轮虫一样通过失水、降低代谢速率、处于隐生状态来度过长达数年之久的干旱。

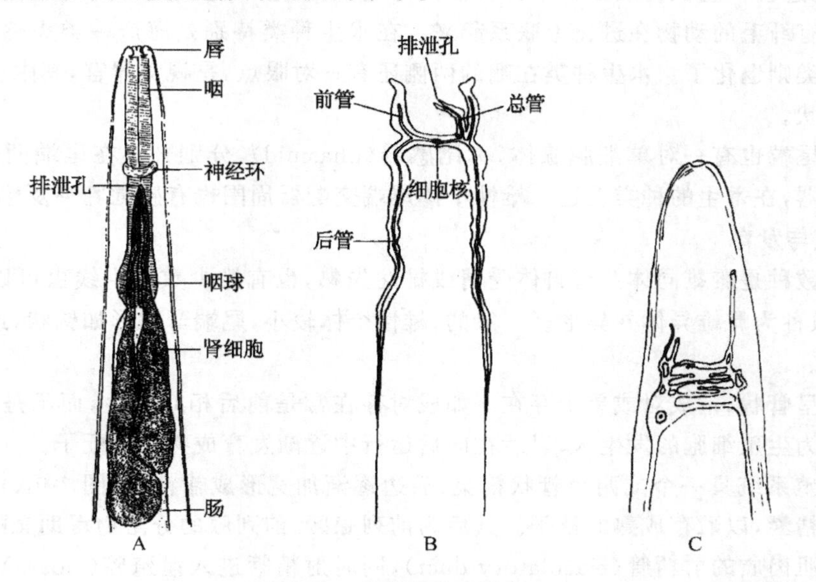

图 7-7　线虫的排泄器官

A. 腺型，小杆线虫(*Rhabdias*)；B. 管型，驼形线虫；C. 蛔虫型，蛔虫

(A. 引自 Chitwood BG，1931；B. 引自 Toernquist N，1931；C. 引自 Hyman LH，1951)

5. 神经与感官

线虫的神经结构与其他假体腔动物大致相似，在咽的周围有一三环状的脑，环的两侧膨大成神经节(图 7-8)。由脑环向前后各分出六条神经，向前的神经分布到唇、乳突及化学感受器等；向后的六条神经中，一条为背神经，一条为腹神经，两对侧神经。两对侧神经离开脑环后很快合并成一对，最后这四条神经分别位于相应的纵行上皮索内，其中腹神经最发达，由腹神经发出分支到肠及肛门。腹神经索中包括运动神经纤维及感觉神经纤维，背神经索中主要为运动神经纤维，侧神经索中主要为感觉神经纤维。

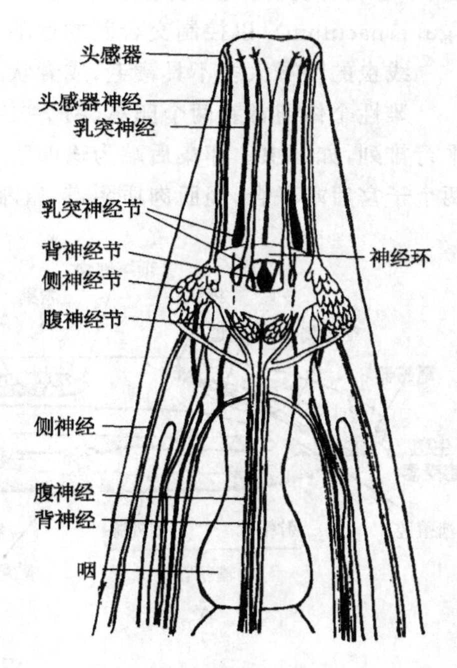

图 7-8　线虫的神经

(引自 Chitwood BG，1931)

线虫的感觉器官主要分布在头部及尾部两端。头部包括唇、乳突、感觉毛，还有一对特殊的头感器(amphid)。唇及乳突是头部的角质突起，有脑环发出的神经进行支配。感觉毛在头部较发达，是一种触觉感受器，实际上是一种改变了的纤毛，有的种感觉毛周围还有腺细胞围绕。头感器是线虫特有的一种感受器(图 7-8)，位于身体前端两侧，它是体表的一个内陷物，呈

囊状、管状、螺旋状等各种形态，为线虫分目的依据之一。头感器内端为盲端，外端开口，是一种化学感受器，也常有腺细胞伴随。电子显微镜研究已经证明头感器的感觉突实际上也是改变了的纤毛，过去一直认为线虫类不存在任何纤毛，而头感器是改变了的纤毛，这种特征便将线虫和其他有纤毛的动物在进化上联系起来。在水生种类特别是海产种类头感器发达，而陆生及寄生种类则退化了。水生种类在咽的两侧还有一对眼点，是视觉器官，其中色素细胞分散或排列成杯状。

线虫的尾端也有一对单细胞腺体，称尾感器(phasmid)，分别开口在尾端两侧，这也是一种腺状感受器，在寄生的种类发达。雄性个体尾端交配器周围也有感觉乳突及感觉毛。

6. 生殖与发育

除极少数种是雌雄同体并行自体受精或雄性先熟，也有极少数陆生线虫可以孤雌生殖之外，绝大多数种为雌雄异体并异形。一般的，雄性个体较小，尾端弯曲形如钩状，或尾端扩大成扇形交合囊。

生殖腺呈管状，常成对或单个存在。如成对存在常是前后相对而生，而不是左右并列，生殖腺的顶端为生殖细胞的发生区，以后在向后运行中逐渐发育成熟形成配子。

雄性生殖系统具一个或两个管状精巢，后边逐渐加宽形成输精管(图 7-9A)，输精管的前端膨大成贮精囊，以贮存成熟的精子。其后为前列腺区，前列腺的分泌物帮助交配。输精管的最后部分为肌肉质的射精管(ejaculatory duct)，同时射精管进入泄殖腔(cloaca)，它是与直肠联合形成的腔，大多数线虫的雄性泄殖腔向外伸出两个囊，每个囊中有一角质的交合刺(spicule)，有肌肉牵引可自由地由泄殖孔伸出体外(图 7-9A)，交配时用以撑开阴门。交合刺的长短、形态因种而异，也是分类标准之一。还有的线虫交合刺的背壁有角质小骨片，愈合成副刺(gubernaculum)，以控制交合刺的运动。

线虫的精子大多不具鞭毛，成囊状或变形虫状。

雌性个体通常有两个卵巢(图 7-9B)，少数个体仅一个卵巢，卵巢管长短不等，相对排列或平行排列，如蛔虫。卵巢后端为输卵管、子宫，子宫的上端为纳精囊，用以贮存交配后的精子，两个子宫后端联合，经肌肉质阴道，以雌性生殖孔开孔在身体近中部腹中线上。

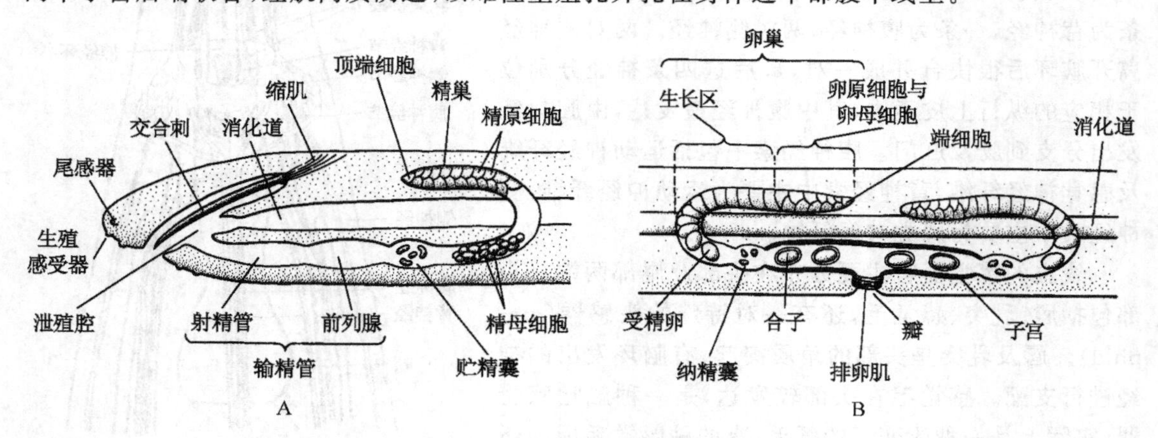

图 7-9 线虫生殖系统

A. 雄性；B. 雌性

(引自 Lee DL, et al,1977)

线虫需交配受精，交配时雄虫以尾端对准雌性生殖孔，再以交合刺撑开阴门，由交合囊及射精管肌肉收缩将精子送入雌体，精子经变形运动到达子宫上端，在此与卵融合，卵受精后形成厚的受精膜，变硬后形成受精卵的内壳，受精卵沿子宫下行时，子宫的分泌物形成卵的外壳，卵壳外层的形状常作为寄生线虫分类的依据。受精卵常在子宫内时已开始发育。

极少数的线虫是雌雄同体的，如小杆线虫目的一些种，并行自体受精。也有极少数陆生线虫可行孤雌生殖。

自由生活的线虫产卵量较少，海产种类一般仅产数十粒卵，陆生种产卵较多，可达数百粒。寄生种类产卵量极大，每日可产卵数千到数十万粒。线虫的卵是决定型卵，分裂球排列不对称，许多种细胞分裂在胚胎期已经完成，除了生殖系统之外，其他的器官细胞数已固定，孵化后幼虫的生长是通过细胞体积的增加而实现。幼虫期一般蜕皮 4 次，前两次蜕皮常在卵壳中进行，成年后不再蜕皮。

二、寄生线虫

线虫中相当多的种类是在动植物体内营寄生生活，寄生的方式也多样。例如，小麦线虫（*Anguina tritica*），从幼虫到成虫寄生在小麦植株上，并在麦穗上形成虫瘿，在其中产卵孵化，每个虫瘿中可有数千至数万条幼虫，虫瘿随麦粒播入土中，幼虫出来再感染新的小麦。又如钩吻球颈线虫（*Globodera rostchiensis*）、根结线虫（*Moloidogyne*）分别危害马铃薯及烟草根部。许多种线虫是动物体内的寄生虫，其成虫与幼虫均寄生在动物体内；或幼虫寄生在动物体内，成虫寄生在植物体内；或成虫寄生在动物体内，幼虫寄生在植物体内；或幼虫期自由生活；或成虫期自由生活；或直接发育无幼虫期，具有一个或两个中间寄主；甚至有的种成虫期寄生生活与自由生活交替出现。所有的这些寄生类型的多样性说明线虫类既有较长的寄生历史，又有较近期的寄生辐射，因此有人提出线虫寄生现象的发展是与有花植物、昆虫及脊椎动物的进化相伴随而发展。

现就几种重要的人体寄生线虫做一简介：

1. 人蛔虫

人蛔虫（*Ascaris lumbricoides*）是人体感染最普遍的一种寄生线虫，寄生于人体小肠内，属于大型的人体寄生线虫。雌虫长达 20～35 cm，雄虫 15～30 cm，由卵进行传播，成虫与幼虫均在人体内寄生。成虫（图 7-10）在人体小肠内交配并产卵，每只雌虫日产卵量可高达 20 万粒，卵随寄主粪便排到体外。新排出的卵没有感染力，在 20～30℃、阳光充足、潮湿松软的土壤中经两周后在卵内发育成幼虫，一周后幼虫在卵内蜕皮一次成为具感染能力的卵。人如吞食了感染卵，卵到小肠后则幼虫孵化，幼虫穿过肠黏膜进入静脉，并随血液在体内循环，经过肝、心脏，最后到达

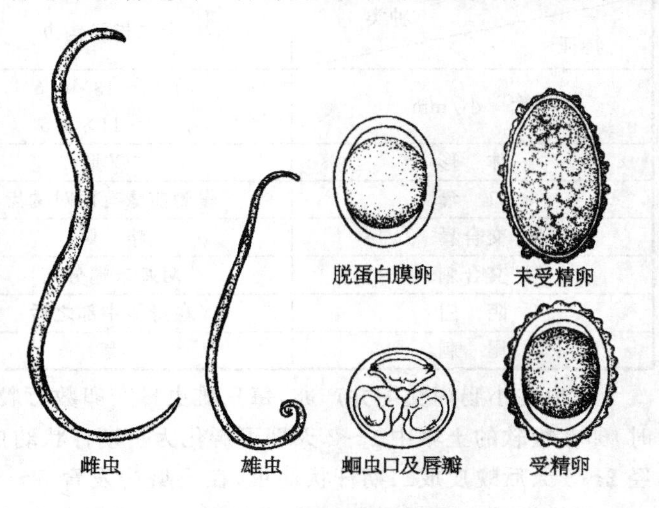

图 7-10　人蛔虫的成虫及卵

肺部，幼虫在肺泡内寄生，在肺泡内蜕皮两次，随咳嗽等动作沿气管逆行又回到咽部再经吞咽动作又进入消化道中，进入小肠后再蜕皮一次，数周后发育成成虫。虫卵自感染人体到雌虫产卵，约需60～70天，成虫在人体内存活一年左右。

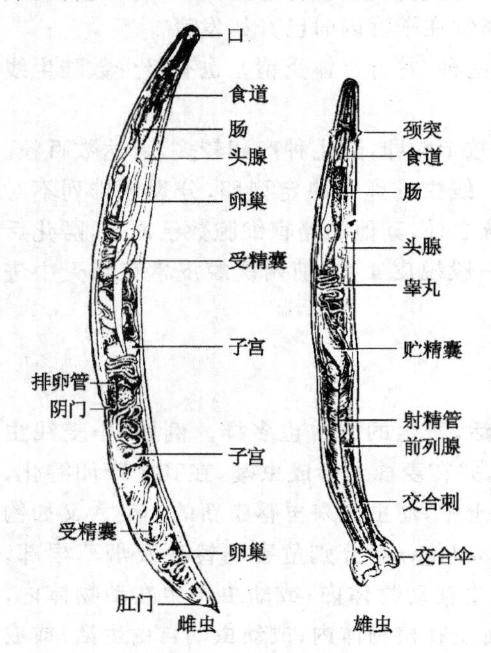

图 7-11 十二指肠钩虫的成虫

(引自陈心陶，1960)

人如感染少量蛔虫，并不引起明显症状，如果严重感染则对人体造成很大危害。幼虫在人体内移行时，释放出免疫原性物质，引起寄主局部或全身的变态反应，如肺部炎症、痉挛性咳嗽、体温上升等。成虫在小肠内寄生，引起小肠黏膜机械性损伤，以致消化吸收不良，病人腹疼、食欲不振，严重时儿童会出现贫血、发育障碍等症状。体内寄生大量成虫，会出现成虫成团造成肠梗阻，或成虫侵入胆囊引起胆囊炎、胆道穿孔、胰腺炎、腹膜炎等。

蛔虫是世界性分布的人体寄生虫，在我国，特别是在农村感染很普遍。蛔虫成虫产卵量大，虫卵有很强的理化抗性，其感染不需要中间寄主，人们生食蔬菜及不卫生的生活习惯等都造成了蛔虫的广泛传播。因此，积极治疗病人、管理粪便、改善环境条件及注意个人卫生是控制蛔虫流行的重要手段。

2. 钩虫

钩虫的成虫寄生于人体小肠的上段，主要有两种，即十二指肠钩虫(*Ancylostoma duodenale*)(图7-11)和美洲钩虫(*Necator americanus*)，我国北方以前者为主，南方多感染后者。

成虫前端具口囊，唇片退化，口囊内具有成对的钩齿，具切割作用，雄虫尾端具交合囊(copulatory bursa)及刺，两种钩虫的成虫鉴别特征如表7-1。

表 7-1 两种钩虫成虫的鉴别特征

特征 \ 种类	十二指肠钩虫	美洲钩虫
大 小/mm	♀10～13×0.6 ♂ 8～11×0.5	♀9～11×0.4 ♂ 7～9×0.3
体 形	“C”形	“∫”形
口 囊	腹侧前缘有两对钩齿	有一对齿状板
交合囊	略 圆	略 扁
交合刺	两刺末端分离	两刺末端联合，具倒钩
阴 门	在身体中部之后	在身体中部之前
尾 刺	有	无

成虫在小肠内交配并产卵，每只雌虫日产卵数万粒，卵随寄主粪便排到体外，当温度适宜时，卵在松软的土壤中1～2天即可孵化为一期杆状幼虫，幼虫具细长口腔，体长300 μm左右。经2～3天后蜕皮成二期杆状幼虫，在土壤中发育5～8天后再蜕皮成丝状幼虫，即感染期幼虫。感染期幼虫具有群集习性，在土壤中可存活3个月左右。当人赤足在土壤上行走，或用手

接触土壤时，感染期幼虫会从手指之间或足趾间薄嫩皮肤处进入皮内，再随血液或淋巴液移行，经右心、肺，然后再逆行至咽，经吞咽进入小肠。在小肠内再蜕皮两次，发育成成虫。感染期幼虫从皮肤进入人体到雌虫产卵，约需5～7周，十二指肠钩虫在人体内可存活1～7年，美洲钩虫存活时间更长。

幼虫在侵入寄主皮肤后，可刺激皮肤出现丘疹、皮炎等，但数日后消失。幼虫在人体内移行时，引起寄主咳嗽、发烧、咳痰、哮喘等症状，症状的轻重与侵入体内虫体的数量相关。成虫在小肠内寄生时，咬破肠黏膜，吸食血液。同时虫体可分泌抗凝血酶，使伤口处不停地渗血，造成肠壁严重机械损伤。成虫有不断更换咬吸部位的习性，因此，造成新老伤口同时流血不止，寄主大量新鲜血液由肠壁伤口处流失，使病人严重贫血，出现头晕眼花、心跳气短、苍白无力，甚至出现浮肿、贫血性心脏病，严重丧失劳动能力。一些病人还出现"异嗜症"，即喜食生米、土、纸张等非正常食品，据研究这是由于严重贫血引起的缺血症，如单独补充铁剂，异嗜症状可缓解。我国黄河以南地区总的感染率可达人口的20%左右，个别地区可高达35%。

3. 丝虫

丝虫是寄生于人体淋巴系统中的一种线虫，寄生于人体的丝虫共有8种，我国只有两种，即班氏丝虫(*Wuchereria bancrofti*)及马来丝虫(*Brugia malayi*)。前者多寄生于人体深部淋巴系统中，如下肢、阴囊、腹股沟等部位，后者多寄生于下肢浅部淋巴管中，两者均由中间寄主蚊子进行传播。

班氏丝虫成虫体长：雌虫75～100 mm×0.2～0.3 mm；雄虫30～45 mm×0.1～0.15 mm。马来丝虫略小，雌虫体长约55 mm，雄虫约25 mm。雌雄成虫需交配生殖，卵胎生，没有自由生活的幼虫阶段。在人体内，丝虫的雌虫可直接产生微丝蚴(图7-12)，微丝蚴进入血液，白天停留在肺血管中，夜间人睡眠后，微丝蚴出现于人外周末稍微血管中。微丝蚴在人体内可存活2～3个月。夜间当蚊子叮咬患者时，微丝蚴进入蚊胃中，随后进入蚊的肌肉中发育，在蚊体内脱皮两次。班氏丝虫的幼虫在蚊体内经过两周，马来丝虫的幼虫在蚊体内经一周左右可发育成感染期幼虫，这时感染期幼虫离开蚊的肌肉进入蚊体腔，再到唾液腺中，当蚊虫再度吸血时，将感染期幼虫传入人体，最后在淋巴管或淋巴结内发育为成虫，一般人感染3个月之后，在血液中即可查到微丝蚴。成虫在人体内可存活十几年。

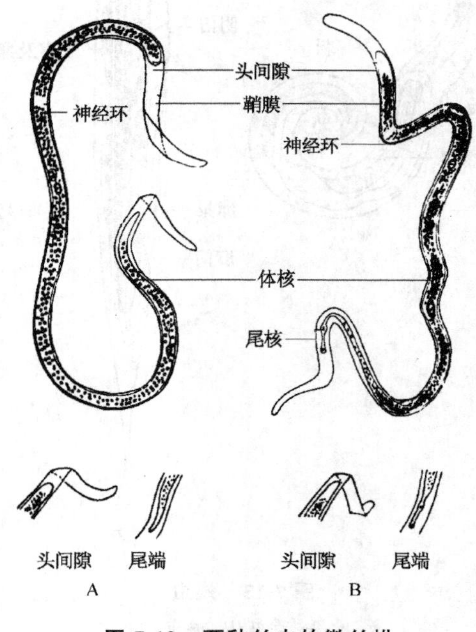

图7-12　两种丝虫的微丝蚴

A. 班氏微丝蚴；B. 马来微丝蚴

(引自陈心陶，1960，等)

人被丝虫感染后，初期出现皮肤过敏及炎症反应，主要危害由成虫引起。由于成虫在淋巴管及淋巴结内的机械刺激作用及虫体代谢或分解的毒素，引起局部的淋巴系统发炎，由肿疼处离心方向出现红线，俗称"流火"。这时病人出现寒栗高烧、头疼等症状，病程持续一周左右自行消失。由于反复感染及淋巴管炎症周期性发作，每年发作数次，致使淋巴管壁组织不断增生，以致慢性堵塞,使阻塞的淋巴管下端的淋巴液不能回流,刺激皮肤及皮下组织增生,使之变粗变厚,皮脂腺及汗腺萎缩而出现"橡皮肿",通常还伴随有皮肤溃疡。班氏丝虫患者出现睾丸急性炎症及阴囊"橡皮肿",个别病人阴囊可达10~20公斤。马来丝虫患者多出现下肢"橡皮肿",病人丧失劳动力,但患者病程较长,最长者可达45年之久。我国江南流行区感染率较高。治疗病人、消灭蚊子及其滋生地、防止被蚊虫叮咬是控制丝虫流行的有效途径。

4. 蛲虫

蛲虫(*Enterobius vermicularis*)是一种寄生于人的盲肠、小肠下段的小型线虫,又名蠕形住肠线虫。雌性成虫体长8~13 mm,雄虫2~5 mm,雌、雄头端均有角质膨大形成的翼(图7-13)。成虫在寄生部位交配,交配后雄虫死去,雌虫子宫内充满卵粒后向下移行。夜间寄主入睡后,雌虫到寄主肛门处产卵,产卵后雌虫多数死亡,偶有雌虫仍爬回直肠。

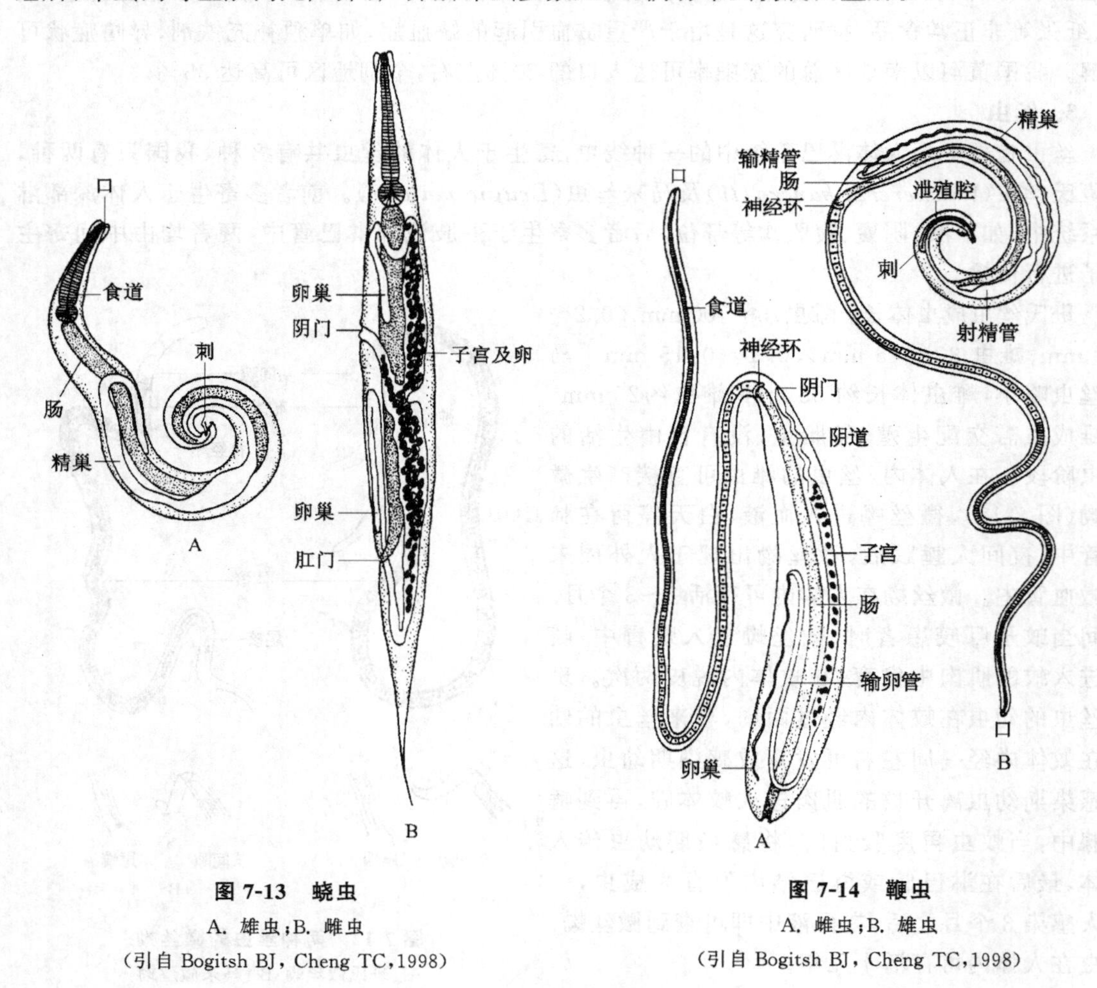

图 7-13 蛲虫

A. 雄虫;B. 雌虫

(引自 Bogitsh BJ, Cheng TC,1998)

图 7-14 鞭虫

A. 雌虫;B. 雄虫

(引自 Bogitsh BJ, Cheng TC,1998)

虫卵在外界温度适宜、氧气充足的条件下,经数小时后即变成具感染能力的卵。当患者由于雌虫及卵的刺激用手搔抓肛门时,虫卵可经污染的手指进行自体感染,亦可经衣被、患者用具,甚至空气进行传播,也偶有虫卵在肛门外孵化,然后幼虫再爬回直肠。具感染力的虫卵进入人体后在小肠内孵化为幼虫,幼虫沿小肠下行时蜕皮两次至结肠再蜕皮一次发育为成虫。

自感染到雌虫产卵约需一个半月，成虫寿命2～4周。

蛲虫患者多为儿童，特别是在儿童集体生活的条件下易于传播流行。蛲虫也是世界性分布的寄生虫。患者轻度感染时症状不明显，严重感染会影响睡眠，出现食欲不振、烦躁、消瘦等症状。治疗病人、注意个人卫生、加强家庭及托儿机构的卫生是控制其流行的手段。

5. 鞭虫

鞭虫（*Trichuris trichura*）又称毛首鞭形线虫。成虫寄生于人体盲肠内，严重感染时也寄生于阑尾、结肠及直肠等处。虫体呈鞭状（图7-14），雌虫体长35～50 mm，雄虫30～45 mm，虫体前3/5细如鞭状。成虫在寄生部位交配产卵后，卵随寄主粪便排出体外，在土壤中经过3周左右的时间发育成感染卵，感染卵被人误食后在小肠内孵化，幼虫移行到盲肠处发育为成虫。自感染到成虫产卵约需一个月。雌虫日产卵数千粒，成虫寿命3～5年。

轻度感染时无明显症状，重度感染出现阵发性腹疼、慢性腹泻及便血等症状，传播途径及防治与蛔虫相似。

三、线虫的分类

关于线虫的分类尚有分歧，分目的标准也各不相同，Maggenti（1981）将线虫分为两个纲，20个目，较多地被采纳。现仅介绍两个纲，目从略。

1. 无尾感器纲（Aphasmida）或称有腺纲（Adenophorea）

除了少数寄生外，绝大多数此纲动物是自由生活的，包括一些陆生的和几乎所有的淡水及海洋的线虫。缺乏尾感器，各种形状的头感器位于唇后，上皮细胞为单核的，存在排泄的腺细胞，一个无排泄的胞肾管及交接刺。例如，生活在海水及淡水的刺嘴虫（*Enoplus*）；生活在土壤及淡水的矛线虫（*Dorylaimus*）；寄生于鸟及哺乳动物的鞭虫；幼虫寄生在无脊椎动物昆虫体内，成虫在土壤及淡水中自由生活的索虫（*Mermis*）等。

2. 尾感器纲（Phasmida）或称胞管肾纲（Secernentea）

几乎所有的此纲动物都是陆生的，许多种是寄生的，大多数自由生活的种生活在土壤中。头感器孔状，位于唇侧，存在感尾器。上皮细胞单核或多核，存在排泄的腺细胞及胞肾管，有两个交接刺。例如，小杆线虫（*Rhabditis*）、钩虫、蛔虫、丝虫等，还有幼虫寄生在节肢动物、成虫寄生在脊椎动物的棘颚口线虫（*Gnathostoma*）等。

第三节　线形动物门

线形动物门是非常相似于线虫动物的一类假体腔动物，但身体细长如丝，如马尾毛，因此俗称马尾虫（horsehair worm）。成虫自由生活，生活期很短，幼虫寄生在节肢动物体内，生活期很长。共有325种，分为两个目：游线形目（Nectonematoida），远洋漂浮生活，只有一个游线形虫属（*Nectonema*），含四个种；铁线形目（Gordioida），成虫生活在淡水及潮湿土壤，幼虫寄生在水生及半水生节肢动物、螺类及蛭等体内，包括绝大部分线形虫，如铁线虫（*Gordius*）。

线形动物身体长圆柱形（图7-15A），一般体长10 cm左右，宽1～3 mm，但最长的可达1 m，雌虫一般比雄虫更长，体表呈暗褐色或黑色，没有任何明显的分化，只是尾端尖细，分叉成两叶或三叶状（图7-15A）。

成虫体壁结构与线虫相似，外表具厚的角质层，内有多层胶原蛋白交织，使体表呈现虹彩。

其内为单层上皮细胞，无纤毛，上皮细胞在腹面向腔内凸出，形成上皮索，其中也包含有腹神经，但游线形虫可形成背、腹上皮索。上皮内为纵肌层，为具横纹的斜肌，没有环肌，靠纵肌与角质层的拮抗作用行波形运动。体壁内与消化道之间充满结缔组织(图 7-15C)及间质细胞。

消化道包括口、口腔、咽、中肠、肛门或泄殖腔，但相当退化，有时甚至缺乏口及肛门。消化道在取食及消化中很少起作用，而是用于贮存营养物，主要靠体表吸收营养物。

线形动物没有呼吸及循环结构，身体前端具有脑，分环不明显，由脑分出一不具神经节的腹神经索，位于腹上皮索内。

雌雄异体，生殖腺成对，呈长囊状，几乎纵贯全身(图 7-15B)。精子无鞭毛，雌雄虫均在泄殖腔开孔，交配授精。精子进入雌体后在子宫内使卵受精，然后雌虫在水中产卵。

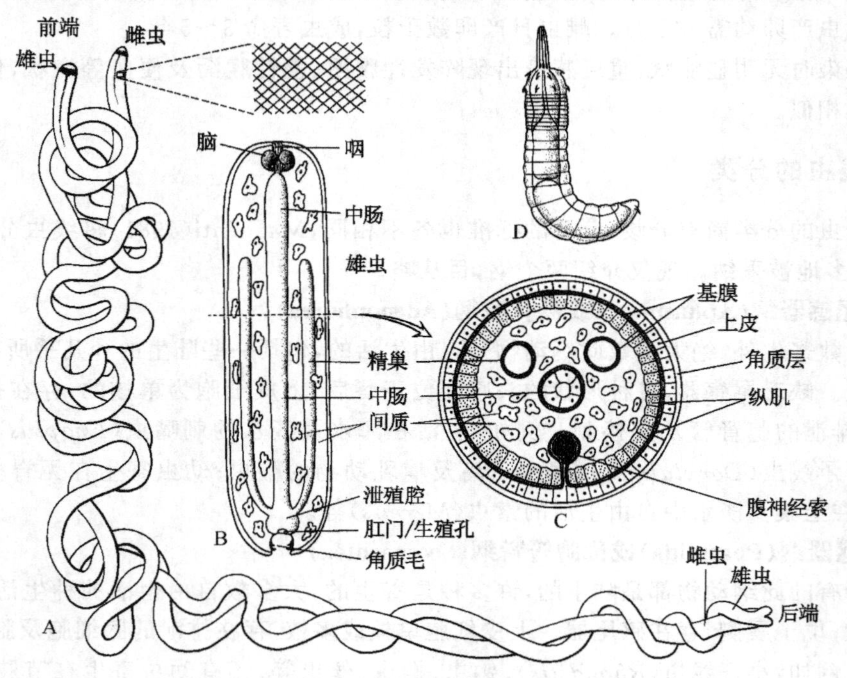

图 7-15 线形动物中的铁线虫

A. 成虫外形；B. 内部结构示意图(缩短)；C. 横切；D. 幼虫

(A. 引自 May HG,1919；B. 引自 Ruppert EE, et al,2004；C. 引自 Bresciuni J,1991；D. 引自 Hyman LH,1951)

卵在水中孵化，刚孵化的幼虫前端有一个可伸缩的吻，吻上有刺(图 7-15D)。幼虫通过吻穿透寄主体壁，或幼虫分泌黏液形成包囊再被寄主吞食，其寄主多为水生甲虫或生活在水边的蝗虫、蟋蟀等。游线形虫用吻穿过海水中甲壳类的体壁进入寄主血腔，幼虫的体壁可分泌消化酶溶解寄主组织，再通过体壁吸收营养。幼虫在寄主体内经数周数次蜕皮，发育成成虫形态，当寄主再到水边时，即由寄主体内钻出形成成虫，营自由生活，很快性成熟，也有很多线形虫具有中间寄主，如蝌蚪、鱼等。

最常见的代表种如铁线虫及拟铁线虫(*Paragordius*)，前者体长 90 cm，直径 1 mm，雄虫尾端分两叶；后者体长约 30 cm，雄虫尾端也分两叶，雌虫尾端分三叶。

第四节　兜甲动物门

兜甲动物门是一类广泛分布的小型海产假体腔动物，体长小于 0.5 mm，但却由近 10 000 个小细胞组成，黏着在海底细沙之间，所以直到 1983 年才被丹麦动物学家 Kristensen 发现。目前已报道近百种。

此类动物身体前端是翻吻（introvert），经短的胸（thorax）与后端大的躯干（trunk）相连。翻吻的前端为口锥（mouth cone）（图 7-16），其顶端为口，翻吻上有成百的角质骨片用以运动及

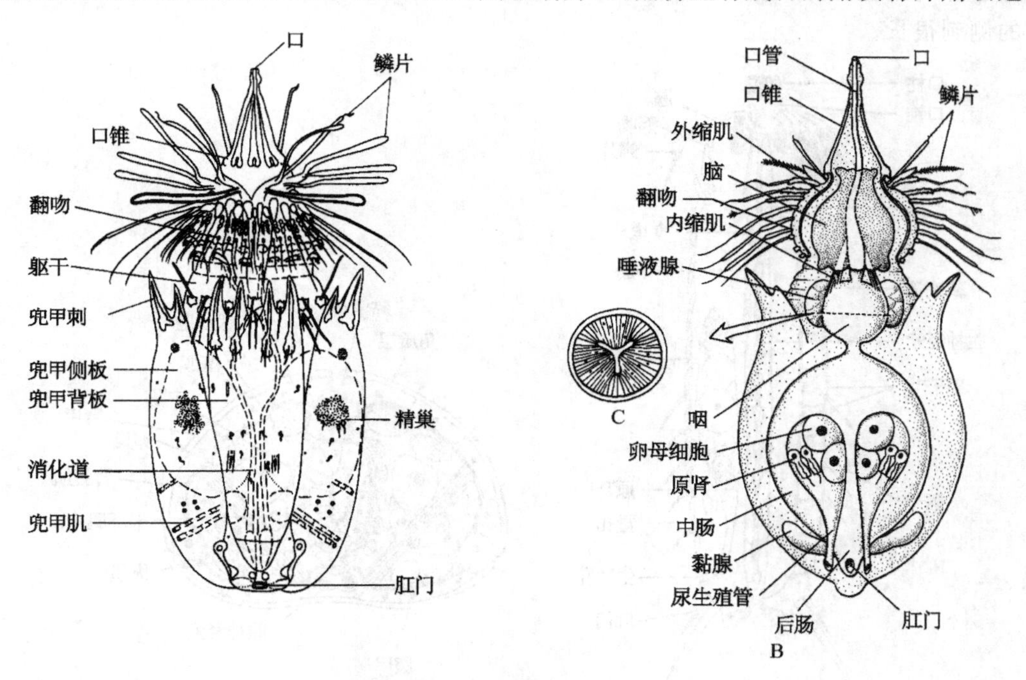

图 7-16　兜甲虫（*Nanaloricus*）

A. 外形；B. 内部结构；C. 咽横切

（A. 引自 Kristensen RM，1983；B，C. 引自 Kristensen RM，1991）

感觉，翻吻可靠肌肉收缩撤回到躯干部的兜甲内。体壁由单层上皮及个别的肌肉细胞组成，由表皮分泌几丁质的骨片，6～22 个骨片组成兜甲，表皮细胞内是纵行的或背腹的肌纤维，不成层，但为横纹肌或斜纹肌。口位于口锥前端，经口腔到肌肉质球状咽，咽腔也为三放的（图 7-16C），咽连接中胚层的中肠，最后经后肠，肛门开口在身体后端。神经系统也是在上皮内，也可能沉入假体腔的间质中，具有大的三环状脑，前脑支配翻吻及骨片，中脑无神经节，后脑分出 10 条神经，其中，腹中线的一对最发达，雌雄异体，生殖腺和排泄器官联合成尿殖系统（urogenital system）。生殖腺囊状成对，其中不仅包括生殖细胞，也包括单纤毛的焰细胞（图 7-16B），经尿殖管开口到肛门两侧，发育不清楚，但经过一个与成虫相似的幼虫期，幼虫具趾，代表种如微兜甲虫（*Nanaloricus*）、褶兜甲虫（*Pliciloricus*）。

第五节 动吻动物门

动吻动物门也是体长小于 1 mm，生活在浅海至深海泥沙中的一类动物，现报道的有 150 种。身体分为 13 节，第一节是翻吻，第二节是颈节，其余 11 节是躯干部(图7-17)。躯干部腹面扁平，背面略凸，翻吻的前端也有口锥，口锥顶端为口，口锥可以伸出或缩回，口周围有一圈角质的骨刺，翻吻上有数圈角质的骨片，整个翻吻可以缩回颈节或第一躯干节，躯干节上有上皮细胞分泌的角质骨片，通常为一个背片和两个腹片，每个躯干节有一个中背刺及两个侧刺，尾节的侧刺很长。

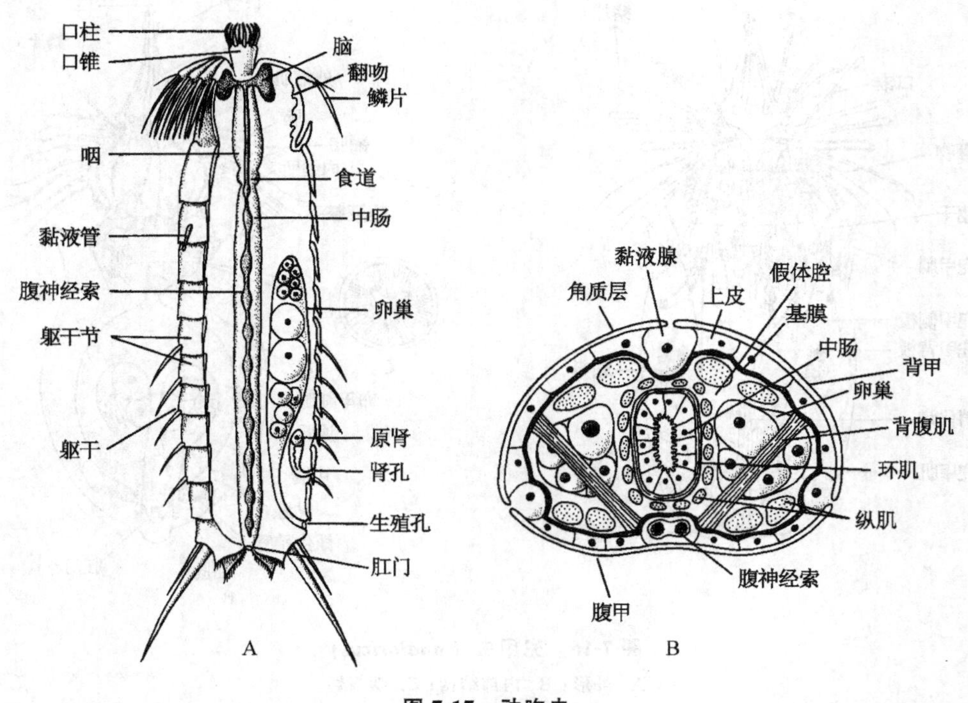

图 7-17 动吻虫

A. 一般结构；B. 横切

(引自 Kristensen RM,1991)

体壁的上皮细胞是单层上皮，其中包含有黏液腺，可单独开口在体表，分泌物覆盖整个角质层，上皮细胞下面的为按节排列的纵肌束，还有背腹肌，均为横纹肌，体壁与消化道之间为一很小的假体腔，充满体腔液，其中含有变形细胞。动吻动物靠翻吻的不断伸缩及肌肉收缩在泥沙中掘穴前进。消化道包括前肠、中肠及后肠，前肠包括口、口腔、咽及食道，中肠外有环肌及纵肌包围(图 7-17B)，后肠很短，以肛门开口在身体末端，以硅藻及海底沉积的有机物为食。

排泄器官为一对原肾，每个原肾具三个双鞭毛的焰细胞，经短的原肾管及肾孔开口在第 11 节侧面(图 7-17A)。

神经系统包括三环状的脑及一对腹神经索，脑环绕咽，由脑向后伸出 8 条神经，一对腹神经索最发达，还有按节分布的神经节，感官是单纤毛的感受器。

动吻动物雌雄异体，一对生殖腺经生殖管以生殖孔开口在第12与13节之间，须交配授精，直接发育，孵化出的幼体具11个体节，幼体经数次蜕皮成为成虫，成虫不再蜕皮。代表种如动吻虫(*Kinorhynchus*)、刺吻虫(*Echinoderes*)等。

动吻动物有很多特征相似于节肢动物，例如，身体分节，具几丁质外骨骼，蜕皮，体壁肌肉成束且都是横纹肌，都具有具神经节的神经索；从核苷酸序列分析，发现它们之间存在姊妹关系，因此，也有的学者把动吻动物也列为泛节肢动物(Panarthropoda)中。

第六节 颚胃动物门

颚胃动物门也是一类小型的、生活在浅海细沙间的动物，1956年才确立为门，目前报道了18属，80多种，分类地位尚难确定，有人把它们归为无体腔动物，也有人认为是假体腔动物，由于其咽内有颚，与轮虫、棘头虫相似，所以有人把这三类动物归为有颚动物类(Gnathifera)。

颚胃动物体长0.5～1 mm，个别种达4 mm，体呈柱形，半透明，可分为头、躯干及尖细的尾部(图7-18A)。体表无角质层，而是上皮细胞，每个上皮细胞具有一根纤毛，上皮细胞也分泌黏液，利用纤毛可做滑行运动。上皮细胞下为一薄层疏松的环肌细胞(图7-18B)，环肌内一般有3对纵肌，用于缩短身体，体内无结缔组织，也无体腔，而是由内部的器官系统填充成实心结构。

消化道有口，无肛门，包括口、口腔、咽、食道及肠。咽发达具肌肉，呈球状，其中包括一梳状的角质基板及一对具齿的侧板(图7-18C)，构成颚器，它们可以移动以刮取细菌、真菌等食物。

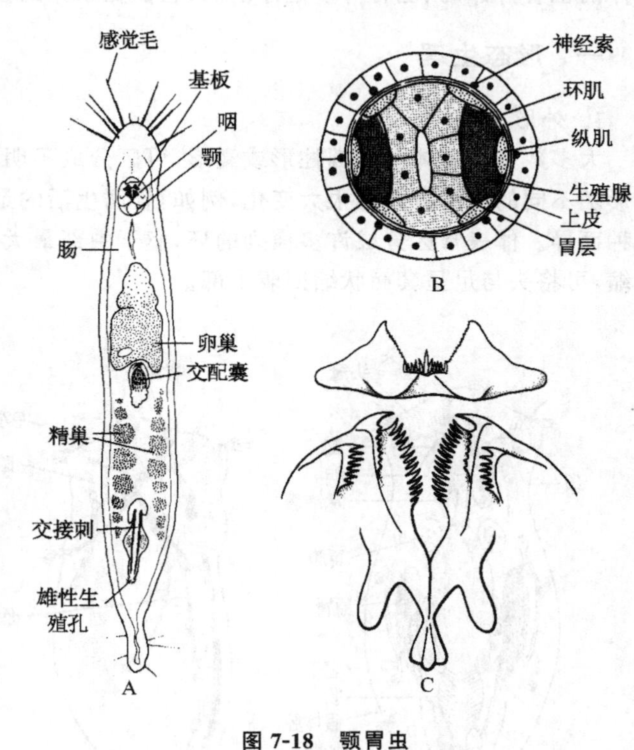

图7-18 颚胃虫

A. 全形；B. 横切；C. 颚与基板

(A,C. 引自Sterver W,1972;B. 引自Ruppert EE, et al,2004)

2～5对原肾排列在身体两侧，每个原肾包括一个单纤毛的末端细胞，经短的肾管单独开孔在体侧。

颚胃动物没有呼吸及循环系统，靠扩散作用完成，上皮内的神经系统包括脑神经节，一个支配咽的口神经节和1～3对纵行的神经索，感官为感觉纤毛，在头端较多。

它们雌雄同体，雌性生殖系统包括：单个的卵巢，位于身体的前半部；一个交配囊，用以贮存交配后的精子;有的种还有阴道。雄性生殖系统包括一个或两个精巢,位于身体的后半部,具交配刺,有的种行皮下授精,每次产卵一粒,卵通过体壁破裂排出体外,然后卵附着在沙粒上,直接发育,代表种如颚胃虫(*Gnathostomula*)、*Austrognathia* 等。

第七节　轮虫动物门

轮虫动物门是一种小型、头部具纤毛冠(corona)的假体腔动物,体长一般在0.1～1 mm,最大到4 mm,每个种及其器官细胞数目是固定的,一般种在1000个细胞左右,具多纤毛的上皮细胞,大部分结构是合胞体,孤雌生殖是主要的生殖方式。目前已报道的有2000种,主要生活在淡水、陆地,少数(50多种)生活在海洋,很多种是世界性分布,生活方式有自由生活的,也有共生及寄生;有自由游泳的、管居及固着的、水底底栖的或土壤颗粒表面的水膜中生存的;有单体的也有群体的、也有许多是浮游的,它们在水体的营养物质循环中起重要作用。

一、形态生理

1. 外形

大多数种类身体呈长圆柱形或囊形,可区分成不明显的头部、躯干部及足部(图7-19),但体形随不同的生活方式有很大变化,例如,管居生活的足部延伸,漂浮生活的足部缩短或消失,因种而异。体表常区分成许多横列的环,躯干中部最大,其直径向两端逐渐变小,当内部肌肉收缩,可将头与足呈套筒状缩回躯干部。

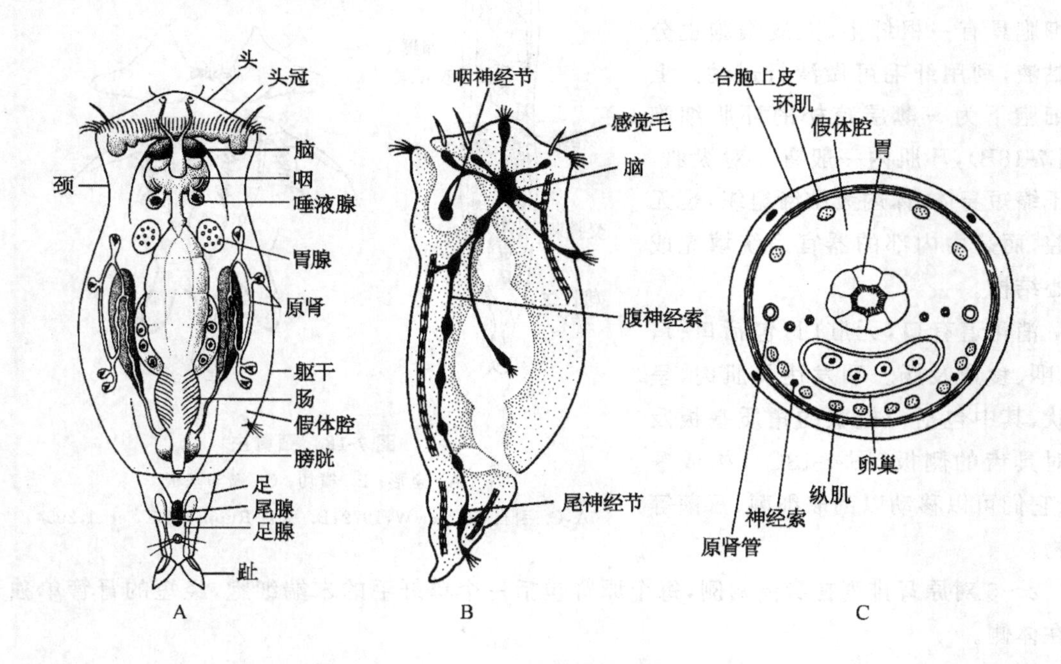

图7-19　轮虫

A. 内部结构;B. 矢状切面示神经;C. 横切面

(A. 引自 Remane A,1929—1933;B. 引自 Ruttner-Kolisho A,1914;C. 引自 Beauchamp P,1965)

轮虫的头部靠前端具有一圈多纤毛的上皮细胞环绕(图 7-20),形成纤毛冠,这是轮虫的标志性特征,它的腹面可延伸到口区,并围绕口,背面为带状,纤毛冠顶端无纤毛区称为顶区(apical field),眼、触角及脑下腺开孔都位于此,纤毛冠的机能是用以取食及运动。在此纤毛冠的基础上可以扩大、缩小,发生各种改变,甚至完全消失,形成种的特征,例如,旋轮虫(*Philodina*)(图 7-21A),它的纤毛冠上纤毛分成两圈,前面的一圈称轮器(trochus),轮器裂成左右两个纤毛盘,纤毛转动形似车轮,也称轮盘(trochaldisc),后面的一圈纤毛称纤毛带(cingulum),沿口后行。又如胶鞘轮虫(*Collotheca*),口区边缘扩展形成漏斗状,口位于底部,头冠纤毛减少并成毛束状,这使固着生活更易于捕获食物。

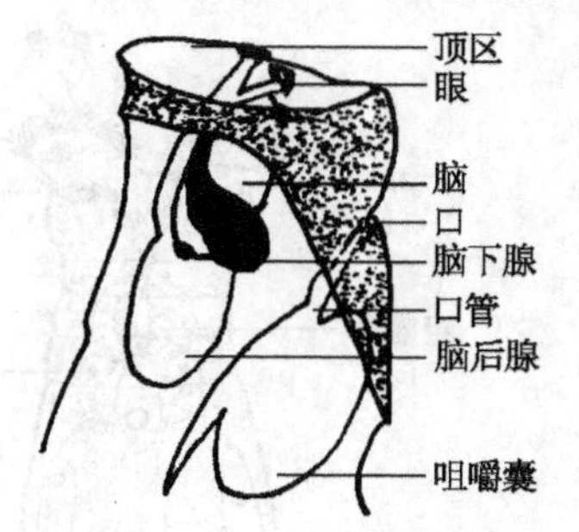

图 7-20　纤毛冠侧面观

(引自 Hyman LH,1951)

足部在躯干部之后,或长或短,与躯干的分界明显或不明显,可成套筒状伸缩,足部末端具1～4个趾,足内部有足腺(pedal gland),是由 2～30 个腺细胞组成,它的分泌物通过腺管开口到趾或尾端,用以附着(图 7-21A)。漂浮生活的种类的足常退化或完全消失。

一些远洋生活的种类常随一定的季节,身体的形状、各部分的比例或体表刺的长短等可发生改变,低温、饥饿、天敌等都可引起这种改变,条件好转时又恢复正常体形,这种现象称为周期变形现象(cyclomorphosis)。

2. 体壁与运动

轮虫的体表是一层合胞上皮,并且细胞核数目是固定的(图 7-19C)。一般动物的角质层是由上皮细胞向外表分泌形成,但轮虫不是这样,它的上皮细胞向内分泌很厚一层糖蛋白类物质,其中没有胶原蛋白及几丁质,但功能也是骨骼作用,用以保护和肌肉附着。这种表皮内的类似角质层的物质在某些种,特别是浮游生活的种在躯干部常加厚形成兜甲,兜甲可成片状、龟纹状等,或形成刺棘等装饰。上皮内为肌肉,具环肌及纵肌,成独立的肌肉束状(图7-22),可能是具横纹的、斜纹的或平滑肌,纵肌的收缩可将头、足缩回躯干部。体壁之内为假体腔(图 7-19C),其中充满体腔液,它具有运输物质及静力骨骼的作用。

水生的轮虫多用纤毛冠及轮盘的纤毛摆动以推动身体前进,在水中游泳;底栖或陆生的种类用头部顶突及趾的交替附着行蛭行运动,或者是游泳及爬行共用;少数远洋生活的种类可以在水中做某些蹦跳运动。

3. 取食与消化

轮虫是肉食性或杂食性动物,以小型的原生动物、藻类或有机颗粒为食。口位于身体前端腹面(图 7-21A),常被轮器环绕,由口或直接通入咽(捕食种类),或通过小的食道进入咽(悬浮取食的种类)。咽壁具很厚的肌肉,成球状,它来源于外胚层,并有真正的角质层环绕内壁,此外,还有角质层特化形成的骨片,形成轮虫的咀嚼器(trophi),它相当于颚胃动物的颚,周围有囊壁包围,称为咀嚼囊(mastax)。咀嚼器的形态变化多种,并作为轮虫分类的特征之一,它的机能是用以机械研磨食物或用以把持食物等。咀嚼器一般是由七个骨片组成(图 7-23):一个基片(fulcrum),一对枝片(ramus),一对齿片(uncus)及一对柄片(manubriums)。捕食性种类取食时咀嚼器可以部分伸出口外,捕捉、把持食物并送入咽中,再由这些骨片切割、研磨的共同作用机械性消化食物,咽的周围还有唾液腺(图 7-21A),直接开口到咽。咽后为膨大的胃,是消化的主要场所,胃的两侧上端有一对胃腺可分泌消化酶,胃后为肠,是合胞上皮的,肠后端与原肾管及生殖导管共同汇合形成泄殖腔，开口在躯干的末端。

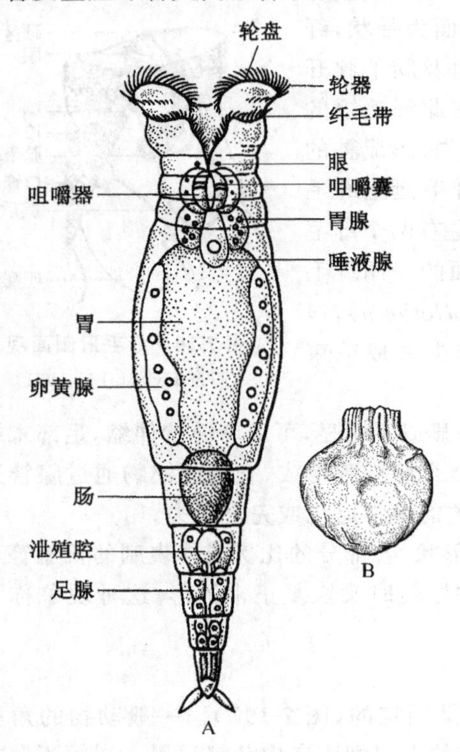

图 7-21 旋轮虫

A. 生活状态；B. *Habrotrocha* 轮虫隐生状态

（引自 Pennak RW，1953）

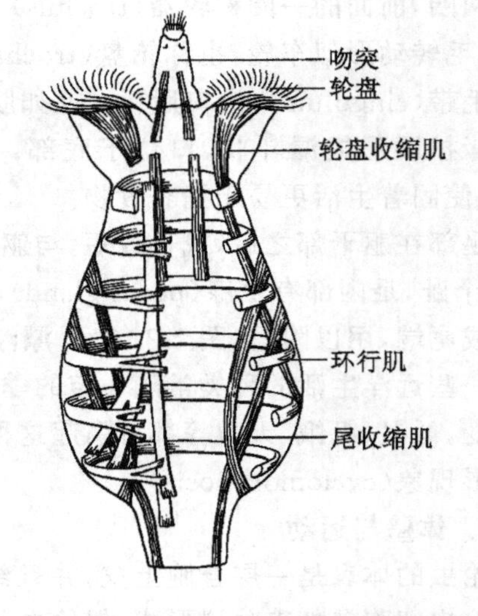

图 7-22 蛭态轮虫腹面观，示肌肉束

（引自 Hyman LH，1951）

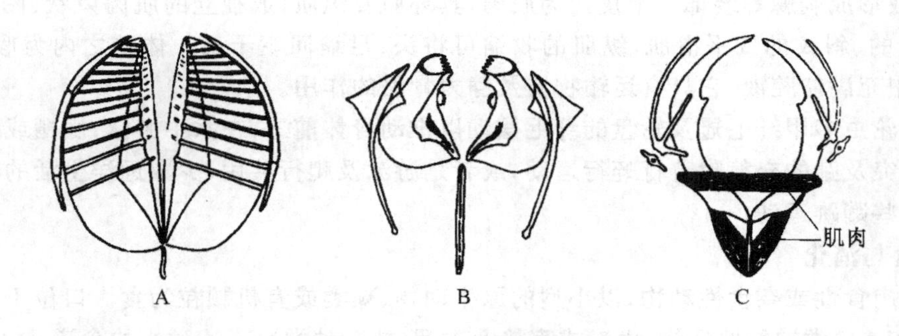

图 7-23 轮虫咀嚼器

A. 具大齿板，适于研磨食物；B. 前端具齿，适于把持食物；C. 呈钳状，适于捕食

（引自 Hyman LH，1951）

4. 排泄与水分调节

轮虫的排泄物是氨及某些含氮废物，有一对原肾位于体腔内消化道两侧（图 7-19A），每个原肾包括几个到 20 个焰细胞及一个排泄管，焰细胞是多鞭毛的。原肾是合胞体，细胞核位于排泄管管壁中，两排泄管后端汇合膨大形成膀胱（bladder），开口在泄殖腔。淡水生活的轮虫，其原肾有离子及水分调节的作用，排出的液体渗透压低于体腔液。

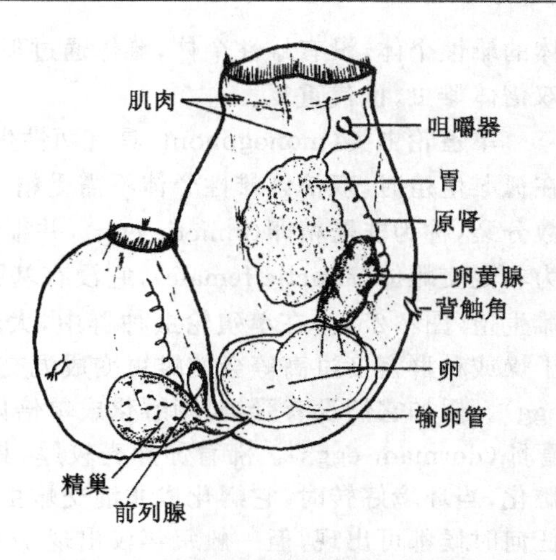

图 7-24　晶囊轮虫(*Asplanchna*)的交配

(引自 Wesenburg-Lund,C,1900)

轮虫对干旱有很强的抵抗能力,特别是一些生活在土壤或植物表面靠周围水膜生活的种类,在失水或低温等不利条件下可以进入隐生(cryptobiosis)状态(图 7-21B),这时体积大大缩小,体内包含的水分可减少到仅1%,其代谢速率几乎只有正常时的 0.01%,这种状态可以维持数月到数十年而不死,一旦条件转好,轮虫可在数小时内由隐生状态恢复过来,这种现象可能是对恶劣环境的一种适应。

轮虫是由体表扩散进行气体交换的,靠体腔液的流动完成物质的输送。

5. 神经与感官

轮虫有一对脑神经节位于咽前端背面上皮下(图7-19B),一个咀嚼囊神经节(mastax ganglion)支配咀嚼囊的运动,尾端还有一个尾神经节(caudal ganglion),在脑与尾神经节之间有一对腹神经索相连。感官主要分布在头部顶区,包括机械感觉毛、具有化学感觉功能的触须及感受光的眼。眼呈色素杯状,在脑附近或包埋在脑神经节中。

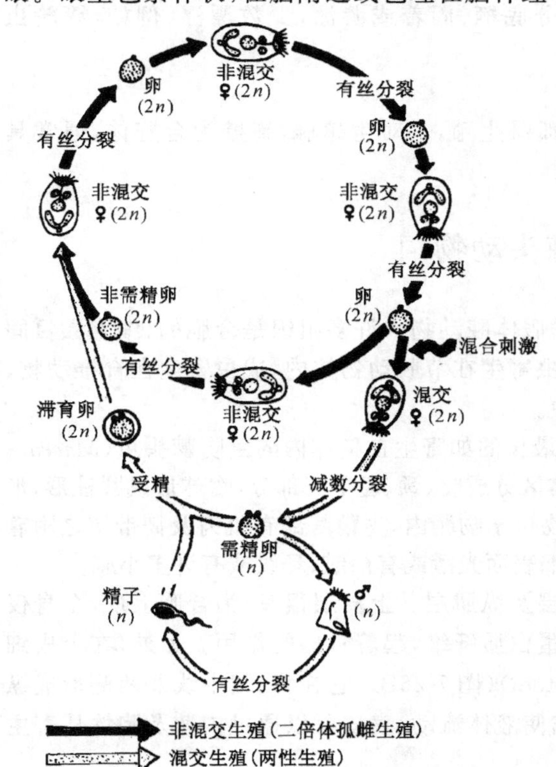

图 7-25　单殖轮虫的生殖及生活史

(引自 Birky CW,1964)

6. 生殖与发育

轮虫是雌雄异体且异形的动物,可行两性生殖,但更多的种是孤雌生殖,没有雄性个体。即使有两性生殖的种,其雄性个体也仅是在年周期中某段时间出现,其余时间仍为孤雌生殖,所以孤雌生殖是轮虫的主要生殖方式。

雌性个体包括一个(单殖类)或两个(蛭态类)合胞上皮的生殖腺。生殖腺外表是单层的滤泡细胞,其中有一很小的卵巢及一很大的合胞多倍体核的卵黄腺,当卵产生后,由卵黄腺分泌卵黄形成成熟的卵,经短的输卵管(也为合胞上皮)开口于泄殖腔,每个雌虫产卵一般在 8～20 枚,卵外的膜及卵壳都是由卵自身分泌形成的。

雄性个体很小,最小的仅有雌体的 1/10,消化道及泄殖腔等均退化或消失,但纤毛冠及生殖系统很发达,具有一囊状的精巢及具纤毛的输精管,其末端形成阴茎,直接开口在身体后端,输精管两侧有一对前列腺,交配为皮下授精或阴茎进入雌性生殖孔(图7-24),交配往往在雌性孵化后数小时进行。

生活史中蛭态轮虫(*Bdelloidea*)仅有双倍

体的雌性个体，没有雄性个体，雌体通过孤雌生殖只产生一种类型的卵，卵经有丝分裂孵化成双倍体雌虫，世代重复。

单殖轮虫类(monogonont)具有两性生殖及孤雌生殖，产生不同类型的卵，生活史也复杂。在孤雌生殖时，双倍体雌性个体不需受精，产生大而薄壳的卵，这种卵在成熟过程中不发生减数分裂，称为非需精卵(amictic egg)，并很快发育成雌性个体，这种雌性个体又行孤雌生殖，称为非混交雌体(amictic female)，它没有基因的重组，如此重复许多代，这类似于蛭态轮虫的孤雌生殖(图 7-25)。在单殖轮虫种群中，大部分时间是孤雌生殖，一旦环境改变，如温度变化、干燥或种群密度过高等会使雌虫变成混交的个体(mitic female)或产生单倍体的需精卵(mitic egg)。假如它们没有受精，则孵化成单倍体的雄虫，雄虫再使混交雌体受精，产下双倍体的滞育卵(dormant eggs)。滞育卵卵壳较厚，具有抵抗恶劣环境的能力，并可滞育数月、数年而不孵化，当环境好转时，它孵化成非混交雌虫，又开始孤雌生殖，混交雌体不仅出现在冬季，全年任何时候都可出现，但一般每年仅出现 1～2 代。

虫体的直接发育和后期发育都是仅有细胞体积的增大，而没有细胞数量的增多。

二、轮虫的分类

1. 单殖纲

单殖纲(Monogononta)包括大部分轮虫(约 1600 种)，主要为孤雌生殖，并配合有两性生殖，生殖腺仅有一个，胃的细胞分界明显，大部分底栖、固着或游泳，少数漂浮，例如，簇轮虫(*Floscularia*)、胶鞘轮虫(*Colletheca*)等。

2. 蛭态轮虫纲

蛭态轮虫纲(Bdelloidea)未发现雄虫，均行孤雌生殖，一对生殖腺，胃壁为合胞体，通常具两个轮盘，大部分陆生，例如，旋轮虫。

第八节　棘头动物门

棘头动物门是身体前端具吻、吻上有钩刺的假体腔动物。许多组织是合胞的，细胞数目固定，没有消化道，全部内寄生，具有两个寄主，幼虫寄生在节肢动物体内，成虫寄生在脊椎动物，特别是鱼、鸟等的消化道内，已报道的有 1150 种。

棘头动物身体长圆柱形，体长一般 1～2 cm，最长的如寄生在猪体内的巨吻棘头虫(*Macracanthorhynchus*)，体长可达 80 cm(图 7-26A)。身体区分成吻、颈、躯干三部分，吻球形或圆柱形，形似头状，具钩或棘，或两者均有，故名棘头动物。吻位于吻鞘内，吻鞘基部有肌肉及韧带使之附着在体壁上，颈很短，吻鞘与颈均可缩回体内，躯干部表面光滑或有褶皱、环纹或有许多小刺。

体壁包括上皮层、结缔组织的真皮层、环肌层及纵肌层。上皮层很厚，为合胞上皮，全身仅有 6～20 个细胞核。上皮细胞向内也分泌一层蛋白质纤维，起着骨骼的作用。另外，在上皮细胞层内也包括有一特殊的腔隙系统(lacunar system)(图 7-26B)，它在背、腹中线及两侧形成纵管，并有横管相聚，其中充满液体，靠肌肉的收缩使液体流动，表皮可以通过扩散及胞饮从寄主吸收营养并经腔隙系统进行输送。

上皮下为一层结缔组织形成的真皮，其内为环肌层及纵肌层，肌肉中也有腔隙结构。颈区两侧体壁向内延伸形成两个大的吻腺(lemnisci)伸入假体腔中，其中也充满腔隙及液体，它的功能不清，推测可能是吻伸出时作为一种液体静压控制系统，或是液体的吸收、传送等。肌肉

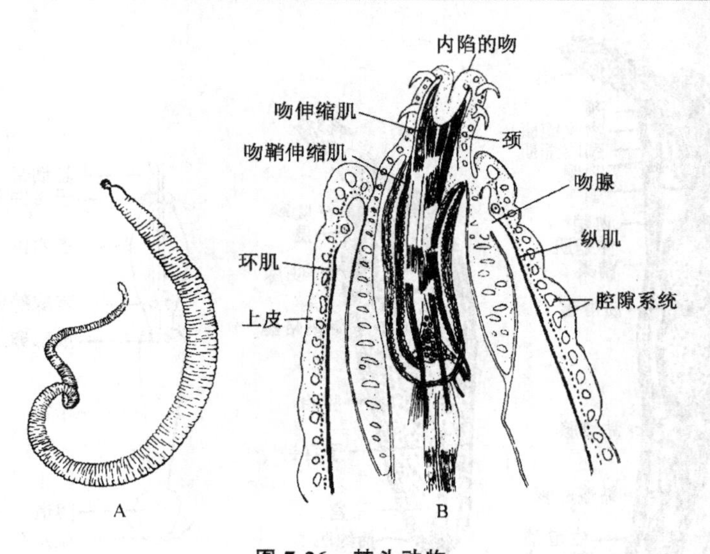

图 7-26　棘头动物

A. 巨吻棘头虫外形；B. 棘头动物前端纵剖面

层内为假体腔。

棘头动物没有具功能的消化道，因为内胚层细胞形成了一个韧带囊，由颈区一直延伸到尾端生殖孔处，韧带囊被认为是消化道遗迹。由于内寄生，靠体壁吸收营养，并由腔隙系统进行输送。

大部分棘头动物没有排泄器官，只有少数种具有一对合胞的原肾，具 30 个或更多的焰细胞，以共同的肾孔开口在生殖管内。

神经系统包括一对脑及一对生殖神经节位于身体后端，由脑分出一对侧神经支配躯干部，感官不发达，只在吻及生殖孔周围具感觉细胞。

棘头动物为雌雄异体。雄性个体包括一对精巢(图 7-27A)，前后排列在韧带囊中，每个精巢通出一条输精管，穿过韧带囊后端联合形成一共同的生殖管，其前端扩大形成贮精囊。精巢之后有一丛黏液腺，并有黏液管开口在共同的输精管中，输精管、黏液管还有肾管共同进入生殖鞘。生殖鞘实际是韧带囊的延续部分。生殖鞘后端为铃形交配囊，交配时可外翻，以把持雌虫后端，精子及黏液腺分泌物通过阴茎排出。

雌性生殖系统包括 1～2 个卵巢，也位于韧带囊中。卵巢瓦解后许多卵球游离在韧带囊中(图 7-27B)。由卵球中可释放出卵，卵在卵巢中受精以后韧带囊破裂，卵球及卵散布在假体腔中。韧带囊后端变成漏斗形的子宫钟(uterina bell)，子宫钟上端有小孔，受精后，发育的卵可由子宫钟直接进入子宫(图 7-27C)，不成熟的卵经子宫钟上另外的小孔又回到假体腔中，这样子宫钟不同大小的小孔可将未成熟卵送回假体腔，而将成熟卵经阴道、雌性生殖孔排出体外。

受精卵在假体腔内发育成小胚胎，其外有三层膜包围，随寄主粪便排到体外，在外界可存活数日，直到被适当的中间寄主如蛴螬、蟑螂等昆虫或甲壳类吞食。幼虫在中间寄主内孵出，顶端为顶突、有钩，用以穿过寄主肠壁进入血腔中，并在其中生存 2～3 个月发育成虫的结构，这时停止发育，成为具感染力的幼虫。当中间寄主被鱼或哺乳动物吃进，幼虫利用吻及钩附着在终寄主肠壁上，开始了成虫的生长及发育。棘头动物也是决定型、螺旋卵裂，身体的细胞数或细胞核数是固定的。

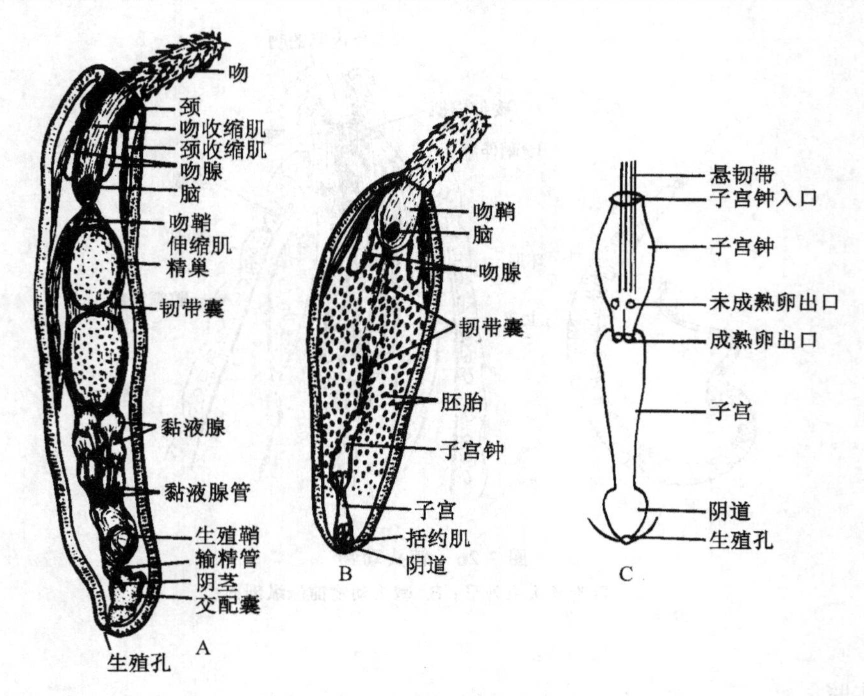

图 7-27　棘头动物内部结构

A. 雄性个体；B. 雌性个体；C. 子宫钟放大

(引自 Yamaguti S,1935,1939)

棘头动物可在寄主体内大量寄生，有人报道，在一只鸭子肠壁内有 1000 多条，一头海豹的肠内有 1154 条。

棘头动物门可分为三个纲：

(1) 原棘头虫纲(Archiacanthocephala)。具背、腹中腔隙系统，其中少数种类具原肾，吻上钩、棘集中排列，中间寄主为多足纲及昆虫，终寄主为鸟及哺乳动物，如巨吻棘头虫，念珠棘头虫(*Moniliformis*)等。

(2) 始棘头虫纲(Eoacanthocephala)。具背、腹中腔隙系统，吻棘成放射排列，无排泄系统，雌性韧带囊不破裂，中间寄主为甲壳类，终寄主为鱼、两栖及爬行类，如新棘头虫(*Neoechinorhynchus*)。

(3) 古棘头虫纲(Palaeacanthocephala)。具侧腔隙系统，吻棘成交替放射排列，无排泄系统，寄生在脊椎动物各纲，特别是水生种。中间寄主为甲壳类，如鱼棘头虫(*Echinorhynihus*)、鳞棘头虫(*Leptorhynihus*)等。

第九节　内肛动物门

内肛动物门过去与外肛动物门合称为苔藓动物门(Bryozoa)，但以后发现外肛动物具有真体腔，而内肛动物具有假体腔，因此有人主张各自独立成门，将内肛动物由苔藓动物门中分离出来。但这两类动物都具有多纤毛的上皮，具相似的幼虫眼，特别是 18S rRNA 序列的分析指明确有某种亲缘关系,又有人主张将这两门合并成一类,命名为 Lophotrochozoan。但许多动物学家认为这种相似性是由于均为小型、固着、悬浮取食生活的趋同进化所致,仍是独立发展的两类,总之其分类归属仍在探索之中。

内肛动物小型,体长在 0.1～1 mm 之间,主要为海产固着,群体或单体生活的假体腔动物,只有 1～2 种淡水生活。内肛动物身体分为萼部(calyx),柄部(stalk)及附着盘(attachment disc),群体种类附着盘变成葡萄茎(stolon),许多柄着生在茎上(图 7-28A)。

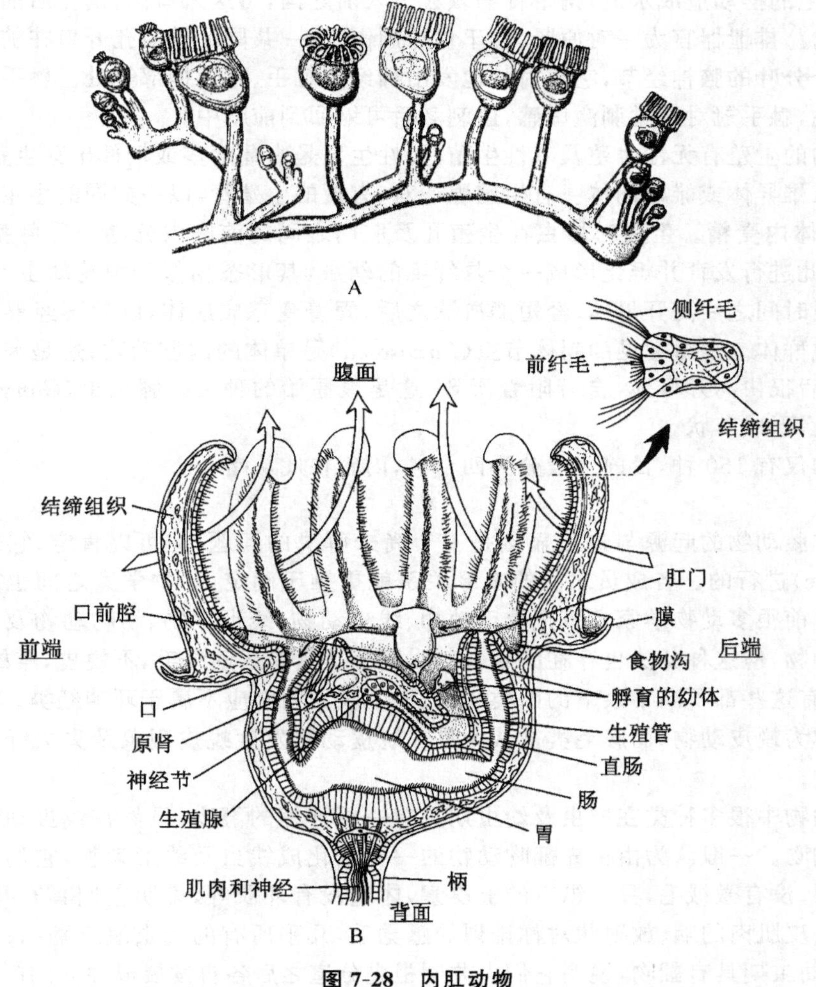

图 7-28 内肛动物

A. *Pedicellina* 群体的一部分; B. 内部结构

(A. 引自 Nielsen C,1964;B. 引自 Ruppert EE,2004)

萼部一般为球形,其顶端边缘有一圈触手,数目在 8～30 个之间,形成触手冠(tentacular crown)(图 7-28B),触手的内面具纤毛,触手是由顶端的体壁向外延伸形成,触手基部围绕一个凹陷部分称为前庭(vestibule),也称为口前腔。在前庭处有口、肛门、排泄管及生殖管开孔。触手环绕前庭。前庭边缘为具纤毛的前庭沟(vestibule groove),由它与口相连。萼部内包含有全部内脏器官。柄是萼部背面的延伸物,两者之间常有不完整的隔膜隔开。柄外表常有念珠状膨大,是由于肌肉膨胀而形成节状。

内肛动物的体壁亦由角质层、多纤毛的上皮细胞及肌肉层组成。上皮细胞界限清楚,肌肉呈纵行排列,为平滑肌,触手及柄部肌肉发达,可以伸缩及弯曲柄部及触手。假体腔发达,亦伸入到触手、柄及茎内,其中包含有游离的及固定的变形细胞。大多数种类萼部与柄部之间的假体腔被一隔膜分开。

消化道为"U"形管,口与肛门分别开口在前庭的两端,肛门位于肛锥上,由于肛门位于触手冠之内,故名内肛动物。胃具腺体,可分泌消化酶进行细胞外消化。内肛动物为滤食性动物,靠触手纤毛的摆动造成水流,携带食物颗粒进入前庭沟,再送入口内,消化后的残渣仍经前庭及肛门排出。排泄器官为一对原肾,位于食道周围,以一共同的排泄孔开口在前庭中。胃的上方具有一个分叶的脑神经节,它放射状地发出神经到触手、萼及柄部等处。触手上及萼的边缘具有感觉毛,触手冠对触觉刺激敏感,遇刺激后可缩回到前庭中。

内肛动物的生殖有无性生殖及有性生殖,无性生殖是由葡萄茎或柄部出芽生殖形成群体,有性生殖为雌雄异体或雌雄同体。有生殖腺一对,有短的生殖管,以一共同的生殖孔开口在前庭近肾孔处,体内受精。生殖时雌虫在生殖孔及肛门之间的前庭内分泌一层薄膜,形成孵育室,受精卵在此进行发育并孵化形成一个具纤毛的幼虫,其形态相似于担轮幼虫,幼虫在孵育囊中发育一段时间之后离开母体,经短期游泳之后,固着变态成成体,以后再经萼部及柄部的出芽生殖形成群体。浅海常见的斜体节虫(*Loxosoma*)是单体的内肛动物,这是因为出芽生殖时,芽体形成后很快离开母体,自行附着所致,这是最原始的种类。膝足虫(*Gonypodaria*)柄上具肌肉膨大,形成节状。

内肛动物仅有 150 种,目前一般分为四个科,内容在此从略。

关于假体腔动物的起源与进化显然是一个尚未解决的问题,但可以肯定,它们不是单源(monophyletic)进行的。各成员之间的亲缘关系就更难于确定,动物学家之间也有不同的意见及分类。目前很多动物学家主张把腹毛动物、线虫动物、线形动物、动吻动物及兜甲动物归并为环神经动物,但这种分法也存在问题,例如,腹毛类具有运动纤毛,不蜕皮,雌雄同体,缺乏一个翻吻,所有这些都不同于余下的四类成员,说明腹毛动物应不属于环神经类。也有人将余下的四类合称为蜕皮动物,而腹毛类被认为是在蜕皮动物发生蜕皮现象及失去纤毛之前已分离出来的一支。

在蜕皮动物中很多种类在成虫及幼虫期具有一可伸缩的翻吻,虽然在线虫动物门中只有一个属具有翻吻。一般认为由祖先翻吻动物的一支进化成线虫及线形动物,它们都具有胶原物质的角质层,没有微绒毛,具有纵行的上皮索,体壁没有环肌等,说明它们具有共同的起源,但线虫具有上皮肌肉的咽、放射状对称排列的感觉毛,几乎所有的线虫缺乏翻吻;而线形动物消化道退化,幼虫期具有翻吻,说明它们由共同祖先分道之后各自发展成独立的门类。

动吻动物及兜甲动物都具有几丁质的角质层,没有上皮索,体壁具有环肌及纵肌,它们是单源的并与线虫及线形动物是姐妹关系。

颚胃动物与轮虫动物具有肌肉质的球状咽,其中有咽壁上皮细胞分泌的角质板组成颚,而棘头动物由于消化道的消失,咽及颚也随之消失,因此将这三类归并为有颚动物。特别是在环神经动物,体壁向外分泌有结构的角质层,作为外骨骼,是细胞外的,但在有颚动物,特别是轮虫,棘头动物具合胞上皮,上皮细胞分泌无结构的、很薄的角质层骨片,这些骨片是细胞内的,据此认为有颚动物是同源的一类,但它们之间的关系仍不清楚。

至于内肛动物门分类地位,尚难于最后确定,已如前述。

第八章　软体动物门

软体动物门(Mollusca)是三胚层、两侧对称、具有了真体腔的动物。软体动物的真体腔是由裂腔法形成,也就是中胚层所形成的体腔。软体动物的真体腔不发达,仅存在于围心腔及生殖腺腔中,所以真体腔出现的意义将在环节动物门中论述。

软体动物在形态上变化很大,但在结构上都可以分为头、足、内脏囊及外套膜 4 部分。头位于身体的前端;足位于头后、身体腹面,是由体壁伸出的一个多肌肉质的运动器官;内脏囊位于身体背面,是由柔软的体壁包围着的内脏器官;外套膜是由身体背部的体壁延伸下垂形成的一个或一对膜,外套膜与内脏囊之间的空腔即为外套腔。由外套膜向体表分泌碳酸钙,形成一个或两个外壳包围整个身体,少数种类壳被体壁包围或壳完全消失。这些基本结构在不同的纲中有很大的变化与区别。

软体动物具有完整的消化道,出现了呼吸与循环系统,也出现了比原肾更进化的后肾(metanephridium)。

软体动物种类繁多,分布广泛。现存有 11 万种以上,还有 35 000 化石种,是动物界中仅次于节肢动物的第二大门类。特别是一些软体动物利用"肺"进行呼吸,身体具有调节水分的能力,使软体动物与节肢动物构成了仅有的适合于地面上生活的陆生无脊椎动物。

第一节　软体动物的一般形态、生理及分纲

软体动物包括生活中为人们所熟悉的腹足类如蜗牛、田螺、蛞蝓;双壳类的河蚌、毛蚶等;头足类的乌贼(墨鱼)、章鱼等以及沿海潮间带岩石上附着的多板类的石鳖等。它们在形态上存在着很大的差异,例如,它们的体制或者对称,或者不对称;体表或者有壳,或者无壳;壳或者是一枚,或者二枚或多枚。总之,在形态上没有一类可以代表软体动物的基本模式,作为软体动物的代表动物。但根据现存种类的比较形态学以及胚胎学的研究,还有早在寒武纪就已出现的化石的古生物学研究发现:所有的软体动物还是建筑在一个基本的模式结构上,这个模式就是人们设想的原软体动物(图 8-1),它接近于软体动物的祖先模式,由原软体动物再发展进化

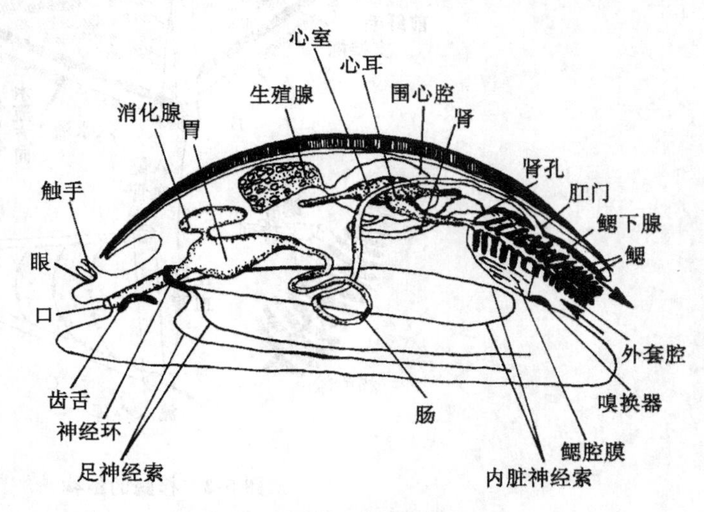

图 8-1　假想的原软体动物

(引自 Hickman CP,1973)

成各个不同的纲。所以原软体动物代表了所有软体动物的基本特征。

人们推测原软体动物出现在前寒武纪，生活在浅海，底栖，身体呈卵圆形（图 8-1），体长不超过 1 cm，两侧对称，头位于前端，具一对触角，触角基部有眼。身体腹面扁平，富有肌肉质，形成适合于爬行的足。身体背面为内脏囊，其中包含全部内脏器官，背部体壁向腹面延伸形成的双层上皮细胞结构的膜，称外套膜（mantle，pallium），它是软体动物特有的器官，覆盖内脏囊，并与内脏囊之间出现了一个空腔，称外套腔（mantle cavity）。外套腔与外界相通，其中有行呼吸作用的鳃以及肛门、肾孔、生殖孔的开口，也提供头、足缩回壳内的空间。身体背面体表覆盖有一盾形外凸的贝壳（shell），保护着整个身体。贝壳最初可能仅由角蛋白形成，称为贝壳素（conchiolin），以后在贝壳素上沉积碳酸钙，增加了它的硬度。贝壳是由下面的外套膜所分泌，外套膜的边缘加厚形成裙边，它不断分泌以增加壳的大小及长度，外套膜的外层上皮细胞可分泌钙质以增加壳的厚度；外套膜的内层上皮，是具纤毛的，围住外套腔，可以分泌黏液。

1. 鳃

原软体动物的呼吸结构为鳃，是由外套膜或体壁向外套腔伸出的一个长轴，即鳃轴（gill axis），并向两侧交替伸出叶状鳃丝所组成（图 8-2A），这种鳃称双栉鳃（bipectinate）。鳃轴中有肌肉、血管和神经。鳃丝（gill filament）的前缘（即腹缘）具有几丁质骨骼支持以增加鳃的硬度。鳃丝之间彼此分离，允许水流通过。鳃在外套腔两侧分别由背腹膜固定位置，因此将外套腔分成了腹面的入水室（inhalant chamber）和背面的出水室（exhalant chamber）。鳃丝表面的

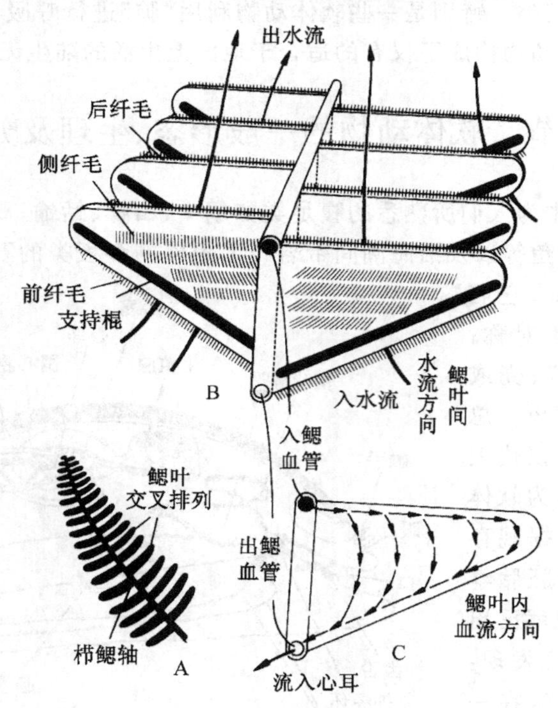

图 8-2 栉鳃的结构

A. 羽状栉鳃的全形；B. 鳃丝结构及水流方向；C. 单个鳃丝示血液流向

（引自 Russell-Hunter WD，1979）

上皮细胞布满纤毛，通过侧面的纤毛的有力摆动使水由腹缘入鳃室流经鳃，再由背缘的出鳃室流出外套腔(图 8-2 B)。鳃丝在水流过程中进行气体交换，在鳃丝前后缘(即背腹缘)也具有纤毛，由鳃丝表面分泌的黏液可将随水流带入的颗粒物质包裹起来，靠前后缘的纤毛扫出水流，以保持鳃丝的清洁，防止堵塞。

氧由鳃到组织的传递是通过血液进行的，鳃轴背缘的入鳃血管(afferent branchial vessel)携带无氧的血到鳃丝进行气体交换(图 8-2C)，再由鳃轴腹缘的出鳃血管(efferent branchial vessel)将含氧的血由鳃传递到心脏，所以鳃中血流的方向正好与水流方向相反，这样更有利于氧的交换。这也是许多水生动物都利用的反向流动机制。

原始的种类可以有许多对鳃，但现存的软体动物多为一对或一个鳃，有的种原始的鳃消失，而代之以次生性鳃。除了鳃表面布满纤毛外，外套膜、皮肤及足都分布有纤毛，靠纤毛运动形成水流，以利于呼吸及捕食，足部的纤毛运动与肌肉的收缩联合构成身体的运动。

2. 取食与消化

原软体动物可能是微食性的，即刮取浅海岩石上生长的藻类或其他有机物颗粒为食。现存软体动物相当多的种类仍保留这种微食习性，当然也有些种取食大的食物。消化道也分为前肠、中肠及后肠；前、后肠内壁有角质层包围，中肠来自内胚层，无角质层。

原软体动物的口位于身体前端，口后为口腔(buccal cavity)(图 8-3A)。口腔后端腹面内陷形成一袋形齿舌囊(radula sac)，齿舌囊底部是一可前后活动的膜带，其上整齐地排列着几丁质细齿，齿尖向后，称为齿舌(radula)，是刮取食物的主要结构。齿舌囊底部有一齿舌软骨以支持齿舌，齿舌及软骨上附着有伸肌(protractor muscle)和缩肌(retractor muscle)，控制齿舌的伸缩。现存软体动物中，除双壳类由于食性改变没有齿舌之外，其他种类均有，因此，它是软体动物所特有的结构。在取食过程中前端的细齿会不断地老化、磨损、丢失，膜带后端的上皮细胞会不断地分泌新齿以补充，其补充的速度一般是每日数排，因种而异，齿舌的细齿数目、形状、排列是分类的重要依据之一。

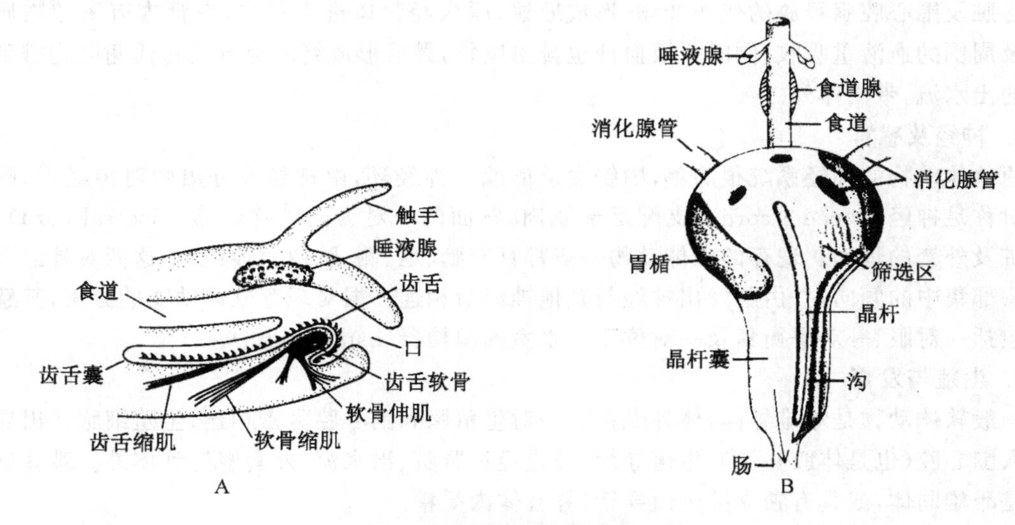

图 8-3 原软体动物的齿舌及胃

A. 头部纵切示齿舌结构；B. 胃的剖面结构

(A. 引自 Store TL，et al，1979；B. 引自 Owen G，1956)

口腔背面有一对或多对唾液腺(salivary gland)开孔,其分泌物不仅可滑润口腔,还可将食进的食物颗粒黏着形成黏液索(mucous string),经纤毛作用传递经食道(esophagus)进入胃。胃为一"梨"形囊,前端膨大,后端细长(图 8-3B),胃内壁前端一侧具几丁质板,称胃楯(gastic shield),具有保护胃壁以免磨损的作用;相对的一侧是具纤毛的嵴、沟,称筛选区(sorting region)。裹有食物的黏液索在筛选区经胃酸作用除去黏性,使食物颗粒游离,并进行筛选:首先区分食物与沙粒;然后食物中细小的颗粒进入胃上端的消化腺(或消化盲囊)(digestive cecum),在消化腺中进行胞内消化及吸收、贮存;较大的食物颗粒在胃中进行胞外消化;不能消化的物质进入胃后端或肠中。胃的后半部细长成长囊状,称晶杆囊(style sac),晶杆囊内壁也有褶皱及纤毛沟,囊中有胶质棒状结构,称晶杆(crystalline style)。晶杆是胃上皮细胞分泌的含消化酶的黏液,它在胃内不停地旋转,也参与筛选作用,而且嵴与纤毛沟直延伸到肠,不能消化的食物及杂质在肠中结合成大块的粪便,通过肠排出。原软体动物的肠虽然很长,但没有消化作用,仅仅是粪粒的贮存部位,肛门位于外套腔背部,粪粒经外套腔出水流排出体外,而不致污染鳃。

3. 体腔和血液循环

原软体动物的体腔很小,位于身体的中背部(图 8-1),它包围着心脏及生殖腺,形成围心腔及围脏腔。围心腔中包括前端的一个心室(ventricle),及后端的一个或一对心耳(atria)。血液由心室流入大血管(aorta),再分支到小血管(arteries)中,最后进入组织间隙形成血窦(sinuses)。血窦一般分头、足、内脏血窦,经血窦血液再汇集到静脉,经过肾排出代谢产物,再经入鳃血管进入鳃,进行气体交换后经出鳃血管又回到心耳及心室,血液这种经过血窦的循环称为开放式循环。血液中含有变形细胞及呼吸色素,其呼吸色素为血蓝素。

4. 排泄

原软体动物的排泄器官为一对后肾,它是一个很大的囊状结构,具有厚的、能分泌及吸收的壁,周围有血窦中的血液包围。后肾两端开口,一端以肾口(nephrostome)与围心腔相通,接受由心脏及围心腔腺释放的代谢产物,形成原尿,原尿经肾口进入肾内,在肾内有用的物质再被肾及周围的血液重吸收,同时肾及血液也排出废物,最后形成终尿经肾孔将代谢废物排到外套腔的出水流,带出体外。

5. 神经及感官

原软体动物的神经系统很简单,围绕食道形成一神经环,由神经环分出两对神经索,腹面的一对称足神经索(pedal cord),支配足部肌肉;背面的一对为内脏神经索(visceral cord),支配内脏及外套的运动。现存的软体动物一般都具有脑、足、侧、脏四对神经节,这四对神经节还有向头部集中的倾向,并由脑发出神经与其他神经节相连。据对现存软体动物的分析,其感官可能包括一对眼、一对平衡囊及一对位于入水室的嗅检器(osphradium)。

6. 生殖与发育

一般软体动物是雌雄异体,体外受精。一对生殖腺和围心腔紧密相连,生殖细胞产出后直接进入围心腔(也是体腔),没有生殖导管,而是经过肾脏、出水流、外套腔排到体外。某些软体动物是雌雄同体,或具有独立的生殖导管,并且体内受精。

原软体动物的胚胎发育可能与现存种类相似,受精卵经螺旋卵裂(spiral cleavage),囊胚孔发育成成体的口,经内陷或外包法形成原肠胚,由原肠胚发育成担轮幼虫(trochophore)。原始种类的卵孵化为担轮幼虫,许多种类的担轮幼虫则被抑制,孵化时为面盘幼虫(veliger larva)，也有的种直接发育。

担轮幼虫(图 8-4)是软体动物、环节动物及其他一些原口动物的特征性幼虫，体呈"梨"形，体表具有 2～3 个纤毛轮，一个在口前环绕身体，称口前纤毛轮(prototroch)；一个在口后称口后纤毛轮(metatroch)，环绕躯干；还有的种在尾端具有一尾纤毛轮(telotroch)；前顶端具有纤毛束称顶纤毛束(apical tuft)。担轮幼虫体内消化道完整，具一对原肾、发达的囊胚腔及中胚层肌肉带等，由担轮幼虫或变态成成虫，或变态成面盘幼虫，再由面盘幼虫在水底变态成成体。

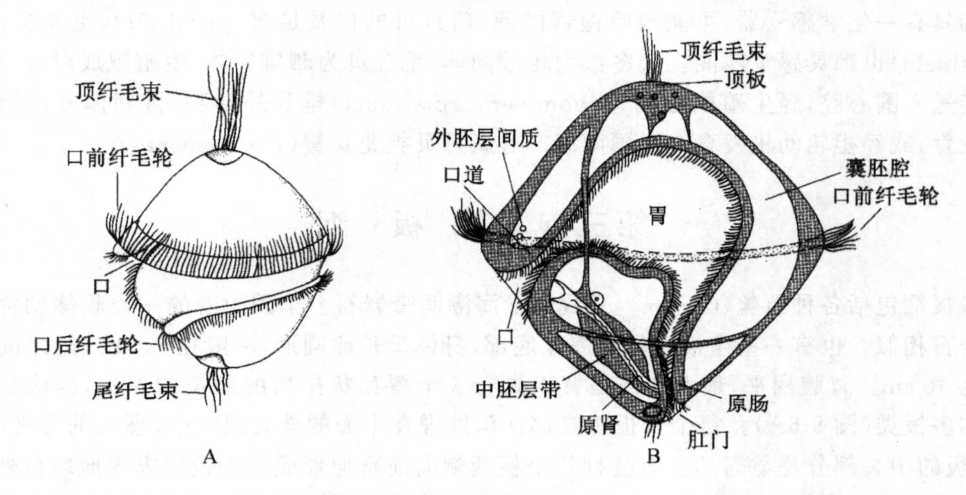

图 8-4　担轮幼虫

A. 外形；B. 内部结构

(转引自 Ruppert EE, et al,2004)

软体动物门可分为七个纲：无板纲(Aplacophora)、多板纲(Polyplacophora)、单板纲(Monoplacophora)、腹足纲(Gastropoda)、头足纲(Cephalopoda)、双壳纲(Bivalvia)和掘足纲(Scaphopoda)。

第二节　无　板　纲

无板纲是一类小型海产蠕虫状软体动物，分布在低潮线以下至深海海底，多数在软泥中穴居，少数在珊瑚礁中爬行生活，仅有 300 种左右，可分为两类：绝大多数种属于新月贝类(Neomeniomorpha)，少数属于毛皮贝类(Chaetodermomorpha)。

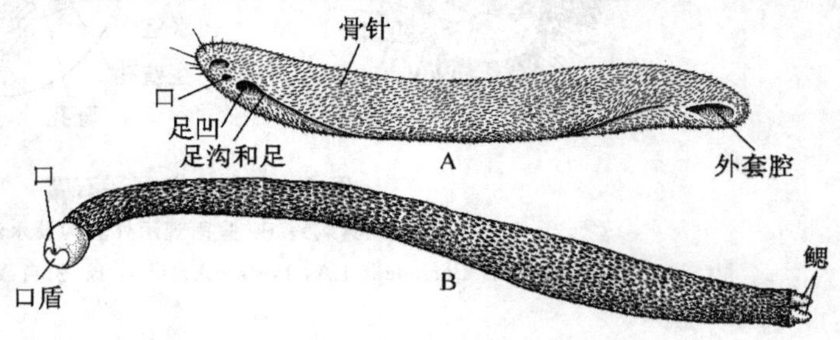

图 8-5　无板纲的代表种

A. 新月贝(*Neomenia*)；B. 毛皮贝(*Chaetoderma*)

(引自 Salvini-Plawen LV,1972)

体长一般小于 5 mm，最大的可达 30 cm。身体细长或肥厚(图 8-5)。一般软体动物的典型结构划分，头、足、内脏囊及外套膜无板纲均不明显，体表无贝壳，背部体壁为外套膜，体壁的上皮细胞分泌有无数角质及钙质的骨刺或骨针覆盖全身。背部外套膜向腹缘延伸并卷曲形成足沟(pedal groove)，在沟中有脊状物，实为足，具纤毛，用纤毛运动。外套腔位于后端，具肛门及生殖孔开口。毛皮贝足消失，外套腔中有一对具纤毛的双栉鳃；新月贝原鳃消失，消化道完整，具齿舌，某些毛皮贝具晶杆囊及胃楯。具心脏，可能某些上皮腺细胞具排泄功能。神经结构相似于原软体动物，头部具脑神经环，有两对纵神经索，即脏神经索及足神经索，神经索之间有横的神经相连，在身体的背后端具有一化学感受器，可能与嗅检器同源，新月贝的口及足窝(pedal pit)、毛皮贝的口盾(oral shield)也都具感觉功能。大多数为雌雄同体，毛皮贝为雌雄异体，生殖腺成对，产生的配子直接送入围心腔，经生殖围心腔管(gonopericardial duct)排到外套腔，再到体外；受精卵或直接发育，或经担轮幼虫发育。我国南海产有新月贝类龙女簪(*Proneomenia*)。

第三节 多 板 纲

多板纲包括各种石鳖(*Chiton*)，是我国沿海潮间带岩石上牢固附着的一类软体动物，体色常与岩石相似。也有一些生活在较深海水底部，身体呈长卵圆形，一般在 3～12 cm 之间，最大的可达 40 cm。背腹扁平，最大特征是背面具有 8 个覆瓦状排列的横宽的壳板，构成其外壳，因此称多板类(图 8-6A)。每个壳板边缘都深深地埋在下面的外套组织中，埋入的深度因种而异，但板的中央部分是显露的。有的种每个板两侧向前延伸形成插入板更牢固地埋在外套中。壳板下为外套膜，很厚，遮盖身体背面，超过壳的侧缘，表面具有一薄层角质层，光滑或具有棘，其腹缘在身体两侧形成两个沟，即为外套腔；在外套腔中有生殖孔、肾孔及 6～88 对双栉鳃；左、右外套腔在后端中央汇合处有肛门。

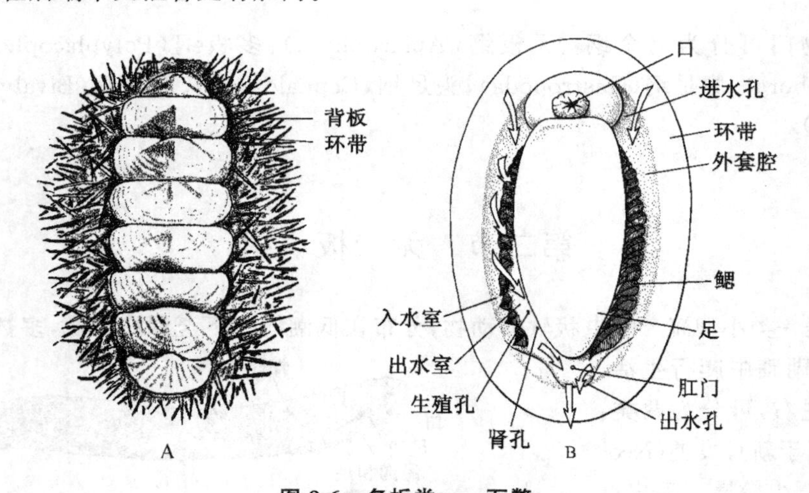

图 8-6 多板类——石鳖

A. 外形(具刺)；B. 腹面观示外套沟及水流方向

(A. 引自 Borradaile LA，Potls FA，1959；B. 引自 Yonge CM，1939)

多板类头不明显，口位于前端腹面(图 8-6B)，口后为扁平、宽阔、肌肉质的足，几乎占据了身体整个腹面。足主要用于附着及运动，可以牢固地附着在岩石表面，当遇到刺激时，身体边缘的外套膜也参加附着，人们很难将它从岩石上剥离下来。但是当趁其不备，很快将足推离下来时，由于壳板的重叠排列，身体常卷曲成球形以防卫。由于足部具发达的肌肉，可以靠肌肉的收缩波在水底爬行。多板类很少运动，负趋光性，只有在夜间潮汐平静时，才进行缓慢的觅食运动。

多板类呼吸用鳃，成对的栉鳃由前向后成行地排列在外套腔中，由于外套边缘也附着在基底，使外套腔形成完全密闭的室，鳃由顶端悬垂下来将外套腔分隔成侧入水室和中出水室。在外套腔前端，外套膜略微抬起形成入水孔，水由前向后流动，并穿过鳃，进行气体交换(图 8-6B)，进入出水流，继续向后流动，最后在足的末端，左右出水流汇合经出水孔流出外套腔。水的流动是由鳃及外套腔表面的纤毛运动引起的。

多板类主要是微食性动物，用齿舌在岩石表面刮取藻类，同时也伴随吃进许多沉积物或沙粒。也有的种可取食大的食物颗粒，或为肉食性的，因种而异。口腔中齿舌很长，齿中有镁、铁等矿物质掺入以增加齿的硬度，便于连续刮取。取食时齿舌腹面有一舌状物称亚齿舌(subradula)，先伸出寻觅食物，发现食物后再伸出齿舌取食。口腔中有唾液腺将食物液黏成食物索，食道中也有食道腺，可分泌淀粉酶，没有典型的晶杆囊，胃也有消化盲囊，可分泌蛋白水解酶，几乎完全是胞外消化。胃后为肠(图 8-7A)，肠的前端也有一定的消化作用，肠很长，在后端可形成粪粒。肛门位于足后端中线上，排出的粪粒被出水流带出体外。

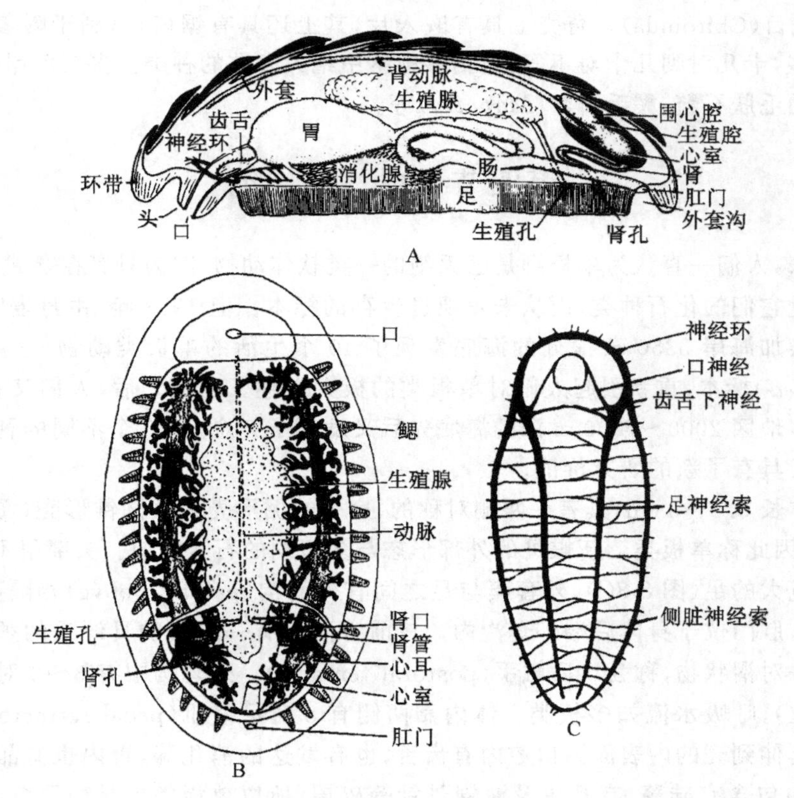

图 8-7 石鳖内部结构

A. 纵剖面；B. 腹面观；C. 神经系统

(A. 引自 Store TL,1979；B. 引自 Lang A,1894；C. 引自 Parker TJ，et al,1951)

多板类的围心腔位于身体后端第 7～8 壳板之下(图 8-7B)，其中包括一个心室及一对心耳，由心室向前伸出背动脉，进入血窦，亦为开放循环。经血窦及鳃由出鳃血管回到心耳、心室。排泄器官为一对后肾，囊状或腺体状，肾口通围心腔，肾孔开于外套腔。

多板类神经系统与原软体动物相似，没有神经节，围绕食道具有一神经环（图8-7C），由神经环分出两对神经索，一对为腹面的足神经索，一对为侧脏神经索，它们之间也有横的神经相连，故也呈梯状，与无板类相似。感官主要是亚齿舌和微眼（aesthete），后者是由位于壳板上的一群上皮细胞形成的，管状，具有感觉及分泌的功能，由于有的种在其中包括有小眼，所以推测具有感光的功能，这是多板类特有的一种感官。此外，外套膜也包含有机械及化学感受细胞，嗅检器一般位于入水室。

多板类为雌雄异体，单个的生殖腺位于围心腔前端背中部，生殖细胞成熟后，由独立的生殖导管开口在外套腔出水流肾孔的前端，生殖细胞不再经过肾管或围心腔管排出。不发生交配，受精作用发生在海水中或雌体外套腔中。卵单个产出，或黏成束状，经螺旋卵裂、担轮幼虫期发育成成体，没有面盘幼虫期；少数种的卵在外套腔中孵育，直接发育。

多板类约有800多种，另有约350种化石种，全部海产，根据背部壳板可以分为两个目。

(1) 鳞侧石鳖目（Lepidopleurida）。贝壳缺乏嵌入片，不插入外套膜中，体长小于1 cm，鳃的数目较少，主要生活在深海中，如鳞侧石鳖（*Lepidopleurus*）。

(2) 石鳖目（Chitonida）。背壳上具有嵌入片，其上还具有锯齿，以利于附着在外套膜中。鳃的数目较多，十几对到几十对不等，包括多板纲中绝大多数的种类。多在沿岸生活，例如，我国沿海常见的毛肤石鳖、鬃毛石鳖（*Mopalia*）等。

第四节 单板纲

长期以来，人们一直认为单板纲是已灭绝的一类软体动物，因为只有在寒武纪及泥盆纪的地层中发现过它们的化石种类，而从未发现过生存的标本。但1952年，由丹麦“海神号”调查船在哥斯达黎加海岸3350 m深处的海底发现了10个生活的单板类动物——新蝶贝（*Neopilina galathea*）标本，重新引起人们对单板类的极大兴趣。在此之后，人们又在太平洋及南大西洋等许多地区2000～7000 m深的海底先后又发现了3个属20个不同的种，使这种原始的软体动物又具有了新的研究价值。

新蝶贝体长0.3～3 cm，具有一两侧对称的、扁平的椭形壳或矮圆锥形壳（图8-8A，B），壳顶指向前端，因此称单板类。新蝶贝的外部形态与多板纲的石鳖相似。头部很不发达，身体腹面具有扁平宽大的足（图8-8C），外套膜与足之间有外套沟（pallial groove）相隔离。口位于腹面、足的前端，肛门位于身体后端外套沟内。口前方两侧有一对大的具纤毛的须状结构，称缘膜。口后是一对褶状物，称为口后触手（postoral tentacle）。外套沟中有3～6对单栉鳃（鳃轴的一侧具鳃丝），呼吸水流如多板类。体内靠两侧有8对足缩肌（pedal retractor muscle）（图8-8D），从足延伸到壳的内表面。口腔内有齿舌，也有发达的消化腺，胃内也有晶杆和晶杆囊，胃的内含物中包含有硅藻、有孔虫及海锦骨针等碎屑，所以单板类也是微取食者。肠高度盘旋，肛门开口在身体后端。

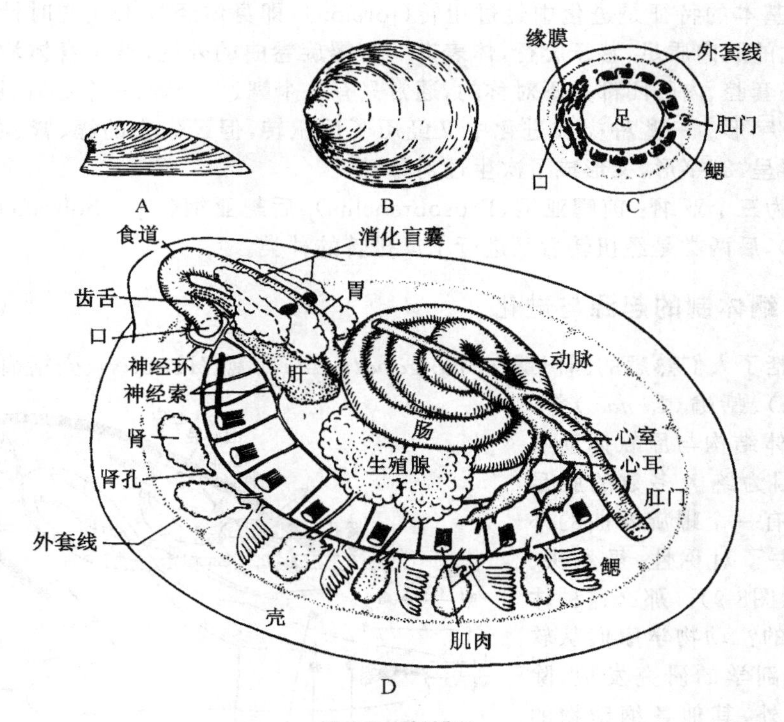

图 8-8　新蝶贝

A. 侧面观；B. 背面观；C. 腹面观；D. 内部结构

(引自 Lemche H，et al,1959)

单板类体腔包括生殖腺腔及围心腔，心脏位于后端的围心腔中，直肠穿过围心腔将心室分成左右两部分，两边的心室抽吸血液形成前大动脉再进入血窦。

单板类具有 3、4 或 6 对后肾，多对肾孔开口在外套腔。神经结构相似于无板类及多板类，脑神经节不发达，有围食道的神经环，有足神经索、脏神经索各一对，也呈梯状。没有眼及嗅检器，但亚齿舌及一对平衡囊是存在的，位于身体前端。

单板类均为雌雄异体，具两对生殖腺并位于身体中部的生殖腺腔中，各通出一生殖导管，并与中部的两对后肾相连，因此生殖细胞仍是通过肾孔排出。行体外受精，由于深海生活，其发育及生态均不了解。

单板类有楯形壳，爬行足，头分化不明显，具齿舌、鳃、肾及足部肌肉的重复排列，都说明它的原始性，同时壳的结构不同于多板类而相同于腹足类、头足类及双壳类，因此很多动物学家都认为单板类可能是后几类动物的祖先。

第五节　腹　足　纲

腹足纲是软体动物中最大、最具有多样性的一个纲，包括有 75 000 种生存种及 15 000 种化石种。腹足纲分布广泛，在海洋中从漂浮生活到不同深度、不同性质的海底以及各种淡水水域都有它们的踪迹，特别是腹足纲中的肺螺类是真正征服陆地环境的种类。在动物界中仅有脊椎动物、节肢动物及软体动物的腹足纲能在地面上生活。

腹足纲最基本的特征是进化中经过扭转(torsion),即身体经过180°逆时针方向的扭转,头明显,具发达的肌肉质足,善于爬行,体表有一个螺旋卷曲的外壳,整个身体均可缩回壳内。由于扭转壳、外套腔、内脏团都是不对称的,通常只有一个鳃、一个肾、一个心耳,脑脏神经在扭转的种类呈"8"字形。一些种类在进化中又经历了反扭转,但已失去的鳃、肾、心耳等不再恢复,神经却不再呈"8"字形,又形成了次生性对称。

腹足纲分为三个亚纲:前鳃亚纲(Prosobranchia)、后鳃亚纲(Opisthobranchia)及肺螺亚纲(Pulmonata),后两类是经扭转后又进行了反扭转的种类。

一、腹足纲体制的起源与进化

腹足纲包括了人们熟悉的圆田螺(*Cipangopaludina*)、鲍(*Haliotis*)、壳蛞蝓(*Philine*),蜗牛(*Fruticicola*)、蛞蝓(*Limax*)等,这些动物的身体结构与原软体动物有很大不同,因为绝大多数的腹足纲动物体外都有一个螺旋卷曲的外壳,内脏囊失去了对称性,虽然头、足仍保留对称(图8-9)。那么这种体制是如何形成的?动物学家们从软体动物比较解剖学的研究发现,除了腹足类动物外,其他各纲动物的体制都是对称的;古动物学家从化石的研究也发现,从寒武纪早期的地层中发现的某些腹足类动物的贝壳也是对称的,例如,一种化石腹足类 *Strepsodiscus*(图8-10A,B),它的壳对称呈平面盘旋。人们在研究了腹足类的胚胎发育后发现,腹足类的担轮幼虫也是对称的,而到了面盘幼虫后,身体突然出现扭转,随后是一个不对称的生长过程(图8-10C),最后成体变成了不对称的体制。因此,从比较形态学、古动物学及发生学的研究都证明了腹足类动物早期的体制还是两侧对称的,而以后大多数种类的不对称是在进化过程中形成的。

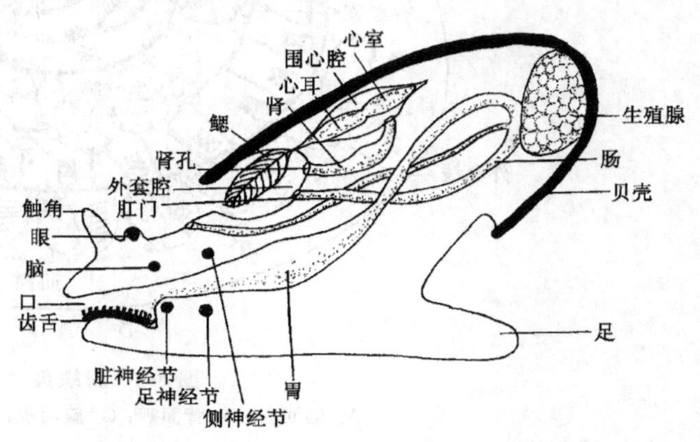

图8-9 腹足类的模式结构

(引自张玺,等,1955)

人们推测腹足类是由单板类祖先进化形成,经过一系列的过程包括壳和内脏团的延长、盘旋、扭转和螺旋卷曲而不断地进化形成。这其中最根本的改变是扭转,它在外表上看不见,但内脏团的极性发生改变深刻地影响了体制,再加上盘旋后不对称的生长,就造成了腹足类的不对称体制。

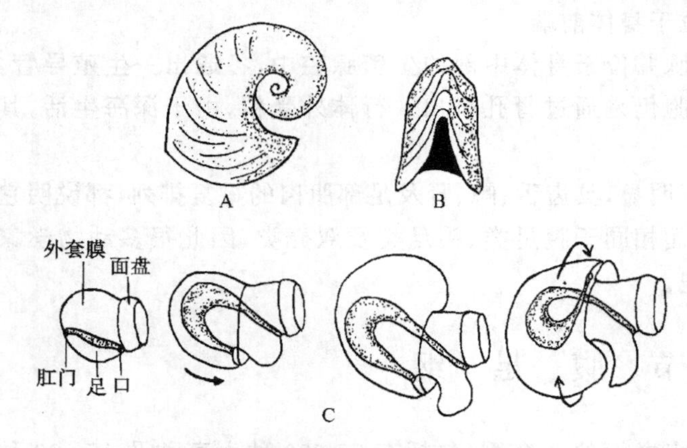

图8-10 原腹足类化石及胚胎扭转

A. *Strepsodiscus* 侧面观;B. 正面观;C. 腹足类胚胎扭转的模式图

(A,B. 引自 Knight JB, et al,1960;C. 引自张玺,齐钟彦,1955)

如前所述单板类的壳是对称的,低锥的楯板状壳盖在身体背面以保护下面的软组织，但它的低剖面没有为动物惊恐时头、足缩回体内提供任何空间。在进化中随着内脏团的延伸，壳的高度增加，壳口不断缩小，使壳逐渐成为长圆锥形，口和肛门依然留在壳外，消化道弯曲成"U"形(图 8-11)，胃及内脏团留在壳内，并离开头足纵轴。随着壳及内脏团的不断延伸、增高，水流的出入及物质的传递也不畅，以及维持身体重心的需要，最后出现了壳在同一平面上的盘旋卷曲，形成轮状，但仍是对称的，后形成的轮完全包围先形成的轮。在最早出现的腹足类化石中就有这种壳(图 8-10A,B)，现存的活化石头足类的鹦鹉螺(*Nautilus*)就是平面盘旋的壳；但这种壳直径很大，并垂直于体轴，不仅脆弱也不便于携带，壳的重心也在头上，外套腔仍位于身体后端(图 8-11A,C)。

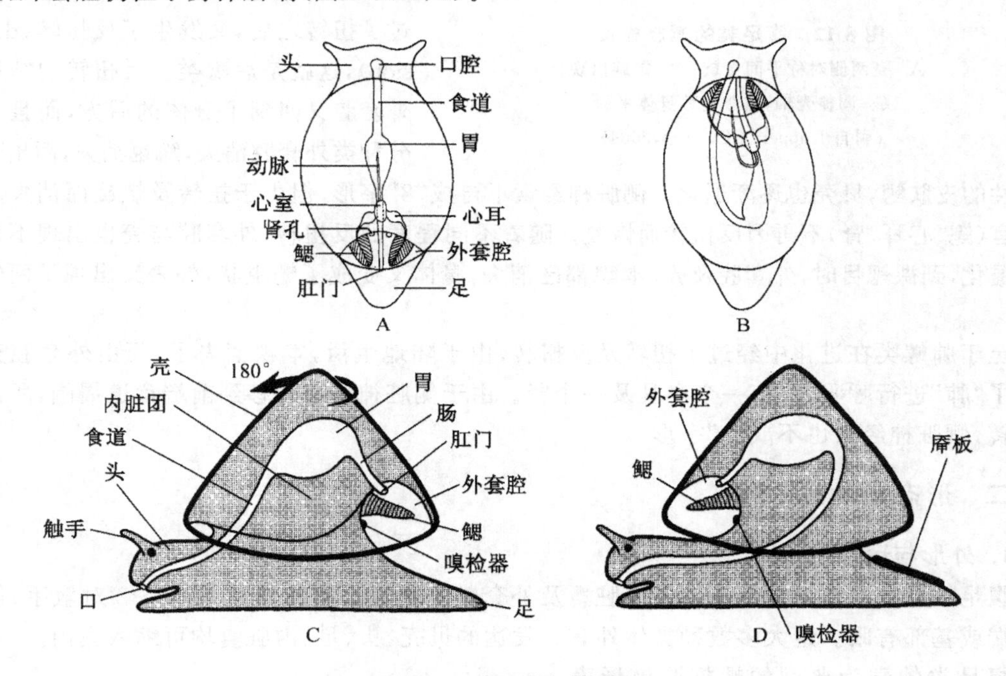

图 8-11 腹足类扭转效应

A,C. 扭转前单板类祖先；B,D. 扭转后早期腹足类。A,B. 背面观；C,D. 侧面观

(A,B. 引自 Graham A,1971；C,D. 引自 Fretter V,1994)

随后腹足类在进化中出现了扭转，它是指内脏团、壳、外套腔都以 180°方向旋转，头、足不受影响。扭转仅是方向及极性的改变，结果位于身体后端的外套腔、鳃、肾、肛门都移到了前端(图 8-11B,D)，平行的侧脏神经索也因扭转而成"8"字形，胃也移到了后端。扭转的过程在腹足类个体发育中得到重现，例如，担轮幼虫及面盘幼虫初期都是两侧对称的，但面盘幼虫后期却经历了扭转过程(图 8-10C)，形成不对称。显然，扭转后外套腔移到前端，为头、足在紧急情况下缩回壳内提供了空间，与之同时进化的还有在足的后端出现了一个厣板(operculum)，当头、足缩回壳内以后可以完全封闭壳口，使身体处于安全境地；另外，外套腔及鳃移到身体前端便于水的流通及呼吸作用，嗅检器移到前端可以更有效地检测水质及环境，同时使内脏团及壳处于一个更适当的位置。

由于扭转仅是内脏团及外套腔极性改变，平面盘旋壳的问题仍然存在，腹足类在进化中又出现了螺旋旋转，即壳沿中心轴由上向下螺旋盘旋、螺层重叠，这样壳的直径减小，而容积不

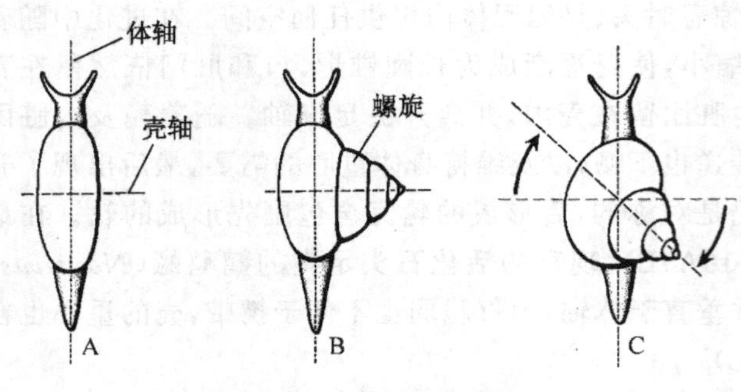

图 8-12 腹足类的螺旋旋转

A. 壳两侧对称平面盘旋；B. 螺旋出现；
C. 调整壳轴，重心前移身体平衡
（引自 Ruppert EE，et al，2004）

变，壳又成矮圆锥形。壳的硬度增强，壳轴倾斜于身体的长轴，使内脏团及壳的重心移到近前端而利于运动（图 8-12），同时在螺旋盘旋中一侧的鳃、肾、心耳等器官发育受阻直至消失，最后形成腹足类不对称的体制。前鳃类就如此。

还有一些腹足类动物在进化中经过了扭转之后，又发生了反扭转（detorsion），这就是后鳃类。反扭转的结果使外套腔又回到了身体的后方，而且大部分种类外套腔消失，鳃也消失，而出现了次生性的皮肤鳃，贝壳也逐渐退化。侧脏神经索不再成"8"字形，但由于扭转及螺旋而消失的一侧器官（鳃、心耳、肾）不再因反扭转而恢复。随着不同程度的反扭转，外套腔与壳也出现不同程度的退化，到裸鳃目时，外套腔及壳、本鳃都已消失，身体又变成了蠕虫状，外表又出现了两侧对称。

至于肺螺类在进化中经过了扭转及反扭转，由于陆地生活，本鳃消失了，而由外套腔充血变成了"肺"进行呼吸，只有一个心耳及一个肾。由于侧脏神经节都移到前端食道周围，所以虽经扭转，侧脏神经索也不成"8"字形。

二、形态与生理

1. 外形与运动

腹足纲动物身体也分为头、足、内脏囊及外套膜 4 部分。头部发达，具 1～2 对触手，触手的顶端或基部有眼。绝大多数种类体外有一发达的贝壳，头、足、内脏囊均可缩入壳内。

腹足类的壳为典型的螺旋圆锥形壳（图 8-13），壳尖细的一端称壳顶（apex），是壳最先形成的部分，成长后常磨损丢失，由壳顶围绕中心壳轴（columella）连续放大形成直径逐渐增大的螺形环，称为螺层（whorl），最后形成的一个螺层体积最大，称为体螺层（body whorl），其向外的开口即为壳口（aperture），头、足可由壳口缩入壳中。除体螺层之外，其他螺层称螺旋部（spire）。许多海产螺由壳口外翻，形成外唇（out lip）与内唇（inner lip）。壳表面有许多与壳口平行的细线称生长线（grow line）。各螺层之间的交界线称缝合线（suture）。也有的种类壳口的前缘具水管凹陷（siphonal notch），或壳轴基部内陷形成脐（umbilicus）。如果以壳顶向前，壳口面向观察者，壳口在壳轴的右侧，则称为右旋壳（dextral shell），壳口在壳轴的左侧，称左

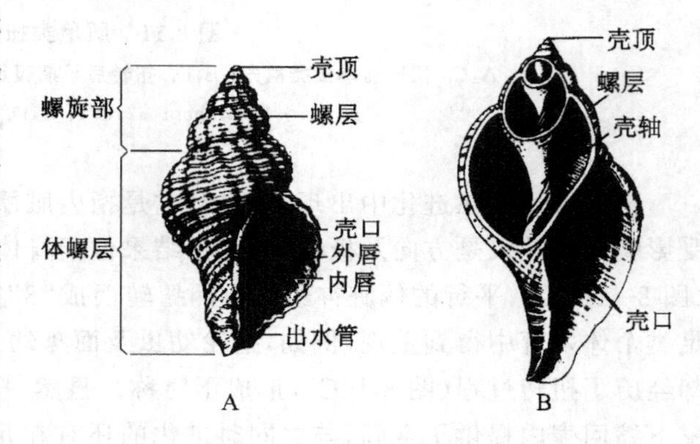

图 8-13 腹足类的壳

A. 外形；B. 纵剖面
（A. 引自 Turner RD，1966；B. 引自 Ruppert EE，et al，2004）

旋壳(sinistral shell)。大多数腹足类动物为右旋壳。少数种为左旋壳,也还有少数种同时具有右旋壳个体与左旋壳的个体。

腹足类头、足撤回壳内是靠一对(原始种类)或一个(大多数种类)轴柱肌(columellar muscle)控制的,它同源于足缩肌,一端起源于中心壳轴,一端连于足厣板。大多数前鳃类具厣板,它或为角质,或沉积有钙,当头、足缩回后靠厣板封闭壳口。

腹足类的壳常具有美丽的颜色,这是由于壳在形成时其中沉积有大量来自食物或自身合成的色素。另外,腹足类的壳因种不同,在形状、花纹及壳面装饰上表现出多样性,其多样性不胜枚举。例如,有的壳螺旋部不显著,成年的壳仅有体螺层极度膨大,如鲍(*Haliotis*);有的壳形又表现出两侧对称,如蝛(*Limpet*);有的壳面长出骨刺,如骨螺(*Murex*);有的壳完全埋在外套膜中,如壳蛞蝓;有的壳完全消失,如海牛(*Doris*)等。

腹足类具有宽阔、扁平及多肌肉的足,底部具蹠面,适于爬行及在不同的基底上运动。大多数种类蹠面具有纤毛及腺细胞或腺体。其运动常与形态、生活环境及生活方式相关。例如,一般壳的螺旋部低平,在岩石上附着生活的种类不善于运动;具有高螺旋部平行或倾斜于背部的壳,多为沙底生活的种类,一般较善于运动。许多海产种类,壳面上还有棘、刺等装饰物,以利于固着身体在泥沙中的位置。大多数地面或水底爬行的种类,是以足部肌肉的收缩来推动身体前进。例如,大蜗牛(*Helix*)运动时是先由足部的纵肌收缩,收缩到最高峰时,足底局部抬起离开地面,随后纵肌松弛,抬起的部分落回地面(图 8-14A),这样便前进一步,如此的收缩

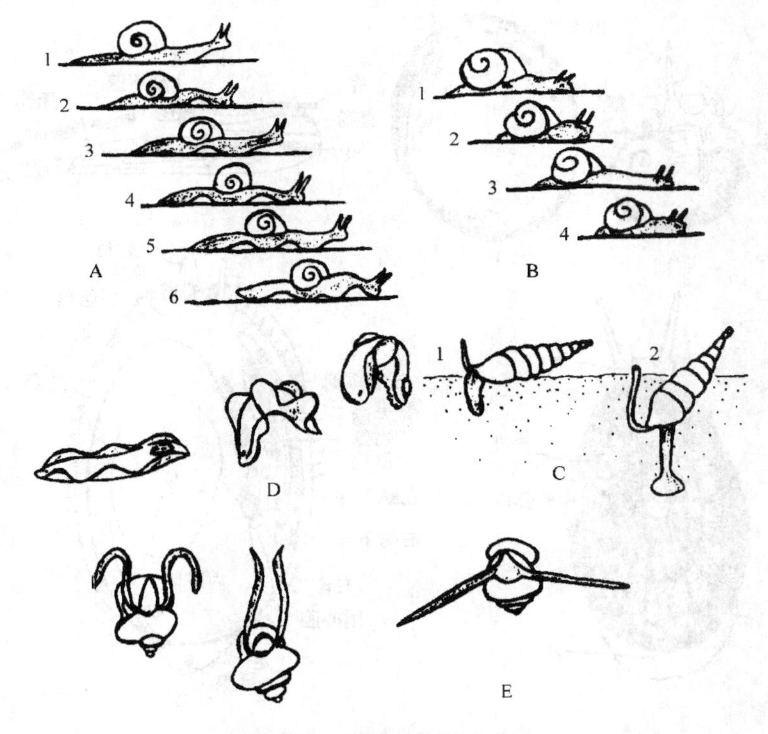

图 8-14 腹足类的运动方式

A. 足部肌肉收缩推动前进,如大蜗牛;B. 足部纤毛的滑行运动,如蜗牛、椎实螺;C. 穴居种类的挖掘运动,如笋螺;D. 身体侧缘交替收缩的游泳运动,如六鳃螺(*Hexabranchus*);E. 足特化成翼的游泳运动,如螔螺(*Limacina*)

(引自 Morton JE,1967)

波可以在足的局部范围内进行，也可在足的全长内发生，也可以左右交替收缩前进。纵肌的收缩由后向前推动身体前进，所以伸缩波与运动波方向一致。也有的种类靠足部伸肌伸长，然后横肌收缩从而拖曳身体前进，这样的伸缩波与运动方向相反。一些生活在软质沙底的小型种类，可以靠足部纤毛运动推动身体前进，例如蜗牛、椎实螺(*Lymnaea*)等，其足部有丰富的腺体或腺细胞，它的分泌物在地面或植物上形成一层薄膜，再靠纤毛的摆动在薄膜上滑行(图 8-14B)，像扁形动物一样。还有一些在沙中穴居的种类，运动时靠足部充血形成犁或锚，然后拖动身体前进(图 8-14C)，如笋螺(*Terebra*)。还有一些水生后鳃类靠身体侧缘的波状收缩(图 8-14D)，或足部特化成翼(图 8-14E)在水中游泳运动。

2. 水流与气体交换

在腹足纲动物中，绝大多数在水中生活、少数陆生。水和气体不断地进入及排出体内、进行气体的交换，完成代谢作用。各种腹足类动物由于扭转，外套腔的部位、鳃的结构等不同，水流(或气流)经过身体的途径以及交换的方式也各不相同，这种区别在一定程度上反映了腹足类的进化水平。

腹足纲的前鳃类是比较原始的，是最先出现身体扭转的一类。其中原始的种类，例如，原始腹足目(Archacogastropoda)还具有一对鳃，鳃均为双栉状(即鳃轴的两侧均有鳃丝)。由于身体的扭转，外套腔移到了身体的前端，水由前端流入经过外套腔时，鳃在此进行气体交换，并将代谢产物等排出物随水流带出体外。为了避免排出物对头部及口的污染，一些种类在外套膜及壳的

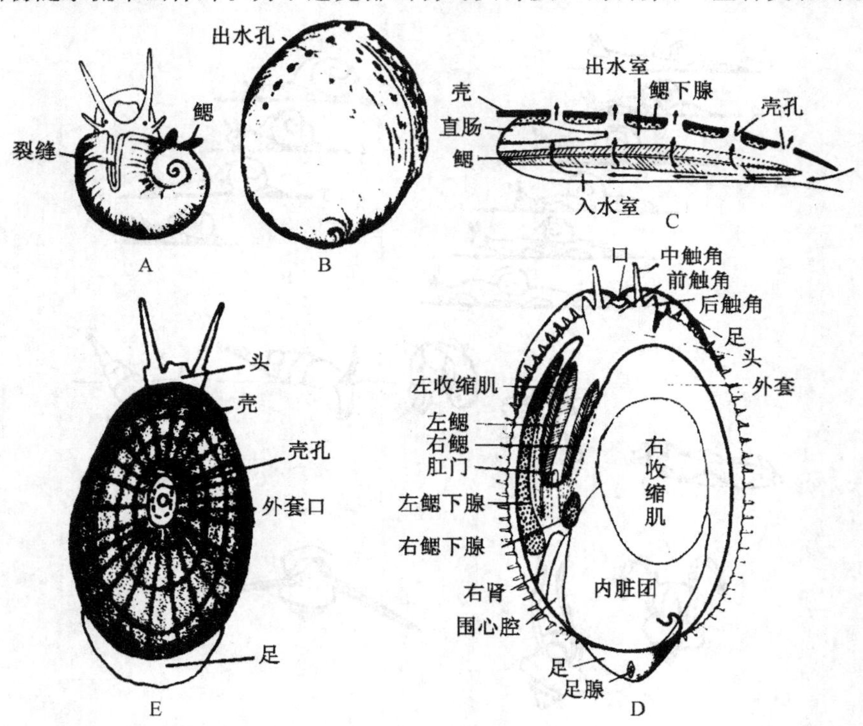

图 8-15 原始腹足目的水流方式

A. 小裂螺示壳裂缝；B. 鲍外形；C. 鲍的纵剖面示水流过程；
D. 鲍的外套腔示水流过程；E. 钥孔蝛示壳的中央出水孔
(A,B. 引自 Barnes RD,1980；D. 引自 Bullough WB,1958)

前缘中背处出现裂缝,例如,小裂螺(*Scissurella*)(图 8-15A),其肛门及肾孔开口在裂缝处,以避免污染。又如潮间带生活的鲍(图 8-15B～D),它是以外套膜及宽阔的楯形壳上形成一列小孔以代替小裂螺的裂缝,其外套腔位于身体的左侧,鳃位于小孔之下,肛门及肾孔紧贴小孔,水流经过鳃之后再将排出物带走(图 8-15C)。钥孔蝛(*Diodora*)(图 8-15E)具有一个次生性对称的圆锥形壳,壳顶上有一小孔,外套膜由小孔处突出形成一水管,作为水流的出口(图8-16A)

蜒螺(*Nerita*)具螺旋形外壳,但只保留了左侧的双栉鳃,水流由左侧流入外套腔,经鳃后再由右侧流出(图 8-16B),肛门及肾孔开口在右侧外套膜边缘,排出物直接由出水流带走。这种由一侧流入、一侧流出并倾斜于身体的水流方式能很好地解决了代谢产物的污染问题,因此大多数的前鳃类动物具有这种水流方式。以上列举的这几种动物的不同水流方式,都属原始腹足目,它们主要限制在岩石表面生活,这与其鳃的结构相关。它们的鳃与原软体动物相似,鳃的背、腹面均有悬浮的膜以固定鳃在外套腔中的位置,鳃也都有较大的表面积,在水流通过时易于造成水流中颗粒物质的沉积而有碍鳃的呼吸,因此原始腹足目仅能生活在水流清洁、通畅的潮间带岩石的表面,而沉积物较多的软泥海底是找不到它们的分布的。

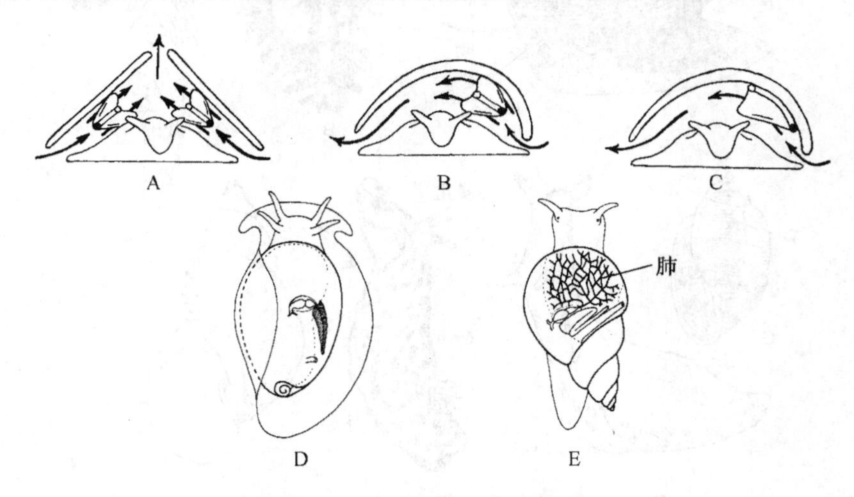

图 8-16　腹足类鳃与外套腔的进化

A. 原始腹足类具两个双栉鳃；B. 具一个双栉鳃；C. 新腹足类具一个单栉鳃；
D. 后鳃类鳃与外套腔减小或退化；E. 肺螺类鳃退化,外套腔充血形成肺
(引自 Ruppert EE,2004)

在前鳃亚纲中,原始腹足目仅是少数种类,绝大多数的种还是属于中腹足目(Mesogastropoda),例如圆田螺(图 8-17A),还有新腹足目(Neogastropoda),例如骨螺(图 8-17B)。在这两目中原始的双栉鳃已大部分消失(中腹足目中还有少数种保留),而代之以单栉鳃(unipectinate)(仅鳃轴的一侧具有鳃丝)(图 8-16C),另外,外套膜前端延伸并卷拢形成水管(siphon),特别在新腹足目,更为普遍,它们可以通过出水管将代谢物带走,水流在体内仍保持着与蜒螺等相似的倾斜水流,这种鳃的结构、水管及水流方式适合于沙质水底表面生活或穴居。大量的海产前鳃类都是这种生活方式,极少数的种类侵入淡水甚至陆地。总之,凡是淡水生的皆为单栉鳃,倾斜水流,如果侵入陆地则鳃消失而由外套膜进行皮肤呼吸,并有厣板减少水分的丧失。

后鳃类来自于前鳃类,在进化过程中,由于它们又经过了反扭转,其外套腔又移到了身体的右侧或靠近身体的后端(图 8-16D),这样由于外套腔移到身体前端所带来的污染问题也就

不存在了。虽然反扭转的原因尚不清楚,但由反扭转而出现的一种趋势是明显的,即壳逐渐减少及丢失,外套腔及鳃也退化及消失,身体由不对称又重新出现了两侧对称。在最原始的后鳃类,例如,捻螺(*Acteon*)(图 8-17C)仍具有圆锥形壳,仍有一单栉鳃,它的水流及呼吸方式仍类似于前鳃类。在较高等的海兔(*Aplysia*)(图 8-17D),其壳减小被包在外套膜中,外套腔及鳃仍然存在,但大大减小。而裸鳃目动物中,例如,蓑海牛(*Aeolis*)(图 8-17E)的壳、外套腔、鳃均已消失,而代之以身体的皮肤形成许多突起,形成一种次生性的皮肤鳃也称为裸鳃(cerata),以进行呼吸。这种皮肤鳃有的像蓑海牛一样是分布在身体整个背面,有的分布身体的某一定部位,如舌尾海牛(*Glossodoris*)(图 8-17F)的这种鳃是在身体后端背面围绕肛门分布,总之,裸鳃目动物的本鳃消失,代以皮肤鳃进行呼吸。

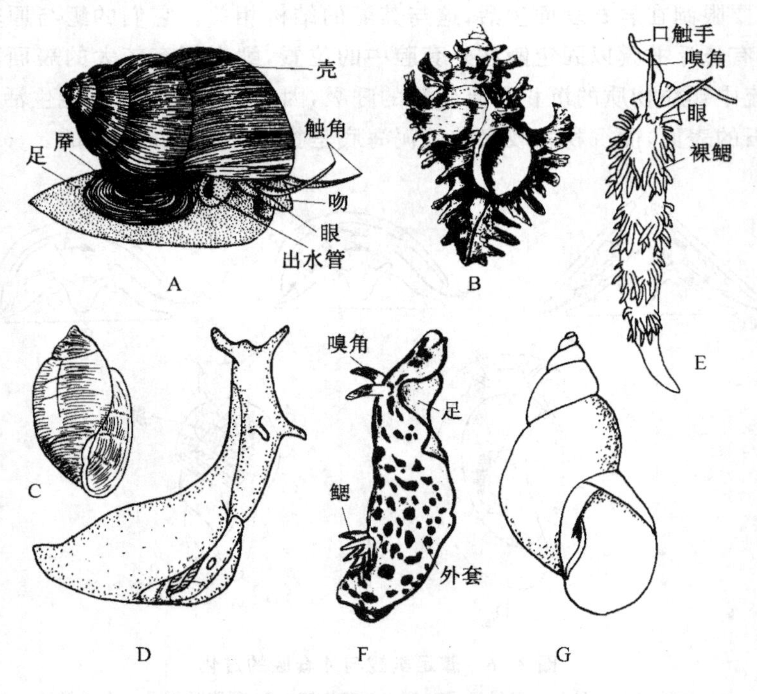

图 8-17 腹足类的一些代表种

A. 圆田螺; B. 骨螺; C. 捻螺; D. 海兔; E. 蓑海牛; F. 舌尾海牛; G. 椎实螺

肺螺类许多种在胚胎期中有厣板而成年期无厣板,由此可知此类是来自前鳃亚纲,并包括相当多成功的陆生及淡水生活的种类。它们大多数为右旋壳,除了身体右侧有外套膜形成的一个气孔(pneumostome)之外,外套腔已完全封闭(图 8-16E)。本鳃消失,而是由外套膜壁高度充血形成血管网。所谓"肺",其实是靠外套膜底部的搧动以造成气体在外套膜腔中的流通,肺螺类即用这种方式进行气体交换,吸收空气中的氧,即使水生种类也是如此。

肺螺类中仅有很少的种是海产的,且多生活在潮间带或河口处,多数种类分布在亚热带及温带地区的陆地及淡水中。低等的肺螺类,如基眼目的椎实螺(图 8-17G),为水生的种类,但它们不能吸收溶于水中的 O_2,而必须周期性地到水面上进行气体交换,用外套膜形成的水管伸到水面,交换气体后关闭气孔而沉入水下,在水下停留几分钟到十几分钟,时间长短因种而异,然后再浮到水面上。还有的水生种类可以在气孔处由外套膜褶皱形成次生性的鳃进行呼吸,例如,扁卷螺(*Planorbids*)就是这样。在较高等的柄眼目,例如,大蜗牛(图8-14A)及蛞蝓等,它们是陆生种类,壳很薄,其外表有较完整的角质层,具有很好的拒水性,壳均为小型,直径小于1 cm,但也有些种的壳完全包埋在外套膜中或完全消失,而仍有气孔,例如,蛞蝓的壳已退化成为极薄的石灰质板。甚至有些种外套腔、贝壳完全退化消失,例如,海滨生活的石蟥(*Oncidium*)。总之,陆生的肺螺类多生活在石块、树皮下或潮湿的地面,气孔也经常关闭,以避免由于呼吸作用而使体内水分散失。当气候干燥或炎热的季节,它们甚至躲在阴湿的环境下分泌黏液封闭壳口,以度过恶劣环境。除了肺螺之外,前鳃亚纲的个别种,也能形成类似的"肺"进行气体交换,例如,钉螺(*Oncomelania*),这是一种水陆两栖的螺,陆生时即用肺呼吸。

3. 取食与消化

腹足纲动物之所以种类繁多,分布广泛,是与其具多种食性及取食方式相关的。腹足类动物包括有植食、肉食、腐食、沉积取食、悬浮取食以及寄生等多种方式。它们消化道结构虽与食性相关,各有所不同,但基本上都包括口、口腔、食道、胃、肠及直肠、肛门,都具齿舌作为取食器官。胃行胞外消化,而消化盲囊为胞内消化及吸收的场所,消化酶来自唾液腺、食道腺及胃盲囊。在腹足类中绝大多数种类还是以植食性为主,以各种海藻、水生植物及陆生植物为食,有的种甚至造成农业危害。

口位于头的前端,口后为口腔,口腔内包含有齿舌囊及齿舌,并有1～2对唾液腺开口进入口腔。齿舌是高度发达的取食器官,可用于锉、刷、切、碎、运输等多种机能,因种而不同。齿舌上成排的细齿数目变化很大,从每排一个到成百上千个;一般为中央齿(median tooth)一个,其外侧为侧齿(lateral tooth)一对到许多对,再两侧为边缘齿(marginal tooth)一对到许多对,各种齿的形状、数目、排列及机能是不同的,可作为种、属分类的依据之一(图8-18)。一般地说,植食性的及原始的种类齿的数目多,结构较简单。齿舌当伸出时,边缘展开像一宽的锉,可在岩石上刮取藻类,并与口腔中的黏液混合;当齿舌缩回时,边缘卷曲形成一小沟,中央为食物

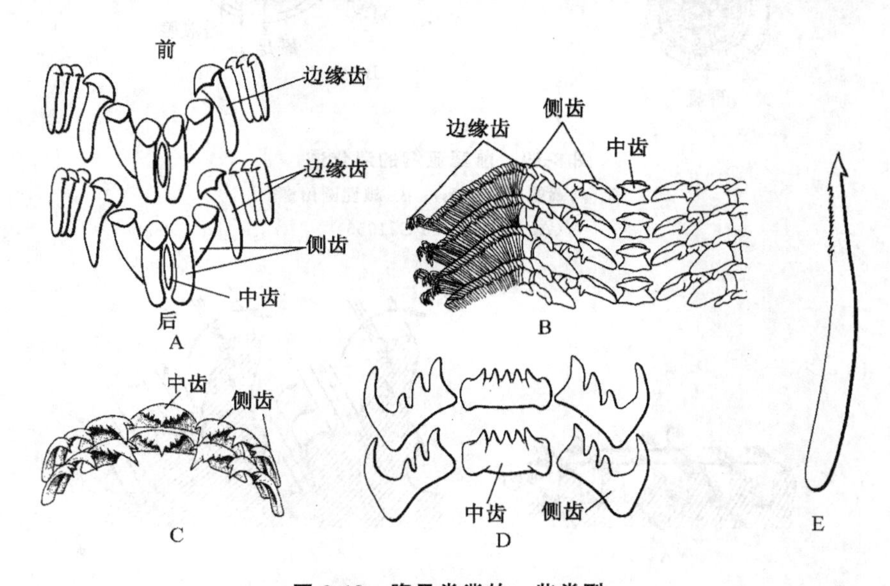

图8-18 腹足类齿的一些类型

A. 蜮的齿舌;B. 鲍;C. 中腹足类;D. 蛾螺(*Buccinum*);E. 芋螺

(引自 Fretter V, Graham A,1994)

索，经口腔进入食道，食道壁也具沟，并具有一对食道腺进入(图 8-19)，食道后为胃，但因扭转胃的极性相反，食道由后端进入，肠由前端伸出。微食性及原始种类的胃的结构类似于原软体动物，有胃楯、筛选区、晶杆囊及晶杆，也具有发达的胃盲囊(图 8-19)，在胃中行胞外消化，胃盲囊行胞内消化及吸收，消化酶主要是淀粉酶。胃后为肠，肠道很长、弯曲，肠道中也有嵴与沟，在嵴与沟上也布满纤毛。食物索进入胃后经消化又形成食物颗粒，这些颗粒在经过胃与肠中的嵴与沟时，可根据颗粒的大小进行分类，较小的颗粒及时进入沟中或向后运行，或进入胃盲囊(图 8-20A)；较大的不能消化的颗粒只能向后运行，在肠道内形成粪便，经直肠及肛门开口在外套腔中。根据嵴与沟复杂的程度，可筛选出 4 种或更多大小不等的颗粒(图 8-20B)，分别在不同的沟中运行，食物及粪便运行的方式不是靠肌肉收缩，而是靠纤毛的运动，这种筛选及运行方式可见于所有软体动物。

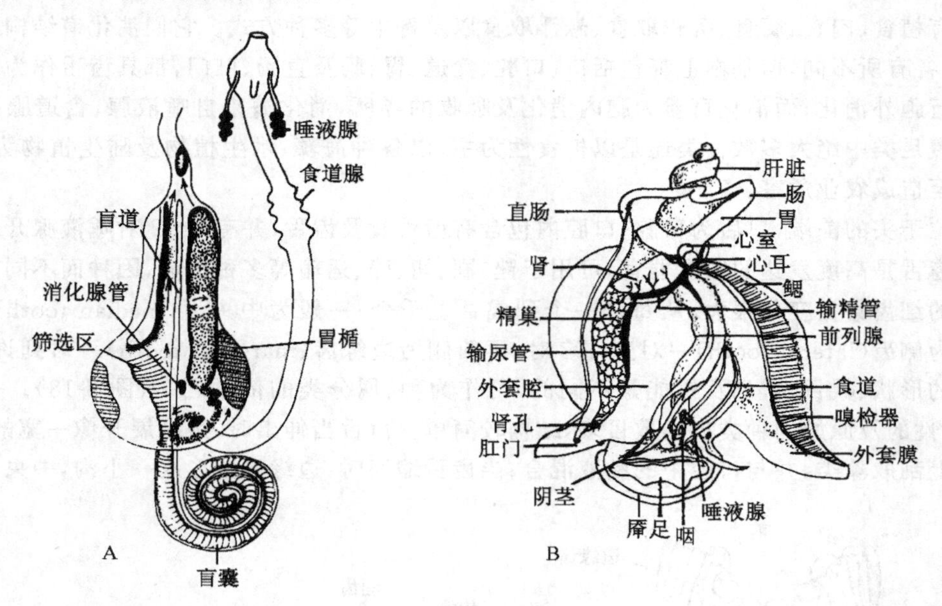

图 8-19 前鳃亚纲的消化道

A. 马蹄螺(*Trochus*)；B. 雄性圆田螺

(A. 引自 Owen G,1956)

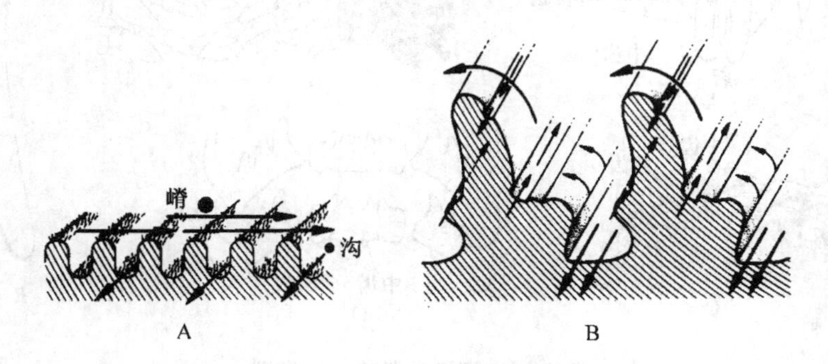

图 8-20 食物颗粒在消化道内的筛选与运行

A. 简单型；B. 复杂型

(引自 Russell-Hunter WD,1979)

以上结构为取食微小食物颗粒的腹足类所具有，而一些大食性即取食大块植物的种类，也往往是一些高等的种类，例如，中腹足目，齿的数目每排仅几个，口腔内除齿舌外，有的种还有角质的颚(jaw)以帮助切割食物。它们的食道或胃的前端变成了嗉囊(crop)(贮存食物)或砂囊(gizzard)(研磨食物)，胃内也没有筛选区、胃楯、晶杆囊及晶杆等结构，消化完全是胞外消化，胃变成一简单的囊，消化盲囊减小，例如，圆田螺(图 8-19B)。

前鳃亚纲中也有相当多的种类为肉食性腹足类，后鳃亚纲及肺螺亚纲极少数为肉食性的。其消化道的前端常形成吻(图 8-21)，周围包有吻鞘，吻中含有口腔、齿舌。取食时是由于头部充血而将吻伸出，缩回时是受肌肉控制，由缩吻肌将吻鞘拉回。肉食性种类的齿舌上细齿的数目减少，但硬度增加，齿舌末端有倒钩、棘等，适合于切割及撕裂食物，有时齿上还有毒腺。一种肉食性的芋螺(*Conus*)，齿变成了单针状(图 8-18)，中央具沟，末端具倒刺，基部有毒腺，其分泌物可以麻醉及杀死捕获物。肉食性种类的口腔中常有颚，消化道一般较植食性的短，消化腺分泌的酶主要是蛋白酶。

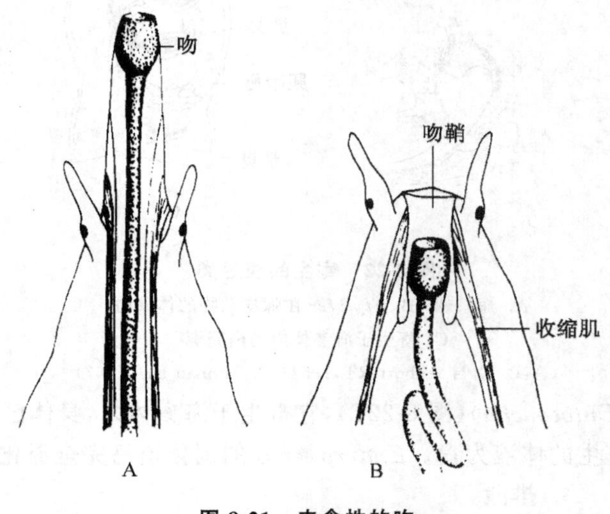

图 8-21　肉食性的吻
A. 伸出状；B. 缩回状
(引自 Fretter V, et al,1994)

还有一些肉食性腹足类具有钻孔取食的习性。例如，中腹足目的玉螺(*Natica*)、乳玉螺(*Polinices*)，新腹足类的骨螺、红螺(*Rapana*)等，它们以双壳类、其他腹足类海胆等为食，其足的前端有一个可外翻的腺体，可以分泌酸性物质来溶解壳的有机质及钙质成分。这些动物取食其他软体动物时，先用齿舌研磨捕获物的外壳，再由腺体分泌酸性物，如此反复多次，直到壳被穿透之后再用吻取食或用颚取食。

在肉食的裸鳃目中，一些种具有很有趣的生物学现象，它们在取食腔肠动物之后，能将腔肠动物的刺细胞通过胃、盲囊，最后贮存在背部的皮肤中，用来做自己的防卫工具。当这些腹足类遇到敌人时，可以将刺细胞放出，其排放的机制是通过肌肉收缩产生的压力而放出，刺细胞被排放之后再从食物中得到补充。不同种的裸鳃类，有固定形态的刺细胞，可能是由于裸鳃类取食不同的腔肠动物所致。

腹足类中还有一些是腐食性或沉积取食者，例如，织纹螺(*Nassarius*)、觿螺(*Hydrobia*)等，它们大量地出现在潮间带，觿螺数量多时每平方米达到三万只。它们以潮汐带来的沉积物碎屑或腐烂的有机物颗粒为食。一些生活在淤泥较多的地方的种也多用这种取食方式。

还有一些腹足类为悬浮取食者，例如履螺(*Crepidula*)，它们的鳃丝高度延伸以增加鳃的表面积，以便于捕捉各种浮游生物或微小的食物颗粒，其外套腔很小，仅在身体前端留有小缝，水由左侧流入再由右侧流出，随水流带入外套腔的浮游生物被鳃丝上的黏液捕获，然后送入口内。一些管居的蠕虫状的螺类，例如，小蛇螺(*Serpulorbis*)，可以利用足腺分泌黏液，黏液排出壳外被波浪作用分散成许多细黏液丝，分布在壳口周围，借以诱捕浮游生物。相邻的个体之间所分泌的黏液丝互相连接，形成诱捕网联合诱捕。有趣的是悬浮取食的与沉积取食的后鳃类胃又重新出现了晶杆囊与晶杆等结构，它们的形态与双壳纲的晶杆十分相似，这可能是由于它们的取食习性及取食方式相似所造成的次生现象。

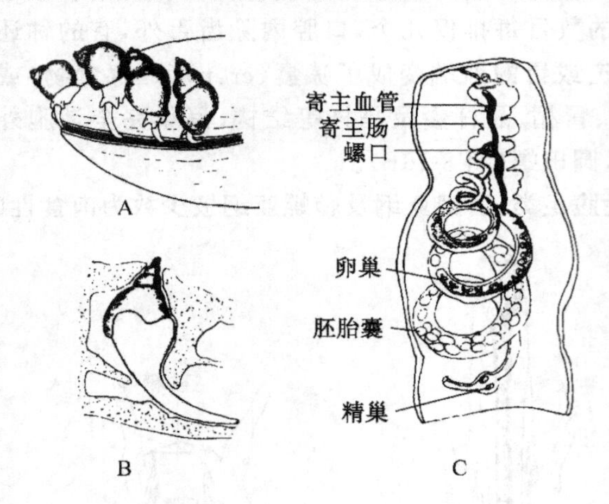

图 8-22 寄生的腹足类

A. 短口螺；B. *Stylifer* 在棘皮动物的体壁内；C. 寄生于海参体内的内壳螺

(A,B. 引自 Abbott RT,1954；C. Hyman LH,1967)

腹足纲中还有极少数种类为寄生生活，并经过外寄生发展到某些种的内寄生。外寄生的种类仅涉及口区与消化道的改变，例如短口螺(*Brachystomia*)(图 8-22A)、小塔螺(*Pyramidella*)，它们具有几丁质的颚、泵状咽及晶杆胃，以适合于吸食多毛类及双壳类动物的体液，*Stylifer*(图 8-22B)是寄生于棘皮动物体壁上的一种小型螺，其壳仍存在，足已高度退化，吻特别发达，以利于吸食寄主的体液及组织。改变最大的还是内壳螺(*Entoconcha*)(图 8-22C)，它寄生于海参体内，身体已改变成蠕虫状，贝壳仅在幼虫期出现，以寄主的体液为食。*Enderoxenos* 的消化道已完全退化消失，靠体表吸收寄主的组织为食。

4. 排泄

腹足纲动物的排泄器官为后肾，其数目与鳃、心耳是一致的。在原始的腹足纲如蜓螺等还保留一对肾，并且有一对体腔管(肾围心腔管)(renopericardial canal)作为排泄管，它一端开口在围心腔，一端开口在外套腔(图 8-23)，生殖腺也开口在排泄管中，所以兼有生殖导管的作用，但随着扭转、水流方向及鳃部位的改变，现存绝大多数腹足类的右肾消失(虽然仅留有一小部分作为生殖导管)。保留的肾位于内脏团的前端呈囊状，它的内壁折叠，以增加吸收及分泌的表面积。在其后端，肾通过肾围心腔管与围心腔相连，肾脏除了由血液中吸收代谢产物，由心耳及心室壁中的足细胞(podocyte)产生一种超滤液经肾围心腔管也进入肾中，肾上皮经选择吸收及分泌将原尿转变成终尿，再经肾孔排到外套腔，随水流排出体外。

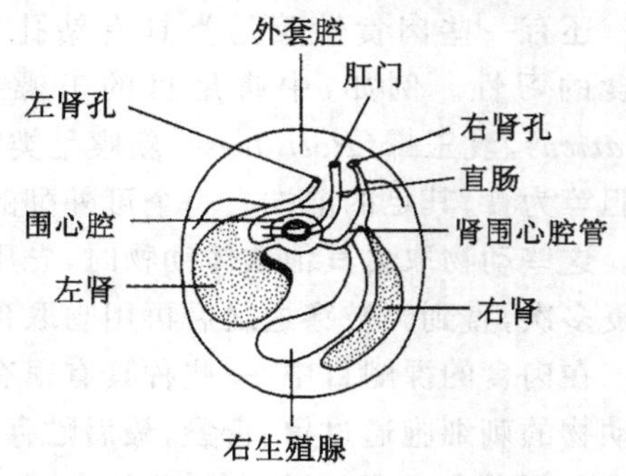

图 8-23 原始腹足类生殖腺与肾的关系示生殖腺开口到肾围心腔管

(引自 Fretter V, et al,1962)

海产螺类代谢的终产物多是氨，它具有很高的毒性，溶于水，一部分氨可以由体表扩散排出体外，一部分随水排出；淡水种类的排出物也是经肾重吸收后变成低渗的尿；陆生的种类，例如，肺螺类，不可避免地由于蒸发而丢失许多水分，运动时形成黏液痕也丢失大量的水，例如，蜗牛可能会丢失 50%体重的水分，蛞蝓可能丢失 80%的水分，所以它们的排泄物为不溶于水、毒性很小的尿酸。肺螺类的肾管沿右外套壁延伸形成尿管(ureter)，开口在肛门及肺孔(pneumostome)周围，所以它们一般都生活在潮湿的环境中，并昼伏夜出，当环境过于恶劣时，它们可以进入夏眠或冬眠，并分泌黏液或钙质膜封闭壳口，在这种状态可存活数月至数年，当环境好转后，再恢复活动，这都是陆生种类减少水分丢失及对陆生的一种适应。

5. 循环

腹足类的循环系统为开放式。前鳃亚纲由于体制扭转，围心腔及心脏位于内脏囊的前端（图 8-11B），在原始腹足目中，一些种类仍然具有两个心耳。它们的循环系统的结构及途径与原软体动物相似。其他的腹足类动物心脏或在内脏囊的前端或在其后端，但只有一个心耳。在循环过程中形成发达的血窦（图 8-24）。由心室向前端发出动脉到头与足，向后发出动脉到内脏。血液最后失去血管壁形成血窦，并经过与组织气体的交换后在前端由小血窦汇合成发达的头足窦（cephalopedal sinus），身体后端的血液汇合成肾窦（subrenal sinus），以后这两个血窦联合，经肾脏重吸收后再进入鳃中进行气体交换，血液出鳃后再流回心耳及心室，心室的收缩是靠其中肌浆蛋白质的收缩。肺螺类由于鳃的消失，血液与气体在肺的血管网处交换后直接流回心耳及心室。

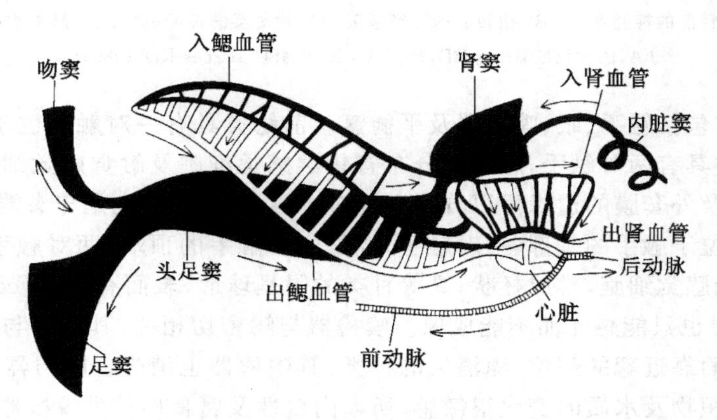

图 8-24　中腹足目循环系统模式图

前鳃类及肺螺类动物的血浆中，一般都含有呼吸色素即血蓝素，这是一种含铜的蛋白质。淡水生活的扁卷螺类（Planorbidae）（肺螺类）含有血红素，它是一种含铁的蛋白质，这些呼吸色素易于与氧结合及释放氧，有利于呼吸。对后鳃类的呼吸色素知道得很少，但知道广泛研究过的海兔是没有呼吸色素的。

6. 神经与感官

腹足类的神经系统包括脑（cerebral）、足（pedal）、侧（pleural）、脏（visceral）四对基本的神经节，支配相应的头部、足部、外套及内脏的运动与感觉。在原始的种类，神经系统还是两侧对称的（图 8-25A），神经节之间的连索都较长而明显。但由于绝大多数前鳃类经过扭转，侧脏神经索扭成“8”字形，左、右脑神经节也交换了位置，脑、侧、足神经节由于位于身体的前端，未受到影响（图 8-25B）。由于后鳃类及肺螺类在进化中又经历了反扭转，所以后鳃类的神经系统，特别是侧、脏神经索又恢复了原位，又两侧对称。同时神经节相对集中，出现头化趋势（图 8-25C）。而在肺螺类，四对基本神经节均向头部集中，神经节之间的连索消失或缩短，所以扭转与反扭转均不影响神经系统，并且是对称的（图 8-25D）。除四对基本神经节之外，还可以有口球神经节（buccal ganglion）、食道神经节（esophageal ganglion）及周缘神经节（parietal ganglion)等,支配相应的器官。

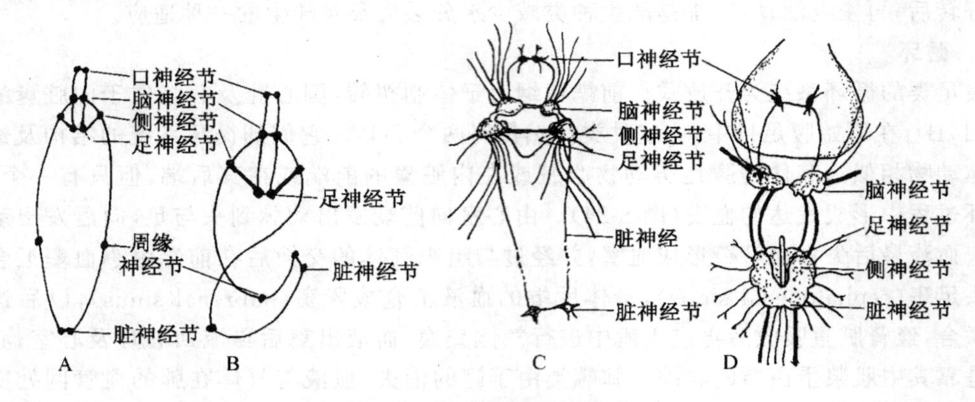

图 8-25 腹足类的神经系统

A. 假想的扭转前的神经系统;B. 扭转后的神经系统;C. 后鳃类的神经系统;D. 肺螺类的神经系统

(A,B. 引自 Barnes RD,1980;C,D. 转引自 Barnes RD,1980)

腹足类的感官包括触手、眼、嗅检器及平衡囊。前鳃类具有一对触手位于头的前端,大多数后鳃类及肺螺类具有两对触手,触手上分布有化学感觉细胞及触觉感觉细胞。在一些原始的前鳃类成员,足及外套膜的边缘可以分布有许多小触手,其功能也是与头端的触手相似。眼是其重要的感官,位于触手的基部(一对触手)或位于后触手的顶端(两对触手)。原始的眼仅包括色素细胞及光感觉细胞,排成杯状;高等种类的眼呈球形,表面有角膜(cornea),内有晶状体(lens),但这种眼也只能感光而不能成像。嗅检器与鳃密切相关,其数目与鳃的数目是一致的,位于外套膜表面靠近鳃的部位,鳃消失的种类,其嗅检器也消失。嗅检器是一种化学感受器,它对水中的沉积物及水质的变化很敏感,所以肉食性及腐食性种类嗅检器比较发达。腹足类具有一对平衡囊,位于足内靠近足神经节的地方,有感受平衡的作用,固着生活的种类,平衡囊不存在。

7. 生殖与发育

大多数前鳃类为雌雄异体,体外受精(低等的)或体内受精(高等的),后鳃类及肺螺类为雌雄同体,经交配体内受精,左侧的生殖腺已消失,仅留有右侧的生殖腺(卵巢、精巢),位于壳顶内脏团靠近消化盲囊处(图 8-9);原始的前鳃类如帽贝(*Patella*)、蜓螺等,其生殖腺没有独立的生殖导管,其生殖导管通入肾管再经肾孔排到外套腔(图 8-23),所以肾孔也是生殖孔。它们排出精、卵,在海水中受精。

除原始种类之外,其他所有腹足类生殖导管是由外套上皮延伸形成外套管并与原始的生殖管及肾管联合构成(图 8-26A,B),前端两部分没有改变,但外套来源的部分分化成不同形态及功能部位,例如,雄性的分化成产生授精液的前列腺(prostate),还有用以交配的阴茎(图8-26B);雌性外套来源的部分分化成使卵受精的受精囊(seminal receptacle),产生营养物质供给受精卵的蛋白腺(albumen gland),产卵时使卵连成固定形态的卵膜腺(capsule gland)以及贮存交配后的精子的交配囊等(图 8-26A)。它们需经交配,卵体内受精,这样复杂而完善的生殖结构与腹足类在进化上的成功是有关的。交配时精子以精荚(spermatophore)的形式送入雌体。

后鳃类及肺螺类以及极少数前鳃类是雌雄同体,具有两性腺(hermaphroditic gonad),也叫卵精巢(ovotestis),但雌雄生殖细胞不同时形成,一般是雄性先成熟。生殖细胞在卵精巢成

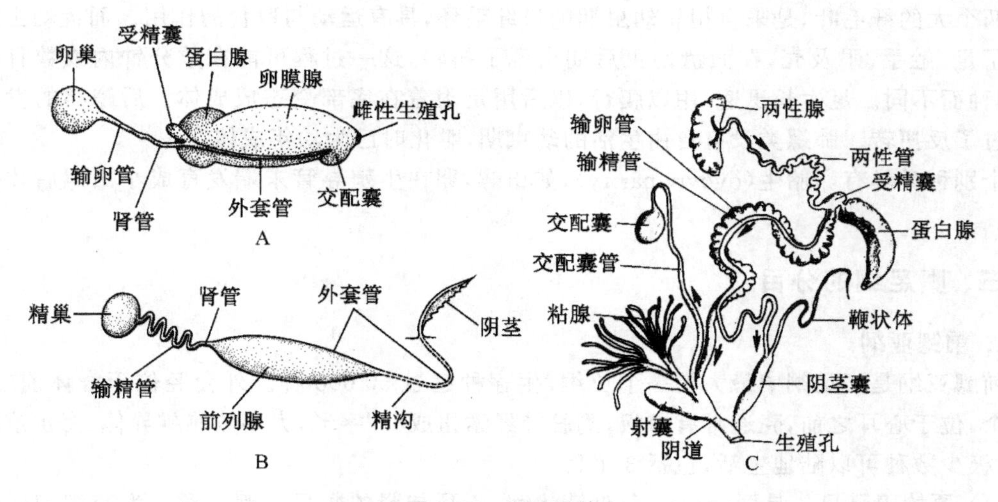

图 8-26　生殖系统

A,B. 雌雄异体(A 雌性,B 雄性)；C. 雌雄同体

(A,B. 引自 Fretter V, et al,1994；C. 引自 Hickman CP,1973)

熟后经过一段两性管(图 8-26C),然后雌雄生殖导管分开并行,雌雄导管的分化如前鳃类。一般情况年幼的个体作为雄性,老年个体作为雌性,性的转变不仅受年龄影响也受群体中雌雄比率的影响,如果雄性比例缺乏,则会延长雄性的年龄。这种控制是通过内分泌及神经系统完成。雌雄同体的种类也经交配受精,交配时是互赠精荚,一般只有异体的精子才有活力能使卵受精。自体的精子在体内无活力,这样防止自体受精的发生。交配后,精荚到对方的交配囊中释放出游离的精子,然后精子游到受精囊中使卵受精。产卵时卵的形状、数目、卵囊形态等随种而异,卵多形成卵囊。水生种类在水草或其他物体上产卵,陆生种类在潮湿土壤、洞穴等阴湿地方产卵。

腹足类均为螺旋卵裂,经内陷法与外包法形成原肠胚,仅在原始腹足目中存在独立的担轮幼虫期,经一段时间的游泳后变为面盘幼虫。其他种类的腹足类没有独立生活的担轮幼虫期,在卵内已度过担轮幼虫期。海产的种类绝大多数都有自由游泳的面盘幼虫期(图 8-27B),它

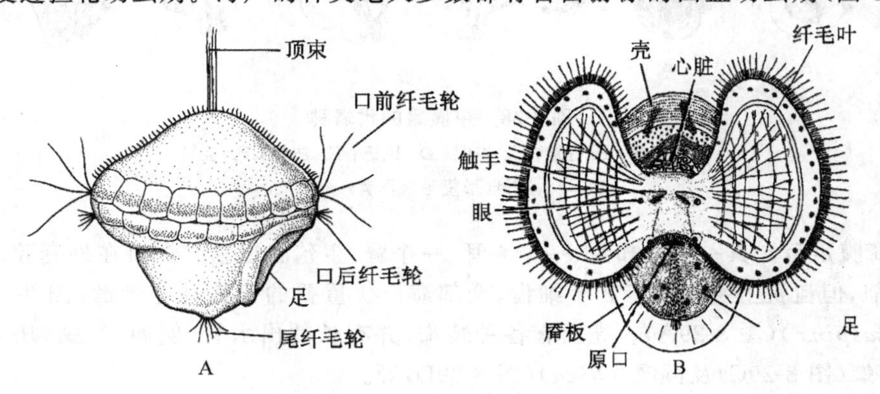

图 8-27　原始腹足类的幼虫

A. 担轮幼虫；B. 面盘幼虫

(A. 转引自 Ruppert EE, et al,2004；B. 引自 Hyman LH,1967)

具有两个大的纤毛叶，是来自担轮幼虫期的口纤毛环，具有运动与取食的作用。面盘幼虫期已出现了足、触手、眼及壳，在面盘幼虫后期出现了扭转，这一过程可能在数分钟内或数日内完成，因种而不同。足生长迅速，用以爬行，以后用足附着在底部变态成成体。后鳃类的发育中还经过了反扭转。肺螺类没有自由生活的幼虫期，孵化时已为幼年成体。

个别种类具有卵胎生(ovoviviparity)，如田螺，卵在生殖导管末端发育成小田螺后才排出体外。

三、腹足纲的分目

1. 前鳃亚纲

前鳃亚纲是腹足纲中最大的一个亚纲，生存种超过 50 000 种。外套腔位于身体前端，鳃1～2个，位于心耳之前，壳通常有厣板，侧脏神经索扭成"8"字形，大多数雌雄异体，海水或淡水生活，极少数种可以陆地生活，包括 3 个目。

(1) 原始腹足目。具两个或一个双栉状鳃，心耳与肾的数目与鳃一致。生殖细胞通过肾管排出体外，例如，小裂螺(图 8-15A)、鲍(图 8-15B，C)和翁戎螺(*Pleurotomaria*)等具有两个双栉鳃。帽贝(*Patella*)、笠贝(*Acmaea*)仅有一个双栉鳃，它们的壳为笠状，无厣板。马蹄螺与蜒螺也只有一个双栉鳃，壳具厣板。

(2) 中腹足目(Mesogastropoda)。具一个单栉鳃、一个心耳、一个肾。多数种类的齿舌每一横排有 7 个细齿，生殖管与肾管独立开口在外套腔。种类很多，主要海产，少数种类淡水及陆地生活。代表种如圆田螺(图8-17A)、滨螺(*Littorina*)(图 8-28A)、钉螺(图 8-28B)、蛇螺(*Vermetus*)(图8-28C)、凤螺(*Strombus*)(图 8-28D)、法螺(*Charonia*)(图 8-28E)、宝贝(*Cypraea*)(图8-28F)等。

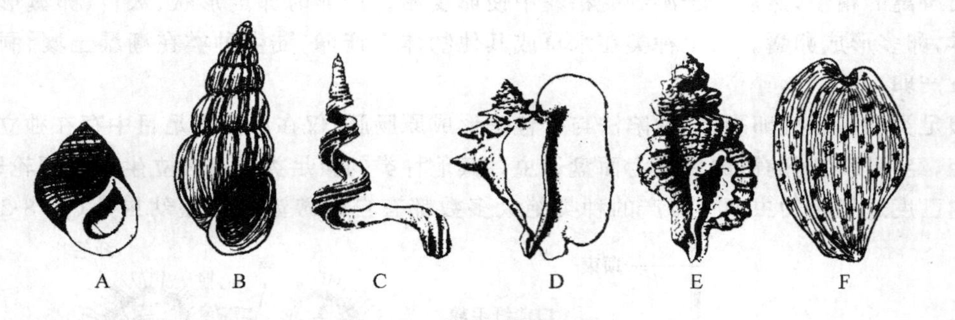

图 8-28 中腹足的代表种

A. 滨螺；B. 钉螺；C. 蛇螺；D. 凤螺；E. 法螺；F. 宝贝

(引自张玺等众作者)

(3) 新腹足目。具一个单栉鳃、一个心耳、一个肾，生殖腺也独立开口在外套腔，结构与中腹足目相似，但齿舌上每横排有 3 个细齿，全部海产。重要的代表种有骨螺(图 8-17B)、尾喇叭螺(*Urosalpinx*)(图 8-29A)。壳上有各种装饰，并有长的出水管，例如，蛾螺(*Busycon*)(图 8-29B)、芋螺(图 8-29C)及榧螺(*Oliva*)(图 8-29D)等。

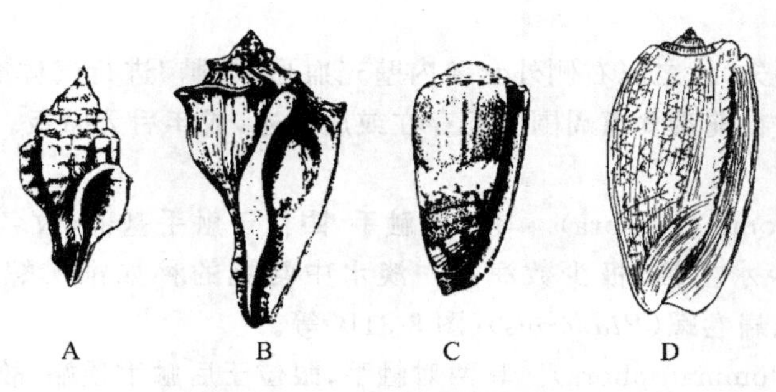

图 8-29 新腹足目的代表种

A. 尾喇叭螺；B. 蛾螺；C. 芋螺；D. 榧螺

(引自张玺,Engeman 等)

2. 后鳃亚纲

后鳃亚纲具一个单栉鳃、一个心耳、一个肾。鳃位于心耳之后,壳与外套腔逐渐减少或完全退化消失。许多种本鳃消失,而出现次生性的皮肤鳃,身体由于反扭转又出现两侧对称。大多数种头部具两对触手,雌雄同体,全部海产。包括 4 个目。

(1) 侧腔目(Pleurocoela)。具壳,外套腔开口在身体的右侧,具有一单栉鳃且常被足及外套膜遮盖,例如,葡萄螺(*Haminoea*)(图 8-30A)、泥螺(*Bullacta*)(图 8-30B)、壳蛞蝓(图 8-30C)等。

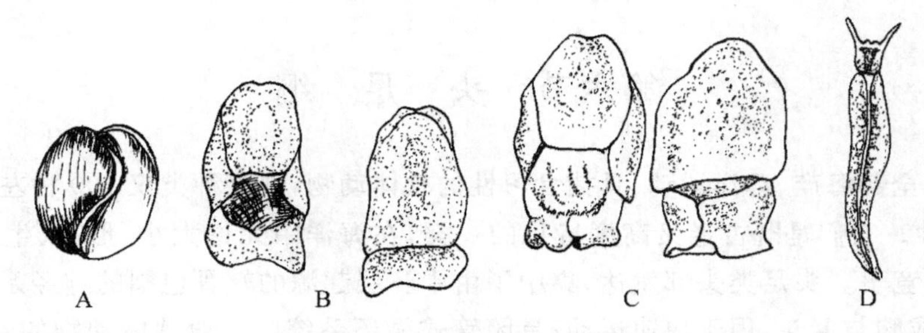

图 8-30 后鳃亚纲的代表种

A. 葡萄螺；B. 泥螺；C. 壳蛞蝓；D. 海天牛

(引自张玺,等,1962)

(2)翼足目(Pteropoda)。又称海蝴蝶,营远洋浮游生活,足之侧部特化成翼,适合于游泳,如蜣螺(图8-14E)、龟螺(*Cavolinia*)等。

(3) 囊舌目(Sacoglossa)。壳、外套腔及本鳃均已消失。具一对触手,齿舌上仅有一列纵齿,部分的藏在一个囊内,故名囊舌目,例如,海天牛(*Elysia*)(图 8-30D)、棍螺(*Hermaea*)等。

(4) 裸鳃目(Nudibranchia)。壳、外套腔及本鳃消失,但有次生性皮肤鳃,身体次生性的两侧对称。许多种类身体具有鲜明的颜色,如红色、橘色、蓝色、绿色等,或几种颜色同时存在,可能是一种警戒色,一些种皮肤腺能分泌酸性物质,具有防卫能力。例如,蓑海牛(*Aeolis*)(图 8-17E)、枝背海牛(*Dendronotus*)等。

3. 肺螺亚纲

肺螺亚纲本鳃消失，代之以右侧外套腔内壁充血形成“肺”进行气体交换，具一个心耳、一个肾。神经系统集中在前端食道周围。壳存在或成遗迹，成年后无厣板。雌雄同体，陆生或水生。包括两个目。

(1) 基眼目(Basommatophora)。具一对触手，眼位于触手基部，故名。具壳，水生种类具有嗅检器。大多数淡水生活，极少数海产。淡水中常见的种如椎实螺(图 8-17G)、膀胱螺(*Physa*)(图 8-31A)、扁卷螺(*Planorbis*)(图 8-31B)等。

(2) 柄眼目(Stylommatophora)。具两对触手，眼位于后触手顶端，故名。壳发达或退化，陆生生活。如玛瑙螺(*Achatina*)(图 8-31C)、蛞蝓(图 8-31D)、大蜗牛等。

图 8-31 肺螺亚纲的代表种

A. 膀胱螺；B. 扁卷螺；C. 玛瑙螺；D. 蛞蝓

(引自 Engeman JG, et al, 1981)

第六节 头 足 纲

头足纲是全部海产、远洋活动、具捕食习性的软体动物，现存种类仅 700 种左右，而化石种类约 10 000 种。它们是既古老又高度特化的一类，在海洋中无论大小、形态、生态、习性都可与硬骨鱼类相竞争。头足类头部发达，集中了由中胚层起源的软骨包围的神经系统；外套膜肌肉化，足特化成腕与漏斗，用于快速运动；具闭管式循环系统。一般软体动物的背腹轴变成了前后轴，一些成员成为无脊椎动物中体型最大的个体，例如，大王乌贼(*Architeathis*)，体长包括触手可达 20 m。

现存头足类可分为鹦鹉螺亚纲(Nautiloidea)及蛸亚纲(Coleoidea)两个亚纲，前者仅有一属四种存活，常称为活化石。

一、形态与生理

1. 体制与演化

头足类也被认为起源于单板类祖先，最初也是腹面具有宽扁的适合于爬行的足和背面具有一隆起的内脏团及壳(图 8-32A)，进化中，背腹轴延伸形成了身体的主轴，原来形态上的腹面(足)移向头端形成触手与漏斗(图 8-32B)，变成机能上的前端，原来的背面变成了后端，前端变成了背面，后端变成了腹面，身体出现前后轴。结果头与部分足位于前端，内脏囊被肌肉质外套包围形成躯干部，部分足构成漏斗位于腹面，外套腔由后端移到了腹面，外套膜的游离缘与漏斗连接构成出水口也位于腹面。

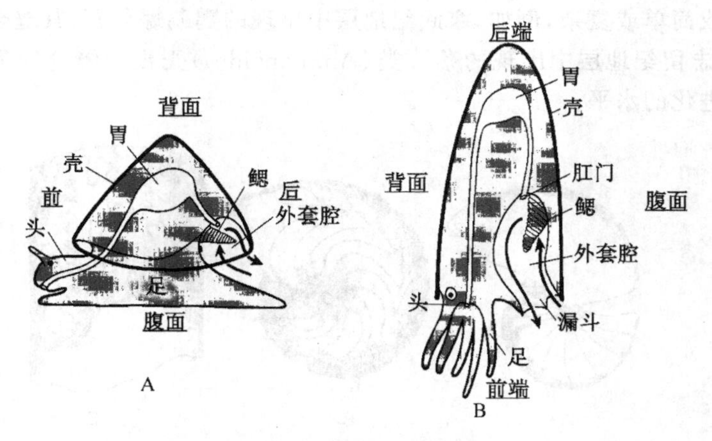

图 8-32　头足类体制的形成

A. 单板类祖先；B. 头足类

（A. 引自 Pretter V, et al,1994;B. 引自 Ruppert EE, et al,2004）

在上述体制转变的同时，头足类的壳沿两种不同方向发展：一种是外壳类(Ectocochlia)，具有发达的平面盘旋的钙质外壳，这一类在古生代发达，而现在除了鹦鹉螺 4 个种之外其他的种均已灭绝；另一类是壳变成内壳或完全消失，成为内壳类(Endocochlia)，这是目前几乎所有生存的头足类。

现存外壳类鹦鹉螺的壳两侧对称，平面盘旋(图 8-33A,B)，壳内有许多横隔板(transverse septa)将壳分隔成许多小室，最后一个室最大，是身体所在的室，也称住室(图 8-33B)。这一系列的小室是随着动物不断地生长、身体后端不断分泌隔板而形成，以致壳也不断地增大。隔板均呈半月形，前凹后突，板的两端与壳相连处称为缝合线，隔板中央有小的向后伸出的突起，其中央有孔。生活时前后突起之间有活体组织相连，形成一个纵贯所有壳室的体管(siphuncle)，体管内充气或液体以控制身体在海洋中的垂直运动。这种浮力控制机制是远洋生活的必需条件。

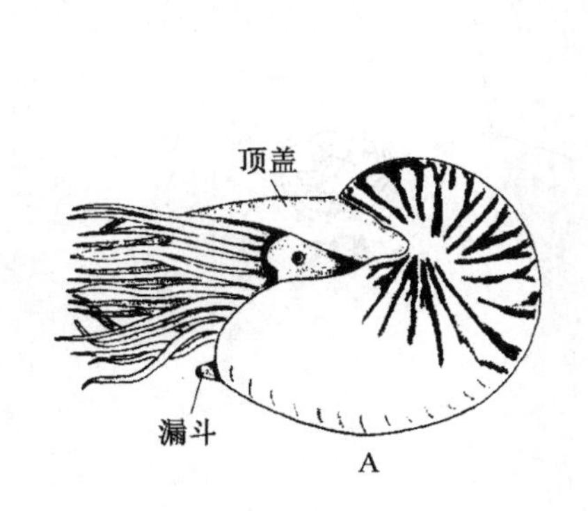

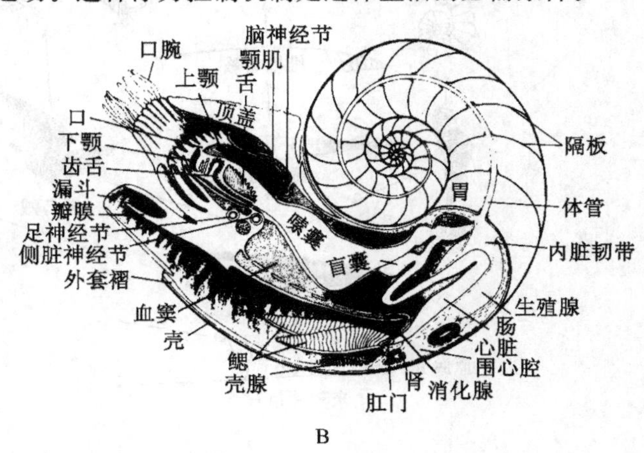

图 8-33　鹦鹉螺

A. 外形；B. 内部结构

（A. 引自 Moore RC,1957—1971）

已灭绝的化石鹦鹉螺类，壳的形态变化很大，壳或为直管状，或直管的后端卷曲或盘旋，其壳板的缝合线或简单或复杂，例如，寒武纪地层中出现的鹦鹉螺化石，其缝合线简单，多呈直线形(图 8-34A)，志留纪地层中出现的菊石类(Ammonoidea)壳板的缝合线复杂(图 8-34B,C)，这反映了它们进化的水平。

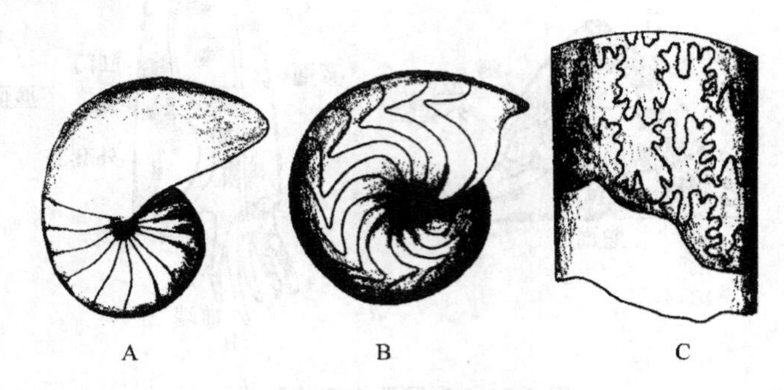

图 8-34 头足类的缝合线

A. 鹦鹉螺，示直线型缝合线；B,C. 菊石类，示复杂的缝合线

(引自 Shrock RR，et al,1953)

现存头足类中除了鹦鹉螺具外壳之外，其他种类均为内壳或壳消失，内壳的形态也并不完全相同。一般认为这是由已灭绝的箭石类(Belemnites)向不同的方向发展，以致形成现存种类不同的内壳或壳的消失(图 8-35)。箭石类的壳呈锥形，其中一支经过壳的旋转形成现存深海生活的旋乌贼(*Spirula*)；一支壳的隔板消失，仅留下角质层的背壁作为肌肉的附着点及身体的支持物，即形成现存的枪乌贼(*Loligo*)的壳；一支保留了壳的隔板，但壳退化成扁平的舟

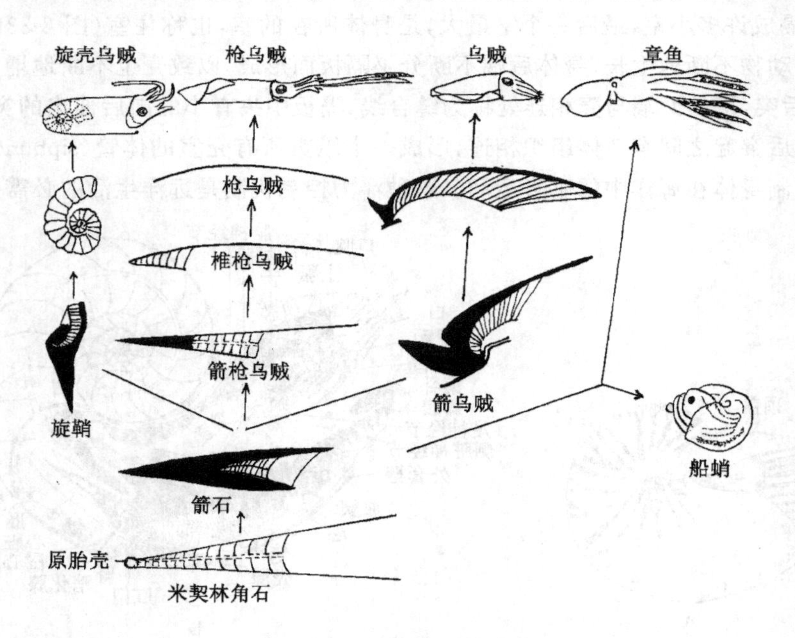

图 8-35 内壳的演化

(引自 Shrock RR，et al,1953)

形，仅作为身体的支持物，如乌贼(*Sepia*)的壳；还有一支壳完全退化消失，如章鱼(*Octopus*)。这种变化的趋势在于减轻壳的重量，以利于身体的运动，另外，在壳逐渐退化的同时，体内出现了中胚层形成的软骨，以增加身体的支持及保护。

2. 外套膜、漏斗与运动

头足类的外套膜是多肌肉质的，外套膜在身体的背面，与体壁相连，腹面游离，与内脏之间的空间形成外套腔。由足特化形成的漏斗位于身体腹面躯干的前端，它也是肌肉质结构，漏斗的前端细长，其开口指向前端，漏斗后端宽大，可伸入外套腔中，漏斗后端两侧有一软骨凹陷与外套膜腹缘前端的软骨突形成一闭锁器(socket and knob)(图8-36)以封闭外套腔的开口。

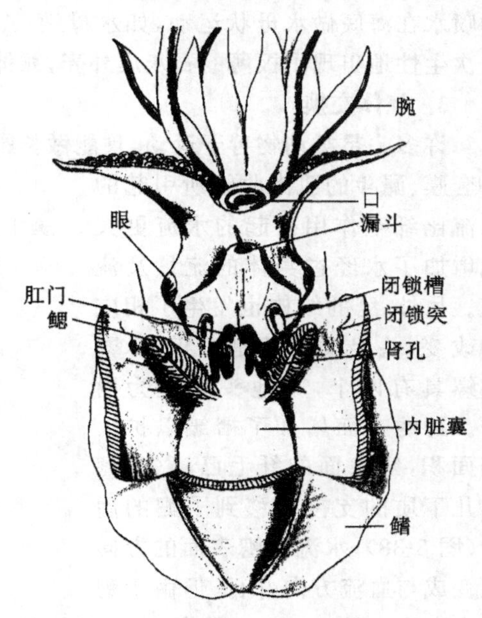

图 8-36　乌贼示水流方向

(引自 Hjckman CP,1973)

头足类的运动是以外套膜的肌肉收缩为动力。外套膜中具有放射肌(radial muscle)及环肌(cicular muscle)(图 8-37)。当外套膜环肌松弛、放射肌收缩时，外套腔体积扩大，产生负压，水由外套腔开口处进入外套腔中，外套腔充水后，放射肌松弛、环肌收缩，闭锁器扣合关闭了外套腔的开口，外套腔中增加了压力，迫使水由漏斗前端开口处喷射出去。其反作用力推动身体迅速倒退，漏斗中有一前端游离的舌状活瓣，使水只能由漏斗口喷出，不能由外界流入。如果漏斗前端向后弯曲喷水时，则其反作用力推动身体向前运动。乌贼等在正常情况下漏斗向前喷水比向后喷水力量更大，因此，头足类向后倒退运动较向前运动更迅速、更常见，特别是在长距离游动时更常用倒退式运动。外套膜在躯干的边缘形成鳍，运动时起着舵的作用，加之许多种类的身体又形成流线型，使它们的运动速度可达 40 km/h，为水生无脊椎动物中最快的一类。在水流入及流出外套腔的同时，鳃进行了气体交换，同时也将肾与肛门的排出物随喷水一同排出。

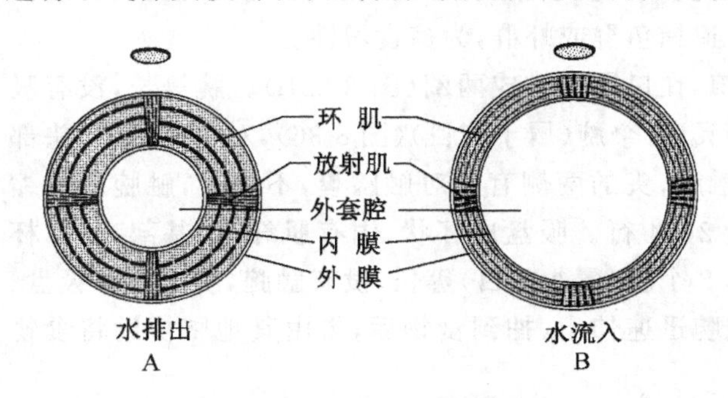

图 8-37　外套腔的模切

A. 环肌收缩；B. 放射肌收缩

(引自 Ruppert EE,2004)

头足类中除了可做游泳运动之外，也可做垂直升降运动，例如，小头乌贼(*Cranchia*)体内有发达的体腔液，体内的许多离子可被代谢产物氨所代替，使体腔液与海水等渗，以减轻重力，形成漂浮机制。又如，乌贼隔板中的气室也可充满氮气，通过调节体内气体与液体的体积而做垂直运动。而鹦鹉螺通过壳内体管组织中盐度的改变，引起吸水与排水，再通过气室中气体与液体的交换或气体与液体体积比例的改变而进行升降运动。鹦鹉螺可利用这种方式在水深 500 m 深处生活,并做有节奏的昼夜垂直运动,即白昼潜伏水下,夜间到表层来觅食。

八腕类章鱼等一般不善于运动,躯干部变成了圆球形,没有鳍,外套膜前侧边缘与体壁愈合,使外套腔孔大大减小,它们也利用漏斗的喷水及触手的划动进行游泳运动,也可利用腕在水底爬行,因其腕的内面有许多吸盘(sucker)吸附在岩石上拖动身体前进。一些深水底栖的八腕类,有的种 8 个腕之间有薄膜相连,以致形成倒置的伞状,借助于腕伞的开闭运动及漏斗的喷水在海底做水母状运动,如水母蛸(*Amphitretus*)。另外,远洋生活的船蛸(*Argonauta*)又次生性地出现了极薄的石灰质外壳,靠体内充气行漂浮运动。

3. 气体交换

许多头足类动物善于运动,且能做长距离的洄游,加速气体的交换对它们是十分重要的。外套膜、漏斗的肌肉收缩所引起的水流比纤毛作用引起的水流更大地增加了水经过身体的流量及流速。另外,鳃的结构也发生了相应的改变,头足类仍然是双栉鳃,鹦鹉螺具有四个,其他头足类为两个。鳃的表面增加了褶皱以扩大表面积,鳃表面的纤毛已消失,鳃中几丁质的支持杆移到了鳃的后缘(图 8-38);水流经鳃表面的方向也变成与血流方向并行,但由于鳃丝中血液也是在毛细血管中流动,鳃的基部有一对鳃心(branchial heart),它的收缩可增加鳃血管中的血压以加速流动,再加上鳃表面积的增大都补偿了水流与血流并行的副作用,即使如此,大多数头足类仍是限制在冷水中生存,因为冷水中溶解有更多的氧。

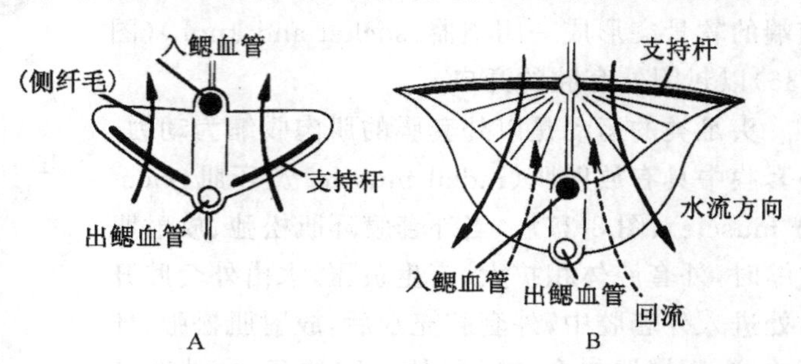

图 8-38 头足类的栉鳃

A. 原始腹足类的栉鳃; B. 头足类的栉鳃

(引自 Russell-Hunter WD,1979)

在深海生活的具腕间膜的头足类,鳃退化成遗迹,气体的交换通过体表进行。

4. 取食与营养

头足类都是肉食性动物,鹦鹉螺及具腕间膜的蛸类均为较深海底的底栖动物,它们以微小的动物为食。乌贼、章鱼类浅海底栖生活,它们以捕食水底生活的鱼、蟹、多毛类等为食。远洋生活的枪乌贼、柔鱼(*Ommatostrephes*)等常追捕鱼群或虾群,为掠食习性。

头足类以口腕捕食,鹦鹉螺有 90 个口腕,在口周围排成两圈(图 8-33B)。腕等长,没有吸盘,不取食时可缩回壳内。乌贼及枪乌贼等具 10 个腕(属十腕目)(图 8-36),对称排列,由头部背中线向腹缘数起,第 4 对腕特别长,称为触腕,头的两侧有一对触腕囊,不用时,触腕后端缩入囊内,与其他各腕等长。腕的内面有吸盘 2～4 行。吸盘成杯状,内有肌纤维,基部有柄,杯内有角质环及细小的钩齿。章鱼、船蛸等具 8 个腕(属八腕目)等长,没有触腕,腕上亦有吸盘、杯状,但没有柄及角质环。取食时用触腕或腕迅速伸出,捕到食物后,再由其他腕协助将食物共同送入口中。

口腕的中央是口,口周围表皮褶皱形成唇,口后为肌肉质发达的口球(buccal mass)(图 8-39A),口球内有一对强大的几丁质颚,形似鹦鹉喙,用以撕裂食物,口腔中还有一齿舌带。齿的数目,形态随种而异,齿舌用以输送食物入食道。深海生活的八腕类,由于已变成沉积取食,其齿舌带不发达或完全消失。一般有两对唾液腺开口到口腔中(图 8-39B,C)。前面的一对分泌双肽酶，后一对分泌溶蛋白酶及神经毒素，其消化酶用以消化食物，神经毒素有麻痹及毒杀捕获物的功能。

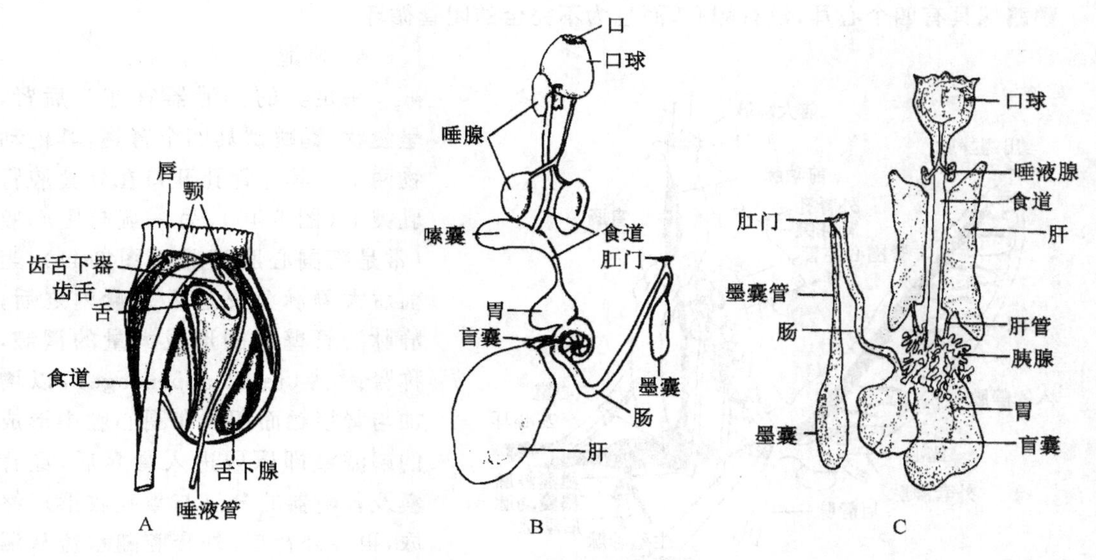

图 8-39 头足类的消化系统

A,B. 八腕类的口球及消化道；C. 十腕类的消化道

(引自 Hickman CP,1973,等)

口球后为食道，细长食道壁具有环肌及纵肌，食物在消化道中的输送是靠肌肉收缩而不再是靠纤毛。鹦鹉螺及八腕类食道上可形成一嗉囊(图 8-39B)，食物经嗉囊然后再送入胃，胃接受胰脏(pancreas)及肝(liver)的分泌物，进行初步的消化，然后再到盲囊中进行进一步的胞外消化，盲囊的前端亦有一纤毛褶，可将较大的食物颗粒送回胃中再消化，食物的吸收主要在胃、直肠囊或肠中进行，食物的残渣由肠、直肠、肛门开口到外套腔中。头足类发达的消化道及消化腺与其捕食习性密切相关。

头足类蛸亚纲绝大多数种在直肠末端肠壁衍生出一个墨囊(ink sac)，墨囊内有腺体能分泌墨汁，其中含有大量黑色素，当遇紧急情况时，可将墨囊中贮存的墨汁通过墨囊管经直肠肛门，随出水流排到海水中使周围海水变黑，趁机逃跑或捕食。

5. 循环

蛸亚纲头足类具有闭管式循环系统，这为其快速运动及高代谢速率提供了可能。动脉与静脉是以毛细血管(capillary)而不是血窦相连，为血系统和组织之间的交换提供了更大的面积及效率；另外，血管的内壁具有一层内皮细胞(endothelium)，这与脊椎动物相似，是其他无脊椎动物所不具有的；其心室及心耳都是肌肉质；还有两个鳃心，它的搏动提供入鳃及出鳃血管更大的压力并促使血液快速流动。

蛸亚纲，例如，乌贼，其围心腔中有一个心室、两个心耳(图 8-40)，心室向前、后分别通出前大动脉(anterior aorta)及后大动脉(posterior aorta)。它们分别向前、后运行，分支，以毛细血管进入组织细胞之间，然后头部及身体前端的血管汇集成前大静脉(anterior vena)，末端分为两支，穿过肾囊后行，身体后端、外套膜及内脏的血管汇集形成后大静脉(posterior vena)，末端也分为两支，并分别与前大动脉的两支汇合进入鳃心，鳃心也是肌肉质的，其收缩可增加入鳃血的血压,鳃丝中也有毛细血管,血液完成气体交换后便经出鳃血管再流入心耳与心室,如此完成血液循环。头足类的血液中含有血蓝素。

鹦鹉螺具有四个心耳,没有鳃心,而且为不完全的闭管循环。

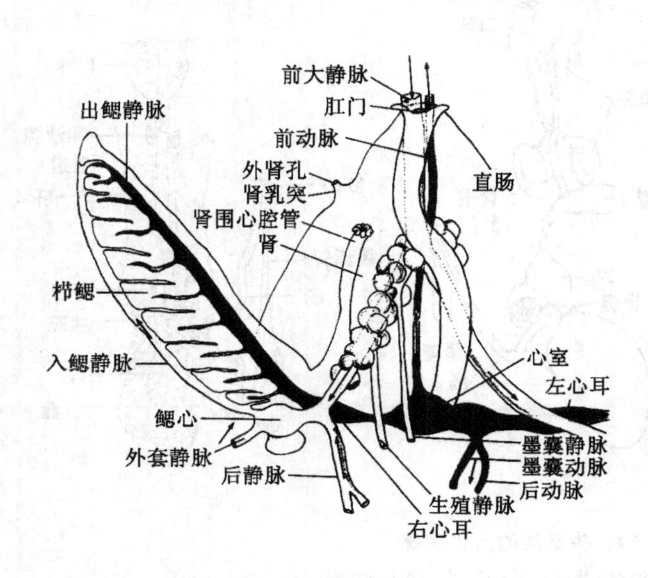

图 8-40　乌贼的循环

(引自 Hickman CP,1973)

6. 排泄

头足类的排泄器官亦为后肾,呈囊状,鹦鹉螺具四个肾囊,其他动物两个。其外肾孔开口在外套腔肾乳突上(图 8-40),另一端与围心腔(常是鳃围心腔相通)(图 8-41),当前后大静脉分支进入肾囊内之后,静脉的管壁周围形成大量的褶皱,称肾附器(renal appendage),以增加与肾接触面积。在围心腔中形成的超滤液即原尿进入肾囊后,经肾囊及肾附器的分泌与重吸收形成终尿,再经外肾口、外套腔随水流从漏斗排出体外。

7. 神经与感官

头足类具有十分发达的神经与感官系统,这是与其快速运动与捕食习性密切相关的。它的脑、足、侧、脏四对神经节均集中在头部食道周围,形成中枢神经(图 8-42)。神经趋向头化,集中,两侧对称,并且在外面包围有中胚层形成的软骨匣保护,这在无脊椎动物中是唯一的。神经所占体积的比例远大于鱼类的神经。脑神经节位于食道上方,特别发达(图 8-42),由脑发出神经到口球,并在口球的背腹面形成口球上神经节(superior buccal ganglia)及口球下神经节(inferior buccal ganglia),控制口球肌肉的收缩。由脑向两侧发出一对视神经,在眼球基部形成一对巨大的视神经节(optic ganglia),也位于软骨匣内,足神经节在

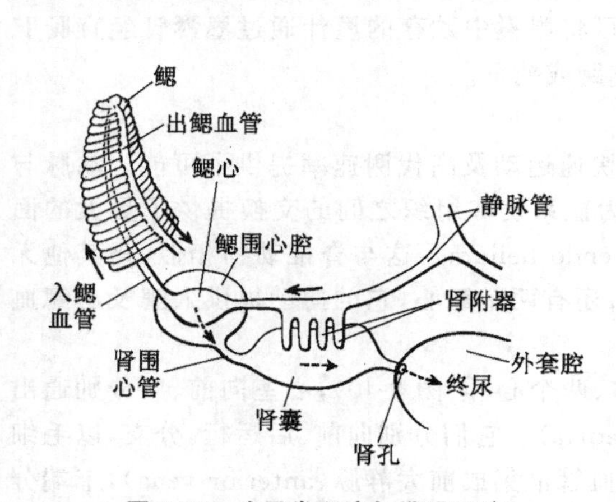

图 8-41　头足类血液与排泄系统

(转引自 Ruppert EE, et al,2004)

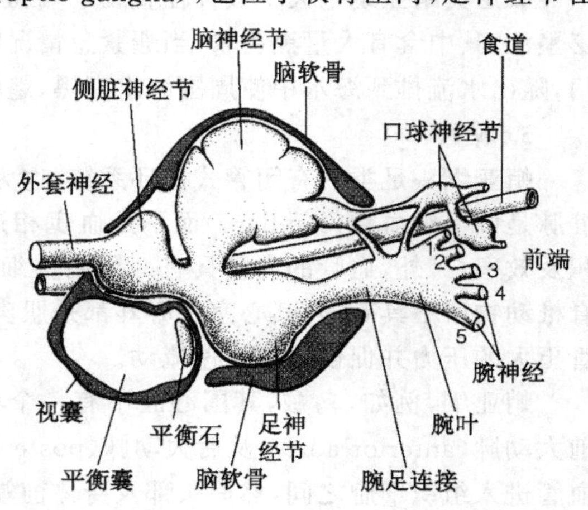

图 8-42　乌贼脑部切面

(引自 Budelmann BU,et al,1997)

脑后食道的腹面，有神经索与脑相连，由足神经节发出神经到腕及漏斗，所以从神经支配也说明腕与漏斗是同源于其他软体动物的足，脏神经节与侧神经节愈合，位于食道腹面足神经节之后。由侧脏神经节发出3对神经：一对到内脏形成交感神经(sympathetic nerves)，并在胃与盲囊之间形成胃神经节(gastric ganglia)，控制胃与盲囊的运动；一对是到鳃的神经，并在鳃的基部形成鳃神经节(branchial ganglia)；还有一对神经到躯干前端两侧的外套膜上，形成巨大的星芒神经节(stellate ganglia)，控制外套肌肉的收缩。星芒神经节中包含有巨大的神经纤维(giant fiber)，它是由侧、脏神经节内的巨大神经细胞发出的神经纤维，并穿过外套膜到达星芒神经节，由星芒神经节也发出巨大神经纤维到达外套膜的肌肉上。

巨大神经是由多个神经细胞愈合形成，乌贼的巨大神经纤维直径可达1000 μm，而一般动物神经纤维的直径仅在500 μm以下，它使神经冲动传递十分迅速。头足类在缓慢游动时，是由星芒神经节发出的小运动神经纤维支配，而快速运动是由巨大神经细胞及巨大神经纤维所支配。它引起所有的外套肌肉强有力地同步收缩，以形成迅速的运动，特别在追捕食物、逃避敌害时，都由巨大神经支配。由星芒神经节到肌肉的距离越远，其巨大神经纤维的直径就越大。

头足类具有发达的感官，特别是眼的结构。鹦鹉螺的眼结构比较简单，形成一个球形的囊，内有杆状体层、色素层及视网膜细胞层，没有晶状体。乌贼等蛸亚纲动物的眼结构复杂，与脊椎动物的眼相似(图8-43)，眼的基部有软骨支持，形成眼窝。眼包括角膜、晶状体，晶状体的两侧有睫状肌(ciliary muscle)牵引，其前缘两侧还有虹彩光阑(iris diaphragm)以调节瞳孔(pupil)的大小，控制进光量。晶状体的焦距是固定的。瞳孔常为裂缝状，常保持水平，晶状体后为胶状液体所充满，眼球的底部为视网膜(retina)。视网膜是一层含有色素的杆状细胞，是一种光感受细胞，视网膜外为视神经。视神经与巨大的视神经节相连。在眼球外面的皮肤也可以形成眼皮，八腕目眼皮很发达，它的收缩可以完全被覆眼球。从结构上看，这种眼无疑是可以成像的，特别是对物体的水平与垂直投影的辨别能力应该是很强的。但头足类眼的视力范围与脊椎动物的眼相比，还是很有限的。

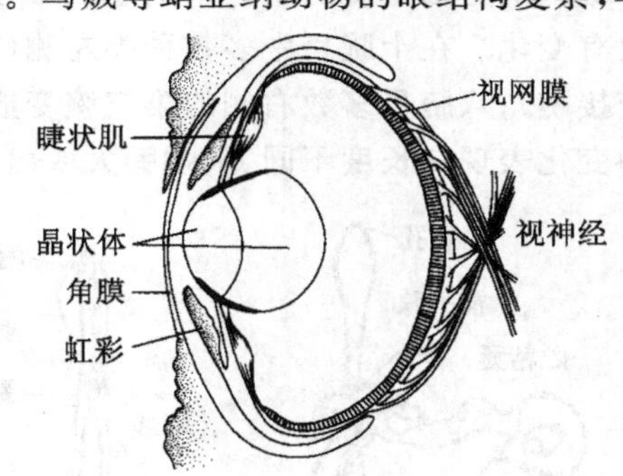

图8-43　乌贼眼的结构
(引自 Wells MJ，1961)

头足类具有发达的平衡囊，位于头部神经外的软骨中，足神经节与侧神经节之间，对测知位置、重力以及辨别水平与垂直方向都有重要作用，是一种机械感受器。另外，在头的两侧具有嗅觉窝，它是一种化学感受器，在腕的吸盘、唇及触手也有化学感受细胞，可测知味觉等，头足类只有鹦鹉螺具嗅检器，乌贼等没有。

头足类的体表常表现出紫色、褐色、黄色、黑色等，因种不同。相同的种也常因环境的改变、求偶交配或受到刺激与干扰，而使身体改变颜色。这主要是由于它的表皮中含有许多色素细胞(chromatophore)。色素细胞中含有色素颗粒，色素细胞的周围有微小的肌纤维向四周辐射并附着在其他细胞上。当肌纤维收缩时，色素细胞向四周扩展，细胞变成扁平状，色素颗粒展露，身体的颜色表现出来。当肌肉松弛时，细胞变小，色素颗粒在细胞内集中并隐蔽，体色变浅，因而使体表的颜色产生深浅的变化。还有的种类同时存在着几种色素细胞，或成群、或成层地分布在体壁内。有时由于光线的强度不同,使不同的色素细胞扩展而引起体色的改变。颜色的改变是受神经及激素的控制,视觉反应是其最主要的刺激之一。另外,在皮肤中还有一些单个的虹细胞(iridocyte),它们可对不同波长的反射光衍射出不同颜色,红色、绿色、黄色等,但没有色素颗粒。头足类皮肤的颜色改变可能是色素细胞及虹细胞的联合作用。

一些中层或深层海水中生活的头足类,具有生物发光现象(bioluminescence)。像许多具有生物发光能力的动物一样(例如某些原生动物、腔肠动物、环节动物及节肢动物等),它们都能产生一种蓝绿色的冷光。头足类的发光或是由于固定的发光器发光,或是由体内共生的细菌发光。发光器一般在头、腕及外套等部位,它是由虹细胞构成杯状反射器,杯口向体表,杯内还有晶状体,很像眼的结构,但不是接受光而是由杯中的细胞产生光,这种光并不产生热量,因此称为冷光,而且大多数情况下所产生的不是连续光,而是闪烁光。这是由于发光器是通过特殊细胞的神经刺激而引起。不同种所发出的光可能有不同的光强度或不同波长的光,但多数情况下生物光都是蓝色光或绿色光。生物发光的意义可能与引诱异性、诱捕食物以及对抗敌害有关,特别对生活在无光层的种类也可能是种内通信的一种方式。

8. 生殖与发育

头足类均为雌雄异体,少数种类雌雄大小有区别,例如,船蛸的雌体较雄体大,但多数种类雌雄区别是根据腕的不同来判断。雄性个体有一个或一对腕变成茎化腕用以交配,雌性的腕没有变化。在十腕目中多数种类左侧(少数为右侧)的第五腕变成茎化腕(hectocotylus)(或称交接腕);八腕目多数右侧的第三腕变成了茎化腕;还有的种是在第一腕茎化,常因种而异。腕的变化表现在长度不同、末端膨大或出现精液沟,甚至吸盘的改变等。

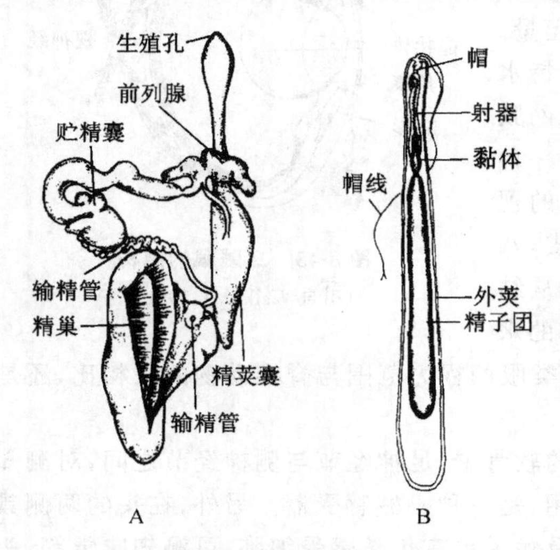

图 8-44 乌贼的雄性生殖系统

A. 雄性生殖结构; B. 精荚

(A. 转引自 Hickman CP,1973;B. 引自 Barnes RD,1980)

雄性生殖系统中有单个的精巢(图8-44A)位于身体后端中央,即生殖腔(体腔的一部分)中,生殖细胞来自体腔上皮细胞。输精管高度盘旋,由生殖腺的一侧通出,后端膨大形成贮精囊及前列腺,精细胞到贮精囊后形成精荚(图 8-44B),精荚成棒状,外表有几丁质鞘,内有大量的精子。精荚顶端有射器(ejaculatory organ)。输精管后端形成精荚囊(spermatophore sac),精荚形成后贮存在精荚囊中,其末端即为雄性生殖孔,开口在左侧外套腔中。

雌性生殖系统中有单个的卵巢,位于身体后端中央,生殖细胞亦来源于体腔上皮细胞。卵成熟后成批地进入身体左侧盘旋的输卵管中,输卵管后端具输卵管腺(oviducal gland),它的分泌物形成卵膜,输卵管的末端以雌性生殖孔开口在左侧外套腔中,在卵巢的顶端有一对很发达的白色腺体,称缠卵腺(nidamental gland),它分泌的黏性物质将卵黏着在一起。缠卵腺的顶端还有一对小的副缠卵腺(accessory nidamental gland),其功用不详。头足类的卵体积很大,最大的直径可达15 mm,因为它由体腔上皮形成之后,并接受来自体腔上皮的滤泡细胞(follicle cell)所提供的营养,因此卵内含有大量的卵黄。

头足类行交配受精,交配时节雌、雄有追尾现象,然后雌、雄个体头部相接触,以腕相互紧抱(图 8-45A),雄性以交接腕在其生殖孔处取出精荚,再送入雌体的外套腔中;也有的种交配时是以雄性的茎化腕脱落到雌体外套腔中。精荚到雌体后,射器伸出,精子溢出,在外套腔中使卵受精,受精卵仍由漏斗口一个个排出(图 8-45B),并被缠卵腺黏液黏着成葡萄状或条状等形状并黏附在物体上(图 8-45C)。乌贼的卵常是 50～100 粒左右粘成一丛。产卵时,雌性常群集,在相同的海区产卵,也有的种卵单个产出以卵柄附着在海藻上。卵产出后吸水膨胀成数倍。产卵后有的种母体随即死亡,有的种母体携带卵丛至孵化后死亡或不死亡。有实验证明产卵是受视神经周围的一对视腺分泌的激素所控制。除去视腺,头足类则停止产卵及孵化,而取食活动又开始。

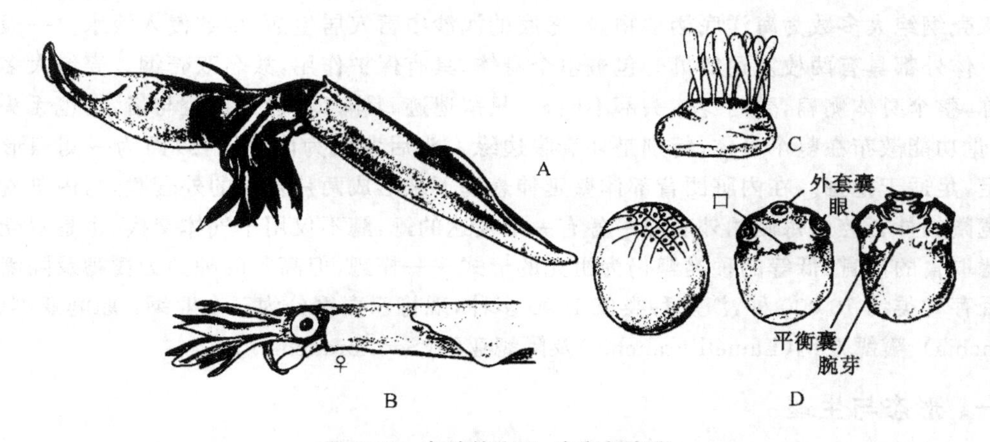

图 8-45 乌贼的交配、产卵与发育

A. 雌雄个体交配;B. 雌体产卵;C. 黏附在石块上的卵块;D. 胚胎发育

(A. 引自 Robert F;B～D. 引自 Drew GA,1911)

头足类为直接发育,端黄卵,盘状卵裂(图 8-45D),这不同于其他软体动物。形成胚盘后,逐渐将卵黄包围,形成卵黄囊,随着发育,卵黄逐渐被吸收。当胚胎形成眼与口之后,腕在眼后形成,以后逐渐向前移动并包围口,外套膜的生长将漏斗的基部包围在外套腔中。新孵化的幼体与成体相似,游泳生活,达到一定大小后才营底栖生活。

头足类蛸亚纲中,有些种具有洄游习性,例如,台湾枪乌贼(*Loligo formosana*)、曼氏无针乌贼(*Sepiella maindroni*)等。前者每年夏季自台湾海峡的南方成群结队游到福建厦门一带,在早春又游到北部湾一带产卵,产卵后又游回深水区。成体寿命一般是 1～3 年。

二、头足纲的分目

1. 鹦鹉螺亚纲

除了鹦鹉螺(*Nautilus*)一属为生存种类之外,其他都为化石种类。成体具一钙质外壳,壳或盘旋,或呈锥形等。腕的数目超过 10 个,无吸盘。鳃、心耳、肾均为四个,又称四鳃亚纲(Tetrabranchia)。无墨囊,漏斗两叶状。鹦鹉螺从寒武纪一直生存到现在。其他灭绝种类很多,例如,菊石类存在于志留纪到白垩纪时期。

2. 蛸亚纲

蛸亚纲的种类具内壳或无壳,壳为钙质或角质。腕数 8 个或 10 个,具吸盘。鳃、心耳、肾均为两个,也称为二鳃亚纲(Dibranchia),具墨囊。从石炭纪一直生存到现在,分两个目。

(1) 十腕目(Decapoda)。内壳,壳减小成舟形,为钙质或几丁质。腕 10 个,其中两个成触腕。吸盘具角质环,例如,旋乌贼(图 8-35)、乌贼、枪乌贼、大王乌贼等。

(2) 八腕目(Octopoda)。无壳,体常呈球形,具 8 个腕,吸盘无角质环,也无鳍,例如,章鱼。船蛸,其雌性个体又次生性地出现外壳,但壳绝无隔板。又如幽灵水母硝(*Vampyroteuthis*),具腕间膜。

第七节 双 壳 纲

双壳纲绝大多数为海洋底栖动物,在海底的泥沙中营穴居生活,少数侵入淡水。一般不善运动。体外都具有两枚发达的贝壳包被整个身体,具有保护作用,故名双壳纲。壳绝大多数两侧对称,整个身体侧扁,壳内身体头部不明显,只留遗迹,具有口,但无口腔与齿舌,也无头部感官,感觉功能散布在整个身体,特别是外套膜边缘。头后背面为内脏团,腹面为一侧扁形如斧状的足,足适于挖掘。在内脏团背部体壁延伸悬垂下来形成两片发达的外套膜,与内脏囊之间构成宽阔的外套腔。每侧的外套腔中各有一个发达的鳃,鳃不仅用于气体交换,也是双壳类用以过滤取食的器官;低等的种类鳃仍为祖先的形式——栉鳃,但高等的种类为瓣鳃及隔鳃。

现存种类约 10 000 种,淡水种类仅 1000 多种,现将双壳纲分为三个亚纲:原鳃亚纲(Protobranchia)、瓣鳃亚纲(Lamellibranchia)及隔鳃亚纲(Septibranchia)。

一、形态与生理

1. 壳与外套膜

双壳类具两枚相似的壳,身体可以完全缩入壳内。壳的大小、形状、颜色等随种而异。最小的壳仅有 2 mm 长,如珠蚬类(Sphaeriidae)的一些种,最大的壳长可超过 1 m,壳重达 300 kg,如砗磲(*Tridaona*)。两壳背面有一突出部分称为壳顶(umbo)(图 8-46B),壳顶所在的一端为前端。根据壳顶位于身体的前端背面,可以将壳定位。围绕壳顶形成许多细密的同心线,称为生长线,随着年龄的增加,生长线也增多。两壳的前、后端及腹缘游离,背面有韧带(ligament)(图 8-46A)及绞合齿(hinge tooth)将两壳紧密地联结在一起。通过绞合部,左、右壳之间有一对称面,例如河蚌(*Anodonta*);少数种左右壳不等,例如牡蛎(*Ostrea*)等。

韧带是由胚胎期的外套膜形成。幼虫期外套膜也呈圆顶形,随着幼虫的生长,外套膜在背中线向前后延伸,并增多鞣化的蛋白质而不沉积钙,最后这些鞣化的蛋白质硬化就形成了韧带,即只有角质层。韧带在两壳背缘联合处,可分成外韧带与内韧带(图 8-46A)。外韧带从外表很易看到,内韧带是隐藏在外韧带之下的沟、杯或凹陷内,当韧带在既无张力也无压缩的状态下松弛时,两壳张开,当两壳因肌肉收缩而关闭时,外韧带在张力下被拉直,内韧带被压缩。韧带具有很高弹性,可以贮存肌肉收缩时产生的能量。当闭壳的肌肉松弛时,韧带很快恢复其原状,外韧带收缩,内韧带被扩张,两壳又开放,所以双壳类没有开壳肌,而是由韧带控制。

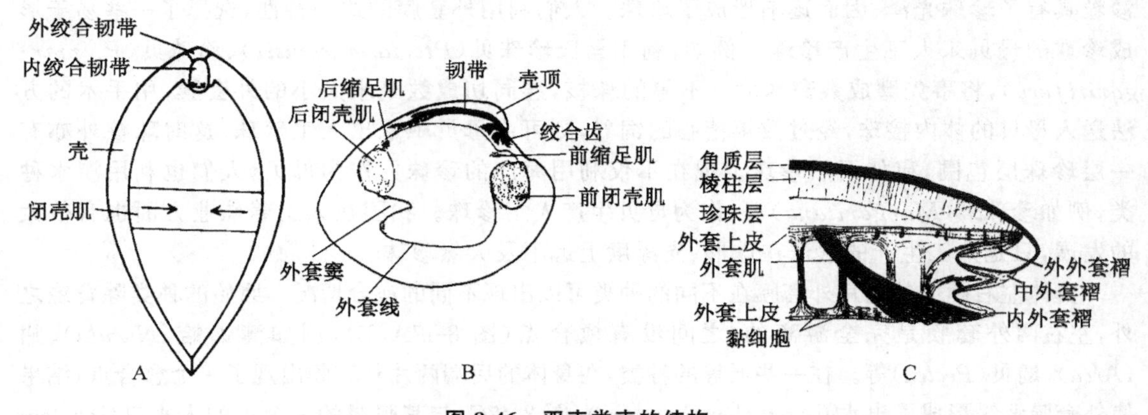

图 8-46 双壳类壳的结构

A. 身体的纵断面，示韧带与闭壳肌的拮抗作用；B. 石壳的内面观；C. 壳缘的横切面，示外套膜与壳的结构

(A,B. 引自 Barnes RD,1980；C. 引自 Kennedy WJ,1969)

韧带之下还有绞合齿(图 8-46B)是由齿突及齿槽相嵌而成，它们分别位于两壳，或突与槽交叉分布在两壳上，使壳紧密联结，原始的种类绞合齿数目很多，形态相似，排列成行。随着进化齿的数目减少，形态特化并分化成位于绞合部中心的中心齿(cardinal tooth)及其前、后的侧齿，绞合齿的数目、形态及排列方式是分类的重要依据之一。

两壳之间，有联结双壳的发达的肌肉，称为闭壳肌(adductor)(图 8-46A,B)，控制着壳的关闭。原始的种类有前、后两个闭壳肌，其大小相等，许多种类前闭壳肌退化或完全消失，闭壳肌在壳的内表面附着处留下同名的肌痕(muscular scar)。闭壳肌与韧带具有拮抗作用。闭壳肌是由横纹肌及平滑肌组成，前者的伸缩使壳关闭迅速而有力，后者的收缩使壳关闭持续而不易疲劳，所以双壳纲的壳可以长时间地紧闭而很难撬开。此外，在壳的内面还有缩足肌痕(retractor muscular scar)及伸足肌痕(protractor muscular scar)，其数目、位置因种而异。在壳的外缘有外套线痕(pallial scar)。

壳在断面上可以分为三层：最外层为薄而透明的角质层(periostracum)(图 8-46C)；中层最厚，是由碳酸钙组成的柱状结构，称棱柱层(prismatic layer)；内层为碳酸钙的片状结构，称珍珠层(pearl layer)。

壳是由下面的外套膜分泌形成。外套膜由壳顶处向腹缘延伸，它是两层上皮细胞，中间夹有结缔组织所形成的膜，膜内有肌纤维使它附着在壳内面；外套膜的边缘加厚形成三个褶皱，内褶上有放射肌及环肌使边缘紧贴壳上。中褶上有大量的感觉细胞或感觉器，具有触觉、视觉等功能。外褶有很强的分泌功能，它是壳形成的重要部位。壳形成时首先是由外套膜外褶的内面分泌角质及有机质网架，它们是一种有机的贝壳素，表面的一层形成了贝壳的最外层，即角质层；然后，由外褶的外面在网架间分泌及沉积碳酸钙，碳酸钙晶体呈方解石(calcite)结构，这就是棱柱层，这两层随着身体的生长而生长，所以不断地增大壳的表面积；珍珠层是由整个外套膜的外层细胞分泌形成，它也分泌碳酸钙，但晶体呈文石(aragonite)结构，具有折光性，表现出珍珠光泽，随着身体的增长，它不断地增加厚度。

价格昂贵的天然珍珠就是由某些双壳纲动物所形成。这是由于外界的沙粒或其他异物进入到外套膜与贝壳之间，沙粒被外套膜包围，并围绕它不断地分泌珍珠层，达到一定厚度之后，沙粒具有了珍珠光泽，因而逐渐形成了珍珠。人们利用外套膜的这一特性，选择了一些易于形成珍珠的母贝来人工生产珍珠。例如，利用马氏珍珠贝(*Pteria martensii*)、珍珠贝(*P. margaritifera*)，将事先磨成数毫米大小不等的珠核，连同切成数毫米大小的外套膜，用手术的方法送入母贝的体内接珠，经过数年精心的饲养，则可由母贝中取出人工珍珠，这时珠核外亦有一层珍珠层包围，宛如天然珍珠。现在不仅利用海产的珍珠贝作为母贝，人们也利用淡水种类，例如珍珠蚌(*Margaritana*)等，作为母贝生产人工珍珠。我国在人工养珠业方面也有很大的发展，只是人工生产的珍珠在珠形、光泽度上远不及天然珍珠。

身体左右两侧的两片外套膜在不同的种类可以出现不同的愈合情况。原始的种类除背缘之外，左右两外套膜是完全游离的，之间没有愈合点(图 8-47A,B)，例如湾锦蛤(*Nucula*)、蚶(*Arca*)、扇贝(*Pecten*)等。在一些低等的种类，在身体的后端两片外套膜出现了一个愈合点，结果使外套膜背缘形成了出水孔(exhalant aperture)(图 8-47C)与其腹缘的一个大的入水口(inhalant opening)，足由此入水口出入，这样进入与排出外套腔的水流分开，例如珍珠贝、牡蛎、河蚌等。还有的种出现了第二个愈合点位于入水口的前端，结果形成一明显的入水孔(inhalant aperture)，并与足的出入口相分离(图 8-47D)，例如饰贝(*Dreissena*)、满月蛤(*Lucina*)等。在一些更高等种类或穴居较深的种类，外套膜腹缘的大部分都愈合了，只有前端未愈合形成了足孔(pedal aperture)，而出水孔与入水孔处也由于外套膜边缘的延伸而形成了管状(图 8-47E)，例如樱蛤(*Tellina*)、剑蛏(*Ensis*)等。生活时仅出入水管露出沙面，水管靠血压及肌肉的收缩而伸出或缩回壳内。在一些固着生活的种类，外套膜腹缘还可再愈合形成一个足丝孔(byssal aperture)(图 8-47F)，结果整个外套膜有三点愈合而形成 4 个孔，如猿头蛤(*Chamostrea*)。

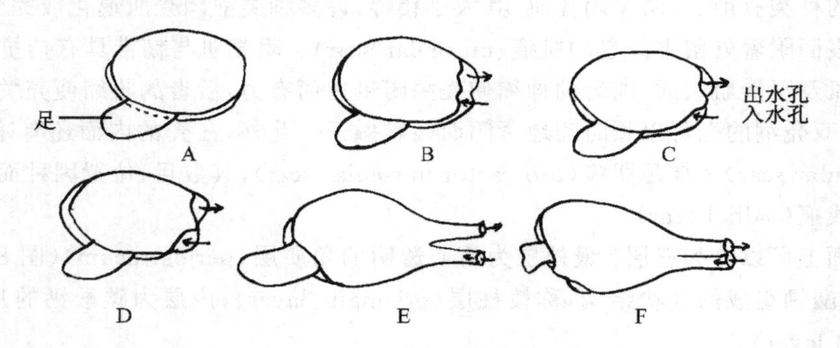

图 8-47 双壳类外套膜愈合类型

A,B. 未愈合；C. 一点愈合；D. 二点愈合；E. 腹缘大部愈合，出现水管；F. 三点愈合

(引自张玺，齐钟彦，1955)

2. 足、运动与生态适应

原始的种类具有与腹足纲相似的足，宽阔、扁平，具有很大的蹠面，如湾锦蛤等，但大多数种类生活在软质水底，足侧扁成楔状或斧状，适于掘穴，例如河蚌(图 8-48A)、鸟蛤(*Cardium*)(图 8-48B)等。这种足是肌肉质的，足中包含有大的血窦，靠血压及肌肉收缩完成运动，肌肉同源于其他软体动物的足缩肌，从足侧面延伸到壳内面，也留下肌痕。在一些附着或固着生活的种类，足大大地退化减少，或同时出现足丝(byssus)以固着，例如蚶(图 8-48C)、偏顶蛤(*Modiolus*)(图 8-48D)等。在木质中凿洞生活的船蛆(*Teredo*)足更退化。总之，足的形态、运动与生活方式密切相关。

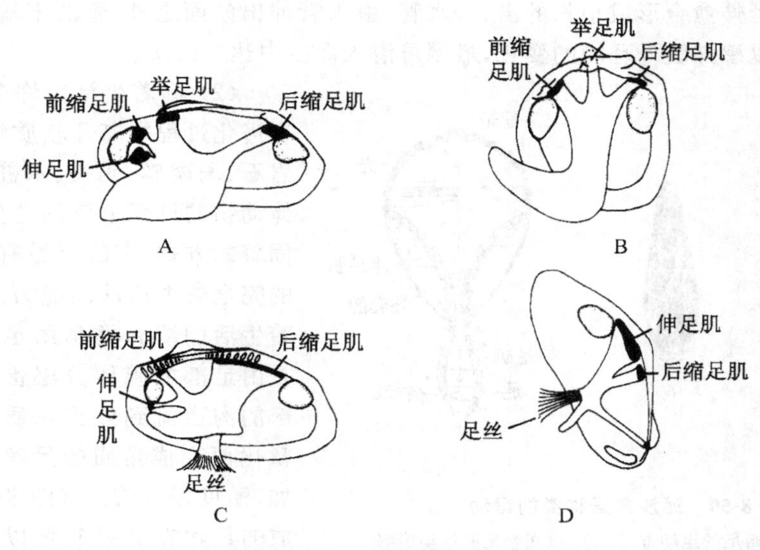

图 8-48　双壳类足的形态

A. 河蚌；B. 鸟蛤；C. 蚶；D. 偏顶蛤

（转引自 Barnes RD,1980）

(1) 泥沙中穴居。双壳纲中较原始的种类多在浅层泥沙中穴居，例如，原始的湾锦蛤、云母蛤(*Yoldia*)(图 8-49)。它们的壳对称，没有水管，即使有也很短，前、后闭壳肌接近相等，足部多肌肉，足底部扁平，在泥沙中运动时是用足的两侧边缘向中央折在一起，形成刀状(图 8-50A)插入泥沙中，然后折在一起的边缘分开像锚状附着在沙中(图 8-50B)，拖动身体向沙中潜入(图 8-50C)，然后再伸足、折起，开始新的运动。

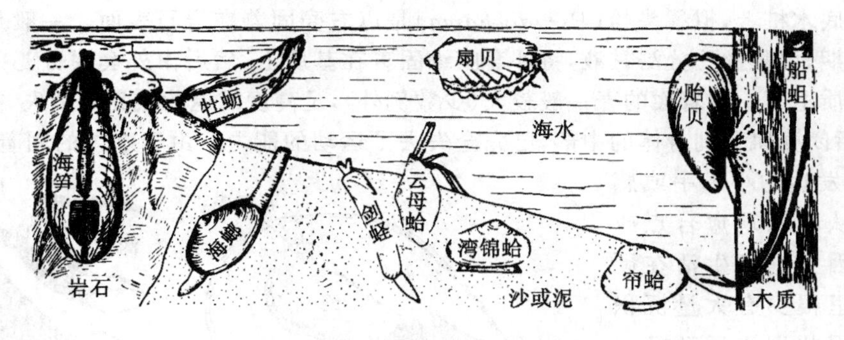

图 8-49　双壳纲动物的生活方式

（引自 Store TL，et al,1979）

但大多数双壳纲类生活在较深层的水中，它们的足变成斧状。有的种类甚至变成半永久或永久穴居，其穴道内有黏液围绕，以减少沉积物的污染，一般具有水管，壳及足都延长成长圆形。它们的运动是由足部肌肉的收缩以及体内血压的改变而进行。首先由足部的伸足肌及闭壳肌松弛，壳微微张开，足伸出壳外(图 8-50D)，进入泥沙，出入水管关闭，当闭壳肌突然收缩，外套腔中的水被排出，壳紧闭，足充血变成锚状拖动身体向下，同时前、后缩足肌收缩，震动壳背、腹缘，也拖壳向深层泥沙中移动，如此重复，闭壳肌又松弛。一些生活在较深层泥沙中的种类，外套膜边缘延伸愈合形成很长的出、入水管，由水管伸出沙面之外，管的末端具有光、化学及机械感受器，以感知管外环境的变化，最深可潜入泥沙中达 1 m 多。

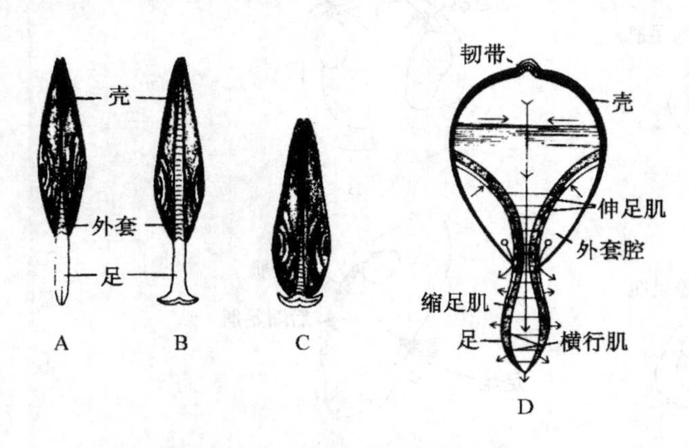

图 8-50 泥沙穴居种类的运动

A～C. 云母蛤足的运动方式；D. 双壳纲足的运动图解

(D. 引自 Trueman ER,1966)

(2) 固着生活。许多双壳类动物在进化过程中离开软质泥沙环境而到岩石、珊瑚礁、码头、木桩，甚至其他软体动物的贝壳上营固着生活。根据其固着的方式，有的可做有限的运动，有的完全失去运动的能力。大多数营固着生活的双壳类是用足丝固着，足丝是由足部的腺体分泌蛋白质，沿着足部的沟道流到外界基质上，蛋白质经鞣化而变成角质的足丝(图 8-51)，例如，贻贝(*Mytilus*)(图 8-49)足部已形成的足丝在必要时可以放弃，而由足部的腺体重新分泌新的足丝。贻贝的足虽是存在但相当的退化，只能做一定范围的运动。其他如蚶、珍珠贝也是用足丝固着，甚至海洋中的大砗磲幼年时也是用足丝固着，成长后有的种足丝仍然保留，或足丝消失而用笨重的壳以固着。双壳纲这种用足丝固着生活被认为是幼虫特征的一种持续，因为许多营穴居生活的种类幼虫期也可以形成足丝以临时营固着生活，以后在进化过程中如果成体也保留了足丝，则形成了以足丝固着生活的种类。实际上古生代的双壳类动物 40%的种是靠内足丝营穴居生活的，以后才进化到现代的固着在硬质海底或岩石表面的外足丝种类。

另一种固着方式是以壳黏着在其他物体上而行固着，例如，牡蛎(图 8-49)是以左壳固着在岩石或海底木桩上，拟猿头蛤(*Pseudochama*)是以右壳固着在岩石表面。一般是在面盘幼虫变态的后期，由足丝孔分泌黏液，将外套膜缘固着在基质上，然后由外套膜分泌的贝壳则直接黏着在基质上了。固着面的壳一般较大(少数例外)，足高度的退化或完全消失，前闭壳肌也退化消失，后闭壳肌移到身体的中部，已完全失去了运动的能力。由于永久的固着生活，外套膜缘出现了发达的小触手或感官，外套膜从不出现愈合点或形成水管，因为它们生活在硬质表面，那里很少有大量沉积物的存在，因此潮汐运动已起到了清除作用。

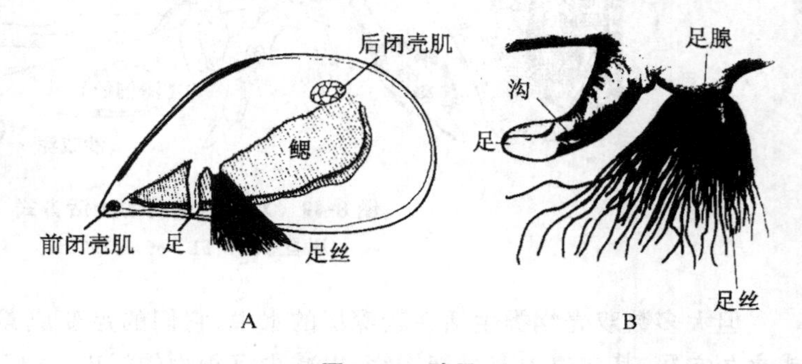

图 8-51 贻贝

A. 除去左壳，示足与足丝；B. 足与足丝放大

(引自 Yonge CM,1953)

(3) 表面自由生活。双壳纲中少数种类为水底表面自由生活，它们可以在水中自由运动，例如扇贝(图 8-49)、海月贝(*Placuna*)、铃贝(*Enigmonia*)等。它们的足减少，前闭壳肌也消失，但后闭壳肌发达，并移到身体中央，通过后闭壳肌中横纹肌不停地收缩，而使两壳相互拍打，造成外套腔中水流迅速喷出而使身体在水中游动。有时利

用喷水而使海扇等可潜入泥沙中。

(4) 凿穴生活。双壳纲中有几个科是在岩石、贝壳、珊瑚骨骼、木质上营凿穴生活。这种生活方式被认为是由在泥沙中穴居的祖先类群发展了钻穴习性而形成。所有的钻穴动物都是由幼虫开始附着在物体上,随着生长不断地扩大加深其洞穴,并终生穴居其中。足一般也相当退化,很少能运动。生活时仅水管露出穴外,如将其从穴中拉出,它们不能再挖凿新穴。

凿穴生活的种类多数情况下壳的前端表面具锯状切齿,形成一个摩擦面,利用机械运动钻穴,足仅用以在穴中附着(图 8-52)。根据不同的种,有的是由后缩足肌的收缩、壳的前端向上运动而凿穴,例如,住石蛤(*Petricola*)、钻岩蛤(*Saxicava*);有的是由前缩足肌收缩、壳前端向下运动而凿穴,例如,开腹蛤(*Gastrochaena*);海笋(*Pholas*)(图 8-52)是靠后闭壳肌的收缩以推动壳的移动;还有的种类是利用前、后闭壳肌的交替收缩,使壳前、后移动以凿穴。凿穴时,如果动物在穴内旋转,则穴道的断面是圆形的;如果动物仅在同一位置上附着而不旋转,则穴道的形状与壳形是一致的。穴道有的一端开口,有的两端开口,因种而异。

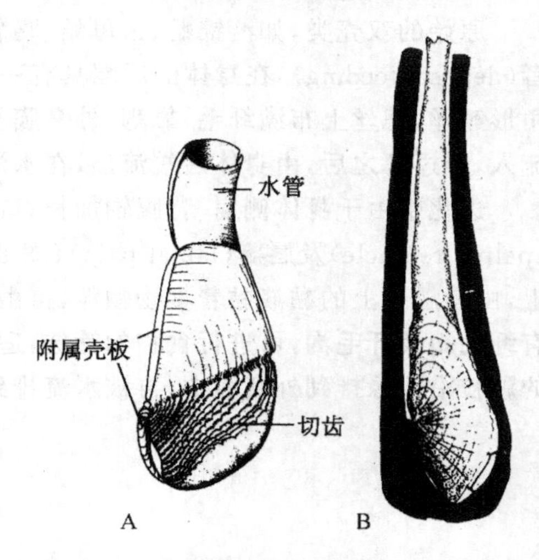

图 8-52　海笋的外形(A)及穴中形态(B)

(引自 Barnes RD,1980)

有的种类是化学凿穴者,例如石蛏(*Lithophaga*),它的外套膜可以分泌一种酸性黏液软化珊瑚骨骼或其他钙质贝壳而形成穴道,而其自身的钙质壳由于表面有角质层的保护而不受影响。

还有一些种是在木质结构中凿穴生活,海水中的码头、木桩、船泊等木质结构等都可以被船蛆、嗜木贝(*Xylophaga*)等凿成朽木。例如,船蛆身体呈长管状(图 8-53),两壳大大地减小形成头状位于身体的最前端,足也很小位于壳下。生活时,以壳向前凿穴,足用以附着。外套膜在身体后端分泌石灰质骨管包围整个身体,仅身体后端的出入水管露在木质之外,身体的后端还形成钙质垫板,当出入水管缩回钙质管时,垫板可以封闭管口。船蛆以木质为食,消化道内有专门的消化腺可以分泌纤维素酶,以消化木质,还有的种类体内有共生的细菌也可帮助消

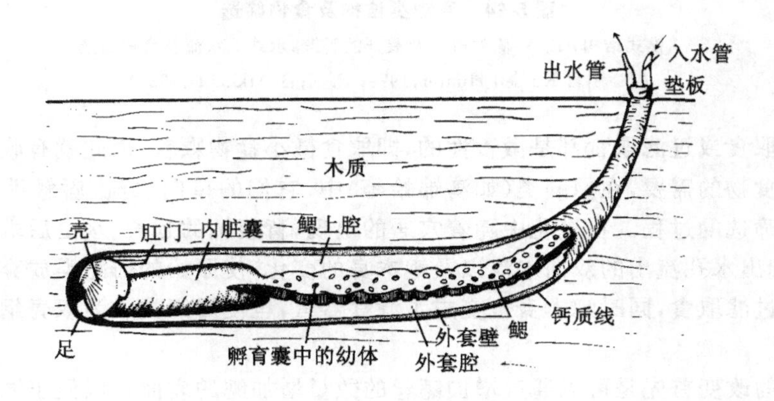

图 8-53　船蛆

(引自 Barnes RD,1980)

化木质。船蛆的寿命可达1～7年之久，许多船舶由于船蛆的危害被蛀成空架而报废。

3. 鳃与取食

鳃在动物中本是呼吸器官，与取食无直接关系，但在进化中许多双壳类由于软泥沙底穴居，又不善运动，鳃高度发展，在完成呼吸的同时，也演变成收集筛选食物的结构，成为过滤取食(filter feeding)的装备，在瓣鳃类即如此。

原始的双壳类，如湾锦蛤、云母蛤、鸟雷蛤(*Malletia*)等，它们生活在软泥底，是沉积取食者(deposit feeding)，在身体的后端具有一对很小的双栉鳃(图8-54A)。鳃的两侧各有一行三角形鳃丝，鳃丝上布满纤毛，靠鳃、外套膜及唇瓣上纤毛的摆动造成水由身体前端或身体腹缘流入，经过鳃之后，由身体后端流出，在水流过程中完成呼吸。所以鳃仅具呼吸功能。

进化中由于身体侧扁、背腹轴加长，口向中背部移动，结果在口的两侧出现了一对唇触手(palpal tentacle)及唇瓣(labial palp)(图8-54B)。取食时，唇触手伸出壳外，到达底部沉积物上，由唇触手上的黏液黏着食物颗粒，再由纤毛作用将食物送到唇瓣，唇瓣呈对褶状，相对面具有纤毛嵴及纤毛沟，可进行食物的筛选，适当的食物颗粒被纤毛沿中间沟送入口内，不被接受的颗粒沿侧缘排到外套腔中，再被水流排到体外，如此完成取食作用。

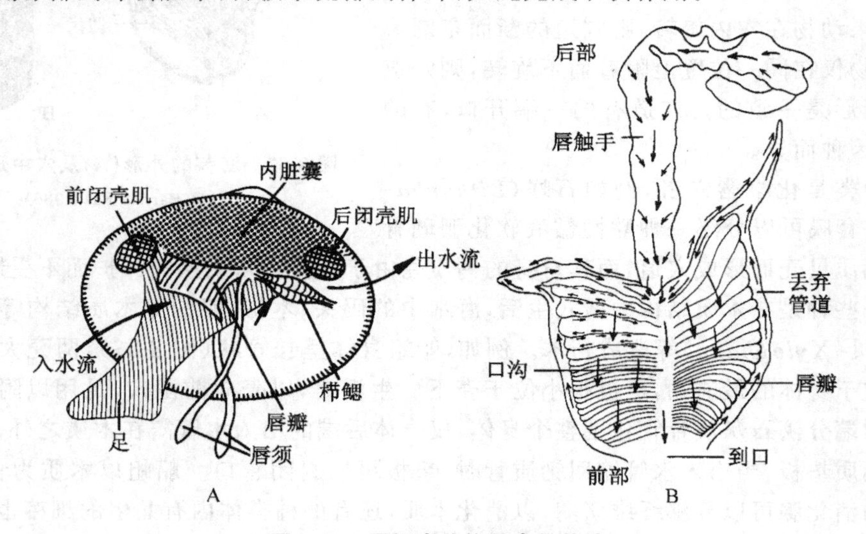

图8-54 原鳃类结构及食物筛选

A. 模式结构；B. 一侧的触手及展开的唇瓣，示纤毛水流及食物筛选

(A. 引自Russell-Hunter,1979；B. 引自Atkins D,1937)

无论沉积取食或过滤取食都是微食性的，即取食微小食物颗粒，因此就有收集食物及筛选分类食物与非食物的需要，在原鳃类(如湾锦蛤等)中，它们的单向水流、唇触手及唇瓣等都参与完成收集与筛选的过程。在进化中随着穴居的出现，背腹轴的延长，水由后端入水孔流入外套腔，再由后端出水孔流出的双向水流以及鳃本身的变化，使原始的瓣鳃类放弃了沉积取食而采用了悬浮即过滤取食，同时鳃本身也变成了滤食器官，也使瓣鳃类成为双壳纲中占有统治地位的类群。

鳃的最大的改变首先是可以通过增加鳃丝的数量增加鳃的表面积以便于滤取食物，例如，牡蛎，每个鳃的鳃丝可多达8000条，鳃丝由原来的三角形(图8-55A)向两侧延长(图8-55B)并向上折，下缘表面出现凹陷，前后鳃丝的凹陷连成了食物沟，便于收集及输送食物，鳃丝也由三角形变成细长的丝状，并继续延伸回折，使每根鳃丝成为"V"形，鳃轴两侧的鳃丝回折后形成"W"形(图 8-55C,D)，其中与鳃轴相连的两支称下行支(descending limb)，游离回折的两支为上行支(ascending limb)，结果每个双栉鳃形成了四个宽大的鳃表面，两个鳃瓣。

在这一进化中，最原始种类的鳃丝间是相对独立的，或是出现纤毛联结称丝间联结(interfilamental junction)(图 8-55E)。下行支与上行支之间出现了瓣间联结(interlamellar junction)上行支顶端游离，这种鳃称为丝鳃(filibranch gill)，例如，贻贝、扇贝；如果丝间联结出现了永久的组织联结，这种鳃称为假瓣鳃(pseudolamellibranch gill)，例如，牡蛎；但绝大多数双壳类的丝间联结与瓣间联结都变成了永久的固体组织结构，上行支也联到外套膜上，这种鳃称为真瓣鳃(eulamellibranch gill)，例如，河蚌等。在真瓣鳃中，丝间联结之间留下的小孔称鳃孔(ostia)，是水进入鳃内的通口，每隔几个鳃丝，固体的瓣间联结直立于鳃腔之中，使鳃腔中形成许多直立的水管。水由入水流进入外套腔，经鳃孔进入直立的水管，再经上端的出鳃室进入出水流排出的体外，在水流过程中鳃完成气体交换。

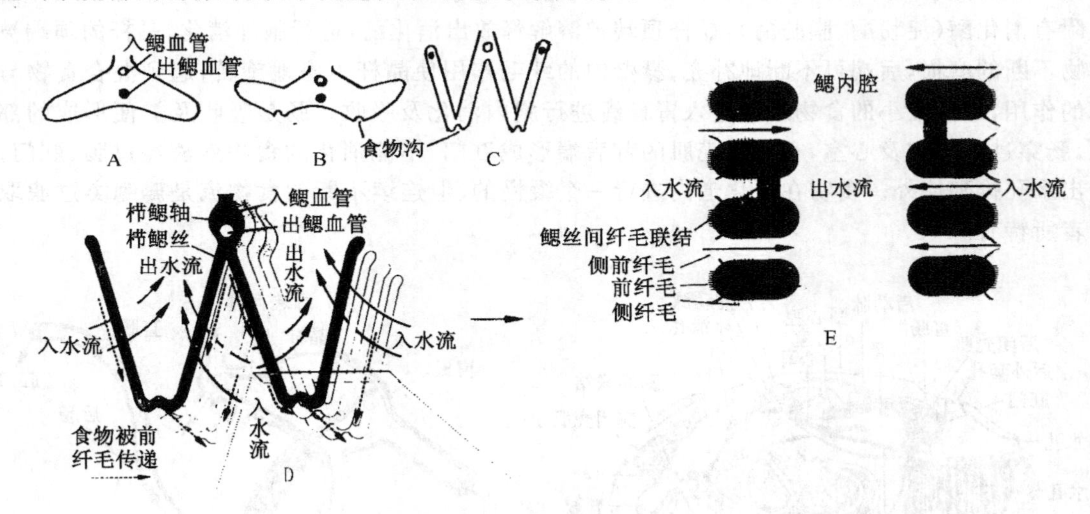

图 8-55　鳃的进化与结构

A～C. 鳃丝的进化过程；D. 瓣鳃的结构；E. 一侧鳃丝的水平切面

(A～C. 引自 Barnes RD,1980；D,E. Russell-Hunter WD,1979)

鳃丝的外表面具有许多纤毛(图 8-55E)，内表面的鳃腔水管没有纤毛，当外界水流经过鳃时，随水流进入外套腔中的浮游生物、悬浮颗粒等由鳃丝表面的纤毛作用积累在鳃的表面，并经侧纤毛的打动对食物进行初步的筛选过滤，较小的食物颗粒由前纤毛的摆动传送到鳃丝腹缘的食物沟中，继之由食物沟内再送入到口及唇瓣，唇瓣上也有沟与嵴，因此也有筛选功能；较大的或非食物颗粒由唇瓣或鳃腹缘排到外套腔中，再通过闭壳肌周期性地自发收缩使壳张开时而排出体外。鳃腔表面没有纤毛，食物颗粒并不进入其中。所以瓣鳃类的鳃具有4个宽大的纤毛面用以过滤及筛选食物，实际

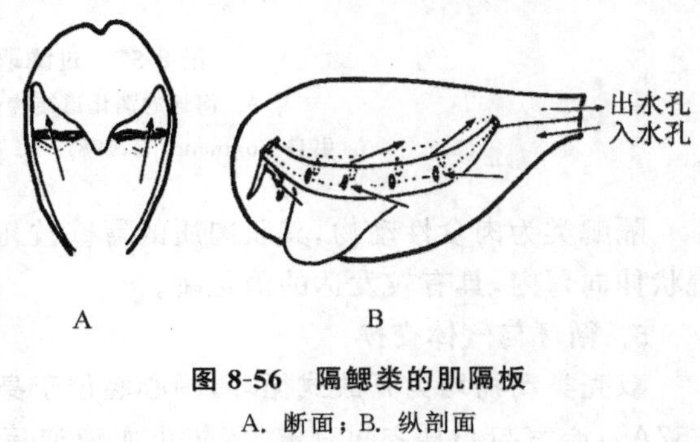

图 8-56　隔鳃类的肌隔板

A. 断面；B. 纵剖面

(引自 Hickman CP,1973)

上只要有 1/5 鳃丝表面就够满足呼吸功能的需要，这点足以说明瓣鳃类的鳃主要的功能还是作为滤食器官，其次才是呼吸器官。

从原鳃类发展起来的另一支为隔鳃类，它的鳃已经退化，在鳃的部位形成了一对穿孔的肌肉质隔板(muscular septa)(图 8-56)。由于肌肉的收缩使隔板上下运动使水由入水孔进入外套腔，再经隔板孔进入鳃上腔，最后经出水孔流出。小型的甲壳类、多毛类等动物随水流进入外套腔，再经过唇瓣将食物送入口中。隔鳃类属于肉食性或腐食性种类，例如孔螂(*Poromya*)。

4. 消化

原始的沉积取食的种类，食物的消化及消化道的结构仍保持原软体动物的形态与机能。例如，原鳃类的胃壁很薄，其中仍保留胃楯、晶杆等结构，食物在胃内行胞外消化，在消化盲囊中行胞内消化及吸收。

高等的过滤取食的种类，消化道口周围没有触手(图 8-57A)。胃壁上胃楯及筛选区均不发达，而晶杆囊发达，突出胃壁之外(图 8-57B)。囊中有黏液分泌物经固化形成晶杆，晶杆上吸附有消化酶(淀粉酶、脂肪酶)，晶杆顶端被溶解释放出消化酶，进行胞外消化，晶杆的顶端被食物不断的磨损，后端可不断地补充，囊壁内的纤毛作用使晶杆不停地旋转，起到混合食物与酶的作用，也使微小的食物颗粒进入胃盲囊进行胞内消化及吸收。肠是吸收及粪便形成的部位，肠穿过围心腔及心室，在后闭壳肌的背后端形成肛门，不能消化的食物残渣经过肠、肛门，经出水孔排到体外。食物在消化道内进行一个缓慢的、但连续不断的食物流是瓣鳃类过滤取食者所特有。

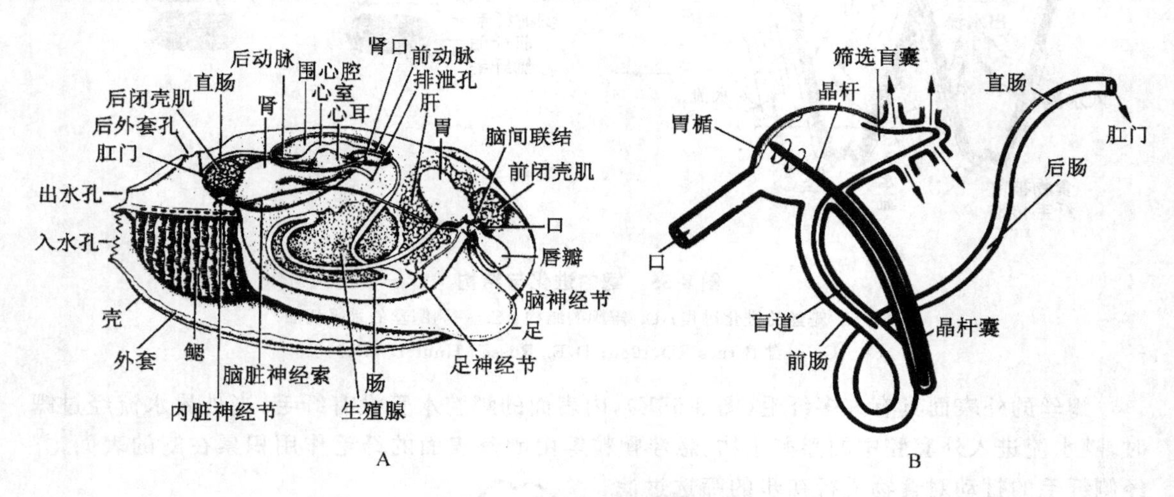

图 8-57 过滤取食者的消化道

A. 河蚌的消化道结构；B. 示突出的晶杆囊

(A. 引自 Engmann JG,1981；B. 引自 Russell-Hunter WD, 1979)

隔鳃类为肉食性动物，其肌肉质的胃壁被几丁质包围，形成一个磨胃，其晶杆不发达，成小棍状伸向胃内，具有较发达的消化酶。

5. 循环与气体交换

双壳类动物均为开放式循环，围心腔位于身体的背面，围心腔中有一个心室、两个心耳(图 8-57A)，心室与心耳之间有瓣膜，防止血液逆流。在原鳃类及丝鳃类由心室仅向前通出前大动脉,如贻贝(图 8-58A),瓣鳃类除前大动脉之外,由心室还向后通出后大动脉,如河蚌。血液由动脉流出后,经分支到身体前端、足及内脏等,到组织中形成血窦,经血窦后汇集到微血管经过肾脏、鳃之后再流回心耳与心室。鳃是主要的气体交换场所,当水流经过时,被鳃所摄取的单位面积的氧量比其他软体动物少,这可能与鳃的表面积较其他软体动物大有关。

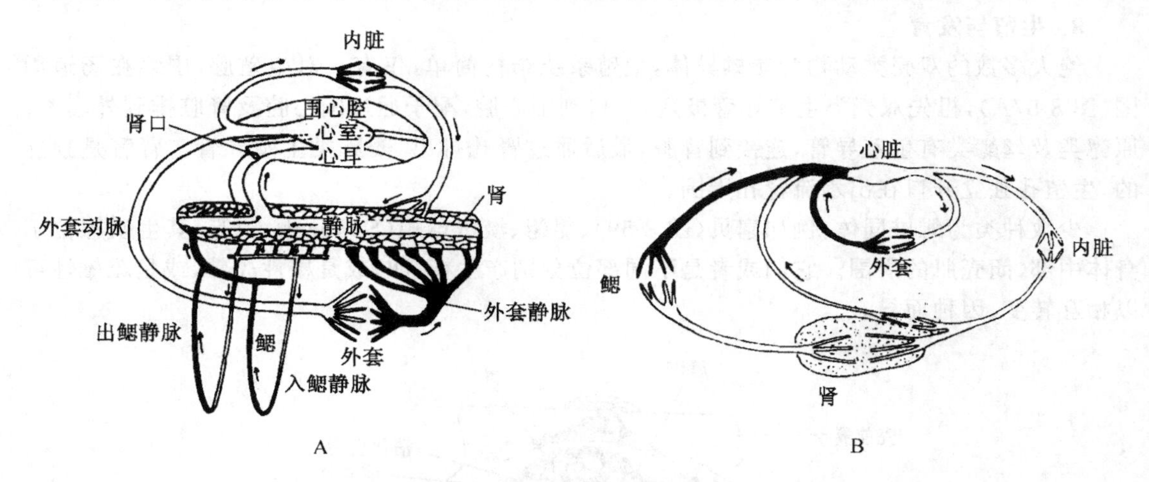

图 8-58 双壳纲的循环结构

A. 贻贝(丝鳃类);B. 河蚌(瓣鳃类)

(转引自 Barnes RD,1980)

此外,所有的双壳纲动物都或多或少地有发达的外套循环,血液由动脉流出后,直接到外套膜中形成血窦,由血窦汇集到血管后或直接流回心耳(图 8-58B),或经过肾脏排出代谢产物后再流回心耳,外套循环也是气体交换的辅助场所。大多数双壳纲动物的血液中不存在呼吸色素,只有极少数种类如蚶、锉蛤(*Lima*)等具有血红素,使外套膜等组织表现出红色。

隔鳃类的鳃已消失,气体的交换完全由外套膜进行。

6. 排泄

双壳类的排泄系统为一对后肾,位于围心腔腹面(图 8-57A)。肾脏呈长管状,内肾口开口在围心腔前端,围心腔的上皮细胞外翻形成围心腔腺,其中有丰富的足细胞是超滤作用的部位,在此形成原尿。肾脏的前半部分被血管围绕,静脉管壁是由分泌细胞及吸收细胞组成,原尿经过时被分泌及重吸收并形成终尿。肾的后半部为膀胱部分,为代谢物的贮存处,原鳃类的肾脏没有腺体部与膀胱部之区分。淡水种类的肾脏具盐分的重吸收作用,因此,排出的尿液是低渗的。

7. 神经与感官

双壳纲动物的神经系统比较简单,原始的种类具有脑、侧、足、脏 4 对神经节,较进化的种类,脑、侧神经节合并,所以只有 3 对神经节(图 5-57A)。脑侧神经节位于食道两侧,它控制着前闭壳肌及协调足、壳的运动。脏神经节位于后闭壳肌肌柱上,它控制内脏及后闭壳肌的收缩,足神经节位于足前端肌肉内,控制足的运动,此外在脑侧神经节与脏神经节之间,脑侧神经节与足神经节之间还有两对神经索将神经节联结起来。

双壳类由于头的丢失,感官不发达也不集中在身体前端,而是散布在外套膜边缘,水管及足等处,多为细胞感受器。在一些活动能力较大的种类,例如,扇贝在外套膜缘的中褶皱上有许多的小触手(图 8-58),其中含有触觉及化学感觉细胞,还有许多小眼,小眼的结构较发达,甚至包含了晶体与网膜,可以感受光强度的改变。此外,在足神经节周围有一对平衡囊,控制身体的平衡。许多种类在后闭壳肌下或出水口周围有一些感觉上皮,称嗅检器,但它在出水口处,它的机能尚难确定。

8. 生殖与发育

绝大多数的双壳类动物为雌雄异体,生殖系统结构简单,仅有一对生殖腺,围绕在肠道周围(图 8-57A),祖先双壳类生殖导管极短,开口到围心腔,配子通过围心腔及肾脏排到外套腔。原鳃类及丝鳃类有生殖导管,连接到肾脏,最后通过肾孔排出,瓣鳃类生殖导管与肾管是独立的,生殖孔独立开口在出水流肾孔周围。

少数种类为雌雄同体,例如扇贝(图 8-59)、船蛆、淡水球蚬(*Sphaerium*)等,其生殖腺位于身体中部,闭壳肌的周围。它们或者是不同部位分别产生精、卵,或是雄性先熟,或是雌雄性可以相互转变,因种而异。

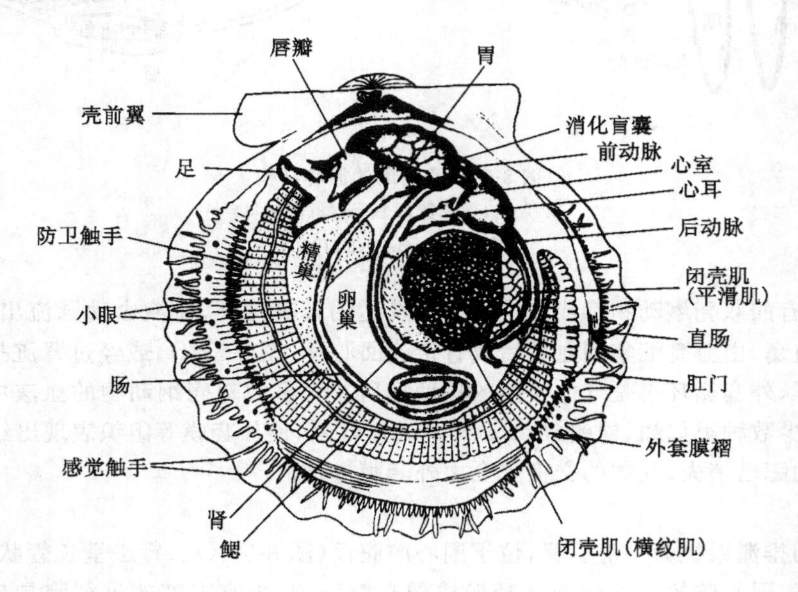

图 8-59 扇贝的内部结构

(转引自 Barnes RD,1980)

双壳纲动物不行交配,海产种类卵在海水中受精。水温的改变、潮汐运动及异性生殖细胞的排放都可以诱导排卵。受精卵经螺旋卵裂发育成自由生活的担轮幼虫及面盘幼虫。面盘幼虫两侧对称。壳与壳腺最初都是单个的背板,以后外套膜的生长由两侧向腹缘延伸,才形成两枚壳。壳中央背部外套膜褶皱形成韧带及绞合齿,面盘幼虫经过一定时期的游泳取食之后,或经过很短时间突然脱去面盘,固着在适当的基底上变态成成体。

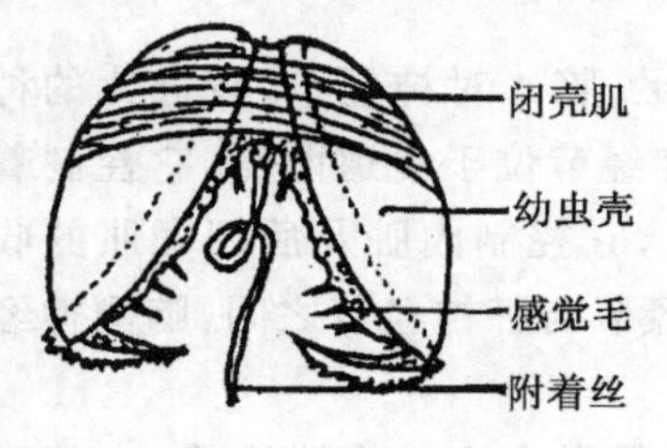

图 8-60 钩介幼虫

一些淡水种类及极少数海产种类卵在鳃腔中受精与发育。例如河蚌、球蚬等,卵在外鳃瓣的鳃腔中发育。它没有担轮幼虫及面盘幼虫，而由钩介幼虫（glochidium）（图 8-60）所代替。河蚌的钩介幼虫长 0.5～5 mm，具有双壳，壳的游离端具有钩与齿，壳内有足的原基，末端有黏着的足丝。当它在鳃腔中发育成熟后，由鳃水管排出，沉入水底，当遇到适当的寄主鱼，如鳑鲏鱼（*Rhodeus sinensis*）等，利用壳上的钩与齿或足附着在鱼鳃或皮肤上，寄主被附着的部位因受刺激而迅速分泌黏液形成包囊，幼虫在其中营寄生生活，发育 10～30 天之后，幼虫特征消失，成体特征形成，破囊而出，沉入水底，开始成体生活。钩介幼虫对寄主的选择有的有专一性，也有的并不严格，因种而异。约需 5 年左右，幼体性成熟。双壳类许多种生活 20～30 年是很普遍的，个体寿命最长的纪录是 150 年。

二、双壳纲的分目

1. 原鳃亚纲

原鳃亚纲的种类具双栉鳃，足位于腹面，扁平，前、后两闭壳肌相等，沉积取食，全部海产。仅一目。

湾锦蛤目（Nuculacea）：两壳大小相等，卵圆形或三角形，绞合部具成行细齿，无水管，用垂唇触手行沉积取食，如湾锦蛤（图 8-49）、云母蛤（图 8-49）等。

2. 瓣鳃亚纲

瓣鳃亚纲的鳃扩大，呈丝状或呈瓣鳃状，鳃丝间及瓣间均有纤毛、结缔组织或血管相连，全部为过滤取食。海水或淡水生活。

（1）列齿目（Taxodonta）。绞合部直，具许多相似的细齿，鳃丝状，没有丝间联结。如泥蚶（*Arca granosa*）（图8-61A）、蚶蜊（*Glycymeris*）等。

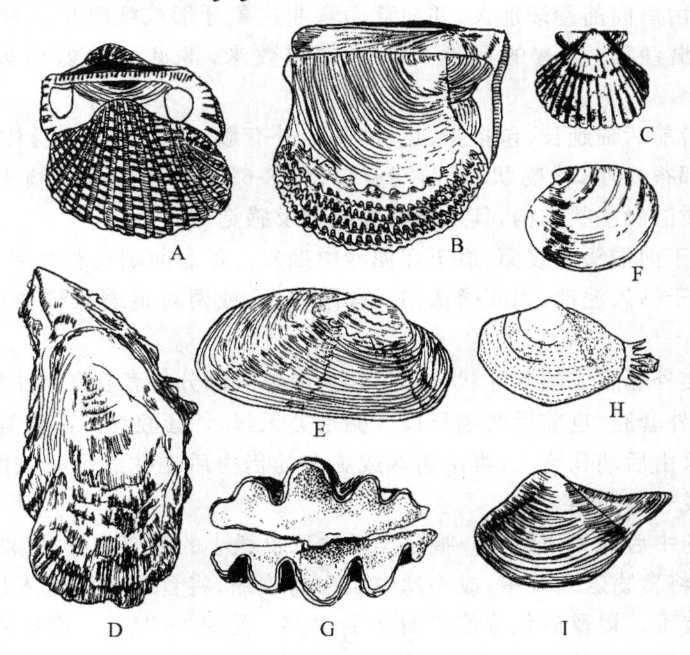

图 8-61　双壳纲的代表种

A. 泥蚶；B. 马氏珍珠贝；C. 扇贝；D. 牡蛎；E. 珍珠蚌；F. 镜蛤；G. 砗磲；H. 孔螂；I. 中国杓蛤

（引自张玺，齐钟彦，等，1960）

(2) 异柱目(Anisomyaria)。前闭壳肌很小或缺乏,后闭壳肌发达,无水管,鳃丝状,鳃丝间具纤毛或结缔组织联结,绞合齿呈小结节状,或退化消失,如贻贝(图 8-49)、马氏珍珠贝(图 8-61B)、江瑶(*Pinna*)、扇贝(图 8-61C)、牡蛎(图 8-61D)等。

(3) 裂齿目(Schizodonta)。具很少的、分裂的绞合齿,如有侧齿与主齿不分离,瓣状鳃,如河蚌(图 8-57A)、蛛蚌(*Unio*)、珍珠蚌(图 8-61E)等。

(4) 异齿目(Heterodonta)。绞合齿形态多样,前、后闭壳肌相等或接近相等,瓣状鳃,具水管,如镜蛤(*Dosinia*)(图 8-61F)、鸟蛤(图 8-48B)、砗磲(图 8-61G)等。

(5) 贫齿目(Adapedonta)。绞合部不发达,主齿或有或无,常无侧齿,韧带细弱或缺乏,水管发达或很长,如海螂(*Mya*)(图 8-49)、船蛆(图 8-53)、海笋(图 8-52A)、竹蛏(*Solen*)等。

3. 隔鳃亚纲

隔鳃亚纲的鳃退化,鳃的部位出现肌隔板,板上有小孔。由外套膜进行呼吸,外套缘三点愈合,全部深海生活。例如孔螂(图 8-61H)、中国杓蛤(*Cuspidaria chinensis*)(图 8-61I)等。

目前,有的动物学家将双壳纲分为原鳃亚纲及次鳃亚纲(Metabranchia),而将隔鳃亚纲列为次鳃亚纲中的一个目,因为它也是瓣鳃类特化的结果。

第八节 掘 足 纲

掘足纲动物是海洋泥沙中穴居的一类小型软体动物,仅约有 500 种。从化石记录中看它们最晚出现。体外具有一管状的壳,两端开口,壳长一般在 3～6 cm 之间,但范围为 4mm～15 cm。壳的直径由后向前逐渐加大,并向背面弯曲成象牙形或喇叭形。常倾斜埋于泥沙中,只有后端壳口露出沙面,也有的深埋几十厘米到数米,常见的种如角贝(*Dentalium*)(图 8-62A,B)

身体在壳内沿前后轴延长,包括头、足、内脏及外套膜。头、足位于身体前端、可由前端壳口伸出壳外。头部很短小,像吻状,其前端有口(图 8-62B)。周围有一圈头丝(captaculs),它是具纤毛的肌肉质的触手状结构,其末端具黏液盘及感觉窝。

足圆柱形,位于前端头的腹面,适于在泥沙中掘穴。足靠前端具有叶褶,以增加附着,足中具大的血腔,以利于钻入泥沙,用叶褶像锚一样附着,一或两对足缩肌拉动身体与壳不断地挖掘及运动。

原始的掘足类外套膜成两侧叶状,如双壳类,但绝大部分外套膜在腹中线处愈合形成管状包围身体,并形成外套腔,也前后两端开口。掘足类无鳃,外套腔在肛门前有 4～15 个纤毛嵴,靠纤毛作用引起水由后端孔流入,再由前端或更多的仍由后端孔靠足肌收缩而排出。借此水流在外套表面完成气体交换。

在壳内身体的中后部为内脏团。掘足类动物取食微小的浮游生物,取食时,用头丝黏着食物,再借纤毛作用将食物送入口中;或头丝中肌肉的收缩,将食物直接送入口中。口腔内有一颚及一个发达的齿舌。胃及消化腺位于身体的中部。肠呈“V”形,末端以肛门开口在身体中腹部的外套腔中。行细胞外及细胞内消化。

循环系统有血管及血窦而没有心脏,是靠足有节奏地伸出与缩回以推动血液的流动。具一对后肾,在围血窦中形成原尿,经后肾形成终尿,由外肾孔开口在肛门两侧。

神经系统包括脑、足、侧、脏 4 对神经节。头丝也作为感官,足中也有平衡囊。壳前后孔外

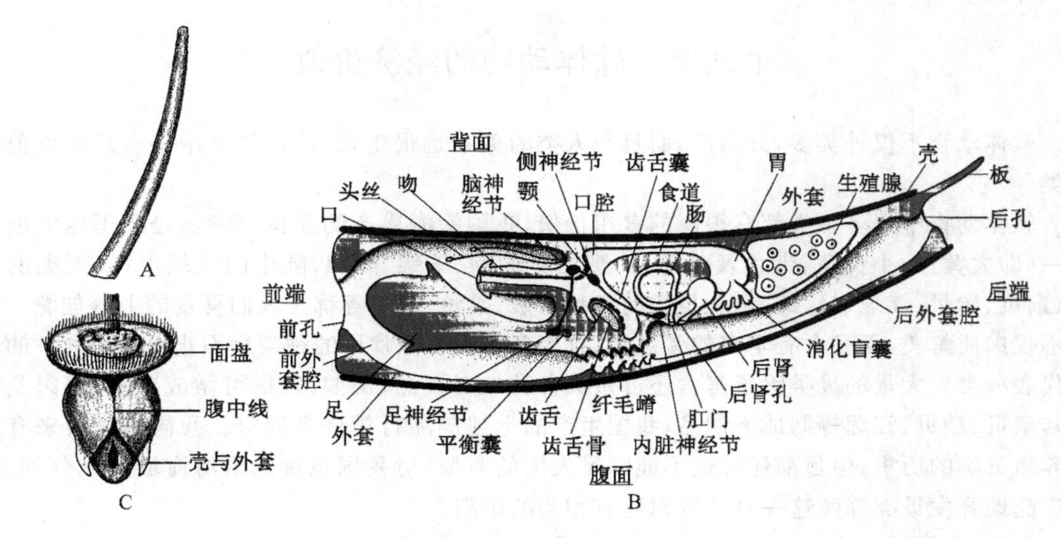

图 8-62　角贝

A. 壳；B. 内部结构；C. 面盘幼虫

(A. 引自 Abbott RT,1954；B. 引自 Shimek RL, et al,1997)

套膜边缘也有感受细胞。

掘足类雌雄异体，有一个生殖腺，位于身体后端，生殖细胞经过肾脏排到外套腔中，再由出水孔单个地排到体外。卵在海水中受精，其发育与海产的双壳类动物相似，具担轮幼虫与面盘幼虫(图 8-63)。其面盘幼虫的壳及外套是双叶的(图 8-63B)。生长过程中随着外套叶的延伸及腹缘愈合(图 8-63C,D)，形成两端开口的管状外套膜及壳，经变态后形成成体。

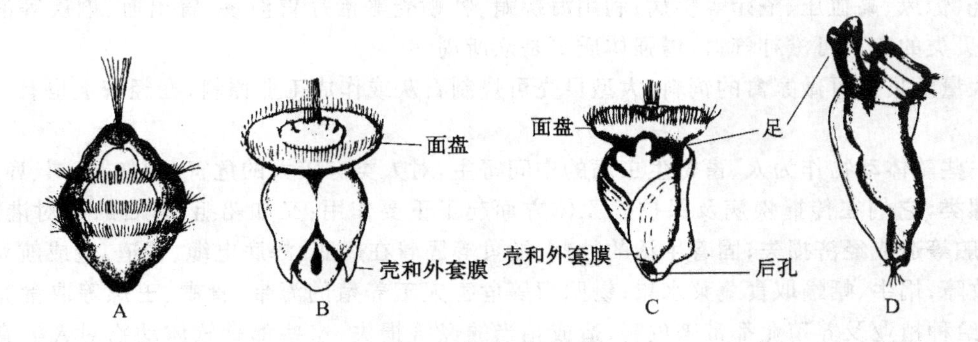

图 8-63　角贝的发育

A. 担轮幼虫；B. 面盘幼虫；C. 外套膜向腹缘愈合；D. 变态

(转引自 Barnes RD,1980)

掘足纲动物的头不发达，穴居以及胚胎发育中早期具双叶状的外套膜及壳，说明它们与双壳纲的原鳃亚纲可能是同源的。

第九节　软体动物的经济价值

软体动物不仅种类多，分布广，而且与人类的关系也很密切，是动物界中很有经济价值的一类。

软体动物中很多种类都有很高的食用价值，我国沿海盛产的墨鱼（乌贼）是我国四大渔产之一（即大黄鱼、小黄鱼、带鱼及墨鱼）。腹足类的鲍、玉螺、红螺，陆生的大蜗牛；双壳类的牡蛎、扇贝、贻贝、江瑶、蛏、蚶等；头足类的各种乌贼、柔鱼、章鱼等都是人们喜食的上等佳肴。它们不仅肉质鲜美，而且含有丰富的蛋白质、维生素等。可做食用的种类远不止上面所列举的这些代表种类。大量的贝类除了鲜食还可做成各种加工食品，例如，牡蛎可做成罐头（蠔肉及蠔油），扇贝、贻贝、江瑶等制成干制品，我国生产的上述制品行销许多国家。我国沿海历来有人工养殖贝类的历史，但目前还远远不能满足人民的需要，对我国宽阔的沿海海域的充分利用，更广泛地开发贝类养殖这一自然资源还有相当的距离。

另外，大量的软体动物可用于生产装饰品。首先，天然生产或人工养殖的珍珠是名贵的装饰品。我国从 20 世纪 60 年代之后采用人工方法培育珍珠取得了很大成绩。目前不仅用海产贝类养珠，也利用淡水的珍珠蚌、三角蚌等培育珍珠，制成装饰品。另外在珍珠生产中的劣等产品，或天然贝类的珍珠层可作为化妆品的原材料，如生产各种珍珠霜等。我国历史悠久的贝雕艺术，近年来也发展迅速，成为我国工艺品中的一枝新秀。人们利用各种形状、色泽的贝壳，雕刻镶嵌成各种彩画，制成家具上的装饰品，深受国内外人士的欢迎，成为我国特有的一种工艺品。此外，许多形状奇特、色彩艳丽的名贵贝类，例如宝贝、玉螺、榧螺、梯螺等从 18 世纪以来就是人们喜爱的收藏品。

利用许多软体动物做中药材在我国已有悠久历史，利用珍珠、珍珠粉、石决明（鲍壳）可治疗高烧、惊风、高血压、疮疖等疾病；利用海螵蛸、牡蛎壳等治疗胃溃疡、胃出血、痢疾等消化道疾病；贝类的肉质可滋补气血，增强体质更是众所周知。

大量的贝类可做家禽的饲料，大型贝壳可烧制石灰或作成工业原料，在经济上也有一定的价值。

一些软体动物作为人、畜寄生虫病的中间寄主，对人类有较大的危害，例如，钉螺、扁卷螺、锥实螺类，它们在传播疾病及保护病原体方面起了重要作用；又如船蛆、凿石蛤等对港湾、码头、船舶等造成经济损失；固着生活的牡蛎、贻贝等固着在船底、海底电缆、管道，造成航海及通信的故障；蜗牛、蛞蝓取食蔬菜水果；锈凹螺等危害人工养殖的海带；骨螺、玉螺等取食养殖贝类等，给种植业及养殖业都带来危害，造成相当的经济损失，这些都是软体动物对人类有害的方面。

软体动物是具有体腔的动物，但仅存在于围心腔及生殖腺周围，具有后肾，其生殖细胞及终尿通过体腔管排出体外，发育中经过螺旋卵裂、担轮幼虫，裂腔法形成体腔。特别是它们的 18S rRNA核苷酸序列都与下章将要讲到的环节动物相似，这说明它们之间有着共同的祖先及起源，这个祖先即担轮动物（Trochozoans）。

有的动物学家认为担轮动物是分节的，因此原始的软体动物也是分节的，例如，多板类具 8 枚壳板，8 对足缩肌，单板类也具 8 对足缩肌以及生殖腺、肾、鳃等都是多对，某些化石种也具

8对足缩肌，说明软体动物的祖先是分节的。但更多的动物学家认为软体动物大量生存的种类完全没有分节的遗迹，特别是体腔也没有分节，而多板类及单板类器官的重复排列缺乏一致性及代表性。这说明软体动物是起源于不分节的祖先，并沿这一特征进化发展。而环节动物虽然与软体动物起源于共同的祖先，即担轮动物，但环节动物的分节现象是在进化中与软体动物分道之后出现的特征。

在软体动物内无板类无疑是最原始的，它保留了无壳状态，具钙质骨针，足、鳃丢失或减少，并且有蠕虫状体型。而其他软体动物中，多板类具有8枚壳板，单板类具一枚壳，它们之间既不能说单板类来自多板类，也无证据说明多板类来自单板类，它们可能是在无板类可分泌钙质骨针的基础上各自独立发展了自己的壳板及形态结构，最终形成两个独立的类群。

腹足类及头足类可能起源于单板类祖先，它们都具有单一的壳，壳的结构也相似，而单板类的足缩肌在腹足类及头足类中只保留了一对，鳃、肾等器官重复排列的现象消失，腹足类在进化中发生了扭转而出现了不对称的体制及壳，而头足类单一的壳也出现盘旋（鹦鹉螺），并由外壳进化成内壳或消失，由于头足类逐渐适应远洋生活，出现了高度发达的神经感官、肌肉及呼吸循环等系统，足也特化成腕，最终成为软体动物中最为活跃及进化的一支。双壳类也可能是来自单板类，由最初的单壳向两侧延伸，形成两侧的外套腔及鳃，壳的钙质在中背部丢失，而由角质韧带及绞合齿相连，身体侧扁，壳向前、后、腹缘都开放，不善运动，齿舌丢失，头及感官不发达而进化成双壳纲。掘足纲与双壳纲相近（幼虫期也是两枚壳），但发育中两壳向腹缘延伸愈合形成成年的管状壳，两端开口，头不发达，进化中鳃也丢失，地质中出现也最晚，说明掘足纲与双壳纲亲缘关系最相近。

第九章 环节动物门

环节动物门(Annelida)是身体最先出现分节现象(metamerism)的三胚层、两侧对称、具有真体腔的动物,常见的蚯蚓、蚂蟥、海边的沙蚕都属于环节动物。所谓分节是指沿身体的前后轴被分割成许多相似的部分,每个部分称为一个体节(segment)。环节动物身体可分为最前端的口前叶(prostomium),其中包括脑及感官,最后一节为肛节(pygidium),包含有肛门。口前叶与肛节之间的一系列相似的体节称为躯干节(trunk segment)。躯干部的第一节称围口节(peristomium),其中包括口,它与口前叶共同组成头部。在肛节之前的几个体节为生长带(growth zone),在那形成新的体节,所以最年幼的体节在肛节之前,最年长的体节在口前叶之后,体节的数目因种而异。在环节动物中,除了头部外,其他体节基本相似,这种分节称同律分节(homonomous metamerism),如果体节之间出现了形态的分化及机能的分工,即形成了体区,如头部、胸部及腹部等,这种分节称为异律分节(heteronomous metamerism),例如,节肢动物、脊椎动物等。在动物界中出现分节现象的动物(环节动物、节肢动物、脊索动物)占了动物总数的85%,这说明分节现象在进化中的意义。

环节动物在身体分节的同时,体表也出现了原始的附肢,称为疣足(parapodium),它是体壁向外伸出的片状突起,每节一对,其中有刚毛及足刺以支持,形成有效的运动器官(图9-1)。

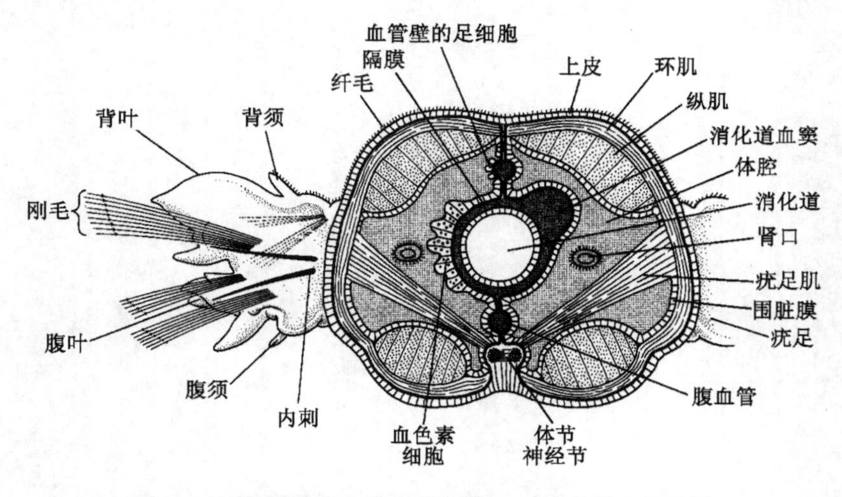

图9-1 环节动物多毛类躯干部横切,示疣足及内部结构

(引自 Ruppert EE, 2004)

环节动物另一个具有重要进化意义的特征是出现了发达的真体腔。首先这个体腔是由中胚层在发育过程中形成的腔,并且也是按体节排列。腔的四周有体腔膜围绕,每个体节之间有前、后节的体腔膜愈合成隔板相分隔,每个体节内的体腔又被背腹向隔膜(mesentery)分成左、右一对体腔,这样一来体内由许多独立的体腔室组成,其周围肌肉收缩所产生的力只作用于相近的体腔室,结果局部体节、甚至单个体节都可独立运动,这对其开扩生活空间无疑是有重要意义的。

环节动物由于身体的分节、体腔的分室，不仅提高了运动的机能，也同时全面提高了代谢水平，这表现在其器官系统的结构有了很大的提升与完善。

环节动物的体壁是由角质层、单层腺状上皮细胞、结缔组织的真皮及外环肌、内纵肌以及体腔膜组成。与扁形动物、线虫动物及软体动物相比，它多了结缔组织的真皮及体腔膜，特别是中胚层的纵肌形成了独立的纵肌束(图 9-1)，可以有更好的缓冲力及运动能力。

消化道外有中胚层形成的肌肉包围，不再是单层上皮细胞组成，这样就使消化道分化成不同的机能部分，如嗉囊、砂囊、胃肠等、这样可以有效地贮存、研磨食物及由肌肉收缩推动食物在消化道中的消化及传送，同时有体腔膜保持消化道相对固定的位置。

出现了闭锁式的循环系统，即血液在血管中流动，动脉与静脉之间以毛细血管相连，不经过血窦。它比开放式循环能更迅速有效地完成营养物质及代谢产物的输送。其主要的血管包括背血管(dorsal vessel)及腹血管(ventral vessel)(图 9-1)，分别位于消化道的背腹面。血管中的腔实际是真体腔形成时残留的囊胚腔的遗迹。

排泄系统主要是后肾，多数按每节(一对)排列，肾口位于前一体节，开口在真体腔中，经过横的隔板，肾孔开口在下一体节的两侧。

环节动物出现了链状的神经系统，即在头部有一对脑，也称咽上神经节(supra-pharyngeal ganglion)。由它向腹面发出一对围咽神经(circumpharyngeal connective)与咽腹面的一对咽下神经节(sub-pharyngeal ganglion)相连，以后每一个体节有一对神经节，并由两条神经纤维相连，形成腹神经索(ventral nerve cord)，成为纵贯全身的链状神经。每对神经节还发出数对神经，支配体壁肌肉及疣足的运动。另外环节动物的腹神经索中也有巨大神经纤维，它传导的速度可达 20 m/s，而非巨大神经仅有0.5 m/s，但只有在逃跑等紧急情况下才使用巨大神经。

环节动物的无性生殖可行分裂、出芽及碎裂等。有性生殖为雌雄异体，生殖腺来源于体腔上皮，也按节排列。生殖细胞成熟后贮存在体腔内，由后肾排出体外，海水中受精。经螺旋卵裂，发育成担轮幼虫。然后变态成成虫。

环节动物约有 12 000 种，分布在海水、淡水及陆地，可分为三个纲：多毛纲(Polychaeta)、寡毛纲(Oligochaeta)和蛭纲(Hirudinea)。

第一节　多　毛　纲

多毛纲是环节动物中种类最多的一类，有 8000 种，是在形态、机能及生活方式上最多样性的一类，除极少数为淡水生活外，均为海洋生活。一般体长在 10 cm 左右，但最小的个体仅 1 mm，最大的矶沙蚕(*Eunice*)体长达 3 m，头部及感官发达，具疣足，雌雄异体，发育中经过担轮幼虫。大多数穴居，有的水底表面爬行，有的游泳，有的钻穴，有的永久性管居。

一、外部形态

多毛类动物身体一般呈长圆柱形，背腹略扁，体表常具美丽的色彩，如红色、粉色、绿色等。许多种类由于体表角质层中有交叉成层排列的胶原纤维而呈现红色。

绝大多数的多毛类身体由许多相似的体节组成，例如沙蚕(*Nereis*)(图 9-2)，身体的最前端有发达的口前叶，其上有各种感觉结构，通常包括眼、触手(antennae)，腹侧的触须(palp)及纤毛穴或纤毛沟等(图 9-2B)，口前叶之后为围口节，围口节常与其后的一个或几个躯干节愈

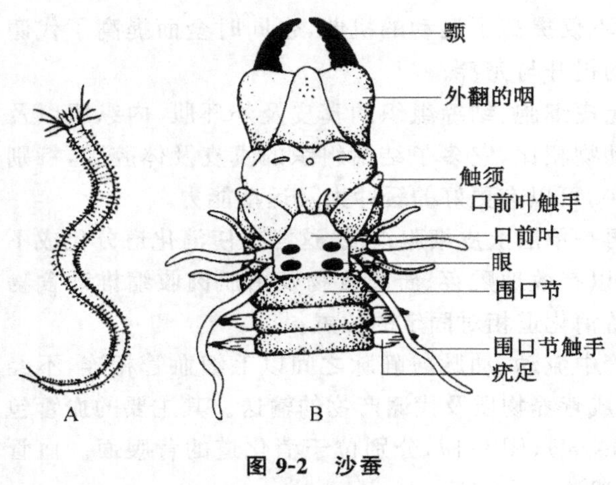

图 9-2 沙蚕

A. 外形；B. 头部背面观

（A. 引自 Grasse PP,1949）

合。围口节上有感觉作用的围口触须(peristomium cirri)，口位于围口节与口前叶之间体节的腹面。口前叶与围口节构成多毛类的头部。沙蚕的咽可以翻出，咽上有一对颚及细齿用以捕食。躯干部体节相似，身体末端的体节称为肛节。

多毛类动物躯干部每一个体节具有一对疣足，疣足多呈双叉形（图 9-2A)，它包括一个背叶(notopodium)和一个腹叶(neuropodium)，由背叶与腹叶分别分出背须(dorsal cirrus)和腹须(ventral cirrus)。背叶与腹叶中有一个或几个几丁质的棍状物，称为足刺(aciculum)，起支持作用，背叶与腹叶的末端常内陷形成刚毛囊，刚毛囊中的单个细胞分泌形成刚毛(setae)，背腹叶的刚毛排列成扇形。刚毛如有脱落，刚毛囊中的细胞可重新分泌，刚毛的形态因种而异，常是分类的重要依据之一。刚毛担任着防卫、感觉及支持身体等多种生理功能。原始的种类、背、腹叶基本相似，但由于生活方式的改变，背叶常减小或消失，而以背须代之。

二、运动与生活方式

多毛类的运动与生活方式密切相关。

1. 爬行与游泳运动

一些自由生活在海底表面或珊瑚礁、海藻表面的多毛类，都以爬行方式自由活动，例如，沙蚕、叶须虫(*Phyllodocia*)等。这种运动及生活方式的动物一般口前叶具触手、眼等感官，躯干部体节相似，疣足发达，善于运动。纵肌较环肌发达，体节间隔板趋向不完全。爬行运动常是由疣足、体壁肌肉及体腔液的联合作用而完成。

当多毛类缓慢爬行时是仅由疣足完成，是由两侧的疣足交替向后打动及恢复运动共同进行。当体节一侧疣足有力地向后移动时，该侧的刚毛及足刺向外延伸与地面接触支持身体，而另一侧的刚毛及足刺缩回离开地面，疣足向前做恢复性移动，同一侧的疣足像多米诺骨牌效应一样由后向前彼此推动。

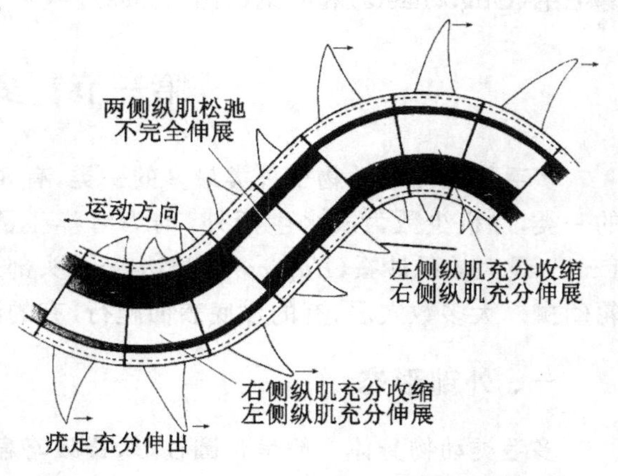

图 9-3 疣足与肌肉的协同运动图解

（引自 Russell-Hunter WD, 1979）

快速运动时，除了疣足，体壁的肌肉外体腔液也参与运动，并且往往是几个或十几个体节的疣足为一组，当一侧一组疣足向后移动时，该侧体壁肌肉最大限度地延伸（图 9-3)，相对一侧的疣足回收并向前移动离开地面，该侧体壁肌肉最大限度地收缩，使身体呈波状运动。肌肉的收缩波推动身体向前，同时收缩波与疣足的交替波是一致的。

多毛类体节之间的隔板有的是完全的；有的是不完全的，即隔板之间有小孔相通。如果隔板完全，肌肉收缩时产生的液体压力使该相关体节充分地延伸，其前、后体节充分扩展膨胀（图9-4A）；如果隔板不完全，收缩时产生的液体压力迫使体腔液通过隔板孔向其前、后体节自由流动（图9-4B），结果前、后体节膨胀，而收缩体节自身并没有充分的延伸，因此部分体节的收缩及部分体节的膨胀也产生收缩波，有利于快速运动。

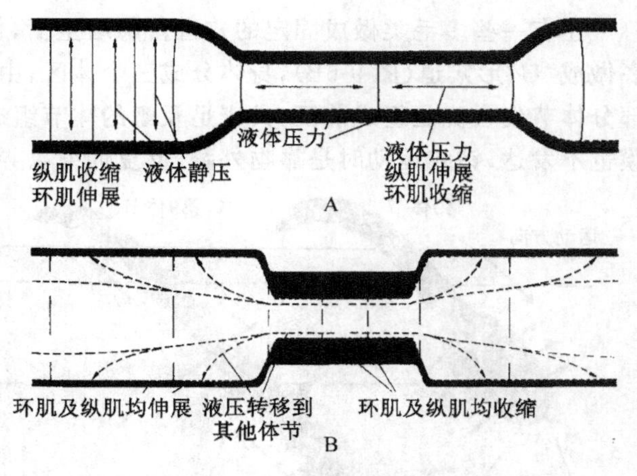

图9-4　体腔静压与运动

A. 完全隔膜的收缩运动；B. 不完全隔膜的收缩运动

（引自 Russell-Hunter WD，1979）

自由生活的种类也可以游泳，但作用机制类似于爬行，常常是几十个体节为一组，收缩波减少，但收缩的幅度与频率更大，疣足像桨一样有力向后划动，使水流产生反作用力，以推动身体更快地向前游动。

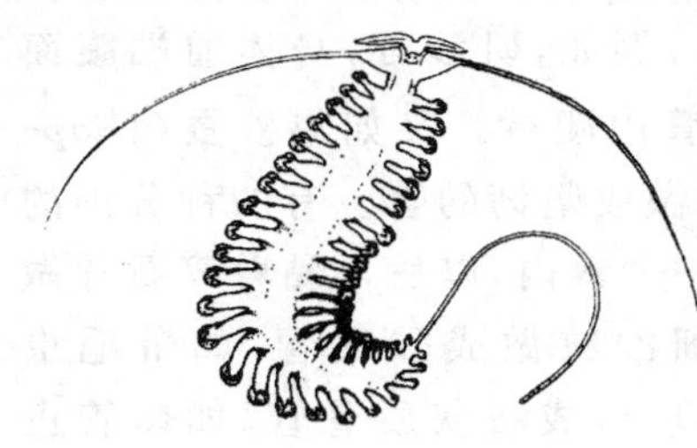

图9-5　玻璃虫

（引自 Day J，1967）

多毛类中少数种在大洋中营浮游生活，例如，浮蚕（*Aleropis*）、玻璃虫（*Tomopteris*）（图9-5），它们的身体透明，疣足特化成膜状羽枝，刚毛消失，触手极长，适合于浮游生活，也能行游泳运动。

2. 钻穴运动

一些多毛类在海底泥沙中营穴居生活，或分泌黏液形成一穴道，主动地钻穴，例如小头虫（*Capitella*）、吻沙蚕（*Glycera*）等。一般口前叶不发达，眼、触角等感官消失，疣足减小，体节相似或不相似，环肌较发达，隔板常常是完全的。它们在穴道中靠肌肉收缩及体腔液的作用而行蠕动（图9-4A），再通过吻的伸缩完成钻穴运动。

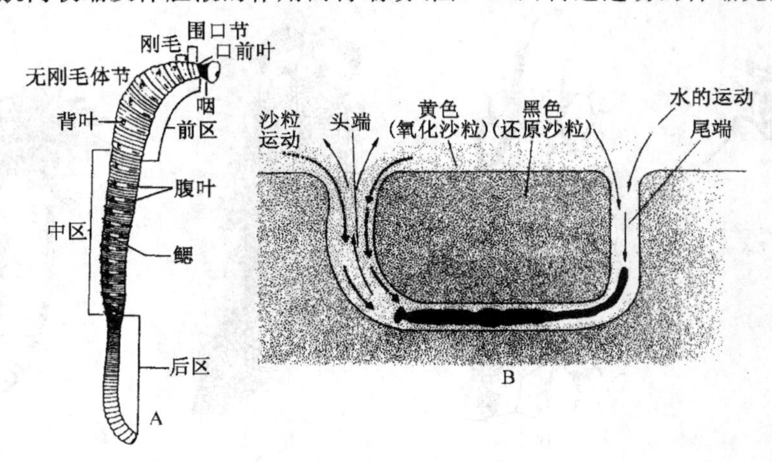

图9-6　沙蠋及其穴道

A. 外形；B. 穴道

（A. 转引自 Engemann JG，et al，1981；B. 引自 Russell-Hunter WD，1979）

还有一些多毛类做成固定的穴道营隐居生活，例如沙蠋(*Arenicola*)(图 9-6A)，在沙质海底做成“U”形穴道(图 9-6B)，身体分成三个体区，由口前叶及围口节组成头部，感官消失，头后部分体节失去疣足组成前区，具疣足及鳃的体节组成中区，其后为无鳃及疣足的后区。体内隔膜也不发达，钻穴运动时是靠吻外翻、反复伸缩以弄松周围的泥沙，前端的体节纵肌收缩使体节膨胀(图 9-7A)，形成锚状，将身体固定在沙中；身体后端的体节纵肌收缩，再拖动身体向沙中移动。随后吻再向前伸出，前端的体节后缘向两侧扩展形成喙状(图 9-7B)以固着身体，再通过环肌的收缩推动头及前端向沙中移动。当头与吻前进之后，前端又膨胀形成锚状，整个身体再缩短，如此反复运动。这类穴居动物既不能爬行也不能游泳，只能蠕动。

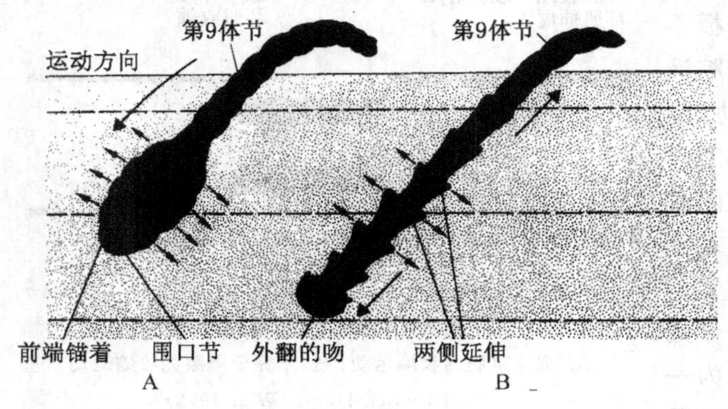

图 9-7　沙蠋的钻穴运动

A. 纵肌收缩前端呈锚状；B. 环肌收缩身体向下延伸

(转引自 Russell-Hunter WD,1979)

多毛纲中相当多的种类为管居生活，例如，矶沙蚕，身体前端腹面的腺体分泌多糖及蛋白质组成半透明的管，虫体还可以在管内爬行。又如巢沙蚕(*Diopatra*)(图 9-8A)分泌有机质再黏着一些海藻、沙粒、贝壳碎片做成坚韧的管。有的种分泌的黏液，在取食过程中，收集大小适当的碎石片贮于口腹面的一个囊内，以后再黏着碎石片做成虫管，如欧威尼亚虫(*Owenia*)(图 9-8B)；有的是黏着细沙粒做成砂质管，如帚毛虫(*Sabellaria*)(图 9-8C)；有的是先分泌有机质，再分泌 $CaCO_3$ 形成石灰质骨管，如盘管虫(*Hydroides*)(图 9-8D)。它们利用这些管作为保护自己的巢穴及捕食的隐蔽所。有的垂直，有的平行地面，有的管的一端或两端露出地表。这些管居的种类一般很少运动，有的仅做有限地蠕动收缩，使头部或身体前端伸出管外捕食。

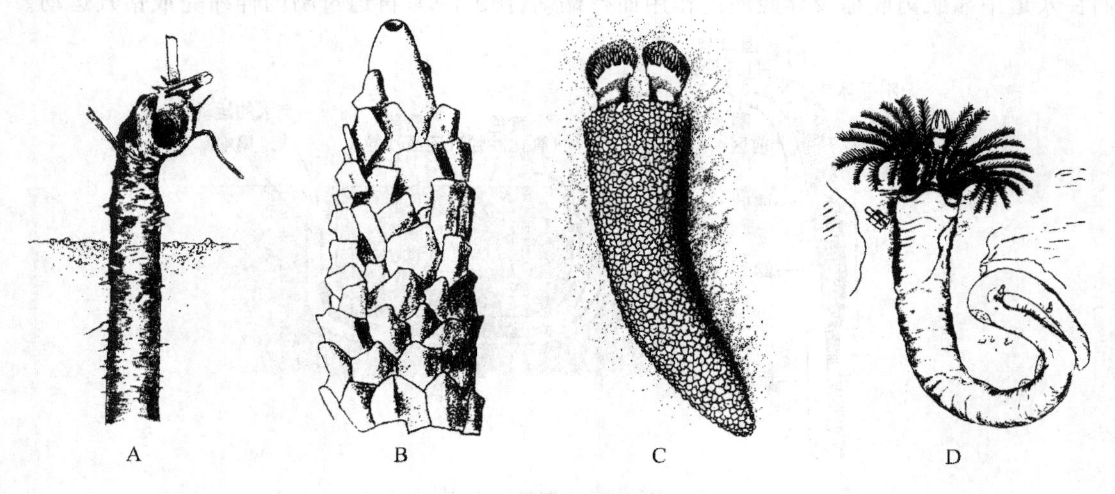

图 9-8　几种不同质地的虫管

A. 巢沙蚕；B. 欧威尼亚虫；C. 帚毛虫；D. 盘管虫

(A,C,D. 引自 Barnes RD,1980)

三、内部结构与生理

1. 消化道与取食

多毛类的消化道为一纵贯全身的直管，包括口、咽（如咽不存在时，则形成口腔）、食道、胃、肠、直肠及肛门（图 9-9）。消化道具明显的肌肉层，可以蠕动，并推动食物在其中运行。不同种类的消化道可以有所改变，例如沙蚕（*Nereis virens*）缺乏胃，食道直接与肠相连（图 9-9），由肠道分泌消化酶，肠成为消化及吸收的场所。但沙蚕与沙蠋都有发达的食道盲囊，以扩大消化面积。食道盲囊可分泌消化酶，如脂肪酶及蛋白酶等。还有的种类消化道的背中部内陷形成盲道，这样也可以增大消化面积。须头虫的肠道极长并盘旋，欧威尼亚虫的消化道没有明显的分化，只形成一个简单的直管，肠道内壁的上皮细胞具纤毛，以推动食物的运行。在消化道周围带有一层黄褐色组织叫血色素细胞（chlorogogen cell）（图 9-1），它相当于脊椎动物的肝脏，在糖原、脂肪的合成以及蛋白质分解代谢中起重要作用。

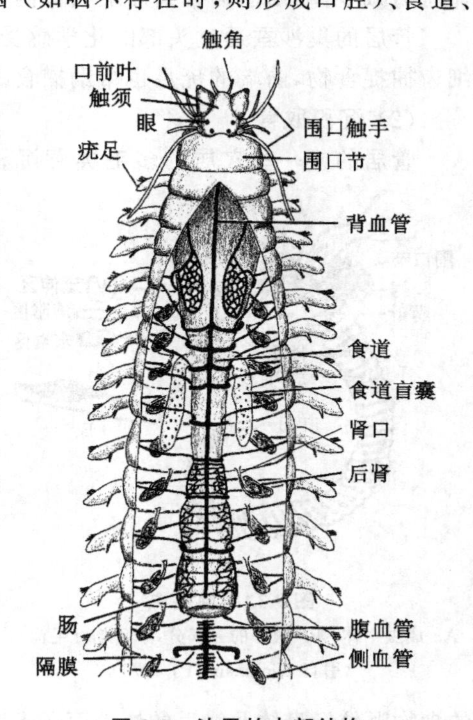

图 9-9 沙蚕的内部结构

（引自 Brown FA，1950）

多毛类的食性及取食方式也存在着多样性，也与生活方式密切相关。

（1）肉食性和植食性

许多多毛类，特别是在表面爬行的种类、主动掘穴的种类多为肉食性或植食性的甚至是腐食性的，这些多毛类常有发达的肌肉，感官也发达。有可外翻的咽，有颚、齿以抓捕食物，例如，沙蚕、矶沙蚕、裂虫等。最突出的例子如吻沙蚕（图9-10A），咽特别发达，可外翻形成吻，吻可自由地伸出，吻缩回体内时占据了前 20 个体节，或缩回体腔内。这种吻沙蚕穴居在浅海底部泥沙中，当其他动物在表层活动时，会改变穴道内的压力，吻沙蚕可根据压力的大小，判断出食物的大小

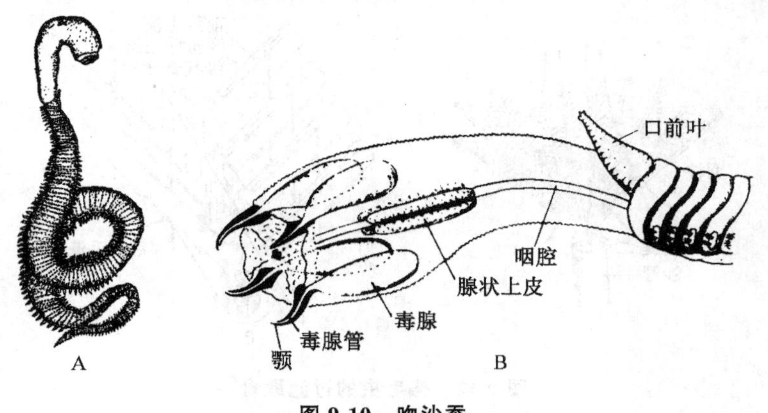

图 9-10 吻沙蚕

A. 外形，吻翻出；B. 吻的结构

（转引自 Barnes RD，1980）

和距离的远近。捕食时体壁的肌肉收缩，体腔内压力的增高迫使吻由口中翻出。吻后为一"S"形食道，当吻伸出后，食道伸直，外伸的吻可达体长的1/5。吻顶端有4个等距排列的颚，每个颚有一管与基部的毒腺相连(图9-10B)，用以杀死捕获物。当体壁肌肉松弛时，体腔内液体压力减少，吻由肌肉牵引而缩回体内，由颚抓住的食物连同吻一起进入体内。

管居的巢沙蚕通过头部的化学感受器发现食物，捕食时身体的前端伸出管口，通过咽上的细齿捕捉食物，前端的疣足也帮助捕食。但巢沙蚕也可以取食沉积在管周围的微小生物。

(2) 沉积取食

管居的或一些穴居的多毛类营沉积取食，例如沙蠋、小头虫、沿穴虫(*Ophelia*)、须头虫(*Amphitrite*)等。其中沙蠋直接吞食大量的泥沙，从中获得有机物。它生活在"U"形穴道中，通过身体的收缩，不断地有节奏地伸出和缩回其非肌肉质的吻。吻上无颚，靠吻铲掘泥沙进入口中，外界的含丰富有机物的泥沙不断地由穴道前端管口流入管内，被沙蠋取食后的泥沙再由后端管口排出管外，因此，在后端穴孔处常堆积有大的粪丘。

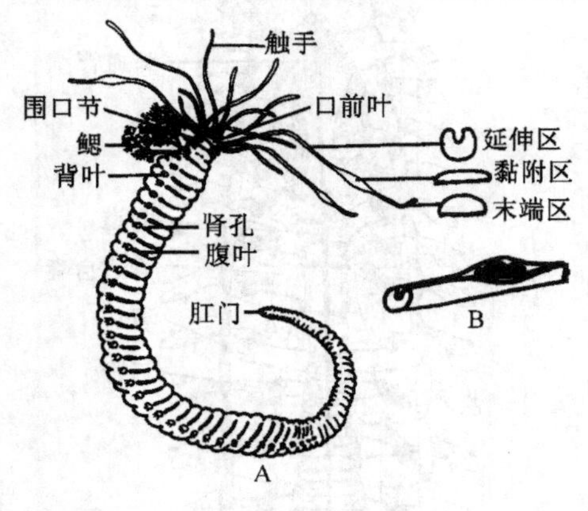

图9-11 须头虫

A. 成虫个体；B. 触手的一部分，示食物纤毛沟

(引自 Hickman CP, 1973)

须头虫(图9-11A)、蛰龙介(*Terebella*)等是以触手分泌黏液，黏着水中微小的沉积物碎屑，再通过纤毛作用将食物送入口中。头部具有成丛的可伸缩的触手，触手的背面有纤毛沟(图9-11B)，取食时触手伸长，触手的上皮细胞分泌黏液，黏着食物后沿纤毛沟集积在触手基部，再借助纤毛的作用将食物送入口中。较大的食物颗粒经身体及触手的蠕动而送入口中。

(3) 过滤取食

一些管居或穴居种类为过滤取食，如帚毛虫等。其头部的感官不发达，但装备有发达的羽枝触手，分布在头冠的顶端或两侧。当羽枝伸出管口时呈漏斗形或两个半圆形排列(图9-12A)，羽枝纤毛的摆动可使外界水由羽枝触手间流入，经漏斗中央向外流出。每个羽枝的背面也形成一纤毛围绕的食物沟(图9-12B)。当水流经过羽枝触手时，水流中微小的食物颗

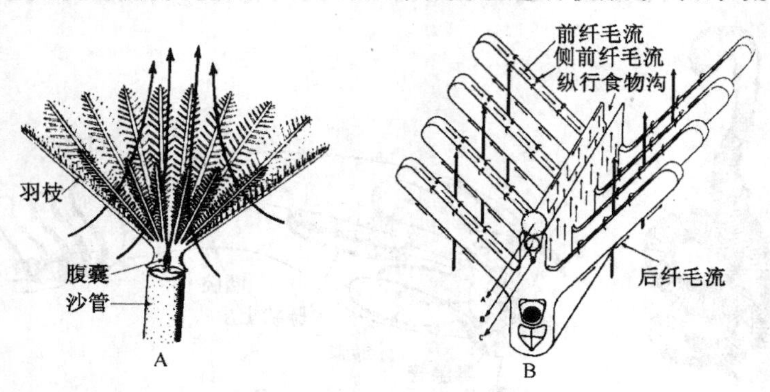

图9-12 帚毛虫的过滤取食

A. 水流通过羽枝触手；B. 食物颗粒的过滤

(引自 Newell RC, 1970)

粒经纤毛作用也送入食物沟,并顺食物沟到达触手基部,在这里进行过滤及筛选过程,大的不能被利用的颗粒被排出,中等大小的颗粒进入口腹面的黏液囊用以建造虫管之用,只有其中最小的有机物颗粒被纤毛送入口中。

毛翼虫(*Chaetopterus*)也是过滤取食,但取食方式与帚毛虫十分不同。毛翼虫是浅海底栖的多毛类(图 9-13A),具有一两端开口的"U"形羊皮纸质的管,终生管居,从不伸出管外,这使它的形态发生了很大的变化。其第14～16 体节的疣足每对彼此愈合,形成三个半圆形的扇状物,由这种特化疣足的扇动,水可以不断地由管的前端流入,再由后端流出。第 12 体节的疣足特别发达,延长成翼状,并围绕管壁延伸在背面形成一环状,其上皮细胞具纤毛,并有丰富的黏液腺,黏液细胞不停地分泌黏液,围绕着疣足向后环行形成一黏液袋,像篮球网一样悬挂在疣足环上,袋的后端连到身体背中线的食物杯上(图 9-13B)。黏液袋收集随水流进入管内的有机物颗粒,并进入食物杯中,在其中积累成食物球,当食物球达到一定大小之后,即脱离黏液袋,沿背中食物沟送入口中。

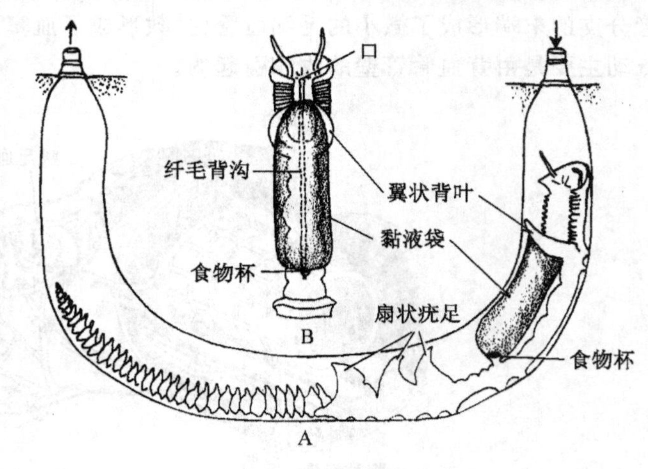

图 9-13 毛翼虫

A. 毛翼虫及其栖管; B. 前端放大

(引自 MacGinitie GE,1939)

食物残渣及粪便的排出在自由生活的种类是不成问题的,但对管居生活的种类则有不同的方式。毛翼虫的管两端开口,粪便可由出水流带走;沙蠋采用头向下的方式,这样肛门接近后端管口,生活时每隔一定时间,它就退到管口排粪一次;帚毛虫也只有一个开口,它将残渣在直肠内与黏液粘成粪球,再随身体腹中线的纤毛沟排出,粪球可减少对周围环境的污染。

2. 呼吸

原始的多毛类没有专门的呼吸器官,而是通过体表进行气体交换,这种方式仍保留在一些小型的或丝状体型的多毛类中,如小头虫、索沙蚕科(Lumbrineria)等。但大多数多毛类,特别是穴居及管居的种类具有鳃作为呼吸器官。鳃实际是由体壁的突起组成,其中含有血管丛,形状可以是叶状、羽状、丛状或树状等。许多种类的鳃是由疣足的背须或背叶改变形成的,例如,沙蚕的背叶宽阔扁平,具有鳃的功能,叶须虫的背须变成了扁平的鳃,沙蠋中部体节的背须也变成分支状的鳃(图 9-6A)。

也有的种类鳃与疣足无关,例如,须头虫的鳃位于前三个体节的背面,呈树枝状(图 9-11A),鳃的表面积达到了整个体表表面积的 25%～30%,以扩大气体交换的场所;丝鳃虫(*Cirratulus*)在许多体节产生丝状的鳃;帚毛虫头部的羽状触手也具呼吸作用。此外,体形小的种多体表具纤毛,体形大的种类靠身体的蠕动引起水流,水流经穴道或鳃表面时可以加速完成呼吸作用。

3. 循环

大多数多毛类动物具闭管式循环系统,其基本结构是由背血管、腹血管及连接它们的环血管(ring vessel)所组成。背血管位于消化道的背面(图 9-14A),其中血液是由后向前流;腹血管位于消化道腹面，血液由前向后流，在消化道的前端背血管与腹血管通过一个或几个环血管或血管网直接相连。腹血管在每个体节发出一对血管分支到疣足，一对分支到体壁，一对到肾，一条到肠道。相应的背血管接受在疣足及体壁经过气体交换之后的疣足血管及体壁血管的血液，也接受携带营养物质的肠血管的血液以及排出了代谢产物的肾血管的血液，并在这些血管分支的末端形成了微小的毛细血管（少数形成了血窦），因此构成了闭管式循环，其中血液的流动主要是由背血管管壁的收缩引起的。

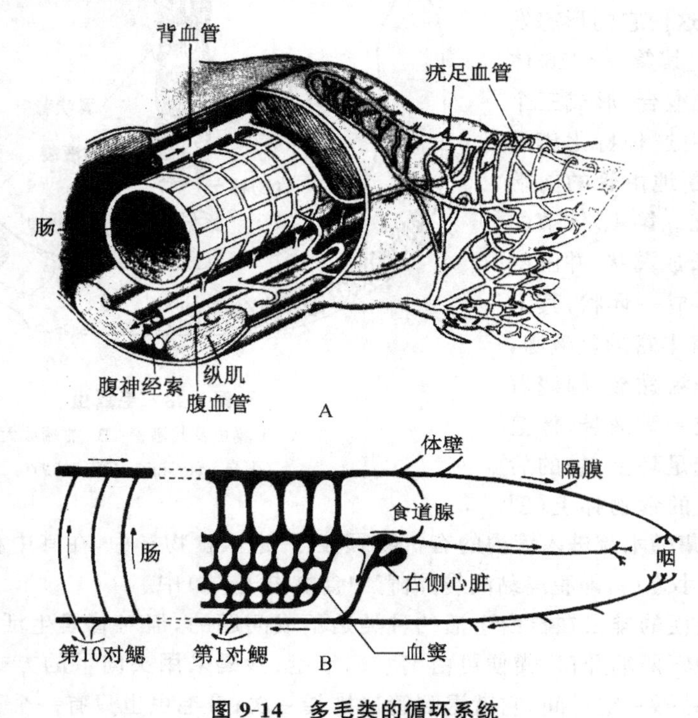

图 9-14 多毛类的循环系统

A. 沙蚕的一个体节，示血管的分布及血流；B. 沙蠋的循环系统

（A. 引自 Nicol JAC，1969；B. 引自 Bullough WB，1958）

多毛类的循环系统并不都是上述结构，而是存在着多样性。例如，一些非常原始的种类没有循环系统，而由体腔液进行物质的输送。沙蠋具有部分开放循环的结构，在消化道前端，肠壁肌肉层与上皮细胞层之间，存在一大的血窦（图 9-14B）。许多穴居及管居种类具有发达的鳃，其循环系统也不十分发达。例如，须头虫没有血管供应深层组织，血液系统更重要的机能似乎是把氧和营养物质传递到体腔液，而体腔液在体内担负着介质输送的主要机能，所以循环是由血液及体腔液共同完成。

多毛类的血液中含有较少的血细胞，血细胞很小，直径一般在 10～30 μm，变形虫状，多固着在血管壁上或游离在血液中，但体腔液中却含有较多的体腔细胞，直径在 50 μm 左右，也是变形虫状，在功能上起着血细胞的作用。另外，体腔液中还有两种细胞：一种是油细胞（oleocytes），成熟时约 40 μm 左右，一般认为它是一种营养细胞，具贮存脂肪及营养物质的功能，沙蚕、帚毛虫等都含有油细胞；另一种体腔细胞为红细胞，细胞直径约20 μm左右，其中含有血红蛋白，能传递氧，吻沙蚕、管沙蚕即有这种细胞。

原始种类的血液是无色的，但一些大型种类及穴居种类血液中都含有呼吸色素，使身体表现出一定的颜色，但其呼吸色素多数溶解在血浆中，只有极少数是在血细胞中。呼吸色素能携带和贮存大量的氧，也能维持血液的胶体渗透压力，即使在低氧压的条件下也能如此。

呼吸色素是一种含有金属物质(Fe,Cu)的卟啉与蛋白质的结合体。动物的血液中共有四种呼吸色素，而环节动物就有其中的三种，有的同一种动物就含有两种呼吸色素。这四种呼吸色素在无脊椎动物中的主要分布以及与氧结合的能力由表 9-1 给出。

表 9-1　四种呼吸色素的分布及与氧的亲和力

(在 0℃及 1 个大气压下)

色素名称	颜　色	含有的金属物质	在无脊椎动物中的分布	亲和力/O_2 ml·(100ml 血)$^{-1}$
血红蛋白 (hemoglobin)	红	Fe	环节动物血浆 软体动物血浆	1～10 2～6
血绿蛋白 (chlorocruorin)	绿、粉红	Fe	环节动物血浆	5～9
血蓝蛋白 (hemocyanin)	蓝	Cu	软体动物血浆 甲壳类血浆	1～5 1～4
蚯蚓血红蛋白 (hemerythrin)	红、紫		环节动物血浆与血细胞 星虫类血浆与血细胞	1～2

血红蛋白是分布最广泛、也是最有效的一种呼吸色素，它存在于沙蠋、长吻沙蚕、沙蚕等多毛类中。血绿蛋白是龙介(*Serpulid*)、帚毛虫血液的特征，它是一种含 Fe 的卟啉蛋白，与血红蛋白十分相似，只是分子的侧链有所区别，它们的相似程度超过了与细胞内的血红蛋白的区别。蚯蚓血红蛋白存在于长手沙蚕(*Magelona*)中，它结构上相似于血蓝蛋白。

溶解于多毛类及其他环节动物血浆中的血红蛋白与血绿蛋白的相对分子质量远远大于脊椎动物的血红蛋白。哺乳动物每一分子的血红蛋白含有 4 个亚铁血红素单位(带有一个铁原子的原卟啉)，每个亚铁血红素单位的相对分子质量为 17 000，所以哺乳动物血红蛋白相对分子质量是68 000。而蚯蚓血浆中一个血红蛋白分子含有 180 个亚铁血红素单位，故相对分子质量为3 000 000。血浆中这种大分子的血红蛋白可能有利于阻止血液形成过高的胶体渗透压力，也防止血红蛋白由于排泄作用而丢失。但很特殊的是吻沙蚕、管沙蚕、小头虫等，它们的血红蛋白不在血浆中，而是存在于体腔液的红血细胞中。它的血红蛋白的相对分子质量也很小，与脊椎动物相似。血浆中血红蛋白与体腔液红细胞中血红蛋白的区别的意义目前尚不了解，但小分子的血红蛋白存在于红细胞中有利于防止丢失。有趣的是须头虫同时含有血浆血红蛋白及体腔液血红蛋白。已经知道其体腔液中的血红蛋白在低氧压时比血浆中血红蛋白具有更大的亲和力，因此体腔液是内部深层组织氧的输送者。总之，呼吸色素的生理机能在于输送和贮存氧。一些潮间带穴居生活种类在低潮时，血色素贮存的氧可以使之度过缺氧时期。如果再延长缺氧时间，它们甚至可以有一段时间行无氧呼吸，最长可达 20 天之久。

4. 排泄

多毛类的排泄器官——肾也存在多样性，有的种每个体节一对肾，也有的种整个身体仅一对或几对肾。原始的种类具原肾，它的一端具管细胞，胞内有鞭毛(图 9-15A)，后端为排泄管，或多个管细胞连接到多分支的排泄管(图 9-15B)，排泄管由单层细胞组成，内壁具纤毛推动排泄物在管内移动。但大多数多毛类为后肾，是两端开口的管道，肾口呈漏斗形，开口在体腔，经肾管穿过后端隔板以肾孔开口在后一体节的腹面两侧。沙蚕的肾管很长，盘旋成团，外有一体腔膜包裹(图 9-15C)。鳞沙蚕(*Aphrodita*)的后肾周围被血管网包围，其代谢物也可由血液及体腔液移走。

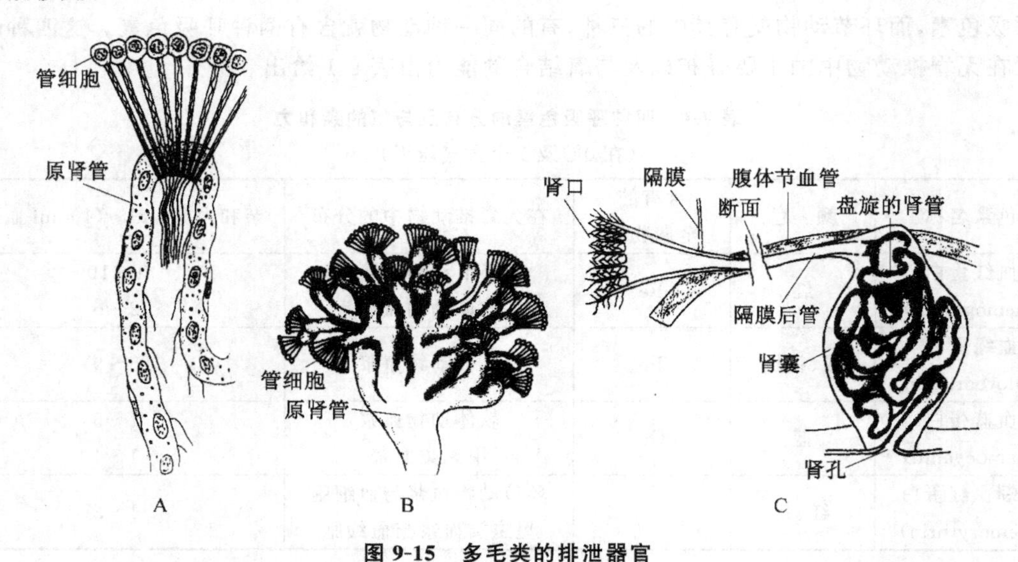

图 9-15　多毛类的排泄器官

A. 叶须虫部分原肾管的剖面观；B. 原肾管的分支；C. 沙蚕的后肾

(A,B. 引自 Goodrich ES,1945)

从来源而言，肾管也是有区别的，原始的种类每个体节有两对与外界相通的管道：一对是由外胚层起源，向心生长的原肾管；一对是由中胚层起源离心生长的体腔管(图 9-16A)。前者排出体内的代谢产物；后者排出生殖细胞。小头虫还存在着这种情况(图9-16B)。但多数种类体腔管与肾管联合，例如，叶须虫是以原肾与体腔管联合形成混合型原肾(protonephromixivm)(图 9-16C)，又如海女虫(*Hesione*)是以后肾管与体腔管联合，形成混合型后肾(metanephromixium)(图 9-16D)。但也有许多种是后肾与体腔管完全混合成单一的管，形成混合肾(mixo-nephridium)(图 9-16E)，例如沙蠋。总之，体腔管与排泄管独立开口到外界是一种原始的现象。

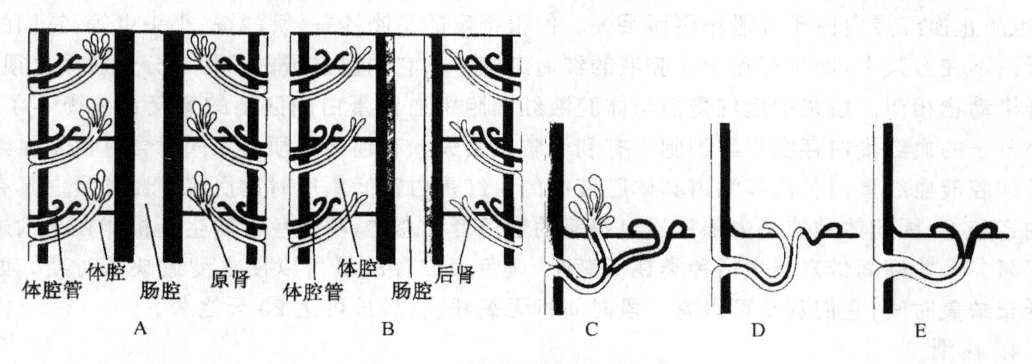

图 9-16　多毛类排泄器官的起源

A. 假定的体腔管与原肾管独立存在；B. 后肾与体腔管独立存在；C. 原肾型混合；D. 后肾型混合；E. 混合肾

(引自 Russell-Hunter WD,1979)

另外，体腔细胞与肠壁细胞对排泄也起辅助作用，特别是在肠壁及血管壁周围常有黄色细胞，被认为是中间代谢及血红蛋白合成的地方，它们所表现出的颜色是由于细胞中存在着色素，而这些色素可能是其代谢产物。

一些多毛类能够忍耐环境中盐度极大的变化，例如，一种生活在河口处的沙蚕（*Nereis diversieolor*），它可以在淡水、半咸水、海水甚至高于海水盐度的水中生存，它的血液及组织液可随环境盐度的改变而调节，肾管在这种调节中起着重要的作用。

5. 神经与感官

多毛类具典型的链状神经，脑位于口前叶背面（图 9-17A），发出神经支配触手、触须、眼等感官，咽下神经节发出神经支配围口节触手及咽的伸缩，腹神经索纵贯全身。原始的种类每个体节的一对神经节及神经纤维并列呈双链状，如帚毛虫等，但大多数种类已愈合成单链状，每个体节的神经节发出 2～5 对侧神经以支配体壁、疣足、肌肉及感官。

在腹神经索中巨大神经纤维的数目因种而不同（图 9-17B，C）。例如，胶管虫（*Myxicola*）具单个巨大神经，它传导的速度达 12 m/s；矶沙蚕也具单个巨大纤维；沙蚕具侧、中三根巨大纤维。巨大神经仅在快速传导中起作用，特别是在隐居种类中，对其防卫及捕食具重要意义。

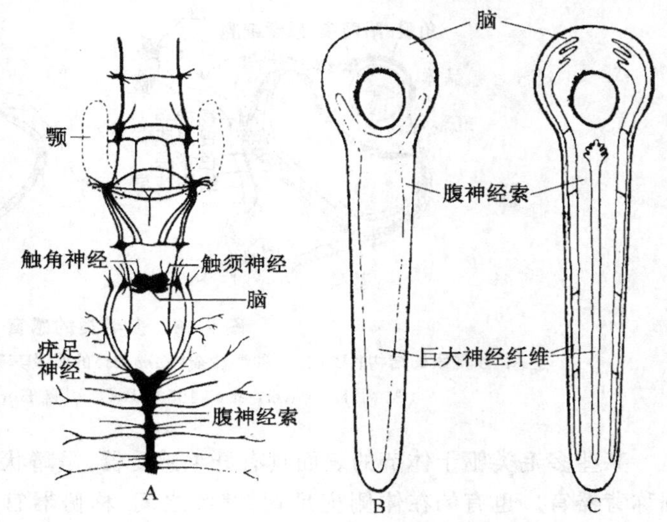

图 9-17　多毛类的神经系统

A. 沙蚕头区神经结构；B. 矶沙蚕的巨大神经纤维；C. 沙蚕的巨大神经纤维

（A. 转引自 Engeman JG，et al，1981；B，C. 引自 Nicol JAC，1948）

感觉器官在游走多毛类中比较发达，包括眼、项器（nuchal organ）和平衡囊。眼位于口前叶背面体表，1～4 对不等，形成简单的视觉杯。沙蚕的眼是由角膜、晶体、光感受细胞及色素细胞组成（图 9-18A），能辨别光源及光强度。远洋捕食的浮沙蚕类，有角膜、晶体及视网膜等可以调节光强度（图 9-18C），甚至还有附属网膜，它可以感受不同波长的光。由于不同波长的光波透过水层的深度不同，所以浮沙蚕类可以利用它的眼作为深度探测仪。相似的附属网膜也在深水鱼类、头足类中发现。还有的种类在体壁上具有附属眼点，它能感受光强度的突然改变，而迅速退回穴内，如帚毛虫类。

项器是一对具纤毛的感觉窝或感觉裂缝（图 9-18D），存在于许多多毛类的头区脑的附近，并受脑的支配。项器由具纤毛的柱状细胞及感觉细胞组成，有时也有腺细胞，它是一种化学感受器，对食物的发现有重要作用。实验证明，破坏动物的项器，动物则不再取食。所以捕食性的多毛类项器发达，而滤食性的多毛类项器不发达或根本没有。

平衡囊也在许多多毛类中被发现，例如沙蠋、蛰龙介及帚毛虫等，多发现于隐居或管居的种类。沙蠋的平衡囊位于头部的体壁内，呈球状，具有一短管（图 9-18D），囊内含有硅质或石英颗粒，外有几丁质包围。如果破坏其平衡囊，沙蠋则失去方向感及平衡能力。

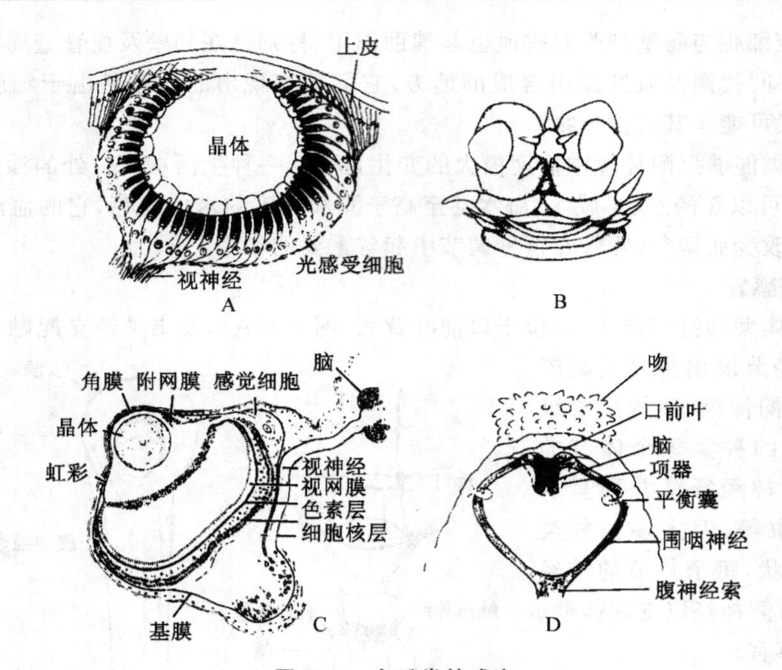

图 9-18 多毛类的感官

A. 沙蚕眼的结构；B,C. 一种浮沙蚕(*Vanadis*)的眼及其剖面；D. 沙蠋的项器及平衡囊

(A. 引自 Fauvel, et al,1959；B,C. 引自 Hermans, et al,1969)

某些多毛类躯干体节的表面具有纤毛感受器，呈嵴状或带状排列。如果位于身体的背面，则称背器官。也有的在体侧疣足背、腹叶之间，称侧器官。也有的种类体表具分散的感觉细胞，多集中在头区或疣足，它们对环境的理化因素的改变具有敏感性。

6. 生殖与发育

无性生殖在多毛类中是存在的，主要是行出芽生殖或断裂生殖，例如裂虫(*Syllis*)(图 9-19A,B)、自裂虫(*Autolytus*)(图 9-19C)、丝鳃虫及帚毛虫等。分裂时身体分成两段或多段。多毛类也有很强的再生能力，触手、触须甚至头部都可以再生。一般身体未分区的种类，头部及尾部均可再生；身体分区的种类，头部的再生很少见，但尾部再生容易。再生的细胞来自相同的组织，例如，新表皮细胞来自旧表皮细胞。神经系统在再生中起着重要作用，例如，在身体前端单独切断神经，可以在切断处诱导一个新的头部的形成。一些种类还有自切现象(autotomy)，例如，矶沙蚕、鳞沙蚕

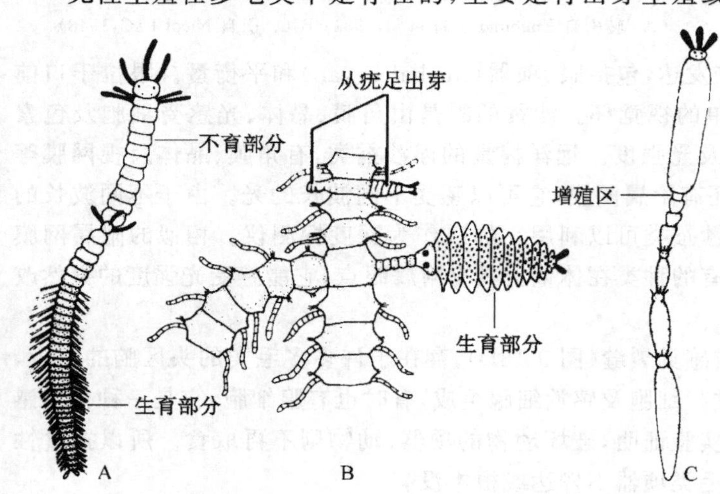

图 9-19 多毛类的无性生殖

A,B. 裂虫；C. 自裂虫

(转引自 Engeman JG, et al,1981)

及巢沙蚕等。当上述动物偶然遇到强烈刺激时，身体可自行切断，然后再生出失去的部分。

大多数的多毛类只行有性生殖。很少数种类是雌雄同体，例如，帚毛虫类的一些种，身体前端的体节产生卵子，后端体节产生精子，极个别种类在同一体节内可同时形成精子与卵子。大多数种类是雌雄异体，没有固定的生殖腺，生殖细胞来自体腔膜。原始的种类大多数体节都可形成配子，例如，沙蚕、矶沙蚕等。但在身体明显分区的种类，生殖细胞多来自腹部体节的体腔膜，例如，沙蠋的生殖细胞仅限制在六个固定的体节上。

生殖细胞形成后进入体腔，并在体腔内发育成熟。成熟的个体体腔内充满了精子或卵子，甚至膨胀到使体壁变薄，并且常常由于精子与卵子的色泽不同而使雌雄成体表现出不同的颜色，成熟的精子或卵子通过肾管排出体外，相当多的种类通过体壁的破裂而释放，例如沙蚕、矶沙蚕及裂虫等。也有一些种类产卵时形成卵袋，附着在腹部或疣足上，或居住的管壁内。多毛类一般不发生交配行为，卵都在海水中受精。

一些多毛类在生殖时期会出现一些特征性的生殖现象，如异型化现象(epitoky)、群婚(swarming)现象等。例如，沙蚕、矶沙蚕、裂虫等在生殖时期离开它们穴居的生活环境，开始在水中游泳，同时头部、体节、疣足、刚毛等会发生形态改变而出现异型化。一种微点沙蚕(*N. trrorata*)在生殖时眼变得很大，口前触手及触须减少，身体出现分区，即前15～50个体节之后变成生殖体节，体节膨大(图9-20A)，疣足也相应地膨大，刚毛的末端成匙状(图9-20B,C)，整个身体明显地区分成两段。另一个著名的异型化例子是一种矶沙蚕 *Palola viridis*，生殖时身体的前端没有变化，但后端的体节变得细长，形成一长链状，而且每个体节的腹面中央有一眼点(图9-20D)。

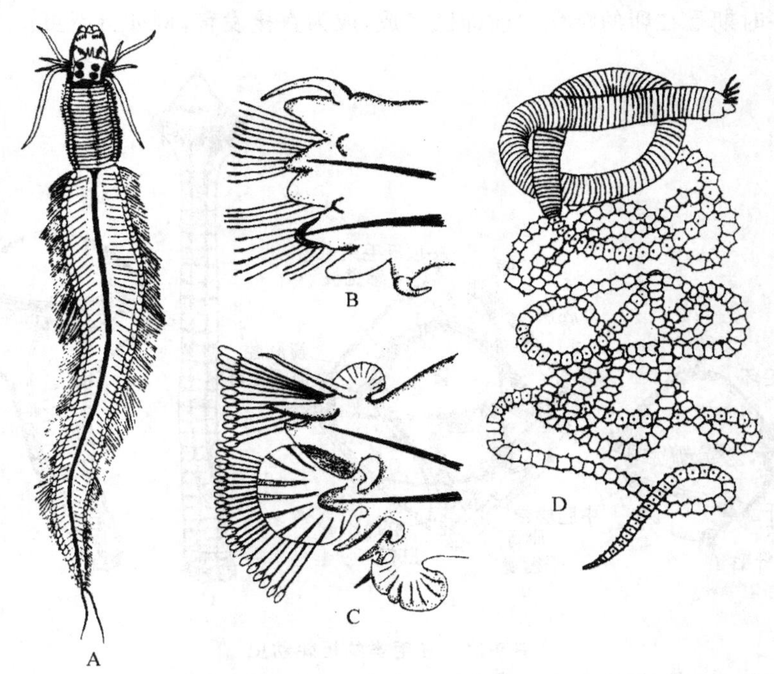

图 9-20 多毛类的异型现象

A. 微点沙蚕雄性异型个体；B,C. 微点沙蚕未异型与异型的疣足；D. *Palola viridis* 的异型个体

(引自 Faurel P, et al,1959)

异型的多毛类生殖时还常伴随有群婚现象，就是说性成熟的个体在环境的影响下，如光强度的改变，使异型虫体成群地离开海底，游到水面，雌、雄个体相互环绕游动，进行群婚。实验证明，这时雌性个体释放性外激素，以吸引雄性个体，并刺激雄性个体释放精子；精子又反过来刺激雌性产卵，这样以保证大量的个体同时释放精子与卵子，使卵易于受精。行群婚的沙蚕往往是能生物发光的个体，当群婚时，常使其周围的海面出现一片光环。群婚现象与季节、月光的周期变化相关。例如，有的矶沙蚕在每年7月月亮为下弦月时出现群婚，有的种则在每年10～11月下弦月期间出现群婚，且多在黄昏之后、日出之前排卵与排精。

许多实验已经证明，多毛类的生殖现象及生殖过程是受激素控制的。环节动物尚未形成独立的内分泌腺体，其激素是由脑或身体前端的神经产生的一种神经分泌物。在一生仅繁殖一次的种类，如沙蚕、裂虫等，其激素调节着配子的形成及异型化特征。在不成熟的个体中，神经分泌物抑制着生殖发育，如果切除脑则诱导配子的早熟及异型现象的出现。如果将不成熟个体的脑移入去脑的个体则阻止早熟及异型现象的出现。在一生中生殖多次但又不行群婚的种类中，激素的作用在于控制配子的发育。总之，激素控制生殖的机制目前尚不十分清楚。

多毛类的卵属端黄卵，受精卵行决定型螺旋卵裂，通过内陷或外包，或两者的联合形成原肠胚。原肠胚之后，胚胎迅速发育成担轮幼虫（图9-21A，B）。担轮幼虫在外形上可分为三个区：(1) 口前纤毛区（prototrochal region），包括顶板、口前纤毛环及口；(2) 尾区（pygidial region），包括口后纤毛环及肛门区；(3) 生长带区（growth zone region），它包括口前纤毛环及口后纤毛环之间的区域。多数种类的担轮幼虫能自由游泳并取食，也有一些种类的担轮幼虫是底栖而不游动，例如一种沙蠋 *Areicola marina*。此外，还有一些种类没有自由生活的担轮幼虫期，因为这一时期是在卵的孵化之前即已完成，成为直接发育，例如自裂虫。

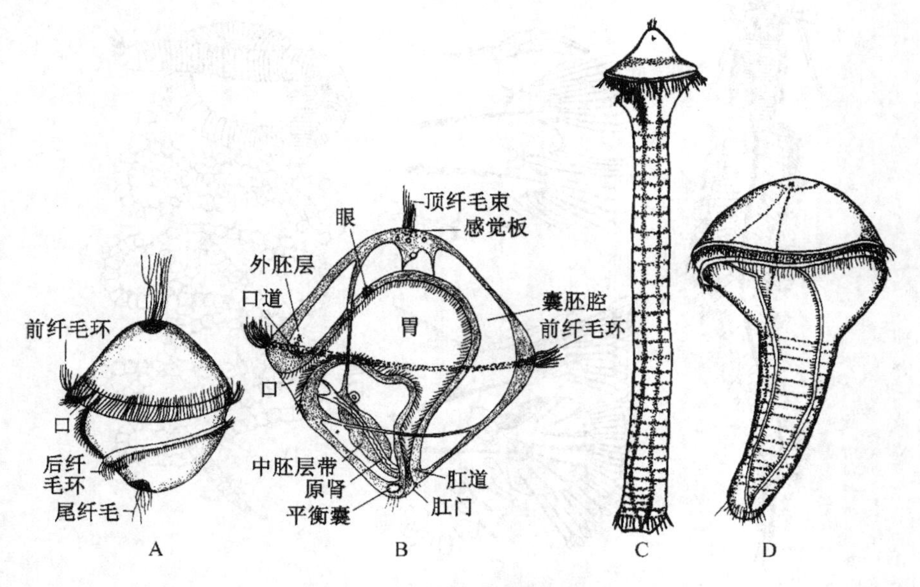

图 9-21 多毛类的担轮幼虫

A. 担轮幼虫的外形；B. 担轮幼虫的结构；C,D. 担轮幼虫的变态，体节逐渐形成

（A. 引自 Dawydoff C,1959；B. 引自 Hyman LH,1940—1967）

担轮幼虫自由生活一段时间之后，即变态成成虫。变态时口前纤毛区形成了成体的口前叶及其触手，口区形成围口节，围口节周围没有刚毛，围咽神经环不形成食道下神经节（subesophageal ganglion）。然而更多的种类口区常和躯干的第一体节愈合形成围口节，这种情况下围咽神经在咽下形成一咽下神经节。所以，不同的多毛类其围口节并不都是同源的。变态时生长带区在尾节之前不断地增生，形成成体躯干部的所有体节（图 9-21C，D）。体节的发生由后向前推移。因此，多毛类越年老的体节越靠近头端，越难于再生，肛区形成肛门。躯干部体节均形成后即完成了变态。

多毛类成虫的寿命很少超过两年，一般一年左右即性成熟，产卵后成虫死亡。多毛类是构成沿海潮间带及大陆斜坡动物区系中的重要成员，其平均密度高达 13 000 只/m^2 以上，常构成该区海底动物的 40%以上。

四、分类

多毛类传统地分为两个亚纲，但尚未确立统一的分目标准，只能分成许多（几十个）独立的科，现就沿海常见的部分科做一简介。

1. 游走多毛亚纲

游走多毛亚纲（Errantia）头部及感官发达，体节数目较多且相似，疣足发达具刚毛及足刺，咽具颚及齿，包括爬行、游泳的种类，少数为穴居或管居种类。

（1）叶须虫科（Phyllodocidae）。疣足背叶很大、扁平、桨状，同时也作为鳃（图 9-22A），爬行生活，例如叶须虫（*Phyllodoce*）。

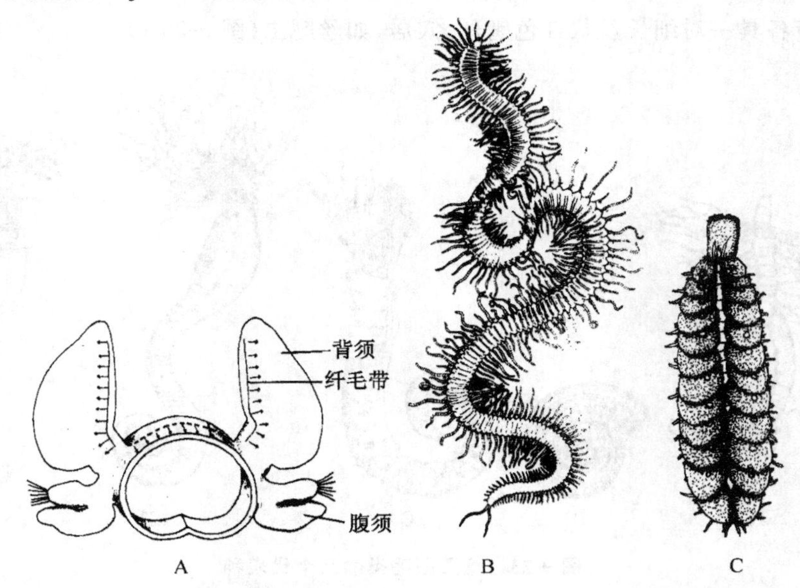

图 9-22　游走多毛亚纲的几个代表种

A. 叶须虫的疣足；B. 裂虫（*Odontosyllis*）；C. 背鳞虫

（转引自 Barnes RD，1980）

（2）裂虫科（Syllidae）。身体细小，爬行生活，疣足具背须及腹须，前端体节背须较长，部分咽肌肉化形成前胃（proventriculus）（图 9-22B），出芽生殖普遍，如裂虫。

(3) 鳞沙蚕科(Aphroditidae)。身体椭圆形,身体背面有两行覆瓦状排列的、由背须特化成的鳞片(图 9-22C),穴居或管居,如背鳞虫(*Lepidonotus*)、鳞沙蚕等。

(4) 沙蚕科(Nereidae)。头部具一对触角、一对触须、两对眼及四对围口触手,咽有一对颚,为大型、爬行生活,如沙蚕(图 9-2)。

(5) 吻沙蚕科(Glyceridae)。具有很长的可外翻的咽,占据前端 20 个体节,咽上有 4 个颚(图 9-10),穴居,如吻沙蚕。

(6) 矶沙蚕科(Eunicea)。具肌肉质可外翻的咽,咽上具两个粗壮的颚及细齿。体表可分泌韧性的管,是最大的多毛类。在热带该科的种可长达 3 m,体表具金属光泽,如矶沙蚕、巢沙蚕等(图 9-8A)。

(7) 吸口虫科(Myzostomidae)。是一种寄生或共生于棘皮动物的小型多毛类,身体扁圆形,直径不超过 5 mm,如吸口虫(*Myzostoma*)。

2. 隐居多毛亚纲

隐居多毛亚纲(Sedentaria)口前叶不具感官,但头部具有取食的触须等,无颚、无齿,身体分区,疣足不发达,不具足刺及复杂的刚毛,鳃常限制在一定的区域。

(1) 沙蠋科(Arenicolidae)。头部无触须等结构,身体分区,疣足不发达,分支的鳃位于中部体节上,穴居,如沙蠋(图9-6)。

(2) 毛翼虫科(Chaetopteridae)。身体分区,具一对长触须,部分疣足变成激起水流及滤食的器官,管居,管两端开口,如毛翼虫(图 9-13)。

(3) 丝鳃蚕科(Cirratulidae)。身体细长,疣足不发达,前端具 1~2 对细长的取食的触须,前端部分体节各具一对细长丝状红色鳃丝,穴居,如丝鳃虫(图 9-23A)。

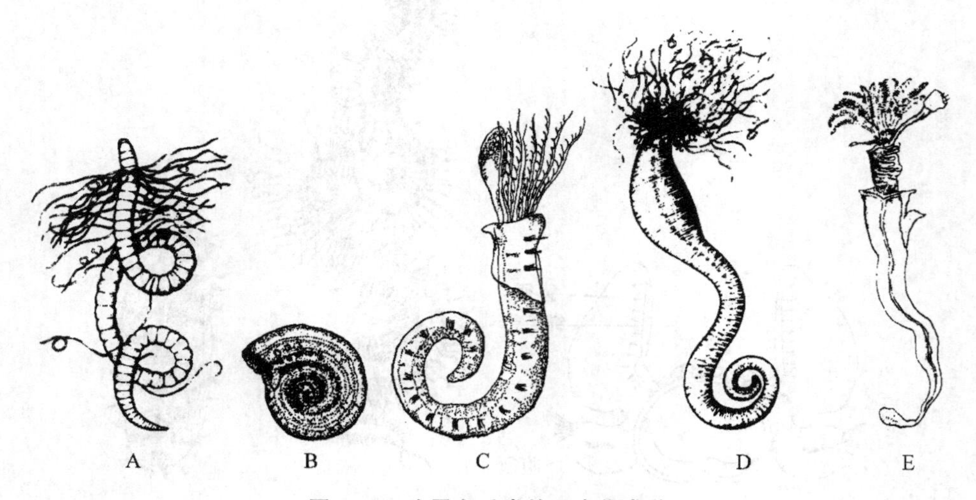

图 9-23 隐居多毛类的几个代表种

A. 丝鳃虫; B,C. 螺旋虫; D. 蛰龙介; E. 龙介

(引自 Grassé PP,1949)

(4) 泥沙蚕科(Opheliidae)。具圆粒形口前叶,体节数目较少,在同种是固定的;常具有侧鳃,可游泳,穴居,如沿穴虫。

(5) 帚毛虫科(Sabellariidae)。具有细沙粒的虫管,身体前端有头冠及两个刚毛环,可形成掰板,封闭壳口,集聚生活,虫管黏着在一起,如帚毛虫(图 9-8C)。

(6) 缨鳃虫科(Sabellidae)。生活在膜质、钙质或细沙粒的管中,口前触须形成许多羽状触手,排成漏斗形,触手上布满血管,具鳃的功能,如缨鳃虫(*Sabellid*)、螺旋虫(*Spirorbis*)(图 9-23B,C)。

(7) 蛰龙介科(Terebellidae)。穴居或管居,口前叶上有成丛的丝状触手,兼有呼吸作用,有分支的鳃分布在口后几个体节上,疣足不发达,如蛰龙介(图 9-23D)。龙介,具螺旋形石灰质管,其中一个触手末端膨大,形成掰板(图 9-23E)。

第二节 寡 毛 纲

寡毛纲包括蚯蚓及一些淡水中小型的种类,如颤蚓等,常与蛭纲合称为环带动物(Clitellata)。这是因为在身体的前端某几个体节体壁上皮细胞形成厚的腺状的上皮环带(clitellum)包围身体,环带可分泌黏液以利于交配、营养卵子以及脱落后形成卵茧供受精卵在其中发育。环带动物都缺乏明显的头,身体分节但不分区,疣足退化。体表的刚毛,有的大大地少于多毛类,因此称寡毛纲;有的完全退化,如蛭纲。雌雄同体,生殖腺 1～2 对,有体腔管起源的生殖导管,交配受精,直接发育。

寡毛纲约有 3500 种,从生态上可分为陆生及水生两种类型,许多陆生的种体型较大,除了沙漠,任何土壤都有分布,有人报道每平方米草地的土壤中可有 8 000 条线蚓(*Enchytraeid*)和 700 条正蚓(*Lumbricids*)。它们主要分布在土壤的表层,那里有机质比较丰富。土壤的结构、酸碱度、含水量、通气性等都对它们的生存有影响,例如,土壤中的酸碱度对寡毛类有很大的限制作用,因为酸性土壤中缺乏游离的钙离子,而钙离子是维持其血液 pH 的重要因素,所以酸性土壤中寡毛类较少。当环境不利时,例如,在干旱或寒冷时,它们可潜入土壤深层,有时深达 1 m 多。

还有一类分布在各种淡水水域,特别是有机质丰富的浅水。一般体型较小,结构简化,多在水域中的植物表面爬行,取食沉渣,也有的种在水底软泥或沉积物中穴居,还有少数种类在河口处生活。许多种类是世界性分布的。水域中寡毛类数量的多少常标志着水质污染的程度。仅 200 种为海产种类。

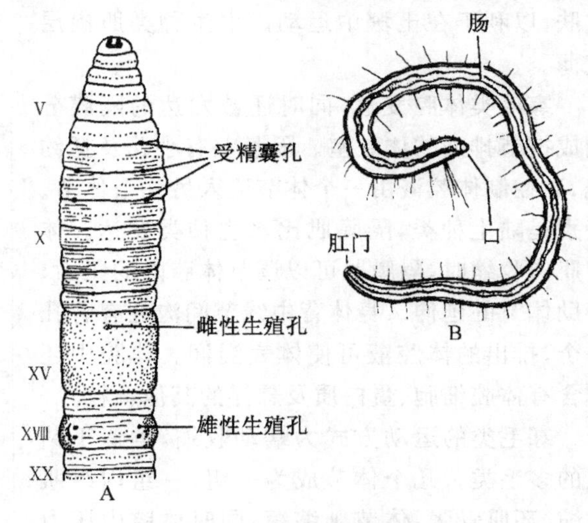

图 9-24 寡毛类的代表种

A. 环毛蚓的前端; B. 仙女虫

(A. 引自陈义,1956;B. 转引自 Engemann JG, et al,1981)

一、形态与生理

1. 外部形态

寡毛类体型大小差别很大,最小的个体不足 1 mm,最大的蚯蚓体长达 1～3 m,身体通常圆柱形,有时略扁,体表分节明显。陆生的体节数较多(图 9-24A),最多的可达 600 节,一般在 100～200 节之间。水生的种类不仅体小,体节数也少,一般具 6～7 节或十几节不等。口前叶不发达,常成一小叶状或锥状盖在口上,口前叶也不具触手、触须等结构。如仙女虫(*Nais*)(图 9-24B),口均位于围口节上,咽不外翻,咽上无齿,肛门开口在身体末端,也无肛须。

寡毛类没有疣足,但体表有刚毛,刚毛的数目、排列方式在不同种有所不同。水生种类刚毛较长(图 9-24B),陆生种类较短,一般每个体节有一对侧刚毛束(或背侧刚毛束)及一对腹刚毛束,它们代表着多毛类疣足的背、腹叶遗迹。每束刚毛的数目为 1～25 不等。大多数种每束两根,这种排列称对生刚毛(lumbricine seta),如正蚓;也有的种刚毛数很多,每节几十个,环绕体节分布,这种排列称环生刚毛(perichaetine seta),如环毛蚓(*Pheretima*)。刚毛的形状因种而异,可形成毛状、钩伏、叉状、"S"状等多种。刚毛是由体壁中表皮细胞形成的刚毛囊分泌的。刚毛囊由伸肌及缩肌控制其运动(图 9-25),每个刚毛囊可分泌一根或一束刚毛,刚毛脱落后可重新分泌形成。

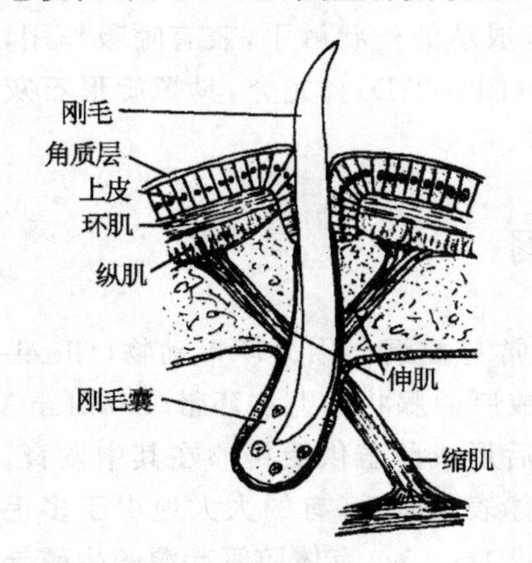

图 9-25 蚯蚓刚毛囊的矢状切面

(引自 Stephenson J,1930)

体表除了有口与肛门分列于身体两端之外,还有肾孔、生殖孔开口在固定的体节上。陆生的种类在背中线上还有数目不等的背孔(dorsal pores),它是体腔直接与外界相通的小孔。由小孔排出的体液可以滑润及潮湿皮肤,有助于在土壤中钻行。性成熟时,身体前端的几个体节体壁的腺体加厚,膨胀而形成一环带,这是寡毛类动物的第二性征,即性成熟时才出现的特征。水生种类环带仅出现在 1～2 个体节内。环毛蚓是由三个体节组成,位于第 14～16 节内。

2. 体壁与运动

寡毛类体壁的结构与穴居的多毛类相似,即由角质层、表皮细胞、环肌及分成四束的纵肌组成,肌肉层内为体腔膜。表皮细胞中有发达的腺细胞,特别是陆生种类,可以分泌黏液湿润皮肤,以利于在土壤中运动。水生种类肌肉层较薄。

寡毛类体腔发达,同时还被发达的隔膜分割成按节排列的体腔室。隔膜上有小孔及括约肌,以控制体腔液由一个体节流入另一个体节。特别是陆生种类,隔膜肌比水生种类发达。体壁肌肉收缩时,隔膜肌可以调节体腔内的压力,协助体节的延伸。身体背中线节间沟处有背孔一个,排出的体腔液可使体表湿润。体腔中还包含有体腔细胞、蛋白质及悬浮的其他颗粒。

寡毛类的运动方式为蠕动收缩,类似于钻穴的多毛类。几个体节成为一组,一组内纵肌收缩,环肌舒张,体节则缩短,同时体腔内压力增高,刚毛伸出以附着(图 9-26)。而相邻的体节组环肌收缩,纵肌舒张,体节延长,体腔内压力降低,缩回刚毛。每个体节组与相邻的体节

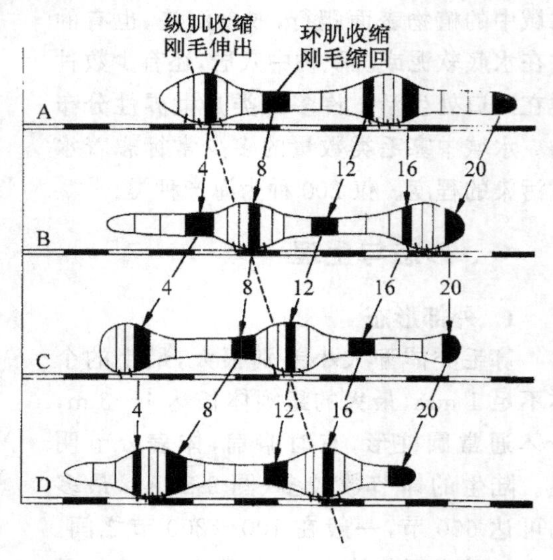

图 9-26 蚯蚓的运动(图中数字表示体节数)

(引自 Gray J, Lissman HW, 1938)

组交替收缩纵肌与环肌，使身体呈波浪状蠕动前进。蚯蚓每收缩一次可前进 2～3 cm，收缩方向可以反转，因此可做倒退运动。

3. 取食与消化

寡毛类绝大多数为腐食性的或沉积性取食，它们以腐烂的有机物或细小的动植物为食，水生的种类以口前叶及体表刚毛收集食物，然后由刚毛送入口中，陆生的蚯蚓等以吞食土壤及沙粒，从中获取有机物。

寡毛类的消化道为一直管(图 9-27)，口位于围口节上，口后为口腔及咽，水生种类咽可外翻出来，咽壁具发达的肌肉，呈球状，同时还有大量肌纤维连接到体壁上，以增强其抽吸作用。咽壁内腺细胞可分泌蛋白酶对食物进行初步的消化。咽后为细长的食道，食道可在不同的部位膨大成嗉囊及砂囊，前者为薄壁的囊用于食物的暂时贮存；后者壁厚，内有一层几丁质，用以研磨食物颗粒。陆生的种类食道两侧膨大形成一对或几对钙腺(calciferous gland)，它分泌的碳酸钙以结晶形式进入消化道，不被吸收，最后由粪便排出，其机能可能是为了排出体内及环境中过高的 CO_2，并维持体液及血液的酸碱平衡，因为土壤中 CO_2 的浓度成百倍地高于大气中的 CO_2。

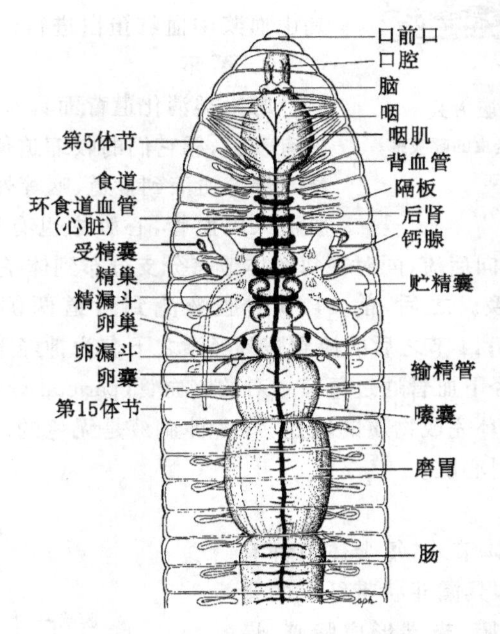

图 9-27　正蚓解剖图示身体前端

(引自 Barnes RD,1980)

食道(或砂囊)后为肠，纵贯身体的其余部分，肠上皮具纤毛，肠的前半部分分泌消化酶，为消化场所，其中含有共生细菌来源的纤维素酶及几丁质酶。肠的后半部分为吸收场所，营养物再通过血液输送到全身。有的种肠道的前端有一对盲肠，肠道中段背中线内陷形成盲道，都为增加消化及吸收场所。肠道周围的黄色组织除了贮存糖原及脂肪之外，也是代谢物形成部位，肠的最后数节为直肠，末端以肛门开口体外。

3. 呼吸

寡毛类是通过体表的气体扩散而进行呼吸作用。一些小型的水生种类，例如，尾盘虫

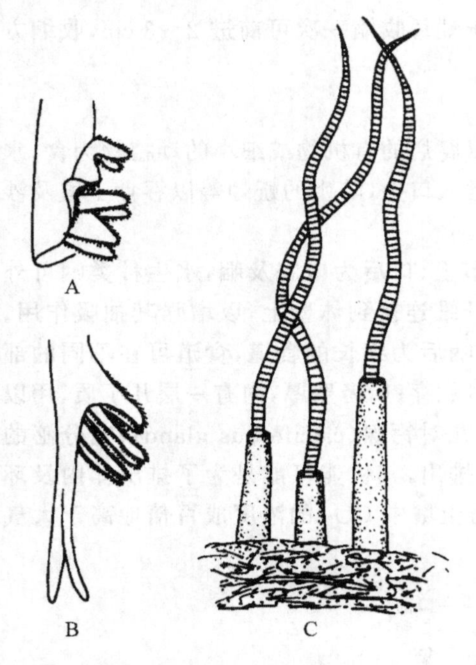

图 9-28　寡毛类的呼吸方式

A. 尾盘虫的肛门鳃；B. 管盘虫的呼吸鳃；C. 颤蚓的呼吸方式

（引自 Pennak RW,1978）

(*Dero*)在身体的后端有一圈指状或丝状的突起，起着鳃的作用（图 9-28A）。管盘虫（*Aulophorus*）（图 9-28B）、仙女虫是以外界的水通过肛门不断地流入及流出直肠而进行呼吸，颤蚓（*Tubifex*）在池塘底部淤泥中营管居生活，那里 O_2 含量极少，但血浆中含有血红蛋白很容易与氧结合而进行氧的传递，甚至在无氧的条件下也能使其生存一段时间。为了更易于获得氧，它们常将身体的后端伸出淤泥之外（图 28C），以利于更有效地进行呼吸作用。

陆生的寡毛类也没有呼吸器官，而是由于体表分布有大量的微血管网，血浆中含有血红蛋白，它很容易与氧结合，并释放出氧，当氧压低时，它可以增加与氧的结合力，当大雨后蚯蚓纷纷爬出地面也是为了更多地获得大气中的 O_2，有人报道正蚓利用氧的 40% 是由血浆中血红蛋白进行传送的。

4. 循环

寡毛类消化道背面具有背血管，管壁肌肉发达，管内有瓣膜，靠它们的收缩迫使血液由后向前流，流向前端时部分血液到食道、咽等处，大部分血液经 4～5 对心脏流入腹血管，心脏中也有瓣膜，决定着血液的流向。腹血管中无瓣膜，血液由前向后流，同时在每个体节有分支分布到体壁、肠道及肾管，在那里形成微血管网并进行物质交换。之后，前 14 节的血液流到食道两侧名为食道侧血管（lateral esophageal vessel）的血管中；14 节之后的流到腹神经索之下名为神经下血管（subneural vessel）的血管中，也由前向后流，神经下血管通过每节一对的壁血管（parietal vessel）流回背血管，背血管也接受肠血管的血液，如此循环完成物质的输送，许多种血液是无色的，少数种血液中含有血红蛋白而呈红色。颤蚓仅有一对心脏。

5. 排泄

寡毛类除了两端几个体节外，每个体节都有一对管状后肾（图 9-29），即具漏斗状带纤毛的肾口，肾管很长，盘旋穿过隔膜，末端形成膀胱，最后以肾孔开口在后一体节的腹侧。由肾口及肾管周围的血管主动收集代谢产物，经肾管后端的重吸收点，最后形成比体腔液及血液渗透压低的尿排出体外，水生的种类排泄物主要是氨，陆生的种类是氨和尿素，排泄机制如图 9-30。

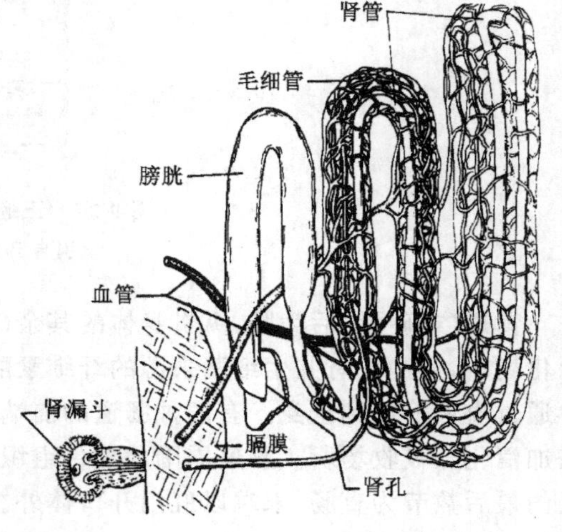

图 9-29　寡毛类的后肾

（引自 Storer TI, 1979）

环毛蚓没有这种每节一对的典型后肾，而是每个体节内有多达数百个的小肾管，它的结构与典型肾管相似，它分布在体腔膜及消化道周围，其中体壁上的小肾管开口于体外，隔膜及消化道上的小肾管开口到肠道，代谢产物经肠道排出体外。水分除了通过体壁丢失，通过小肾管重吸收是保持水分的重要途径；具小肾管的种类更能忍耐干燥。对不利的环境时，如干旱、寒冷，水生寡毛类可分泌黏液形成包囊，陆生的蚯蚓可通过进入深层土壤并滞育(diapause)以度过。

6. 神经与感官

寡毛类具典型的链状神经系统。结构简单的种类如颤体虫(*Aeolosoma*)，它的脑位于原口节，脑与腹神经索均位于上皮内，没有咽下神经节。而大多数的寡毛类神经结构脱离上皮，位于体壁肌肉层之内，即体腔内。脑位于第三体节咽的背面(图9-31A)，由脑发出神经到口前叶及口腔等，在围咽神经环及腹神经索连接处形成咽下神经节，由它发出神经到前端体壁上。咽下神经节是其运动及反射的控制中心，并控制整个腹神经索，脑仅控制身体的协调。实验证明摘除脑，其运动不受影响，但不能协调改变了的环境。如破坏咽下神经节，则所有的运动都停止。咽下神经节之后为神经链，每体节的神经节分出三对神经到体壁、内脏、肠道等处，其中包括感觉纤维及运动纤维。

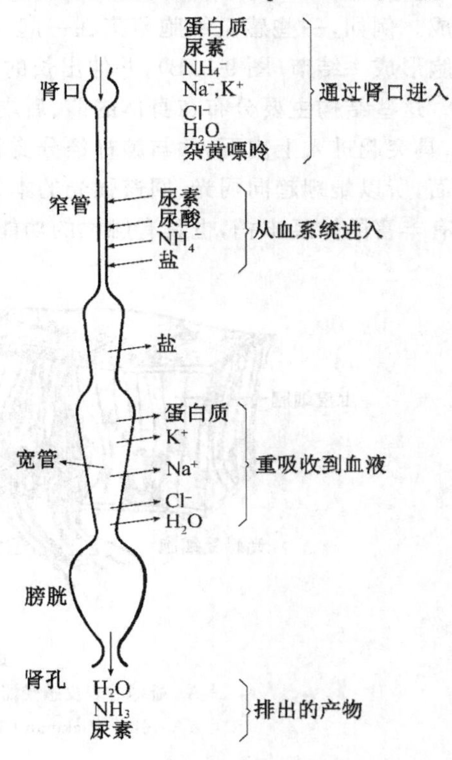

图 9-30　后肾的排泄机制

(引自 Laverack MS，1963)

大多数的寡毛类在神经索中有巨大神经纤维，一般为5条，其中3条显著，位于神经索的中背部(图9-31B)。中间的一条巨大神经向尾端传导冲动，两侧的两个巨大神经纤维向头端传导冲动。另两条不显著，彼此分离，位于神经索的中腹部。巨大神经传导冲动的速度数倍或十几倍于普通神经，因此，当身体的任何一点受到刺激，通过巨大神经纤维的传导都可引起所有体节同时收缩，以迅速逃避或隐藏于穴中。

有报道证明，正蚓的脑中有神经分泌细胞(neurosecretory cell)，它所产生的分泌物具有

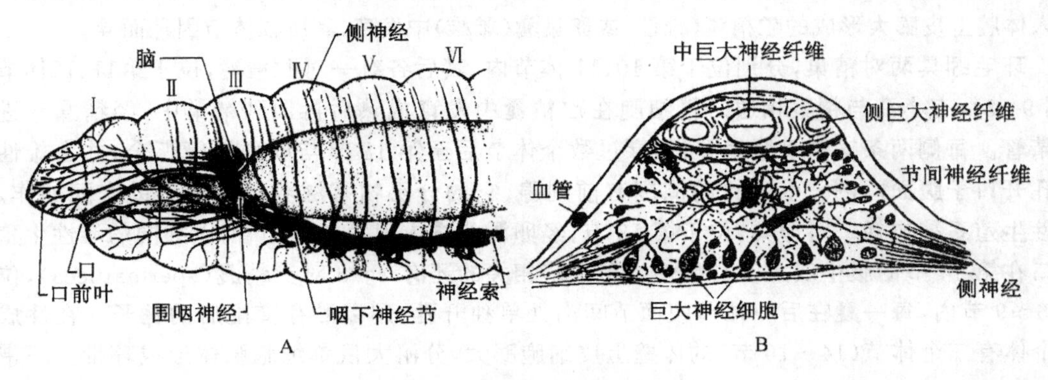

图 9-31　蚯蚓的神经系统

A. 蚯蚓前端的神经结构；B. 神经节断面示巨大神经

(引自 Hess，et al，1925)

激素的性质，能调节身体水与盐分的平衡，也能调节生殖活动。

一些水生的寡毛类具有眼。眼呈色素杯状，结构简单，是它们的主要感觉器官。陆生种类由于在土壤中钻穴生活，感官不发达，无眼，其感觉功能主要是由分散于表皮中的感觉细胞来完成。例如，一些感觉细胞聚集在一起，在皮肤表面形成小的突起（图 9-32A），或成堆的感觉细胞形成一结节（图 9-32B），并伸出长的突起到体表，这种感受器可能有触觉及化学感觉的功能。这些结构主要分布在身体的前、后端及腹面两侧。表皮内还有独立的光感受细胞，呈晶体状，具突起进入上皮下，并与脑神经分支相连，它对光的强弱有反应，主要分布在头、尾两端的背面，所以蚯蚓趋向弱光、回避强光的本领是与光感受细胞联系在一起的。此外，体壁上还分布有丰富的神经末梢，也具有触觉的功能。

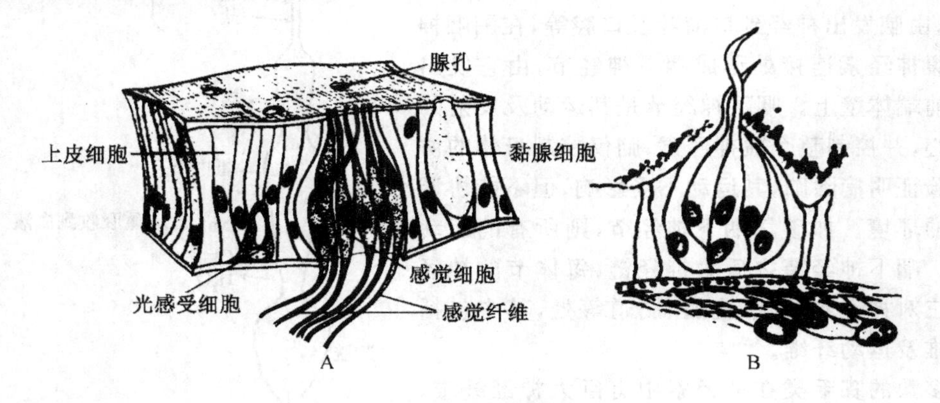

图 9-32 感受器

A. 蚯蚓的表皮感受器；B. 癞皮虫（*Slavina*）口前叶感觉结节

（A. 引自 Hickman CD，1973；B. 转引自 Barnes RD，1980）

7. 生殖与发育

无性生殖如横裂、出芽生殖等在水生种类中还相当普遍，绝大多数种类是雌雄同体，行有性生殖。原始的水生种类缺乏明确的生殖腺，许多体节均可产生生殖细胞，也没有生殖导管，生殖细胞由肾管排出体外。但大多数生殖腺仅限于身体前端少数体节，精巢在前，卵巢在后。水生种类多一对精巢、一对卵巢，陆生种类多两对精巢、一对卵巢。配子细胞在形成早期离开精、卵巢，进入体腔上皮膨大形成的贮精囊（雄性）或卵巢囊（雌雄）中发育，其所在体节因种而异。

环毛蚓具两对精巢，分别位于第 10、11 体节内，其后各有一对贮精囊，位于第11、12体节内（图 9-33），有小孔与精巢相通。精细胞在贮精囊中发育成熟后再回到精巢中，经精漏斗进入输精管。每侧两条输精管紧密并行，穿过数个体节后至第 18 节与前列腺管汇合，并由雄性生殖孔开口于腹面两侧。生殖孔的周围有前列腺，它的分泌物有滋养精子和帮助交配的作用。雌性生殖系统包括一对卵巢，位于第 13 节，经卵漏斗进入很短的输卵管，以共同的雌性生殖孔开口在第 14 节的腹中线上。与雌性生殖系统相关的还有 2～3 对受精囊（spermatheca），位于第 6～9 节内，每一囊在后一体节腹面节间沟处单独开孔，用以贮存交配后的精子。在性成熟的个体有三个体节（14～16 节）的体壁上皮细胞膨大，分泌大量单细胞腺体形成环带。环带中含有黏液腺（mucous gland）、卵茧腺（cocoon gland）及白蛋白腺（albumin gland）（图 9-34A），分别具有协助交配、形成卵茧及为卵提供营养的功能。水生种类由 1～2 个体节形成环带，正蚓（*Lumbricus*）则为 6～7 个体节，最多的可达 60 个体节。

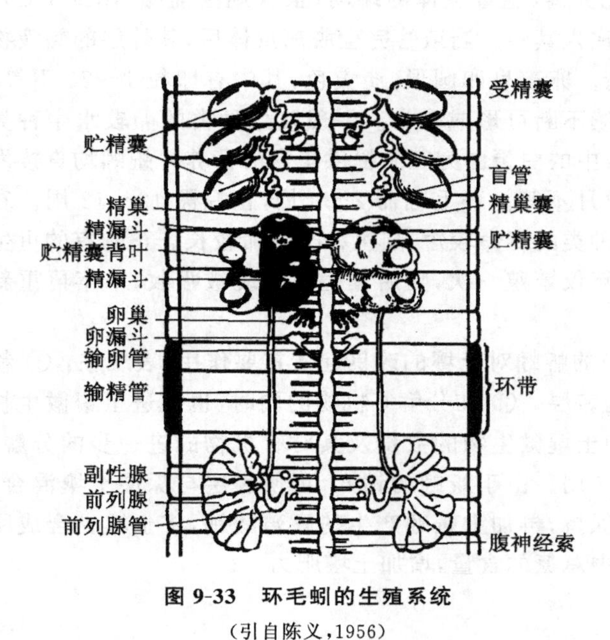

图 9-33 环毛蚓的生殖系统

(引自陈义,1956)

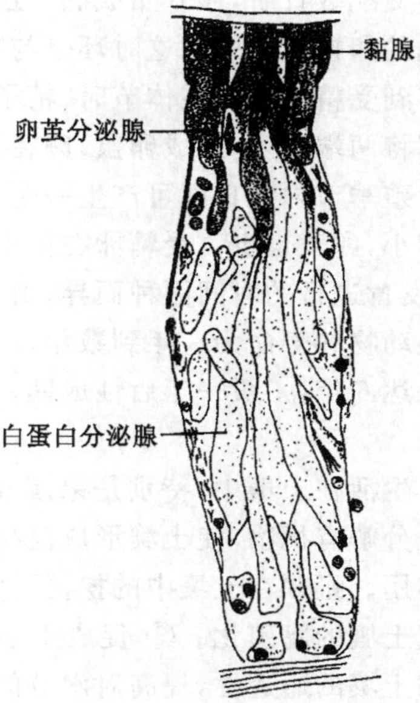

黏腺
卵茧分泌腺
白蛋白分泌腺

图 9-34 蚯蚓环带的切面示分泌细胞

(转引自 Ruppert EE, et al,2004)

寡毛类虽为雌雄同体,但仍需交配受精。交配时两个虫体的前端腹面以头、尾相反的方向相互吻合(图 9-35A),大多数是以一方个体的雄性生殖孔对准另一方个体的受精囊孔,这时环带可分泌黏液使虫体连接在一起,体表的刚毛也使虫体相连。然后相互赠送精子,每个受精囊约需用 1.5 小时装满对方的精子。

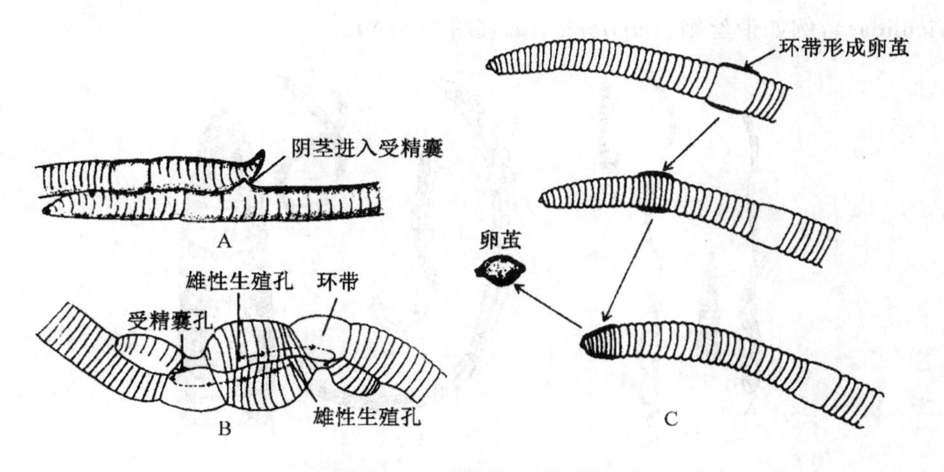

图 9-35 蚯蚓的交配及卵茧形成

A. 环毛蚓的交配; B. 正蚓的交配; C. 卵茧形成

交配数日后，卵开始成熟。这时环带向外分泌黏液，凝固后形成茧管，环带再分泌白蛋白，成熟的卵排入其中。这时环带与茧管彼此分离，随着虫体的蠕动，茧管逐渐前移(图 9-35C)，当移到受精囊孔所在体节时，精子由该孔注入其中。当茧管完全脱离虫体后，其外层的黏液物分解将两端封闭，形成卵茧，卵在其中受精。卵茧呈卵圆形，淡黄色，其中有卵粒 1～20 不等。在生殖季节内数日即可产生一个卵茧，连续不断可形成多个。一般陆生种类的卵较水生种类的卵小，卵黄也少。受精卵在茧中发育，茧中的白蛋白为胚胎提供丰富的营养。蚯蚓均直接发育，发育进行的时间因种而异，由一周到数月不等。环毛蚓需 2～3 周，正蚓需 12～13 周。寡毛类动物的寿命为一年到数年，一般水生种类的寿命较短，陆生种类寿命较长。正蚓有的可生活长达 6 年，一般一年后性成熟。颤蚓每年仅繁殖一次，随后其生殖系统被吸收，来年再重新形成。

生活在土壤中(特别是果园及菜园中)的蚯蚓对土壤的改良起着重要作用，表现在：① 粉碎及分解有机物，使土壤形成疏松、肥沃的表层。② 在分解有机物的同时，也促进土壤微生物的作用。蚯蚓在土壤中的挖掘可大大增加土壤微生物的数量及其对有机物的进一步的分解，促成土壤的腐殖化。③ 促成土壤的团聚作用。由于蚯蚓的钻穴，可使表层与深层土壤混合，增加土壤的通透性，提高对水分的吸收与保持，再加上蚯蚓产生的腐殖酸钙，将土壤黏合成团聚体；同时蚯蚓的繁殖与尸体能增加土壤中总氮的含量，增加土壤肥力。

二、分类

寡毛类的分类方法过去一直是根据雄性生殖孔在精巢体节隔膜的前后而分为近孔目(Plesiopora)、前孔目(Prosopora)及后孔目(Opisthopora)三个目。近年来 Jamieson(1978)根据生殖腺、环带及刚毛等结构将寡毛类分为以下三个目：

1. 带丝蚓目

带丝蚓目(Lumbriculida)每个体节具刚毛 4 对，精巢 1 对，雄性生殖孔就在精巢所在体节，卵巢 1～2 对，环带很薄，包括雄性生殖孔及雌性生殖孔，淡水生活，仅有一个带丝蚓科(Lumbriculidae)，例如带丝蚓(*Lumlbriculus*)(图 9-36A)。

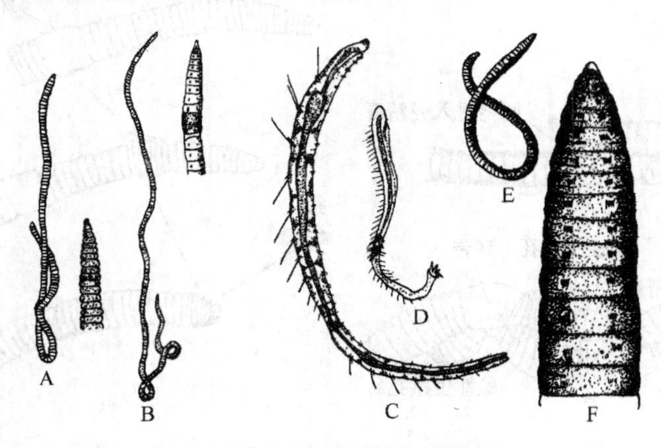

图 9-36 寡毛类的一些代表种

A. 带丝蚓；B. 水丝蚓；C. 仙女虫；D. 尾盘虫；E,F. 白线蚓

2. 颤蚓目

颤蚓目(Tubificida)刚毛4束,每束多超过2根,常很发达,精巢、卵巢各1对,位于相邻的两个体节内,雄性生殖孔位于精巢体节之前或之后的相邻体节上,环带薄,但略隆起,亦包括雄性生殖孔及雌性生殖孔,淡水或海水生活,个别的种陆地生活,例如颤蚓、水丝蚓(*Limmodrilus*)(图9-36B)、仙女虫(图9-36C)、尾盘虫(图9-36D)、白丝蚓(*Fridericia*)(图9-36E,F)等。

3. 单向蚓目

单向蚓目(Haplotaxida)通常是2对精巢位于2个体节,随后为2对卵巢体节。但也有的种仅1对精巢,或仅1对卵巢,或两者均1对;如仅1对精巢,其卵巢必相隔1～2个体节。雄性生殖孔在精巢之后一或几个体节上。环带较厚,卵黄较少,主要陆生,少数为水生或半水生,包括大量的常见的蚯蚓。例如,雄性生殖孔开口在第15节环带之前的正蚓、爱胜蚓(*Eisenia*)、异唇蚓(*Allolobophora*);雄性生殖孔开口在第17节的寒蠕蚓(*Ocnerodrilus*);雄性生殖孔开口在第18节的钜蚓(*Megascolex*)、环毛蚓等。

第三节　蛭　纲

蛭纲在形态结构上与寡毛类有着许多共同的特征,例如,头部没有触手、触须等感官,没有疣足,雌雄同体,具明确的生殖腺及生殖导管,并限制在少数几个体节内。性成熟时出现环带,由环带形成卵茧,在茧中完成发育。这些相似性说明两类动物有着共同的起源,因此有的分类学家把这两纲合并成有环亚门(Clitellata)。但蛭类在结构上也有明确的特征,例如,身体的体节数减少,并有固定的节数,体表完全缺乏刚毛,又次生性地出现了体环,身体两端出现了吸盘,体腔减小并充满间质。

一、生态与外形

蛭类约有500种,绝大多数生活在淡水,极少数种生活在海水,个别种类生活在陆地。多出现在有机质丰富的池塘或水流缓慢的小溪等处,酸性水域或水流较急的江河很少发现。某些种在水域干涸的情况下可以潜入水底穴居,甚至在失去体重的40%时也能生存。一些蛭类趋向水、陆两栖生活,还有极少数进入陆地,生活在潮湿的丛林中,例如山蛭科(Haemadipsidae)的一些种。此外还有相当多的蛭类营半寄生生活,少数种类为肉食性的。

蛭类与寡毛类相比体型较小,体长在1～30 cm之间,多数种体长3～6 cm。体表呈黑褐色、蓝绿色甚至棕红色,体表有条纹或斑点,身体呈柱形或卵圆形,因种而异,但背腹略扁平。体型也常随收缩及体内食物贮存的多少而有所改变。体节数目固定,共34节,其中最前端5个体节加口前叶形成前吸盘(anterior sucker)围绕口,最后7个体节加肛节形成后吸盘(posterior sucker),后吸盘大于前吸盘。其余躯干部21节(其中环带前3节、环带3节、其余15节)。体节在外形上不易区分,而被体环(annulation)所掩盖,每个体节区分成多少体环,因体区或种而不同,例如,医蛭(*Hirudo medicinalis*)(图9-37)可分为100多体环。性成熟时出现环带,雄雌生殖孔分别开口在第9、11节腹中线上,肛门开口在后吸盘前端的背面。体节与体环一般是通过发育中神经节的部位及分支来确定,例如,医蛭体中区每个体节有5个体环。

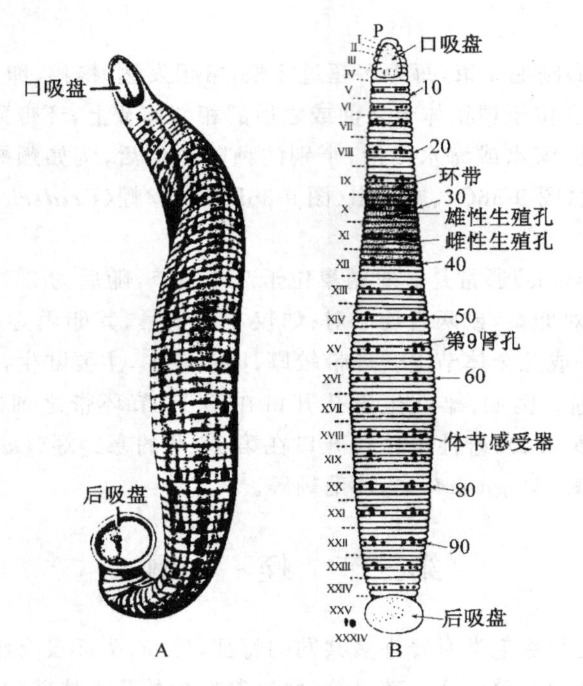

图 9-37 医蛭

A. 外形；B. 腹面观，示体节与体环

（A. 转引自 Engemann JG, et al, 1981；B. 引自 Mann KH, 1962）

二、内部结构与生理

1. 体壁、体腔与运动

蛭类的体壁最外层也为一薄层角质层（图 9-38A,B），下为单层上皮细胞，不同于其他环节动物的是纤维状的结缔组织在上皮下形成很厚的结构充塞体内空间，另外，许多腺细胞及上皮细胞体下沉进入结缔组织中形成一薄层真皮，真皮下为肌肉、外层环肌、内层纵肌，还有斜肌（diagonal muscle）及背腹肌。

由于结缔组织的扩展，蛭类逐渐丢失了体节间的隔膜及按节分布的成对的体腔。在原始的棘蛭（*Acanthobdella*）中，身体的前端还保留有分室的体腔，背腹血管仍存在。有趣的是这类蛭没有前吸盘，具体腔的体节仍保留有刚毛，这提供了蛭类与寡毛类有亲缘关系的例证。除此之外，其他所有的蛭体节间的隔膜消失。一种葡萄状的组织（botryoidal tissue）逐渐侵入体腔，形成发达的血窦。在吻蛭类（Rhynchobdellida）形成了背血窦（dorsal sinus）、腹血窦（ventral sinus）、侧血窦（lateral sinus）、中间窦（intermediate sinus）以及皮下窦（subepidermal sinus）（图 9-39A），同时背、腹血管存在，位于背、腹血窦中。血窦中仍充满体腔液，它们实际上起着循环系统的作用，其中背血管及身体的收缩推动体腔液的流动。在颚蛭目（Gnathobdellida），体腔中的间质更发达，使体腔窦进一步缩小成管状，中间窦也消失（图 9-39B），背、腹血管也完全消失，循环作用完全由血窦进行，其中以侧血窦的搏动推动体腔液的流动。

蛭类由于体腔、隔膜及刚毛的丢失，其运动方式也不适于波动、钻穴运动，而改变成蛭行运动或游泳，也就是靠前、后吸盘交替吸着在地面进行爬行。当后吸盘吸着在地面时（图 9-40），环肌收缩波扫过全身、整个身体延长前伸，直到前吸盘附着，然后纵肌收缩，身体缩短，后吸盘松弛，离开地面，身体前进一步直到后吸盘再附着，环肌再收缩，如此重复，通过环肌与纵肌的拮抗收缩及前后吸盘的交替附着完成这种蛭行运动。当游泳时，背腹肌收缩，身体变扁，再靠纵肌的收缩波进行。

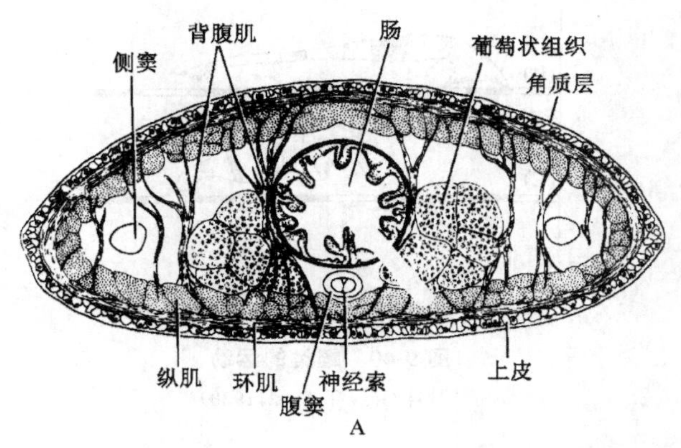

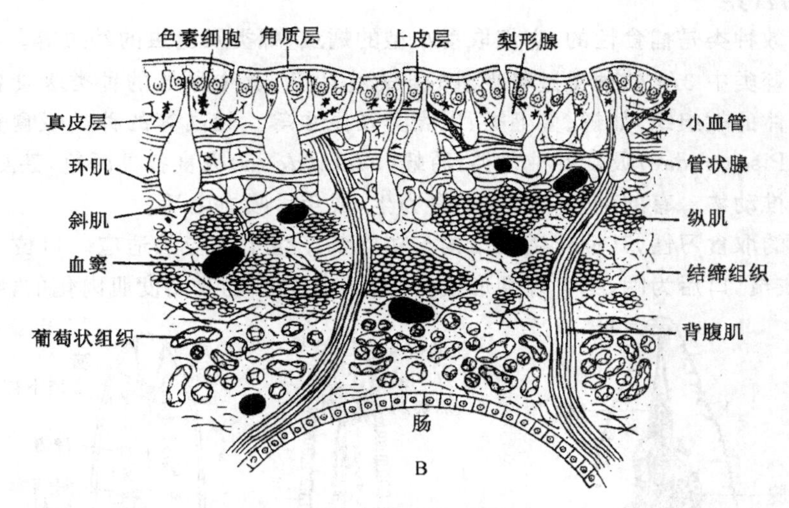

图 9-38　蛭类体壁

A. 过体中区横切；B. 体壁放大部分

（A. 引自 Engemann JG，1981；B. 引自 Mann KH，1962）

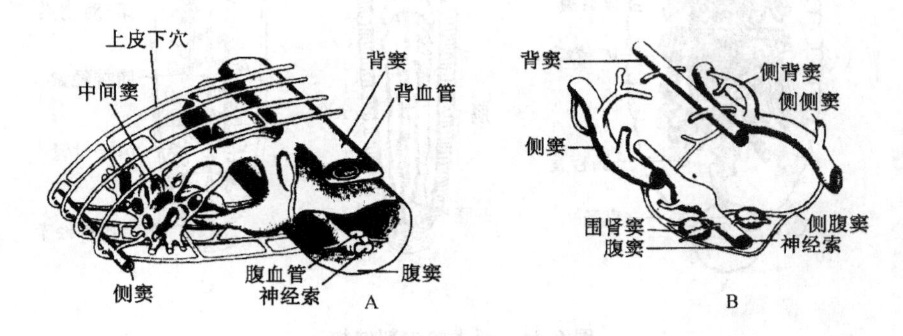

图 9-39　蛭类的血窦与血管

A. 吻蛭目；B. 颚蛭目

（A. 转引自 Ruppert EE，et al，2004；B. 引自 Mann KH，1962）

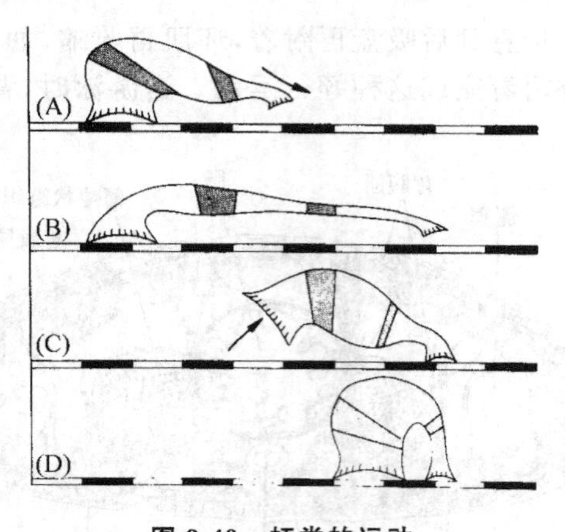

图 9-40 蛭类的运动

(引自 Gray T,et al,1938)

2. 取食与营养

蛭类中少数种类是捕食性的,它们取食小型的蠕虫、螺类及昆虫的幼虫等。有时是将整个捕获物吞咽。蛭类中 3/4 的种类过着吸血的半寄生生活,其中原始的种类吸食各种无脊椎动物的血液或身体的软组织,如螺、多毛类、甲壳类及昆虫等。较高等的种类吸食脊椎动物的血液,如鱼蛭类(Piscicolidae)吸食各种鱼类;盾蛭(*Placobdella*)吸食各种海龟,甚至鳄鱼;医蛭也可吸食各种脊椎动物。有的种幼年时以捕食为生,成年后吸血生活。

由于蛭类的取食习性,其消化道的结构与功能都产生了相应的适应。口位于前吸盘的中央,吻蛭目的成员,口后为咽,咽可外翻形成吻(图 9-41A)。吻是高度肌肉化的,吻内具有三角

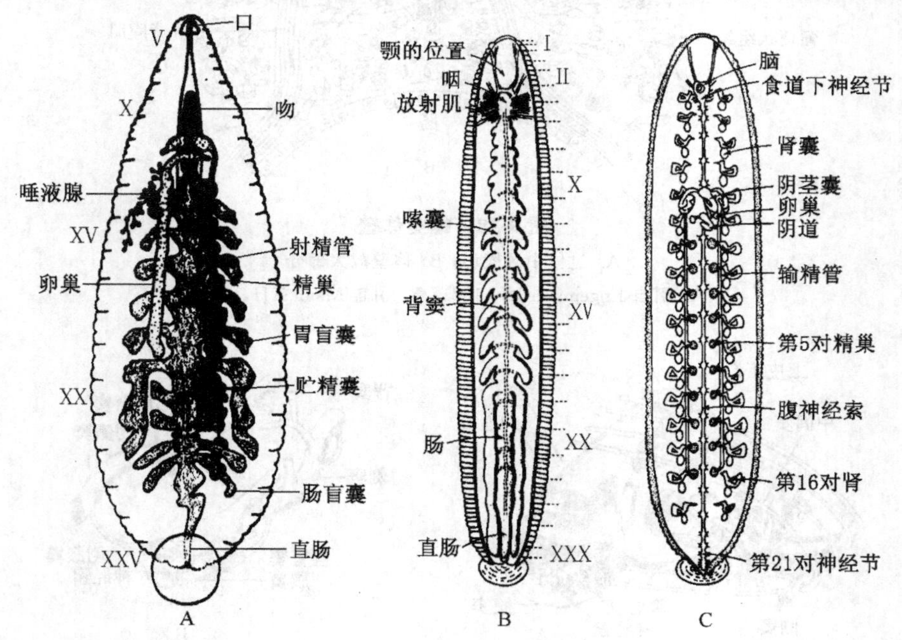

图 9-41 蛭类的内部结构

A. 扁蛭(*Glossiphonia*);B~C. 医蛭

(A. 引自 Pennak RW,1978;B,C. 引自 Mann KH,1962)

形的吻腔，并有大量单细胞的唾液腺开口到吻腔内。取食时吻由吻腔内伸出，刺入寄主以吸食。颚蛭目无吻，在口腔内具有三个呈三角形排列的颚，旁边还有细齿，吸血后在寄主皮肤上可留下“Y”形切口。口腔后为肌肉质的咽，咽壁周围也有发达的肌肉，以利于抽吸血液。在咽壁周围还有单细胞的唾液腺，它可以分泌抗凝血素，也叫蛭素(hirudin)，注入伤口防止血液凝固。咽后为一短的食道。在捕食性的种类，胃为一简单的直管，吸血种的胃具有1～11对侧盲囊；其中最后一对侧盲囊更长(图9-41B)，直达身体后端，其功能不是消化食物，而是用以贮存吸食的血液。每次吸血可吸食其体重的2～10倍。吸食后的初期，盲囊中食物的水分被肾排出，留下去水的食物。胃或盲囊之后为肠，肠是其食物消化的主要场所。蛭类的消化道中很少有淀粉酶、脂肪酶及肽链内切酶，发现的主要是肽链外切酶。这或许解释了蛭类吸食的血液消化缓慢的原因。另外，消化道中共生的细菌可以帮助将相对分子质量较大的蛋白质及脂肪等进行分解，同时提供蛭类需要的维生素。蛭类取食后可能要用200天去消化，医蛭甚至可以一年半不进食。肠后为直肠，以肛门开口在后吸盘背面前端。

3. 呼吸

蛭类主要是通过体表进行气体交换，只有个别种具有鳃。例如，鱼蛭科的一些种，具有囊状鳃，末端分支，它实际上是体壁的一种延伸物，其中充满体腔液。另外，吻蛭类与咽蛭类的体腔液中含有呼吸色素，以致产生红色，这些呼吸色素负责传递部分气体。

4. 排泄

蛭类的排泄器官亦为后肾，一般有10～17对，位于身体的中部，每节一对。由于蛭类的体腔减少，隔膜消失，其后肾是埋于结缔组织中，所以结构上与多毛类略有不同。肾内端为具纤毛的肾口，并伸入体腔管中。肾口后是一无纤毛的肾囊(图9-42)，囊后为肾管，由单细胞依次排列组成。管中还有细胞内管，末端连接到起源于外胚层的肾孔。医蛭在肾孔之前还形成膀胱，最后以肾孔开在身体中区腹面两侧。

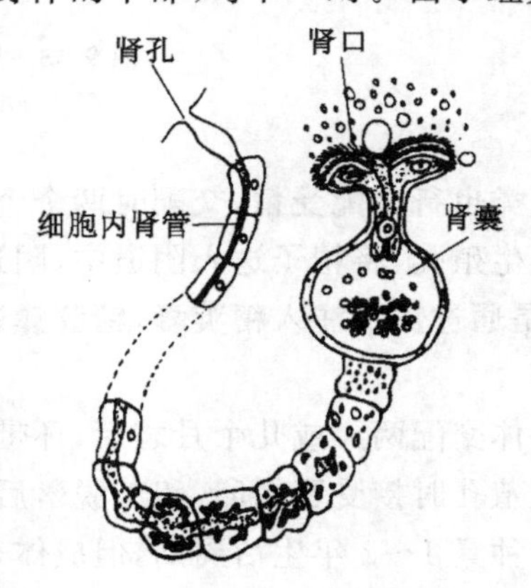

图9-42　蛭后肾结构
(转引自Barnes RD,1980)

最初尿的形成是由体腔液将含氮物集中在肾管周围的结缔组织中，再经过压力过滤进入肾管，盐被重吸收，低渗的尿集聚在膀胱中，肾囊的功能是产生具吞噬能力的变形细胞(或称吞噬细胞)，由体腔液带来的排泄颗粒进入肾囊后，被吞噬细胞所摄取，这些吞噬细胞可能将代谢产物送到表皮、肠上皮或葡萄状组织中。肾管中的尿液通过肾孔排出体外。

5. 神经与感官

蛭的神经系统也为链状，但由于前、后两端是由多个体节愈合成吸盘，所以神经节也愈合成团块状。脑位于第5节，包括背面一对咽上神经节(是由口前叶及围口节的神经节愈合形成)及腹面前4节愈合形成的咽下神经节。咽下神经节之后为腹神经索，包括21对独立的神经节(6～26节)。最后7对神经节愈合成尾部神经团支配后吸盘，整个的神经索是包在腹体腔管中。

感官包括集中在身体前端背面的2～10个色素杯状的小眼及感觉乳突，感觉乳突是由成丛的感觉细胞组成，它们有的在背面成行排列，有的是每个体节围绕一个体环成环状排列。它们可以测知水面光影以及水波压力的微弱变化,医蛭通过这些感受器可以测知水温及水中微量的化学分泌物的改变,从而很快找到寄主。

6. 生殖与发育

蛭类完全行有性生殖。雌雄同体。雄性先熟,生殖腺也是由残存的体腔形成,具有固定的位置。雄性生殖系统有4～12对球形精巢,每个精巢都包在精巢囊中(图9-43),并通过输精小管连到两侧的输精管上。输精管前行,至前端盘旋形成贮精囊,其后端形成肌肉质的射精管。两个射精管联合形成阴茎,其周围有前列腺包围,最后以雄性生殖孔开口在第10节腹中线上。原始的吻蛭类不形成阴茎,而形成精荚囊。卵巢一对,位于精巢之前,也包在卵巢囊中。每个卵巢通出一条输卵管,两个输卵管很快联合形成阴道,以共同的生殖孔开口在第11节腹中线。

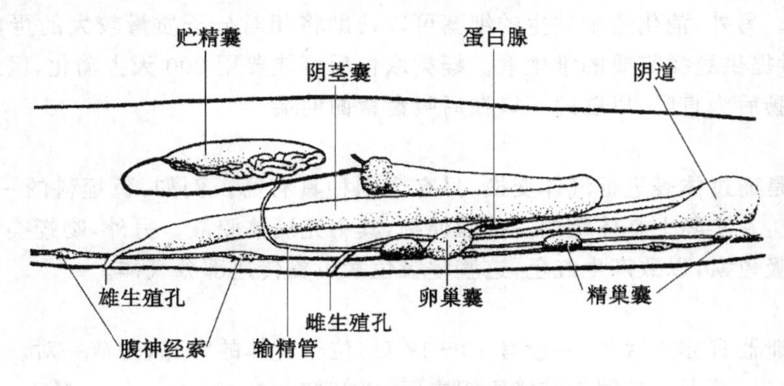

图 9-43 颚蛭生殖系统侧面观(示一侧)

(引自 Engemann JG, 1981)

蛭类也行交配受精,交配时两个个体以腹面头尾相反的方向紧贴,以雄性的阴茎对准对方的雌性生殖孔,将精子送入阴道中,阴道可作为对方精子的贮存处。许多吻蛭及咽蛭类没有阴茎,而是通过皮下注入精荚囊,精荚囊进入对方体内后释放出精子,经体腔管到达对方的卵巢囊。

虫体交配两天或几个月之后,环带显著并分泌卵茧,卵茧中充满营养的白蛋白,当环带经雌性生殖孔时接受受精卵,卵茧脱落后落入水底或潮湿的土壤中,经数周直接发育成新个体。大多数种具1～2年生活周期,但成体寿命也有2～5年的。

三、分类

蛭纲可分为四个目:

1. 棘蛭目

棘蛭目(Acanthobdellida)为原始的一类,体表具刚毛,无前吸盘,前端体节具体腔,仅一属两种,寄生在鱼鳃上,如棘蛭(图9-44A)。我国无报道。

2. 吻蛭目

吻蛭目(Rhynchobdellida)具吻(外翻的咽),循环系统与血窦系统相互独立,寄生于鱼类等冷血脊椎动物中,绝大部分海产蛭类均属此目。例如,身体两侧具11对指状鳃的鳃蛭(*Ozobranchus*)(图9-44B),我国长江流域寄生于龟体上的扬子鳃蛭(*O. jantseanus*)、寄生于鲤鱼鳃盖下的中华颈蛭(*Trachelobdella sinensis*)(图9-44C)以及生活在池塘水草上的扁蛭

(*Glossiphonia*)(图 9-44D)等。

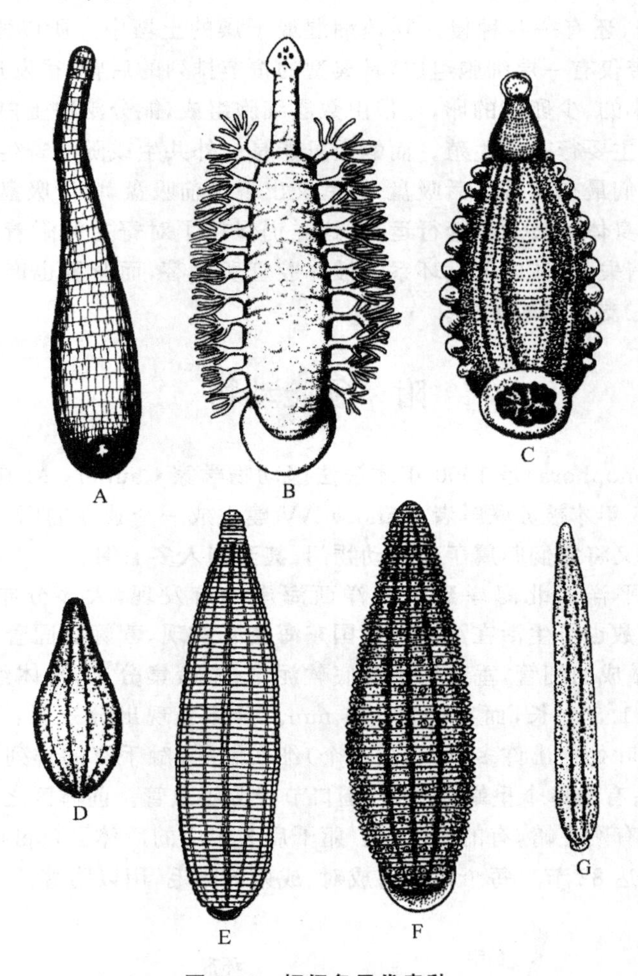

图 9-44　蛭纲各目代表种

A. 棘蛭；B. 鳃蛭；C. 中华颈蛭；
D. 扁蛭；E. 金线蛭；F. 山蛭；G. 石蛭
(引自 Mann KH,1962；Sawyer RT，1972 等众作者)

3. 颚蛭目

颚蛭目口腔内具三个颚板，水生或陆生，如医蛭，在我国池塘、稻田中分布很普遍的金线蛭(*Whitmania*)(图 9-44E)以及栖息在山林中的山蛭(*Haemadipsa*)(图 9-44F)等。

4. 咽蛭目

咽蛭目(Pharyngobdellida)没有吻，也无颚板，缺乏细齿，有的种具肉质伪颚，水生或半陆生，如石蛭(*Erpobdella*)(图 9-44G)。

关于环节动物的起源，在软体动物起源中已论及，环节动物三个纲中多毛类无疑是最原始的，类似于祖先——海产的环节动物，由于其分目尚难确定，各类(科)之间的亲缘关系也无从建立。有的学者认为多毛类中没有头部附属结构(感官，附肢等)、沉积取食的穴居者更接近原始种类。环带动物是丢失了疣足的一类环节动物,其中寡毛类直接来自海洋祖先,以后侵入淡水,在沉积物中穴居,还有一些种侵入陆地潮湿或干燥的土壤中。所以原始的水生种类具大的、多卵黄的卵,环带仅有一层细胞组成,具典型的按节排列的后肾,很发达的无性生殖。而陆生的种如蚯蚓具有小的、少卵黄的卵,环带由数层细胞组成,能分泌白蛋白营养卵,具有小肾管以保存更多的水分,主要行有性生殖。而蛭类可能是由外共生或随意寄生而发展起来,由于与寄主的依赖关系,它们最初出现了后吸盘,以后又出现了前吸盘,由于吸盘的出现,也改变了蛭类的运动方式,即从身体的波动到蛭行运动,这样仍保持了对寄主的附着关系,同时体内分室排列的体腔及隔膜消失,而体内的循环系统被体腔管所代替,而肾脏也产生了相应的改变,所以环节动物出现了三支不同的类群。

附 须腕动物

须腕动物(Pogonophora)是1900年才被法国动物学家Caullery M在印度尼西亚采到第一例标本,直到1955年才被苏联学者Ivanorv AV建立成一个独立的门。到目前已报道了近百种,但近来的研究又将它们归属于环节动物门,甚至列入多毛纲。

须腕动物从太平洋西北海岸到大西洋西海岸均有发现,大多分布在大陆坡上150～1500 m的深海处,少数也可生活在浅海。我国东海也有发现,营管居固着生活,体表分泌有几丁质与蛋白质混合做成的细管,垂直插于海底软泥中,常聚集分布,身体细长(图9-45):小的仅有5 cm,最大的达1.5 m长,而直径仅近4 mm。身体表现出分三区:前体区(forepart)很小,前端相当于口前叶处伸出许多(可达上万个)细长触手,触手有的排列成筒状,如瓣形缨腕虫(*Lamellisabella*);有的单个呈螺旋状,在围口节处分泌虫管。前体区之后为长的躯干,表面不明显分节,有的具有刚毛嵴,有的无刚毛。躯干后为短小的后体区(opisthosoma),由几个短小的体节组成(最多达82节),每个体节有成对、成束的刚毛,用以附着。

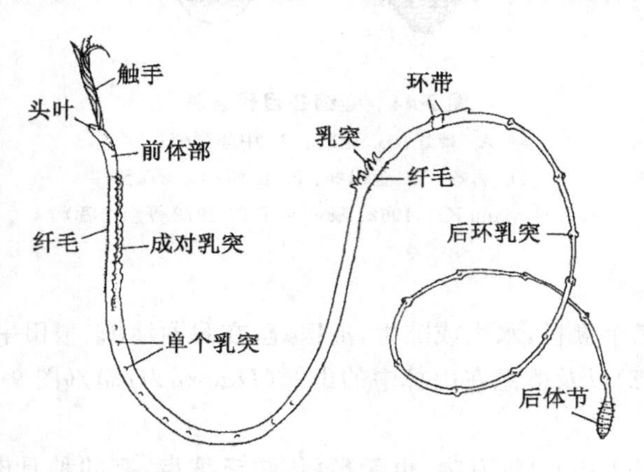

图9-45 须腕动物的模式结构

(引自George JD, Southusard EC, 1973)

须腕动物的体壁是由角质层、单层上皮细胞、环肌及纵肌组成,每个体区均有体腔囊。前体区的体腔伸入到触手中,后体区有按节分室的体腔囊,躯干部体腔是连续的(图9-47)。

须腕动物没有口、肛门及正常的消化管,只是在躯干部有一团袋状的营养组织(trophoso-

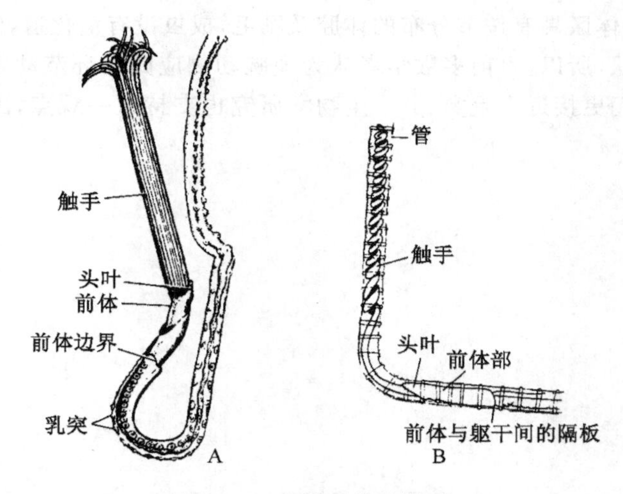

图 9-46 须腕动物示触手

A. 筒状排列；B. 单个螺旋状

(A. 引自 Ivanov AV，1963；B. 引自 Hyman LH，1940—1967)

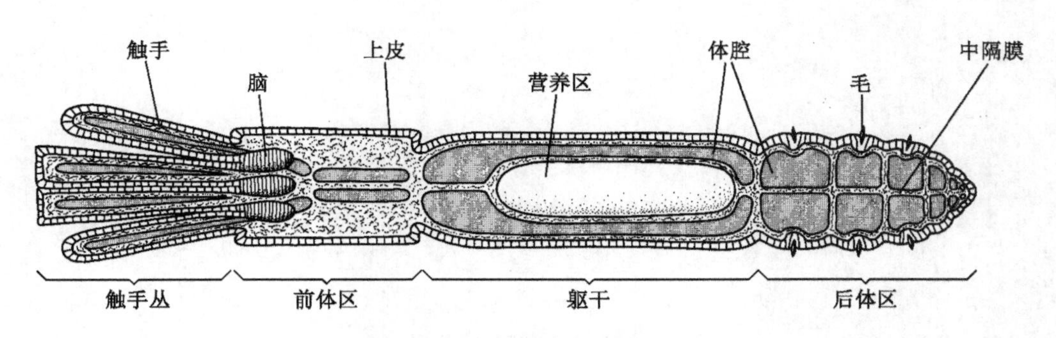

图 9-47 须腕动物的体腔结构

(引自 Southward EC，1988)

ma)，其中包含着共生的细菌，由共生细菌合成食物为之提供营养，但幼虫期具完整的消化道。须腕动物没有专门的呼吸结构，是由体表、触手及触手分出的羽枝进行气体交换，具闭管式循环，有背血管及腹血管、在前端膨大成心脏，并伸出血管到触手及羽枝，后端亦有横血管相连。血液中含有血红蛋白，有时体腔液中亦有，因此有时触手呈红色。具有一对肾位于前体区，可能是改变的原肾，但性质尚待确定，躯干部的一些细胞能贮存代谢产物。神经系统包括一个神经丛位于上皮细胞基部和一个上皮细胞内的腹神经索。

须腕动物为雌雄异体，在躯干部两侧体腔内有两个生殖腺，两个雄性生殖孔开口于躯干前端背面，雌性生殖孔开口于围口节处，或躯干前端。一些种雄性个体形成精荚，关于精荚的传递、受精及产卵过程尚未被观察到，但曾观察到西伯利亚虫(*Siboglinum*)的精荚是通过触手送到邻近雌体的管口，所以可能是通过漂浮作用进行精子传递。卵产于母体虫管中，并在其中发育，属多黄卵，螺旋卵裂，幼虫具担轮幼虫状，或直接发育。幼虫是随海流传播还是直接沉入海底，尚不了解。

由于须腕动物后体区具有按节分布的体腔及刚毛，成虫没有消化道，但幼虫具完整的消化道，幼虫呈担轮幼虫状，所以，目前多数学者认为须腕动物应归属环节动物。也由于口前叶有触手及刚毛，指明它们更接近多毛类，分子生物学研究也支持这一观点，因此应将须腕动物列为多毛类或其近亲。

第十章 若干原口类小门

蝓虫动物门(Echiura)
星虫动物门(Sipuncula)
有爪动物门(Onychophora)
缓步动物门(Tardigrada)

以上这四个小门均属原口动物,都具有真体腔;种类数量均很少,生态及经济重要性不大;都具有一些形态、生理特性,或相似于环节动物(主要前两门),或相似于节肢动物(主要后两门),但彼此之间不具亲缘关系,之所以把它们放在一起,纯属为了叙述的方便。

第一节 螠虫动物门

螠虫全部为海产底栖动物,主要在浅海泥沙中穴居或岩缝、珊瑚礁中生活,但深海也有发现。目前已报道的有 150 种。

身体一般在 1～50 cm 之间,多数在 10 cm 左右,呈柱形或长囊形,如螠(*Echiurus*)(图10-1)。身体分为吻与躯干两部分。吻位于前端,同源于口前叶,吻不能缩回躯干部,吻的边缘向腹面卷曲,中央形成一小沟(gutter),表面具纤毛和腺细胞,前端呈铲状,基部边缘愈合,围绕口形成漏斗形(图 10-2),吻的长度变化很大,如叉螠(*Bonellia*)(图 10-1B),躯干长8 cm,吻可长 1 m;一种日本螠(*Ikeda*)体长 40 cm、吻长 1.5 m,但一般长度不超过躯干的1/2。其变化与取食习性相关。

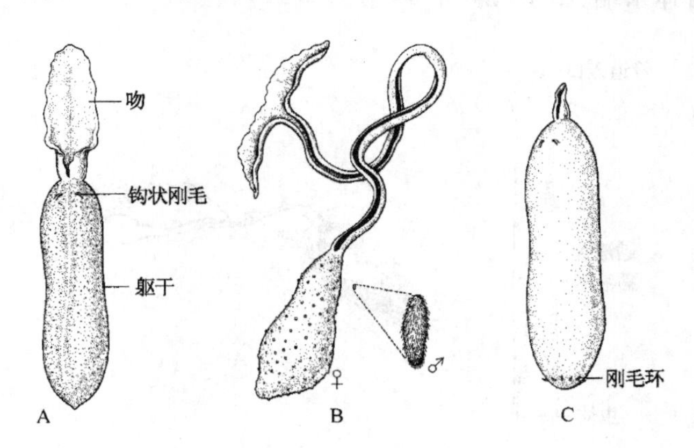

图 10-1 螠

A. *Thalassema*;B. 叉螠;C. 刺螠(*Urechis*)

(B. 引自 MacGinitie GE, 1968; A,C. 引自 Ruppert EE, et al,2004)

躯干部不分节,圆柱形,表面光滑有的有大量的乳突,有的散布,有的排成环状,乳突的分泌物可形成穴道。躯干前端腹面具一对钩状刚毛,有的种尾端也有 1～2 圈小刚毛(图 10-1C)用以固着身体及清洁穴道。

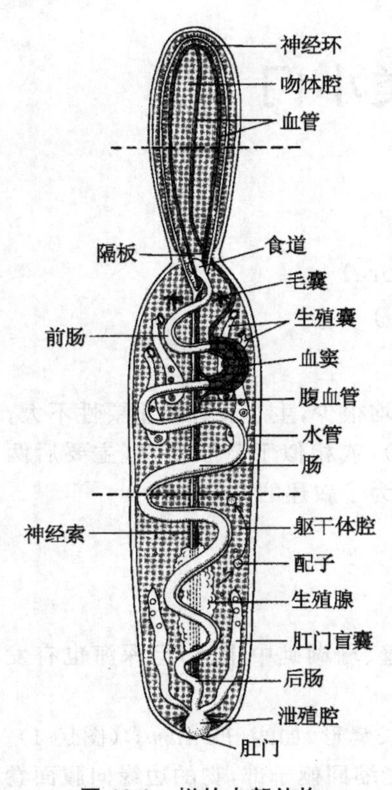

图 10-2　螠的内部结构

(引自 Ruppert EE, 2004)

螠虫体壁结构相似于环节动物,最外面为一层表皮层,其下是含腺细胞的上皮细胞层及肌肉层,也为外环肌及内纵肌,最内为具体毛的体腔膜。但吻的体壁腹面具纤毛,具发达的纵肌及背腹肌,没有显著的吻体腔。

躯干体腔发达,位于躯干部形成一宽阔的腔,周围有体腔膜,吻部有一些管或腔隙,与躯干部的体腔有隔板相分,但体腔液是相通的。从发生上看,吻部的腔隙来自胚胎期的囊胚腔,而躯干部的体腔来自中胚层形成的真体腔。躯干部体腔液中含有球形的体腔细胞,细胞中含有血红蛋白或色素颗粒。

大多数的螠是沉积取食者,其取食方式大致有两种:一种是取食时吻由穴道内伸出,腹面向上,其表面的黏液黏着食物颗粒,再进入纤毛沟,沿纤毛沟送入口内(图 10-3A);另一种取食方式相似于多毛类的毛翼虫,如刺螠(*Urechis*),具有一"U"形穴道,它的吻很短,取食时,躯干前端刚毛之后的一圈黏液乳突与管壁接触,不断分泌黏液,身体不断向后移动,结果围绕身体前端形成一黏液漏斗网(图 10-3B),躯干部的摆动引起水流不断通过穴道,水中的食物颗粒黏着在漏斗网上,当食物积累到一定数量之后,网脱离,用吻将之裹成食物球后再行吞咽。消化道很长,口位于吻的基部,经食道连接肠,肠很长,是消化场所,常高度盘旋。另外,在肠道旁边还有一旁道(siphon)与肠平行,它能排除随食物进入体内的过多水分。后肠末端扩大形成一泄殖腔,它也接受排泄物,最后以肛门开口在身体末端(图 10-2)。

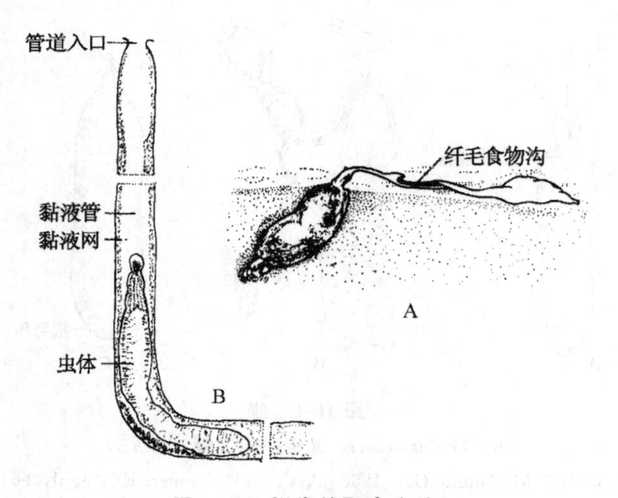

图 10-3　螠类的取食方法

A. *Tatjaneilia* 的黏着取食; B. 刺螠的黏液网取食

(A. 引自 Dawydoff C,1933; B. 引自 Fisher WK, MacGinitie GE,1928)

除了刺螠螠虫均有循环系统，围绕前肠有一血窦，由它发出中背血管到吻，经一对侧血管回到躯干，联合形成一中腹纵血管，中腹血管分支再连接到血窦完成循环，血液中无呼吸色素，所以可能主要是输送营养物质。

气体交换是通过体壁，穴居种类可波动身体以通风。一些种的泄殖腔扩大易于气体交换，形如"水肺"。

排泄器官为一对肛门盲囊，它是由泄殖腔壁扩大形成再进入躯干体腔中的(图 10-2)，肛门盲囊表面具有许多瓣膜或纤毛漏斗，在肛门盲囊中产生尿并排入泄殖腔中。

成年个体上皮下的神经系统包括一口前叶的神经环及一腹神经索，在躯干部腹神经索伸出许多对神经分支，支配体壁肌肉运动，但在幼虫期具有与环节动物完全相似的神经结构，感官不发达。

螠虫雌雄异体，叉螠类(Bonellidae)雌雄二型(图 10-1B)。螠类具单个的生殖腺附着在腹血管壁上，配子形成后释放到体腔中发育成熟，然后由体腔液再进入生殖囊(genital sacs)(图 10-2)，生殖囊是由后肾特化形成，可多到 20 对，贮存在其中直到产出时靠体壁收缩压迫通过腹面的孔排出。卵在海水中受精，叉螠为雌雄异形，雌虫躯干部长 8 cm，雄虫仅 1～3 mm，雄虫体表披有纤毛，没有吻、消化道及循环系统等。生活在雌体体腔或生殖囊中。初孵化的幼虫如果接触到成年雌虫，受其雌性激素的影响则发育成雄虫，如果幼虫未接触到雌虫，则发育成雌虫。幼虫是由雌虫的口进入其体腔中。

受精卵经螺旋卵裂发育成担轮幼虫，在幼虫发育中出现按节排列的体腔囊、神经囊、后肾等。

关于螠类的起源尚有不同看法：一部分学者根据螠的胚胎发育、幼虫及发育中的暂时分节现象认为螠类应属于环节动物，或来自祖先多毛类，特别是近年来 RNA 及 DNA 序列的研究也支持这种看法。但反对的意见认为体节及刚毛的消失是原始现象，螠类与环节动物应是姊妹关系。究竟如何尚待最后确定。

第二节　星虫动物门

星虫动物也是浅海底栖动物，其分布、生活环境及生活方式与螠虫相似，也有在岩石、木头中钻穴的，已报道的约 300 种。

身体一般圆柱形，体长多为 2～70 mm，不超过 10 cm，身体可分为前端细长的翻吻和后端膨大的躯干。例如方格星虫(*Sipunculus nudus*)(图 10-4A)。翻吻的长度可以由 1/2 到数倍于躯干长度。与螠虫不同，它可以缩回躯干内。翻吻的前端形成口盘，其中央为口，周围为触手，触手具纤毛，其内面有一很深的纤毛沟，吻上常有乳突、角质钩、刺等。

躯干部表面或光滑、或有乳突及褶皱，在钻穴生活的种类的躯干前端背中线上有肛门，肛门前端形成一角质楯(shield)，当翻吻缩回后可以堵住穴口。

体壁也包括角质层、上皮细胞、环肌、纵肌及具纤毛的体腔上皮。肌肉层或成片状排列(图 10-4B 中 1)，使体表光滑或呈带状排列使体表出现嵴(图 10-4B 中 2)，如环肌及纵肌均成带状则使体表出现方格状(图 10-4A，B 中 3)，例如方格星虫。在体腔中还有由翻吻基部直延伸体壁上的吻缩肌(introvert retractor muscle)，以控制吻的伸缩。

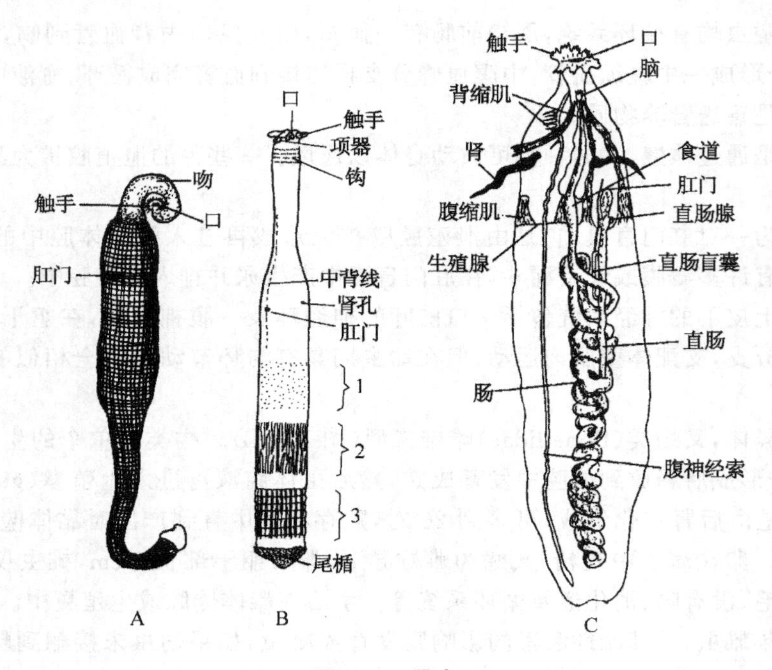

图 10-4 星虫

A. 方格星虫外形；B. 星虫外表特征及肌肉排列；C. 星虫的内部结构

(引自 Gibbs PE,1977)

星虫具发达的体腔，一部分是在触手基部口盘处形成一环状管，并伸入到触手中。另一部分是躯干部体腔，中间有隔膜分开，靠体腔上皮的纤毛或壁体肌肉收缩使体腔液流动。体腔中含有大量体腔细胞，其中含有蚯蚓血红蛋白，数量达 1×10^5 个/mm^3，其功能为贮存氧，因此星虫没有循环系统。体腔液中还含有变形细胞及排成缸状或囊状的细胞丛(图 10-5)，它们有的固定在体腔膜上，有的随体腔液流动。收集体腔中代谢物，然后通过后肾排出体外。

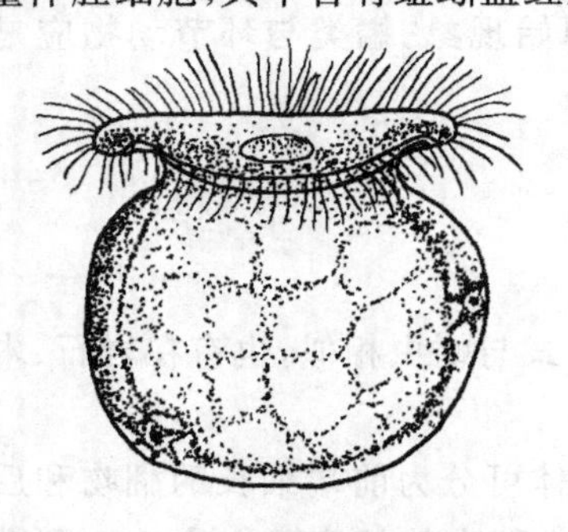

图 10-5 星虫体腔液中的缸形细胞丛

(转引自 Hickman CP,1973)

星虫是沉积取食或悬浮取食者，靠其纤毛及纤毛沟的触手及翻吻伸出体外收集有机物，然后送入口内。消化道为一高度盘旋的"U"形直管(图 10-4C)。食物由口经食道直接进入肠。肠先下行再上行缠绕在一起，肠周围有许多放射肌连到体壁，以固定肠在体腔中的位置。肠道内具纤毛上皮，推动食物的运行。肠道背面有一很深的纤毛沟，可以抽出随食物进入体内的过多水分，避免消化酶被稀释。在肠上行支内形成粪粒并贮存，经很短的直肠，最后以肛门开口在躯干前端背中线上。

星虫没有呼吸及循环结构，气体交换是由触手及整个体表完成。星虫还可以形成小管进入躯干部表皮细胞之下形成真皮管(dermal canal)，以扩大气体交换面积，甚至突出体外。外界的氧通过真皮管的扩散作用进入体腔，再由体腔液担任着输送功能。

星虫在躯干前端具有一个或一对长囊状的后肾，肾的前端具纤毛漏斗及一后端腹侧的肾孔，体腔液中流动的或固定的细胞丛收集的代谢产物由肾囊排出，所以它维持渗透调节及暂时贮存配子都具重要作用。

神经系统位于上皮下,包括食道背面的脑,具一围咽神经环,连到腹面的神经索,神经索上没有明显的神经节,但给出侧枝支配体壁肌肉,在体壁及翻吻基部有丰富的感觉细胞。

星虫雌雄异体,一对生殖腺位于翻吻收缩肌的末端,配子形成后释放到体腔液中,在那生长成熟,然后由肾口进入肾囊内贮存,产卵时由肾囊中排出。体外受精,受精卵经螺旋卵裂、裂腔法形成体腔囊,或直接发育成小的成虫,或经担轮幼虫,或担轮幼虫再形成一次生的漂浮生活的幼虫 pelagosphera,最后落入海底变态成成虫。

关于星虫的分类地位尚存在不同看法,一种看法认为星虫动物是与环节动物为姊妹关系,这是因为它们的体型均为蠕虫形,具腹神经索,螺旋卵裂,担轮幼虫都是相似的,特别是近年来核糖体及线粒体基因序列的分析也指明它们是姊妹关系;另一种看法认为是与软体动物相近,并很早就与软体动物分离。多数学者支持前一种看法。

第三节　有爪动物门

有爪动物是一类陆生的小型动物,也是从寒武纪的化石到现在也很少变化的一类古老动物。主要分布在热带及亚热带雨林地区,隐蔽在石下、树叶下等处的潮湿土壤中,它们孤立地分布在非洲、澳洲、南美洲、亚洲南部,说明它们的广泛分布,我国西藏高原也曾发现。现存种类 110 种左右。

有爪类身体柔软,呈蠕虫状或长圆柱形,体长在 0.5～15 cm 之间,例如栉蚕(*Peripatus*)(图 10-6A)。分为头部及躯干部,头部不明显,前端有一对口前触手,触手上有许多环纹,一对

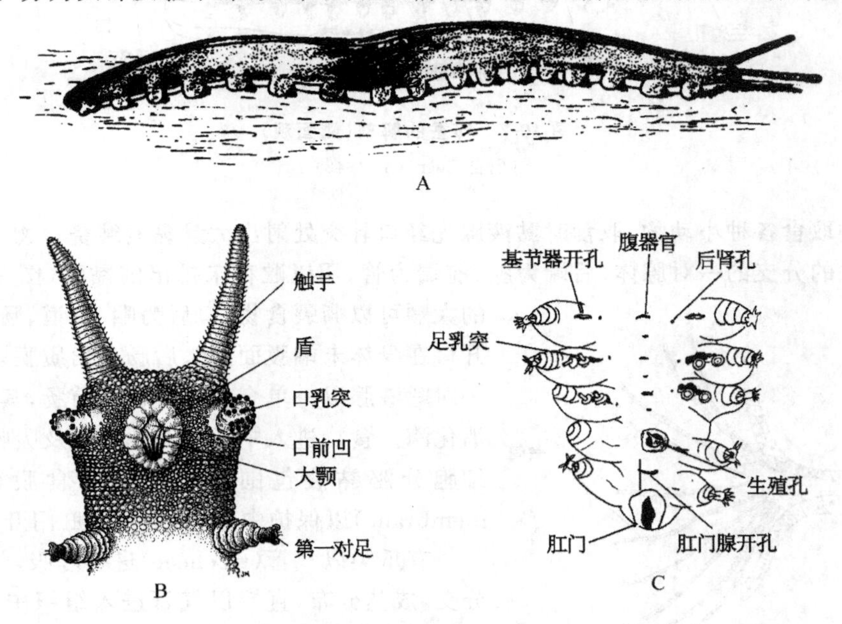

图 10-6　栉蚕

A. 外形；B. 前端腹面观；C. 尾端腹面观

(B,C. 引自 Cuénol L,1949)

眼位于触手基部，触手后腹面有一对口乳突(oral papillae)，其顶端有黏液腺开口。乳突之间有口，口周围有围口膜，口内有一对大颚(mandible)。触手、口乳突及大颚是其头部的三对附肢。躯干表面看不到分节，但其腹面两侧有14～43对按节排列的足，其数目因种及性别而异。足圆柱形，是体壁的突起(图10-6B)，不分节但具环纹，末端具爪，故名有爪动物。爪的腹面中央有肉垫(pads)用以附着。身体表面具或大或小的乳突及结节，其表面常有刚毛或鳞片等用以感觉。整个身体常呈黑色、蓝色等，有的具虹彩。

有爪类体壁的最外层为一薄层角质层，其组成成分是几丁质与蛋白质，与节肢动物相似，特别是随生长而蜕皮。其下为单层上皮细胞、结缔组织及三层呈片状的肌肉层，即环肌、斜肌及纵肌，整个体壁如环节动物呈皮肌囊状，靠体壁纵肌与环肌的收缩举足而做缓慢的爬行运动。

有爪类的真体腔大大地缩小，仅留下生殖腺腔及肾内的腔。而体壁内出现的空腔为血腔(haemocoel)，血腔被一水平方向穿孔的隔膜分成背面包围管状的心脏的围心窦(pericardial sinus)和腹面包围大部分内脏器官的围脏窦(perivisceral sinus)。心脏有按节排列的心孔(oscia)，当心脏舒张时，血液由围心窦经心孔流入心脏，当收缩时，心孔关闭，血液由后向前流入到围脏窦。经过组织及器官后再经隔膜的穿孔流回围心窦，再通过心孔流入心脏，血液无色，但包含血细胞(hemocyte)及肾细胞(nephrocyte)。

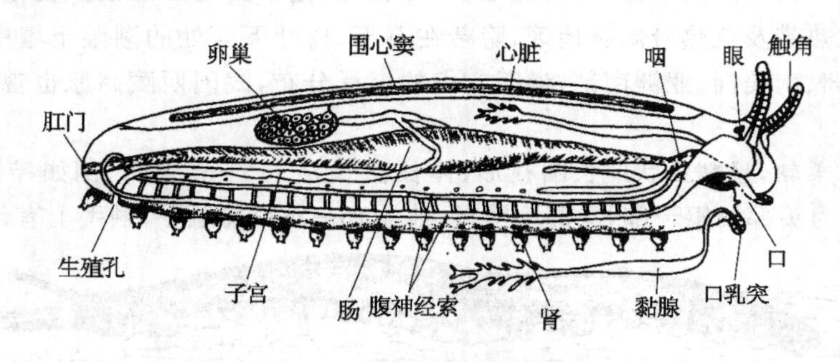

图10-7 栉蚕的解剖(侧面观)

(引自Cuénot L,1948)

有爪类取食各种小动物，取食时黏液腺先经口乳突处射出大量黏液缠绕食物，黏液腺在体内是有很大的分支的一对腺体，后端为腺、前端为管，用以贮存未排出的黏液(图10-7)。口内的大颚可以撕裂食物，口后为咽、食道、肠、直肠，肛门开口在身体末端腹面，前、后肠有角质膜以保护，还有一对唾液腺以一单个的管开口到前肠，其分泌物中有消化酶。食物进入中肠后在此消化及吸收，其内胚层细胞分泌黏液包围食物形成围食膜(peritrophic membrane)以保护中肠，后经直肠肛门开口体外。

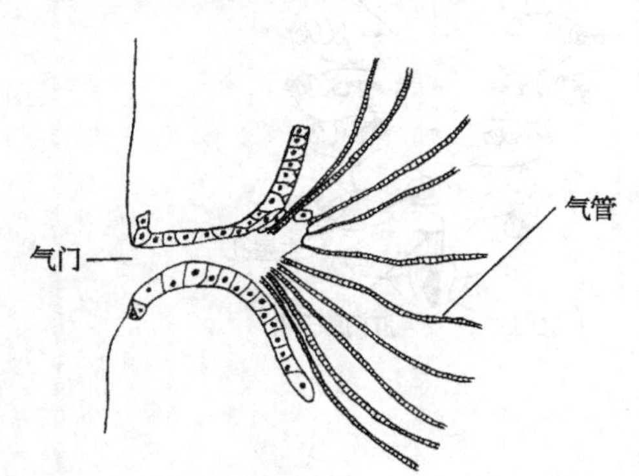

图10-8 栉蚕气门及气管的切面

(转引自Barnes RD,1980)

有爪类以气管(tracheae)进行呼吸，气管短小，不分支，成丛分布，直接以气管进入组织中进行气体交换。成丛的气管(图10-8)开口在一共同的表皮凹陷的腔中，最后以气门(spiracle)开口到体表，特别是背部。

有爪类每体节具有一对囊状肾，其一端为端囊，内有体腔的遗留及足细胞(podoeyte)、纤毛漏斗开口在端囊中。端囊后为肾管，它同源于环节动物的后肾管。后端膨大为膀胱，最后以肾孔开口在每对足基部内侧。

神经系统包括咽背面的一对脑，呈双叶状，发出神经与乳突、口、触角等相连，脑后有一对腹神经索并有膨大，两条神经索分离，中间有横的神经相连，因此呈梯状，由神经索发出神经到体壁及足，感官包括体表大量的感觉乳突，围口膜触手上及感觉乳突均为化学感受器，还有一对具角膜、晶体及色素细胞的眼。

雌雄异体，常为异型，雄性常较雌性小，足也少。生殖腺来源于体腔，生殖导管来源于体腔管。雌性的一对卵巢位于身体近后端附着在水平隔膜上，后接输卵管，后端膨大成子宫，左右子宫联合以一共同的生殖孔开口在身体末端腹面。雄性包括一对精巢，输精管分化成贮精囊、输精管，左右联系后形成射精管经生殖孔开口在末端腹面。有的种具交配行为，产生精荚，精子释放进入雌体，在体内受精。有的种为卵生，产生多黄卵行表面卵裂；也有的种为卵胎生，产生少黄卵，行完全卵裂，由子宫提供营养。成虫寿命可达 6 年，成虫期蜕皮。

有爪动物在进化上具有重要地位，因为它的许多结构类似于环节动物，如体蠕虫形、身体没有明显分区但分节，有按节排列的附肢，体壁呈皮肌囊，按节排列的肾脏及神经系统。但身体也具有许多类似于后面将要讲到的节肢动物的特征，例如，体壁角质层的组成并随生长而蜕皮，足具爪，体腔退化出现血腔，气管呼吸，管状心脏开放循环，特别是受精卵不再是螺旋卵裂，而为表面卵裂，这些类似似乎更深刻。因此有学者主张将有爪类、缓步类及节肢动物合称泛节肢动物。无论如何，有爪类将环节动物与节肢动物从亲缘上连接到一起。

第四节　缓步动物门

缓步动物是一类特别微小(体长仅 0.3～0.5 mm 之间)的动物，最大也仅有 1.5 mm。主要生活在淡水沉积物、潮湿的具苔藓植物的土壤以及潮间带海底沙粒中。这类动物具有隐生特性，也就是说当环境不利，如干燥时，它可以把代谢速率降到几乎为零，处于隐生状态可长达数年之久，当环境好转时又能立刻复苏重新生活。目前已报道的有 800 种。

缓步动物体呈桶形，分为头部与躯干部，但分界不明显。整个身体浑圆，俗称熊虫(bear worm)。头部来源于三节，躯干部四节，由躯干部腹侧伸出 4 对粗短的足(图 10-9)，足的末端具有 4～8 个爪，如端爪虫(*Echiniscoides*)，其中最后一对足位于身体末端，体表光滑或具针、刺等装饰。

缓步动物的体壁最外层是一层角质层，形成外骨骼，结构也与节肢动物相似，但成分可能更复杂。体表角质层、爪及前后肠的角质膜都随生长蜕皮脱去。角质层是由下面的单层上皮细胞分泌的；缓步类的上皮细胞在种内也是细胞数目固定的，这与假体腔动物相似，体表也都没有纤毛。体壁没有连续成片的肌肉层，而是形成许多分离的肌肉束，附着在角质层内表面，缺乏环肌。缓步动物靠肌肉束控制躯干与足的运动，运动时用爪抓住底部。由于运动缓慢，故名缓步动物。

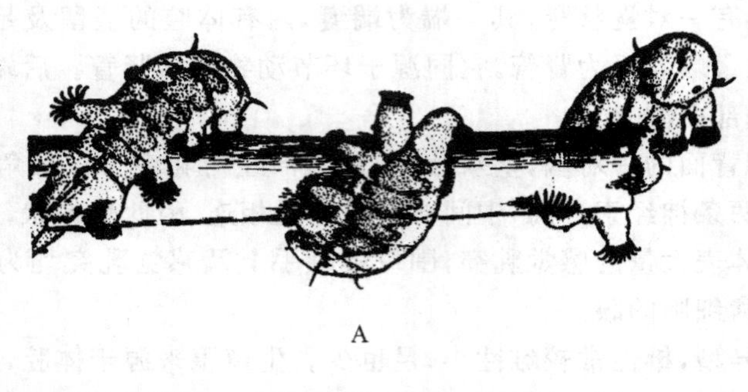

A

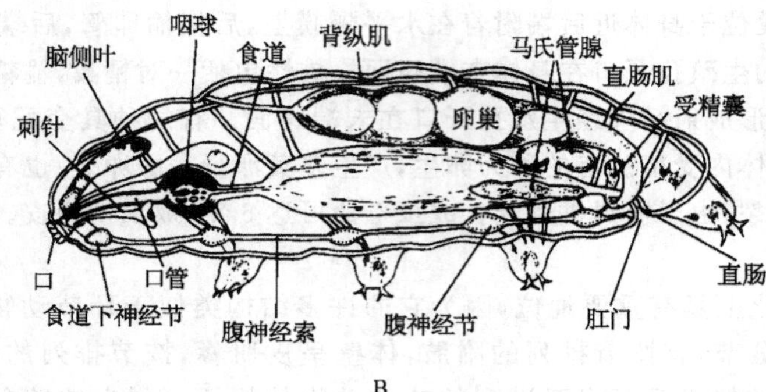

B

图 10-9 缓步动物

A. 端爪虫外形；B. 熊虫(*Macrobiotus*)的内部结构

(A. 引自 Marcus E,1929;B. 引自 Cuénot L,1949)

缓步类体腔仅存留在生殖腺内,体壁内的空腔为血腔,血腔内被血细胞及营养组织所充填。没有呼吸及循环器官,体腔液的流动是由身体的运动而促成。

绝大多数的缓步类取食植物组织,也有一些种类取食水底沉渣,或水中、土壤中的线虫。口位于身体前端(图 10-9B),口周围围有角质环。由口向内有一细的口管,再向内是球状的肌肉质咽。在口腔管的两侧有一对针状的刺(stylet),可由口伸出体外,或由肌肉牵引缩回口腔中,是由口腔管两侧的一对刺针腺分泌形成的(图 10-10A)。取食时,由刺针穿破植物或动物细胞,再由咽球抽吸细胞内含物。咽腔为三放形,咽后经短的食道进入膨大的中肠,在此进行消化及吸收。中肠后为直肠,最后通过末端的肛门开口到体外。其排粪常与蜕皮相关,粪便常留在表皮中,当蜕皮时一同排出体外。

缓步类没有囊状的肾,一些陆生种类,在中、后肠交界处,具有三个腺体管称马氏管(Malpighian glands),这相似于节肢动物的昆虫类,具有排泄氮废物的能力,而海洋种类则不存在此结构,另外,体表上皮细胞也起排泄作用。

神经系统表现出明显的分节性(图 10-10B),也呈链状。头端背面有发达的脑,有围咽神经环与咽下神经节相连,由咽下神经节向后伸出具有 4 个神经节的双条神经索,神经节发出数条侧神经,其中一对足神经到达足部。感官包括一对简单的眼点,由单个的色素细胞组成,体表及头区的刺也具感觉功能。

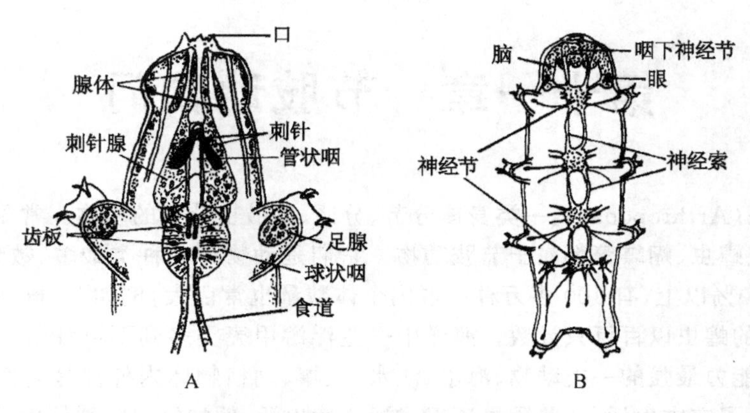

图 10-10　端爪虫的口附器与神经

A. 口附器及咽；B. 神经结构(腹面观)

(A. 引自 Hickman CP，1973；B. 引自 Pennak RW，1978)

绝大多数缓步类为雌雄异体，少数雌雄同体，孤雌生殖也很常见。雌、雄个体都具有单个的生殖腺，位于消化道的背面。雄性具有两条输精管，末端联合形成一个雄性生殖孔，开口在肛门之前。雌性个体仅有一个输卵管，有的开口到直肠，有的在肛门背面直接开口到体外，开口到直肠的种类还伴有一受精囊。交配与产卵多发生在蜕皮时，陆生种交配时直接将精子产于雌性体内，受精发生在卵巢中。水生的种把精子产入包含有卵的脱落的旧表皮中，受精在旧皮中进行。每次产卵 1～30 粒，因种而异。某些水生种类像轮虫一样，在环境良好时产下薄壳卵，在环境不良时产下厚壳卵。在土壤中生活的种类，多产生厚壳卵以抵抗干燥等不良环境。

受精卵直接发育，一般在两周内完成，完全卵裂，中胚层由肠腔法形成，这一特征类似于后口动物。肠道形成时出现 5 对体腔囊，以后前 4 对退化，其细胞形成体壁的肌肉，最后 1 对愈合成生殖腺腔。发育成熟后幼体用刺针破壳外出，身体的生长是通过细胞体积的增长而非细胞数量的增加。大多数种一生蜕皮 12 次，寿命 1～3 年左右。

关于缓步类的系统地位尚难确定，它的体壁结构、表皮细胞数目固定、蜕皮、形成薄壳与厚壳卵等特征与腹毛类相似，因此，有人主张将它们放在假体腔动物中；但真体腔的存在、血腔的出现、附肢具爪、马氏管及神经系统的特征又与节肢动物相似。分子生物学证据，即比较 rRNA 序列指明它们与节肢动物具紧密关系，但对假体腔的亲缘关系也有某些支持，因此，它的分类地位及亲缘关系仍有待于进一步的研究与澄清。

第十一章 节肢动物门

节肢动物门(Arthropoda)是一类身体分节、分区、附肢也分节的动物。常见的鲎、蜘蛛、蝎子、虾、蟹、蜈蚣、蝗虫、蝴蝶等都属于节肢动物。它们是动物界中种类最多、数量最大的一类,占动物总数的80%以上,有100多万种。群内个体数量也常巨大,例如,一群白蚁可达几万到几十万只,迁飞的蝗虫以百万只计数。海洋中一些浮游甲壳类多到不可计数。节肢动物也是分布最广、适应能力最强的一类动物,海水、淡水、土壤、动植物体内外都是它们生存场所。特别是昆虫还侵入了空中生活,一些昆虫还组成社会性生活,例如蜂、蚁,群体中的个体具有严格的劳动分工,这都是无脊椎动物中仅有的,也是高度进化的标志之一。

节肢动物是两侧对称的原口动物,人们一直认为它们与环节动物关系最为密切,但近年分子生物学的研究证明它们与线虫等一些假体腔动物(环神经动物)关系更密切,总之,它们的亲缘关系、分类特征都随分子生物学的引入而在深入研究之中。

第一节 概 述

一、身体分区与附肢分节

节肢动物的身体是分节的,但环节动物的同律分节已不复存在,而是部分具相同结构、机能及附肢的体节组成体区(tagma),同时分化出头部。原始的种类身体仅分为头部与躯干部两个体区,例如,多足类还保留这种状态,前6个体节组成头部,其余体节组成躯干部。以后躯干部又分为胸部与腹部,形成头、胸、腹三个体区,例如,昆虫类前端6个体节组成头部,3个体节组成胸部,10~11节组成腹部。体区出现后又可形成次生性的愈合,例如,甲壳类前端6节的头部与其后部分体节愈合成头胸部、后端仍为腹部。体节的分区伴随着机能的分化与集中,特别是头部的分化,它集中了感觉与取食的功能,其附肢变成了触角及取食的口器,同时神经系统的中枢——脑也位于头部,起着协调整合全身的功能。胸部成为运动的中心,腹部是代谢与生殖的中心,其附肢有的保留,有的退化,有的变成生殖器。

节肢动物最初也是每个体节有一对附肢,但不再是皮肤突起,而是以关节与躯体相连,附肢的本身也是分节的,彼此以关节膜相连,从外骨骼到内部的肌肉均按节排列,这类动物就以这一特征命名为节肢动物。随着身体的分区,原始的同型的附肢也相应地分化成形态、机能多样的附肢,例如,触角、口器、步行肢、游泳肢、生殖器等,节肢动物的成功与附肢机能的多样性是相关的。

节肢动物原始的附肢呈双肢型(biramous),即与体躯以原肢节(protopodite)相连,由原肢节同时分出外肢节(exopodite)与内肢节(endopodite),形成双肢型,这种附肢在一些原始种类或身体的局部保留,但大部分附肢由于外肢节的退化或消失而变成单肢型附肢(uniramous),例如,用以步行的附肢为单肢,有七节,用以感觉的附肢可以分成许多节。

二、体壁与外骨骼

节肢动物的体壁仅由单层上皮细胞及其向外分泌的表皮层(cuticle)组成，一般动物体壁上的肌肉层在节肢动物独立成束，不再依附于体壁。上皮细胞整齐地排列在基膜上，由它分泌的表皮层覆盖整个身体，称为外骨骼。外骨骼既不能影响身体的运动，又要起到支持保护身体、防止体内水分蒸发的作用，这对节肢动物进入陆地及空中生活是至关重要的。由于身体的分节、分区，外骨骼也必然是按节排列，即每个体节包括一套骨板，即一个背板(tergum)、两个侧板(pleurite)及一个腹板(sternum)(图 11-1A)。分离的骨板使身体易于运动。同时，节与节之间表皮层极薄形成节间膜(articular membrane)，使体节相连及易于弯曲，静止时折叠在前一体节内(图 11-1B)。在高等的种类，附肢的节与节之间是以关节突与关节窝相连(图 11-1C)，这样可以有更广的活动面。表皮细胞可以向体内折叠延伸或凹陷，这样分泌的表皮层就形成内突、也称为"内骨骼"，用以附着肌肉，或内陷形成气管、消化道前后肠的内壁。

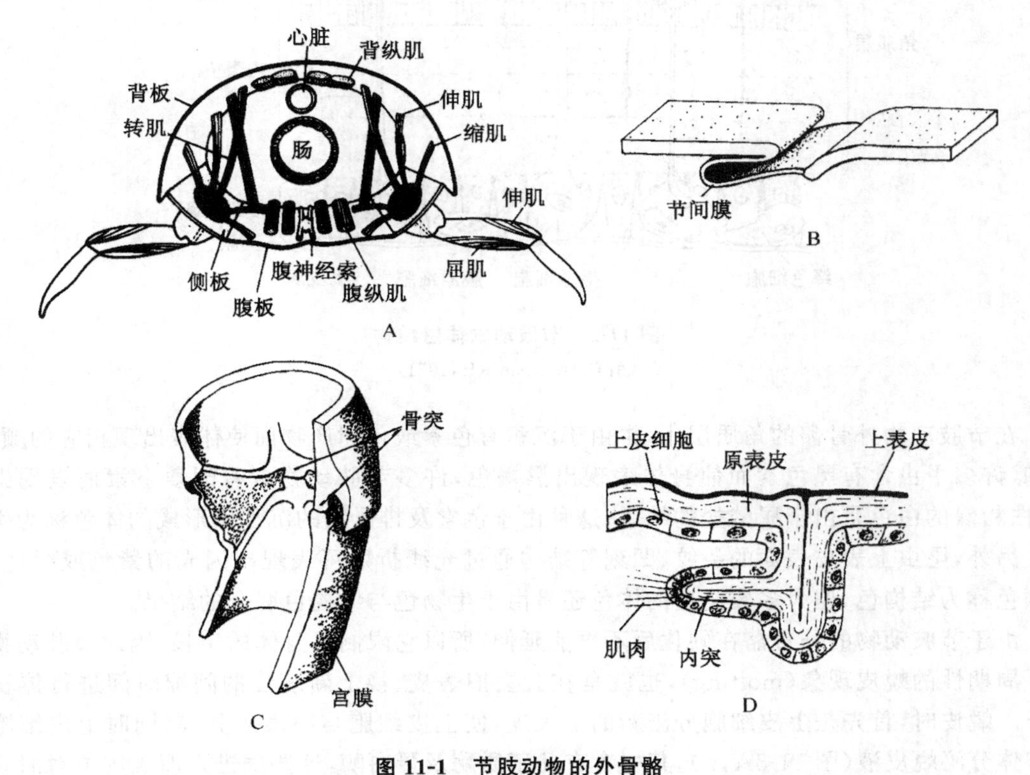

图 11-1　节肢动物的外骨骼

A. 一个体节的横断面，示骨板与肌肉；B. 示节间膜；C. 附肢的关节；D. 骨骼内突

(引自 Vandel A，1949)

节肢动物的外骨骼也就是表皮层可以分为三层(图 11-2)，最外面的一层为上表皮，极薄，仅有 0.1～1 μm 厚，由蛋白质及脂类物质组成，在高等的种类还含有蜡质，有拒水性，可防止体外水分的进入及体内水分的蒸发，这对陆生的动物十分重要。上表皮之内为外表皮(exocuticle)，由几丁质与蛋白质结合在一起形成的糖蛋白所组成。糖蛋白经过鞣化，也就是由于酚的参加而使分子结构更坚固，所以外表皮虽然很薄，但很坚硬，具有很好的保护作用。外表皮之

内即为很厚的内表皮(endocuticle),主要是由几丁质及少量蛋白质组成。几丁质是一种柔软的未经鞣化的含有乙酰葡萄糖胺的多糖,因此本身柔软而富有弹性。表皮层的坚硬除了经过糖蛋白的鞣化,常常还由于外表皮及内表皮中沉积大量 $CaCO_3$ 等盐类所致,如甲壳纲,另外,有一些细的管道穿过整个表皮层,直接开口到外界,它是上皮细胞层中的腺细胞输送分泌物的通道。

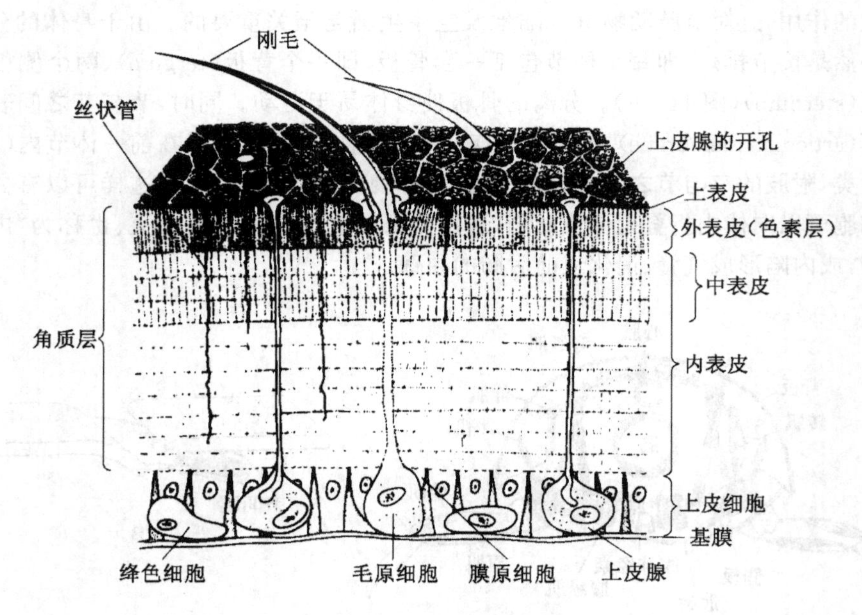

图 11-2　节肢动物体壁结构

(引自 Hickman RH,1971)

在节肢动物外骨骼的角质层中,常由于沉积有色素或代谢产物而使体表出现相应的颜色。例如,许多甲虫含有黑色素而使身体表现出黑褐色,许多节肢动物含有胡萝卜素而表现出红色,白粉蝶的白色是由于尿酸盐的结果,这种由于色素及排泄物的沉积所形成的体色称为生物色。另外,昆虫上表皮表面的条纹、凹刻等结构通过光线折射可表现出闪光的紫色或绿色,这种颜色称为结构色,但大多数昆虫的体色还是由于生物色与结构色联合的结果。

由于节肢动物的外骨骼在硬化后不再能延伸,所以它限制了身体的生长,因此节肢动物出现了周期性的蜕皮现象(molting),也就是在脱去旧表皮、换上新表皮的间隙时间进行体积的增长。蜕皮时,首先是上皮细胞分泌新的上表皮,使上皮细胞与旧表皮分离,同时上皮细胞中的腺体分泌蜕皮液(图 11-3A,B),其中含有几丁质酶及蛋白酶,这些酶进入旧表皮中对旧表皮进行消化、分解及吸收。这时动物早已停止取食,但血液中由于回收而使钙的浓度增加,新外表皮不断地被分泌,形成褶皱,这时体外实际上存在着新旧两层外骨骼。随着新表皮的加厚、沿身体的一定部位(通常是前端背中线)出现蜕皮线,同时大量的水(水生种)或空气(陆生种)进入体内使身体膨胀,血压升高,蜕皮线处破裂,旧表皮脱落,新表皮中的外表皮也同时进行鞣化及钙化,并不断地变硬,而内表皮不断地分泌,血液中的钙盐及血压回落,当新的内表皮分泌完成,蜕皮过程也接近完成,这时身体借以生长延伸。新表皮的硬化还可继续进行。

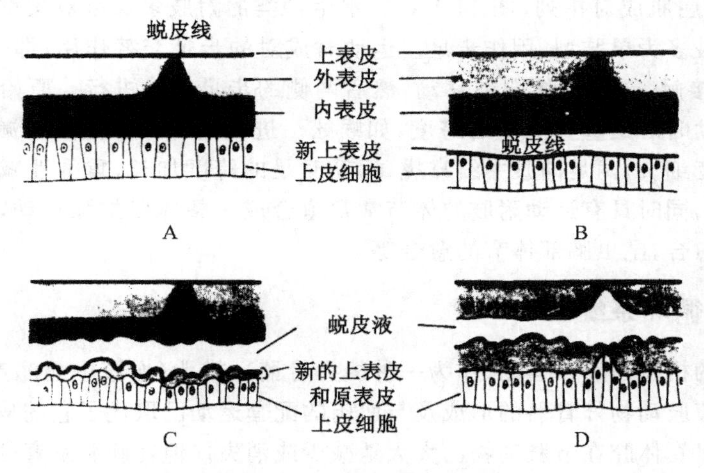

图 11-3　节肢动物的蜕皮过程

A. 蜕皮间期充分发育的外骨骼；B. 上皮细胞层分泌蜕皮液并开始形成新的上表皮；C. 旧的内表皮被消化，继续分泌新的表皮；D. 蜕皮前新、旧外骨骼同时存在

（引自 Hickman RH，1971）

蜕皮对节肢动物是危险的时期，所以一般寻找隐蔽的场所，它要从旧表皮中成功地钻出，蜕皮后身体柔软，体内的肌肉尚未附着在新表皮上，运动是困难的，所以死亡常与蜕皮相关。节肢动物在两次蜕皮之间称为龄期(instar)，新孵化后的个体称为一龄，以后每蜕一次皮增加一个龄期。原始的种类终生蜕皮，性成熟后仍蜕皮，例如，某些甲壳类，而昆虫及蜘蛛蜕皮仅发生在幼年阶段，成年期或性成熟后不再蜕皮；蜕皮次数在种内是固定的。

节肢动物的蜕皮是在内分泌，即蜕皮激素等的控制下进行的，它由特殊的腺体分泌，其作用机制将在有关章节述及。

三、肌肉与运动

节肢动物的肌肉已脱离表皮，形成独立的肌肉束(图 11-1A)，并附着在外骨骼的内表面或骨骼的内突上。它们均为横纹肌，并靠收缩牵引骨板弯曲或伸直，以产生运动。肌肉与骨骼以杠杆作用产生运动的原理与脊椎动物运动的原理是相同的，只是脊椎动物的肌肉附着在内骨骼的外表面，而节肢动物的肌肉却附着在外骨骼的内表面。

与脊椎动物的肌肉相比，节肢动物的每束肌肉包括相当少的肌纤维，只接受很少的神经元的支配，例如，甲壳动物与昆虫每束肌肉仅有 2～5 个神经元支配(脊椎动物每束肌肉有成千个神经元支配)。另外，节肢动物的运动神经元可分为三种类型：(1) 快神经元(fast neuron)，引起肌肉迅速而短暂的收缩，往往引起快速运动；(2) 慢神经元(slow neuron)，引起肌肉有力而持续的收缩，往往引起缓慢的运动，这种区分并不是指神经传导的快、慢，而是肌肉收缩的不同；(3) 抑制神经元(inhibitory neuron)，抑制肌肉的收缩。由于神经元的分布不同，节肢动物的肌纤维可分为快型肌纤维及慢型肌纤维。前者接受快神经元及慢神经元的支配，后者只接受慢神经元的支配。还有的肌肉是由两种肌纤维组成。节肢动物对刺激反应的程度取决于肌纤维的类型、神经元类型及不同神经元之间的相互作用。

节肢动物的运动主要是利用其分节的附肢，附肢中的肌肉束也是按节分布的，而且构成拮抗作用,即伸肌与屈肌成对排列(图 11-1A)。水生种类的附肢多保留双叉型,起桨的作用;陆生种类运动的附肢多为单肢型,用作步足。运动时成对的步足交替作用,即一侧的足举起,另一侧的足与地面接触,牵引身体向前移动,然后两侧的步足交换进行。原始的种类步足多且短,位靠体侧,运动时后足重叠前足的跨度,如蜈蚣。进化的种类步足数目减少,例如,昆虫 3 对,蜘蛛 4 对,足变细长,两足向腹中线靠拢,运动时足的跨度加长,重叠性减少。这样机械干扰降低,运动迅速,同时具有运动附肢的体节常常愈合成一整体以加强运动,例如,蜘蛛、甲壳动物的头胸部的愈合,昆虫胸部体节的愈合等。

四、体腔与循环系统

真体腔最初的机能是用以运动(作为一种静力骨骼),排泄(血液中超滤产物的形成)及繁殖(贮存配子)。节肢动物外骨骼的形成及与肌肉的配套运动已取代了它的皮肌囊与静力骨骼的运动作用。所以真体腔在节肢动物已大大地减少或消失。但在胚胎发育的早期曾出现过成对的按节排列的体腔囊。其中有的改变成肾囊,有的成为生殖腺腔,大部分消失或与胚胎期的囊胚腔合并形成成体的体腔。节肢动物的这种体腔称为混合体腔,因为其中充满血液也称为血腔,实际上是形成了大的血窦,由于有 1～2 个水平的隔膜将血腔分为围心血窦及围脏血窦,在有腹隔膜的种类(昆虫)还分离出围神经窦(perineural sinus)。节肢动物的体腔不再分室,也没有中胚层来源的体腔膜,而是由基膜包围。

节肢动物的循环系统是开放式的,其主要结构是位于消化道背面的心脏(图 11-4)。心脏的形状在不同类别的节肢动物变化很大,基本上成管状或块状。心脏壁由环肌组成,具搏动能力,由翼肌(alary muscle)或悬韧带(ligaments)将之悬挂在围心窦内。两侧具成对的心孔(ostia),原则上每节一对。当心脏处于循环的舒张时,翼肌或韧带收缩,心室扩张,心内负压产生,结果心孔打开,血液由围心窦进入心脏。当收缩期,心脏的环肌收缩,升高血压,关闭心孔,以防血液流回围心窦,同时迫使血液由后向前流出心室或进入动脉,到前端后进入围脏窦,血液向后流再通过隔膜的穿孔流回围心窦。一些种类,如蜘蛛及甲壳类,由呼吸器官具有的血管将携氧的血液直接送回围心窦,以防与无氧的血液混合;用体表呼吸的小型甲壳类,仅有心脏没有血管,如水蚤与剑水蚤等;用鳃呼吸的种类其血管较发达,如虾、蟹等;而用气管呼吸的种类仅具有发达的管状心脏,血管基本消失,血液完全在血腔内循环。

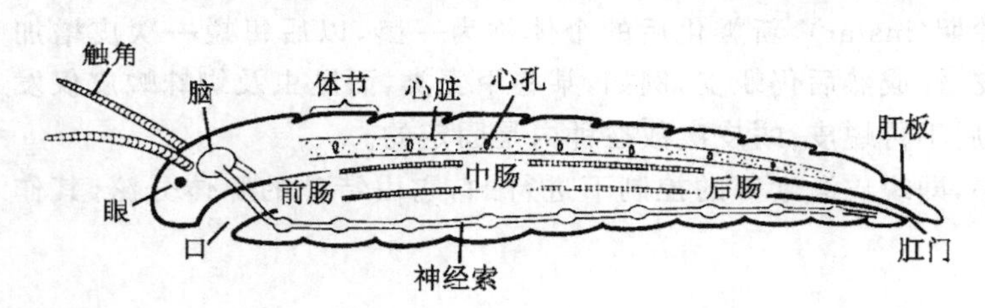

图 11-4 节肢动物的一般结构

(引自 Vandel A,1949)

节肢动物的血液中含有几种类型的血细胞,不同类别之间有较大变动。血浆中溶有的呼吸色素主要是血蓝素,极少数种类含有血红素。

五、消化系统

节肢动物的消化道基本上为一两端开口的直管。从发生上看,消化道的两端是由外胚层内陷形成个体的前肠与后肠,其内壁裹有几丁质层,蜕皮时亦随体壁同时脱落,以后再分泌新的肠壁几丁质,其中肠来源于内胚层。随着食物类型及取食方式的不同,消化道可有各种分化。但前肠主要是取食、研磨、贮存或机械消化；中肠产生消化酶，进行食物的消化与吸收。如果消化酶进入前肠，亦可在前肠进行化学消化。中肠常形成盲囊、腺体等以增大消化吸收面积。后肠主要是用于离子及水分的重吸收以及粪便的形成、贮存场所。在前、中肠及中、后肠之间有瓣膜，防止食物逆流。食物在进入中肠时常形成围食膜以保护肠壁。

六、呼吸系统

小型的节肢动物没有专门的呼吸器官，是以体表直接进行呼吸的。绝大多数的种类以外胚层形成的呼吸器官进行气体交换。水生的种类用鳃或书鳃进行呼吸。书鳃是体壁表皮细胞向外的突起，或是体壁整齐的折叠，用以增大体表与水接触的表面积。陆生的种类用书肺(book lung)或气管进行呼吸，它们实际上也是体壁内陷，或整齐折叠如书页状，或连续分支成管状气管。气管内壁有较厚的角质层成螺旋排列，支持管壁保持扩张状态，气管有按节排列的气孔与外界相通。这种结构可以防止体内水分的蒸发与散失，是节肢动物对陆生生活的一种适应性改变。O_2 和 CO_2 通过血液携带到呼吸器官进行交换或由呼吸器官直接将 O_2 输送到组织及细胞。

七、排泄系统

低等的或结构简单的节肢动物没有专门的排泄器官，其代谢产物通过蜕皮时排出。其他种类具有来源与结构不同的两种排泄器官(后肾、马氏管)中的一种或两种。一般地说，水生的节肢动物，如甲壳类及螯肢类是用囊状的后肾(也包括一些陆生种类)，这种肾在节肢动物中有各种命名，如肾囊、基节腺、绿腺、触角腺、小颚腺等，它们是来自胚胎期的体腔及后肾，一端为囊状，具肾管，末端有肾孔开口在体外。其周围有血液流过，是一种过滤肾，超滤液在肾囊形成，经过肾管时有用的物质回收，最后形成终尿经肾孔排出。在一些原始的水生甲壳类，它们的代谢产物是很高毒性的氨，往往通过鳃迅速排出。

陆生节肢动物的排泄器官为马氏管，特别对于蜘蛛及昆虫，常是它们唯一的排泄器官。这是一种在中、后肠交界处伸出的一些盲管，它们浸浴在血腔中，血液中的代谢产物被管壁的上皮细胞摄取，再分泌到管腔，最后代谢物排到消化道中经肛门排出体外，所以马氏管是一种分泌肾，它的排出物是无毒、不溶于水的尿酸及鸟嘌呤等。这对陆生种类回收及保存水分是十分重要的。一些蛛形纲及多足纲同时具有囊状肾及马氏管两种排泄器官。

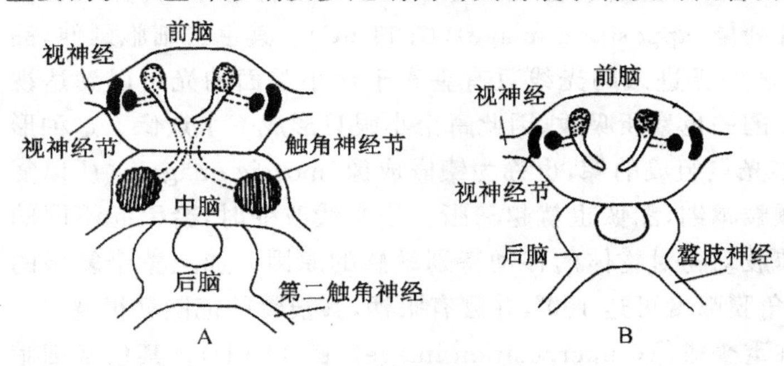

图 11-5　节肢动物脑的分化

A. 有颚类的脑；B. 螯肢类的脑

(引自 Vandel A,1949)

八、神经与感官

节肢动物的神经系统也是链状神经，包括咽上神经节(脑)、围咽神经环、咽下神经节及按节排列的腹神经索。脑是由原头节及前端的两个体节愈合而成，可分为前脑(protocerebrum)，它接受眼的视觉输入(图 11-5A)；中脑(mesocerebrum)，它是头部第一体节的神经节，具有触角的输入与输出神经，不过在螯肢类缺乏中脑(图 11-5B);后脑(metacerebrum),属头部第二体节,它控制螯肢、第二触角。由后脑后端向腹面伸出围咽神经环,环绕食道与腹面的咽下神经节相连。咽下神经节是由头部后端的体节愈合而成,它支配其附肢如大颚、小颚、下唇等,实际也是脑的一部分。头之后每个体节均有一对按节排列的神经节,节之间有神经纤维相连,这就构成神经索。脑与神经索构成中心神经,每个体节的神经分出三对神经称周边神经,支配该体节的活动,协调左、右侧的附肢。

节肢动物的感觉器官是丰富而多样的,包括光感受器、化学感受器(味、嗅觉)、机械感受器(触觉、平衡、重力、振动、张力)等。由于体表覆盖有一层角质层,所以许多感受器形如毛状,集中在触角、附肢及关节等处,用以感受各种刺激,其结构及功能将在后面述及,这里仅介绍光感受器。

节肢动物的感光器官是眼,多数同时具有两种眼——单眼(ocellus)及复眼(compound eye)。简单的单眼是色素杯眼,即外面一层色素细胞呈杯状排列,内有一层光感受细胞,杯口向外对着光源,周围的色素细胞阻挡其他方向的光源进入,对着杯口的光可以被接受,所以只能辨别光而不能成像。复杂的单眼体表的角质层在杯口处可加厚形成晶体。复眼是由成千上万个视觉单位也称小眼(ommatidium)组成,一般仅有一对,复眼能感知物体的形状、距离、运动、光强度及某些颜色。复眼中每个小眼包括有集光部分及感光部分,都有独立的晶体。小眼的最外面盖有一层透明的双凸或平凸的角膜,呈四方形或六角形(图 11-6A,B),由下面的角膜细胞分泌形成,同时与周围的角质层相连,因此是不能动的,并随蜕皮而脱去。角膜的机能相当于一个晶状体。角膜之下为圆柱形或圆锥形的晶锥(crystal cone),它由周围的晶锥细胞分泌形成,相当于第二晶状体。围绕晶锥是一组初级色素细胞(或称远端色素细胞),以上这些结构构成集光部分。在晶锥的下面是一组(通常是 6～12 个)视网膜细胞(retinular cell),它们是小眼的感光部分。视网膜细胞向心分泌许多小柱,并有许多微小的神经纤维,其树突的延伸物共同组成感光结构,称为视杆(rhabdom)。视杆中也包括视觉色素,当被光线照射时,其分子结构发生变化,造成能量状态的改变。每个视网膜细胞向后伸出轴突,穿过基膜,离开小眼,汇集成视神经,并与视神经节相连。甲壳类的视网膜细胞中含有黑色或褐色色素颗粒(图 11-6A),而昆虫在视网膜细胞周围另有色素细胞(图 11-6B),它们构成近端的色素。光线落在小眼上,首先被角膜及晶锥聚光,然后到达视杆。在视杆处视觉色素改变成感觉信息直接传递到脑。因此,每个小眼是一个光感受单位。

某些节肢动物的复眼根据光线的强弱,色素细胞可以有不同程度的伸缩移动而形成像。在光线充足时,复眼产生的像称为并列像(apposition image)(图 11-6C)。其色素细胞延伸,晶锥与视杆靠近,晶锥长度接近焦距,从外界进入的光线只有垂直于该小眼面的光可以到达视杆,而经晶状体折射出的光线均为周围的色素所吸收,因此每个小眼只形成一个点像。这种形成的像如同电视屏幕一样,是由许多光点组成的像,也称为镶嵌成像(mosaic image)。所以复眼中的小眼越多,它所形成的视觉颗粒越细,图像也就越清晰。当光线改变时,会引起不同的小眼感受刺激,这就是为什么许多节肢动物对物体的移动特别敏感的原因。加上整个复眼的角膜是一个凸面,例如,对虾复眼的角膜弧度可达 180°,并且有眼柄,其视野的范围就很宽。

在光线微弱时,复眼产生的像称重叠成像(superposition image)(图 11-6D)。其色素细胞不延伸,晶锥与视杆远离,焦聚的长度二倍于晶锥,它没有屏幕效应,经一个小眼面进入的光线经过折射也可以到达其他小眼,也就是说视杆可以对邻近几个小眼折射的光线产生反应,这样使复眼在微弱的光线下也能看到物体。

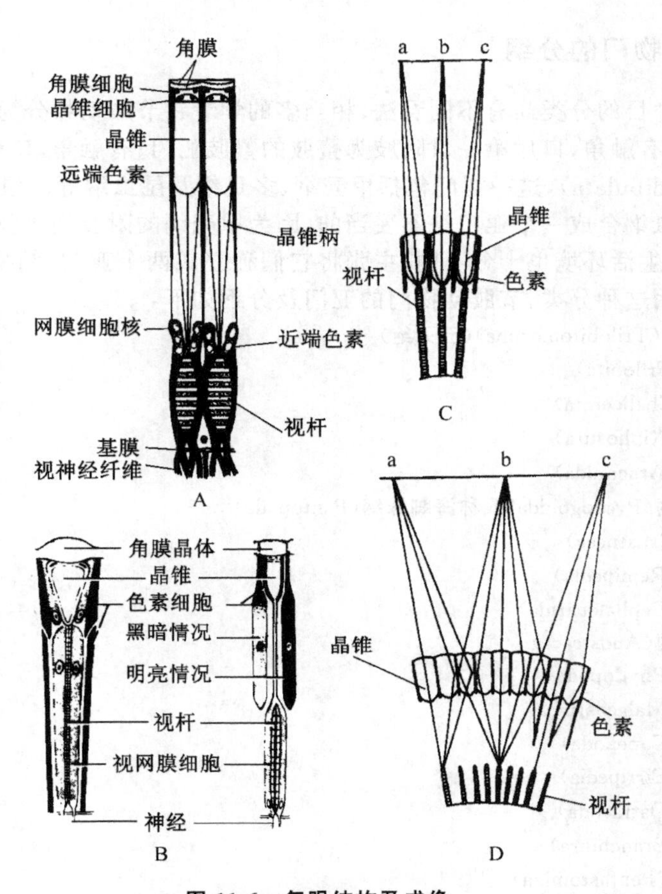

图 11-6　复眼结构及成像

A. 螯虾(*Astacus*)的复眼；B. 昆虫的复眼；C. 并列像；D. 重叠像

(转引自 Barnes RD,1980)

节肢动物中有的种类只能在光线充足时有视觉,形成并列像,这种眼称日行眼(diurnal eye),如蝶类。另一些种只在弱光时形成重叠像,这种眼称夜行眼(nocturnal eye),例如,一些蛾类。但更多种类的复眼具有调节能力,光线强、弱时均有视觉。

九、生殖与发育

除了极少数例外,节肢动物为雌雄异体,生殖腺来自残存的体腔囊,呈管状,位于背面消化道两侧,生殖导管来自体腔管,开口在特定体节。雄性导管常有产生精荚的部位,雌性导管常有接受及贮存交配后精子的部位。某些附肢改变成外生殖器。水生种类多体外受精,陆生种类均经交配体内受精。精子的传递或是直接的,通过交配完成;或是非直接的,原始的种类雄性在体外产下精荚,然后雌性再将精子或精荚送入自己体内,这也是对陆生生活的一种适应;或雄性在发现雌性之后再产出精荚,这种古老的方式在蛛形纲中仍然使用。

节肢动物的卵为中黄卵(centrolecithal egg),行表面卵裂(superficial cleavage),经内陷、移入或分层形成原肠胚,在卵的一侧形成胚盘,经不同的幼虫或直接发育成成虫。

十、节肢动物门的分纲

节肢动物门中目的分类尚有不同看法，相当多的学者将节肢动物分为三个亚门，即已灭绝的三叶虫亚门；没有触角，口后第一对附肢为螯肢的螯肢亚门；有触角，口后第一对附肢为大颚的有颚亚门（Mandibulata），这一亚门包括甲壳纲、多足纲及昆虫纲等。但也有人提出反对，认为把甲壳纲与昆虫纲合成一个亚门是不妥当的，因为甲壳纲的附肢是双肢型的，而昆虫等附肢是单肢型的，而且生活环境也十分不同，主张将它们独立成两个亚门，结果节肢动物门分为四个亚门。本书采用这种分类，节肢动物门的亚门及分纲如下：

Ⅰ．三叶虫亚门（Trilobitomorpha）（已灭绝）

　三叶虫纲（Trilobita）

Ⅱ．螯肢亚门（Chelicerata）

　1．剑尾纲（Xiphosura）
　2．蛛形纲（Arachnida）
　3．坚殖腺纲（Pycnogonida）或称海蜘蛛纲（Pantopoda）

Ⅲ．甲壳亚门（Crustucea）

　1．原虾纲（Remipedia）
　2．头虾纲（Cephalocarida）
　3．无背甲纲（Anostraca）
　4．叶足纲（Phyllopoda）
　5．软甲纲（Malacostraca）
　6．桡足纲（Copepoda）
　7．蔓足纲（Cirripedia）
　8．介形纲（Ostracoda）
　9．鳃尾纲（Branchiura）
　10．五口纲（Pentastomida）

Ⅳ．气管亚门（Uniramia）

　1．唇足纲（Chilopoda）
　2．综合纲（Symphyia）
　3．倍足纲（Diplopoda）
　4．烛蜒纲（Pauropoda）
　5．昆虫纲（Insecta）

第二节　三叶虫亚门

三叶虫类是节肢动物中最原始的种类，现都已灭绝。从已发现的4000余种三叶虫（*Triarthrus*）化石中，知道它们均生活在古代的浅海里，从寒武纪到奥陶纪都很兴盛，志留纪开始衰退，到古生代末期（二叠纪）时已绝迹。

三叶虫一般呈卵圆形，背腹略扁平，体长短的为几毫米，长的不到1 m，一般在3～10 cm左右。身体可分为头、胸及尾三部分（图11-7），整个体表覆盖有几丁质的外骨骼，背面的外骨骼较厚，其中沉积有许多钙质，也很硬，腹面的外骨骼薄，呈膜状，所以身体可向腹面卷曲，有的甚至可卷成球状，背面外骨骼有两条纵沟贯穿全身，两沟之间的中央部分隆起称轴叶（axial lobe），两侧扁平称侧叶（pleural lobe），故名三叶虫。头部由4节组成，背面外骨骼形成头甲（carapace），头甲上有横纹，表明这是分节的遗迹。头甲靠两侧有一对大的复眼，口位于

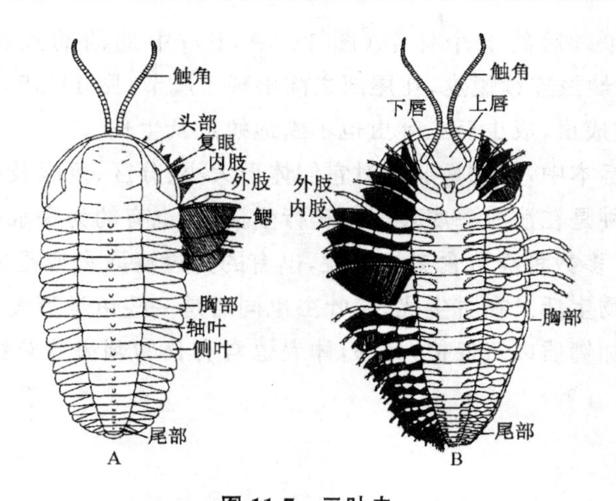

图 11-7 三叶虫

A. 背面观;B. 腹面观

(引自 Störmer L,1949)

头部腹面中央。头部具 4 对附肢,第 1 对为触角,是唯一的单肢型附肢,位于口前;其余 3 对位于口侧,附着在腹面体壁外骨骼上,均为双肢型。胸部一般为 6～15 节(少可为 2 节,最多可至 61 节),每节具有一对双肢型附肢,即附肢以原肢节与腹面体壁相连,由原肢节分出一具有七节的内肢(图 11-8)及具有缕状鳃丝的外肢。内肢用以爬行,外肢具呼吸作用,也有的外肢具刺齿,用以挖掘或磨碎食物。尾部体节愈合成一整体,但分节仍可见,附肢与胸部附肢相似,只是向后逐渐减小。

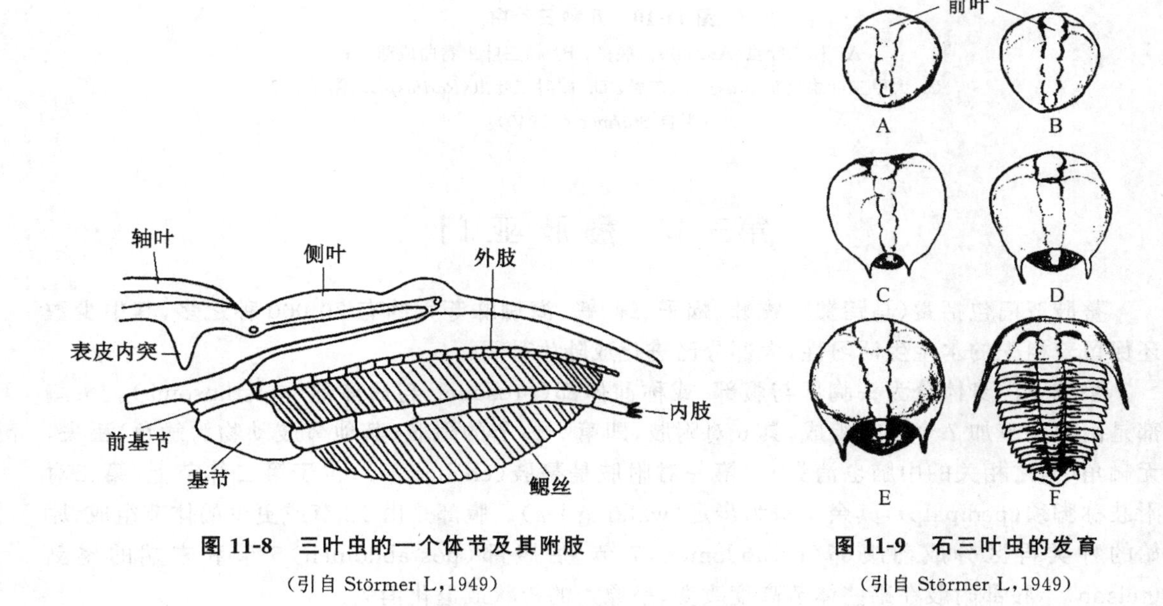

图 11-8 三叶虫的一个体节及其附肢

(引自 Störmer L,1949)

图 11-9 石三叶虫的发育

(引自 Störmer L,1949)

三叶虫内部结构了解得很少,根据 X 射线的研究推测是雌雄异体,体外受精。从石三叶虫(*Olenus*)化石的了解,三叶虫的发育一般经过三个幼虫期:第一个幼虫期具有一发达的背甲,包括一个原头节和口后的 3 个体节(图 11-9A,B);中期的幼虫在头甲后出现了尾部(图 11-9C,D);后期的幼虫连续蜕皮,在尾部之前出现了胸节(图 11-9E,F)。每个幼虫期都经过数次蜕皮,最后形成成虫,成虫后三叶虫也不断地蜕皮及生长。

从已发现的化石标本中,特别是通过对它们体形大小、分区、复眼及各部分的附肢的分析,可以推断出绝大多数种是在浅海海底表面营爬行生活,但也有的为深水生活,或在海洋表面营漂浮生活(图 11-10)。多数种类取食有机颗粒,也有的为过滤取食或是捕食,也有少数是靠体内共生的细菌制造产物生活。在古生代,三叶虫也同时是一些鱼类等大型动物的捕食物,所以它们的外骨骼不断增加钙质以行保护,另外,体表也常有长的刺齿等装饰物,都具有保护的功能。

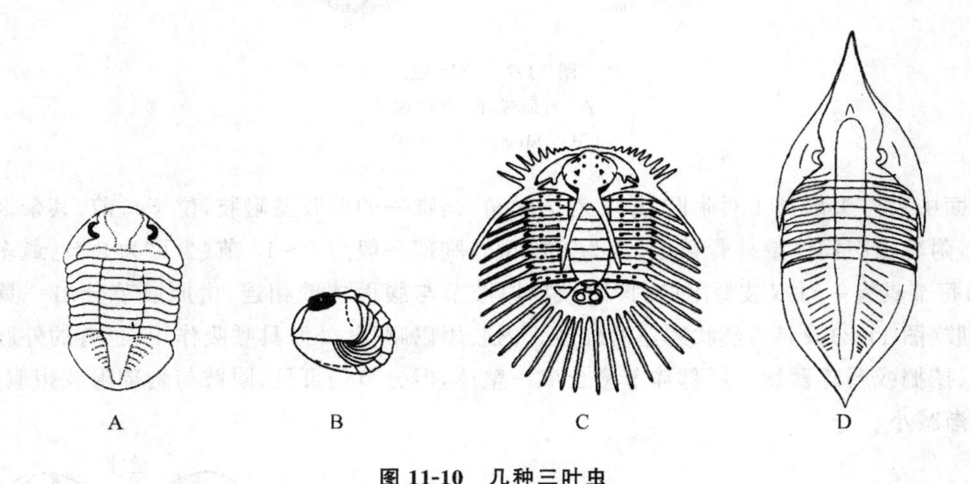

图 11-10 几种三叶虫

A. 栉三叶虫(*Asaphus*),底栖;B. 栉三叶虫卷曲成球状;
C. 大甲三叶虫(*Megalaspis*),穴居;D. 放射三叶虫(*Radiaspis*),漂浮生活
(引自 Störmer L,1949)

第三节 螯肢亚门

螯肢亚门包括鲎(马蹄蟹)、蜘蛛、蝎子、蜱、螨、海蜘蛛等大约有 70 000 种之多,其中少数还保留着祖先的水生生活习性,大部分已进化成陆生种类。

螯肢亚门身体分为头胸部与腹部,或称前体部(prosoma)与后体部(opisthosoma)。头胸部是由原头节加 7 个体节组成,具 6 对附肢,即第一体节的附肢(其他节肢动物为触角)丢失,无触角(与之相关的中脑也消失)。第一对附肢是螯肢(chelicerae),位于第二体节上,第二对附肢称脚须(pedipalp),其余 4 对为步足(walking leg)。腹部是由 12 节或更少的体节组成,原始的种类再区分成前腹部(preabdomen)7 节、后腹部(postabdomen)5 节和末端的尾剑(telson)。腹部附肢在某些体节高度改变,呈原始的板状或退化消失。

一、剑尾纲

剑尾纲是生活在海洋中的大型节肢动物，绝大多数种类繁盛于寒武纪及奥陶纪，到古生代末期逐渐消失，现仅存有三个属（*Tachypleus*，*Limulus* 和 *Carcinoscorpius*），共有五个种，统称鲎类（Limulacea）。其中 *Limulus* 主要分布在北大西洋沿岸，其他两个属主要分布在东南亚沿海。产于我国福建、广东沿海的是一种三刺鲎（*T. tridentatus*），也称中国鲎。

鲎主要生活在浅海沙质海底，体长可达 75 cm，体表覆盖有几丁质外骨骼，呈黑褐色。头胸部具发达的马蹄形背甲（图 11-11），通常也被称为马蹄蟹（horseshoe crab）。甲的背面隐约可见三条纵嵴，中嵴前端两侧有一对单眼，侧嵴外侧各有一复眼。头胸部、腹面具有 6 对附肢围在口外。第一对为螯肢，短小，仅由 3 节组成，末端呈钳状。其余 5 对附肢均由 7 节组成，统称步足。其中第二对（脚须）的末端在雄性变为钩状，用以抱握雌体。步足中的前 4 对末端均呈钳状，近端基节的内侧有长刺用以咀嚼食物，故称颚肢。最后一对步足末端不呈钳状，但有几个突刺呈耙状，用以掘沙或清除附着物。最后一对步足之后有一对唇瓣（chilaria），其内侧也有刺，被认为是退化的第七体节附肢的基节。

腹部体节愈合，形成一六角形的腹甲，腹甲后端为尾剑。腹甲背面靠中线处有 6 对小穴，是内部肌肉附着处。腹甲侧缘各有一列（一般 6 个）可动的短刺。腹部亦有 6 对附肢。其中第一对左右愈合成板状，其下方有生殖孔，故称生殖厣板（genital operculum），盖在其他附肢之上。其余 5 对附肢为双肢型，幼年时用于游泳。成年时附肢的外肢节变成书鳃，附肢外肢节亦左右愈合呈薄板状，板的下表面体壁向外折叠成上百个薄片（lamellae），如书页状排列（图 11-11D），用以扩大表面积并进行气体交换，故称书鳃。由书鳃的运动可激起水流通过，以行呼吸。内肢节用于感觉，尾剑细长呈三棱形，与腹部有关节相连，用以支撑身体，特别是在背腹翻转时。

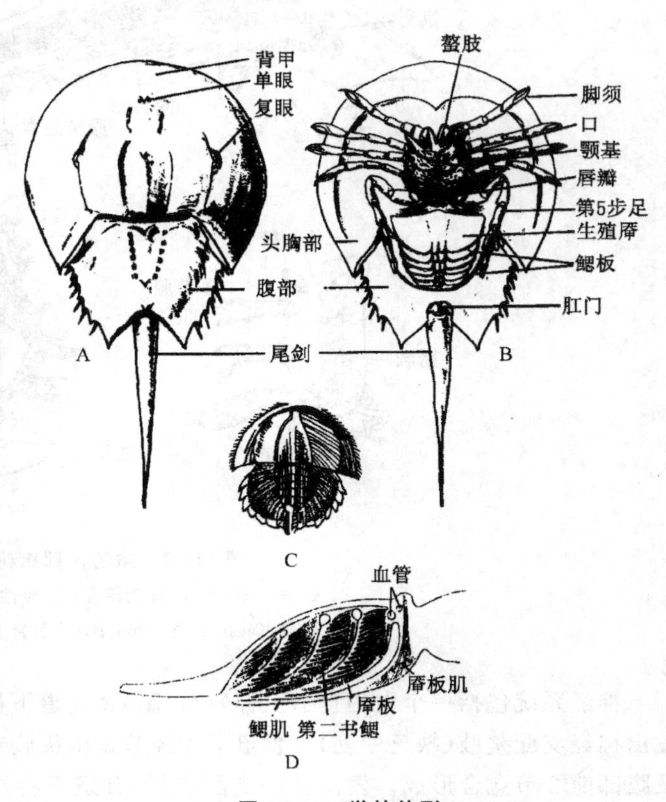

图 11-11　鲎的外形

A. 背面观；B. 腹面观；C. 幼虫；D. 腹部切面，示书鳃

（引自 Hickman CP，1973）

鲎类主要为杂食性动物，取食环节、软体动物等，有时也取食海底藻类。取食时用螯肢将食物送到口部，用螯肢的基节摩擦、咀嚼后再送入口内。口后为食道（图 11-12A），食道前行膨大成磨胃（gizzard），其中有角质齿可研磨食物，经瓣膜后进入中肠。其

前端膨大处为胃，有1～2对发达的肝盲囊(hepatic cacum)，其分支到达头胸部及腹部，并有肝管开口到胃的两侧。肝盲囊是食物化学消化及吸收的场所。中肠后为直肠，以肛门开口在腹部末端、尾剑之前的腹面。

鲎类的循环系统为开放式。消化道背面有一管状心脏，位于围心窦中，具8对心孔，血管发达，向前有3条前动脉，两侧有4对侧动脉。动脉分支进入组织后，在腹面形成两个大的腹血窦。血液由腹血窦流入书鳃，经气体交换后再经围心窦、心孔流回心脏。血液中含有血蓝素及一种变形细胞，这种变形细胞具有很强的凝血功能。鳃的运动使水由腹部背面流入，经鳃室，气体交换后再由腹面流出。

鲎类的主要的排泄产物为氨，可通过书鳃表皮处排出；书鳃、肠等部位也可回收有用离子进入血液，为渗透调节。有四对肾囊状的基节腺(图11-12B)，经共同的排泄管、膀胱及排泄孔，开口在最后一对步足的基部。

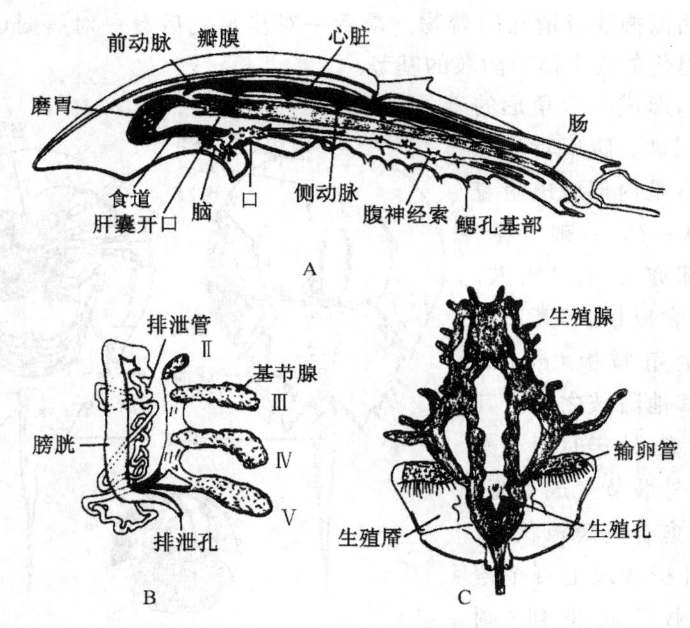

图 11-12 鲎的内部结构

A. 矢状切面；B. 排泄器官；C. 雌性生殖系统

(A. 引自 Kaestner A，1968；B，C. 引自 Fage L，1949)

神经系统包括一个大的食道上神经节(脑)及食道下神经节，由前脑发出神经支配眼，后脑发出神经支配螯肢(缺乏中脑)。食道下神经节是由头胸部其余体节(除原头节及前2个体节)及腹部前2节愈合形成。发出神经支配步足，食道下神经节之后为腹神经链，共有5对神经节支配5对书鳃。鲎的单眼也具有角膜、晶状体及视网膜细胞，复眼中的小眼数目少且排列稀松，色素存在但不形成可动屏幕，虽然可看到物体的移动，但由于小眼数目过少很难成像。因此，鲎的复眼常作为光刺激与轴突传导的神经生理研究的材料。头甲前端腹面还有化学感受器。

鲎为雌雄异体，生殖腺分支状(图11-12C)，位于肠的两侧，直延伸到腹部，经一对短的生殖导管以生殖孔开口在生殖厣板下。每年春夏为繁殖季节，雌雄聚集在潮间带，雄性以脚须抱住雌性，雌性以附肢挖坑产卵时，雄性排精在卵上，行体外受精。每穴可产卵 2000～3000 粒，产卵后雌雄分开。卵在沙穴中发育。

卵为中黄卵，但为完全卵裂，发育中经过一三叶幼虫阶段(trilobite larva)(图 11-11C)，因相似于三叶虫而得名。刚孵化的幼虫尾剑不突出，仅两对书鳃，经 13～14 龄连续蜕皮后发育成成体；性成熟在数年后，寿命可达 19 年。

二、蛛形纲

(一) 形态和生理

蛛形纲在节肢动物门中仅次于昆虫纲，大约有近 70 000 种，包括绝大多数有螯肢动物。蛛形纲也是很古老的一类，最早的化石可追溯到志留纪。到石炭纪时各种蛛形类均已出现。从化石的研究知道，早期的蛛形纲动物是水生的，志留纪发现的蝎化石就是在水中生活。陆生种类出现在泥盆纪，现存的蛛形类除了少数为次生性水生生活外均为陆生。但蛛形纲还保持着许多与水生剑尾纲相似之处，例如，身体也分为头胸部与腹部，原始的种类腹部也分为前腹部与后腹部，身体分节明显，高等的种类体节愈合，甚至头胸部与腹部也完全愈合，头胸部附肢也没有触角，也具螯肢，螯肢可装配有毒腺或丝腺，第二对为六节的脚须，具捕捉、运动、防卫、挖掘、繁殖等多种机能，后面的四对为七节的步足。腹部附肢一般不存在，如存在也高度改变，如形成呼吸的书肺、纺绩突、生殖板等。

由于蛛形纲由水生进入陆生，首先面临的问题是水分的保持以及对干燥的陆地环境的适应。例如，体壁的最外层(上表皮外)出现了蜡质层以防体内水分的蒸发，同时在进化中既保留了适应水生生活的呼吸及排泄器官，又出现了陆生动物特有的呼吸及排泄器官以及交配生殖方式等。这在动物界是很有趣的现象。

1. 呼吸器官及气体交换

在非常小型的蛛形纲动物仍用皮肤进行呼吸，但绝大多数种具有书肺及气管两套呼吸结构。书肺显然是来自水生种类的书鳃，它由腹部腹面体壁内陷形成一气室，外面有裂缝状气门与外界相通，气室前壁形成许多薄片像书页状排列，片间有垫相隔以保证空气流通，片内有血液流过，通过其薄壁可与气室内的气体进行交换，气室外有肌肉牵引，靠肌肉收缩(图 11-13)以扩充或压缩气室以通风。这种结构仍保留在蜘蛛、蝎子、无鞭目等中。

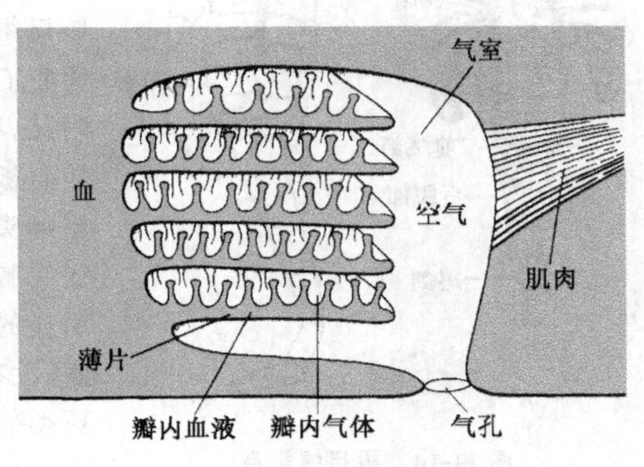

图 11-13　蜘蛛类的书肺
(引自 Weygoldt P, 1996)

气管也是体壁表皮的内陷，外表也有气门，这是陆生动物具有的结构，它更易于保持水分，向内伸入到血腔，气体交换后经血液带到组织细胞，而昆虫的气管直伸达组织细胞，气体交换不经血液。

2. 排泄

水生种类排出具很高毒性的氨，排氨同时也排出大量水。蛛形纲由于陆生，保水是最关键的，所以蛛形纲的代谢产物是没有毒性的鸟嘌呤、腺嘌呤及尿酸等。这些物质不溶于水，排出时不需伴随水分。

蛛形纲的排泄器官还保留了水生种类遗留下来的囊肾(基节腺)、它是来自体腔囊。位于头胸部1～2个体节内，也有管开口在该体节的基节处。另一种排泄器官为马氏管，位于中、后肠交界处，由内胚层形成，这是陆生动物特有的。许多种类同时具有这两种排泄器官，也有的具其中一种。

3. 神经

蛛形纲的神经系统也随身体的愈合而愈合，脑分出前脑与后脑，此外，所有的头胸部与腹部的神经节都愈合成一整块的食道下神经节，几乎充满了头胸部的体腔内，它支配所有的附肢运动。仅仅在原始的种类，还具有腹神经索，腹部的神经节还独立存在。

4. 生殖

蛛形纲为雌雄异体，一些种类具交配行为，以阴茎直接输送精子到雌体，还有一些种类是经过精荚进行精子传送，这是一种原始的传递方式，也是对陆生环境的一种适应。

(二) 蛛形纲的分目

蛛形纲种类繁多，可分为11个目，其中蝎目、蜘蛛目及蜱螨目种类多，具经济重要性，另外拟蝎目及盲蛛目种类也较多。其他目只简单作一概括介绍。

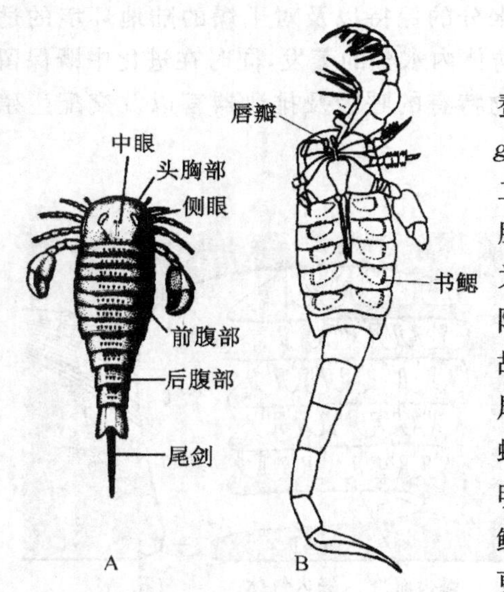

图 11-14 板足蝎类目

A. 板足蝎(*Eurypterus*); B. *Mixopterus*

(B. 引自 Fage L, 1949)

1. 板足蝎目

板足蝎目(Eurypterida)(广翅蝎目)是已灭绝的有螯肢动物，也是节肢动物中体形最大的动物。*Pterygotus* 曾达到3m。原为海产，但以后进入淡水及陆地，二叠纪时灭绝。板足蝎与剑尾纲曾并列为有螯肢亚门肢口纲(Merostomata)的两个亚纲，并称为板足鲎。因为它们的身体都分为头胸部与腹部。头胸部都有6对附肢，板足蝎的最后一对步足末端呈板状，用以游泳，故名板足蝎。但它们之间的不同似乎更重要，首先，剑尾纲头胸部与腹部均分别愈合，形成大的背甲，而板足蝎头胸甲比腹部小，特别是腹部体节没有愈合，并分成明显的七节前腹部与五节后腹部。前腹部具5对书鳃，没有生殖厣板，后腹部没有附肢，也具有尾刺，这些更类似于蝎目。因此，现将其列为蛛形纲的一个目。

2. 蝎目

蝎目(Scorpiones)是节肢动物中最古老的陆生种类。从志留纪到泥盆纪发现的蝎子都具有鳃，说明它们是水生的。到石炭纪才出现陆生的蝎类。现存种类主要分布在热带及亚热带地区，多在干燥的环境营隐居夜行生活，约有1200种。

石炭纪发现的蝎化石体长可达86 cm，但现存蝎类体长仅在1～18 cm之间，多数为3～9 cm。

身体可分为近方形的头胸部及细长分节的腹部(图 11-15)。头胸部的背面有一坚硬的背甲,背甲中线两侧有一对中眼,为极简单的单眼。前侧缘有 2～5 对侧眼,均为复眼,其中小眼数目很少,有共同的晶状体,只能辨光不能成像。腹面中央为一胸腹板,周围被附肢的基节围绕构成头胸部腹面。螯肢较小,突出于背甲的前端,末端钳状。脚须很大,末端为钳状,用以捕食。我国常见的钳蝎(*Buthus*),因钳发达而得名。四对步足,细长,均 7 节,即基节(coxa)、转节(trochanter)、腿节(femur)、膝节(patella)、胫节(tibia)、后跗节(metatarsus)和跗节(tarsus),跗节末端具有两对爪。

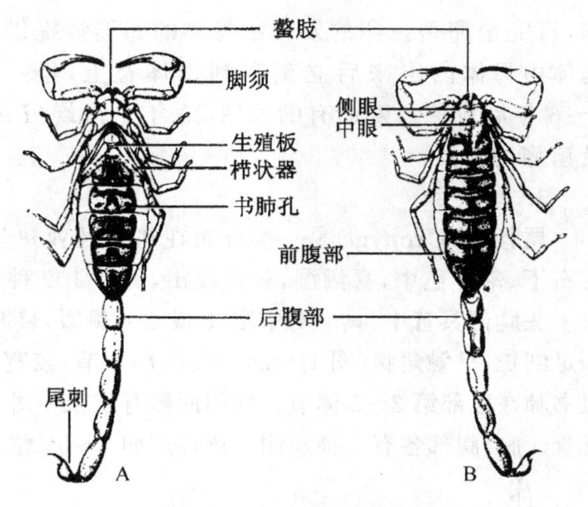

图 11-15　蝎的外形

A. 腹面观；B. 背面观

(引自 Engemann JG,1981)

蝎类的腹部较原始,它包括 7 个体节组成的与头胸部等宽的前腹部和 5 个体节组成的细长如尾的后腹部。后腹部的末端有一尾刺(stinger),尾刺之前腹面有肛门。尾刺基部呈球形,端部尖针状,尾刺内有一对毒腺,以共同的管开口在尾刺的近末端。毒腺具毒性使人产生剧痛。蝎目中约有几十种毒腺具剧毒,6～7 分钟后可致人、畜死亡,其毒液与眼镜蛇的毒液一样,也是一种神经毒液,可很快麻痹呼吸肌及心肌而致死。腹部附肢多退化,或仅留有遗迹。其第一对腹部附肢左右愈合成生殖板,盖在生殖孔之上。第二对附肢特化成栉状器(pectine),沿其板轴有一列梳状齿,是蝎类所特有的感觉器官。第 3～6 节腹面两侧各有一对书肺的开孔。

蝎类为肉食性,以各种小型无脊椎动物为食,它的代谢速率很低,可以很长时间甚至一年不取食,而取食一次体重可增加 1/3。呼吸是由四对书肺进行,有气门可降低体内水分的散失。具管状心脏位于围心窦,具七对心孔。气体的传送是靠血液进行,排泄器官具一对囊状的肾,开口在第三对步足的基节处,同时还有两对马氏管,它的代谢产物及粪便均为干燥的,同时水分的蒸发也降至最低,一些沙漠的蝎子其致死温度可高达 45～47℃。它的神经系统相当原始,还保留着腹神经索(图 11-16),即腹部还有 7 对神经节。感觉器官最重要的是散布在体表的盅毛感受器(trichobothria),即一种杯形的毛状感受器,另外,栉状器对地面的震动及理化刺激是敏感的,特别对寻找精荚的排放处起重要作用。

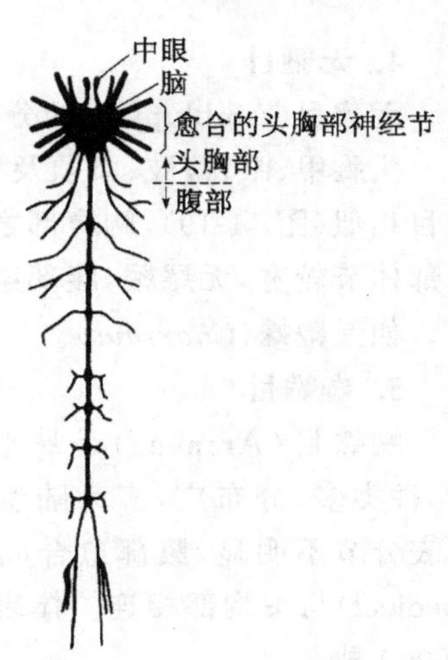

图 11-16　蝎的神经系统

(引自 Millot J,1949)

蝎子的雌雄个体在外形上不易区别,雄性生殖板上常有一小钩。生殖时有交配行为,雌雄面对面的相互抱在一起,高举腹部,前后走动(图 11-17)。这样持续数小时,然后雄性产出精荚到地面,雌性再压挤精荚使之释放出精子团,通过雌性生殖孔进入雌体,完成交配。卵在生殖管中发育。其卵为端黄卵,不完全卵裂。一种产于亚洲的链蝎(*Hormurus*)为少黄卵，行完全卵裂。卵的发育由母体的卵巢囊提供营养，属胎生或卵胎生。经数月的发育后，幼体由母体内出来后立刻爬到母体背上，经一周左右，蜕皮一次离开母体营独立生活，1～6年后成熟。寿命有的长达20年。钳蝎(*Buthus*)在我国是重要的中药材，有治疗中风及镇痛的功能。

3. 尾鞭目

尾鞭目(Uropygi)是一类分布在热带及亚热带的小型蛛形纲动物，体长2～65 mm，生活在石下、落叶丛中，喜潮湿，昼伏夜出，约有100种。

头胸部具背甲，具一对中眼，3或4对侧眼，螯肢很小，仅两节，脚须粗短，末端具夹。第一对步足细长，呈触角状(图11-18)。前腹部8节，较宽，后腹部3节，细小。尾端具细长的尾鞭。两对书肺在腹部第2～3体节。肛门两侧有肛腺一对，分泌乙酸，用以防卫及捕杀。具基节腺及马氏管。胸、腹部各有一神经团。雌性产卵7～35粒，有携卵习性，如鞭肛蝎(*Mastigoproctus*)。

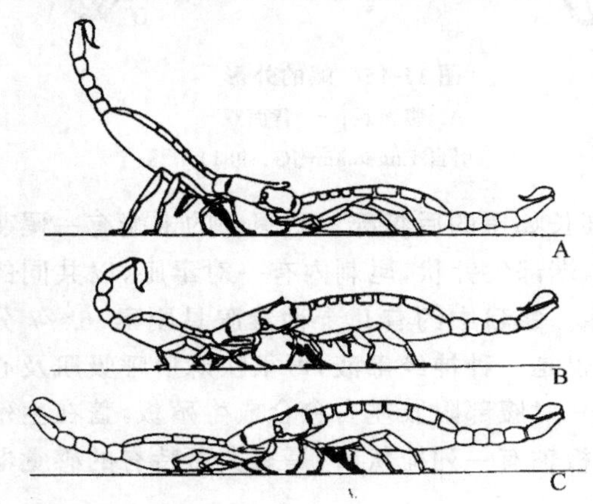

图 11-17 蝎子的求偶与交配

(转引自 Barnes RD，1980)

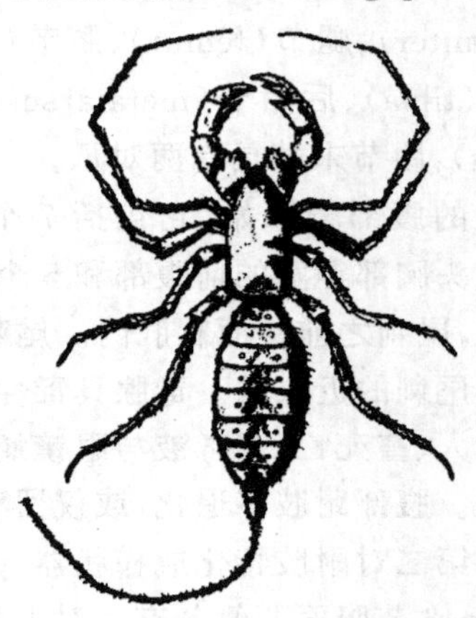

图 11-18 鞭肛蝎

(引自 Millot J，1949)

4. 无鞭目

无鞭目(Amblypygi)的分布及生活方式与尾鞭目相似，有100种左右。

头胸甲、眼、螯肢、脚须及第一对步足均与尾鞭目相似(图11-19)，胸腹部之间有一短小细腰，腹部体节较宽，无尾鞭，腹部第2～3体节也有书肺。如无鞭蛛(*Charinus*)。

5. 蜘蛛目

蜘蛛目(Araneue)是蛛形纲中最大的一个目，种类多，分布广，多为陆生。除原始种类外，体表分节不明显，腹部愈合成一整体，以一细柄(pedicel)与头胸部相连。体表末端具纺绩突，约40 000种。

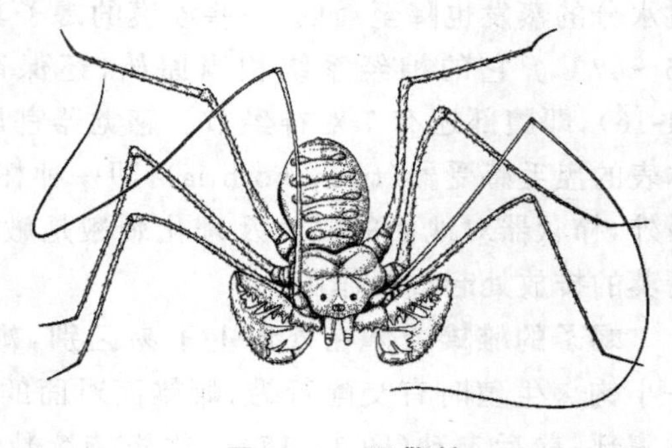

图 11-19 无鞭蛛

(引自 Millot J，1949)

(1) 外部形态。

蜘蛛目动物中，小的体长不到1 mm，大的仅腹部就可达9 cm。身体分为头胸部(6节)与

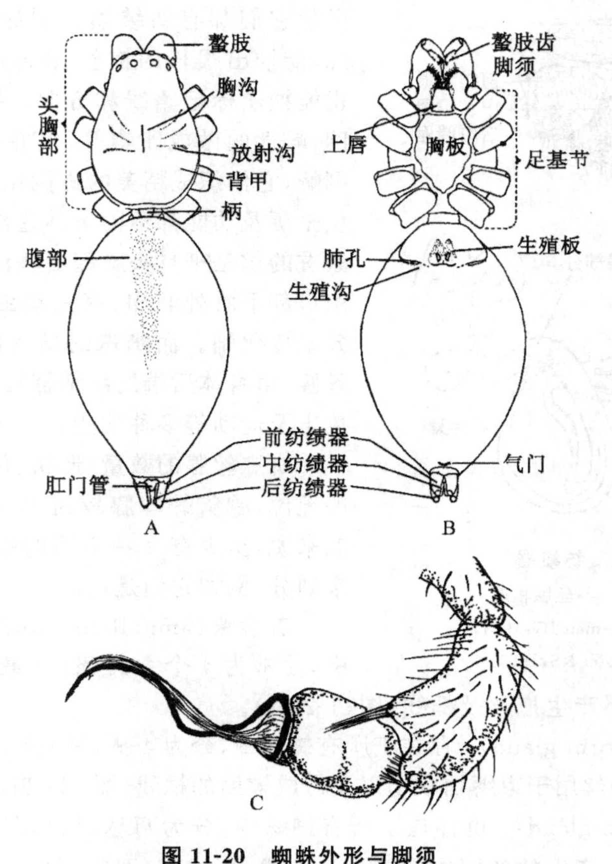

图 11-20　蜘蛛外形与脚须

A. 背面观；B. 腹面观；C. 雄蛛脚须特化成交配器

(A,B. 引自 Kaston BJ,1948;C. 转引自 Hickman CP,1973)

腹部(12 节)之间有柄相连(图 11-20A,B)。头胸部背甲发达,靠中部中线处有一纵沟,内部是表皮内突供肌肉附着处。头的前端有眼 2～12 个,一般为 8 个,多排成两排,其数目及排列是分类的重要依据之一。腹面具有胸腹板(sternum),腹板之前有一唇瓣(labium),腹板周围围以附肢基节。螯肢较小,末端不呈钳状,螯肢基节有一中沟,其两侧有齿,基节端部有爪,不用时爪折回于沟中如折刀状。基节端部内有毒腺开孔在爪末端,脚须足状,除去后附节由 6 节组成。雄性脚须最后一节膨大,凹成穴状,内有盘曲的管,是其交配器官(图 11-20C)。其余附肢为步足,细长,7 节,端部具爪,爪的数目及形态为分类依据之一。

腹部多呈球形,已不分节,背、腹面常有斑纹及凹点,凹点是内部肌肉附着处。腹面前端有一横行沟,生殖孔位于此沟中央,雌性个体还有生殖板盖在生殖孔上,书肺孔开口在生殖孔两侧。腹面近后端中线处有一小的气门孔,其后为纺绩器。纺绩器是附肢的变形,原始的种类有 4 对,排列稀松,多数种类为 3 对,排列集中(图 11-21A)。一般中间一对较小,仅一节,前后纺绩突为两节,其顶面都有膜状纺区。纺区上有不同形状的纺管,分别与体内不同的丝腺相连(图 11-21B)。腹部末端为肛门的开口。

(2) 内部结构与生理。

① 丝腺及织网习性：蜘蛛抽丝结网的习性是众所周知的,但并非所有的蜘蛛均能结网,

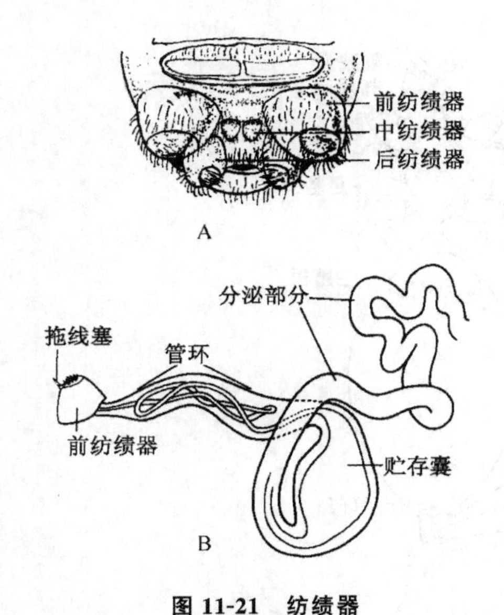

图 11-21 纺绩器

A. 外形；B. 与丝腺相连

（A. 引自 Engeman JG,1981；

B. 引自 Wilson RS,1969）

虽然它们都有纺绩器。例如，一些游猎生活的蜘蛛，能抽出很长的拖丝（dragline）用以逃跑、迁移，也能抽丝标记路线和方向。雄性在交配前织成精网，雌性的做成卵囊等，但并不结网。另一类为结网蛛，它们织成精美的蛛网用以栖息及捕食。蛛丝从来源及功能都不同于某些昆虫所吐的丝。例如，家蚕的丝是来自头胸部由唾液腺转变成的丝腺，并由口部下唇处吐出，家蚕幼虫吐丝结茧，用以保护并蜕皮化蛹。而蜘蛛的丝是由腹部基节腺转变成丝腺，由身体后端的纺绩器抽出，抽出的丝具防卫、攻击及运动等多种功能。

蜘蛛丝腺的数量、形状、位置等因种而异，但一般地说，游猎蛛丝腺较简单，结网蛛较发达。就形态来说，至少有 8 种不同的腺体，但多以物理性状来划分，例如它们是：

壶形腺（ampullate gland）：存在于所有蜘蛛中，通常为 4 个大的腺体（最多可达 12 个），开口在前、中纺绩器，主要产生拖丝及框线（图11-22A）。

葡萄状腺（aciniform gland）：存在于所有蜘蛛中，分为 4 丛，每丛有不同数目的腺体，通向中、后纺绩器，产生的丝用于束缚捕获物以及做成辅助的框线（图 11-22B）。

梨形腺（pyriform gland）：也存在于所有蜘蛛中，分为两丛，每丛多时可达 100 个以上的腺体，通入前纺绩器，产生的丝用作附着盘及拖线、框线等（图11-22C）。

管状腺（cylindrical gland）：存在于大多数种类中，呈管状，6 个或更多，开口在后纺绩器，雄性常缺乏，产生的丝用作卵囊（图 11-22D）。

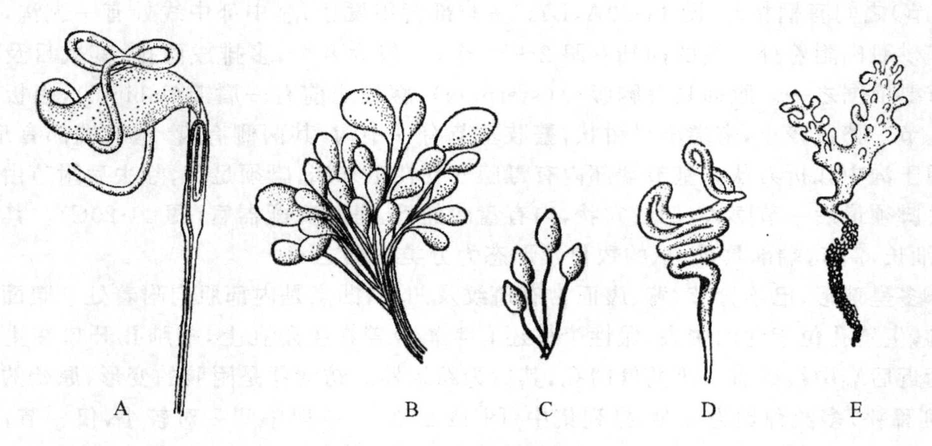

图 11-22 蜘蛛的各种丝腺

A. 壶状腺；B. 葡萄状腺；C. 梨形腺；

D. 管状腺；E. 集合腺

集合腺(aggregate gland)：存在于部分种类中，呈不规则的分支状，6个，开口在后纺器，产生黏液滴，以增加黏丝的黏性(图11-22E)。

此外，还有仅存在于球腹蛛科中的叶状腺(lobed gland)；仅存在于筛蛛类中的筛状腺(cribellar gland)；仅存在于某些雄蛛中的上雄腺(epiandrous gland)(做精网)。总之，不同的蜘蛛有不同种类的腺体。现以圆蛛(*Aranea*)为例，它至少有以上前五种腺体。抽出的丝在功能上可分为牵引丝(guv)(图11-23A)、框丝(frame)、弦丝(chord)、放射丝(radius)及螺旋丝(spiral)，其中只有螺旋丝为黏性丝(viscid silk)，因为在丝线的外表分布有大量的黏液滴，使之成为念球状(图11-23B)，其他的丝均为非黏性丝(nonviscid silk)，总称框架丝。

蛛网的建造过程是：蜘蛛选择好适当的结网位置后先放出长丝，随气流摆动，当游离端与另外物体接触并黏着后，则搭成一水平丝桥(图11-24)，蜘蛛在此丝桥上往返数次，抽丝加固并拉紧。随后，由丝桥上带着拖丝落下形成"T"形丝，再沿"T"形做成"Y"形或矩形框架，由框架中心织成放射的经丝，然后由经丝的交叉点即网的中心处开始向网的边缘粗略地织出临时的螺旋丝，再以螺旋丝为支架及指导，由外周开始向中心织出具黏性的永久的螺旋丝。边织边用足测量，边拆除临时的螺旋丝，最后形成精致的蛛网。网的大小随蜘蛛的大小及年龄而改变，网眼的大小则与食物的大小相关。网织成后至少是螺旋丝要周期性地更换，甚至每日更换。更换时将原来的丝吃掉，再抽出新丝。

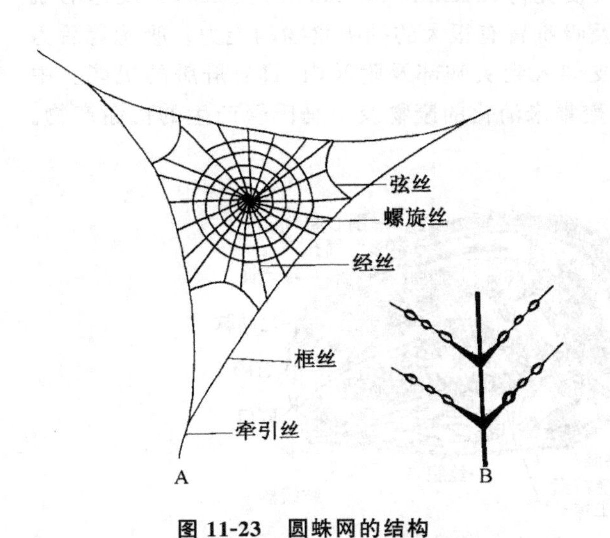

图 11-23　圆蛛网的结构

A. 各种丝的位置；B. 黏液丝及非黏液丝局部放大

(A. 引自 Wainwright SA, 1976；B. 引自 Hickman CP, 1973)

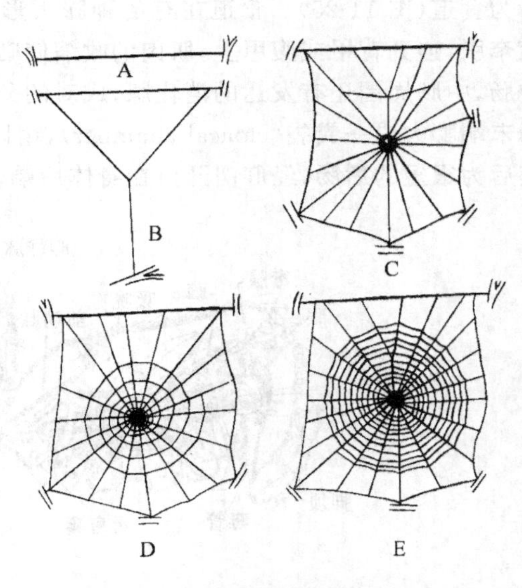

图 11-24　圆蛛的织网过程

(转引自 Gertsch WJ, 1979)

黏性丝与非黏性丝在腺体内均为一种液体状的骨蛋白(scleroprotein)，它们以液体状抽出后变成凝固的蛛丝，过去认为是其遇空气凝结的结果，现在证明是由于机械作用，即当蛛丝抽出时使分子拉长并平行排列而变硬。实验表明抽丝越快，丝纤维的分子方向越一致。强度也越大。在强度上非黏性丝大于黏性丝。有实验证明直径0.01 cm的蛛丝须用80 g的物体猛击才能将其弄断，所以它比相同直径的钢丝具有更大的强度。在弹性上黏性丝大于非黏性丝，前者可拉长为原长度的3倍才发生断裂，而后者仅有原长度的1.25倍。因此用黏性丝组成的螺旋丝具有更大的承受力，适合于动力物体，例如，落网后挣扎的昆虫。黏性丝抽出之后在一段时间内保持着黏着力，使落网的昆虫很难逃脱。蛛网各部分的承受力也不相同，牵引丝承受力最大，框丝次之，经丝再次之。因为在织网时牵丝一般为8～10股丝，框丝为6～8股，经丝仅2股。所以，蜘蛛织网时很好地利用了力学的原理。

蛛网的形态有多种，例如，筒形、漏斗形、无定形、圆墓形、圆网形等，因类别不同而不同，网的建造取决于种及其生理特征，例如，体重、腿的长度、丝腺类型以及本能等。

② 取食与消化：蛛形纲动物均为捕食性动物，以各种生活的昆虫或其他无脊椎动物为食。游猎型蜘蛛，如狼蛛、跳蛛类一般有强大的附肢及发达的眼，通过视觉或触觉发现食物后，立刻放出拖丝黏着在地面，然后对准食物猛扑过去。一些八纺蛛类可做成管状穴，并有盖门封住管口，管口处伸出放射丝，可以测知食物的出现，并可由管口迅速出来捕食。结网的蜘蛛是用蛛网协助捕食，它们的附肢较细弱，眼也不够发达，但有敏锐的触觉，通过网丝的微弱振动可得知落网昆虫的大小及位置，然后用丝捆束落网昆虫使其失去运动能力，再用螯肢的毒腺刺伤捕获物。其毒液也是一种神经毒剂，南美的一些蜘蛛，如隐居的斜蛛（*Loxosceles*）毒液中有溶血毒素，可以引起局部组织的坏死或溃疡，也能使人引起剧烈疼痛。

蜘蛛类均以液体方式进食，捕到食物后先由中肠分泌消化酶注入昆虫体内，进行一定程度的体外消化，然后再吸食其汁液。蜘蛛的口位于螯肢之后、脚须之间，口后为肌肉发达的咽，再后为食道（图11-25）。食道在有的种膨大形成吸吮胃（sucking stomach），其四周有发达的肌束牵引，连到背甲或腹甲上，肌肉的收缩使咽及吸吮胃有很大的抽吸食物的能力。吸吮胃后为中肠，中肠周围还有发达的消化腺，成对的分支伸入到头胸部及附肢内，具有肝脏的机能。中肠末端膨大成一粪袋（cloacal chamber），用以聚集未消化的废物及由马氏管产生的代谢产物。其后为很短的后肠，经肛门开口在身体后端。

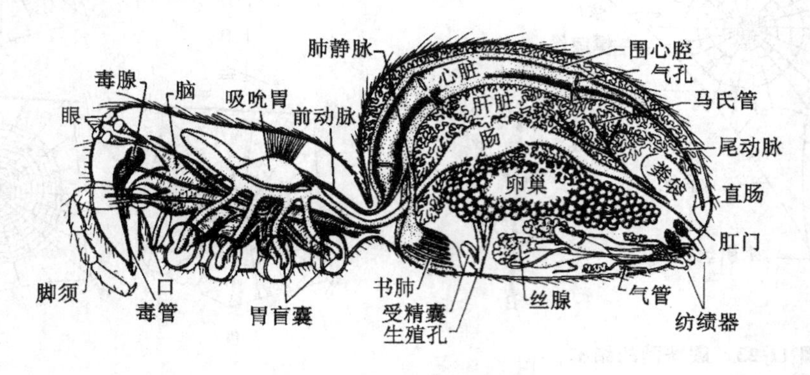

图 11-25 圆蛛的内部结构

（引自 Comstock JH，1940）

蜘蛛有很强的耐饥力，特别是结网蛛，这与其被动的坐网待食习性相关，一次获食后体重可增加1倍。一种狼蛛（*Lycosa*）在305天生活期内可以忍耐208天的饥饿，其代谢率可降低30%～40%。

③ 呼吸：蜘蛛类以书肺呼吸，或以气管呼吸，或两者兼有。原始的猛蛛类有两对书肺，分别位于腹部第二、三体节。没有气管，但大多数种类仅有一对书肺，而后一对改变成气管。其书肺可能是由剑尾类的书鳃随蜘蛛由水生到陆生而演化形成的，因为两者结构相似（图

11-11D,11-13)。蜘蛛类的气管结构与昆虫的气管相似,在体外也有一对或合并成一个气孔。原始的种类由气孔进入后为一小的气室,气室内有气管,气管的长短及分支与否因种而异。小型的蜘蛛前一对书肺也转变成气管,完全用气管呼吸,以减少书肺宽大的表面积所引起的水分丢失。

④ 循环:具较发达的心脏,位于腹部前端、消化道背面的围心窦中。心脏的发达程度与心孔的对数、呼吸器官密切相关。原始的具两对书肺、没有气管的种类,心脏较长,具五对心孔,血管发达。而只有一对书肺、一对气管的种类,心孔减少到三对,血管也较发达,由心脏向前、后发出动脉,同时也分出三对腹动脉(如圆蛛),最后形成腹血窦沐浴着书肺。血液由腹血窦经一或几对腹静脉再流回围心窦,经心孔回心室。完全用气管呼吸的种类,其心孔减少到两对,血管也大大地减少。蜘蛛的血液中也含有血蓝素。心脏也有搏动功能,活动或蜕皮时的血压是静止时的一倍。

⑤ 排泄:蜘蛛的排泄器官有两种,即基节腺(coxal gland)与马氏管。不同种类的蜘蛛或有其中的一种,或两种兼有。基节腺来自体腔囊,后端有一长管,原始的种类具有两对,开口于第一、三体节。大多数种类仅有前面一对基节腺,其主要的排泄机能由马氏管担任。马氏管是位于中、后肠交界处由内胚层形成的一对或两对单层细胞长管,向前延伸常与消化盲囊接触,以收集其中的代谢产物,经肠道送入粪袋,再由肛门排出体外。此外,血腔内还有成堆的噬细胞,也称为肾细胞(nephrocyte),它们也能收集代谢产物,主要是鸟嘌呤及尿酸。一些种类体壁的某些细胞也能收集鸟嘌呤等,并形成白色结晶,致使体表呈现出白色斑纹。

⑥ 神经与感官:蛛形纲动物中除了蝎目还保留分节的神经索之外,蜘蛛目及其他各目的神经系统已不同程度地集中。蜘蛛目集中成一团围在食道四周,背面部分为其前脑与后脑(图11-26),分别发出神经到眼及螯肢,腹面部分为胸腹部的神经节前移并与食道下神经节愈合形成,由它发出神经支配步足及腹部。

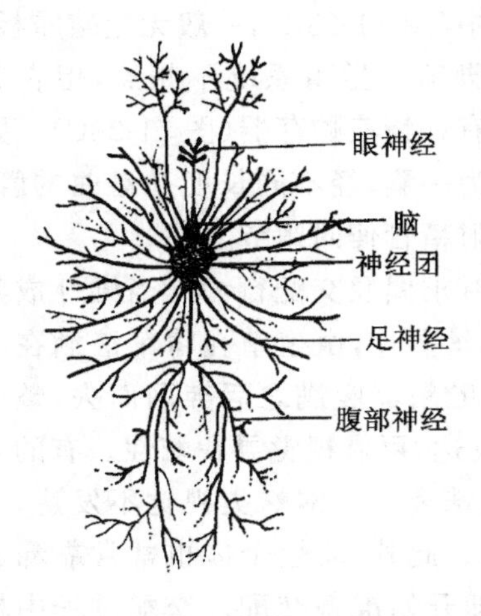

图 11-26　蜘蛛的神经系统

(引自张作人,1950)

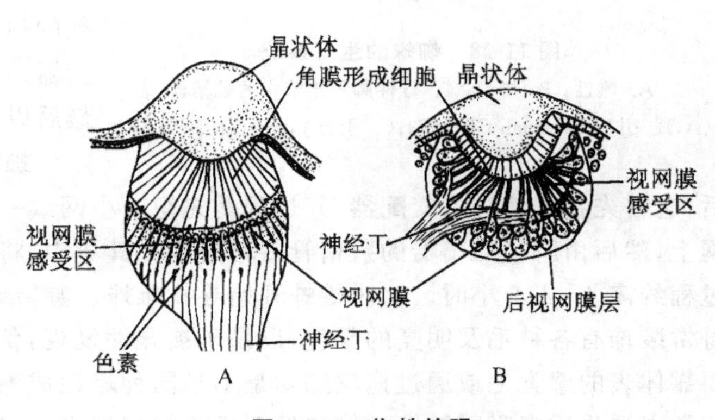

图 11-27　蜘蛛的眼

A. 直接眼; B. 非直接眼

蜘蛛具有三种感觉器官:(i) 感觉毛分布在体表,特别是附肢的化学感受器、触觉感受器等,通过它们感受环境的改变,对结网蜘蛛尤为重要,可借助盅毛感受器辨别捕获物的位置、大小及距离。(ⅱ)裂缝感受器,主要分布在附肢跗节与后跗节之各节相连处,它可以通过丝线(结网蛛)或空气感受振动频率,甚至可辨别刚孵化的幼蛛与捕获物,它自身也可以产生振动与其他蜘蛛相通信。跗节上也具有嗅觉感受器。(ⅲ)眼:蜘蛛的眼不同于一般的复眼,因为它们的角膜与共同的晶状体联合,也与周围的体壁角质层相连,视觉细胞数目太少,所以一般不能成像。并具有两种类型的眼:8个眼中前排中间的两个是主眼,也称为直接眼(direct eye),没有反光色素层(tapetum)(图11-27A);其余6个眼称非直接眼(indirect eye),一般认为它们来自原始螯肢类的侧眼,这种眼具有反光色素层,可以在低光强度下产生视觉(图11-27B)。一般地游猎、疾走的蜘蛛比结网蛛的眼更重要也更发达,特别是中眼感受器可多达1000个,眼的视域也更广阔。

⑦ 生殖与发育:蜘蛛均为雌雄异体,而且异形。大多数游猎蛛雌雄大小相似,但雄性体色斑纹明显,足更细长。结网蛛的雄性个体常常只有雌性个体大小的1/4,甚至体积相差20倍。雄性脚须变成交配器官,长有更多的毛及装饰物等。

雌、雄性生殖系统均位于腹部腹面两侧。雌性的包括两个长管状卵巢、一对输卵管、一个子宫及一个阴道,以一雌性生殖孔开口在腹部前端生殖板之前(图11-28A),还有两个与阴道有管相连的受精囊,用以贮存交配后的精子。受精囊单独开孔在生殖孔的两侧。卵细胞来自卵巢上皮,成熟后成葡萄状堆集,然后经输卵管到子宫,在此与精细胞相遇受精,经阴道排出体外。

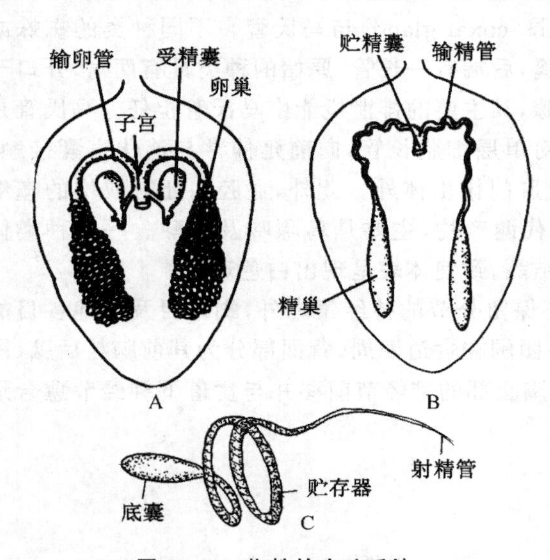

图11-28 蜘蛛的生殖系统

A. 雌性;B. 雄性;C. 雄性脚须跗节中的贮精器

(A,B. 引自Hickman CP,1973;C. 引自Comstock JH,1940)

雄性生殖系统包括一对管状精巢、一对输精管及一共同的贮精囊,以雄性生殖孔开口在生殖沟中(图11-28B),一般无生殖厣板。其交配器官脚须与生殖系统不相连,但在脚须的跗节中有一精液贮存器(图11-28C)。贮精器的末端为一囊,经不同长度并盘曲的管,最后以针状射精管伸向跗节之外。

蜘蛛具有求偶及交配行为。当雄性成熟后,它首先将精液送入交配器,其过程是先织一小网或一小的丝薄片,由生殖孔将精液洒在小网上,然后由脚须贮精器的射精管将精液吸入其囊中,将两个贮精器吸满之后弃网而去,整个过程约需4~4.5小时。这时雄蛛开始寻找雌蛛。游猎蛛眼发达,可靠视觉寻找雌性。有的自身常装饰有各种毛及明亮的颜色,以易于被异性发现,例如跳蛛类。结网蛛类视觉不发达,主要靠体表的感觉毛或通过拖丝感知是不是同种雌性成熟个体。此外,雌性个体也常常靠释放化学引诱物质来吸引雄性。雄蛛发现成熟的雌蛛之后,雄性即开始准备交配。交配过程中雄蛛必须异常小心谨慎,否则即有被雌蛛捕食的危险。所以,交配前首先使异性相互识别是特别重要的。交配前的行为也是异常复杂的,例如,某些游猎蛛交配前,雄性常围绕雌蛛舞蹈(图11-29),即用前足上、下剧烈运动,然后用前肢触动雌体,直到雌性产生反应。结网蛛类的雄性扯动雌蛛的网线,用特有的次数、频率及强度,以产生被雌蛛感知的振动。同时雄蛛附着在一安全线上,以便进入雌蛛网后随时可以逃脱。为了安全,有的雄性先将雌蛛捆绑起来,然后再

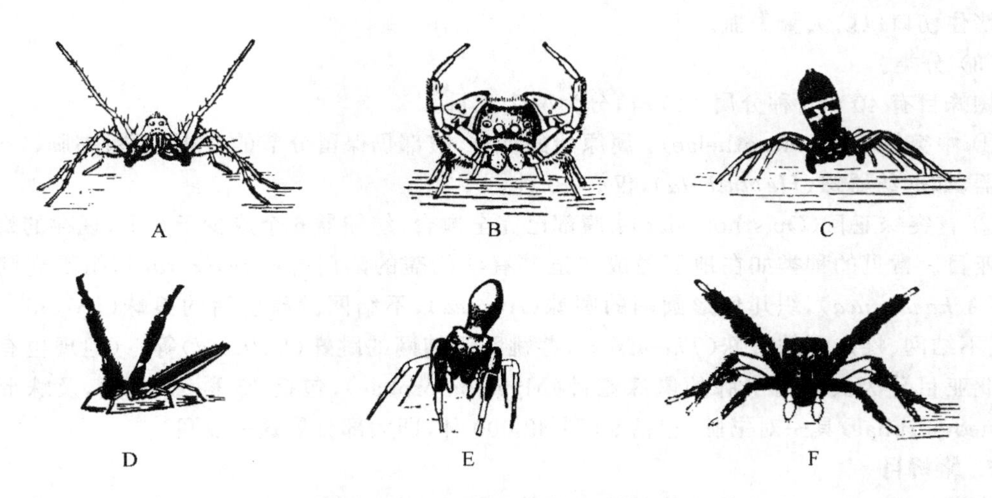

图 11-29　游猎蛛交配前的舞蹈行为

(引自 Kaston BJ,1978)

行交配,例如花蟹蛛(*Xysticus cristatus*)便有这种习性。又如平腹蛛科的掠蛛(*Drassodes*),在雌蛛还未完全成熟时,雄蛛先用丝将其包围起来,当雌蛛在丝网内完成最后一次蜕皮,新表皮尚未完全变硬之前则与之交配。还有的如猛蛛(*Pisaura*),在交配之前雄性先用丝将缠绕捕获的食物馈赠雌蛛以作进见礼,待雌蛛取食后再行婚配。雄蛛用脚须敲击雌蛛腹部,征得其同意之后,雌蛛昂头抬腹,雄蛛则迅速伸出脚须插入雌蛛的受精囊孔中,排出其贮精器中的精液。1～2分钟后交换另一个脚须及受精囊,如此交换多次,待雄性送完精液完成交配并立刻逃跑,否则将被雌性吞食。蜘蛛一生交配一次或数次,因种而异。有的种甚至将射精管留在雌体内,或形成一塞状物堵住受精囊孔,以防雌蛛再度交配。

交配之后,雌蛛很快产卵。产卵时雌蛛先织一与腹部大小相似的网片,其网丝来自管状腺,无黏性,亦无弹性,然后产卵于网片上。卵的数目由数粒到 3000 粒不等,因种及卵粒大小而异。产完后在卵上另织一网片,并用丝封闭边缘,外面再胡乱地围些丝线做成球形的卵袋。一个雌蛛仅做一个卵袋,也有的种做数个卵袋。有的卵袋携带在母体纺绩突上(如狼蛛),有的隐藏在穴内(如管居的蜘蛛),有的挂在母蜘蛛网上(如圆网蛛)。母蛛产卵后有的立即死亡,有的待幼虫独立生活后死去。

春、夏季节幼蛛由卵袋中孵化。一般孵化后仍在卵袋中生活 1～2 周,待第一次蜕皮之后,幼虫一个个由卵袋爬出,并爬到共同的草丛上,各自带有丝线,形成一气球状,然后靠风力将它们吹散,开始各自的独立生活。狼蛛由于母蛛携带卵袋,孵出的幼蛛全部爬到母体腹部背面,这时母蛛背面长出长刺以供幼蛛附着,生活一段时间之后幼蛛才离开母体,这种习性相似于蝎类。幼蛛的龄期因种不同,一些大型的蜘蛛蜕皮十几次之后才达到性成熟,小型的仅蜕皮数次。温带地区的蜘蛛多以幼蛛越冬,其他地区多以卵或成虫越冬。成虫寿命一般 1～2 年,穴居的可生存数年,大型的猎蛛最长可达 25 年。雄性寿命一般比雌性略短。

蜘蛛也具有一定的自切能力与再生能力,被捕时常断裂附肢以求生存,断裂部位多发生在基节与转节之间或跗节与后跗节之间。若在幼虫期附肢断裂尚可再生,新生的附肢短小,随蜕皮长大,4～5 次蜕皮后可达正常大小。成虫期丢失的附肢不能再生。蜘蛛体壁破裂后,可用丝腺堵住伤口以防大量失血。

(3) 分类。

蜘蛛目有 40 000 种分属 110 科,分为两个亚目。

① 中突蛛亚目(Mesothelae):属原始的种类,腹部仍保留分节的背板,两对书肺,7～8 个纺绩器,如七纺器蛛(*Heptathela*),仅有 40 种。

② 背突蛛亚目(Opisthothelae):腹部已完全愈合,纺绩器 6 个或少于 6 个,现存的蜘蛛均属此亚目。常见的种类如在地下做成穴道并有活门盖的陷门蛛(*Ctenizidae*),织不规则网的家蛛(*Achaearanea*),织几何形圆网的圆蛛(*Aranea*),不结网游猎生活的狼蛛(*Lycosa*),身体扁宽、不结网、疾走型的蟹蛛(*Thomisus*),善跳跃不结网的跳蛛(*Saltioid*)等。(但现也有人主张将此亚目分为具两对书肺的鼠蛛亚目(Mygalomorphae),包括 15 科 2200 种,及蛛形亚目(Araneomorphae)具一对书肺,包括 90 科 32 000 种,即大部分属这一亚目)。

6. 鞭蝎目

鞭蝎目(Palpigradi)生活在热带及亚热带土壤中,体长不超过 3 mm,头胸部背甲分为前(4节)及中、后(各一节)3 块。无眼,螯肢 3 节前伸,脚须步足状,第一对步足做触觉用,其余三对为步足(图11-30)。腹部前 8 节后 3 节很小,末端具一分节的长鞭两侧有刚毛,无书肺,如鞭蝎(Koenenia),约 100 种。

7. 拟蝎目

拟蝎目(Pseudoscorpiones)生活在腐烂叶下、土壤等处,小型。一般体长 3～5 mm,约有 2500 种。

头胸部盖有背甲,其背面坚硬,侧面柔软呈膜状。其前侧角有 1～2 对眼,螯肢很短,仅 1～2节,脚须强大,具 6 节,钳状,似蝎,故名拟蝎(图 11-31)。基部具毒腺,步足 4 对,末端具 2 爪,螯足及步足基节形成头胸部腹板,腹部 12 节较宽,没有附肢,可见 11 个背板,背板分为左右两半。腹面第 2～3 节腹板愈合形成生殖厣板,下有生殖孔,肛门开口在末端,气门开口在 3～4腹板两侧,如螯蝎(*Chelifer*)。

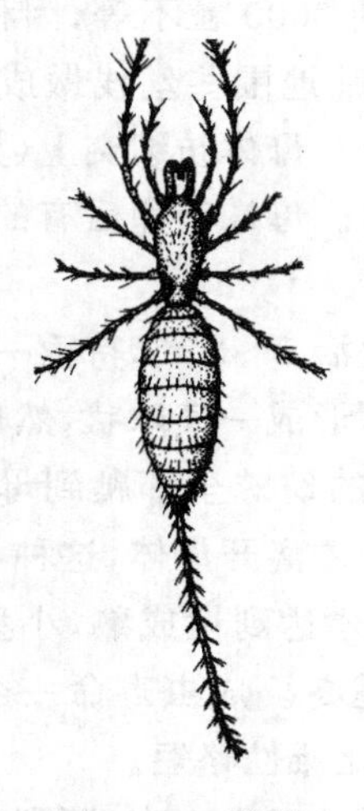

图 11-30 鞭蝎

(引自 Millot J,1940)

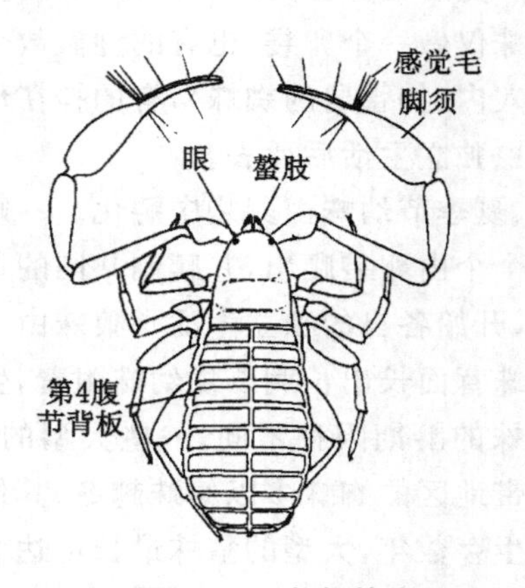

图 11-31 螯蝎的外形

(引自 Weygoldt P,1969)

8. 避日目

避日目(Solifugae)分布在热带及亚热带地区,多在竹地、森林土壤、石下隐居。昼伏夜出,约有 800～1000 种。

体长从几毫米到7 cm,背甲可分为前、后两部分,前大后小,眼一对位于前甲前端(图 11-32A,B)。螯肢特别巨大前伸,两节具钳。脚须细长腿状,用以取食,第一对步足触角状,其他三对用以疾走。腹部体节分节明显,宽大柔软。第一腹节较窄,无尾节。如蛛毛蝎(*Galeodes*)。

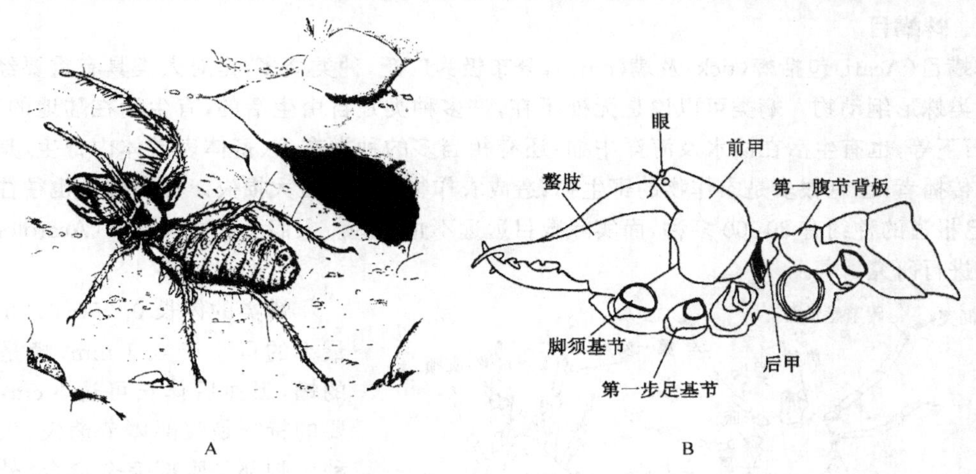

图 11-32　蛛毛蝎

A. 外形；B. 身体前端侧面观

(引自 Millot J，Vachion M，1949)

9. 盲蛛目

盲蛛目(Opiliones)主要分布在温带及热带潮湿的土壤或洞穴中,约有 5000 种左右。

体长 5～10 mm,热带的可达 20 mm,如包括腿长可达 160 mm(图 11-33A),也有极少数种小于 1 mm。头胸部有背甲,其中央有一突起,突起顶端有一对中眼,无侧眼。背甲前侧缘有一对驱拒腺(repugnatorial gland)的开口,可分泌苯醌及酚,具强烈的酸味,用以防卫。螯肢短小,三节具钳,脚须腿状,步足极细长,是本目重要特征。危急时足能自切,不能再生。

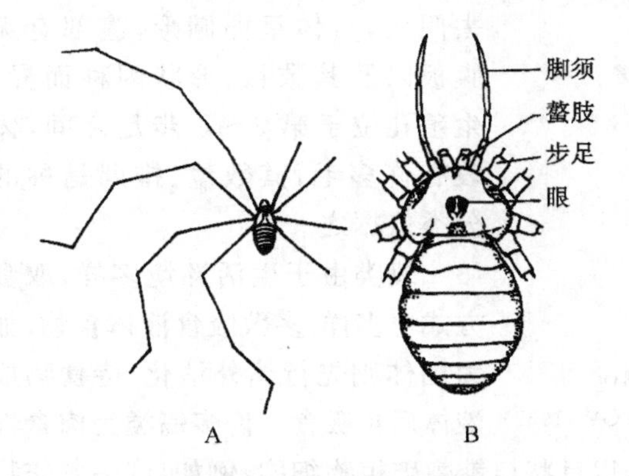

图 11-33　盲蛛的外部形态

A. 全形；B. 背面观

(引自 Hickman CP，1973)

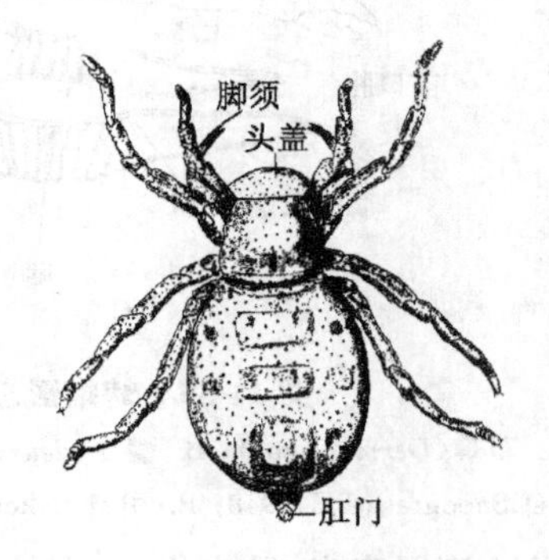

图 11-34　节腹蛛

(引自 Millot J，1949)

腹部10节与头胸部相连成卵圆形,腹部前三节背部骨片与头胸部愈合,骨质坚硬,其他后端背片与腹片未愈合,肛门开口在体末端,腹部第1～2节腹板愈合成生殖厣板盖在生殖孔上,一对气孔开口在第二腹板侧缘。如长跨盲蛛(*Phalangium*)。

10. 节腹目

节腹目(Ricinulei)分布在非洲及美洲,体长4～10 mm,约有75种。头胸甲分两部分(图11-34),前小后大,无眼,螯肢、脚须均有螯,腹部体节宽大愈合,无书肺。如节腹蛛(*Ricinoides*)。

11. 蜱螨目

蜱螨目(Acari)包括蜱(tick)及螨(mite),分布极为广泛,种类众多,是对人类具有重要经济意义的一类蛛形纲动物。螨类可以说是无处不在,许多种类是自由生活的,有生活在陆地的森林、土壤、石下等,也有生活在淡水及海洋中的;还有相当多的种类在人、畜体表或体内寄生,是一些疾病的传播者;也有很多是农作物的寄生物,造成农作物生产的巨大损失。种内数量也往往是极大的,已报道的种约有30000多种,而实际数目远远不止这些。人们已建立蜱螨学(Acarology)对其单独进行研究。

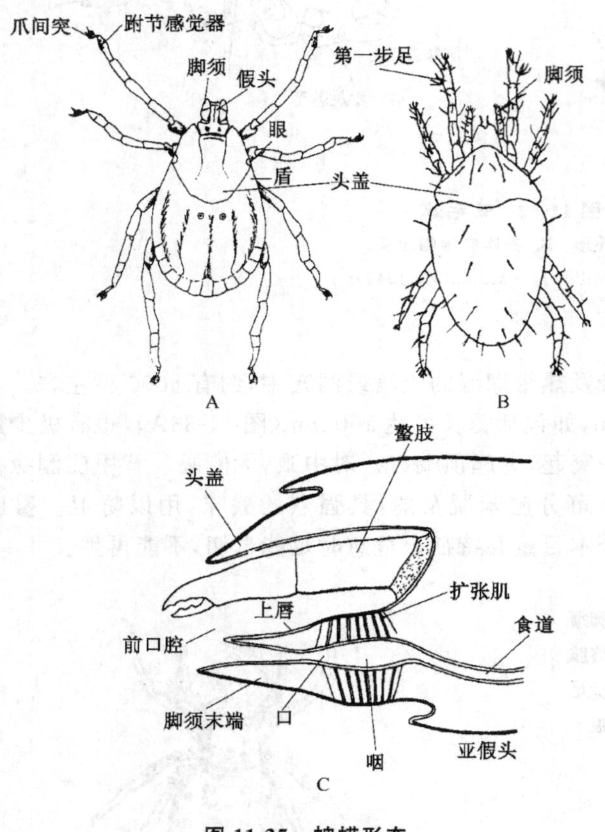

图11-35 蜱螨形态

A. 革蜱(*Dermacentor*); B. 螨 *Tydeus*; C. 螨的头区剖面
(A,C. 引自Snodgrass RE,1948; B. 引自Baker EW, Wharton GW,1952)

螨类的体长0.25～0.75 mm,最小的可小于0.1 mm,蜱是最大的螨,吸血后体长可达3 cm,最主要的特征是腹部体节消失,大多数种头胸部与腹部完全愈合,外表盖有一完整的背甲(图11-35A,B)。身体前端由外骨骼的头盖(rostrum)、螯肢、脚须基节共同组成假头(capitulum)。假头围绕前口腔,其后为口(图11-35C);脚须基部与上唇联合形成口锥(buccal cone),它可以伸缩用以刺吸取食。螯肢3节,末端具钳,脚须也3节具钳,4对步足均6节,末端一对爪。除去假头,身体呈卵圆形,腹部有无腹板以及其数目、形状因种而异。生殖孔位于第3～4步足之间,体表有许多毛,其数量、排列是种的分类依据之一。

螨类由于生活环境多样,取食方式也多样,多数吸食液体食物,如为固体则先行体外消化,待食物成液体后再吸食。许多螨类为肉食性的,以各种小型甲壳类、昆虫为食;有的是植食性的,以针状口锥刺破植物细胞,例如,许多农作物及果树上的螨;也有许多是腐食性的,还有取食皮毛的,等等。许多寄生种类多为外寄生,例如,寄生于人与脊椎动物皮肤的恙螨(*Trombicula*)、人疥螨(*Sarcoptes scabies*)取食真皮组织。又如蜱,孵化后幼虫以螯肢刺破脊椎动物的皮肤,吸食血液,大大增加体积及体重,吸食后落到地上,然后很长时间不再取食,有的可长达一年之久。蜕皮后变若虫,若虫经数次吸食,蜕皮后变成成虫,成虫交配产卵,卵成块状,落到地面,所以寄生是间歇式的,例如狗蜱(俗称狗痘子)(*Dermacentor* sp.)。恙螨寄生于人体还可传播回归热、斑疹热等疾病。

螨类消化道也有发达的消化腺(图 11-36);小型种类用体表进行气体交换,或用气管,具1～4对气门,循环系统没有心脏,而是网状的血窦,靠身体收缩完成循环;排泄器官为肾囊,有的为马氏管,有的二者兼有;神经系统集中成脑及咽下神经节;感官为眼、盅毛及毛感受器。雌雄异体,雄性具一对叶状精巢,一对输精管,或有阴茎,有生殖孔开口在生殖厣板下;雌性包括单个的卵巢及输卵管,开口在生殖厣板下,一对受精囊及附属腺常常存在。精子的传递经精荚或由阴茎直接送入雌体。受精卵经 2～6 周孵化后形成幼虫,仅具 3 对步足,经第一次蜕皮后形成若虫,这时才有 4 对步足,若虫经数次蜕皮后为成虫,寿命较短。

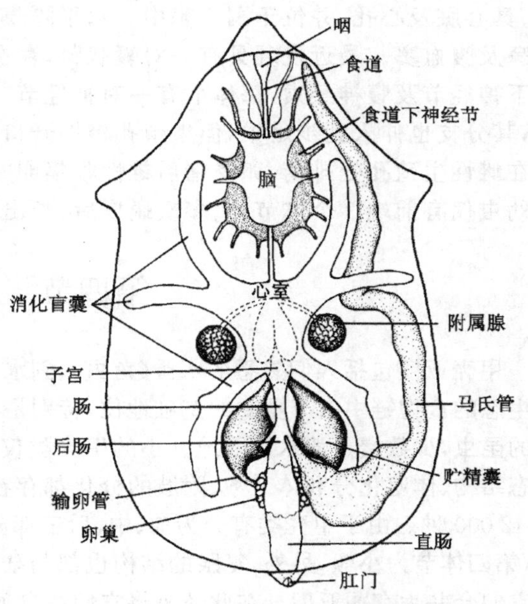

图 11-36　螨(*Caminella*)的内部结构

(引自 Krantz GW, 1978)

三、海蜘蛛纲

海蜘蛛纲也称为坚殖腺纲,是一类小型海产动物。由于也具 4 对长足和很小的身体,很像蜘蛛,因而得名海蜘蛛。世界各地海洋从潮间带到深海均有分布,包括两极海域。常和海绵、珊瑚、水螅纲等动植物生活在一起,已报道有 1000 种。

身体一般在 1～10 mm 之间,但在两极地区及深海的包括足长度可达 40 cm。身体窄细管状,由 7 节组成,但由于结合外表只看到 4 节。前端 4 个体节组成头区(图 11-37),后端 3 节组成躯干,整个 7 节相当于其他螯肢类的头胸部体节。在躯干末端整个腹部成为遗迹。肛门开口在体末端,由头部向前端伸出管状的吻,其末端为口。头部中央背面有两对中眼,头部有 4 对附肢,即螯肢、脚须、携卵肢(ovigerous leg)和一对步足。携卵肢通常存在于雄性。每个躯干体节有一对附肢,连接在躯干部的侧突上。每个足是由 9 节组成,细长,末端具爪。腹部无附肢,但泥盆纪化石种类腹部是分节的。

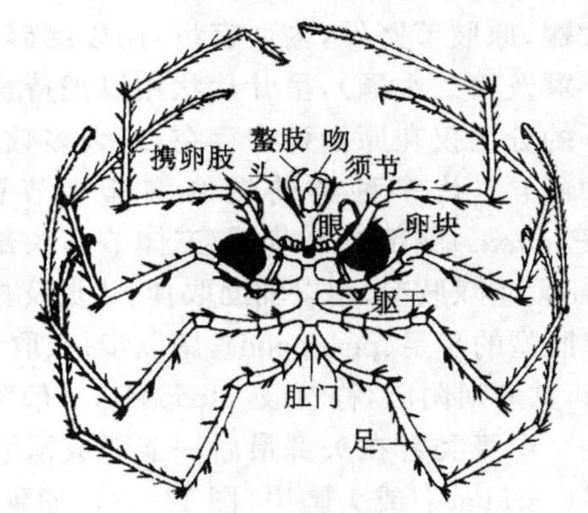

图 11-37　海蜘蛛(*Nymphon rubrum*)

(引自 Fage L,1949)

大多数海蜘蛛为肉食性,取食水螅等小型动物,也有取食海藻及微生物的。消化道包括口、咽、食道、肠、直肠及肛门。中肠具发达的消化盲囊,伸入到步足之中,甚至伸入到螯肢及脚须中。通过体表进行气体交换,具心脏及心孔,并位于围心窦中。水平隔膜将体腔分为围心窦及围脏窦,步足中也分为背血窦及腹血窦。最近发现具有一对囊状肾,存在于螯肢基部。神经系统包括脑(前脑及后脑)、咽下神经节及腹神经索,每体节有一对神经节。雌雄异体,体外受精。生殖腺(精巢与卵巢)单个,其分支也伸入到步足中,但生殖孔雄性开口在第2、4步足基节,雌性在所有步足基部。雄性在雌性生殖孔处排精,卵受精后雄性收集卵并将它们黏合形成卵袋附着在携卵肢上,新孵化的幼虫仅有前端3个体节,经多次蜕皮后,长出躯干及附肢成成虫。

第四节　甲壳亚门

甲壳亚门包括人们熟悉的水蚤(鱼虫)、剑水蚤及各种虾、蟹等。它们主要是海洋生活,在地球生态的食物链中占有重要的基础地位,特别是在海洋的浮游生物中,甚至有人将之比喻为海洋中的昆虫,少数侵入淡水及陆地。小的甲壳类仅有几毫米,大的种类足的跨度可达3 m。它们在形态结构、体躯化分和体节数、附肢的分化都存在着很大的差异及多样性,而现已报道的种类多达42 000种。由于甲壳类有分为前、中、后三部分的脑,头部第一体节具触角,第三体节附肢为大颚,第四体节为小颚,另外,复眼的结构也都与陆生的昆虫类、多足类等气管亚门相似,所以有人将它们合并为有颚亚门。在此还是将它们各自独立成亚门。

甲壳类都具有两对触角,区别于其他节肢动物(螯肢亚门无触角、三叶虫亚门及气管亚门仅有一对触角,相当于甲壳类的第一对触角)。甲壳类的附肢原始的都为双肢型,但在不同种及不同体区可以有不同形态及机能的分化。头部有三对附肢作为颚。发育中具有无节幼虫(nauplius),它仅有三个体节及三对附肢,以后经多次蜕皮发育成成虫。原始的种类体节数多达数十节,高等的种类体节数减少,固定,体区划分清楚。

一、甲壳亚门的形态与生理

1. 外形

甲壳类动物体节数在低等的种类不固定,形态相似;高等的种类数目固定,分区明显。但至少都可区分成头部与躯干部。头部是由原头节(相当于环节动物的口前叶)及身体最前端的五个体节愈合成一不分节的整体。典型的头部具五对附肢,第一对为第一触角也称小触角(antennule),同源于有气管亚门的触角;第二对为第二触角,也称大触角(antennae);第三对为大颚,原肢节坚硬,内面有齿,用以磨碎食物;第四、五对附肢为两对小颚(maxillae)(也称第一小颚及第二小颚),呈叶片状用以把持食物。头部之后的体节为躯干部,这种身体分为头与躯干的分区仅在原始种中存在,绝大多数现存种类躯干部又分为胸部与腹部,各部分的体节数因种而异。许多种类前端的胸部体节和头部愈合形成头胸部(cephalothorax),例如,对虾(*Penaeus*)胸部有8节,前三体节与头部愈合形成头胸部,其附肢也特化成三对颚足(maxilliped),呈双肢型,用以辅助取食、感觉及具鳃的功能,未愈合的五节称胸节(pereon),其五对足形成单肢型的步足(pereiopod),用以步行、取食、防卫等。腹部在高等的种类一般为6节,还有一节尾节,共6对附肢,称腹肢(pleopod),一般为双肢型,用以游泳。也有的种类腹足退化。

甲壳类常在头部最后一节形成褶皱,在发育中它向后及两侧延伸,分泌外骨骼硬化形成背甲(carapace)或头胸甲(图11-38),如延伸到两侧盖住附肢及下面的鳃,也称为鳃盖,它与身体之间的空隙称鳃腔。在原始低等的种类,有的没有背甲,如丰年虫(*Chirocephalus*);有的种整个身体完全包被在背甲中,如蚌虫(*Gyzius*);也有许多种仅盖住头胸部。

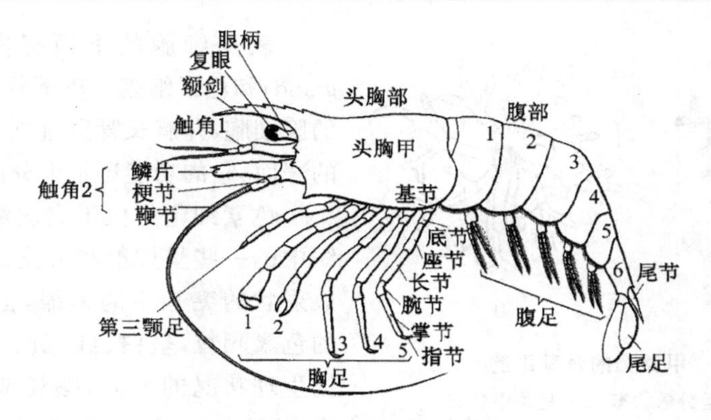

图 11-38　甲壳类虾的体区划分

(引自 Schmitt WL,1965)

原始的甲壳类体节数目很多,其附肢也多,且很少分化,均为双肢型叶片状(图11-39A),它与体区直接(无关节)相连,可分为内叶(内肢)与外叶(外肢),基部还有突起称副叶(epipodite),具鳃的功能。现存的丰年虫、鲎虫都有这种叶片状附肢。在高等的甲壳类附肢不仅数目随体节而减少,形态也分化。一般腹部的附肢还保留原始的双肢型,它以原肢节与腹部相关节,由原肢节再分出内肢与外肢(图 11-39B)。但多数附肢原肢节可分为两节,与体区相连的为基节,与内外肢相连的为底节(basis),由底节再分出内肢与外肢(图 11-39C),内肢可分为 5 节,由基部到端部依次为座节(ischium)、长节(merus)、腕节(carpus)、掌节(propodus)、指肢(ductyl)。在原肢节上还可长出副肢(epipod),原肢节内外边缘长出内小叶(endite)及外小叶(exite),外小叶在有的种变成了鳃,内小叶在口区变成了颚。如果外肢减小或退化,仅留内肢则形成了单肢型附肢(图 11-39D),虾胸部步足即是。

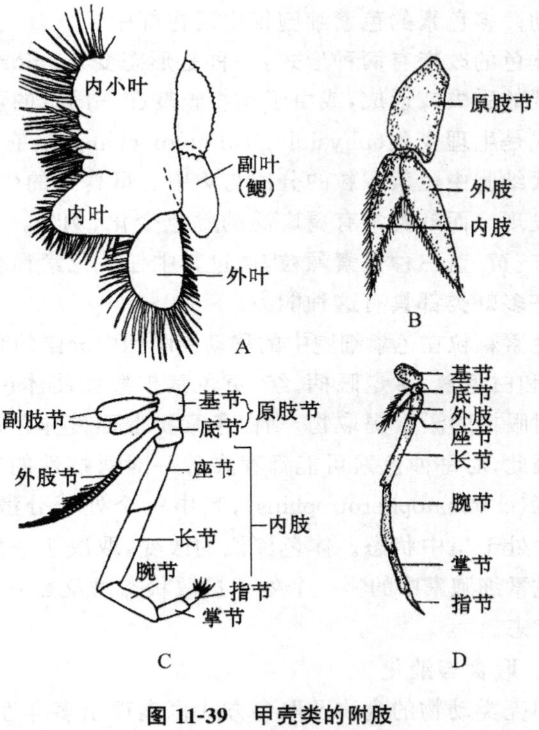

图 11-39　甲壳类的附肢

A. 叶片状附肢;B. 游泳肢;C. 内肢分节;D. 外肢退化成单肢型

(A. 引自 Pennak RW,1978;C. 引自 Calman WT,1909)

2. 体壁与色素

甲壳类的体壁结构与其他节肢动物相似,最外为上表皮,由脂类及鞣化蛋白组成,下为外表皮,包含鞣化蛋白及几丁质,其下的内表皮包括未鞣化的蛋白及大量的几丁质。所不同的是低等甲壳类外骨骼很薄,有时透明,也柔软,但虾、蟹的外骨骼由于在外表皮及内表皮中沉积有大量的钙质而变得坚硬。

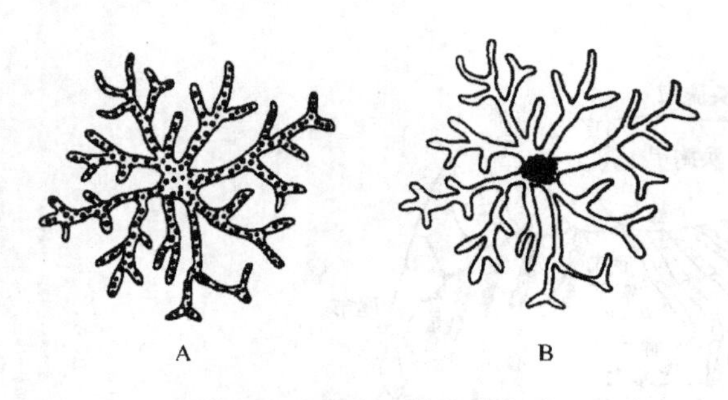

图 11-40 甲壳类的色素细胞

A. 色素颗粒呈分散状态；B. 呈集中状态

(引自 Barnes RD,1980)

表皮细胞的下面有皮下腺(tegumental gland)和色素细胞。皮下腺是一群具分泌能力的腺细胞,并有长管穿过外骨骼开口在上表皮的表面,它的功能还不十分清楚。

色素细胞是位于表皮细胞下面的结缔组织中的一些呈放射状分支的细胞(图 11-40),放射状的突起不能伸缩,但细胞中含有大量的色素颗粒,呈白、红、黄、蓝、褐、黑等色。根据生理状况的不同,颗粒或分散在整个细胞中(图 11-40A),或集中在细胞中心(图 11-40B)。其中红、黄、蓝色是类胡萝卜素,来自于食物,在生活状态时,这些色素常与蛋白质结合而表现出不同的颜色。当虾、蟹加热煮熟时,体表出现美丽的红色,这是因为加热使蛋白质沉淀出来而留下红色化合物——虾青素的缘故。事实上,一个单个的色素细胞可以包括一种到几种不同颜色的色素,任何一种色素都可独立移动。多色素的色素细胞仅出现在虾中。

体色的改变有两种形式:一种是形态变色(morphological color change),它包括色素细胞中色素的丢失或形成,或由于动物长期在一固定的环境及光照条件下细胞数目的改变等;另一种形式是生理变色(physiological color change),它是指对环境的迅速的颜色适应,变色来自于色素细胞中色素颗粒的分散与集中。最普通的生理变色是体色深浅的改变,这在许多蟹中可以发现。而虾类常有更广泛的颜色变化,例如,一种小长臂虾(*Palaemonetes*),色素细胞中含有红、黄、蓝三种色素颗粒,通过其中任一色素颗粒的独立移动使之可以适应任何颜色的背景。许多虾类都具有这种能力。

色素颗粒在色素细胞中的移动受眼柄中分泌的激素控制。例如,许多虾的色素细胞含有红、黄、蓝和白色素,移走眼柄,红、黄色素扩散而使体色变暗。如注射眼柄的激素提取物,则白色素扩散而使体色迅速变浅。因此,对每种色素可能都存在着一对对抗性的促色素细胞素(chromatophorotrophins),其中一个处于分散状态,另一个处于集中状态。体色深浅的改变,取决于一对对抗性促色素细胞素中的哪一个处于扩散状态以及哪一个处于集中状态。

3. 取食与消化

甲壳类动物的食物及取食方式也表现出多样性,有植食、肉食、腐食及寄生的;有悬浮过滤取食的,也有捕食的。在原始的及小型的甲壳类它们都以浮游生物或水底沉渣为食。它们以头部及躯干部附肢激动水流以便于收集水中的食物,其附肢的原肢节内缘具齿,以分离及研磨食物,外肢呈叶状(图 11-41),具刚毛,内肢呈分节的腿状,以便于步行。在左右内肢之间为食物沟,当外肢及刚毛激动水流时水中的食物颗粒被收集并沿食物沟由后向前运行,送入口中,如果食物太大,则原肢节的

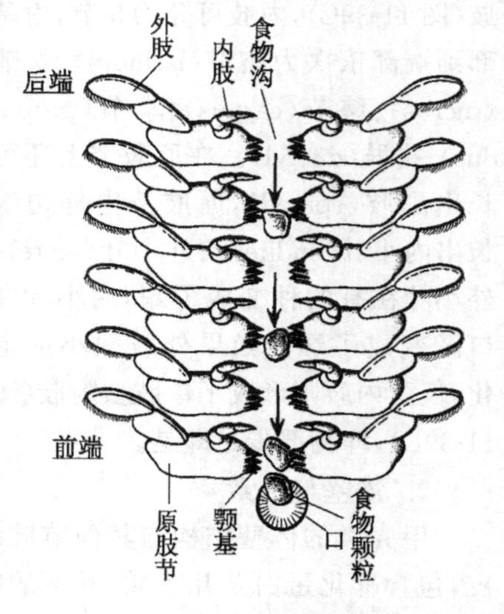

图 11-41 甲壳类祖先取食机制

(引自 Ruppert EE,2004)

齿可以咀嚼及研碎，小的沉渣及无脊椎动物都可作为食物送入口中。

在大型的甲壳类，如虾、蟹等十足目，它们主要为捕食性，其步足及钳适合于捕获及撕裂食物，口位于前端腹面，在口的前、后体壁延伸形成上唇(labrum)和下唇(labium)，头部的三对附肢(大颚及二对小颚)及胸部的前三对附肢(颚足)共同组成口器(mouthpart)以取食各种动物、植物或沉积物等。

消化道为一直管，也分为前肠、中肠及后肠，前肠包括口、食道、膨大的贲门胃(cardliac stomach)及较小的幽门胃(pyloric stomach)，之间有紧缩相隔(图 11-42)。由于是外胚层起源，胃壁上有几丁质细齿及刚毛。在贲门胃中还有钙质骨片组成的胃磨(gastric mill)，用以研磨粗大的颗粒，胃壁中的刚毛用以过滤食物使较小的颗粒进入幽门胃。其中除了有刚毛过滤器还有大量的腺体过滤，使细小的及液体食物进入中肠，在前肠有消化盲囊来源的消化酶可进行胞外消化，然后食物进入内胚层的中肠，中肠可分泌消化酶。中肠也具有很发达的消化盲囊，在其中进行细胞内消化，同时有许多吞噬细胞(phagocytose)，它可以吸收、贮存营养物质，并可将营养物质转移到周围的血液中去。中肠上皮也可以分泌围食膜将不能消化的颗粒包围起来。中肠之后为后肠，其长短随中肠而变，如中肠很长，则后肠很短，反之，中肠短，后肠则长。内壁也具几丁质，其功能为水分的回收及粪便的形成、贮存，最后以肛门开口尾节基部。

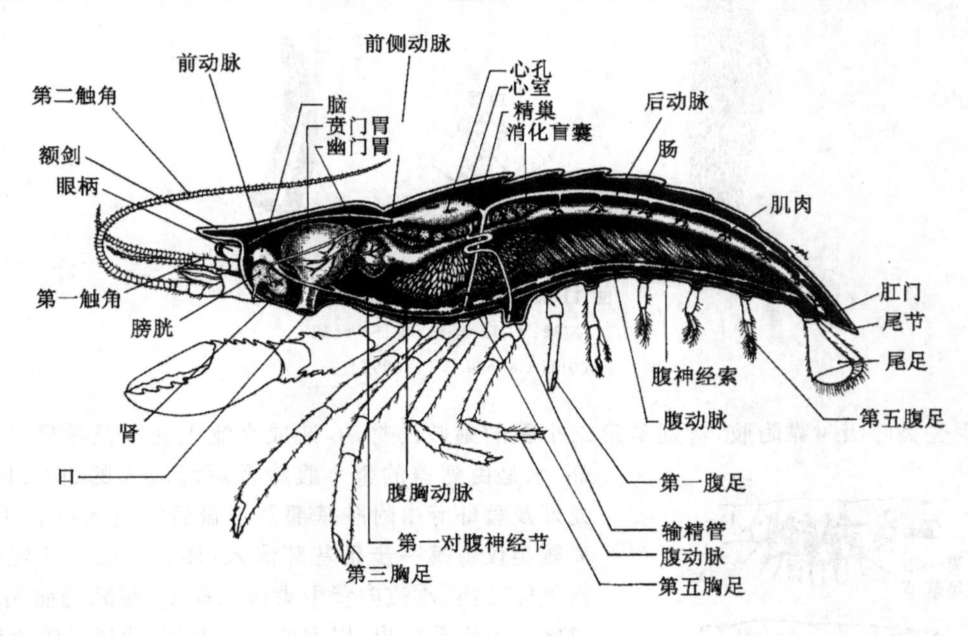

图 11-42　螯虾的内部结构

4. 气体交换

非常小的甲壳类没有特殊的呼吸器官，整个体表及背甲的内表面都可进行气体交换。有的种虽有附肢特化的鳃，但仍以体表呼吸为主，例如鳃足类。大型的软甲类都以鳃为呼吸器官，鳃的数目、位置及结构因种而异，但都与附肢相关，从发生上是由其体壁外褶发育形成。原始的是胸部 8 节，每节有 4 对鳃，其中一对附着在体侧壁上称为侧鳃(pleurobranch)，两对附着在附肢基节上称关节鳃(arthrobranch)，一对附着在附肢底节上称足鳃(podobranch)。现存种类实际上都少于32对鳃。例如，深对虾(*Benthesicymus*)仅24对，螯虾17对，海产蟹类一般9对，最少的豆蟹(*Pinnotheres*)只有3对。所有的鳃均位于头胸甲延伸的鳃盖下的鳃室内。

鳃从结构上可分为三类：(1) 枝鳃(dendrobranch)，由鳃轴向两侧伸出侧支，或侧支再分支(图11-43A,B)，如对虾类。(2) 毛鳃(trichobranch)，围绕鳃轴具毛状或丝状排列(图11-43C,D)，如大多数的长尾虾及螯虾等。(3) 叶鳃(phyllobranch)，沿鳃轴向两侧伸出叶片状鳃页(图11-43E,F)，如长臂虾(*Palaemon*)、寄居蟹类及蟹类，鳃轴中有入鳃血窦及出鳃血窦，流经鳃丝或鳃叶时进行气体的交换。

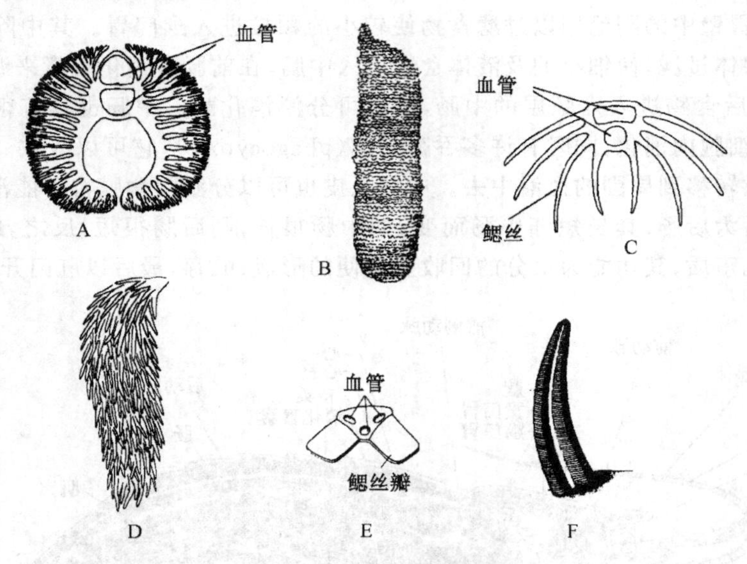

图 11-43　十足目鳃的结构

A,B. 枝鳃；C,D. 毛鳃；E,F. 叶鳃

(引自 Calman WT,1909)

甲壳类呼吸时靠附肢，特别是第二小颚的副肢的打动，造成水流入鳃室及循环。低等的虾，水是由鳃盖的整个腹缘及后缘流入的(图11-44A)，龙虾及螯虾等由附肢基部及鳃盖后缘流入(图11-44B)，而蟹类仅由第一步足基部流入(图11-44C)，流经鳃时进行气体交换，水流向背中央再向前流，在鳃盖前端两侧靠口区经出水孔流出，以完成水的循环、通风及呼吸作用。

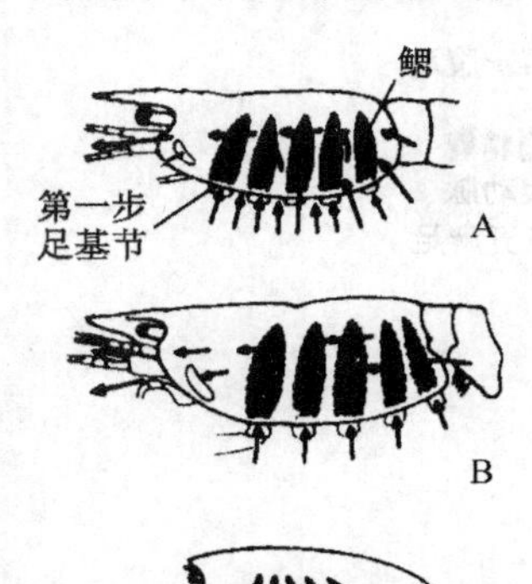

图 11-44　水流经鳃腔的途径

A. 低等虾类；B. 龙虾等一般虾类；C. 蟹类

(引自 Barnes RD,1980)

由于大多数十足类是底栖或穴居生活，很容易被沉积物及泥沙污染，所以虾、蟹用螯肢的钳及步足基部的刚毛过滤水流，或用颚足副肢上下扫动鳃及鳃室以保持鳃面的清洁及水流通畅。

陆生及半陆生的种类仍然保留了较大的气体交换的表面积，例如，海岸边生活的招潮蟹(*Uca*)；它在鳃腔中携带水分，并在第3～4对足上有呼吸孔，以允许气体进入，气体的交换仍在鳃腔中进行。真正陆生的种类如椰子蟹(*Birgus*)、鼠妇(*Porcellio*)等,其鳃腔壁变成囊室而形成肺。

5. 循环

一般低等的及小型的甲壳类循环结构简单,血液在血腔中通过身体的运动而循环,大型的及软甲纲具有心室、血管、血窦,血液循环属开放式循环。心室的形态可呈管状、囊状、实体状(图11-45A～C),因种而异,心室均位于胸部背面的围心窦中。低等种类心室还呈管状,也有成对的心孔,围心窦中的血液经心孔进入心室。由心室发出不分支的动脉进入组织,再经静脉血窦入鳃,进行气体交换后再流回围心窦,经心孔再流回心室(图11-45D)。

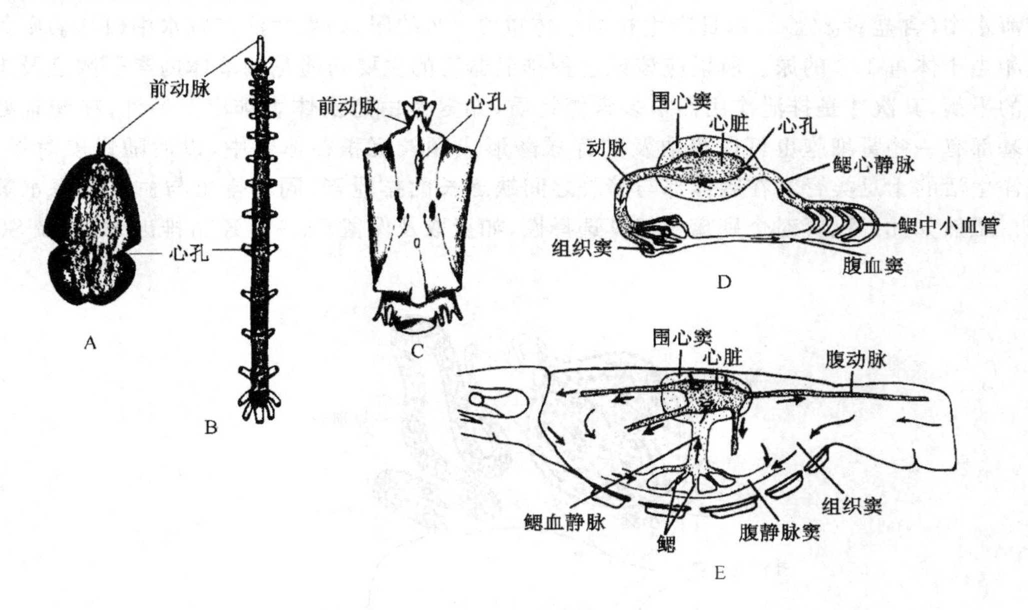

图 11-45　循环系统

A. 囊状心脏; B. 管状心脏; C. 实体状心脏; D. 血液循环的一般模式; E. 十足类的循环

(A～C. 转引自 Barnes RD,1980;D,E. 引自 Hickman CP, 1973)

十足目的心室具较厚的肌肉,呈实体状,在其前、后侧角及背面各有一对心孔(图11-45E)。由心室向前伸出一条眼动脉(ophthalmic artery),供给眼、触角及脑;一对前侧动脉(anterior lateral arteries),供给触角、胃部肌肉、生殖腺等;一对肝动脉(lepatic arteries)供给消化盲囊;一条后动脉,也称腹动脉(abdominal artery)供腹部及后肠;还有一条胸直动脉(sternal artery),它沿消化道两侧下行在胸部腹板处分成前、后两支,前行支供给胸、足和口器,后行的支供给腹部及后肠。这些血管分支再分支进入组织,最后汇合流入肠窦,入鳃进行气体交换,最后再流回围心窦及心室。

甲壳类的血浆中溶解有血蓝素,故血液多呈淡蓝色。血液中含有透明的及大的颗粒状的变形细胞,其数目因种、年龄及生理状态而不同,但每毫升血液中一般有数百至数千个细胞。血细胞不仅具吞噬能力,也参与血液的凝结。在刺激条件下,如断肢时,某些变形细胞可以分解、破裂,并释放出某些物质将血浆中的纤维蛋白原转变成纤维蛋白,结果出现凝结的血浆岛并被沉淀,形成血块。一些小型的甲壳类在血液及组织液中含有少量血红蛋白,它与氧的亲和力较大,适合于在低氧条件下呼吸。

6. 排泄

甲壳类的排泄器官是成对的囊状肾，它的末端是一含有足细胞的端囊(end sac)，沐浴在周围的血液中，后面为后肾来源的管状部分，高等的种类的管状部分又分化为：近端的腺体部，它是由囊壁褶皱形成的海绵状组织(图 11-46)，为重要的分泌及重吸收部分；还有远端的膀胱，用以贮存水及排泄物，最后以肾孔开口在第二触角基部或第二小颚的基部，因此这种排泄器官称为触角腺或小颚腺，还有的人称为绿腺(green gland)或基节腺等。在幼虫期二者往往同时存在，但成虫期只具有其中的一种。淡水的种类在肾囊的腺体部与膀胱之间有很长的盘旋的排泄管，它进一步地从超滤液中回收离子形成低渗的尿，例如，一种蟹 *Carcinus*，如果生活在海水中(含盐量 34‰)，每日产生相当于体重 3.6%的尿，如果生活在咸水中(14‰)则每日产生相当于体重 1/3 的尿。所以应该说这种排泄器官的主要功能是调节体内离子浓度及维持水分的平衡，其次才是排泄作用而很多含氮物质，如氨是由鳃及体表排出。另外，在鳃轴处及足的基部有一些肾细胞也可以摄取及贮存尿酸形成颗粒沉积在体壁中，以后随蜕皮时排出。而海洋生活的十足类肾囊在腺体部与膀胱之间缺乏长的排泄管，同时排出与血液及海水等渗的尿。虽然如此，鳃、肾对个别离子仍具选择性，如摄取及保留 Ca^{2+} 及 K^{+}，排出 Mg^{2+} 及 SO_4^{2-} 等。

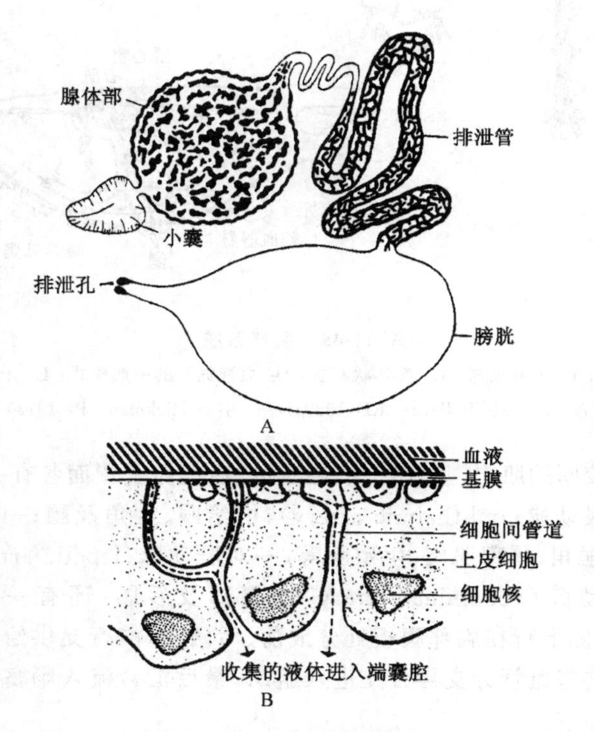

图 11-46 甲壳类的基节腺

A. 触角腺；B. 端囊壁的纵剖面，示代谢物的过滤

(引自 Lockwood APM，1967)

对一些生活在高潮线及陆地的陆生及半陆生的甲壳类，水是十分重要的，大面积的鳃会蒸发丢失水分，甲壳类的表皮不具防水的蜡质层，这也造成水的丢失，特别是鳃在离开水分后很难支撑及维持正常功能，所以陆生及半陆生的甲壳类除了经常从环境中寻找水分湿润身体之

外，它们也产生了许多适应性改变，例如，它们多生活在湿润的小环境中，或靠近水源或隐居、穴居，减少鳃的表面积，甚至把鳃转变成"肺"，背甲更发达，减少它的入水及出水孔以防水分的蒸发，不再排氨而是排出尿酸，尿酸毒性小或无毒，排出时不需伴随水分，有的是进入肠与未消化的残渣形成粪便一同排出；有的是留在表皮，蜕皮时排出。还有许多陆生甲壳类繁殖时返回到水中释放幼虫，或是直接发育，所有这些改变都是为了保持水分以适应干燥的陆地环境。

7. 神经与感官

甲壳类的神经系统也表现出多样性，原始的种类具有脑及呈双链状的神经索，即每个体节各有一对神经节，彼此分离，之间有横神经相连，前后神经节各自成链，例如，某些鳃足类(图11-47A)。大多数虾类不存在这种原始结构，而是由双链愈合成单链状(图 11-47B)。蟹类胸腹部神经节与食道下神经节愈合成团块状(图11-47C)，不再有分节的神经索。另外，甲壳类神经索中也有快速传导冲动的巨大神经纤维，其直径可达 200 μm，一般位于神经索的背中、背侧，它能支配虾类快速运动。

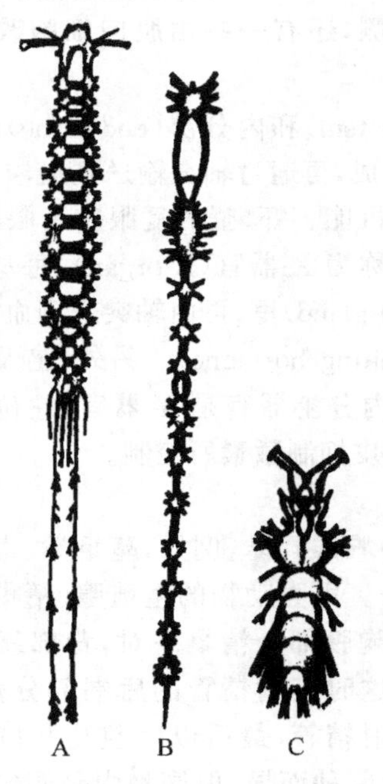

图 11-47　神经系统的类型

A. 双链型(某些鳃足类)；B. 单链型(虾)；C. 愈合型(蟹)

(引自 Hickman CP，1973)

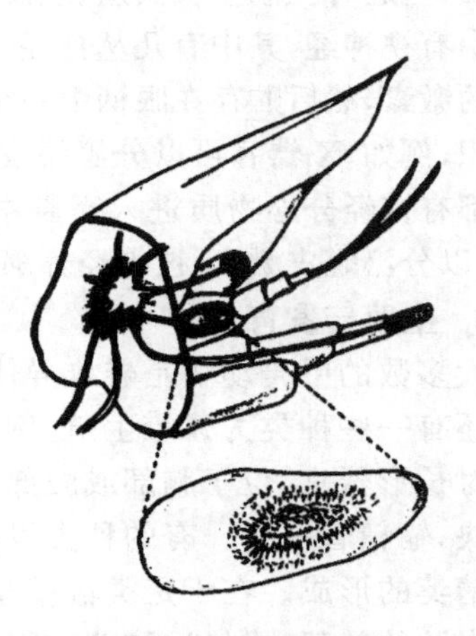

图 11-48　虾的平衡囊

(引自 Hickman CP，1973)

甲壳类具两种类型的眼，即中眼(median eyes)与复眼。中眼成丛是无节幼虫期所普遍有的，成体后有的还存在，有的则消失；在低等的种类成为成虫期仅有的眼，如桡足类。中眼由 3～4 个具色素杯的小眼组成，小眼由少量的视觉细胞组成，一般没有晶状体结构。它的机能可能仅在于测知光源，使动物趋向于水的表层或低层。大多数成体具一对复眼，分别位于头的两侧。多数种类眼位于眼柄(peduncle)上，眼柄由 2～3 节组成，一般可以活动。眼的表面角膜有很大的凸度，其弧面可达 180°，再加上眼柄的运动，因此具有很大的视觉范围。复眼中的小眼数少的仅有 20 多个，多的可达 15 000 个，如螯龙虾(*Homarus*)。大多数甲壳类的复眼对强、弱光均有色素屏幕效应，也就是说，生活在光照条件下的种类（陆地、浅水）一般具并列眼，而一些洞穴及深水生活的种类由于色素屏幕不发达而具重叠眼。另外，从眼的结构研究表明，甲壳类的复眼能够识别物体的形状、大小及颜色变化。例如，寄居的蟹类可以区别不同颜色的螺壳，一些虾可以在红、黄褐色的背景中生存，而不适合深色环境。

十足目常有一对平衡囊，位于触角的基部，或足的基部或尾节，它由外胚层凹陷形成，内有平衡石，外有开口（图 11-48）。平衡石有的由外界摄入，有的由细胞分泌。平衡囊也随蜕皮而脱落，蜕皮后再形成。囊的底部内壁有感觉毛，有的与平衡石直接接触，有的通过囊内的液体而感受刺激。平衡囊是其重力感受器，并与运动相关，以调节身体平衡。

除了以上结构，甲壳动物外骨骼的表面分布有各种感觉毛，有多种机能。最常见的是分布于附肢上的触觉感受器，用以测知水流及其方向，它与外界环境直接接触。还有存在于触角及围绕口部附肢上的化学感受器，特别多地分布在小触角的外鞭上，由触角上的双极神经细胞所支配。分布于触角的还有温度感受器。在腹部肌肉两侧，还有一些由肌肉细胞改变形成的本体感受器（proprioceptors），它们的机能还不十分清楚。

高等甲壳类也具有神经分泌系统（neurosecretory system）和内分泌（endocrine）器官，如十足目。其大多数的激素物质是由神经分泌细胞的细胞体合成，再通过轴突输送到血液，虽是一些微量物质，但起着控制生长繁殖、蜕皮、变色等重要的生理机能。虾、蟹的复眼位于眼柄的顶端，在眼柄中有视神经，其中有几丛神经分泌细胞聚集在一起称为 X-器官（X-organ），每丛细胞可分泌不同的激素，然后贮存在眼柄中一个膜包围的窦腺（sinus gland）里，再由轴突送到血液，最后到达耙组织，例如，X-器官可以分泌蜕皮抑制激素（moit-inhibiting hormone）。另外，脑及食道下神经节也都有神经分泌物质进入窦腺中。在甲壳类唯一的内分泌器官是 Y-器官，它位于头胸部前端，可以分泌蜕皮激素，被神经分泌细胞分泌的激素如蜕皮抑制激素所控制。

8. 生殖与发育

大多数的甲壳动物是雌雄异体，但也有一些种类为雌雄同体，例如，蔓足类、寄生的等足类等。还有一些种类为孤雌生殖，例如，鳃足类、介形类等。甲壳动物的生殖腺（精巢、卵巢）通常是一对长形器官，位于胸部或腹部背面，或同时存在于胸腹部。精巢一对，背部靠近或愈合成一整块，输精管一对。有的种类以精荚进行精子传递，这时其输精管的后端部分变成腺状，以便于精荚的形成。在十足类输精管末端形成肌肉质的射精管，最后以生殖孔开口在最后一对胸部附肢的基部，或最后胸节的腹板上。生殖孔的位置因种而异，但同种内是固定的。十足目雄性的第 1～2 对腹足特化成管状用以传导精荚。大多数甲壳类的精子是无尾的，呈球形或星形等非典型精子形态。

卵巢的结构与位置类似于精巢，一对输卵管。十足目的输卵管末端联合，还形成受精囊及阴道，最后以雌性生殖孔开口在第 6 对胸部附肢基部。受精囊开口到外界，并在最后 1～2 对胸节腹板突起形成一盘状。雄性如将精子直接送入受精囊内则在体内受精，如蟹类。但大多数十足目还是将精荚附着在雌体最后两对步足之间，等待雌性产卵时在体外使卵受精。

甲壳类也具有求偶行为，一般水生的种类雌雄以嗅觉或触觉相互吸引，陆生种以视觉及听觉吸引。例如，半陆生的招潮蟹（*Lica*）在交配之前雄性在雌性面前不断地摇动，其摇动的方式在同一种是固定的。另外，雄性的爪变成红色，以便于雌性识别。它还以爪敲打胸腹板，或敲打步足以产生声音信号，其敲打次数及间隔长短也因种而异。这种敲打声在水中可传到 50～100 cm 之外，而被同种雌性个体足部本体感受器所接受，以吸引雌性到雄性的穴中进行交配，并在此产卵孵化，直到幼体出来。

甲壳类的交配常发生在雌性蜕皮之后、身体柔软时，交配时一般雄性以第一对腹足插入雌性阴道(图 11-49)，精子沿腹足中的沟进入雌体受精囊。受精囊孔再被活塞封闭甚至可以经一年后再使卵受精。

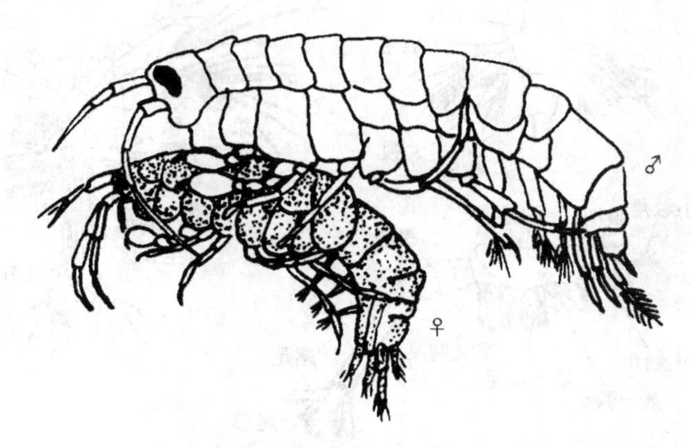

图 11-49　淡水钩虾(*Gammarus*)的交配

(引自 Hickman CP，1973)

少数种类直接产卵于水中，例如，对虾。但大多数种类产卵于腹部附肢间，并有卵膜物质将卵黏附在一起。多数种类于产卵时受精，受精卵靠附肢的打动造成水流以提供充足的氧。低等的甲壳类可形成卵袋，位于附肢两侧或身体背部，受精卵常变成橘红色。

软甲类生殖腺的发育、成熟，第二性征的出现都是受激素的控制与调节，例如，眼柄中窦腺释放出生殖抑制激素(gonad-inhibiting hormone)(GIH)，它抑制卵的发育与成熟。当繁殖季节促生殖激素(gonad-stimulating hormone)(GSH)是被脑分泌，结果血液中 GIH 水平下降，卵开始发育，同时促成腹部附肢刚毛的出现及抱卵结构的形成，这些特征在下次蜕皮后出现。

雄性个体精巢的发育受雄腺(androgenic gland)所分泌激素的控制，雄腺位于输精管末端，它被 X-器官(经窦腺)抑制，但被脑及食道下神经节的分泌物所促进，当被脑的分泌物刺激时，产生雄性激素，促成精子的发生和雄性生殖系统的发育以及第二性征的出现。移走雄腺，则雄性特征丢失，精巢转变成卵巢。假如把雄腺移植到雌体，则使卵巢变成精巢，雌性特征也消失。

某些低等的甲壳类行完全卵裂，如鳃足类、桡足类表现出某些螺旋卵裂痕迹。高等的甲壳类均为中黄卵，行表面卵裂，具中空囊胚。发育中有自由游泳的幼虫，而且不同的种类有不同的幼虫类型或有不同的命名。一般最早出现的幼虫是无节幼虫(图 11-50A)，身体呈卵圆形，不分节，具三对附肢，第一对为单肢型，后两对为双肢型，相当于成体时的第一、二触角及大颚，具中眼一个。如果经过蜕皮幼虫的体节多于三节，但有机能的附肢仍为前三对附肢，则称为后无节幼虫(metanauplius)；当幼虫经蜕皮后出现胸部体节及颚足则称为前溞状幼虫(protozoea)(图 11-50B)；当胸部附肢用做游泳时称为溞状幼虫(zoea)(图 11-50C)；具有全部胸、腹部体节及附肢，已具备成虫形态称为后幼虫(postlarva)(图 11-50D)。后幼虫体型小，性未成熟，再经过多次蜕皮后变成成虫。不同种类的幼虫期经几次蜕皮及多少龄期因种而异，例如，对虾的发育就经过无节幼虫、后无节幼虫、前溞状幼虫、糠虾幼虫(即溞状幼虫)及长眼柄幼虫(即后幼虫)。但大多数海产虾类孵化时即为前溞幼虫或溞状幼虫，其无节幼虫在卵中度过。一些淡水、陆生或半陆生的种类繁殖时携卵返回海水(或淡水)释放幼虫以完成其发育，许多种类成虫期仍蜕皮，只是不增加体节及附肢数目而增大其体积，但蟹类成虫后不再蜕皮。

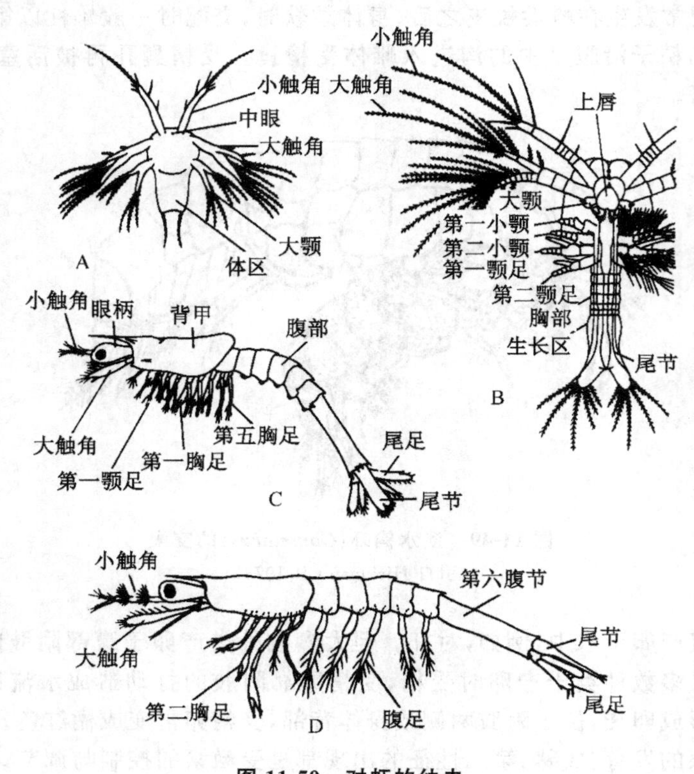

图 11-50 对虾的幼虫

A. 无节幼虫；B. 前溞状幼虫；C. 溞状幼虫；D. 后幼虫

（引自 Anderson DT，1973）

9. 生物节律(physiological rhythm)与自切

许多甲壳类表现出的某种生理节奏现象，例如，一种绿泳蟹(*Carcinus*)及招潮蟹，都生活在潮间带，前者在高潮时活动，后者在低潮时活动，但两者都通过色素细胞的移动而使体色夜间变浅，白昼时变深暗，表现出色素细胞的节奏移动。甚至将它们饲养在连续光照或连续黑暗的条件下，这一节奏也不改变。但移走眼柄，这一节奏变化消失。这说明生物节律现象也是受激素的控制。相似的节奏如龙虾(*Palinura*)的昼夜活动，桡足类的昼夜垂直移动也是如此。

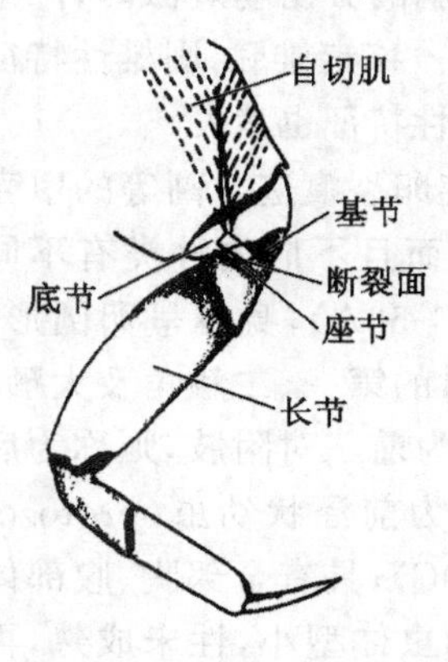

图 11-51 步足的自切

（引自 Bliss DE，1979）

许多甲壳类，特别是蟹及寄居蟹等经常发生附肢的自切现象。自切的断面发生在附肢的基节与座节之间的一个双层膜处，膜上有孔，允许血管、神经通过，并由胸部体壁发出自切肌，直插入到断裂面（图 11-51）。由于外力的牵引或自身因素，自切肌(autotomizer muscle)被刺激而剧烈收缩，由断裂面处分开，收缩的膜可堵塞血管以防止血液的外流。这种自切现象甚至可由单体节的反射活动而引起。螯虾仅有螯肢能自切，寄居蟹前三对步足可自切，部分蟹五对步足均可自切。

甲壳类也具有一定的再生能力。例如，断肢后可再生出新肢，这一过程需经多次蜕皮才能完成,再生部分可以达到丢失部分的大小。

二、甲壳亚门的分纲及重要目

1. 原虾纲

1981 年发现有一种小型动物,目前共有 10 种,生活在与海水相连的小河沟或水洼中。体长 15～45 mm,身体分头部与躯干部,头部具头甲(图 11-52),无眼。第一触角双肢型,第二触角很小、桨状。躯干部包括 38 个独立的体节,除第一体节较小加入头部外,其他各节均相似,各有一对双肢型游泳附肢,尾节具尾叉,雌雄同体,所有这些特征均代表了原始甲壳类。是甲壳类最早分出的一支。如 *Speleonectes*。

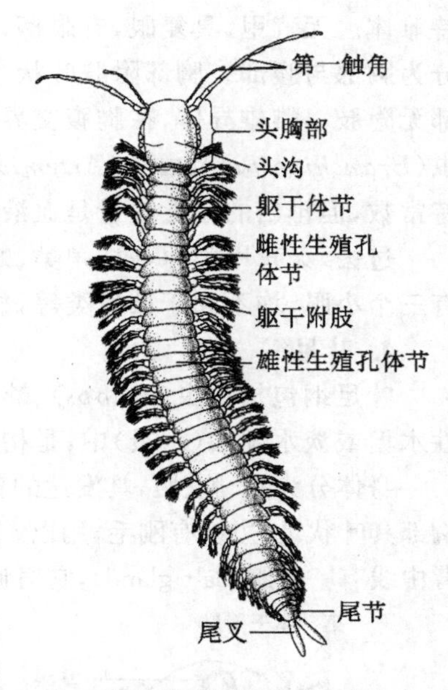

图 11-52　原虾类(*Speleonectes*)

(引自 Felgenhauer BE,1992)

2. 头虾纲

到目前也仅报道了 9 种,体长不超过 4 mm,生活在低潮线到 1500 m 的海底泥沙表面。身体分头部与躯干部(图 11-53A),头部具马蹄形骨化的板,触角两对,短小,无眼。躯干部 19 节,胸部 9 节,背板向两侧延伸形成侧板,每个胸节具一对双肢型附肢(图11-53B),加之副肢发达,形如三叶状。腹部 10 节,无附肢,另有一尾节,具尾叉及细长的尾叉毛。雌雄同体,有携卵习性,孵化时为后无节幼虫,头虾类也是最接近原始祖先的一类。

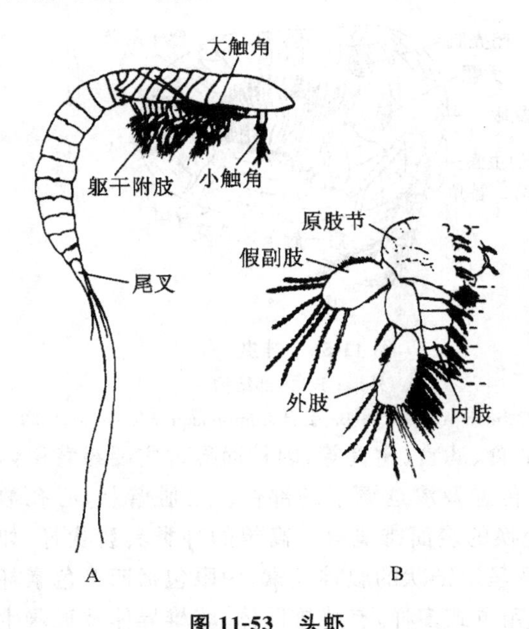

图 11-53　头虾

A. 外形；B. 附肢

(A. 引自 Waterman TH, et al,1960；B. 引自 Sunders)

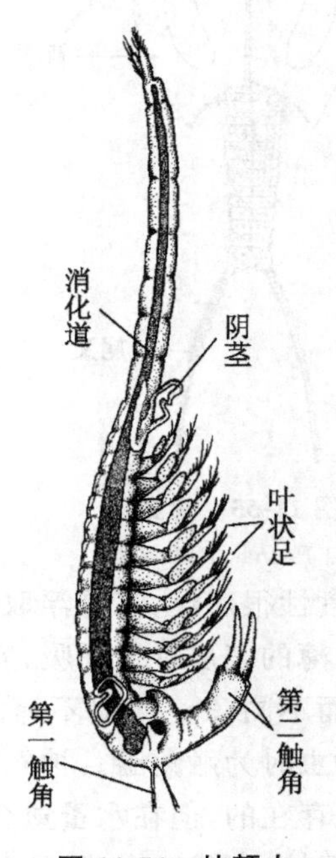

图 11-54　枝额虫

(引自 Martin JW,1992)

3. 无背甲纲

生活在临时性水洼或咸水池中，已知约 200 种，体长 15～30 mm，最大的可达 10 cm。身体分为头部与躯干(图 11-54)。第一触角很小，第二触角大，在雄性变成抱握肢用于交配时把持雌体。无背甲，具复眼，有眼柄，中眼是由三个色素杯小眼组成。大颚发达。躯干部 27 节，分为胸部与腹部。胸部附肢叶状。副肢具鳃及渗透调节机能，内、外肢均叶状，适于游泳。腹部无附肢。雌雄异体，在胸腹交界处有生殖孔，或阴茎或卵袋。常见的代表种如丰年虫、枝额虫(*Branchinecta*)及卤虫(*Artemia*)。卤虫可生活在 1%的盐水内，故名卤虫，其体内的盐度维持常数，但排出的尿含盐量是血液的四倍。

过去，无背甲类原与枝角类、蚌甲类等合并为鳃足纲，但无背甲类复眼具柄，无背甲，中眼有三个小眼，均不同于枝角类等，故独立成纲，其余的鳃足纲更名为叶足纲。

4. 叶足纲

叶足纲包括鲎虫(*Triops*)、蚌虫(*Cyzius*)及水蚤(*Daphnia*)等小型甲壳类，多生活在临时性水塘或淡水湖泊(水蚤)中，是构成湖水中底栖或浮游生物的重要成员，已报道约 800 种。

身体分为头、胸、腹，具发达的背甲，头部第一触角及第二小颚退化，胸、腹体节数因种而异。胸部具叶状足，边缘有刚毛，用以游泳、取食和呼吸。腹部无附肢，末端具尾叉。一些种类在头后背中线有一盐腺(salt gland)，它对调节及维持渗透平衡起重要作用，有的种中它是黏着器官。

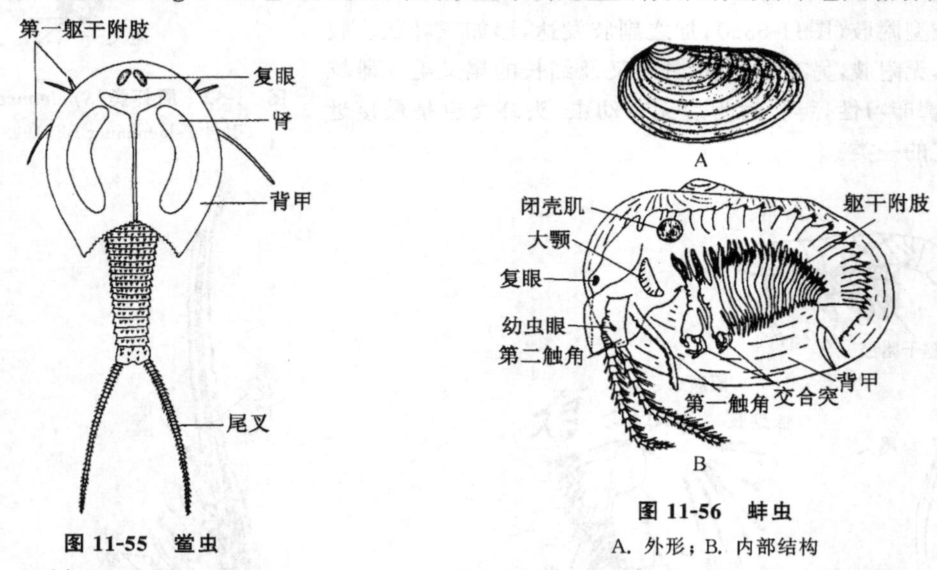

图 11-55 鲎虫

(引自 Pennak RW,1989)

图 11-56 蚌虫

A. 外形；B. 内部结构

(A. 引自 Calman WT,1909；B. 引自 Edmondson WT, et al,1959)

叶足类食性很广泛，有悬浮取食、沉积取食、捕食、滤食、腐食等，因种而异。主要靠背甲内表面、叶足及薄的表皮进行呼吸，实际上也是离子传递及渗透调节的部位。心脏管状，心孔数因种类不同而不同，3～11 对不等。可通过气体交换的表面排泄氨。高等的种类具囊状肾，如小颚腺，或幼虫时为触角腺。神经系统包括脑区及呈双链状的腹神经索，中眼包括四个色素杯眼，侧复眼是存在的，但在水蚤愈合成一复眼。生殖方式多样，有雌雄同体、雌雄异体及孤雌生殖。具携卵习性，卵袋或在背甲下，或在叶足间。叶足类也可产生夏卵及休眠卵，两者均可孤雌生殖或受精生殖，因种不同，有的仅产生休眠卵，有的不产生休眠卵，还有的种在环境不利时产生休眠卵。夏卵产生后很快孵化；休眠卵是滞育卵，卵壳厚，其中水分含量可低于 1%，代谢率几乎降低到零，胚胎常发育到一定程度时进入滞育，当环境转好时再孵化，休眠卵很容易通过水流、风、动物等进行传播。水蚤类也可以出现孤雌生殖及两性生殖的交替现象，与轮虫的孤雌生殖相似，即孤雌生殖产生双倍体的卵，发育后仍行孤雌生殖，一旦环境因素诱导雌虫产生单倍体的卵，孵化后为雄虫，雌、雄虫交配后再产生双倍体的休眠卵。许多鳃足类还有种群周期现象(population cycle)，即该种每年出现1到数次种群高峰。还有周期变形现象(cyclomorphosis)，例如，水蚤在夏天产生尖头形，而春、秋季产生圆头形，这些现象在轮虫中也曾被观察到，这种相似性可能是由于趋同进化的结果。

叶足纲可分为三个目。

(1) 背甲目(Notostraca)。仅包括10种，身体分为头、胸、腹，具大的楯形背甲，盖住大部分躯干部(图11-55)。复眼无柄，体长20～50 mm，但最大可达10 cm，由22～44节组成。前11节每节一对附肢，后每节数对附肢。腹部无附肢，具尾叉，常穴居，如鲎虫。

(2) 蚌甲目(Conchostraca)。体侧扁，被两枚蚌形背甲覆盖(图11-56)，躯干部有10～32节，胸部体节具叶状附肢，腹部短小无附肢，尾叉爪状，第二触角发达，双肢型用于游泳，例如，蚌虫、锐眼蚌虫(*Iynceus*)等。

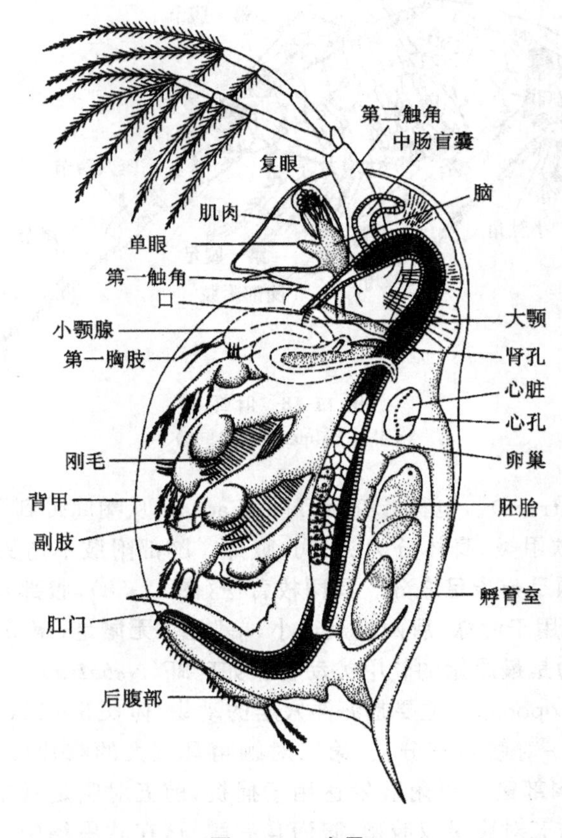

图 11-57　水蚤

(3) 枝角目(Cladocera)。身体略侧扁，具左右两枚蚌形背甲，背甲后端延伸形成刺，头部向腹面突出如喙状，第二触角发达用于游泳，两复眼愈合，胸部附肢减少到5～6对，腹部无附肢，但具爪状尾叉，折向腹面。约有600种，是本纲最大的目，在淡水浮游生物中占重要地位，也是唯一具有海产的种类。例如，水蚤（图11-57）、薄皮溞（*Septodora*）等。

5. 软甲纲

软甲纲是甲壳亚门中最大的一个纲，约有23 000生存种，包括人们熟悉的对虾、螯虾、龙虾及各种蟹。

软甲纲身体分区固定，除原头节及尾节外共有19节组成，其中头部5节（加原头节为6节），胸部8节，腹部6节（加尾节7节）。一般具有背甲，每体节一对附肢。头部两对触角、一对大颚、两对小颚，共五对附肢；胸部的八对附肢，原始的种类相似，但随着前一、二或三个胸部体节愈合到头部形成头胸部，附肢也相应地变成颚足，协助取食，后几对（一般五对）胸足也变成单肢型，其外肢退化（图11-39C）。软甲类腹部具有附肢，用于游泳、激动水流以取食、通风、气体交换，还用以携卵，前五对均双肢型，其中前一二对附肢在雄性变成交配肢，最后一对腹部双肢型附肢与尾节共同构成尾扇（tailfan），用做舵。雌性生殖孔开口在第6胸节，雄性生殖孔开口在第8胸节。在此介绍几个重要目。

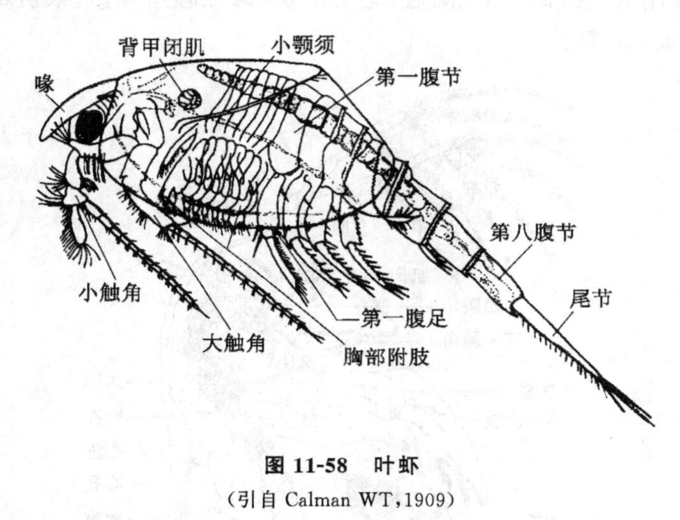

图11-58 叶虾

（引自Calman WT，1909）

（1）薄甲目（Leptostraca）。也称叶虾目（Nebeliacea），从潮间带到深海均有分布，小型，体长10～40 mm，底栖的软甲类，身体分为头、胸、腹部。胸部附肢不与头部愈合成头胸部，8对胸肢相似均为叶状，无颚足与步足之分。具两枚背甲（图11-58），腹部具有7节而不是通常的6节。前四腹足双肢型，用于游泳，后两腹足很小，单肢型，无尾足，尾节延伸具尾叉，由于胸部附肢及7节腹部，被认为是最原始的软甲类动物。如叶虾（*Nebalia*）。

（2）口足目（Stomatopoda）。主要是海洋穴居的动物，体长5～36 cm，身体背腹略扁平，分为头、胸、腹三部分。第一对触角三分支，第二对触角具宽大的鳞片（seale）。背甲小，仅盖住头及胸部前4个体节，胸部第二对附肢发达用于捕捉，前五对胸足具螯，后三对细长无螯，步行；腹部宽大，多肌肉，前五对腹足双肢型，腹面具有鳃，这在软甲纲中不多见。第六对腹足与宽大的尾节共同构成尾扇。雌虫有携卵习性，由于第二对胸足相似于螳螂，也称螳螂虾，也捕食，海边常见的如指虾蛄（*Gonodactylus*），可食用的虾蛄（*Squilla*）（图11-59），等。

（3）十足目（Decapoda）。主要包括许多大型的软甲类，如虾、蟹等，许多种是可食的，多数是海洋底栖生活，少数侵入淡水，甚至陆地两栖生活，已报道的约有10 000种。

头部具两对及分支的触角，前三对胸足成颚足，形成口器的一部分。后五对胸足为单肢型步足，故称十足目。第一对步足具发达的螯，即最末端的两节呈钳状。背甲与胸部 8 节愈合并向两侧延伸形成鳃盖。背甲前端前伸形成颚剑(rostrum)。十足目的形态可以分为虾型、龙虾型及蟹型(图 11-60)，从生活方式上可分为游泳的及爬行的(虽然这不是绝对的)，可按生活方式分两个亚目。

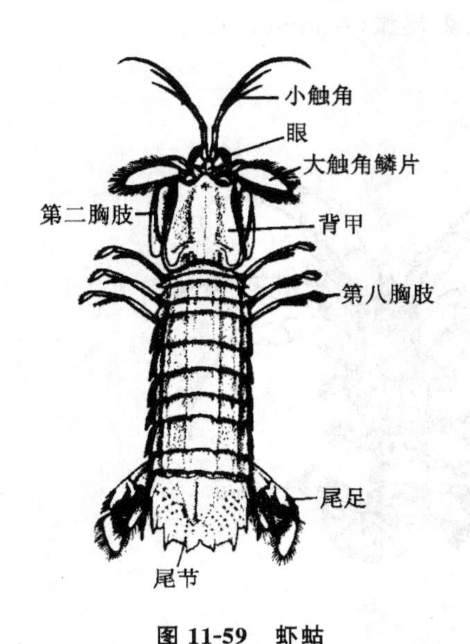

图 11-59　虾蛄

(引自 Calman WT，1909)

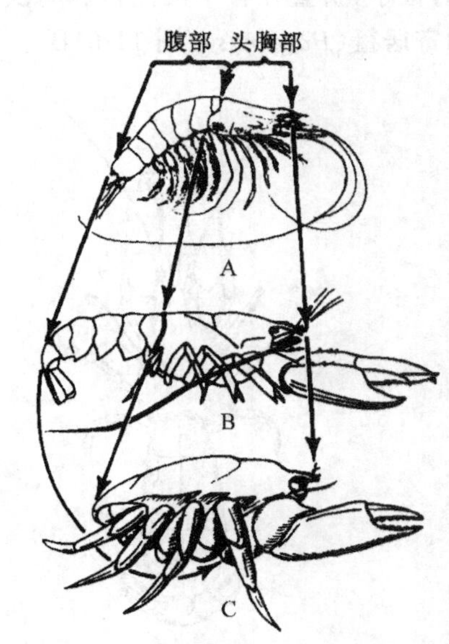

图 11-60　虾(A)、龙虾(B)及蟹(C)头胸部与腹部的比较

(引自 Glaessner MF，1969)

① 游行亚目(Natantia)。体呈虾型，身体侧扁，外骨骼薄，透明，未钙化。背甲前端额剑侧扁具齿，腹部发达多肌肉，腿细长，前三对或两对步足为螯肢，沼虾(*Macrobranchium*)等前两对为螯肢。腹足发达具刚毛缕，适于游泳生活。大多数虾还是在海底软沙中穴居，打动腹足挖穴。

产于我国黄、渤海海口的对虾(*Penaeus orientalis*)具有规律的洄游习性，它们多在黄海南部越冬，春天气温回升后，成群结队北上到达渤海海域，并在沿海分散、觅食，寻找产卵场所，4～5月间开始产卵，孵化的幼体在浅海迅速生长，到秋末冬初(10～11 月)性已成熟，交尾后又重新聚集，成群沿北上路线南下，重新进入黄海海域，分散越冬，较少活动。人们利用这一习性，掌握汛期，进行适量捕捞，以保护资源。另外，生活在我国沿海的毛虾(*Acetes chinesis*)、沿海河口处的沼虾、长臂虾等都是我国沿海重要的虾类资源。

在游行亚目中，相当多的种类为远洋生活，例如，樱虾类(Sergestidae)、刺虾类(Oplophoridae)等，还有一些虾类是间歇性游泳的底栖种类，它们在藻类中、石下以及珊瑚礁裂缝中生活。例如，褐虾(*Crangon*)用腹足挖掘沙粒将身体埋在浅沙中，夜间出来活动。鼓虾(*Alpheus*)是3～6 cm 长的一种小虾，它的一个螯足特化成可动的钳，通过敲打可以产生一种拍击声，用以攻击及防卫，并用以保持其种群的地理空间。

② 爬行亚目(Reptantia)。十足目除了游行亚目之外，其余的均为底栖爬行的龙虾型(图 11-60B)或蟹型(图 11-60C)。相应地，身体呈背腹扁平，头胸部更发达，背甲钙化及硬化，腹部减小或向头胸部腹面折曲，腹足不适于游泳。

在爬行亚目中，一些种类仍有较发达的腹部，完全的附肢，背甲长大于宽，胸足用于爬行，具尾扇，紧急时腹部可以像虾一样向后弯曲运动，腹足用以通风，龙虾（*Panulirus*）、螯虾（*Cambarus*）等穴居种类称为长尾派（Macrua）。

爬行亚目中另一类腹部减小，腹部可以或不可以折曲在头胸部之下，尾足存在，第五对步足退化，很小，折叠在背甲两侧，例如，浅海沙滩中穴居的蝼蛄虾（*Upogebia*）（图11-61A），以及大量的寄居蟹（*Pagurus*）（图 11-61B）。这一类又称为歪尾派（Anomura）。

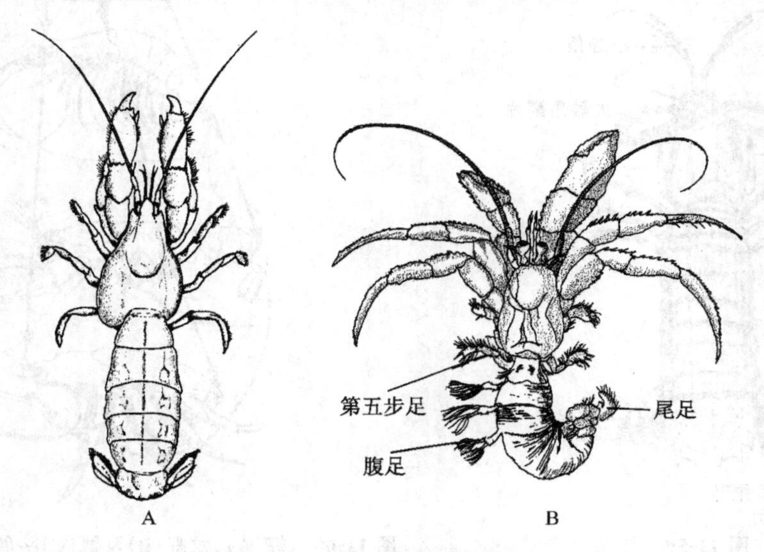

图 11-61 十足目歪尾派代表种

A. 蝼蛄虾；B. 寄居蟹

（引自 Ruppert EE, Fox RS, 1988）

寄居蟹是利用腹足类的贝壳作为生活居住场所的十足类动物，它的尾足变成钩状，钩住壳轴，腹部包在一薄角质膜内随贝壳的右旋而右旋，步足上有许多小刺以防身体滑出壳口，螯肢特别发达，可以堵住壳口。由于寄居，右侧腹肢或消失或减少，当寄居蟹长大时，旧壳已不适用，它会寻觅新的空壳，以步足测量壳口，合适时则弃旧壳进入新居，从不杀害螺体，可谓“仁义之师”。

爬行亚目中还有一大类约 4500 种，它们的腹部大大地缩短、减小并折曲于头胸甲之下，尾足消失，背甲宽而硬化盖住整个胸部，雌性具全部腹足用以抱卵，雄性前两对腹足用做生殖肢，其他腹足消失，这一类称为短尾派（Brachyura）。蟹类运动时是以一侧步足弯曲、另一侧伸长，推动身体横行前进。

蟹类中只有梭子蟹类（Portunidae）可以游泳，其第五对步足末端变成桨状（图 11-62A），靠桨的划动可以前行或横行游泳。

蟹的螯肢具保护功能，有的种将海葵搬到螯上，或利用其他外来物体如海绵、杂草等装饰自己，蜕皮后还将这些装饰物移到新皮上，例如，走蟹（*Dromia*）（图 11-62B）可以将海绵切下放在背甲上形成一个软帽状。豆蟹科的许多种常与多毛类、双壳类、螺类及海绵动物等有共生关系，共生时外骨骼变得柔软，交配时离开共生体，骨骼变硬。还有少数蟹类在海底深渊生活，这时背甲软而透明，足变细长。

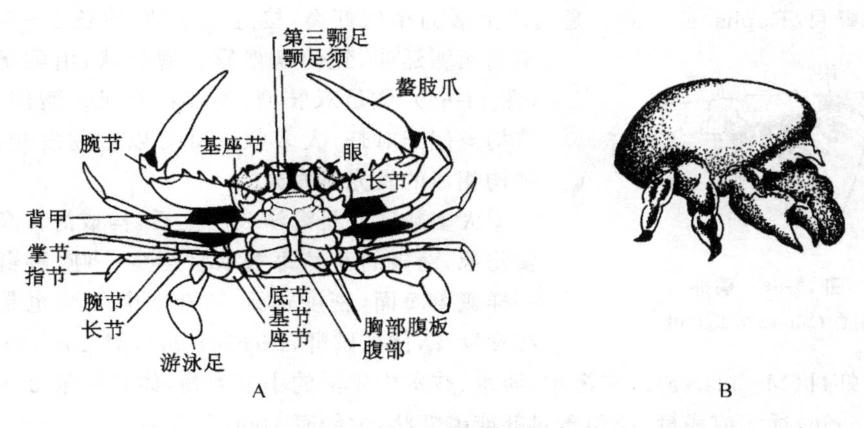

图 11-62　十足目短尾派代表种

A. 梭子蟹(*Portunus*)；B. 走蟹

(A. 转引自 Barnes RD,1980)

分布于我国的蟹类约有 700 多种,具有重要经济价值的种类如三疣梭子蟹(*Portunus trituberculatus*)(图 11-63A),盛产于我国各地沿海,其头胸甲呈梭状,前侧缘有 9 个锐齿,背面有三个疣状突起,因而得名。每年春天到沿海河口处产卵,冬季移居到数十米深海水处生活,我国北方所售蟹类大都是这一种。又如日本鲟(*Charybdis japonica*)(图 11-63B),背甲呈横列的卵圆形,前侧缘有 6 个锐齿,螯足大,不甚对称,产于我国沿海。再如我国南海产的青蟹(*Scylla serrata*)(图 11-63C),头胸甲长约为宽的 2/3,呈青绿色,故名,前侧缘有 9 个等大的齿,螯足不对称,也在河口产卵,也是一种食用蟹类。另外盛产于我国江、湖、河流河口沿岸的中华绒螯蟹(*Eriocheir sinensis*)(图 11-63D),每到秋季到近海或河流出口处繁殖产卵,翌春幼蟹再溯河而上,在淡水中继续生长,也是重要的食用蟹类。

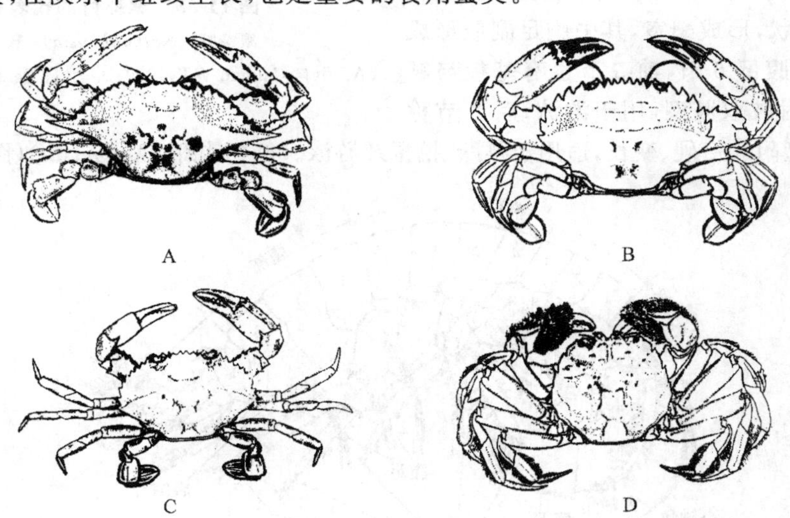

图 11-63　我国几种经济蟹类

A. 三疣梭子蟹；B. 日本鲟；C. 青蟹；D. 中华绒螯蟹

(引自魏崇德,1991;堵南山,1993)

(4) 磷虾目(Euphausiacea)。是远洋生活的小型虾类,接近 100 种,体长 3～5 cm。背甲不向两侧延伸,致使鳃裸露。鳃丝状,由胸足副肢形成(图 11-64),胸足双肢型,不存在颚足。腹部、腹足及尾节均类似于对虾,大多数磷虾可以生物发光,是由与眼结构相似的发光器发光。

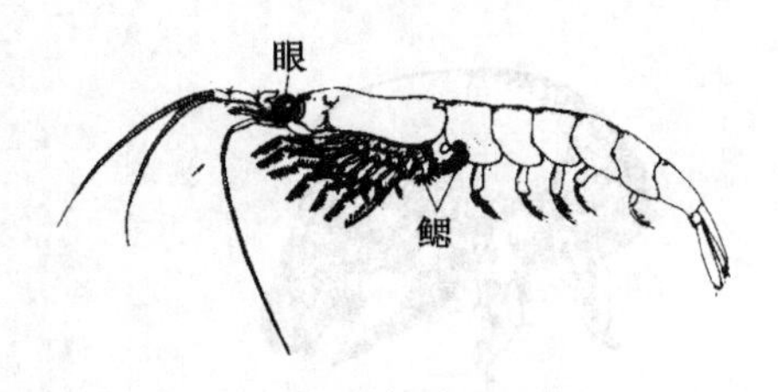

图 11-64 磷虾
(引自 Calman WT,1909)

大多数磷虾是海洋表层生活,构成海洋鱼类及鲸的食物源,南极的蓝鲸每餐取食至少一吨,种群可像云雾一样遮盖海面,密度达到 60 000 个/m^3,也是人类的潜在食物源,例如磷虾(*Euphausia*),*Meganyctiphanes*。

(5) 糠虾目(Mysidacea)。是海水、淡水、咸水中生活的小型动物,体长一般 2～30 mm,最大的可达 35 cm,远洋或底栖,类似于对虾或磷虾状,大约有 1000 种左右。

胸部前 1～3 体节愈合于头部形成头胸部,背甲发达但仅与前 3 节愈合,有鳃室(图 11-65),仅前 1～2 对胸足形成颚足,其他胸足双肢型,雌虾具卵囊,即由胸节腹板与胸肢的副肢向中央抱合形成。腹部具 6 节,即第 6,7 体节愈合,腹足发达或不发达,有尾扇,也是鱼类的重要饵料,例如糠虾(*Mysis*)。

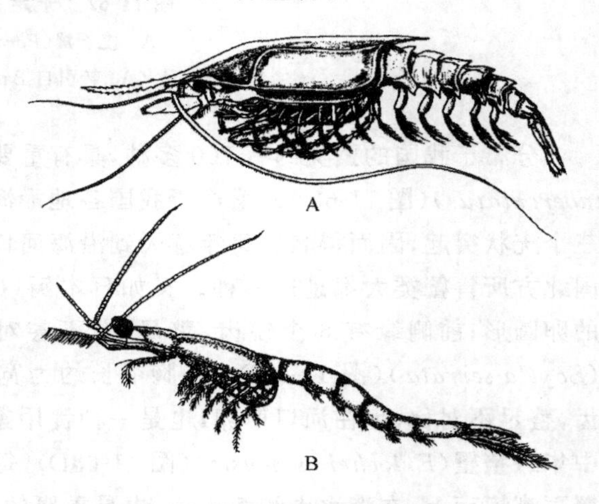

图 11-65 糠虾目的代表种
A. 额糠虾(*Gnathophausia*);B. 糠虾
(A. 引自 Calman WT,1909;B. 引自 Pennak RW,1978)

(6) 端足目(Anphipoda)。是小型远洋底栖或淡水生活的动物,体长 5～15 mm,体形似虾,侧扁但无背甲,眼无柄,第 1～2 胸节与头愈合形成很小的头胸部,触角两对均发达,第一对胸肢形成颚足,其余七对胸肢为单肢型步足,胸足基节变宽成板状,形成鳃室,其中胸足副肢形成鳃及抱卵肢。腹部 6 节,前 3 节也有基板与鳃室相连,三对附肢双肢型,用于游泳,后 3 节称尾节,其双肢型附肢变硬、变长,适用于跳跃、挖掘及游泳。例如钩虾(*Gammasus*)(图11-66)。

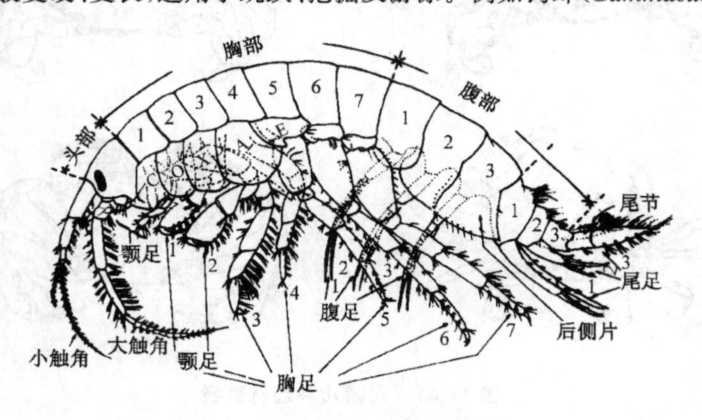

图 11-66 端足目的代表种钩虾
(引自 Bousfield EL,1973)

端足目约有6000种，生态类型多样，一些种远洋自由游泳，或与水母、管水母类共生，大多数种类是在海洋中底栖生活。如钩虾，它既可靠胸足在底部爬行，也可用腹足及尾足侧泳，快速运动时可以两种兼用。有的种完全爬行生活，如麦秆虾(*Caprella*)，它的步足末端形成爪，用以钩住水藻或其他动物。一种跳钩虾(*Orchestia*)，可以靠腹部及尾节的突然向后延伸而跳跃前进。还有的种为穴居，它们做成临时的或永久的穴道，甚至可以携带自己穴居的管自由移动。少数为淡水生活。一小类为陆地生活，属于击钩虾科(Talitriidae)，但这些陆生种只能限制在岸边高潮线附近。

(7) 等足目(Isopoda)。身体一般在5～15 mm(深海种可达40 cm)，生活在海水、淡水中，也有陆生及少数寄生。约有4000种，在甲壳纲中，仅有十足目、端足目及桡足目在种的数目上超过它。

身体背腹扁平，胸、腹部等宽，第一胸节与头愈合形成头胸部，无背甲，第一触角短小或退

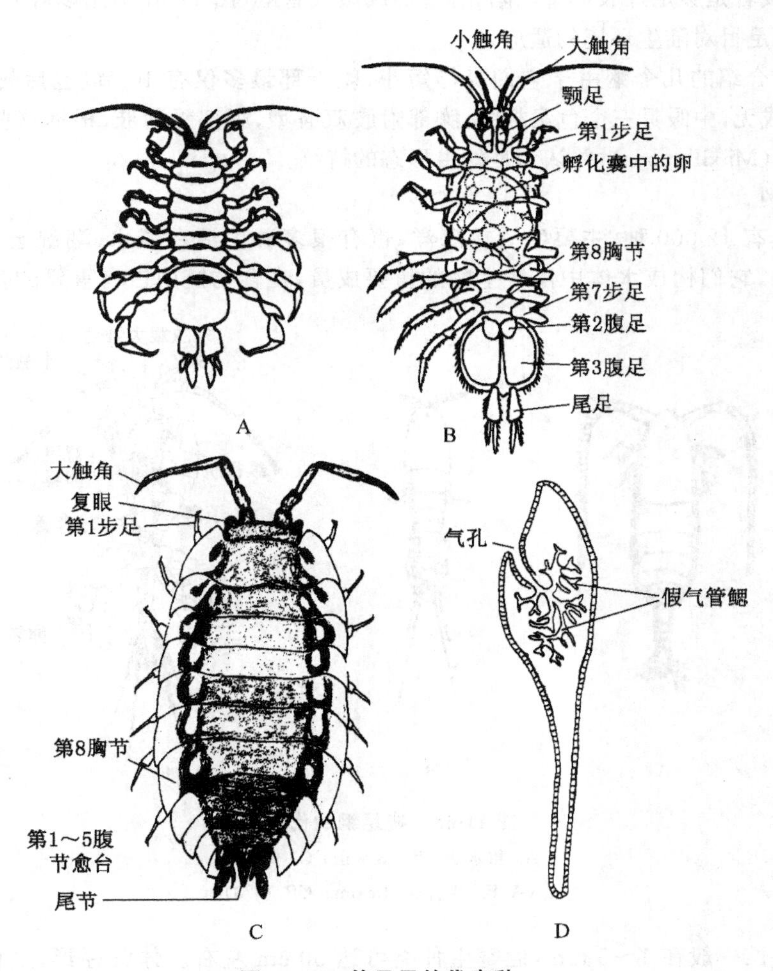

图11-67　等足目的代表种

A,B. 栉水虱；C. 潮虫；D. 鼠妇腹足外肢形成盖板的切面观，内有假气管鳃

(A. 引自Pennak RW，1989；B,C. 引自Van Name WG，1936；D. 引自Kaestner A，1970)

化,第二触角发达(图 11-67),复眼无柄,仅有一对颚足,其余七对胸足均单肢型无特化,故名等足目,用于爬行或游泳。雌性胸足基节与胸节腹板愈合向两侧延伸并与抱卵肢(副肢)形成卵囊,用以携卵及孵卵(图 11-67B)。腹部 6 节,其中至少一节或多节与尾节愈合形成一硬化的腹尾节(pleotelson),例如,栉水虱(*Asellus*)有 4 节腹节与尾节愈合。腹肢双肢型,第六对为尾足,腹足内肢成薄的鳃,腹足具鳃在甲壳类是不多见的(口足目也是),外肢用于游泳。

等足目多数为底栖生活,适于爬行,例如,沿海岩石或码头能迅速奔跑的海蟑螂(*Ligia*)。栉水虱(图 11-67A,B)在淡水水草上爬行,柱木水虱(*Limnoria*)在木质中挖掘生活,潮虫(*Oniscus*)(图 11-67C)、鼠妇(*Porcellio*)等为陆生。等足目的外骨骼中没有蜡质层,不能像蜘蛛、昆虫那样防止水分的蒸发,它们或改变结构,或选择环境以保持体内水分,特别是生活在沙漠中的种类。选择潮湿的小环境,例如朽木、石下、腐叶中,昼伏夜出;卷曲身体呈球形以缩小身体的表面积;鳃的外表包有极薄、透明的角质层,内肢节为鳃,外肢节成板状,盖在鳃上,还有尾足内肢形成管状,从周围吸水,或者是腹足外肢体壁内陷充血,形成假气管鳃(图 11-67D)用以呼吸及保水,凡此种种都是陆生等足目对陆生环境的适应。

以下将要介绍的几个纲由于它们身体短小,躯干部最多仅有 10 节(包括胸部 7 节、腹部 3 节)背甲或有或无,中眼具三个色素杯眼,胸部附肢双肢型,腹部无附肢,根据这些特征将它们统归于颚足超纲(Maxillopoda),并认为是幼虫形态的持续。

6. 桡足纲

桡足纲具有 12 000 种,主要生活在海洋,也有很多种生活在淡水、潮湿土壤中,也有寄生在鱼体生活的,它们构成水体中浮游生物的重要成员,在食物链中占有重要的基础地位。

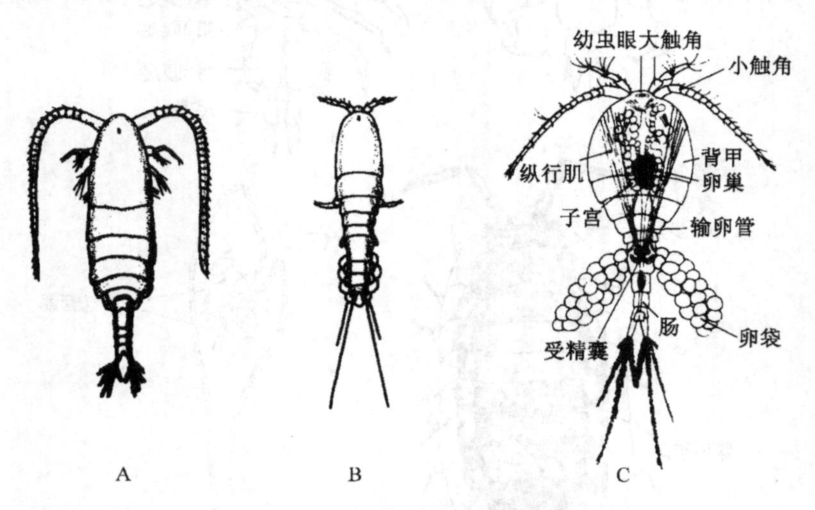

图 11-68 桡足纲的代表种

A. 哲水蚤; B. 猛水蚤; C. 剑水蚤

(A,B. 转引自 Hickman CP,1973)

桡足类体长一般在 1～5 mm,但寄生种类可达 30 cm 左右。体圆柱形,底栖爬行的种,体宽略扁平形。头部第 1 对触角单肢型细长,伸出后与体轴成直角,第 2 对触角短,双肢型,一对大颚、两对小颚,无复眼,躯干部 10 节,胸部 7 节,第 1 节与头愈合成头胸部,无背甲,胸部第 1 对附肢为颚足,其余为双肢型附肢,生殖孔位于第 7 体节,腹部 3 节较窄,无附肢,尾节具尾叉。

另外，在胸、腹之间，或胸部后几个体节之间有一可动关节，使身体易于弯曲，例如，浮游生活的蜇水蚤(*Calanus*)(图 11-68A)、底栖生活的猛水蚤(*Harpacticus*)(图 11-68B)及池塘常见的剑水蚤(*Cyclops*)(图 11-68C)。繁殖季节时输卵管分泌物形成卵袋附着在生殖节上。初孵时为无节幼虫，约经 5～6 次蜕皮后变成桡足幼虫(copepodid larva)，再经数次蜕皮后变成成虫，并停止蜕皮。一般生活期数周至 1 年左右，每年 3～6 个世代。淡水种也形成厚壳越冬卵及夏卵。

在桡足纲中还有 1000 种左右为寄生种类，它们在珊瑚、多毛类、贝类及鱼类体表或体内共生或寄生。体表共生或寄生的种类形态变化较小，内寄生的种类变化较大，如体节及附肢减少，身体呈蠕虫形，口器成针管状等。

7. 蔓足纲

蔓足纲全部海产，约有 1000 种，大部分固着在海岸岩石、贝壳、珊瑚、码头等物体上，少数穴居生活，约 1/3 种寄生在甲壳、棘皮动物、鱼、海龟、鲸等体表或体内。

最有代表性的种类是围胸目(Thoravica)，它在幼虫期以头部第一触角基部的黏液腺附着在基底，幼虫的两个背甲包被整个身体，成虫后，腹面向上，躯干部向下，身体仅有头部和胸部，无腹部，触角退化，胸部具 6 对蔓状附肢。

围胸目可分为有柄的(stalked)和无柄的(sessile)两大类。有柄的如茗荷儿(*Lepas*)(图 11-69A)，被认为是原始的种类，有一长的肌肉质柄(peduncle)附着在基底上，柄由身体的口前部(preoral end)延伸形成。体外有背甲特化形成的柔软的外套，外套表面至少有 5 块钙质板，顶端是一龙骨状的峰板(carina)，其两侧靠柄的一对称为楯板(scuta)(前端)，远离柄的一对为背板(后端)。两楯柄之间有大的闭壳肌相连(图 11-69B)。背板相对的一边具有开口，允许附肢由此伸出，或关闭以行保护。最大体长达 75 cm。

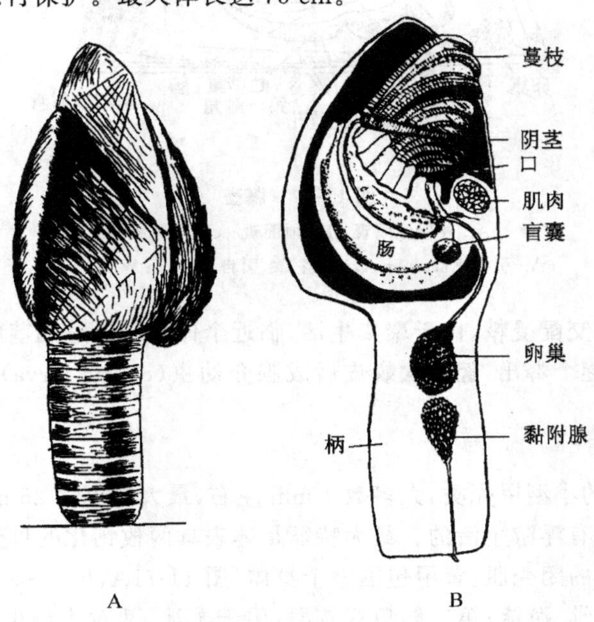

图 11-69　茗荷儿

A. 外形；B. 内部结构

(引自 Kaestner A，1970)

无柄类如藤壶(*Balanus*)(图 11-70A),小型,口前部并不延长成柄,而是直接附着在基底上形成一宽阔的附着面,有的钙质,有的膜质。顶端形成一圈骨板,有的连接,有的重叠排列,有的完全愈合,因种而不同,其中包括峰板、喙板(rostrum)、侧板(lateral)及侧峰板(lateralcarina)。在这一圈骨板的中央顶端是成对的可动的背板与楯板(图 11-70A,B),两侧的背板与楯板之间有裂缝状开口,蔓肢由此伸出。骨板与外套之内为仰卧状的身体,蔓肢向上,身体向腹面弯曲(图 11-70C),可分为头部与胸部,腹部退化。头部第一触角用以附着,或消失仅留有黏液腺,具很强黏着力。第二触角成虫期消失。6 对胸足为双肢型分节蔓肢,细长具刚毛,用以捕食。

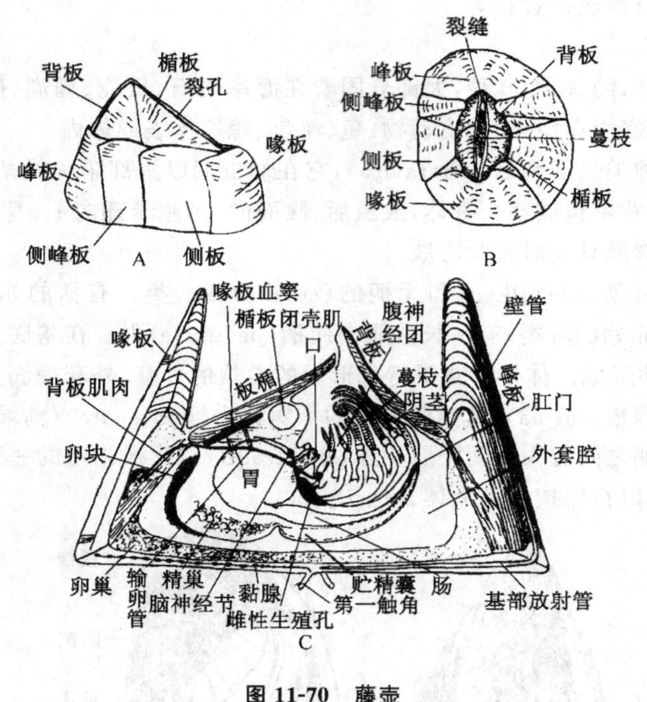

图 11-70 藤壶

A. 外形侧面观;B. 顶面观;C. 内部结构

(A. 引自 Kaestner A,1970;C. 引自 Calman WT,1909)

蔓足纲雌雄同体,交配受精,由于聚集生活,临近个体可以通过阴茎的伸出而交配,在卵囊内孵化成无节幼虫后逐个释出,经数次蜕皮后成腺介幼虫(cypria larva),再变态成成虫,成体寿命2~6年。

8. 介形纲

海水或淡水生活的小型甲壳类,大多数 1 mm 左右,最大的可达 25 mm,多数底栖,在泥沙表面或植物上爬行,也有浮游生活的。最大特征是体表具两枚钙化的贝壳状的背甲,背甲背面有韧带相连,也有一大的闭壳肌,背甲包围整个身体(图 11-71A,B)。头部及头部附肢发达,第一触角单肢型,用于感觉、游泳;第二触角双肢型,用于游泳,两对小颚也用于研磨食物及激动水流,胸部最多两节,具两对胸足,适合于游泳、步行、取食、把持等功能,腹部遗迹状具尾叉,向前折在身体之下。

介形纲雌雄异体、交配受精，发育经无节幼虫。一些海产种类具生物发光现象，淡水种类孤雌生殖。分布也很普遍，约有6000种，代表种如海萤(*Cypridina*)(图11-71A)、尾腺介虫(*Cypricarcus*)(图11-71B)。

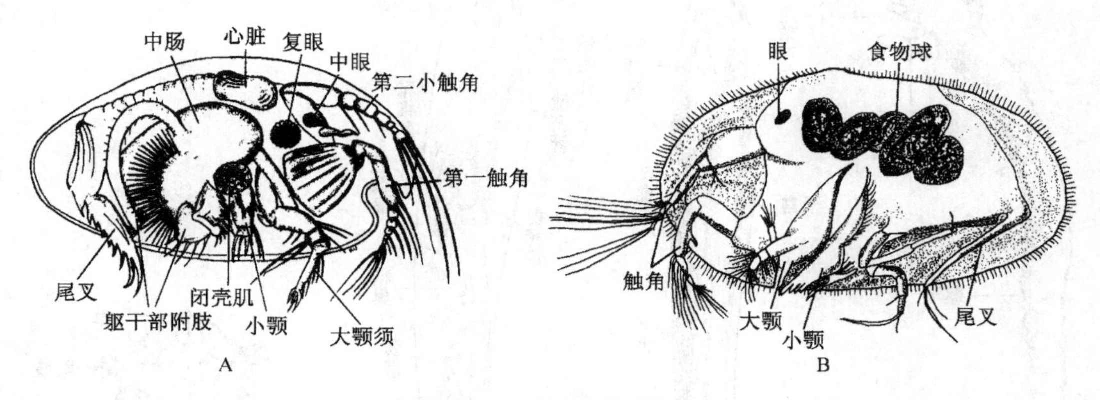

图11-71　介形纲的代表种

A. 海萤；B. 尾腺介虫

(转引自Hickman CP，1973)

9. 鳃尾纲

鳃尾纲是海水及淡水鱼类及两栖类鳃与体表寄生的动物，一般3～5 mm。最大50 mm，约有200种。身体背面具发达背甲，两对触角短小适于附着(图11-72)，上唇及口均管状，用以穿刺寄主皮肤，仅4对双肢型胸足，腹部短小不分节，双叶状。例如鲺(*Argulus*)。

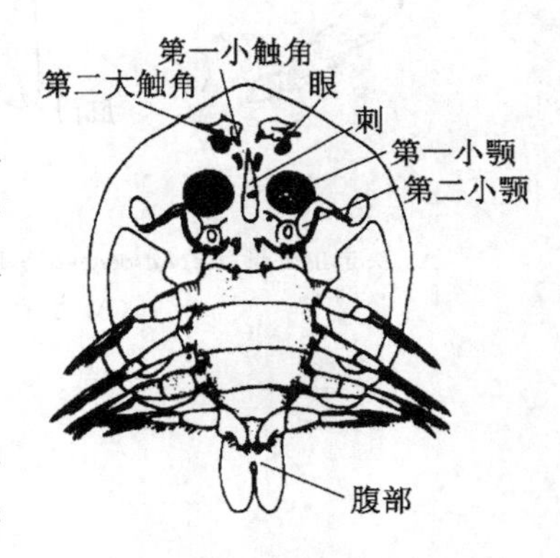

图11-72　鲺

10. 五口纲

五口纲也称为舌形动物(Linguatulida)，其分类地位一直不能确定，曾独立成门，直到最近通过DNA序列分析、精子形态及发育研究才确定它是甲壳亚门中的一个纲，并与鳃尾纲相近。

身体呈蠕虫状，细长，体长1～16 cm，寄生在爬行动物鼻、肺等呼吸道内，取食其血液及黏液细胞，鱼、两栖动物或节肢动物为其中间寄主，已报道的有100种。

身体分为头及躯干部(图11-73A)，头部具口及两对腿状延伸物，其顶端有钩，以固着寄主，腿状物被认为是两对附肢遗迹，躯干部细长，末端具肛门。体表具角质环，幼虫时周期性蜕皮，成虫时停止。有血腔，但无心脏及排泄器官，体表呼吸，链状神经索仅存在头部，不进入躯干。雌雄异体，在卵内发育成幼虫，幼虫具两对有钩的附肢(图11-73D)，相似于无节幼虫，孵育的卵由消化道排出体外，经食草的中间寄主，在其消化道内孵化成感染幼虫，当被终寄主取食后，再迁移到呼吸道内寄生，也曾有人被感染的报道。

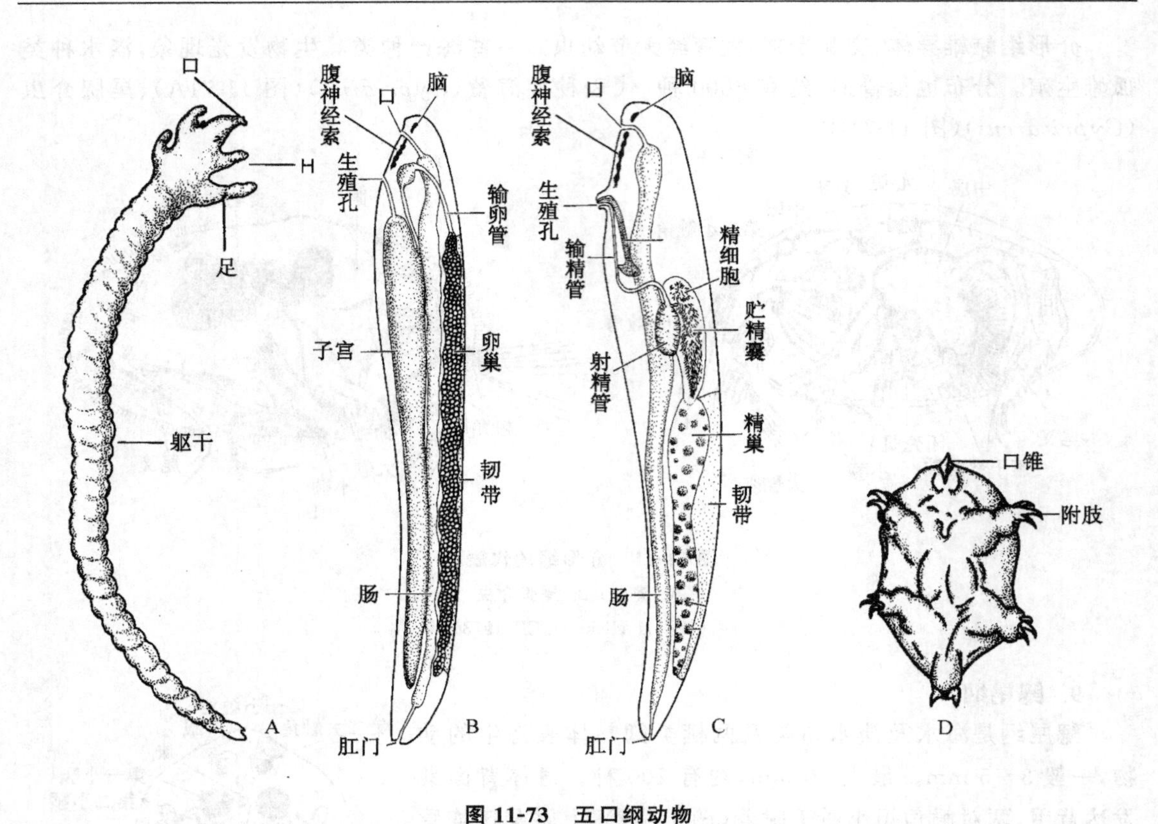

图 11-73 五口纲动物

A. 头走虫外形(*Cephalobaena*)；B. 雌虫内部结构；C. 雄虫内部结构；D. 孔头虫(*Porocephalus*)幼虫

(A. 引自 Cuénot JO,1979；B,C. 引自 Storch V,1993)

第五节 气管亚门

气管亚门(Tracheata)是陆生节肢动物,从泥盆纪发现的最古老的化石种类就是陆生的。现在生活在淡水中的昆虫及极少量的海产倍足类是次生性的侵入水生环境,气管亚门与蛛形纲共同构成陆生的两支。

气管亚门具有一对触角,位于头部第一体节。头部第二体节退化,成虫期不具附肢。胸、腹部的附肢均为单肢型,因此也有称之为单肢亚门。以气管进行气体交换,并有气门控制开闭。以马氏管及基节腺(囊肾)进行排泄,中肠没有消化腺,雌雄异体,体内受精,经精荚传递精子。气管、马氏管及精荚可能是对陆生生活的一种适应,这在蛛形纲中也同样存在。

气管亚门包括唇足纲、倍足虫纲、烛蛑纲、综合纲及昆虫纲,其中前四纲身体分为头部与躯干部,附肢相似,没有分化,故统称多足总纲(Myriapoda),总共约有 13 000 种,它们都生活在潮湿的小环境中。而昆虫纲身体分为头、胸、腹三部分,胸部具有三对步足及两对翅,故也称为六足纲(Hexapoda),包括了动物界的绝大多数种类。

一、唇足纲

1. 生态与外形

蜈蚣及蚰蜒是日常最熟悉的唇足纲动物，主要分布在热带及亚热带地区，栖息在土壤、石块或木桩下等潮湿的地方。我国常见的巨蜈蚣(*Scolopendra subspinipes*)，体长达6～15 cm，体表呈红褐色，其他种类一般都在2～30 cm之间，体色呈红、绿、黄色或混合色，约有2800已描述的种。

身体细长，背腹扁平(图11-74)，可分为头部与躯干部。头部前端有一对触角，无中眼，一对侧眼可能来源于复眼，是几个无晶锥的小眼组成。头的腹面具有口器(mouth parts)。口器包括一个上唇(upper lip)，构成口腔的顶板；由两对小颚构成下唇(lower lip)，其中第一对小颚有小颚须。上、下唇包围口腔，其中有一对大颚，其上有齿及刚毛。头部的触角、两对小颚及一对大颚是由附肢形成的。

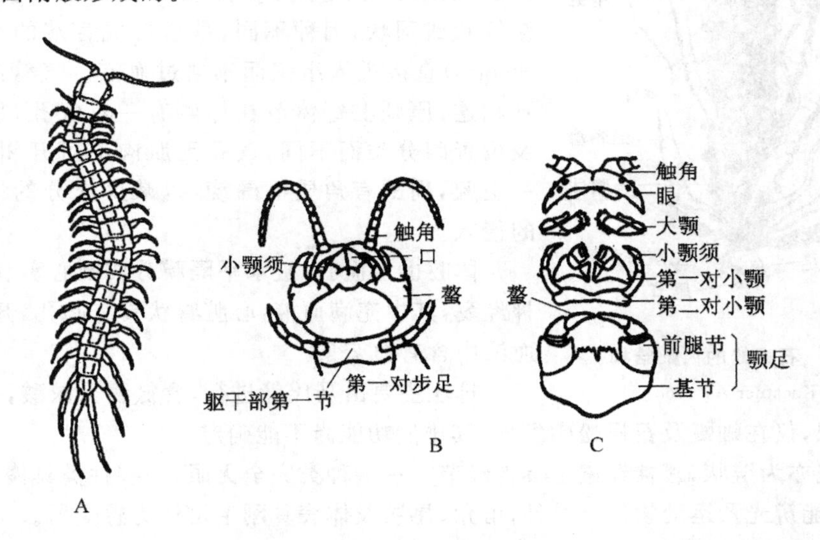

图11-74　巨蜈蚣

A. 外形；B. 头部腹面观；C. 口器

(引自Sonodgrass RE，1952)

躯干部体节数因种不同，可由十几节到一百多节。除最后两节外，每个体节有一对附肢，因此唇足纲也称为百足纲(Centipedes)。躯干部第一体节的附肢变成颚足，铗状，盖在口器之外。颚足的前端两侧有毒爪，其端部有毒腺开口。颚足弯向腹中线，用以协助取食。躯干部最后一个体节具肛门，附肢可能钳状或触角状，不用于运动，用于感觉、防卫及攻击，其前两节为前生殖节及生殖节，前生殖节具一对附肢即生殖肢，在雌性用于操纵卵；生殖节带有尾节。此外，其余体节每节一对单肢型附肢作为步行足。躯干部每个体节是由背板、侧板及腹板组成，背板在大小上或相似，或大小相间排列，因种而异。

唇足类运动的方式不完全相同，地蜈蚣(*Geophilus*)身体细长、穴居，它们靠躯干部的伸缩完成运动，如环节动物一样，其体壁纵肌发达，延伸时可拉长体长68%，体节数目多，背板均为小骨板，使之易于伸缩；蜈蚣类，例如，巨蜈蚣具相似的长步行足，可以大步疾行；而蚰蜒类，又如蚰蜒(*Scutigera*),它的步足是由前向后逐渐增加长度,最后一对足是第一对足的两倍,以防运动时相互干扰,同时向后推动比之恢复更为有力,加之减少长背板以及长的尾肢,使蚰蜒可以快速运动,速度是蜈蚣的三倍,可达到 40 cm/s。

2. 内部结构与生理

唇足纲为捕食性动物,以蚯蚓、节肢动物甚至小的两栖类、爬行类为食。取食时以颚足处死及把持食物。其毒腺的分泌物可以引起人的剧痛,但不致命,其中可能包含有血清素和组胺,但对小的动物是致死的。消化道为一直管(图 11-75),包括前、中、后肠,前肠极长,由口腔、大颚腺、小颚腺分泌消化酶,中肠可分泌围食膜,肛门开口在末端。

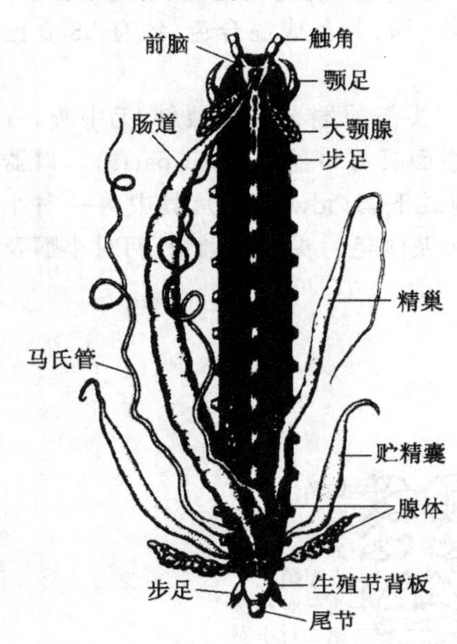

图 11-75 石蜈蚣的内部结构

(引自 Kaestner A, 1968)

体壁上表皮中缺乏蜡质层,通常在潮湿环境下昼伏夜出,以减少体内水分的蒸发。以气管呼吸,在体内呈纵管状或网状,因种不同,最后形成盲端的小气管(tracheoles)直接进入组织而不通过血液。气管的外端与气孔相连,原则上每体节在体侧有一对气孔,但气孔排列及位置因分类而不同,气孔无肌肉不可开闭,气孔内有一空腔,周围有角质毛围绕,以减少水分的散失及尘埃的侵入。

体腔也为血腔,被水平隔膜分成围心窦、围脏窦及围神经窦,其中充满血液,心脏管状具有心孔,开放循环,其血液中含有血蓝素。

排泄主要由马氏管进行,含氮物为尿酸,一对同源于囊肾的小颚腺,仅在蚰蜒及石蜈蚣中发现,其排泄功能尚不能确定。

神经系统亦为链状,腹神经索上具神经节。一些种类完全无眼,一些种类具聚合的小眼形成的侧眼,仅能辨光及运动物体。另外,触角、尾肢及体表具刚毛可作为感受器。

雌雄异体。雄性个体包括 1~24 个精巢,位于消化道背面,有一对输精管,以共同的生殖孔开口在生殖节腹中线上。雌雄个体仅有单个的卵巢及输卵管,生殖孔一个开口在生殖节腹中线,还有一对受精囊也开口在生殖节。具有求偶行为,雄性发现雌性后开始织一小网产下精荚,雌性再将精荚送入体内。体内受精,多黄卵,一些种具孵育卵的习性。例如,地蜈蚣,雌性在洞穴内守护卵(15~35 粒)直到幼体孵化及分散;而石蜈蚣和蚰蜒则单个的产卵于土壤中,或短时间内携带卵,但不孵育。孵化后的幼体与成体相似,体节数也相同,则称整形发育(epimorphic);如幼体孵化后体节数只有成体的一部分,则称为异形发育(anamorphic)。幼体孵化后经几年才达到性成熟,寿命 4~6 年。

3. 唇足纲的分目

(1) 整形亚纲(Epimorpha)。卵孵育,幼体与成体体节数相同。

① 地蜈蚣目(Geophilomorpha)。体细长,具 30~170 对足,无眼,如地蜈蚣(*Geophilus*)(图 11-76A)。

② 蜈蚣目(Scolopendromorpha)。具 21~23 对足,眼或有或无,如巨蜈蚣。

(2) 异形亚纲(Anamorpha)。卵不孵育,幼体仅有成体的部分体节,成体均为 15 对足。

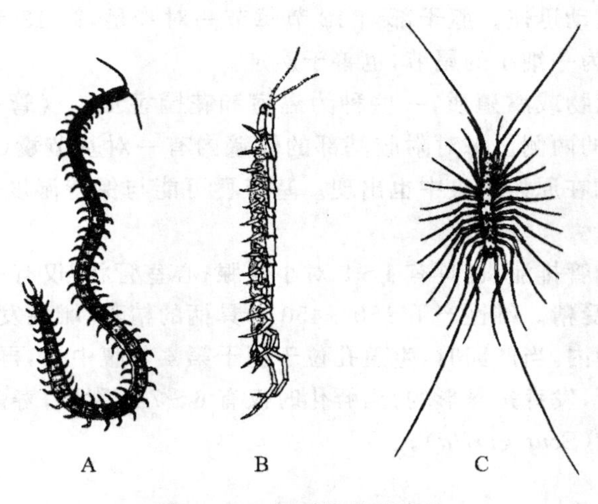

图 11-76　唇足纲的代表种

A. 地蜈蚣；B. 石蜈蚣；C. 蚰蜒

① 石蜈蚣目(Lithobiomorpha)。气孔成对在体侧,如石蜈蚣(*Lithobius*)(图 11-76B)。

② 蚰蜒目(Scutigeromorpha)。足及触角特长,气孔不成对,开口在背板的背中线上,如蚰蜒(*Scutigera*)(图 11-76C)。

二、综合纲

综合纲动物主要生活在土壤及腐殖质类丰富、潮湿的地方,仅有 160 种左右。体小型,无色,长约 2～10 mm,一般为 4～5 mm,形态类似于蜈蚣,头部前端有一对触角,如么蚰(图 11-77),口器由一对大颚及两对小颚组成,类似于唇足纲的口器,其第二小颚左右愈合成下唇,无眼。

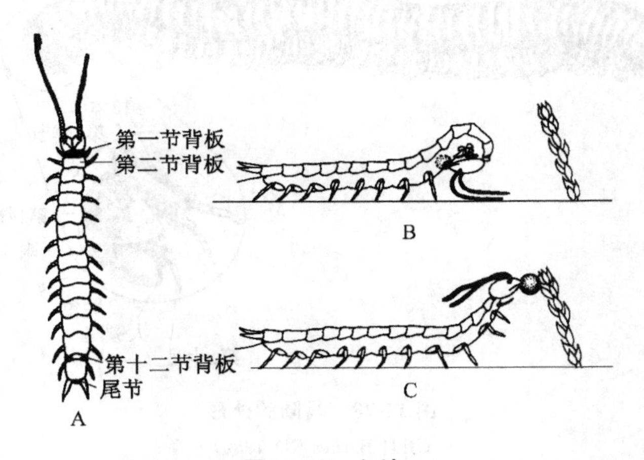

图 11-77　么蚰

A. 外形；B. 么蚰用口器从生殖孔移出卵；C. 将卵附着在植物上

(B,C. 转引自 Barnes RD,1980)

躯干部柔软、细长,有 14 个体节,但盖有 15～24 个背板,这无疑增强了背腹活动的灵活性,使身体蜷曲自如,运动迅速。躯干部前 12 节每节一对步足,第 13 节具一对纺绩突,第 14 节具一对盅毛,体末端为一细小的尾节,也善于疾走。

综合纲动物取食植物或腐殖质,一些种为温室和花园害虫。气管一对,分布在躯干前三节,一对气孔开口在头的两侧。每对附肢基部的体壁内有一对基节囊(coxal sac)和一小的针形突(stylus),这种结构在原始昆虫中也出现。基节囊可能与保持湿度相关,针形突可能具感觉功能。

综合纲动物以马氏管排泄,也具有 1～2 对小颚腺;心室管状,仅有一对心孔;链状神经;雌雄异体,经精荚但体外受精。雄性产下 150～450 个具柄的精荚,雌性发现后吃进口前腔,弄碎并贮存在附近的一个囊内,当产卵时,生殖孔位于躯干第 4 节腹中央,再吐出精子黏着在卵上,卵常 8～12 个成丛产下,发育是异形的,当孵化时仅有 6～7 对附肢,寿命可达 4 年。例如么公(*Scolopendrella*),么蚰(*Scutigrella*)。

三、倍足纲

1. 外部形态

倍足纲是多足总纲中最大的一纲,约有 10 000 种,它们也是隐居在石下、土壤、洞穴内生活,一般也是昼伏夜出,受到刺激时身体卷成球状。

身体呈长圆柱形(图 11-78),一般体长在 2 mm～30 cm 之间,少数背腹略扁,黑褐色或稍有橘、黄色。身体由 11 节至一百多节组成,原始的种类还可以分出背、腹板及侧板,但多数种类已完全愈合成环状,如马陆(*Julus*)(图 11-78),身体可分为头部与躯干部。头部向前凸出,前缘有一对分为 8 节的触角,触角末端膨大,常回折于头的两侧。无中眼,具有侧眼,是由 4～90 个小眼聚集成丛所形成。口器包括上唇、一对大颚及一对小颚,左右小颚联合形成额唇,形成口前腔的底部。

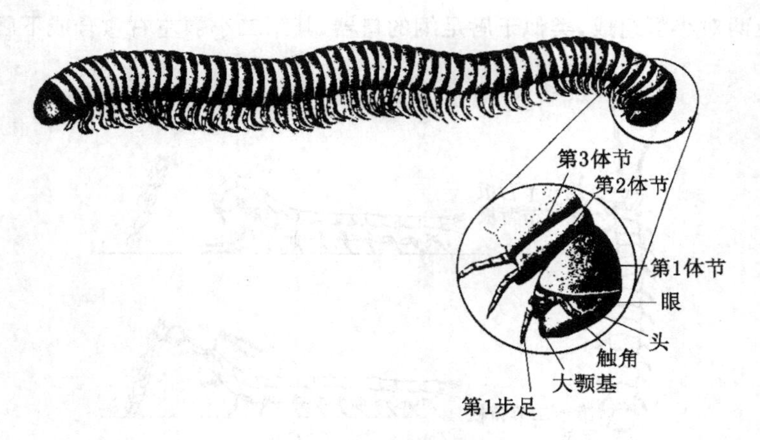

图 11-78 马陆的外形

(引自 Barnes RD,1980)

躯干部包括一系列体环(体节),其中第一节无附肢,称颈节(collum),其后三节,每节一对附肢,最后端 1～5 节没有附肢。除此之外,其他体节均每节两对附肢,由近腹中线处伸出,故名倍足纲,有的种多达数百对附肢,也将倍足纲称为千足虫纲(Millipedes)。每体节有两对气孔,体内每体节有两对神经节,心室每节两对心孔,所有这种结构成倍地存在说明它们每节是由两个体节愈合形成,另外,第7体节的附肢常成为生殖肢,躯干部体节中由于较多钙质的沉积,体壁坚硬,大多数体节近背部两侧有一对驱拒腺的开口,当遇到刺激时可排放分泌物,具恶臭,是苯醌、酚或氰化物的前体,同时身体也盘卷以驱避为害。

2. 内部结构

大多数种类为植食性,以腐殖质为食。有的种大颚不发达,变成吸吮状口器,以吸食植物汁液。还有的种捕食小动物,或取食有机物碎屑,食性多样。消化道为一直管,有两对唾腺,开口在口腔内。中肠产生围食膜包围食物,使之不与肠壁细胞接触。以气管进行气体交换。每个足的基节前端有一气孔,所以每一体节有两对气孔,气孔与内部的气管囊相连,由气管囊发出气管分支,进入体腔内。心脏管状,后端为盲端,前端通出一短的动脉。除前4节外,每节两对心孔、一对马氏管,开口在中、后肠交界处。排泄物为尿酸。也具有小颚腺,机能尚难确定。链状神经。由许多个小眼组成集合眼。无眼的种类由体壁感光,触角上的毛具化学感受能力。

倍足类雌雄异体,雄性个体有一对管状精巢,一对输精管,一对或一个生殖孔开口在第3体节附肢基部,第7体节的第1对附肢(有的种两对附肢)变成生殖肢(gonopod),用以将精子传递到雌性个体阴门外。雌性个体包括单个管状卵巢,一个输卵管及一个子宫,但有一对阴门开口在第3体节。每个阴门内连有一个受精囊,接受雄性的精子。体内受精,产卵10～300粒之间,卵成丛产出或单个散布。雌体有孵育卵的习性,卵异形发育,即孵出的幼虫仅有三对足及很少的体节。以后不断蜕皮增加体节及附肢数,直到成虫为止。孤雌生殖也很常见。寿命一般1～10年,因种而异。

3. 分类

(1) 触颚亚纲(Pselaphognatha)。小型,体壁柔软,具成束或成行的刚毛,躯干部具13～17对附肢,没有生殖肢,也没有驱拒腺,如土蚿(*Polyxenus*)。

(2) 唇颚亚纲(Chilognatha):体壁坚硬有钙质,有生殖肢及驱拒腺,包括大部分的倍足类,例如马陆、球马陆(*Glomeris*)、山蛩虫(*Polydesmus*)、带马陆(*Polyzonium*)等。

四、烛蚿纲

烛蚿纲也是小型多足类,生活在含腐殖质的土壤中,分布在热带及亚热带的丛林中,大约有500种。

体长仅0.5～2 mm,呈圆柱形,如烛蚿虫(*Pauropus*)(图11-79)。头部具一对双分支的触角,头部两侧各有一圆盘状感觉器,由一对大颚及一对小颚组成口器,小颚愈合形成下唇,相似于倍足纲的颚唇。

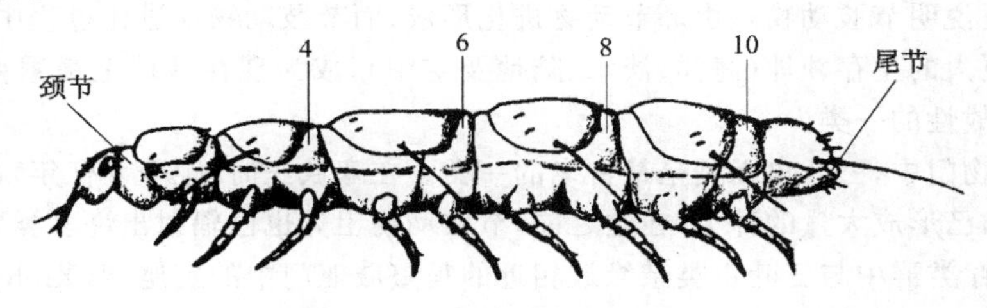

图 11-79 烛蚿虫(*Pauropus*)

(引自 Snodgrass RE,1952)

躯干部由 11 节组成，其中除第一节颈节及最后一节没附肢外，其余 9 节各具一对附肢，另有一尾节。背板很大，其两侧各有一对长的刚毛。

烛蚿纲以各种真菌、霉菌及腐殖质为食，没有心脏及血管，生殖系统与倍足纲相似，通过精荚进行精子传递，第 3 躯干节亦为生殖节，卵成丛或单个产于土壤中，异形发育，十几周后发育成性成熟的成体。

五、昆虫纲

昆虫纲是节肢动物门，也是整个动物界最大的一纲，占动物总数的 3/4 以上，将在下章专题论述，这里仅将昆虫纲与节肢动物门其他各主要类群作一简略比较（表 11-1）。

表 11-1　现存节肢动物各主要类群的比较

		肢口纲	蛛形纲	软甲纲	唇足纲	倍足纲	昆虫纲
所属亚门		螯肢亚门	螯肢亚门	甲壳亚门	气管亚门	气管亚门	气管亚门
主要生活环境		海水	陆地	海水、淡水	陆地	陆地	陆地
身体区分		头胸部、腹部 及尾剑	头胸部、 腹部	头胸部、 腹部	头部、躯 干部	头部、躯 干部	头部、胸部 及腹部
附肢	触角	无	无	2 对	1 对	1 对	1 对
	口器	螯肢 1 对 脚须 1 对	螯肢 1 对 脚须 1 对	大颚 1 对 小颚 2 对 颚足数对	大颚 1 对 小颚 2 对	大颚 1 对 小颚 1 对	大颚 1 对 小颚 1 对 下唇（小颚）1 对
	足	头胸部 4 对	头胸部 4 对	每体节 1 对	每体节 1 对	每体节 2 对	胸部 3 对
呼吸器官		书鳃	书肺、气管	鳃	气管	气管	气管
排泄器官		基节腺	基节腺 马氏管	颚腺 绿腺	马氏管	马氏管	马氏管
生殖孔部位		腹部前方	腹部前方	胸部后方	腹部末端	胸部第三节	腹部末端
发育		间接发育	多直接发育	间接发育	整形发育 异形发育	异形发育	间接发育

节肢动物在进化上与环节动物是最接近的，身体都出现了分节及附肢，都具有与体腔管同源的后肾，链状神经，但节肢动物身体进一步分区，并在疣足基础上形成了分节的附肢，特别是有爪类的存在，它既有环节动物的特征（分节不分区，具疣足、皮肌囊、后肾等）也同时具有节肢动物的特征（身体分节，附肢具爪，具血腔，蜕皮，气管呼吸，表面卵裂等），这不仅佐证了它们亲缘上的相近，更说明节肢动物是由环节动物进化形成，而节肢动物在进化过程中辐射出更多的类群，占有了更大的生存领地（海洋、淡水、陆地及空中），成为现在地球上最繁盛的一类，也是对人类最具挑战性的一类。

在节肢动物门中，三叶虫无疑是最古老的一类。在寒武纪时（距今 6 亿年），它已经具备了钙化的外骨骼，已形成大量的种类，在这之前，节肢动物祖先也已辐射出许多类群，而三叶虫随后被灭绝。现存类群中与三叶虫类亲缘最相近的是螯肢亚门中的剑尾纲（Xiphosura），它们都在海洋生活，具相似的附肢，幼虫也相似，一般认为它们有共同的祖先，只是以后螯肢类在进化中触角丢失，头胸部形成 6 对附肢，分化成螯肢、脚须及 4 对步足，腹部仍具附肢，但仅有三个属五个种，也行将灭绝；而另一支螯肢类随着登陆，腹部附肢减少、丢失、特化，书鳃变成书肺而进化成现代的蛛形纲，成为节肢动物中很成功的一支陆生动物。特别是板足蝎已进入淡水及陆地，它既有鲎（剑尾纲）的特征，也有蝎（蛛形纲）的特征，只是板足蝎在二叠纪时已灭绝。由原始有螯肢祖先很早就分出的另一支即海蜘蛛纲，它们至今仍生活在海洋中。

关于甲壳纲与其他节肢动物的亲缘关系过去一直认为是与三叶虫最相近，因为均为水生，用鳃呼吸，有触角称为有鳃亚门。但近年来的研究认为甲壳类与气管亚门最相近，因为它们的第1对附肢均为触角，第3对附肢均为大颚，第4～5对附肢为小颚，都有三分脑（前、中、后脑），都将它们联系起来，甚至将这两类合并成有颚亚门。因此甲壳类应与气管类成为姐妹关系的两个纲，是由共同祖先进而来的另一支。

关于气管亚门中多足总纲（包括唇足纲、倍足纲、烛蜓纲及综合纲）无疑与昆虫纲关系最紧密，它们都是一对触角，单肢型附肢，气管呼吸，特别是化石昆虫及现存无翅昆虫腹部具有附肢遗迹（刺针等），说明它们是同源的，从形态发育及线粒体基因序列的广泛研究更认为气管亚门与甲壳亚门为一支，螯肢亚门为另一支形成姐妹关系。而气管亚门中昆虫纲由于其形态、生理发育及生态的广泛适应性及多样性，使它们成为目前地球上最繁盛的动物之一，其种类多、数量大、分布广，甚至侵入陆地及空中，成为与人类最富竞争的一类。

第十二章　昆虫纲

昆虫纲作为节肢动物门气管亚门中一类成员，是高度发展的一支陆生动物。它们无论在生态、分布与人类的关系上都具有举足轻重的作用。其主要特征是身体区分成头、胸及腹三部分(图 12-1)，头部有一对复眼、四对附肢，其中一对触角、三对组成口器，是其感觉与取食的中心；胸部三节，具三对步足，通常中、后胸节各有一对翅，是其运动中心；腹部一般 11 节，无足，常在 8～10 节有附肢特化的交尾及产卵结构，是其代谢及繁殖的中心。

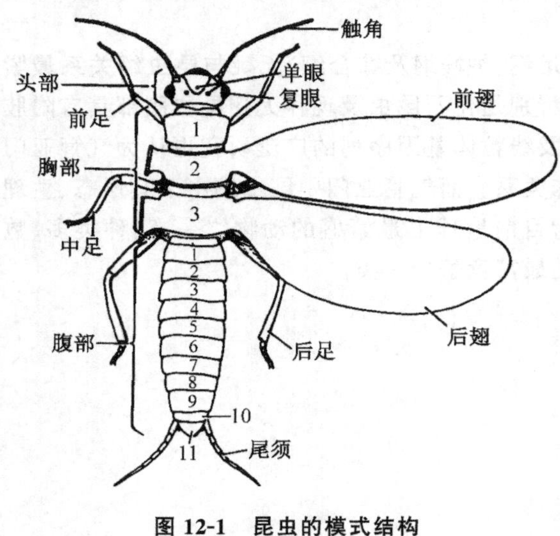

图 12-1　昆虫的模式结构

(引自 Snodgrass RE,1938)

昆虫纲是人们最熟悉的动物门类之一，在日常生活中几乎随时随地都能看到它们，例如蜜蜂、蚂蚁、苍蝇、蚊子、蝴蝶、蝗虫、蜚蠊等都是常见的昆虫纲动物。昆虫纲主要是陆地生活，从赤道到两极、从高山到谷地、从干旱的沙漠到湖泊江河、从 80℃ 的火山温泉到 －20℃ 的北极苔原、从动植物的体外到体内，几乎无处没有它们的存在，只有低潮线以下的辽阔的海洋是地球上唯一未被昆虫侵入的领域。

昆虫纲也是动物界种类最多的一类，目前已经记载的昆虫超过 80 万种，占整个动物种类总数的 3/4～4/5(图 12-2)，其中仅鞘翅目就有 33 万多种，超过昆虫纲以外所有动物种类的总和。此外，每年还不断有许多新种被发现。昆虫种内个体数量也往往是惊人的，一群蜜蜂的个体数可达 3～5 万只，一窝非洲蚂蚁可以多到 24 万只。非洲的沙漠蝗迁飞时其种群的个体数可达几亿到十几亿只，真是铺天盖地，所过之处寸草不留。在自然竞争中昆虫的适应能力达到了登峰造极的程度，是任何其他动物都无法比拟的。

昆虫纲在地球上所以取得如此巨大的成功，是与以下因素相关的：

(1) 很小的体型。昆虫纲与其他大多数动物(包括节肢动物)相比属于小型动物，一般体长由几毫米到几厘米，最大不超过 30 cm。小型的身体使极少量的食物即可满足其生长发育的需要，也有利于隐蔽、躲避侵害、被携带并进行传播扩散。

(2) 昆虫具有两对(或一对)能飞翔的翅，增加了它生存及扩散的机会，通过飞翔可以在更大的范围内寻找食物及栖息场所，能更有效地逃避敌害。昆虫的翅使其成为能侵入空中的仅有的一类无脊椎动物。

(3) 昆虫的外骨骼都具有蜡质层，包裹整个身体，它可以防止体内水分的蒸发，使其能适应陆地生活。特别是对于昆虫这种小型动物尤为重要，外骨骼对昆虫也提供了很好的保护，可防止外界的损伤及异物的侵入。昆虫的外骨骼有许多内陷，形成所谓的“内骨骼”，为肌肉的附着提供了支点。

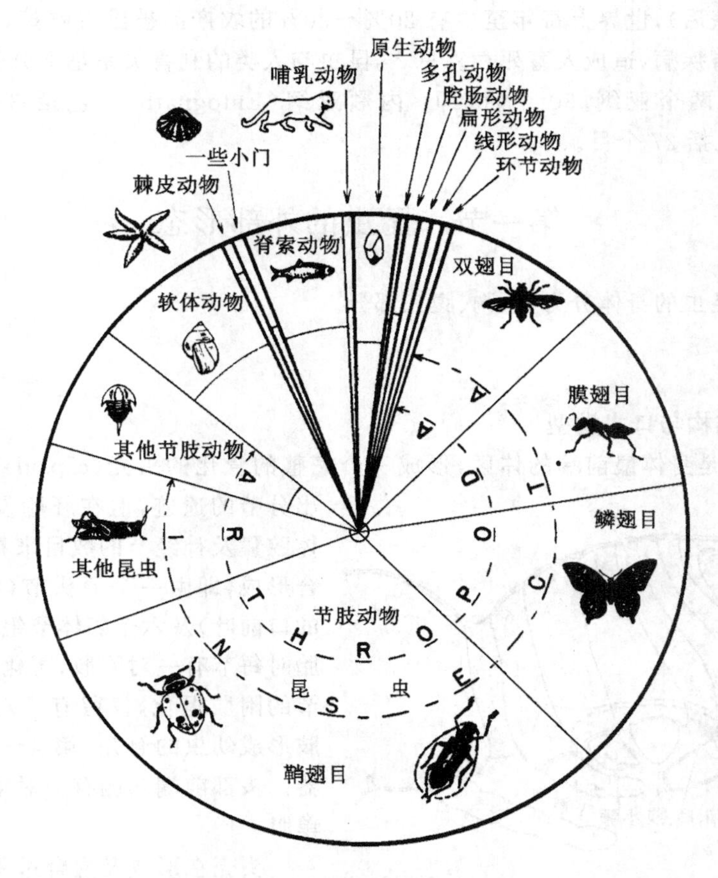

图 12-2　各类动物总数的比较
（转引自 Ross HH,1982）

(4) 强大的繁殖能力与较短的生活周期。昆虫纲具有多种生殖方式，包括有性生殖、孤雌生殖、多胚生殖及幼体生殖等，且繁殖力较高，一只昆虫产卵数百粒是很普遍的，上千粒也不罕见，群居性昆虫甚至每天产卵上千粒，持续数年不衰。昆虫的生活周期很短，一些种在条件有利时每年繁殖数代到数十代；环境不利时，可以休眠或滞育，这些特性都有利于它们的繁盛。

(5) 发育中经过变态。绝大多数昆虫在生活史中都经历了 3～4 个形态、生理甚至生态完全不同的时期，即卵(egg)、幼虫(larva)、蛹(pupa)及成虫(adult)。其中卵期主要是传播及对抗不良环境的时期，幼虫主要是取食、营养及生长的时期，蛹期是由幼虫到成虫的调整及转变时期，成虫是迁移及繁殖时期。变态使各虫态之间有效地利用和分配食物及生态资源，减少种内的竞争，保证种群的发展。

(6) 昆虫在结构与生理方面的多样性(将在以后各节中叙述)使它们能在各种环境条件下适应与生存，显示了昆虫在自然竞争中的优势，造成了昆虫的繁盛。

昆虫对人类的重要性是无法估量的。一方面，一些昆虫自身的产物，如蜂蜜、蚕丝、白蜡等是人类的食品及工业的原料；昆虫又是 2/3 有花植物的花粉传播者；一些昆虫能分解大量的废物，把它们送回土壤完成物质循环；一些昆虫在维持某些动植物之间的平衡起着重要作用。另一方面，在某种意义上说，昆虫是人类生存的主要竞争者，它们大量地毁掉人类的粮食及农产品(收获前与收获后),世界上每年至少有20%~30%的农产品被昆虫吃掉,它们破坏房屋建筑,传播多种人畜疾病,造成人畜死亡。总之,昆虫与人类的利害关系是十分密切的。

昆虫可分为两个亚纲,30个目,即:内颚亚纲(Entognatha),包括3个目;外颚亚纲(Ectognatha),包括27个目。

第一节　昆虫的外部形态

如前所述,昆虫的身体分为头、胸、腹三部分。

一、头部

1. 头部的结构与口式类型

昆虫的头部是身体最前端的体区,形成一个完整的骨化的头壳(capsule),在外形上看不出分节的遗迹,但在胚胎发育中从其附肢、体腔囊及神经节的数目来看,它是由六节愈合形成,即由一个原头节(相当于环节动物的口前叶)及六个躯体节组成(图12-3)。胚胎时每节有一对附肢,孵化后第1及第3体节的附肢退化,仅留有4对附肢,第2节附肢形成幼虫的触角,第4~6节附肢形成口器。头部前端两侧有一对复眼,中央有三个单眼。

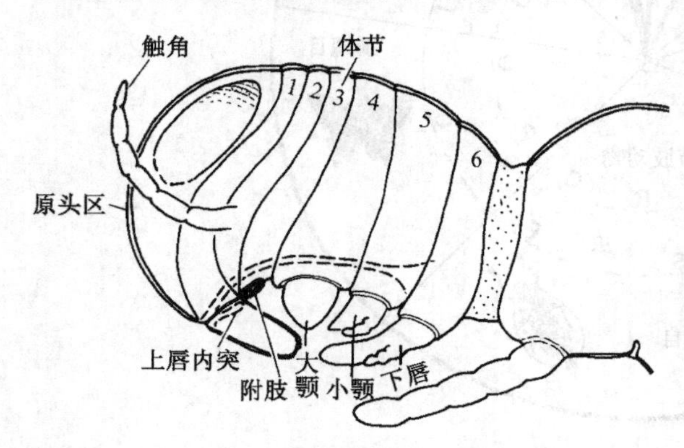

图12-3　昆虫胚胎头部结构

(引自Rempel JG, 1975)

头壳在形成及愈合过程中,外骨骼内陷形成骨缝及骨片,因此可将头部分成不同的区域(图12-4)。多数昆虫在头的前面顶端

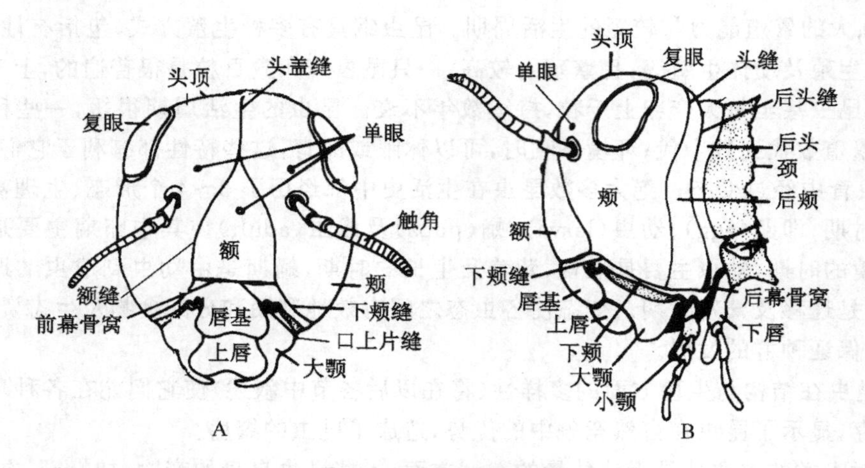

图12-4　昆虫头部的骨缝及分区

A. 前面观;B. 侧面观

(引自Snodgrass RE, 1935)

有一“人”字形头盖缝(epicranial suture),它是昆虫幼虫蜕皮时头壳裂开的地方。此缝之上称头顶(vertex),其下为额(frons)。但在完全变态的昆虫,“人”字缝不清楚或完全消失,而出现一条额缝(frontal suture),此缝之下为额,额的下缘有一条额唇基缝(frontoclypeal suture),其下为唇基(clypeus),唇基下为上唇,上唇盖住并保护下面的口器。额的两侧有一颊缝(genal suture),其外缘为颊(gena),构成头的侧面。头的后面有一后头缝(occipital suture)及一次后头缝(postoccipital suture),将头后面分为后头区(occiput)及次后头区(postocciput),并围绕后头孔(occipital foramen)。

根据昆虫的口器在头部着生的方式不同,可将口式分为三种(图 12-5):

(1) 下口式(hypognathous):口器在头的下部,如蝗虫,多见于植食性昆虫的头式。

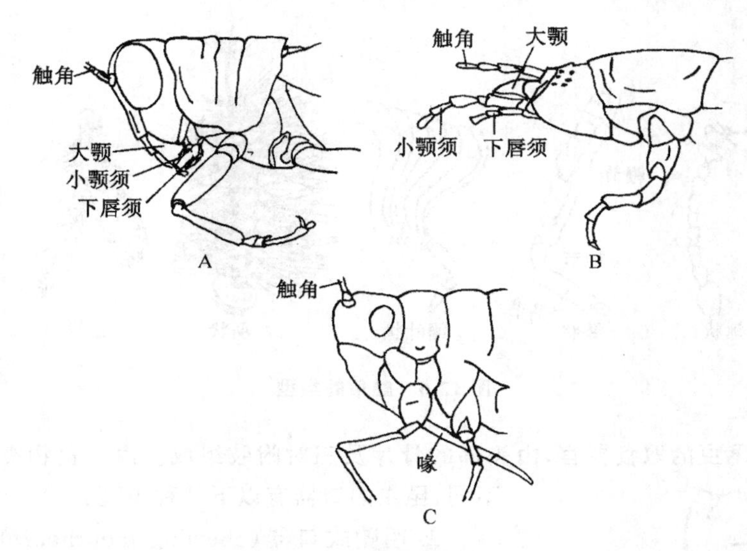

图 12-5　头部口器的位置

A. 下口式;B. 前口式;C. 后口式

(引自 Chapman RF, 1982)

(2) 前口式(prognathous):口器在头的前部,如步行虫、天牛幼虫,多为捕食性及蛀食性昆虫所有。

(3) 后口式(opisthognathous):口器在头的下后方,头的纵轴与体轴呈一锐角,如蝉、蚜虫,多为刺吸式口器。

2. 头部的附肢

(1) 触角(antennae)。由头部第二体节的附肢形成,着生在两复眼之间,分节,由基部到端部包括一节柄节(scap)、一节梗节(pedicel),其余多节统称鞭节(flagellum)。触角主要司触觉,也兼有嗅觉及听觉作用。

不同类别的昆虫,触角会有不同形态的特化,其变化多发生在鞭节上,即使同种,也会有雌雄之不同。因此,触角的形态常用作分类及鉴别雌雄之依据。常见的类型有(图 12-6):刚毛状(setaceous),如蜻蜓、蝉;丝状(filiform),如蝗虫;念珠状(moniliform),如白蚁;栉齿状(pectinate),如蛾类雌虫;锯齿状(serrate),如叩头虫;球棒状(clavate),如蝶类;锤状(capitate),如郭公虫;膝状(geniculate),如蜜蜂;鳃叶状(lamellate),如金龟子;羽状(plumose),如雄蚊;芒状(aristate),如蝇类等。

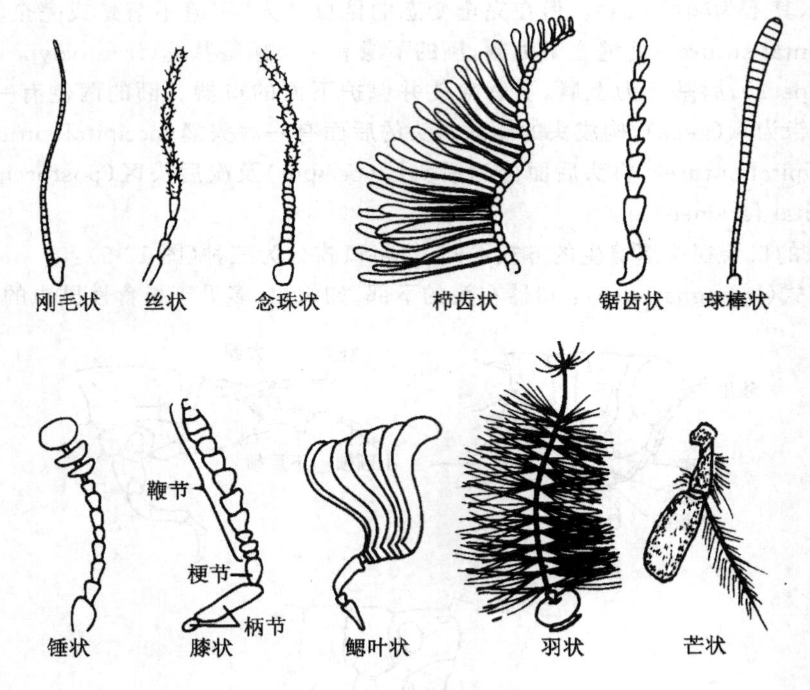

图 12-6 触角的类型

(2) 口器。昆虫的取食器官,由头部的骨片及三对附肢组成。由于食物类型及取食方式不同,昆虫的口器有以下几种类型:

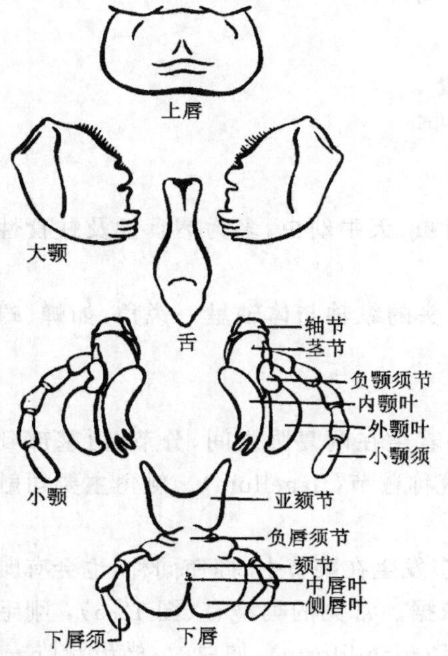

图 12-7 咀嚼式口器

(引自 Boolootian RA,1981)

① 咀嚼式口器(chewing mouthpart):是昆虫中最原始、也是最基本的口器类型,包括上唇、大颚、小颚、下唇及舌(图 12-7),蝗虫及许多食固体食物的昆虫具有这种口器。包括:

上唇一片,是头部唇基下面的骨片,内有肌肉牵引,可以前后活动,形成口器的上盖。

大颚一对,位于上唇之后,口腔两侧,是头部第四体节附肢形成的一对坚硬的几丁质结构,前端相对面具粗齿,用以切碎食物,后端具细齿,用以研磨、咀嚼食物。

小颚一对,位于大颚之后,由头部第五节附肢形成,由轴节、茎节、内颚叶、外颚叶及小颚须组成,具把持及刮取食物的功能,小颚须有嗅觉与味觉作用。

下唇一片,位于小颚之后,形成口器的底盖,由头部第六节附肢愈合形成,形态与小颚相似,包括颏节、亚颏节、侧唇叶、中唇叶及下唇须。下唇须具研磨及感觉作用。

舌(hypopharynx)是头壳腹面的一个肉质突起,位于两小颚之间，基部有唾液腺开口，具搅拌及运送食物的作用。舌上具许多感觉毛，有味觉功能。

② 刺吸式口器（piercing-sucking mouthpart）：是吸食动植物体内液体物质的一种口器，例如雌蚊、虱子、蝉、蚜虫等。口器变成针管状便于穿刺及吸食。以雌蚊为例，它的上唇、大颚、小颚及舌变成了六条口针（图12-8A），藏于下唇形成的喙状沟槽中。上唇内凹由双层壁围成食物道（图12-8B）。取食时由六条口针刺破皮肤深入其中，由唾液腺分泌唾液，再由消化道的抽吸作用，血液沿食物道进入蚊的消化道，下唇并不进入寄主体内。

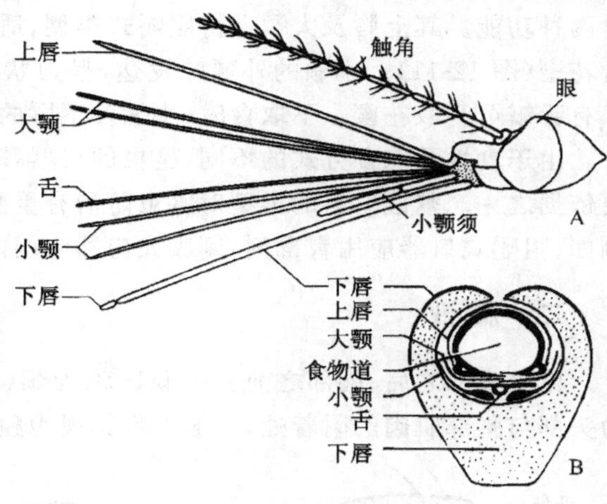

图 12-8　雌蚊的刺吸式口器

A. 头及分离的口针；B. 口器的横断面

（引自 Ross HH，1982）

蝉也是刺吸式口器，但上唇短不成针状，而是由两个小颚抱合形成食物道，藏于大颚口针之内。

③ 虹吸式口器（siphoning mouthpart）：为蛾蝶类所具有的口器，主要是由两个小颚的外颚叶极度延长并相互嵌合成管状，中间形成食物道（图12-9）。除下唇须尚发达外，口器的其他结构均已退化或消失。取食时此管状口器延伸进入花丛中，吸食植物体表的蜜液。用毕，如同钟表的发条状卷曲于头下。

④ 舐吸式口器（sponging mouthpart）：为蝇类所具有的口器，大、小颚退化，但留有小颚须，下唇延长形成喙，喙的背面有槽，槽上盖有舌及上唇，由上唇及舌形成食物道（图12-10）。喙的末端形成两个唇瓣，唇瓣上有许多环沟，环沟与槽相通，经过环沟舐吸物体表面的液体食物。

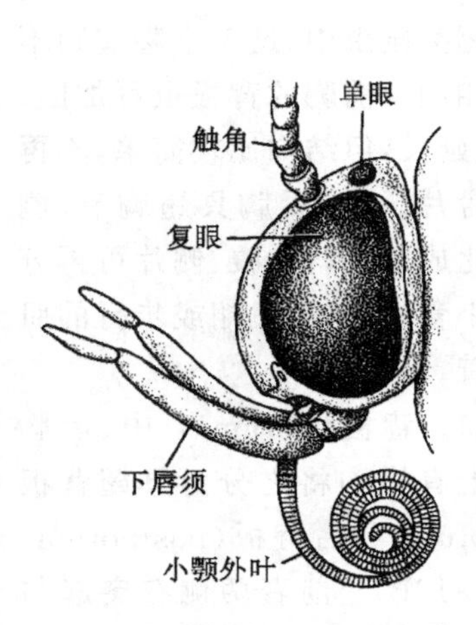

图 12-9　鳞翅目虹吸式口器

（引自 Snodgrass RE，1961）

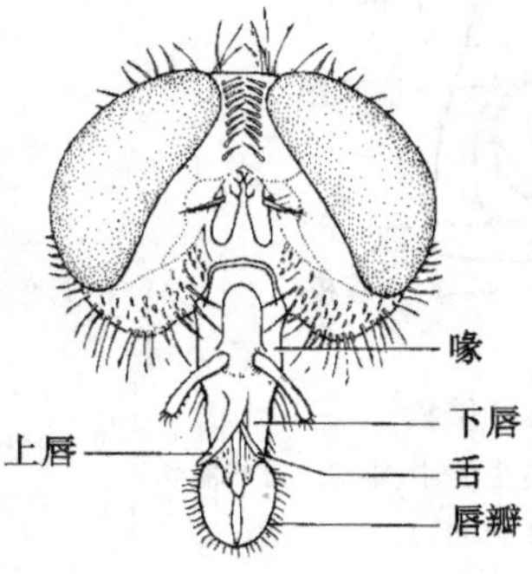

图 12-10　家蝇的舐吸式口器

（引自 James MT，et al，1969）

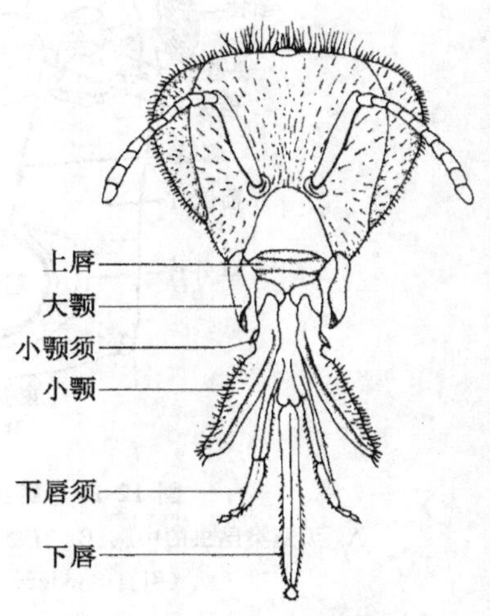

图 12-11　蜜蜂的嚼吸式口器

（引自 Herms W，et al，1961）

⑤ 嚼吸式口器(chewing-lapping mouthparts)：为一些蜂类所具有的口器，兼有咀嚼及吸食两种功能。其上唇及大颚保持咀嚼式类型，适于咀嚼花粉。小颚及下唇延长成管状，适于吸食花蜜(图 12-11)。小颚的外颚叶发达，呈刀状，盖在下唇的中唇叶上形成食物道，中唇叶端部有舌瓣可刮取花蜜。不取食时，小颚及下唇的各部分可分开。

由于食性及取食方式的不同，昆虫的口器基本上可分为以上五类。口器是昆虫分目的重要依据之一。掌握口器的类型对害虫防治有重要意义，可根据口器的不同采用不同的杀虫剂。例如，咀嚼式口器应用胃毒剂，刺吸式口器应用内吸剂或触杀剂等。

二、胸部

昆虫头部之后、胸部之前有一膜区称为颈(cervix)，通常缩入前胸内，其中有些小骨片作为头部与胸部肌肉的附着处，一般不将其视为独立的体区。

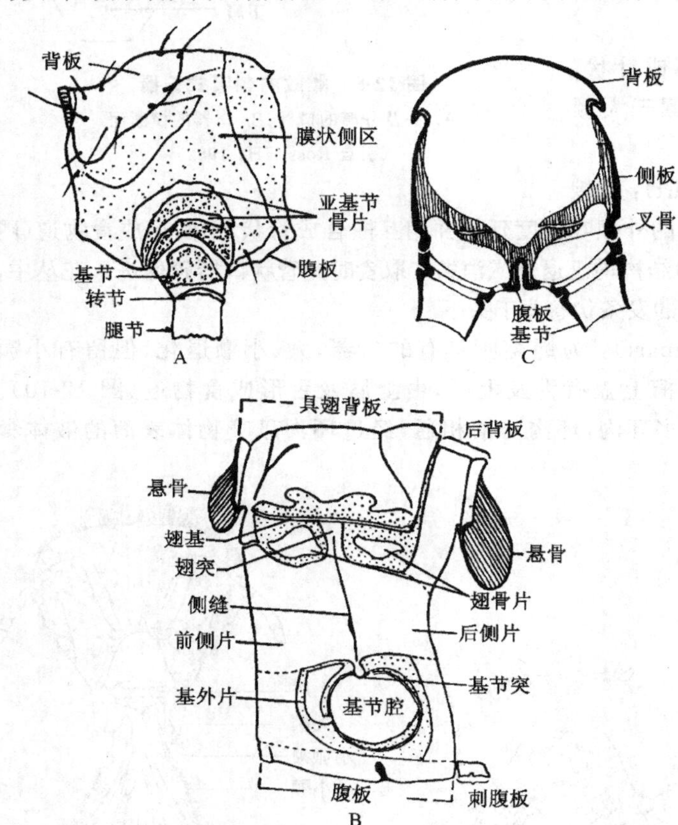

图 12-12 昆虫胸节结构

A. 无翅类昆虫的中胸；B. 有翅类昆虫的中胸；C. 胸节横切

(引自 Snodgrass RE，1935)

1. 胸部体节

昆虫胸部是由三节组成，即前胸(prothorax)、中胸(mesothorax)及后胸(metathorax)。每个胸节具一对足，中、后胸各具一对翅，胸节发达的程度和翅发达程度相关。少数几目原始昆虫无翅，一些种类翅次生性丢失。

在原始的无翅昆虫中，三个胸节形态结构相似，都是由一个背板、一个腹板及两个膜质侧区(pleural region)组成，仅在与足相连的地方有小骨片(图 12-12A)。在有翅类昆虫中，这三个胸节则不完全相同。前胸的背板虽可加固、联合、延长，但结构比较简单，不再分成骨片。中、后胸具翅胸节，侧区骨化成侧片，背、腹、侧片可再分化成小骨片，以供飞翔或步行的肌肉附着。

(1) 背板(notum)：中、后胸背板上有横沟将之分为具翅背板(alinotum)和后背板(postnotum)(图 12-12B)。前者两侧有突起与翅形成关节，背面有沟将之分成更小的骨片(端背片、前盾片、盾片、小盾片)；后者直接与侧板相连。另外，背板的前后各有表皮内陷形成的悬骨(phragma)，飞行肌附着其上。

(2) 侧板(pleura)：其腹面具关节突与足构成关节，背面有翅突与翅构成关节，两关节突之间有纵缝将侧板分成前后两个侧片，侧板上也有表皮内突，中、后胸侧板上各有一对气孔。

(3) 腹板：两侧中部具基节窝，足由此伸出(图 12-12C)，腹板上有横沟，将之分成前腹板、基腹板及小腹板，腹板上有叉形内突。

现存昆虫胸节骨片的划分因种而不同，但都在此模式的基础上改变。

2. 足

胸部三个体节各有一对足，分别称为前足(foreleg)、中足(median leg)及后足(hind leg)，着生在各节侧、腹板间的膜质基节窝内，以关节与体躯相连。典型的胸足可分为六节，即基节、转节、腿节、胫节、跗节及前跗节(pretarsus)(图 12-13A)。基节与体壁构成关节；转节很小；腿节粗大、肌肉发达；胫节细长，后缘常有距、刺等附属物；跗节一般分为 2～5 小节，腹面有跗垫；前跗节在原始昆虫为一端爪，一般昆虫为一对爪，爪间有一中垫。

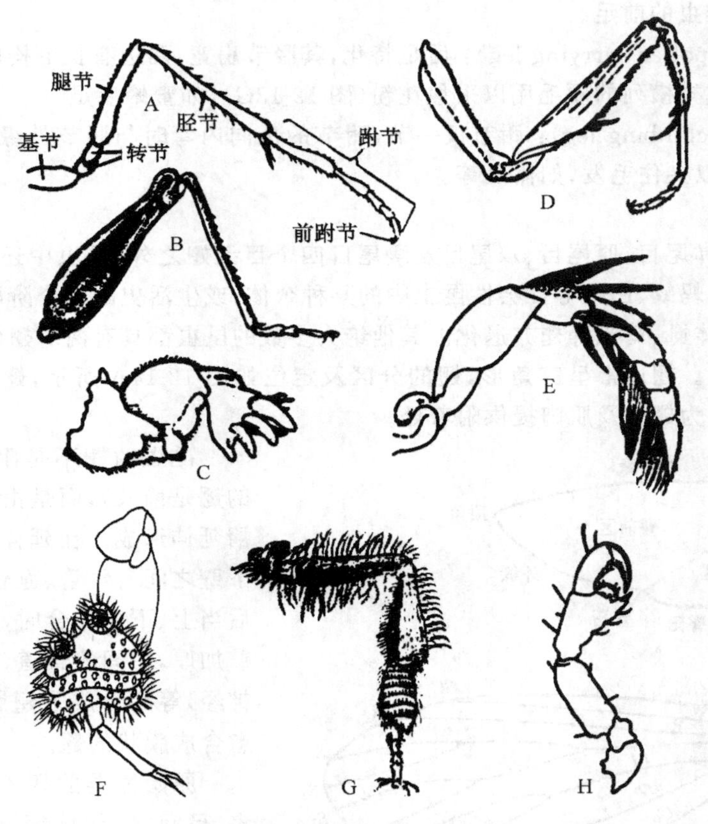

图 12-13　足的结构与类型

A. 步行足及足的结构(蜚蠊)；B. 跳跃足(蝗虫后足)；C. 开掘足(蝼蛄前足)；D. 捕捉足(螳螂前足)；E. 游泳足(龙虱后足)；F. 抱握足(雄性龙虱前足)；G. 携粉足(蜜蜂后足)；H. 攀缘足(体虱)

昆虫的足主要适于步行，但随着生活方式的不同，某些足在形态及功能上发生变化。常见的变化类型有：

(1) 步行足(walking leg)：各节细长均匀，适于步行及疾走(图 12-13A)。步行时一侧的前、后足与对侧的中足为一组，两组相互交替来移动与支撑身体，如蜚蠊。

(2) 跳跃足(jumping leg)：由后足特化形成，腿、胫节发达，特别是腿节粗壮，有强大的肌肉，适于跳跃(图 12-13B)，如蝗虫。

(3) 开掘足(digging leg)：由前足特化形成，足粗短(图 12-13C)，胫节扁宽，前缘有齿，适于在泥土中挖掘，如蝼蛄。

(4) 捕捉足(grasping leg)：前足特化，其腿节腹面有槽，胫节回折可嵌入其中如折刀状(图 12-13D)，基节延长，如螳螂。

(5) 游泳足(swimming leg)：后足特化，其胫节与跗节扁平，边缘有长毛，适于水中游泳(图 12-13E)，如龙虱、仰蝽等。

(6) 抱握足(clasping leg)：前足的前三个跗节膨大成吸盘状(图 12-13F)，交配时用以抱握雌体，如龙虱雄虫的前足。

(7) 携粉足(pollen carrying leg)：后足特化，其胫节扁宽，两边有长毛构成花粉篮，第一跗节长扁，其上有成排横列的硬毛用以采集花粉(图 12-13G)，如蜜蜂后足。

(8) 攀缘足(climbing leg)：跗节仅一节，跗节的爪向内弯时与胫节外缘的突起形成钳状(图 12-13H)，用以夹住毛发，如体虱等。

3. 翅

除了原始的弹尾目、原尾目、双尾目及缨尾目四个目无翅之外，昆虫中还有一些种类翅次生性退化。例如，蚂蚁、白蚁等社会性昆虫中的某种个体，或生活史的某个阶段无翅，还有一些外寄生的种类如体虱、鸡虱等翅亦退化。其他绝大多数的昆虫都具有两对翅(少数一对)，分别着生在中、后胸上。翅通常呈三角形，翅的分区及定位如图 12-14A 所示，翅的基部有骨片与背板构成关节，并为翅脉及肌肉提供附着处。

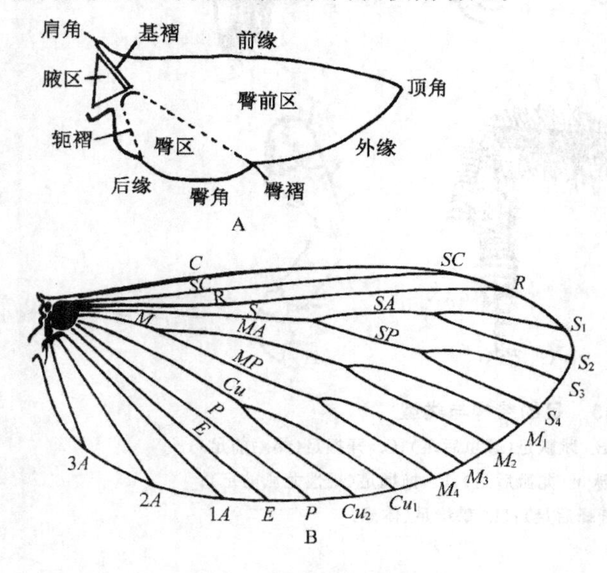

图 12-14　昆虫的翅及翅脉

A. 翅的分区及定位；B. 假想翅脉(横脉省略)，其中：*C*. 前缘脉；*SC*. 亚前缘脉；*R*. 经脉；*S*. 分脉(*SA*，*SP*. 前、后分脉)；*M*. 中脉(*MA*，*MP*. 前、后中脉)；*Cu*. 肘脉；*P*. 褶脉；*A*：臀脉

(引自 Hamilton KGA，1972)

昆虫的翅不是附肢(鸟类及蝙蝠的翅是前肢)，而是由背板两侧体壁的褶延伸形成。在延伸过程中，褶的上、下壁之间有气管、血管及神经伸入，以后当上、下壁愈合时，沿气管等周围体壁加厚，中间的管道(包含气管、血管、神经)等则形成了翅脉(vein)，以支持愈合成膜状的翅。

原始种类的翅不能折叠，翅脉极多，呈网状，如蜻蜓、蜉蝣。较高等种类的翅静止时折叠在背部，翅脉数逐渐减少。翅中翅脉数目和分布称为脉序(venation)。昆虫的脉序有无数的变化，是昆虫分类的重要依据之一。根据对化石及生存种类不同脉序的分析比较，可以推出一个原始的基本的脉序，称假想翅脉(图12-14B)。

翅的质地也发生很大的变化，可作为分目的依据之一。如果翅呈膜质透明，翅脉清楚，则称为膜翅(membranous wing)，如蜜蜂、家蝇的翅；如果翅坚韧如革，用以保护，则称为复翅(tegmen)，如蝗虫的前翅；如果翅完全角质化，翅脉已看不到，完全用于保护，则称为鞘翅(elytron)，如金龟子的前翅；如果前翅基部为革质，端部为膜质，则称半鞘翅(hemielytron)，如蝽象的前翅；如果膜质翅上覆盖有大量的毛，则称为毛翅(piliferous)，如石蛾；如果覆盖有大量的鳞片，则称鳞翅(lepidotic)，如蛾、蝶；如果翅缘具长毛，则称缨翅(fringed)，如蓟马。

三、腹部

一般包括9～11节及一尾节，但尾节多在胚胎期及原始昆虫中出现，腹部分为前生殖节(1～7节)、生殖节(8～9)和后生殖节(10～11节)。

腹部结构较胸部简单，每个体节包括一个背板、一个腹板。侧区为膜状(图12-15A)，前8节每侧有一气孔，少数成虫膜区上有小骨片，是原始附肢退化的遗迹。

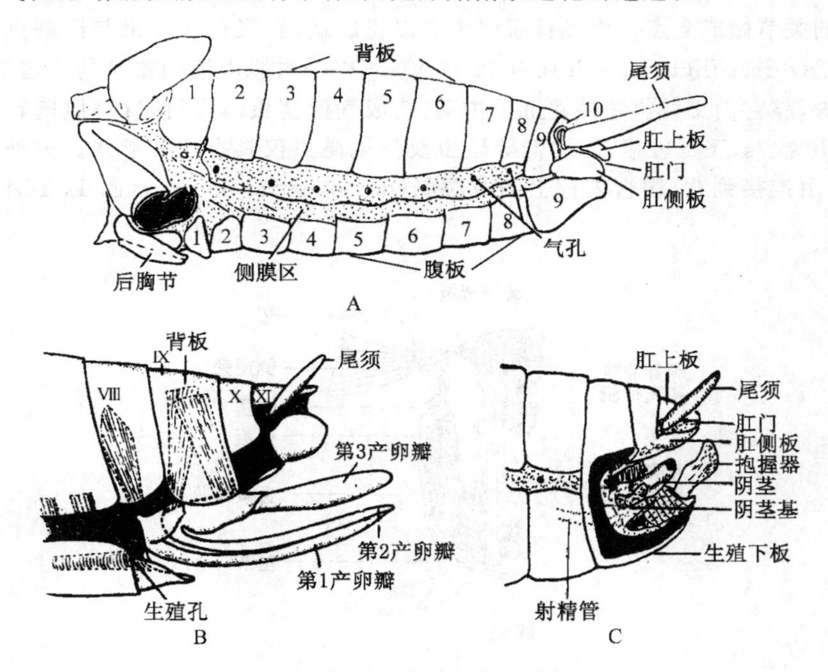

图12-15　昆虫的腹部及外生殖器

A. 腹部体节；B. 雌性外生殖器；C. 雄性外生殖器

(引自Snodgrass RE，1935)

腹部大部分体节的附肢完全退化，仅8～9节附肢特化形成的外生殖器及一对尾须(cercus)位于最后一节(肛节)，具有感觉毛，作为感官。外生殖器在雌性是产卵器，在雄性为交配器。

雌性外生殖器主要包括三对产卵瓣(valvulae)，第1对从第8节的载瓣片(valvifer)上发生(图12-15B)，第2、3对分别从第9节载瓣片的背、腹面发生，载瓣片相当于附肢的基节。生殖孔开口在第8节上。产卵瓣在各种昆虫发育的程度不同，一些鳞翅目和双翅目产卵瓣甚至完全退化，最后几个体节延伸成管状，其机能如产卵瓣。后生殖节常减小或被小骨片所取代。

雄性外生殖器着生在第 9 节上，由一个阴茎(phallus)和一对抱握器(clasper)组成(图 12-15C)。阴茎为管状结构，生殖孔开口在其端部，不用时常缩入体内。第 9 节腹板称生殖下板，抱握器由其两侧缘伸出，交配时用以抱住雌体。不同的昆虫交配器有不同变化，常作为区分属种的依据之一。

第二节 昆虫的内部结构与生理

一、昆虫的翅与飞行

昆虫具有翅，并通过翅可以飞行是无脊椎动物中仅有的，也是昆虫纲特有的特征。这也是促成昆虫繁盛及进入空中的基础，如前所述，翅不是附肢，而是胸部体壁的延伸物，它的运动是靠肌肉控制。昆虫与运动相关的肌肉都是横纹肌。翅的基部与胸部背板的边缘及侧板或侧板小骨片形成的关节做成支点再由飞行肌肉牵引以完成运动，飞行肌如果与翅基直接相连则称为直接飞行肌(direct-flight muscle)(图 12-16A)，其中一对肌肉连到翅基的前边缘，一对连到翅基的后边缘，靠它们交替收缩使翅上下拍动，造成气流使虫体飞行，这种肌肉收缩的频率较低，一般 6～40 次/s，飞行较慢，一些低等昆虫及早期昆虫仅具有这种形式。另外一种肌肉与翅不相连，是由连接到背、腹板内壁上的背腹肌(dorsoventral muscle)(图 12-16A)及连接前、

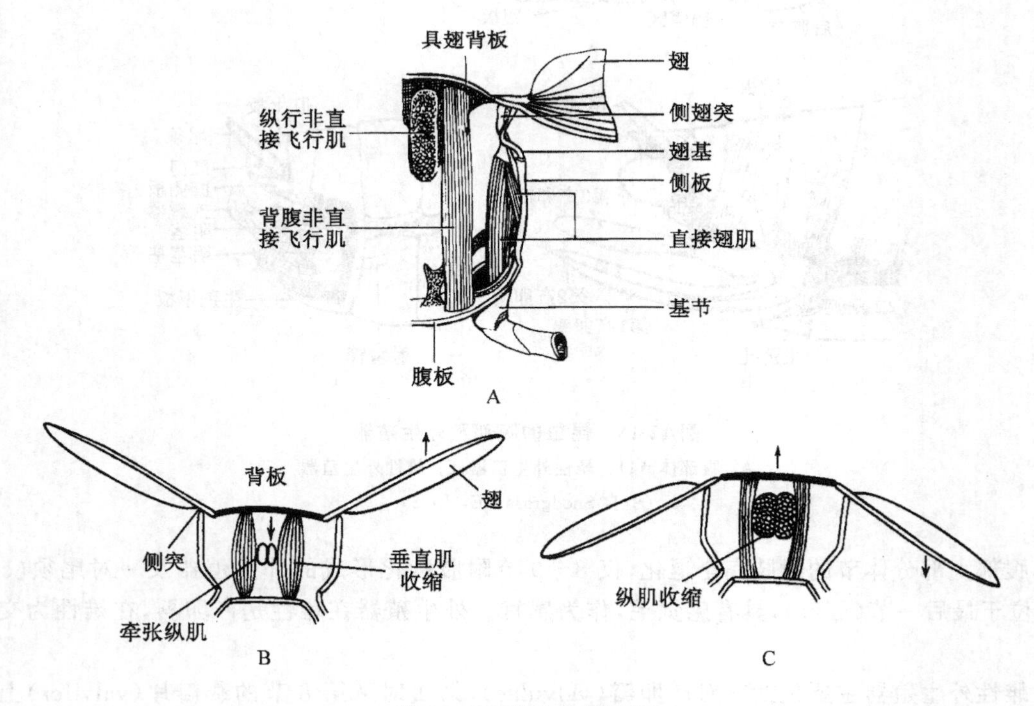

图 12-16 昆虫的飞行肌

A. 具翅体节的横切，示肌肉分布；B. 垂直肌收缩，背板下压，翅上升；C. 纵肌收缩，背板隆起，翅下降

(B,C. 引自 Ross HH, 1965)

后胸节的纵行肌(longitudinal muscle)组成间接飞行肌(indirect-flight muscle)。当背腹肌收缩时,背板向下,胸廓变扁使翅上举(图 11-16B),胸廓的改变引起翅纵肌收缩,使背板隆起,翅下垂,例如膜翅目(蜂等)及双翅目(蚊,蝇)等飞行时完全用间接飞行肌,直接飞行肌用于控制飞行的方向,在蝗虫、甲虫等飞行时是两种肌肉兼用,只有原始的昆虫飞行时完全用直接飞行肌。在翅升降的同时,翅的行为如同一个杠杆在侧壁突上做“8”字形旋转运动,以完成飞行。

昆虫的飞行肌,特别是间接飞行肌,肌细胞中含有大量的线粒体,其中含有氧化酶,可促成糖原的氧化,以释放出大量的能量以供飞行,同时收缩的频率可达每秒数百次至上千次,双翅目在高温时翅震动的频率可达 2000 次/s。

原始的昆虫飞行时两对翅各自独立运动,如豆娘,一对翅向上,另一对翅可能向下。而鳞翅目、膜翅目等高等种类,前后翅有钩、或褶、毛刷等相互联结在一起,飞行时两翅统一行动。昆虫没有控制飞行的神经中心,但眼、触角、翅及其他部位上的感受器对飞行的控制提供反馈信息。例如,蚊、蝇的第二对翅变成平衡棍,它震动的频率与前翅一致,其基部的感受器感受到偏航或旋转时,可调整翅的位置及振动频率。又如食蚜蝇可使身体停留在空中,这是由背部光线的刺激使小眼接受最大的照明面,以调整翅振动的频率与地心引力相平衡所致。

二、取食与消化

昆虫取食的范围非常广泛,包括动植物及其汁液,腐烂的有机质,甚至其他动物不能利用的木材、毛发、羽毛、蜡质也能被昆虫取食、消化,一般视觉的、化学的及机械的刺激可引起昆虫的觅食反应。例如,植食性昆虫视觉刺激很重要,各种花的颜色能引起它们飞向食物源;植物中的糖分或其他组分也能作为化学的或嗅觉的刺激。捕食性昆虫通过视觉发现被捕物及其所在距离,许多昆虫的幼虫靠化学及触觉发现食物。一些昆虫食性很窄,如蛛蜂科的昆虫只捕食蜘蛛,家蚕只取食桑叶;但也有很多昆虫食性很广,如鳞翅目的一些种类可取食上百种不同的植物。许多种类取食有昼夜节奏,也有的昆虫成虫期不取食。

昆虫的消化道为一纵贯全身的直管,也分为前、中、后肠,前、后肠表皮也随蜕皮而脱落。前肠包括口前腔、口、咽、食道、嗉囊及前胃(proventriculus)(图 12-17A)。口前腔是指上唇与下唇之间的空腔,中间有舌,食物在此与唾液混合。在口前腔的背面食物经口进入咽及食道。吸食液体食物的昆虫咽具厚的肌肉,形成肌肉泵。食道为一长管,其后端常膨大形成嗉囊以贮存刚取食的食物,某些种在嗉囊已经开始消化。嗉囊后为前胃,在取食固体食物的种类,前胃具较厚的肌肉,内有角质齿变成磨胃(图 12-17A);而吸食液体的种类,前胃极不发达,仅成瓣膜状,开口到中肠(图 12-17B)。许多昆虫在前肠有一对唾液腺,以共同的管开口到口前腔,其分泌的唾液可以润滑口腔及食物,也可能产生消化酶(淀粉酶)。此外,一些昆虫的唾液腺可以分泌黏液、水解酶、毒液、抗凝血酶,甚至转变成丝腺,抽丝结茧,如蚕的幼虫等,因种而异。

中肠结构简单,是食物进行消化及吸收的主要场所,与前肠交界处有胃瓣(gastric valve)相隔(图 12-17B),中肠可以产生围食膜,它是一层很薄的几丁质膜,包在食物之外,以保护肠道上皮。围食膜或是由整个中肠细胞分泌(直翅目、鞘翅目及鳞翅目幼虫等),或是由中肠前端近瓣膜处的细胞分泌形成(双翅目、等翅目等),或是两种方式联合进行(膜翅目、脉翅目等)。围食膜允许消化酶及已消化的物质穿透,围食膜可随食物进入后肠,再由中肠重新分泌形成新的围食膜。吸食液体食物的昆虫不产生围食膜。

除了取食固体食物的昆虫前肠有部分机械消化外,食物的消化在酶的参与下主要在中肠进

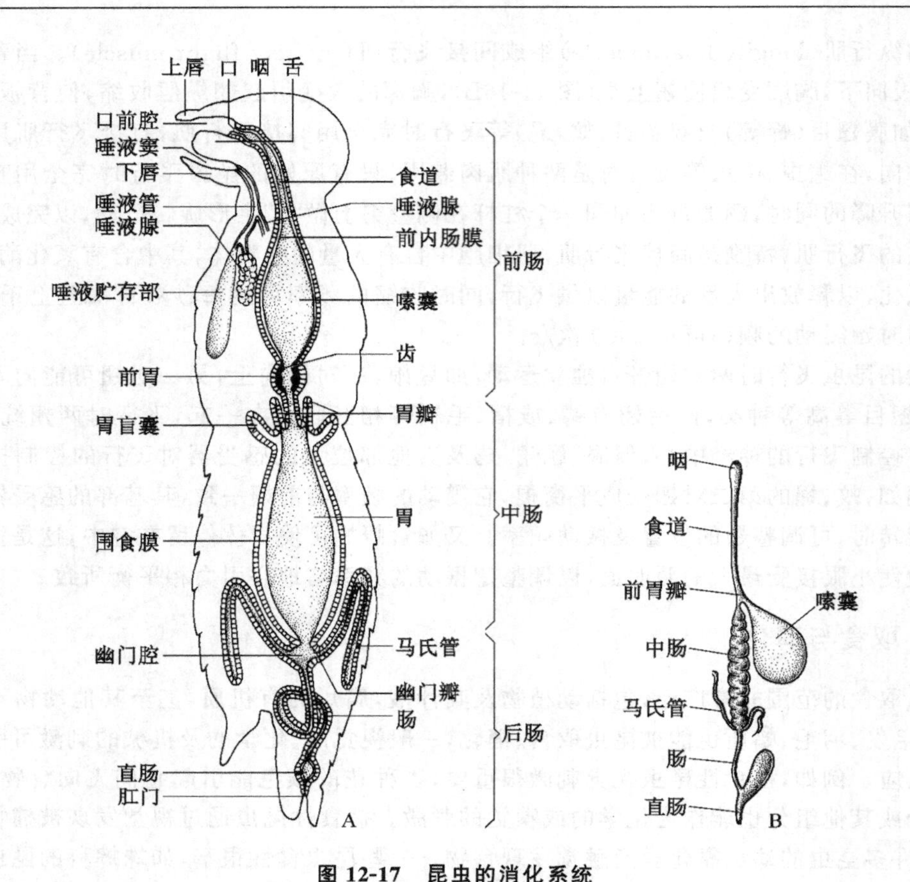

图 12-17 昆虫的消化系统

A. 基本结构；B. 蛾类的消化道

（引自 A. Romoser WS，1994；B. Snodgrass RE，1935）

行。酶的种类与食性相关，植食性昆虫多分泌淀粉酶，肉食性昆虫多分泌蛋白酶与脂肪酶。不取食虫期，如家蚕(*Bombyx*)成虫，消化道中测不到酶的活性。昆虫的蛋白酶多属于胰蛋白酶，因为多数昆虫的肠道 pH 在 6.5～9.5 之间，即在偏碱性条件下起作用(脊椎动物为胃蛋白酶，多在酸性条件下起作用)。一些昆虫能取食丝、毛、木材等物质是由于其消化道能分泌特殊的酶。例如，半胱氨酸还原酶，可将丝、毛等角蛋白水解；一些蠹虫的消化道能分泌纤维素酶及半纤维素酶，能将木材分解成葡萄糖；白蚁(*Termes*)本身不能分泌纤维素酶，但其消化道内共生的鞭毛虫或细菌能分泌纤维素酶，所以也能消化纤维素。消化后的营养物质通过浓度梯度由肠腔进入血淋巴(如糖及水)，或是直接由中肠及肠盲囊细胞所吸收(如脂类及氨基酸)。

大多数昆虫中肠前端突出数目不定的胃盲囊(gastric cecum)，其功能有人认为是增加中肠消化及吸收的面积或回收水分，也有人认为是共生菌聚集的场所。

后肠包括肠、直肠及肛门。有的种类在后肠前端环肌特别发达，形成幽门(pylorus)，以调节物质由中肠进入后肠。有的种类后肠的上皮细胞形成直肠垫(rectal pads)或直肠腺。后肠的功能主要是将食物残渣中的水分及盐分进行重吸收，这对于生活在干燥条件下的昆虫尤为重要；还有就是将食物残渣形成粪粒，经肛门排出体外。

三、气体交换

许多昆虫是高速飞行的动物，它需要大量氧的供应。例如，丽蝇(calliphora)飞行时的耗氧量为 5 ml/(min · g)，相当于人最剧烈活动时心肌耗氧量的 30～50 倍，而昆虫的血液很少有输送气体的功能。那么，昆虫的气体交换是通过高效的气管系统(tracheal system)来完成。它直接将氧气输送给器官及细胞，同时带走 CO_2 完成交换。

昆虫的气管系统来源于外胚层，发育时是由表皮内陷形成一系列分布于全身的分支管道组成(图 12-18)。它开始于身体两侧表皮内陷形成的气门，胚胎时有 12 对，胸部 3 对，腹部 9 对，成虫后最多 10 对，中、后胸及腹部前 8 节各一对，如直翅目昆虫；也有许多昆虫少于 10 对，如鳞翅目昆虫；还有一些水生昆虫气门完全退化或封闭。原始的无翅昆虫气门简单，仅为内陷的孔(图 12-19A)，并直接与气管相连，但大多数昆虫表皮内陷形成一个气门腔(atrium)，腔底为气管的开口(图 12-19B～D)，腔内还有瓣膜关闭装置，这样既可防体内水分的蒸发，又可防止外界尘埃及异物的侵入。一般潮湿环境生活的昆虫气门较大且常开放，干燥环境下的昆虫气门小且常关闭。气门的开、闭是因体内 O_2 与 CO_2 的比例改变，再通过神经控制的。

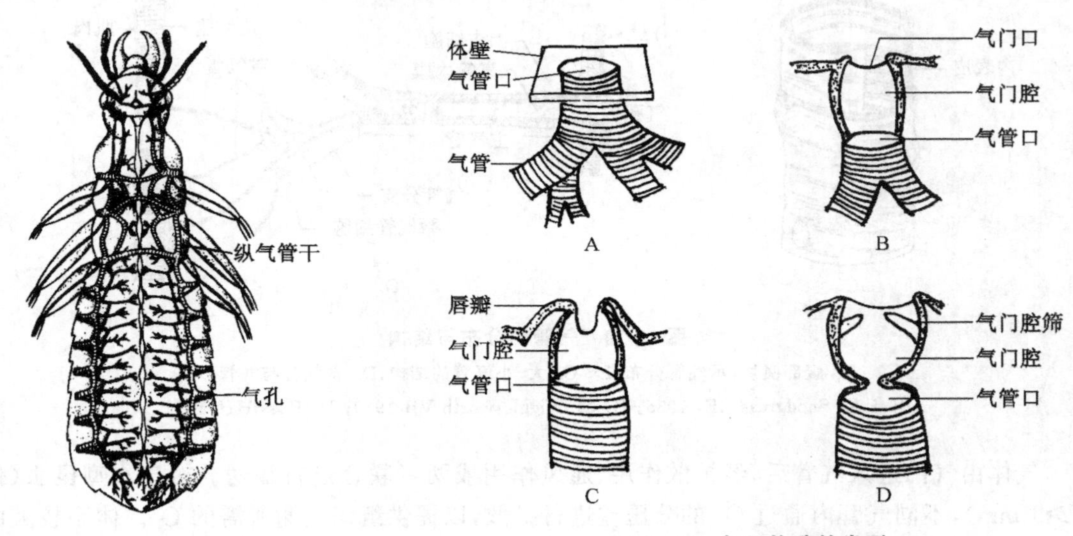

图 12-18　昆虫的呼吸系统
(引自 Ross HH，1965)

图 12-19　气门构造的类型
A. 无气门腔气门(无翅亚纲气门)；B～D. 有气门腔气门(有翅亚纲气门)
(引自 Snodgrass RE，1935)

由气门进入体内后即为气管。经短管连到体侧两条纵贯全身的侧纵干(lateral tracheal trunk)(图 12-20A)，一般由侧纵干沿节发出三对分支，分别到达身体的背面、腹面及内脏，前后体节的分支相连就形成了背、腹及内脏气管干，由这些气管干再分支。在侧纵干上常有膨大的气囊，用以贮存气体。这样可以增大每次呼吸空气的进入量，减少气门开闭频率。在飞行时也能增大身体的浮力。

气管由于是表皮内陷形成，所以它的内壁也有角质层，但上表皮没有蜡质层。气管的内壁有外表皮与上表皮形成的螺旋丝或环(图 12-20B，C)，以支持及加固气管，防止气管扁缩。气囊中没有螺旋丝。

气管越分越细，最后到直径小于 1 μm 时称为微气管(tracheoles)(图 12-20D)，它成丛的由小气管伸出，并穿过微气管细胞形成网状伸到肌肉等组织中。这种分布和脊椎动物的毛细血管一样，可直接将 O_2 输送到组织与细胞。微气管的末端充满液体，当肌肉活动时，末端的液体被吸进细胞，以减少 O_2 由液体传递的过程，O_2 直达肌肉细胞。蜕皮时微气管不脱落。

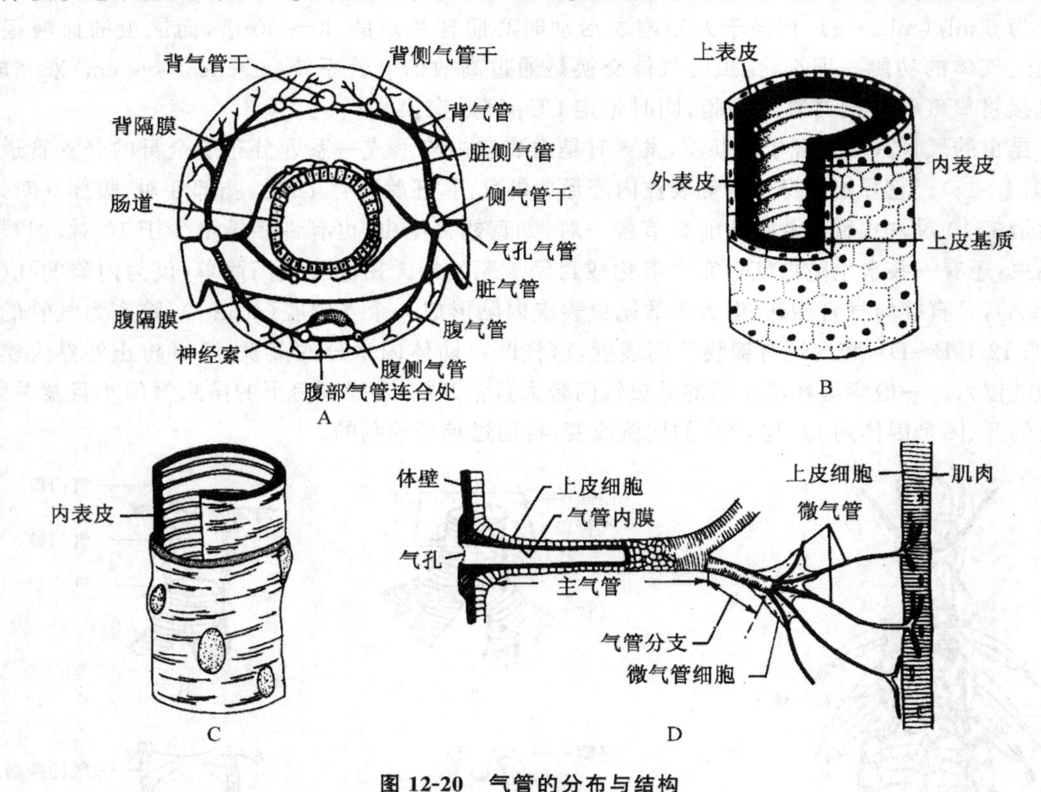

图 12-20 气管的分布与结构

A. 腹部横切，示气管分布；B～C. 大、小气管的结构；D. 微气管与气管

（引自 A. Snodgrass RE，1935；B，C. Wigglesworth VB，1930；D. Ross HH，1965）

气体由气门进入气管后，经扩散作用、通风作用或两者联合进行输送。对于小型昆虫（体长＞1 mm），不同气管内通过 O_2 的分压差进行扩散，以提供组织代谢所需的 O_2。体型较大的昆虫或昆虫飞行时，其呼吸率几十倍到上百倍的增加，仅靠扩散作用不足以提供足够的 O_2，因此联合腹部的通风作用，即通过腹部肌肉的收缩并配合同步的气门开闭，产生吸泵作用，以造成气管内一定的气流，加速 O_2 的供给。如家蝇（*Musca autumnalis*）、蜜蜂（*Apis mellifera*）飞行时即靠腹部的通风作用。蝗虫等较大体型的昆虫甚至代以胸部的通风作用，一次通风可交换胸部 5%的气体，提供充足的 O_2。细胞内呼吸产生的 CO_2 以重碳酸盐的形式保留在体液中，当其含量增高时，刺激气门开放，使 O_2 进入，随即关闭气门。当体液中 CO_2 浓度达到临界时则所有的气门完全开放，造成 CO_2 爆发式的释放过程，使体内水分的丧失仅限制在开放的那一瞬间，这对生活在干燥条件下的昆虫尤为重要。

水生生活是昆虫次生性的生活方式，它们需经历由空气呼吸到水中呼吸的适应过程。像蜻蜓（*Aeschna*）、蜉蝣（*Ephemera*）的水生稚虫还保留有气管系统，即在体表一定部位向外突出，气管伸入其中形成气管鳃（tracheal gill），水中的 O_2 通过表皮扩散到气管中去，而气门已不起作用。双翅目的某些幼虫，如孑孓与蛆的身体后端形成一长的呼吸管伸出水面，通过气门吸收空气,再潜入水中。一些生活在水中的成虫,它们仍呼吸空气中的 O_2,所以要定时地浮在水面上进行气体的交换。例如龙虱(*Dytiscus*),它是一种水生甲虫,其腹部背面有气门,到水面呼吸时可在鞘翅之下携带大量气体,在水中生活一段时间,待 O_2 用完之后,再浮到水面换气。又如半翅目的负子蝽(*Aphelocheirus*),腹部表面有一层密集的拒水性毛,它保存一层空气,这层气膜或气泡具有物理鳃的作用,可供给虫体所需之 O_2。有的昆虫没有贮气结构,它们只能在水面游泳生活,如仰泳蝽(*Notonectid*)便是。

了解呼吸系统的结构与生理功能,具有实践意义,如消灭孑孓时除了用药外,可在水面滴少许油剂,使呼吸管周围的拒水毛不能伸出水面,以引起孑孓窒息而死。在使用接触毒剂及熏蒸毒剂时更需要考虑其呼吸生理。

四、血液循环

昆虫的循环也为开放式循环,结构简单,在围心血窦中有一条背血管,它包括后端的心脏及前端的动脉(图 12-21A)。心脏位于腹部背面,其末端为盲端,按节膨大形成 12 个心室(蜚蠊有 11 个心室,家蝇只有 3 个心室),每个心室的两侧各有一心孔,心孔内有瓣膜,只允许血液

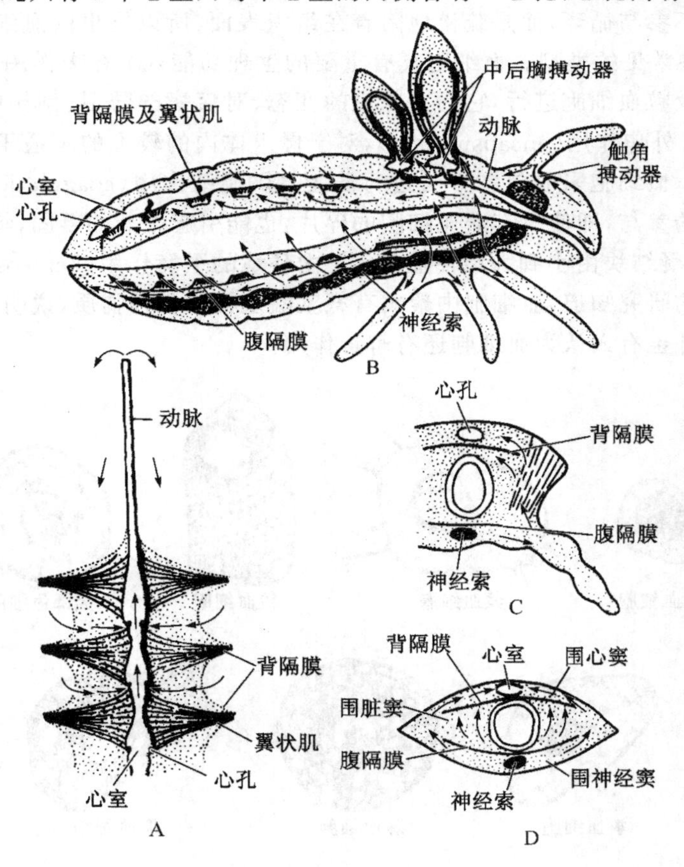

图 12-21 昆虫的循环系统

A. 心脏及背动脉;B. 血液的循环途径;C. 胸部断面,示血液循环;D. 腹部断面

流进心室，不允许倒流。心室的外侧有成对的翼状肌（alary）连接到背隔膜上，它的收缩使心室扩张与紧缩以推动血液的流动。心脏之前为动脉，由胸部直达头端，前端开口在血腔中。心脏是其动力器官，其搏动频率因种而不同（几次到300次不等），即使同种昆虫也因不同虫期、活动与静止、外界温度等各种条件而不同。除了心脏，一些昆虫在头、胸、足、翅等部位还有附属的搏动器可加速血液的流动。血液的循环与其他节肢动物相似（图12-21B～D）。

由于昆虫的血液兼有脊椎动物血液及淋巴的机能，因此称为血淋巴（hemolymph），也包含血浆及血细胞。其血淋巴中维持渗透压的无机及有机组分及其含量常因种而不同，低等的昆虫，如蜻蜓等主要是无机离子；而高等昆虫，如鳞翅目及双翅目，更多的是有机离子。一般地说，血淋巴中含有较高浓度的氨基酸及蛋白质，它们参与代谢、防卫、氮源的贮存，例如，新蜕出的表皮逐渐变深褐色，就是因血淋巴中的酪氨酸氧化及鞣化的结果。另外，血淋巴中所含碳水化合物多数是一种双糖——海藻糖，而非单糖（葡萄糖），具有双倍的能量。此外，还含脂类、水、色素、激素等。所以它的机能主要是营养物质及代谢物质而非气体的传递者。这对昆虫是至关重要的，某些昆虫在－30℃条件下越冬，它的体液及细胞液并不结冰，是与此相关的。

昆虫血淋巴中含有一些形态各异的血细胞，但由于它们在结构上是可变的，又往往是多功能的。许多细胞不参与循环，而是疏松地附着在组织表面，所以昆虫的血细胞很难严格区分。图12-22显示一些常见的类型。血细胞具有重要的生理功能：① 吞噬作用（phagocytosis），主要是由浆血细胞及粒血细胞进行，它们在昆虫的变态、对疾病的防卫、创伤的修复及免疫方面都有重要功能；② 外包作用（encapsulation），对于侵入体内的较大的不适于吞噬的异物，例如线虫、原生动物等，血细胞采取包围方法进行防卫；③ 凝结作用（coagulation），昆虫血液的凝结都有囊血细胞的参与，即使只有囊血细胞的碎片，也能引起血液的凝固，特别在创伤时，细胞本身聚集在伤口，凝结块由小到大堵住血流；④ 内环境的平衡作用（hemeostatic function），由电镜及细胞化学的研究知道，血细胞中聚集有氨基酸及糖等各种物质，说明它具有维持内环境稳定的作用。另外也有人认为血细胞还有解毒作用。

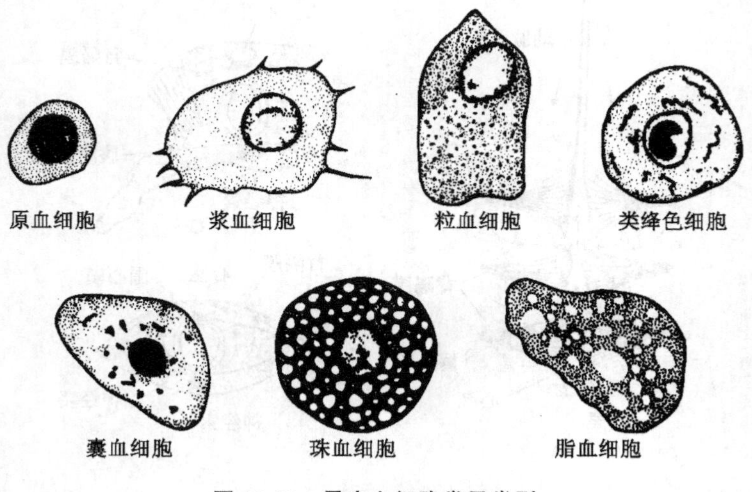

图12-22 昆虫血细胞常见类型

（引自 Chapman RF, 1971）

五、排泄与水分调节

马氏管与直肠是昆虫的排泄器官(图 12-17)，马氏管是由中后肠交界处发生的，由单层细胞组成，远端为盲端，游离在血腔中，数目少的只有两条，如蚧亚科的昆虫；多的可达 250 条，如蝗虫：数目少的比较长，数目多的则较短，单位体重内马氏管的表面积相差并不悬殊。

马氏管的细胞结构与中肠的柱状上皮细胞相似，细胞的外缘为基膜(图 12-23)，基膜内细胞有大量的内褶，细胞的顶端(靠管腔的一端)形成大量的微绒毛(microvilli)。细胞内外缘的这种结构，扩大了细胞的表面积，有利于物质的传递，管的外壁有肌纤维，使管在血淋巴中蠕动。细胞内含有大量的线粒体，可为离子通过管壁提供能量。

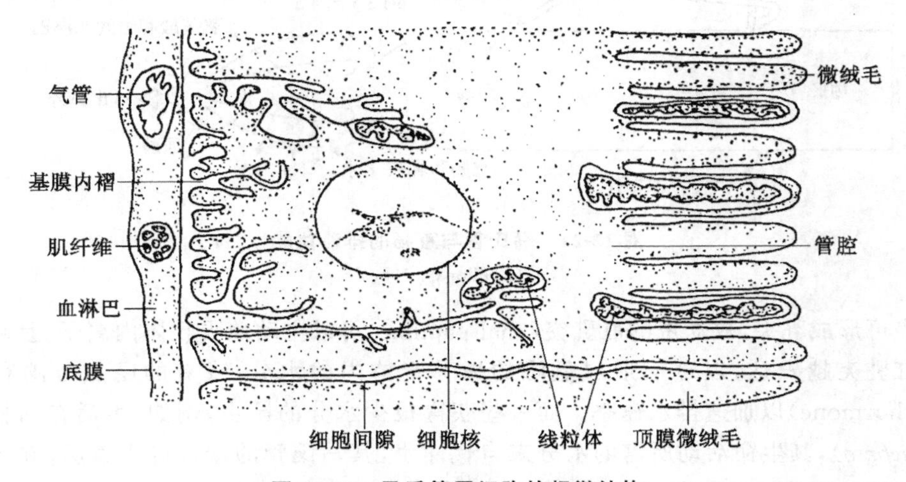

图 12-23　马氏管原细胞的超微结构

马氏管在机能上可以看作是一个能主动分泌的管道(图 12-24)，它浸润在等渗的血淋巴中，却能向管内分泌 Na^+，K^+，Ca^{2+}，Mg^{2+} 等各种离子及小分子量的有机物。研究发现昆虫尿液中的 K^+ 几倍或几十倍地高于血淋巴中的含量，而 Na^+，Ca^{2+}，Mg^{2+} 的含量比血淋巴低。这种不同离子的浓度差说明马氏管主动吸收的机能，并成为尿液在管中流动的动力。由于渗透作用，水也进入管中形成等渗的原尿，随后，尿液流入后肠与直肠。直肠具有选择性吸收特性，水及有用的 Na^+，K^+ 等离子被直肠重吸收，并送回血淋巴中，不能被重吸收的大分子物质形成尿酸沉淀，尿液中的 pH 也由 6.8～7.5 降到 3.5～4.5，最后作为含氮废物被排出体外。一些低等的无翅昆虫及小型的蚜虫没有马氏管而是靠头部的囊肾下唇腺执行排泄机能。

昆虫排出的含氮物因种而不同。水生昆虫及食肉的蝇类等以排出氨为主，氨含有很高毒性，在水中有很高的可溶性，排出时需伴随一定的水分。大多数陆生昆虫的排泄物是尿酸，尿酸含有较低的毒性，可溶性较低，排出时不需伴随水分，这对陆生昆虫减少水分的丢失是十分重要的。有的种类除尿酸外，还有少量的尿囊素及尿囊酸或少于 20%的尿素。

在一些没有马氏管或不发达的无翅亚纲，脂肪体中的尿细胞(urine cell)可以收集浓缩尿酸贮存体内，这称为贮存排泄(storage excretion)；或靠近心脏处的肾细胞从血液中收集代谢产物；或代谢产物积累在体壁中，随蜕皮而排出；或由消化道排出。

昆虫体内水与盐分的含量与其排泄密切相关，例如，水生昆虫及一些食物中含水量较多的

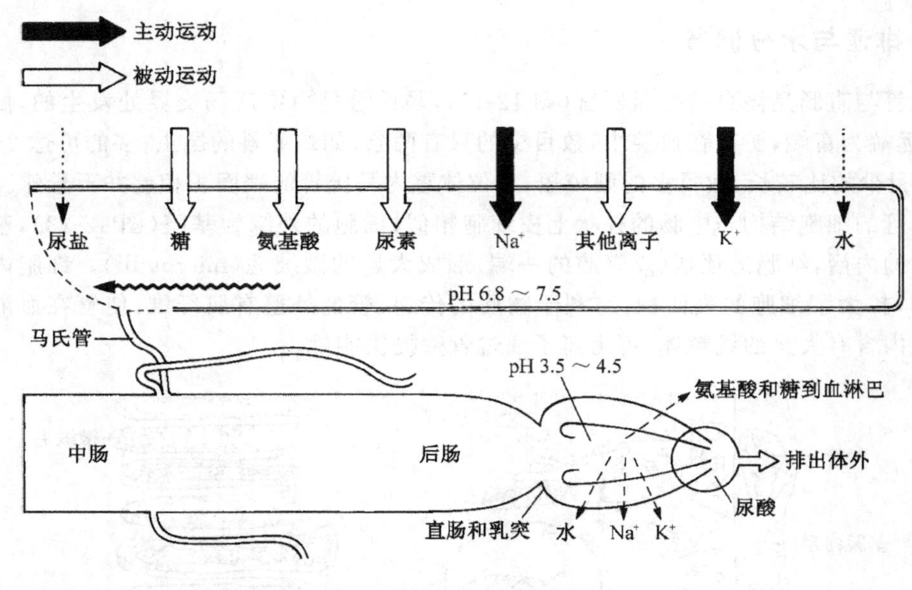

图 12-24 马氏管与直肠的排泄功能

(引自 Gillot C, 1980)

昆虫,体表可形成乳突,蚊幼虫的肛乳突(anal papillae)可以主动地吸收体内离子,且环境中盐分越少,肛乳突越发达,以迅速形成低渗的尿移走体内的水分,或有的昆虫分泌利尿激素(diuretic hormone)以加速排水速率。而一些获得很少水分的昆虫,例如,生活在面粉中的黄粉甲(*Tenebrio*),其生命活动所需的水分来自代谢水,其马氏管的端部进入直肠,并包在一膜内,在此可以尽可能地回收离子及有限的水,以致形成粉末状代谢物。

六、神经与感官

昆虫的神经系统亦为链状神经。在胚胎时期每个体节有一对神经节,随着发育神经节出现不同的愈合。脑位于食道上方,来自胚胎期头部前三个体节,脑可分为前脑、中脑(deutocerebrum)及后脑(tritocerebrum)(图 12-25)。其中前脑最发达,向两侧膨大形成视叶,神经支配单眼与复眼,中脑发出神经支配触角,后脑发出神经构成围咽神经环,并与咽下神经节相连,咽下神经节是胚胎时期头部后三个体节神经节愈合形成。它支配大颚、小颚及下唇,是口部运动的中心。由咽下神经节发出神经与胸部神经节相连,胸、腹部有按节排列的神经节,胸部 3 对,腹部 8 对位于前 8 腹节。原始种类还有末端神经节,是由 3~4 对神经节愈合形成,且神经节与之间的神经纤维是分离的;高等种类愈合成单链,或神经节出现愈合,家蝇甚至胸、腹部神经节完全愈合成一整体。脑与神经索构成中枢神经(central nervous system)。

此外,昆虫还有支配内脏的神经,例如下脑神经节(hypocerebral ganglion)、额神经节(frontal ganglion)支配前肠、唾液腺等,胸、腹部还发出神经支配气门,尾部的神经支配后肠及生殖器官,这些支配内脏的神经称为交感神经系统(sympathetic nervous system)

昆虫的感受器一般是由感觉细胞(sense cell)及附属细胞(accessory cell)组成。感觉细胞是双极神经元,由树突接受刺激,由轴突传导给中枢神经。附属细胞是围绕感觉细胞的两种细胞:一种是毛原细胞(trichogen cell),由它产生毛伸出体表,毛的基部与感觉细胞相连;另一种是膜原细胞(tormogen cell),包在毛原细胞之外,与其他上皮细胞隔离。实际上它们都是来源于发生时期的上皮细胞(图 12-26)。具有毛的感受器称毛状感受器(trichoid sensilla),它是昆虫最普遍最重要的一种感受器。

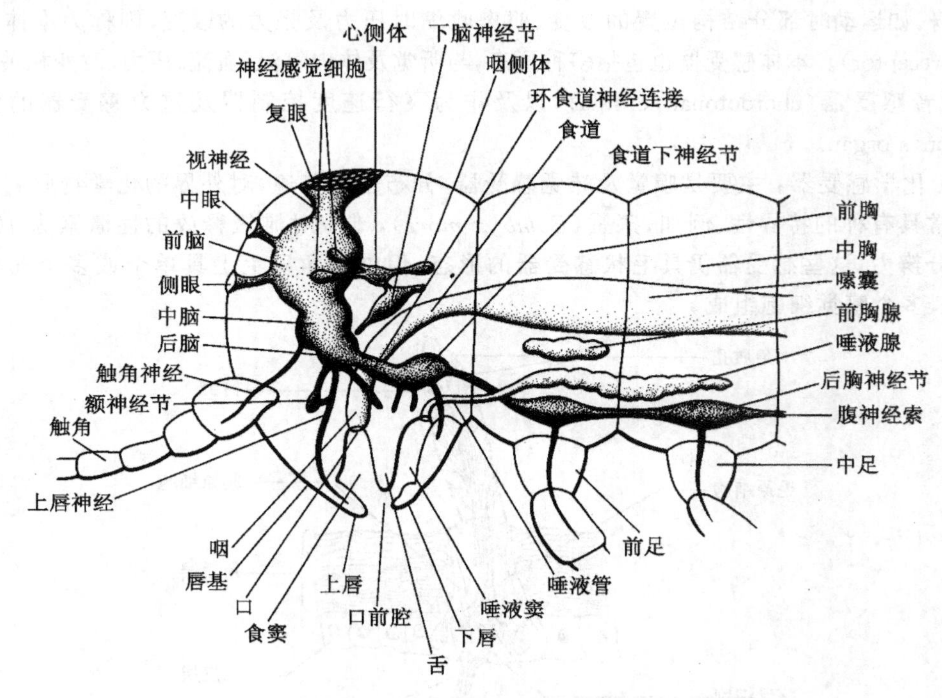

图 12-25 昆虫头及前胸结构

(引自 Ruppert EE, 2004)

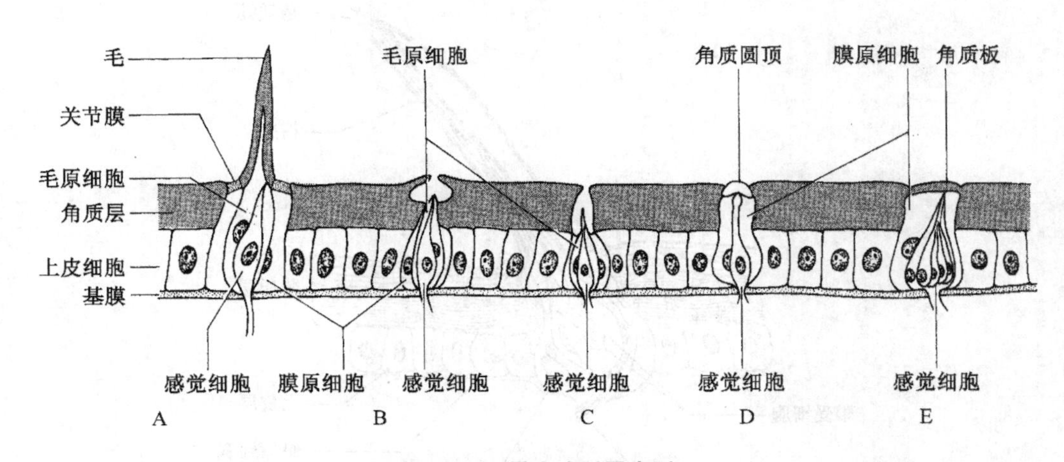

图 12-26 昆虫感受器类型

A. 毛感受器;B. 腔感受器;C. 坛状感受器;D. 钟形感受器;板形感受器

(引自 Romoser WS, 1994)

昆虫的感受器分布在整个体表,特别是触角、触须、附肢、尾须、生殖器等处更丰富,每种感受器只接受一种类型的刺激,根据刺激类型的不同可归纳为三种类型感受器。

(1) 机械感受器(mechanoreceptor):体表或内部结构由于弯曲、伸直、转动等引起状态的改变的都是机械感受器,例如,触觉、听觉、张力、温湿改变等。在结构上最简单的毛状感受器也是一种触觉感受器,在毛状感受器的基础上也可转变成腔形感受器(coeloconic)、坛状感受器(ampullaceous)、钟形感受器(campaniform)及板状感受器(placoid)(图 12-26)。如果感受的刺激来自昆虫自身,如运动时部分结构位置的改变、肌肉收缩时压力及张力的改变,则称为本体感受器(proprioreceptor)。本体感受器也包括多种形态,与听觉及体内气流、血流、压力、改变相关的如钟形器、弦音感受器(chordotonal sensilla),以及作为飞行速度控制器及重力感受器的江氏器(Johnston's organ)。

(2) 化学感受器:主要是嗅觉及味觉感受器,分布也很普遍,对外界的化学物质刺激高度敏感。常具有种的特异性,例如,家蚕(*Bombyx mori*),雄蛾对雌蛾释放的性激素为 10^{-12} μg 时仍具分辨力,这些感受器仍具毛状感受器的形态,但外表角质毛上具单个或多个孔(图 12-27A,B),多个感觉细胞组成。

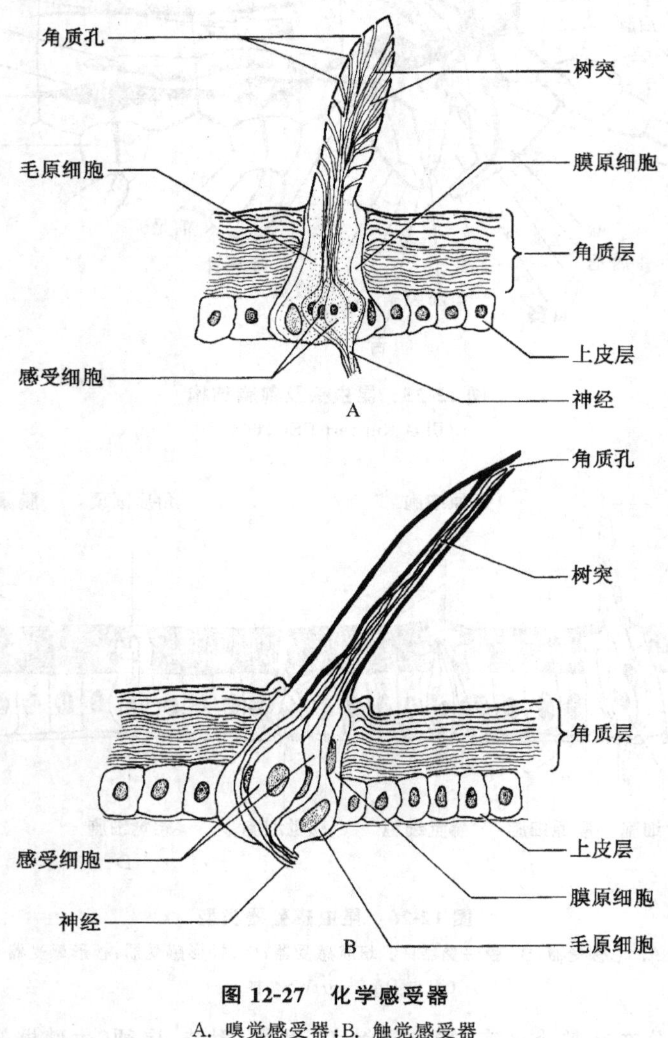

图 12-27 化学感受器

A. 嗅觉感受器;B. 触觉感受器

(引自 Romoser WS, 1994)

(3) 光学感受器(photoreceptor):最原始的昆虫没有视觉器官,但体壁内含有少量的色素，也能吸收一定波长的光作为神经细胞的刺激，因此靠体壁感光。但绝大多数的昆虫是以单眼及复眼作为视觉器官，它能识别物体的形状、状态、运动、距离、颜色、光强度、偏振光以及光周期长度。单眼与复眼的结构，在前一章已叙述，不再重复，需要补充的是昆虫的眼没有调节能力，其视力范围仅为人眼的 1/60～1/80，例如，家蝇的视觉距离只有 50～70 cm，但昆虫复眼对光波的敏感范围比人眼宽，在波长 253.7～700nm 范围内的光对昆虫都是可见光，特别是对紫外光，非常敏感。人们利用这一视觉特性制成黑光灯以诱捕农业害虫。另外，昆虫对闪烁光的分辨能力也比人眼强，人眼对闪烁光的分辨能力一般在 20～30 次/s，最高达 50 次/s，超过这个数字则视为连续光，但丽蝇的复眼在 265 次/s 时仍视为闪烁光。昆虫对天空反射的偏振光也有很好的辨别能力，并利用它来测定方向，用以导航。

七、生殖与发育

1. 生殖方式及生殖系统结构

绝大多数的昆虫行两性生殖，极少数的昆虫可以行其他方式的生殖。如，蚜虫在夏季气候适宜时行孤雌生殖，即卵不需受精即可发育成雌体，秋末才行两性生殖；瘿蚊科的一些种类其幼虫期即可孤雌生殖，称幼体生殖；膜翅目的一些寄生昆虫其受精卵可以分裂成许多胚胎，每个胚胎发育成一个新个体，称多胚生殖。

昆虫雌雄异体，体内受精，绝大多数昆虫以精荚进行精子传递。

(1) 雌性生殖系统：包括位于身体腹部两侧的一对卵巢，卵巢后端连有一对侧输卵管(图 12-28)，汇合后形成总输卵管，经阴道或生殖腔开口在第 8 腹部体节腹面生殖孔(图 12-15B)。在阴道处有一受精囊用以贮存交配后的精子，还有一对附属腺通入阴道，其分泌物用以黏着卵及帮助受精。

昆虫的卵巢是由一束卵巢小管(ovariole)集合而成，每个小管外有细胞膜及气管围绕，顶端有丝，所有小管的丝联合形成端丝(terminal filament)附着在体壁上，将卵巢固定。端丝下为小管的卵原区(germarium)，生殖上皮在这里进行细胞分裂并分化成卵原细胞、卵母细胞(oocyte)与营养细胞(nutritive cell)。卵原区之后即为生长区(vitellarium)(图 12-29)，在这里卵母细胞积累营养物质并形成卵，最后经过一短柄开口到输卵管顶端。

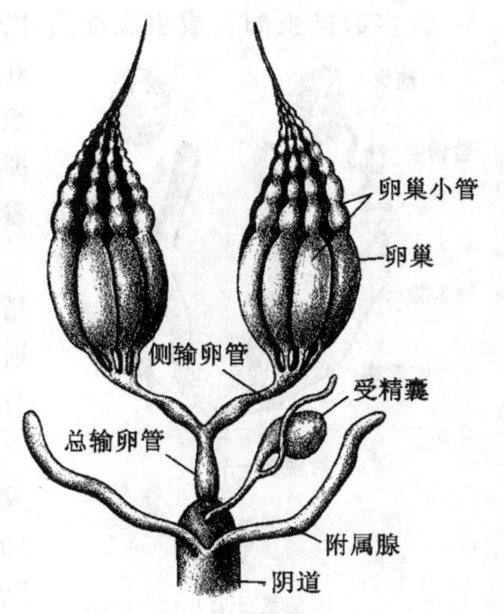

图 12-28　昆虫雌性生殖系统
(引自 Snodgrass RE,1935)

根据营养细胞的有、无及位置，卵巢小管可分为三种：在直翅目等一些低等的昆虫中，卵巢小管内没有特殊的营养细胞，卵的营养物质由滤泡细胞(follicle cell)及血淋巴提供，这种卵巢小管称为无滋式卵巢小管(panoistic ovariole)(图 12-29A)。大多数昆虫的卵巢小管具有营养细胞，它将营养物质提供给卵母细胞，最后自身解体。如果营养细胞集中在卵原区，通过营养索(nutritive cord)对卵母细胞提供营养，则称端滋式卵巢小管(telotrophic ovariole)(图 12-29B)，如半翅目等；如果每个卵母细胞的周围都围有一定数量的营养细胞，这种卵巢小管称多滋式卵巢小管(polytrophic ovariole)(图 12-29C)，如双翅目等。

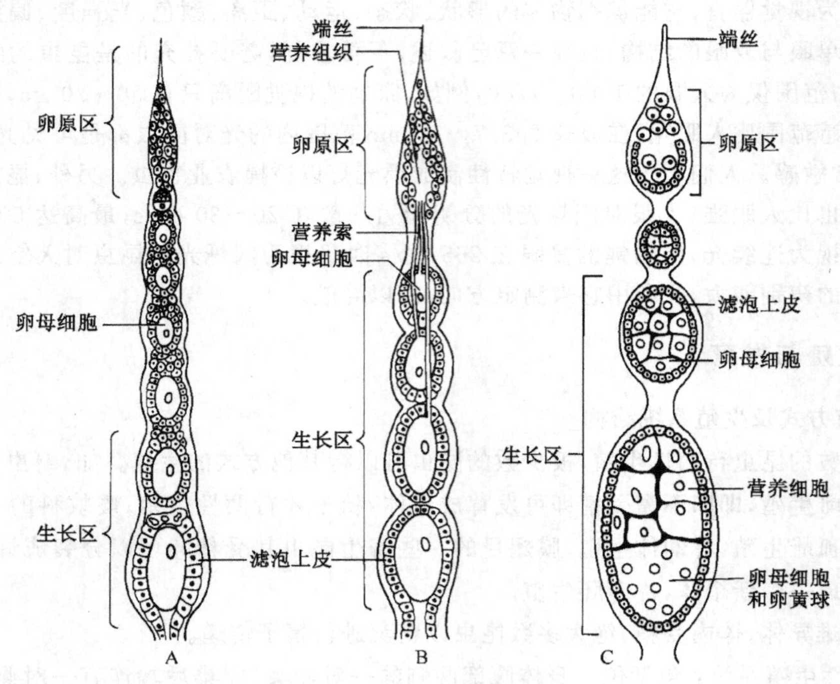

图 12-29 昆虫卵巢小管的类型

A. 无滋式；B. 端滋式；C. 多滋式

(引自 Romoser WS, 1994)

大多数昆虫卵在成虫交配后才开始发育成熟，由滤泡细胞分泌卵壳，壳上有一个或多个卵孔，卵在经过阴道时，精子由受精囊出来使卵受精，卵或由生殖孔产出，或经过外生殖器，即 8～9 腹节附肢特化形成的产卵瓣产出。卵或单粒分散，或由附属腺分泌物粘成卵块，附着在固定物体上。

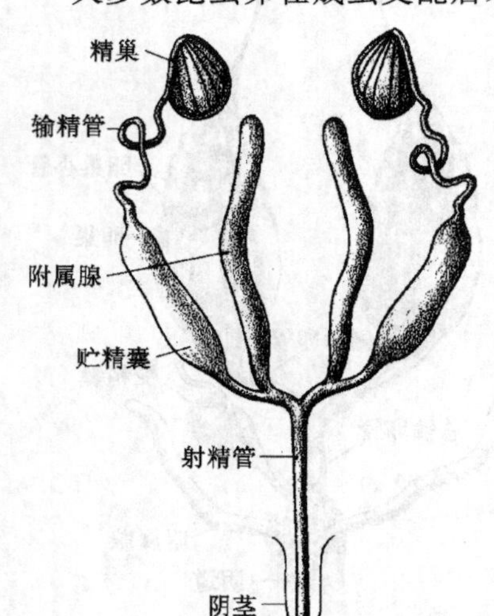

图 12-30 昆虫雄性生殖系统

(引自 Snodgrass RE,1935)

(2) 雄性生殖系统：包括一对精巢(图 12-30)和一对输精管，输精管后端膨大成贮精囊，两个管的末端汇合后形成射精管，射精管末端形成阴茎，以雄性生殖孔开口在第 9 腹节末端，输精管的末端具有一对附属腺并开口其中。

精巢也是由许多精巢小管(testis follicle)所组成，精子成熟后即行交配。雄性个体腹部末端多有抱握器，是由 9～10 腹节附肢特化形成。交配时用以把持雌性腹部。大多数昆虫是以精荚的形式直接送入雌体阴道内，或送入专门的交配囊内。精荚进入交配囊之后破裂，精子释放出来游动到受精囊内贮藏。无翅昆虫及低等的有翅昆虫，精荚不直接送入雌性体内，而是像蛛形纲那样产于地面，然后由雌性自己送入体内。昆虫一生交配一次或多次，因种而不同。

2. 发育与变态

昆虫的发育最基本的要经历卵、幼虫、成虫三个时期，卵是携带亲本基因传递及对抗不利环境的阶段。昆虫的卵，除弹尾目为完全卵裂之外，均为表面卵裂。卵孵化后进入幼虫期，这是昆虫取食、生长的时期，随着生长需要经过蜕皮，少的一生蜕皮3～4次，多的数十次，一般5～6次。两次蜕皮之间称龄期，新孵化的幼虫称一龄，以后每蜕一次皮增加一龄，一些昆虫生命的主要时期是幼虫期，可生活数年。许多昆虫由幼虫期直接进入成虫期，成虫期是昆虫的繁殖及扩散时期，其间性成熟、交配、产卵。成虫具翅可以扩散生存领域，成虫一般不蜕皮，但原始的无翅类成虫仍蜕皮。成虫期完成繁殖之后即死亡，有的种成虫期仅存活数小时，无口、无消化道。在一些高等种类最后一龄幼虫蜕皮后进入蛹期(pupa)，蛹蜕皮后再进入成虫期，蛹是由幼虫形态到成虫形态生理的转化时期，也是对抗不利环境的时期。昆虫由卵到成虫的形态机能改变称为变态(metamorphosis)，昆虫的变态分为以下几种。

(1) 无变态(ametabola)：存在于原始的无翅昆虫，幼虫与成虫除了大小之外，外形上没有明显区别(图12-31A)。一般幼虫蜕皮次数较多，到成虫后仍蜕皮及生长，如衣鱼。

(2) 半变态(hemimetabola)：存在于较低等的有翅昆虫，幼虫与成虫在形态及生态上不完全相似，幼虫水生，成虫陆生，口器也不相同(图12-31B)，其幼虫称为稚虫(naiad)，如蜻蜓、蜉蝣、石蝇(分属蜻蜓目、蜉蝣目及𫌀翅目)。

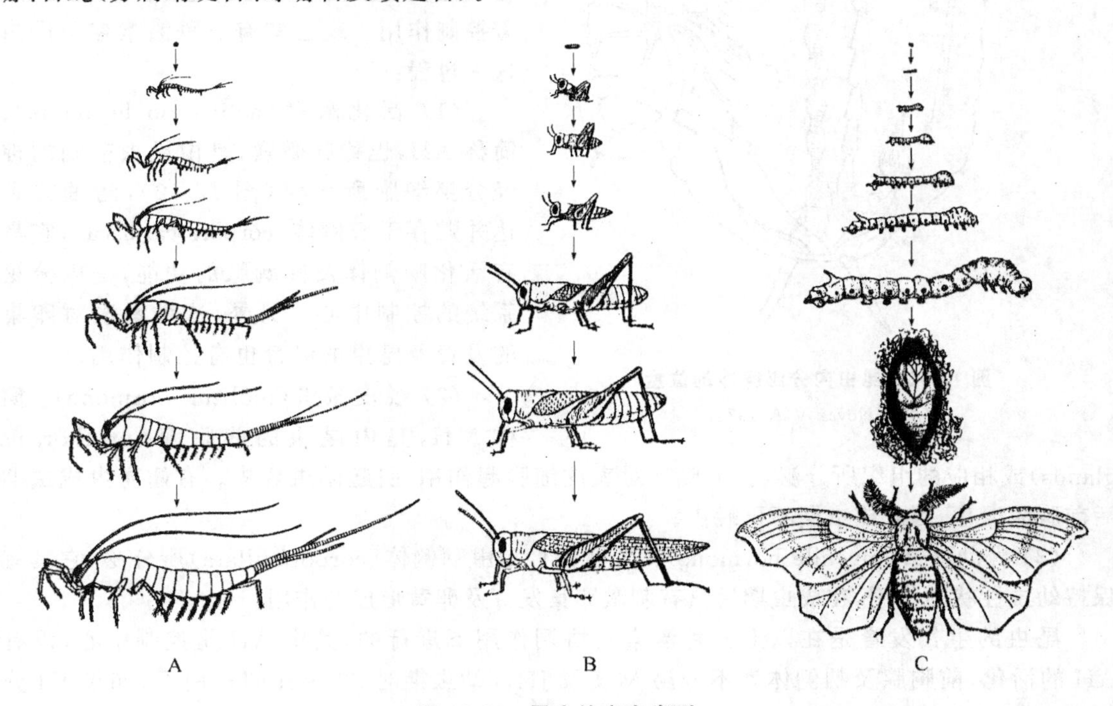

图12-31 昆虫的变态类型

A. 无变态；B. 半变态；C. 全变态

(引自 Gillott C, 1980)

(3) 渐变态(paurometabola)：存在于许多目，幼虫与成虫在形态与生态上相似，经第三龄起具翅芽，并随蜕皮时逐渐长大，到成虫时具有机能的翅，性成熟。其幼虫称若虫。例如，蝗虫、蜚蠊、蝉等。半变态与渐变态由于都无蛹期，所以常统称不完全变态(hemimetabola)或称半变态。

(4) 完全变态(holometabola)：大约88%的昆虫属完全变态。生活史中在幼虫与成虫之间出现蛹期，在蛹内幼虫形态解体，成虫形态形成，幼虫与成虫在形态上不相似(图12-31C)。例如，家蚕的幼虫为咀嚼式口器，成虫为虹吸式口器，这样避免了食物、生境的竞争，无疑是有进化意义的，所以高等的昆虫都是完全变态的。例如，家蚕、家蝇、蜜蜂等。

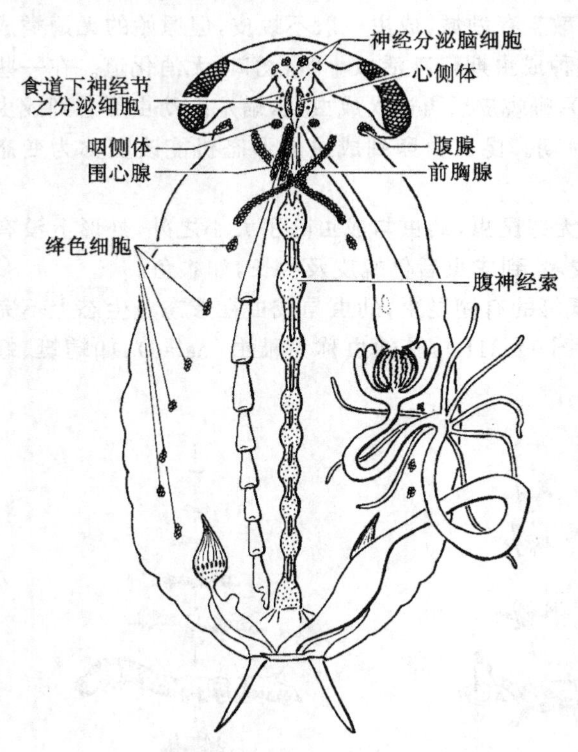

图 12-32 昆虫内分泌腺体的位置

(引自 Novak VJA，1975)

昆虫由卵发育到成虫，成虫再产卵，这一过程称为一个世代(generation)。一年中完成的世代数称为化性(voltinism)，如一年一个世代称为一化性，两个世代称二化性，许多世代称多化性。

3. 生长、发育与变态的激素调节

昆虫个体的生长、发育与变态是受其自身的某些细胞或内分泌腺体所产生的内激素所控制。内分泌腺体是一种无管腺，它分泌的微量物质由血淋巴传送，对生长发育起着控制作用。现已知有三种激素参与昆虫这一过程：

(1) 活化激素(activation hormone)：简称AH，也称脑激素，是由昆虫前脑的神经分泌细胞所分泌(图12-32)，随轴突到达并贮存于心侧体(corpora cardiaca)，它具有活化咽侧体及前胸腺的功能，是内分泌系统的控制中心。另外，这种激素对卵巢的发育及昆虫的滞育也有控制作用。

(2) 蜕皮激素(molting hormone)：简称MH，是由昆虫的前胸腺(prothoracic glands)或相应的组织所分泌，它主要是对表皮细胞起作用，引起昆虫蜕皮。有翅昆虫成虫期后前胸腺退化，因此成虫期不再蜕皮。

(3) 保幼激素(juvenile hormone)：简称JH，是由咽侧体(corpora allata)所分泌，它具有保持幼虫性状的作用，在成虫期后具有刺激卵巢发育及卵黄形成的作用。

昆虫的生长发育是在以上三种激素的协调作用下进行的，其中AH是控制中心，没有AH的活化，前胸腺及咽侧体就不分泌MH及JH。幼虫期时，在AH的作用下，如果JH分泌量较多时，它与MH共同作用，使幼虫蜕皮后仍为幼虫(图12-33)。如果JH分泌量下降，蜕皮后形成蛹。如果没有JH，仅有MH，蜕皮后形成成虫。如果JH不存在，就会导致大多数昆虫前胸腺的退化，因此成虫期不再蜕皮。咽侧体于成虫期分泌的JH在生殖中起作用。

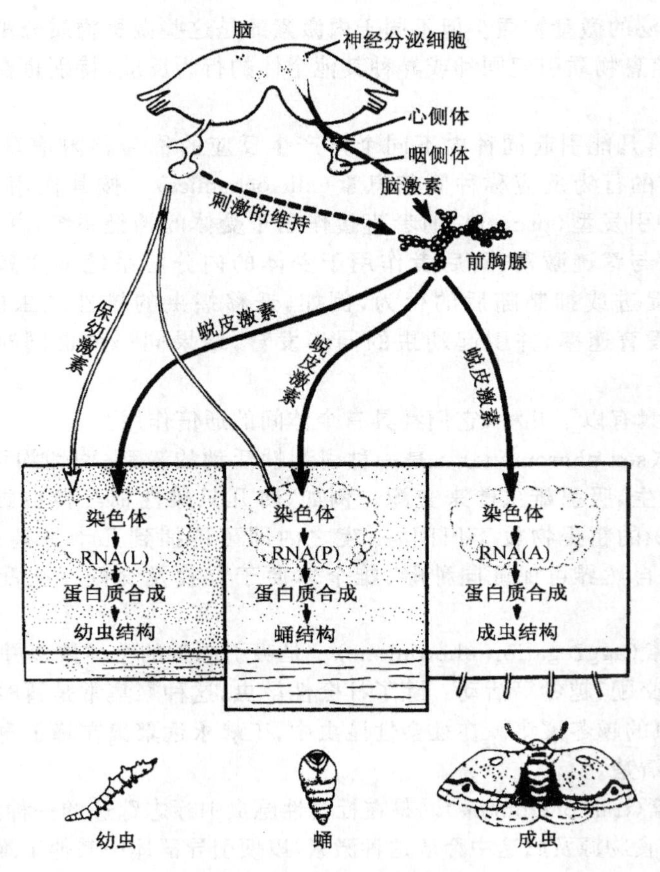

图 12-33　昆虫发育的激素调节

(引自 Gilbert LI,1964)

4. 休眠及滞育

昆虫生长发育过程中,在非致死的不利环境条件下,例如,低温、干旱等会直接引起活动停止、代谢降低,虫体处于暂时的静止状态。一旦不利因素被解除,昆虫立即恢复正常的活动与发育,这种现象称为休眠,例如,冬眠、夏蛰。

滞育则不同,虽然它也表现出停止活动、代谢降低等静止现象,但不是由环境条件直接引起,一旦开始不会中途停止,必须持续该物种所需的时间长度。昆虫在进入滞育后,即使满足一切生存条件也不会终止,所以具有遗传特性。现已了解滞育也是受激素所控制,例如,柞蚕(*Antherea*)蛹期进入滞育是由于 AH 的缺乏,随之引起 MH 的缺乏,如果将同种非滞育个体的脑移入,则滞育被打破。而外界环境条件是通过遗传起作用。例如,蛹期滞育是由幼虫期光照的长度所决定,可能是对重复出现的环境条件长期适应的结果。

第三节　昆虫的通信与行为

一、昆虫的通信

(一) 信息素

昆虫的通信是通过信息素及感觉器官来完成。信息素也称为外激素(pheromone),它也是由细胞或腺体分泌的微量物质。但不同于内激素的是这些微量物质分泌后释放到体外空气中,作为一种化学信息物质引起同种或异种其他个体的行为反应,特别是在社会性昆虫中得到了高度发展。

信息素分两种,凡能引起同种内不同个体产生反应的称为种内信息素(pheromone),而引起不同种的个体的行为反应称种间信息素(allelochemics)。按其作用方式信息素可分为直效型(releaser)和引发型(primer),前者直接作用于受体的神经系统,并立即引起其行为反应,例如,性信息素与踪迹激素等;后者作用于受体的内分泌系统或生殖系统,引起一系列的生理反应,从而促进或抑制随后的行为,例如,迁移蝗虫的雄性成虫能分泌一种挥发物质,它能促进生长发育速率,并引起幼虫的同步发育,结果同一种群同时变态,以致形成巨大数量的迁移蝗群。

重要的信息激素有以下几种,它们都具有个体间的通信作用。

(1) 性信息素(sex pheromone)。是一种引起性活动的激素,两性均可产生,但更普遍的是由成熟的雌虫产生,吸引雄虫前来交配。例如,将几只雌性棉红铃虫腹部末端数节(分泌腺体所在部位)组织的粗提物放于田间,一夜之内即可诱捕到几十只甚至数百只成熟雄性个体。这种激素在自然界可保证同种雌、雄个体便于寻找及交配。交配之后,不再分泌性信息素。

(2) 聚集信息素(aggregation pheromone)。是吸引同种的个体聚集并参加一系列活动的一种激素,如取食、交配、越冬等活动。除了社会性昆虫,这种聚集常是暂时的,如蚊子、蜉蝣的婚飞聚集,某些瓢虫的越冬聚集。在社会性昆虫中,工蜂永远聚集在蜂王身旁。分泌这种激素的腺体的部位尚不清楚。

(3) 踪迹信息素(trail pheromone)。是在社会性昆虫中标志踪迹的一种激素。例如,工蜂或工蚁外出觅食时,在食物源及归途中释放这种激素,以便引导群体中其他工蜂沿同一途径飞往食物源。许多个体重复这一行为,即使新出巢的成员也很容易沿相同路线飞行。所以,踪迹信息素是社会性昆虫中个体间的一种通信工具。已知蜜蜂分泌踪迹素的腺体在腹部第7节背面。

(4) 报警信息素(alarm pheromone)。主要存在于社会性昆虫中,当环境中出现危险时所产生的一种信息素。不同的种产生不同的反应。例如,蚂蚁的蚁巢受到攻击时,它所产生的报警信息素可以召回外出的兵蚁参加战斗及防卫,或是引起工蚁携带幼体逃离,或修复巢穴等。

种间信息素是引起异种个体产生反应的一种化学信息物质。如果释放出的激素对本种个体有好处则称为利己信息素,例如蝽象可以释放出一种恶臭物质,使其他种动物不再靠近,起到防卫功能。有的甲虫可释放氰化物、有机酸及苯醌等,也具有这种功能。有的昆虫释放出的激素对其他种个体有好处,则称为利他信息素,如有的昆虫产生一种气味会招来寄生物产卵或寄生。

(二) 感觉器官

昆虫除了应用化学信息物质作为一种通信语言,还可以利用视觉及听觉作为通信工具。

1. 视觉通信(visual communication)

最著名的例子是鞘翅目的萤火虫(*Lampyris*)、叩头虫(*Elaterid*),在其腹部末端两侧具有生物发光器官,可以产生不同频率的光闪烁,作为性别间的通信联系。当雌性发出闪烁时,雄性也发出闪烁以回答,然后相互飞向对方以求爱。不同种闪烁的模式不同。另外,一些昆虫具有艳丽的色彩,或是具有拟态(mimicry)现象,既有警戒或保护的作用,也常作为一种视觉的通信方式。可能这些现象最初都是来自一种防卫功能。

2. 听觉通信(auditory communication)

许多昆虫可以以声音进行通信联系，蝉、蟋蟀都是很熟悉的例子。不同昆虫的发声器及发声方式主要的有以下几种：

(1) 翅的振动发声。蚊子是振翅发声的很熟悉的例子。夏日傍晚蚊子成群飞舞时发出的嗡嗡声以及夜间耳旁雌蚊尖锐的叫声都是由翅的上下振动造成气流而发声。雌蚊的发声引起雄蚊前来交配，所以雄蚊触角上的弦音器及江氏器均极发达。昆虫能听到的音频相对比人宽得多，人一般听到 60～2000 Hz，而一种蠓蚊其振翅频率可高达 2000 Hz。

(2) 撞击发声。是由身体的一部分和某种基质相撞击而发出的声音。例如，蝗虫用后腿胫节撞击地面而发声，白蚁中的兵蚁以头及大颚敲打木头而发声。其音频可高达 1000 Hz/s。

(3) 摩擦发音。是昆虫中最常见的发音方式，特别是在直翅目、半翅目及鞘翅目中最常见。例如，蟋蟀(*Gryllus*)、螽斯(*Holochlora*)的雄虫以后翅的前缘摩擦前翅加厚的翅脉，引起前翅振动发声，雄性蝗虫以后腿与翅相互摩擦发音，鞘翅目以后腿与体表骨化部分，特别是鞘翅摩擦发音等。其音频可达 2000～10000 Hz。

(4) 鼓膜振动发音。同翅目的蝉(*Cicada*)雄虫腹部基部有一对表面凸出的鼓膜，膜下为一凹陷的腔，腔内有伸肌及缩肌，肌肉快速地伸缩以拖动膜凹陷或外凸，即膜的振动而发声。一般一个膜发声，另一膜作为声音反射器。许多同翅目、半翅目及鳞翅目都可用鼓膜振动而发声。

昆虫发声有多种功能，例如，直翅目昆虫用声音以招引、求爱、交配、聚集、警戒等，通过声波及频率的变化来表示不同的功能。视觉通信与听觉通信也可以交互使用。例如，蜜蜂发现食物源后，回巢时除了携带花粉与花蜜之外，还以舞蹈告诉巢内其他工蜂蜜源的距离与方向。蜜源很近时，它就跳起圆舞，即在巢内做圆形爬行(图 12-34A)；如果距离较远，则跳摇摆舞，即尾部左右摆动(图 12-34B)；如更远则除了左右摇摆并配合直线爬行。在舞蹈的同时，还发出声音，以声波及摇摆的频率指示蜜源的距离与方向。一般摇摆直线与蜂箱垂直线的角度则指示蜜源与太阳的角度(图 12-34C)，摇摆直线垂直向上则表示向着太阳，垂直向下则背离太阳。舞蹈动作再配合声音使巢内工蜂可以了解蜜源的大致方向与距离。出巢后再加上踪迹信息素的引导，可以准确无误地找到食物源。

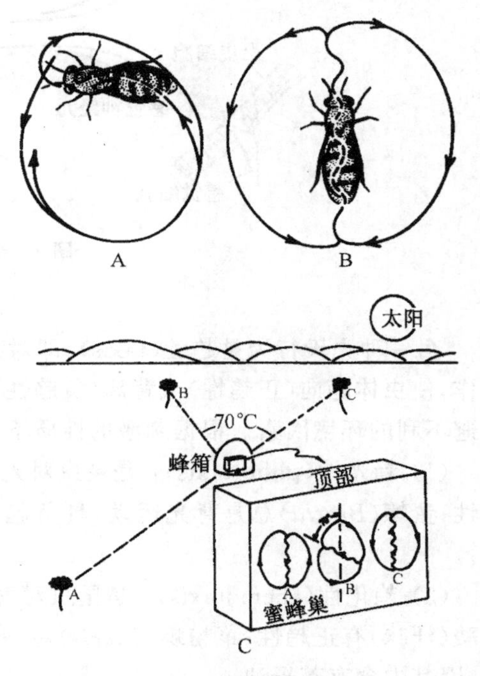

图 12-34　蜜蜂的舞蹈与定向

A. 圆舞；B. 摇摆舞；C. 蜜源的定向

(转引自 Ross HH，1982)

二、行为

昆虫的生命活动中有各种行为，其中一些行为是由遗传因素决定的，称先天的或本能的行为(innate behavior)，另一些行为是由于环境因素导致先天行为的改变，称为学习行为(learned behavior)。

1. 先天行为

昆虫最简单的先天行为是反射(reflex),也就是说能对某种刺激自发地产生反应。轻触蝗虫的尾须,立刻引起它的跳跃;蝇或蝶类的跗节接触到糖液,立刻会伸出口器,这都是反射。反射的通路由反射弧构成一反射弧(图 12-35),即蝗虫尾须的感受器接受刺激,沿神经传导到中枢(最后一腹部神经节),由它发出神经到胸部神经节,再由胸部神经节发出神经将冲动传到足部肌肉,引起跳跃。脑未参与这一过程。

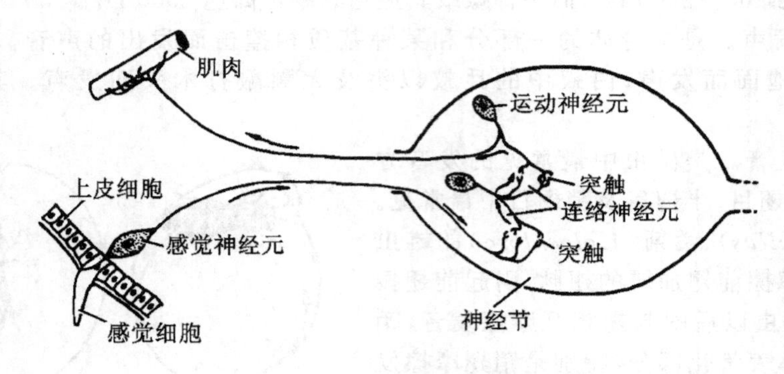

图 12-35 一个简单反射

另一种先天行为是趋性(taxis),即对某种刺激产生一连串的反射,这些反射都是方向性动作,使虫体趋向(正趋性)或背离(负趋性)刺激。趋性有利于昆虫寻找食物及产卵场所,以及逃避不利的环境因素。根据刺激的性质不同,趋性可以分为多种。

(1) 趋光性(phototaxis):是昆虫对光产生的反射活动。蜜蜂总是向着光源运动,具正趋光性;蜚蠊(*Blatta*)总是背光运动,具负趋光性;家蝇的幼虫(蛆)具负趋光性,成虫具正趋光性。

(2) 趋化性(chemotaxis):是昆虫对气味等某些化学物质产生的反射活动。例如,雌蚊对乳酸(汗味)有正趋性;菜粉蝶(*Pieris*)对许多十字花科植物有正趋性,取食并产卵于这些植物上,因其中含有芥子油。

(3) 趋温性(thermotaxis)与趋湿性(Hygrotaxis):昆虫都具有趋于最适温度及最适湿度的能力。例如,蚊子、臭虫趋向 30～38℃,这接近于哺乳动物的温度;地下昆虫趋于潮湿的土壤。

(4) 趋触性(thigmotaxis):生活在树皮下、土壤中或卷叶中的昆虫喜欢身体接触物体,接触感觉抑制它们的活动;而喜欢活动的昆虫接触物体时往往引起逃避反应。

(5) 趋地性(geotaxis):大量的昆虫具正趋地性,少数昆虫具负趋地性。如将叶蝉(*Nephotettix*),放在一竖立的管中,它总是停息在管的顶端,倒转管子,它又爬到顶端。

昆虫的活动常常涉及几种趋性同时起作用。

2. 学习行为

昆虫的学习行为是相当长时间内形成的行为改变过程,最简单的学习行为是习惯作用(habituation),即对某种重复性刺激逐渐减少反应,以致完全消失反应后则形成了习惯。许多昆虫对强光的刺激由负趋性变成习惯过程。另一种是联合学习(associative learning),例如,蜜蜂原来靠嗅觉寻找食物,如果将食物与颜色联合训练,经过一段时间后它可以通过颜色而不通过嗅觉即可找到食物。更复杂的行为是社会性昆虫表现出的识别与记忆行为,例如,工蜂第一次出巢采蜜时,可以识别沿途的标记物,作为回巢时的指南。如果试验性地移走一个标记物,则工蜂则会在周围探查飞行,直到发现下一个标记物时再沿归途飞行。但远距离出巢时,却是靠太阳或偏振光的指示回巢。

三、社会性昆虫及其行为

社会性昆虫是指那些个体间相互有联系,协作共同组成一个有组织群体的昆虫,个体离开了群体不能独立生活。它们必须是:① 群体中至少有两个重叠的世代;② 群体中的成员协作照顾饲养下一代;③ 繁殖上有分工,有的个体不具生殖能力,而仅为群体劳作;④ 群体中的个体有多态。在群体中分化为级(castes),主要的级有:具繁殖力的雄性及雌性,也称为王,它们的主要职责是产生后代;不具繁殖力的工蚁或兵蚁,它们负责维持及保卫整个群体。这种分化是由卵及后天的食物决定的,在昆虫中只有等翅目(如白蚁)及膜翅目(如蜜蜂、蚂蚁)是社会性昆虫。

生活在非洲的等翅目白蚁,群体可以有 20 多万个个体,在地面建成直径达 2 m 的土堡巢穴,巢中有通气的管道,以保证通风及温、湿度的稳定,甚至在巢中还种植有真菌园以供应部分食物。群体中仅有一个雌性蚁王,交配时具翅,交配后翅脱落,腹部膨大(图 12-36),每日可产卵 3000 粒。群体中有少量雄性个体,是群体中的永久成员,周期性地与雌虫交配。蚁王与雄性都是由受精卵发育形成。群体中最多的是工蚁,是不孕的雄性与雌性。由于是渐变态昆虫,工蚁可能是若虫与成虫,均为无翅个体,其中某些工蚁有大的头部及额部,形成了兵蚁,在群体中起防卫功能。在群体中起控制作用的是蚁王,它的繁殖及分泌物决定着其他成员的形成及行动。我国南方的白蚂蚁为建筑害虫,它们危害房屋的木质结构,破坏性极大,其体内共生有鞭毛虫、细菌等,可以消化纤维素转化营养给白蚁。

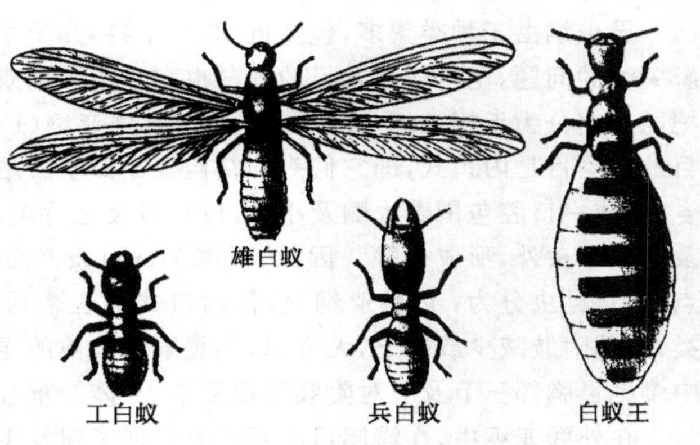

图 12-36 白蚁的分级
(转引自 Barnes RD, 1980)

膜翅目的社会性昆虫与等翅目的有某些不同,例如蜜蜂的蜂群由 20 000~80 000 个个体组成。群体中分为三个级型的个体。一个蜂王,为受精卵发育的雌性个体,仅在婚飞时有翅,受孕后翅脱落,它的机能是产卵及维持群体的稳定性。正常的蜂王在繁殖季节一天产卵 1500 粒,相当于自身的体重。蜂群中有数百个由未受精卵发育但生殖系统发育完全的雄性个体,具翅,它们互相竞争,争夺雌性,一旦雌性被授精后,大部分的雄蜂被赶出巢外。秋、冬季节时蜂巢中没有雄蜂,这与白蚁不同。蜂群中的主要成员是工蜂,是由受精卵发育但生殖系统发育不完全的雌性,有翅。蜂王的寿命长达数年。工蜂的寿命在采蜜季节仅有数周,它们担负着蜂群中的全部劳动:羽化早期的工蜂担任清洁巢房的任务;数日后其营养腺发育,担负起哺育幼虫的工作,经它消化的花粉、花蜜再吐出喂给幼虫;数日后营养腺退化,蜡腺发育,它们又担负起建造巢房以及酿造花蜜的任务;经过上述劳动后,工蜂大约 20 日龄则开始出巢,担负起外勤、采集花粉及花蜜的工作，一只工蜂每日外出几次到几十次；劳碌数周后，老年的工蜂或返巢、担负起巡逻及门卫的工作，以贡献余热；或捐躯于战斗岗位上，完成工蜂的一生。

蜂群的分级及整个蜂群和谐而有序的工作都由蜂王大颚腺分泌的信息物质(蜂王物质)所控制。一旦蜂王的信息物质分泌量下降，工蜂则建造新的大型的蜂房，称王台，其中的卵孵化后，工蜂对王台中的幼虫喂以特殊的食品——蜂王浆。在新的蜂王将要羽化时，老的蜂王携带部分工蜂迁出蜂巢，另觅新的场所，重新建巢，这就是蜜蜂的分群(swarm)。王台中的幼虫化蛹羽化后，即形成新的蜂王。第一个羽化的蜂王在巢内搜索未羽化的蜂王并逐个咬死。新蜂王不久即飞出巢外，婚飞，与本巢或其他巢的雄蜂交配一次或数次。等具有足够的精子后，回巢，翅脱落，担负起产卵工作，不再出巢。

蚂蚁的分级中具有兵蚁，工蚁与兵蚁均为不孕的雌性个体，其他与蜜蜂相似。

第四节 昆虫的分目

昆虫纲由于种类繁多，包括近1000个科，几千个属，近百万个种，对其分类历来是昆虫学家关注的问题，至于亚纲及目的划分也存在不同的观点。一直以来人们根据翅的有无及变态把昆虫纲分为无翅亚纲(Apterygota)及有翅亚纲(Pterygota)。但在无翅亚纲中双尾目、原尾目及弹尾目是内口式，即它们头的结构极类似于唇足纲祖先，口区的两侧体壁与下唇的两侧愈合，形成一口腔包围着大颚及小颚，口在口腔之后端，形成内颚。而同属无翅类的缨尾目，口器及口位于头外，形成外颚。因此，根据 Henning-Kristensen (1975)、Ross (1982)等学者的观点，现将昆虫分为：内颚亚纲，包括内口式的三个目，它们都是小型的、潮湿环境下生活的种类，腹部附肢减少或缺乏，无变态，无复眼。其他的昆虫包括无翅的缨尾目均属外颚亚纲。其中缨尾目胸部三节及三对附肢都很发达，身体的重心也移到了胸部，为翅的发生提供了条件。

在外颚亚纲中，在缨尾目的基础上出现了翅及飞翔，最早出现的翅很大，有很深的褶皱，翅脉众多呈网状，休息时不能折叠在背上，只能平放在体侧或竖立背上，这种翅称古翅(paleoptera)，具这种翅的昆虫只有蜉蝣目及蜻蜓目。在无翅类成虫期仍蜕皮，在翅出现以后，成虫期停止蜕皮，也由无变态成为半变态。但蜉蝣目例外，它的最后一龄幼虫蜕皮后具有机能的翅，但性未成熟，称为亚成虫(subimago)，再蜕皮一次后才成为真正的性成熟的成虫(imago)，这是由无翅类成虫蜕皮过渡到有翅类成虫不再蜕皮的最好例证。

在外颚亚纲中除了古翅类，其他种类的翅可以折叠，休息时折叠后平放在背部，同时翅脉也减少，具这种翅的昆虫称为新翅类(Neoptera)，在原始的新翅类昆虫中，具完全的翅脉，有具齿的产卵瓣，长的尾须，例如，已灭绝的原蜚蠊目(Protoblattodea)及原直翅目(Protorthoptera)就是如此。以后由它们发生几支，其中最原始的一支是直翅类(orthopteroid)，这一支包括现存的纺足目、蜚蠊目、直翅目等9目(见表12-1)，它们的翅是由幼虫的外生翅芽发生，翅脉较发达，多横脉，咀嚼式口器，有尾须，属渐变态；另一支为半翅类(Hemipteroid)，包括6目，翅亦由幼虫翅芽发生，翅脉减少，翅有臀区，口器为刺吸式或喙状，无尾须，亦为渐变态；还有一支为脉翅类(Neuropteroid)，包括10个目，它的翅是蛹期由体内发生，称内生翅，完全变态，是高等的新翅类昆虫。

关于昆虫分目，由于强调的特征不同，或单独成目，或列为亚目，因此分目的数量有所不同，一般在30～34个目之间，现将各目及其地位列表于下，然后各目作一简述。

表 12-1　昆虫纲亚纲及目的划分

亚纲					目
内颚亚纲	无翅类、无变态				双尾目(Diplura)
					原尾目(Protura)
					弹尾目(Collembola)
外颚亚纲	无翅类、无变态				缨尾目(Thysanura)
	有翅类	古翅类、渐变态			蜉蝣目(Ephemeroptera)
					蜻蜓目(Odonata)
		新翅类	外生翅类、渐变态	直翅类	直翅目(Orthoptera)
					竹节虫目(Phasmatodea)
					蛩蠊目(Grylloblattodea)
					革翅目(Dermaptera)
					纺足目(Embioptera)
					襀翅目(Plecoptera)
					螳螂目(Mantodea)
					蜚蠊目(Blattaria)
					等翅目(Isoptera)
				半翅类	缺翅目(Zoraptera)
					啮虫目(Psocoptera)
					虱毛目(Phthiraptera)
					同翅目(Homoptera)
					半翅目(Hemiptera)
					缨翅目(Thysanoptera)
			内生翅类、完全变态	膜翅类	蛇蛉目(Rhaphidioptera)
					广翅目(Megaloptera)
					脉翅目(Neuroptera)
					鞘翅目(Coleoptera)
					长翅目(Mecoptera)
					蚤目(Siphonaptera)
					双翅目(Diptera)
					毛翅目(Trichoptera)
					鳞翅目(Lepidoptera)
					膜翅目(Hymenoptera)

一、内颚亚纲

1. 双尾目

小型昆虫，体长多数在 8～10 mm 左右。无眼，触角多节，咀嚼式口器，隐藏在下唇与颊形成的口囊内，属内颚式。足发达，腹部 11 节，末端具一对细长分节的尾须，或尾须成尾铗状（图 12-37），无变态，生活在落叶、石块下等腐殖质丰富的土壤中。已报道 400 多种，如双尾虫（*Campodea*）、铗尾虫（*Japyx*）。

2. 原尾目

微型昆虫，体长 0.5～1.5 mm。头圆锥形，无眼，无触角（图 12-38），口器细长针状，内颚式。三对胸足相似，第 1 对常用做触角，腹部前三节腹面各具一对小的针突（styli），增节变态（Anametabola）。即初孵的幼虫腹部仅 9 节，前三次蜕皮时，每蜕一次皮增加一个体节，到成虫时腹部为 12 节。生活环境与双尾目相似，已报道 200 余种，代表种如无管朊（*Acerentulus*）、红华朊（*Sinentomon*）等。

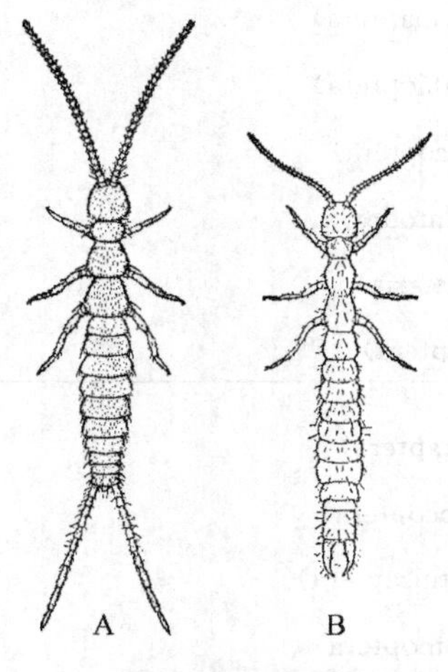

图 12-37 双尾目

A. 双尾虫；B. 铗尾虫

（引自 Essig EO，1942）

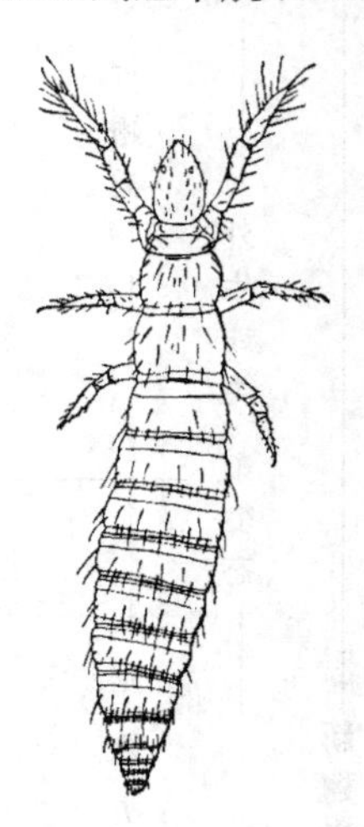

图 12-38 原尾目——无管朊

（引自 Ewing HE，1940）

3. 弹尾目

体长一般在 1～3 mm 之间，最大的可达 10 mm。无眼，或有几个独立的小眼，触角发达，4～6节，口器为咀嚼式或延长成针状，内颚式。胸足三对，发达。腹部最多 6 节（图 12-39），第 1 腹节腹面有一黏管，第 3 腹节有一握钩，第 4～5 节有一分叉的弹器，猛力向后伸出使虫体跳跃，不用时夹在握钩内。无变态，生活环境类似于原尾目。已报道 2000 种，如长角跳虫（*Tomocerus*）、异跳虫（*Isotoma*）。

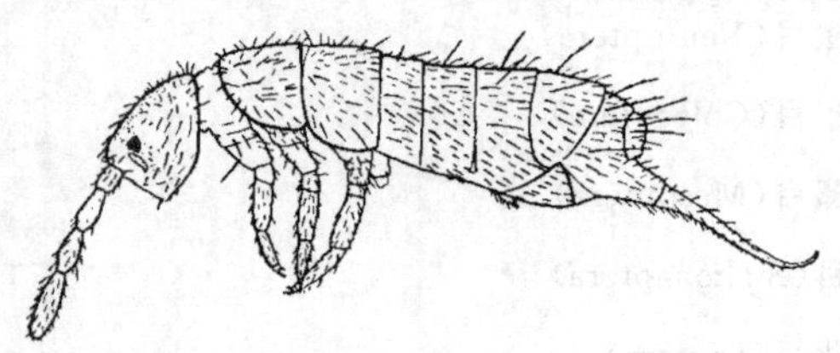

图 12-39 弹尾目——异跳虫

（引自 Mills HB，1934）

二、外颚亚纲

1. 缨尾目

小型到中型昆虫，可达 30 mm。无翅，体壁柔软，具鳞片，触角丝状（图 12-40），30 节以上，有复眼或单眼，或兼有，咀嚼式口器，但伸出头外为外颚式。中后足基节常有针突，腹部 11 节，后端尖细，尾端具一对细长的尾须及一中尾丝。腹部 2～9 或 7～9 节，各具一对针突。无变态，生活于腐殖质丰富的土壤或草丛中以及室内衣物、书籍等处。已报道 500 余种，如石蛃（*Machilis*）、衣鱼（*Lepisma*）。

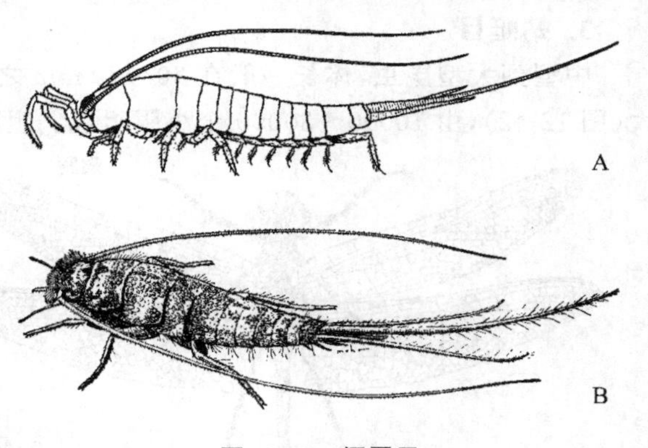

图 12-40　缨尾目

A. 石蛃；B. 衣鱼

（引自 Snodgrass RE，1935）

2. 蜉蝣目

小型到中型，身体细弱，触角不显著，毛状，复眼发达，口器咀嚼式，成虫期退化。胸部具两对膜质翅（图 12-41），后翅极小，翅脉网状、多褶，腹部末端具一对长尾须，有的种还有一中

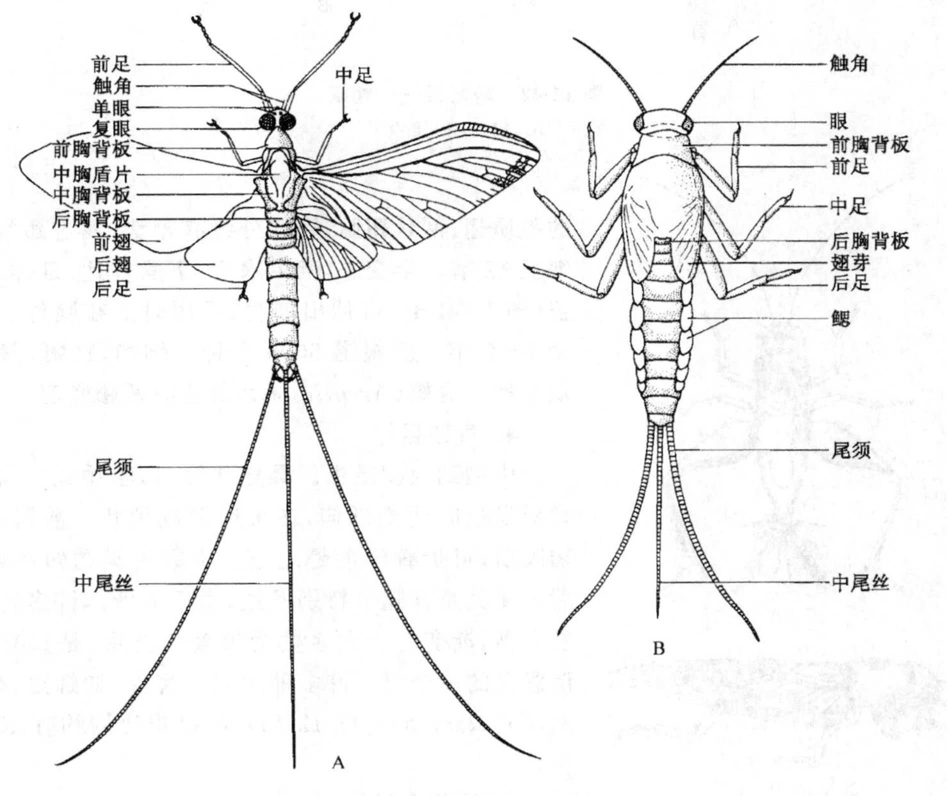

图 12-41　蜉蝣目——蜉蝣

A. 成虫；B. 稚虫

（引自 Burks BD，1953）

尾丝。生殖孔成对。成虫寿命极短,常朝生暮死,或仅1～2天,不取食,仅交配产卵。稚虫水生,口器发达,寿命1～3年。属原变态(prometabola),即具有亚成虫期。已报道有1500余种。

蜉蝣目翅的脉相、中尾丝及尾须,生殖孔成对及变态等特征,都说明它是现存有翅昆虫中最原始的一类,属古翅类。如蜉蝣。

3. 蜻蜓目

中型到大型昆虫,体长一般在30～90 mm之间。头发达,活动自如,触角刚毛状。复眼特大(图12-42),由10000～30000个小眼组成。咀嚼式口器,捕食性。中、后胸愈合,具两对等长

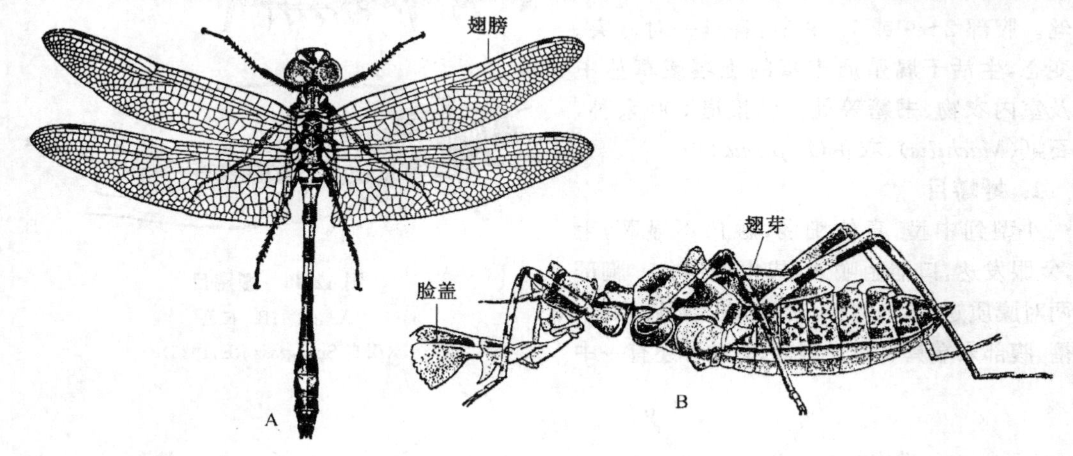

图12-42 蜻蜓目——蜻蜓

A. 成虫;B. 稚虫

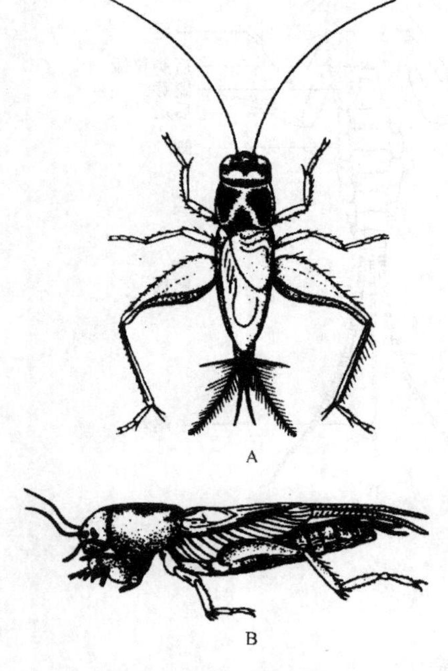

图12-43 直翅目

A. 蟋蟀;B. 蝼蛄

(转引自Engeman JG, et al,1981)

的膜质翅,网状翅脉,翅前外缘有翅痣,属古翅类。腹部细长12节。半变态,稚虫水生,下唇发达、延伸,形成脸盖(图12-42B),可伸出捕食,不用时盖在脸外。稚虫寿命1～5年。已报道5000余种。例如,蜻蜓,静止时两翅平伸。豆娘(*Archilestes*),静止时两翅竖起。

4. 直翅目

中型到大型昆虫。具丝状触角,咀嚼式口器。前胸背板发达向两侧延伸,在头后形成领状。前翅革质,后翅膜质,可折叠于前翅之下。少数种类翅短小或无翅。后足尤其是其腿节特别发达,适于跳跃。许多种雄性具发音器,渐变态。大多数为植食性昆虫,是具有重要经济意义的一个目。许多种为农业害虫,如蝗虫、蟋蟀、蝼蛄(*Gryllotalpa*)(图12-43)等,已报道的约有20 000余种。

5. 竹节虫目

中型到大型具拟态的昆虫。一些种呈树枝状拟态,无翅,或具短小翅芽,触角、中、后胸及足均细长如棍(图

12-44A)，并有保护色，匍匐在竹枝或树枝上很难辨认。不善活动，具假死习性，渐变态，分布在温带地区，如竹节虫(*Diapheromera*)。另一些种呈叶片状拟态，具翅，腹部及足的各节均膨大，形如树叶状(图12-44B)。雌雄常异形，如叶䗛(*Phyllium*)。已报道2200余种。

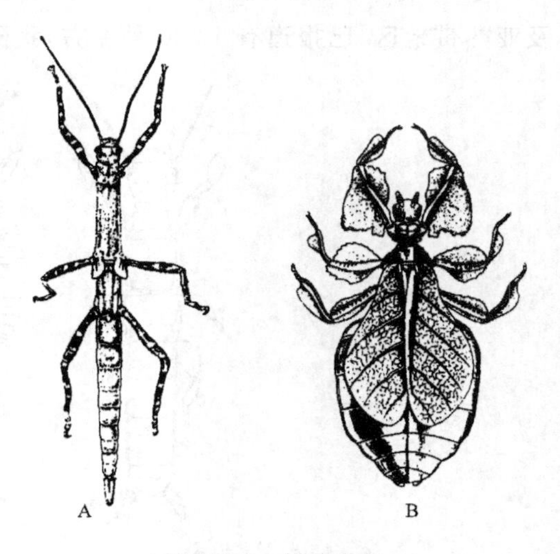

图 12-44　竹节虫目

A. 竹节虫；B. 叶䗛

(A. 引自 Imms AD,1957；B. 引自 Grassé PP,1949)

6. 蛩蠊目

中型昆虫。触角丝状，复眼很小，咀嚼式口器。胸部发达，无翅(图 12-45)。足细长相等，尾须细长，8～9节。渐变态。分布在北美高山雪线附近，仅一个科，十几个种，我国无报道。代表种如蛩蠊虫(*Grylloblattids*)。

7. 革翅目

中型昆虫，体长而扁平，外骨骼骨化很重，呈黑褐色。丝状触角，咀嚼式口器。前胸背板近方形(图 12-46)，多数具两对翅，前翅短小，末端平截，革质无翅脉；后翅膜质，折于前翅下。少数无翅。尾须骨化变成钳状，雄性大而弯，雌性短而直。渐变态。分布在热带及亚热带，夜出，杂食，常危害观赏植物。已报道约1000种左右，如蠼螋(*Labidura*)。

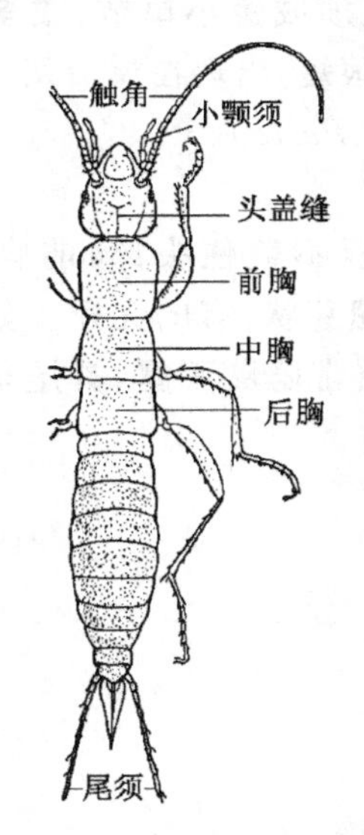

图 12-45　蛩蠊目——蛩蠊虫

(引自 Essig EO,1942)

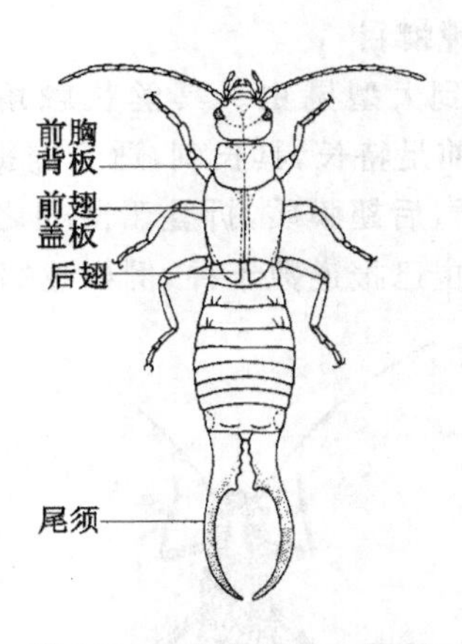

图 12-46　革翅目——蠼螋

(引自 Essig EO,1942)

8. 纺足目

小型到中型，身体细长扁平。触角念珠状，咀嚼式口器。前胸窄小，雄虫具两对膜质翅，脉相简单，雌虫无翅(图 12-47)。中足不发达，前、后足粗壮。前足第一跗节膨大形成纺丝器，在树皮下或草丛中织成丝囊，虫体位于其中，尾须两节，渐变态。喜群居，腐食，主要分布在热带及亚热带地区,已报道有 1 000 种左右,我国仅有几种。如足丝蚁(*Oligotoma*)。

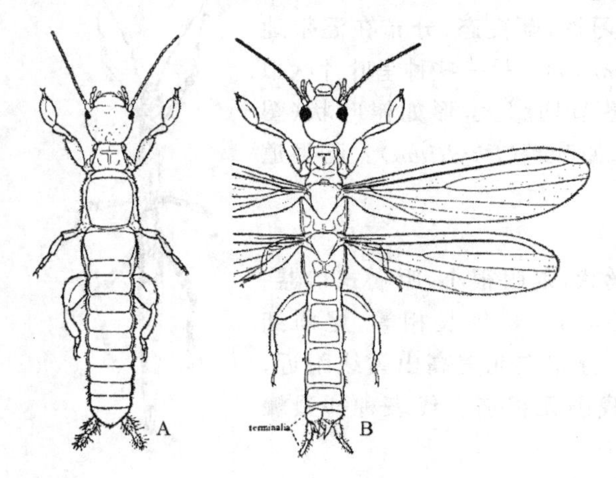

图 12-47 纺足目——足丝蚁

A. 雌虫;B. 雄虫

(引自 Essig EO,1942)

9. 襀翅目

中型至大型(15~48 mm),身体扁平细长。丝状触角,咀嚼式口器。前胸方型,中、后胸等大,翅两对膜质,后翅大于前翅,横脉多,少数短翅或无翅,尾须或短小单节,或多节细长(图 12-48),半变态。稚虫生活在急流中,寿命 1~4 年,成虫寿命很短,出现在溪流两岸,植食或肉食,一些种冬季产卵及孵化。已报道的有 1500 种。例如石蝇(*Perla*)。

10. 螳螂目

小型到大型昆虫。具丝状触角,咀嚼式口器。前胸背板不盖住头部,前胸节极长(图 12-49)。前足特长,具长刺,适于捕捉。有的翅发达,有的呈翅芽状,有的无翅。如有翅,则前翅窄,革质,后翅膜质,折叠于前翅之下,翅脉网状。外生殖器常隐藏不露,具尾须。渐变态。捕食性昆虫已报道数千种,例如螳螂(*Paratenodera*)。

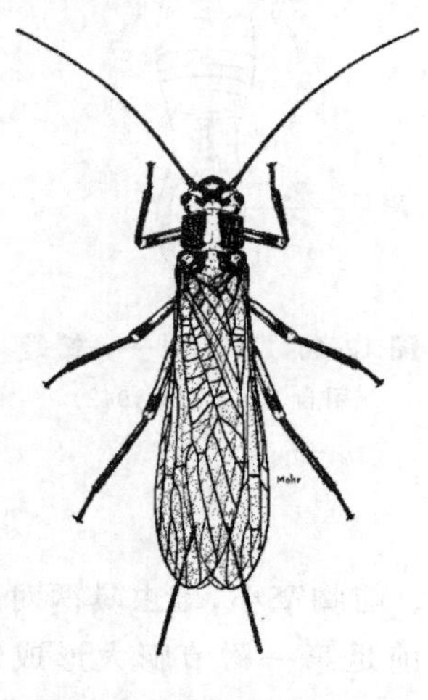

图 12-48 襀翅目——石蝇

(引自 Frison TH, 1935)

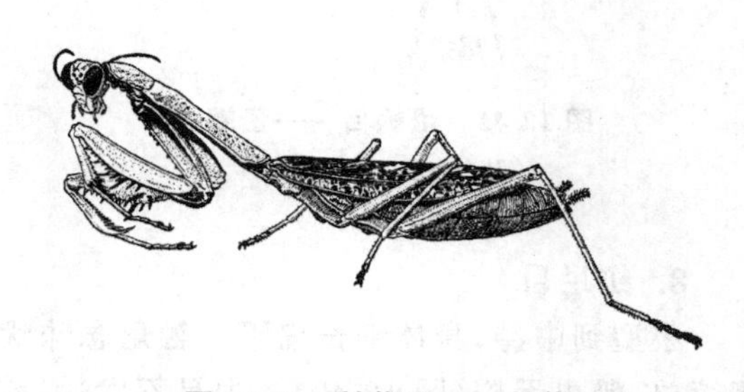

图 12-49 螳螂目——螳螂

(引自 Ross HH, 1982)

11. 蜚蠊目(Blattaria)

常与螳螂目合并为网翅目(Dictyoptera),所以特征相似,丝状触角,咀嚼口器,前胸背板盾圆形,盖住头的后缘(图 12-50),前翅革质,较小,后翅大,膜质,不用时折叠在前翅之下,横脉多,有的种具翅芽,有的无翅。足大小相似,适于疾走,为杂食性,夜出活动,常在厨房污染食物,传播消化道疾病。例如蜚蠊(*Blatta*)、地鳖(*polyphaga*)等,与螳螂目合计有 7000 多种。

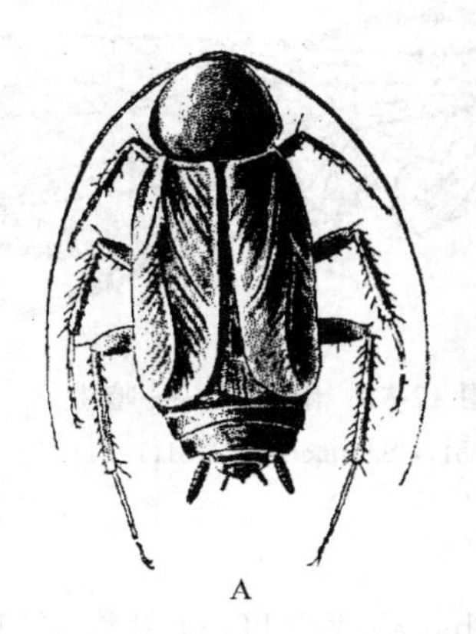

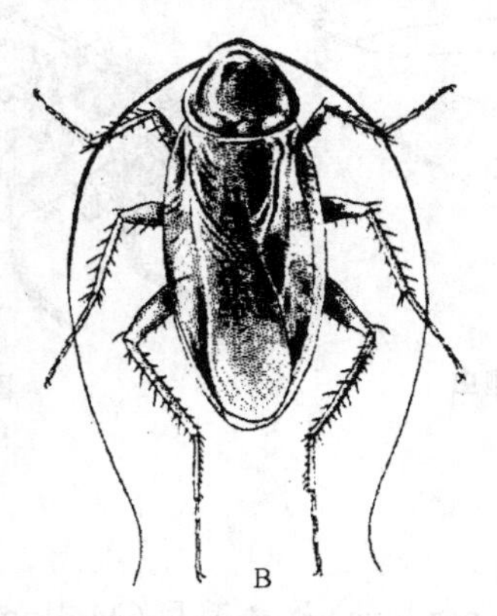

图 12-50 蜚蠊目
A. 东方蜚蠊;B. 美国蜚蠊;C. 德国蜚蠊
(引自 Swan LA, Papp CS, 1972)

12. 等翅目

中等大小,社会性昆虫。触角念珠状,咀嚼式口器。胸、腹部无细腰(与膜翅目蚂蚁相区别),具两对大小、宽窄相似的翅,翅脉亦相似,故名等翅目,静止时平叠在腹部上。渐变态,是社会性昆虫中分级最多的一类,有时还有中间级别,如补充繁殖蚁、受孕的兵蚁、几种工蚁等。因雌白蚁需多次受精,群体中雄性个体是永久成员。但在原始的类群,群体中无兵蚁,其职能或由若蚁完成,或由工蚁完成。级别的分化由激素控制。

等翅目以纤维素为食,取食木材,消化道中有共生的原生动物,新羽化的若虫通过舔食其他个体或排出物而感染这些原生动物。主要分布在热带及亚热带地区,已报道 2100 余种,其中一些种是重要的建筑害虫,例如堆砂白蚁(*Cryptotermes*)。土白蚁(*Odontotermes*)是筑巢于地下的种类。

13. 缺翅目

微型昆虫(1.5～2.5 mm),触角念珠状,9 节,咀嚼式口器。有翅或无翅,有翅者翅膜质,翅脉极少,成熟后可脱落。有复眼及单眼,无翅者无眼。尾须一节。渐变态。仅有一属 22 种。分布在热带及亚热带,我国西藏曾发现。代表种如缺翅虫(*Zorotypus*)(图 12-51)。

14. 啮虫目

小型,触角丝状,咀嚼式口器。胸部隆起,有的有翅,二对膜质,前翅大于后翅,静止时呈屋脊状,翅脉简单(图 12-52),有的无翅。渐变态。生活在树叶、石块下,有的生活在室内书籍、衣物中。已报道 1700 种,例如,有翅的啮虫(*Psocid*)和无翅的书虱(*Liposcelis*)。

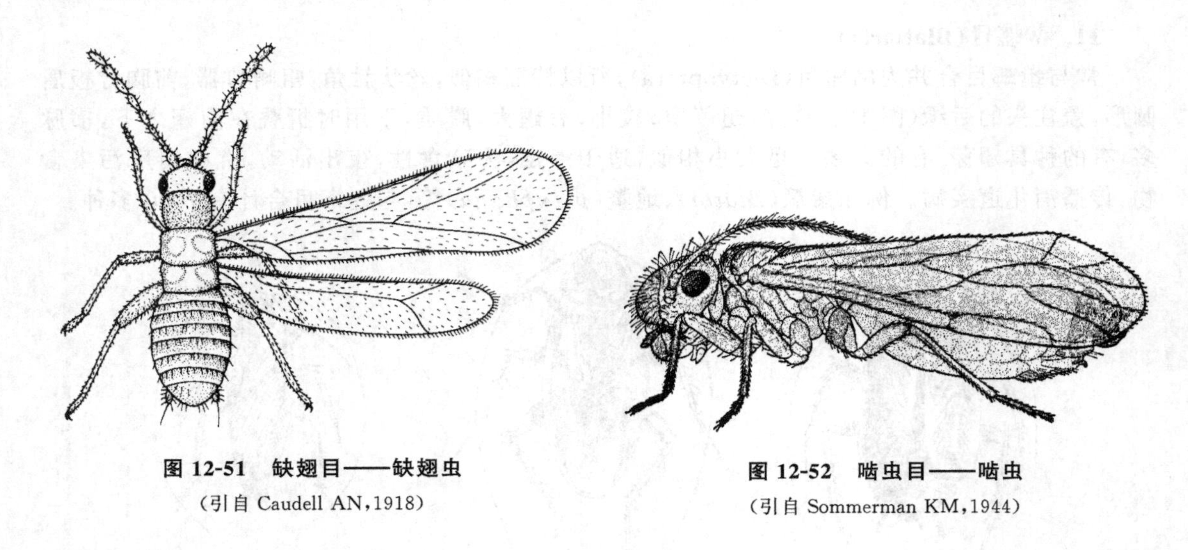

图 12-51 缺翅目——缺翅虫

(引自 Caudell AN,1918)

图 12-52 啮虫目——啮虫

(引自 Sommerman KM,1944)

15. 虱毛目

有的学者将本目分为虱目(Anoplura)及食毛目(Mallophaga)两个目,这里将它们列为两个亚目。都是小型,扁平,无翅,为温血动物的体外寄生虫。触角短小,眼不发达。口器或为咀嚼式,取食鸟类的羽毛及皮肤分泌物(食毛亚目);或为刺吸式,以哺乳动物及人的血液为食(虱亚目)。胸部体节小,常愈合,足粗壮(图 12-53)。渐变态,若虫仅三龄。由于外寄生,且都有寄主的专一性,能引起畜禽的减产,并传播多种疾病。已报道 4000 余种,例如,鸡虱(*Menacanthus*)、人体虱(*Pediculus*)等。

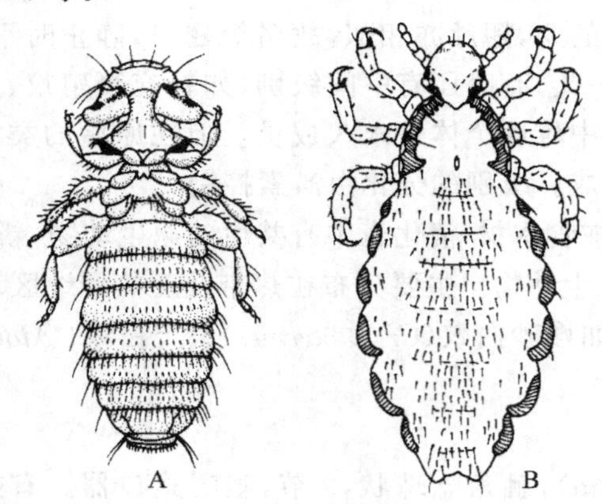

图 12-53 虱毛目

A. 鸡虱;B. 人体虱

(转引自 Romoser WS, et al,1994)

16. 同翅目

小型到大型。触角刚毛状或丝状,口器刺吸式,由头的后端伸出。翅两对,膜质,前翅略加厚,静止时呈屋脊状或平置于背部(图 12-54)。少数种无翅或仅一对翅。雌虫通常有发达的产卵器,生殖方式多种,包括有性生殖、孤雌生殖或两者交替进行。许多种具有卵胎生等。渐变态。已报道 30 000 余种,是具重要经济意义的一目。许多种类是农业害虫,并传播植物疾病,如蚜虫、粉虱(*Aleurocanthus*)、介壳虫(*Coccus*)。一些种是益虫,如紫胶虫(*Laccifer lac-*

ca)，能分泌紫胶；白蜡虫(*Ericerus pela*)，能产生白蜡，它们均为重要的工业原料。各种蝉也属于此目。

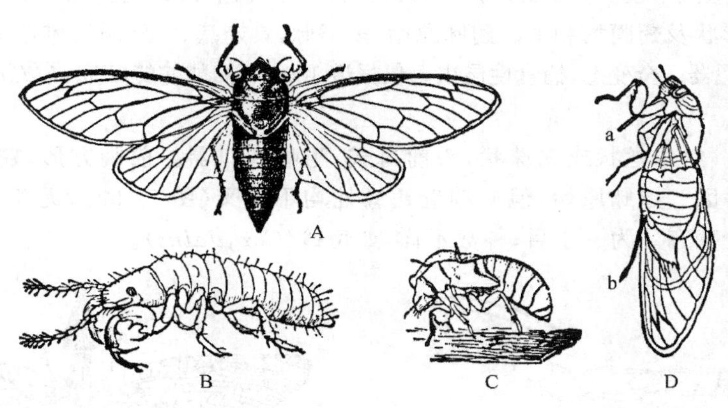

图 12-54　同翅目——蝉

A,D. 成虫；B. 若虫；C. 蝉蜕

(引自 Ross HH，1982)

17. 半翅目

小型到大型(2～100 mm)，触角 3～5 节，丝状，刺吸式口器，但由头的前端伸出。前胸背板发达，多六角形，中胸小盾片亦发达，呈三角形。翅两对，前翅基部革质，端部膜质，故称半(鞘)翅；后翅膜质，静止时翅平叠于背部，两前翅端部膜质部分重叠(图 12-55)。少数无翅。多数种类成虫与若虫具臭腺。渐变态。有的水生，如水黾(*Aquarius*)，也有的陆生。少数为温血动物的外寄生昆虫，如臭虫(*Cimex*)等。已报道的有 30 000 余种。本目也具有重要的经济意义，大量为农业害虫，如危害稻类、豆类的各种缘蝽，危害甘蔗、高粱的各种长蝽等。

18. 缨翅目

微型昆虫(2～3 mm)，触角念珠状，6～9 节，锉吸式口器，复眼发达，翅有的长有的短，翅脉极少，有的无翅脉，翅缘具长毛(图 12-56)，故名缨翅，少数无翅。渐变态到完全变态，有蛹期特征，若虫具外生翅芽或内生翅芽，常出现在花中。一些种危害稻麦农作物，例如，蓟马(*Thrips*)。已报道 3000 余种。

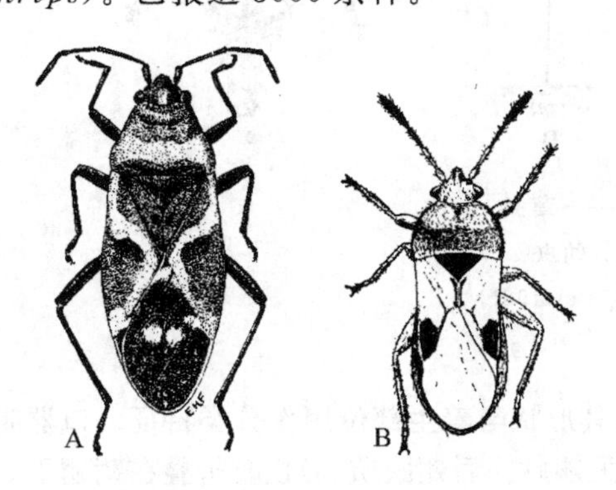

图 12-55　半翅目

A. 盾长蝽(*Oncopeltus*)；B. 长蝽(*Blissus*)

(A. 引自 Froeschner RC，1941—1944；B. 引自 Ross HH，1982)

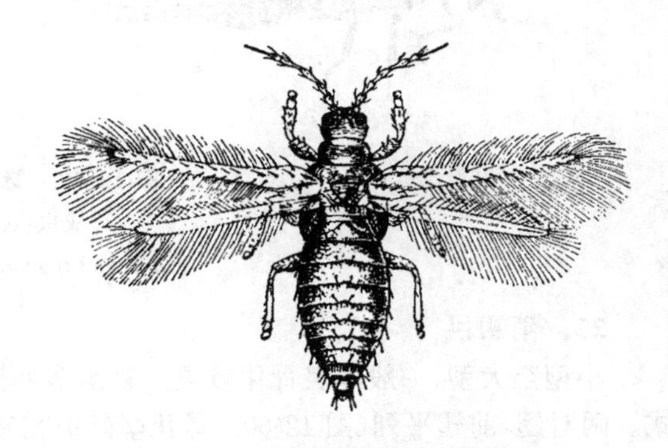

图 12-56　缨翅目——蓟马

(引自 Ross HH，1982)

19. 蛇蛉目

属脉翅类,小型至中型。丝状触角,咀嚼式口器,复眼发达外凸,前胸细长如颈,具两对细长的膜质翅,前、后翅形状及翅膜均相似。翅脉原始,多横脉,具翅痣。足细长,雌性具针状产卵器(图12-57),雄性具抱握器。全变态,捕食性昆虫。仅报道100余种,如蛇蛉(*Rhaphidia*),*Agulla*。

20. 广翅目

中型至大型。触角丝状或念珠状,头前口式,咀嚼式口器。前胸方形,翅两对,膜质均较大,后翅较短具臀区。翅脉原始,但末端近翅缘处均不分叉(图12-58),无翅痣。雌性无产卵器。幼虫水生,全变态。为一小目,种数不详,如鱼蛉(*Corydalus*)。

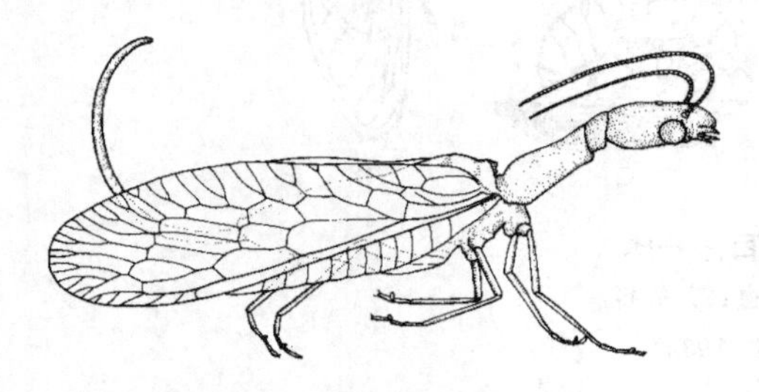

图 12-57 蛇蛉目——*Agulla*

(引自 Wolglum RS, et al,1958)

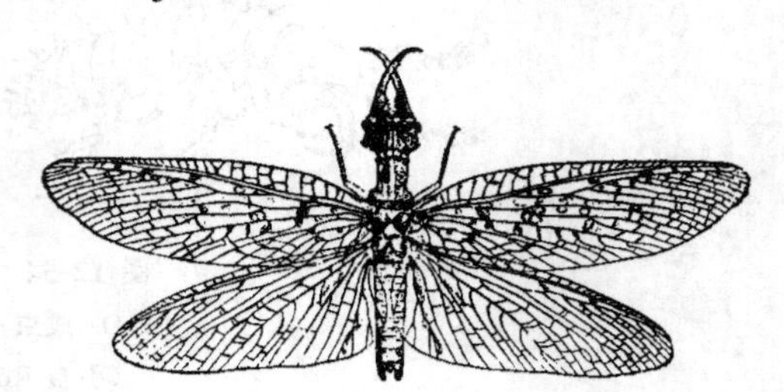

图 12-58 广翅目——鱼蛉

21. 脉翅目

小型至大型。触角多丝状,但也有念珠状、毛状、栉齿状的,咀嚼式口器,头下口式,复眼发达,相距远。前胸短,不呈方形,可与蛇蛉目及广翅目相区别。翅两对,膜质,大小与翅脉均相似。翅脉网状,但近翅缘处分叉(图12-59)。全变态。已报道4000余种,成虫及幼虫均为捕食性益虫,如草蛉(*Chrysopa*)、蚁蛉(*Myrmeleon*)等。

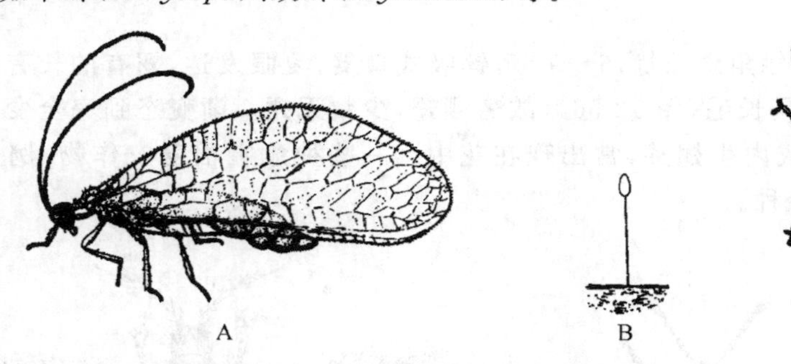

图 12-59 脉翅目——草蛉

A. 成虫;B. 卵;C. 幼虫

(转引自 Engeman JG, et al,1981)

22. 鞘翅目

小型至大型,一般体表骨化较重。触角多种类型,其形状与着生部位用作分类特征。口器咀嚼式。两对翅,前翅平列(图12-60),骨化坚硬成鞘翅,不见翅脉。后翅膜质,静止时折叠在鞘翅下。少数无翅。足一般适于步行,但形态变化多。完全变态。已记录的种类接近30万种,占昆虫总数的40%,是动物界最大的一目。通常称甲虫或蝍。水生、陆生、地下、寄生的都有,食性广泛,是农作物、森林、仓库等的重要害虫,少数是益虫。如步行虫(*Carabus*)、原蝍(*Cicindela*)、龙虱等。

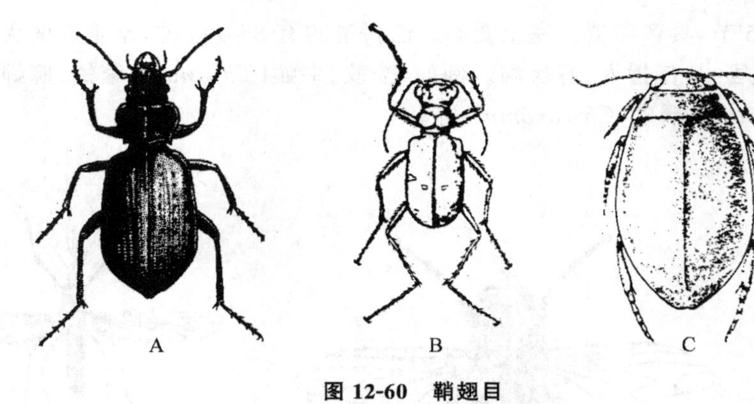

图 12-60　鞘翅目

A. 步行虫；B. 原岬；C. 龙虱

（A. 引自 Swan LA，1972；B. 引自 Arnett RJ，1968；C. 引自 Borror DJ，et al，1976）

23. 长翅目

中型，特征相似于蛇蛉目。丝状触角，咀嚼式口器，但延长成喙状，下口式。前胸背板较宽，翅两对，膜质。翅脉原始，无翅痣，但翅面具斑纹（图 12-61）。少数种翅退化。足较发达，雌性无产卵器，雄性腹部末端膨大成钳状，并向背面举起形似蝎子。全变态。成虫及幼虫均肉食性。不足 100 种。如蝎蛉（*Panorpa*）。

24. 蚤目

小型，体侧扁，具短棍状触角，不用时隐藏在沟内。眼不发达或无眼，刺吸式口器。无翅，足长适于跳跃（图 12-62）。全变态。吸食哺乳动物的血液，是体外寄生虫，有的终生栖息在动物身上，有的不取食时栖息在寄主巢穴中。可传播人、畜疾病。已报道的有 1400 余种。例如，寄生在人、狗身上的人蚤（*Pulex irritans*）、老鼠身上的疫蚤（*Xenopsylla*）等。

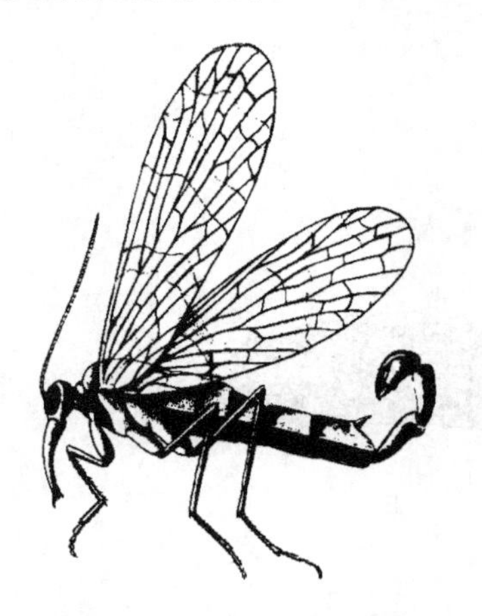

图 12-61　长翅目——蝎蛉

（引自 Borror DJ，De Long DM，1971）

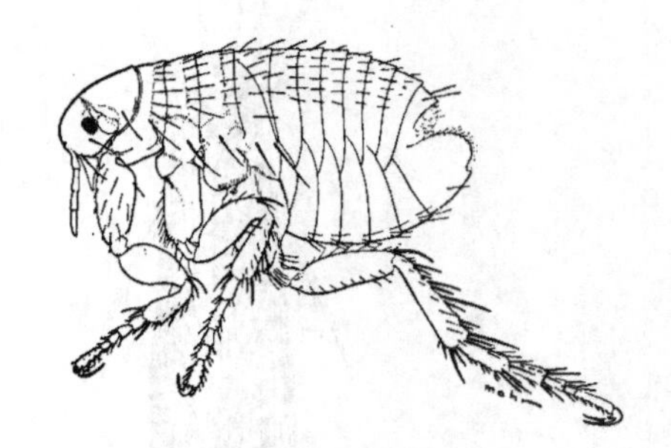

图 12-62　蚤目——人蚤

（引自 Ross HH，1982）

25. 双翅目

小型至中型。头发达，复眼很大，许多种类触角 3 节，具大刚毛，称芒状触角。口器刺吸式或舐吸式。中胸特别发达，具一对透明的膜质前翅，翅脉较少。后脉变成了平衡棍（图12-63）。

腹部一般可见4～5节,具产卵器。完全变态。已报道的有85 000种,是重要的大目之一。许多种为重要的卫生害虫,传播人、畜疾病。例如,按蚊、牛虻(*Tabanus*)、家蝇、麻蝇(*Sarcophaga*)、果蝇(*Drosophila*)、摇蚊(*Chironomus*)等。

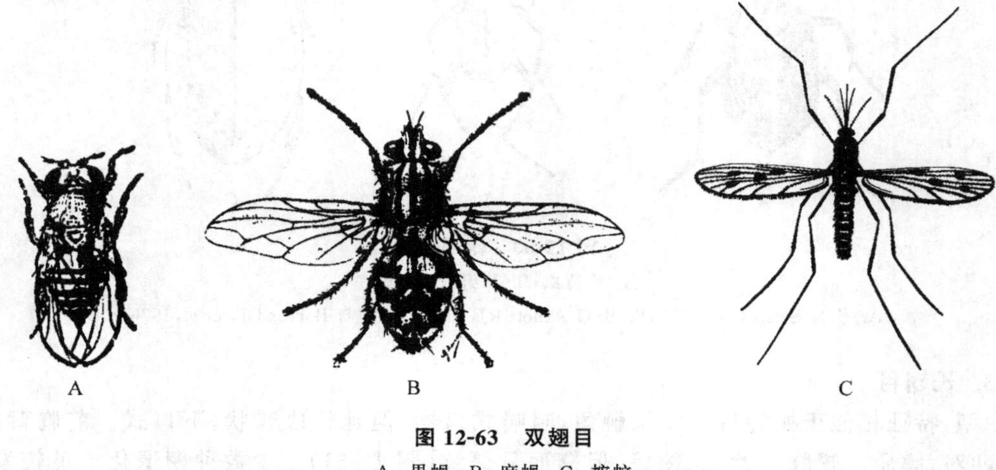

图 12-63 双翅目

A. 果蝇; B. 麻蝇; C. 按蚊

(转引自 Engeman JG, et al,1981)

26. 毛翅目

小型至中型,外形类似于鳞翅目。但触角为丝状(图12-64),口器为咀嚼式,仅适合于舐吸液体食物。翅两对、膜质,翅面被粗细不等的毛所覆盖,翅脉接近原始翅脉。步行足。完全变态。幼虫水生,自行筑巢。已报道的有7000种,如石蚕(*Rhyacophila*)。

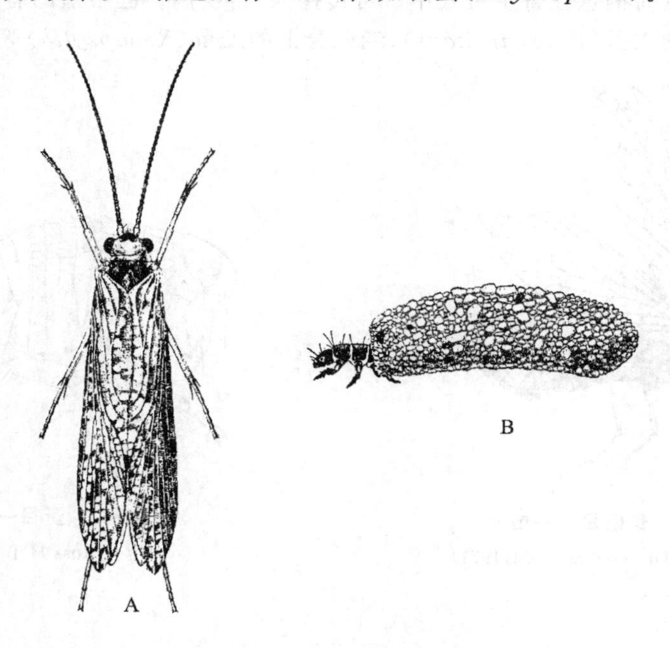

图 12-64 毛翅目——石蚕

A. 成虫; B. 幼虫

(引自 Ross HH, et al,1982)

27. 鳞翅目

小型到大型,展翅后最大可达 300 mm。头发达,具大的复眼,触角多羽状及棍棒状,成虫口器虹吸式,有的口器退化。具两对膜质翅,翅面及体表披有彩色的鳞片(图 12-65)。幼虫体

图 12-65　鳞翅目

A. 天蚕蛾;B. 凤蝶

(A. 引自 Comstock JH,1940;B. 引自 Ross HH,1982)

圆柱形,柔软,腹部具 5 对腹足,咀嚼式口器,是其取食的主要阶段。完全变态。已报道的种类有 14 万余种。这一目具有重要的经济意义。大量的种危害粮食、棉花、蔬菜、果树、仓库等各种作物及其产品。个别种为经济益虫,如家蚕、柞蚕等。鳞翅目中具羽状或丝状触角,静止时翅不竖立,多在夜间活动的为蛾类,如天蚕蛾(*Callosamia*)、尺蠖等。如具球棒状触角,静止时翅竖立背上,多在白天活动的为蝶类,如菜粉蝶(*Pieris*)、凤蝶(*Papilio*)等。

28. 膜翅目

微型到中型。头发达,触角多种形态,但多呈膝状,口器咀嚼式或嚼吸式。具两对膜质翅,前翅大于后翅(图 12-66),翅脉减少。后翅前缘用钩、刺等钩住前翅同步运动。部分种或群体中不同级的个体无翅。腹部第一节常愈合到胸部,第二节形成细腰。雌性个体具长的针状或锯齿状产卵器,具产卵、刺螫及杀死小型动物等多种功能。生殖方式多种。一些种为社会性生活,也有寄生生活的。全变态。已报道的有 12 万种之多,是有经济重要性的一目。许多种类是益虫,少数是害虫。例如,蜜蜂、胡蜂(*Vespula*)、蚂蚁(*Monomorium*)、木工蚁(*Camponotus*)等。

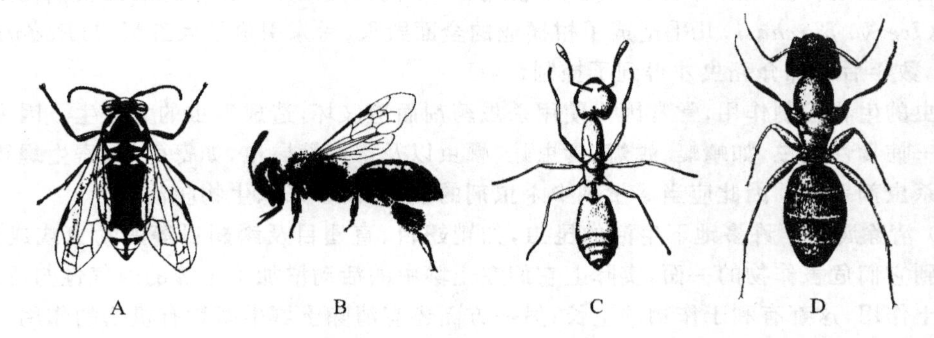

图 12-66　膜翅目

A. 蜜蜂;B. 胡蜂;C. 蚂蚁;D. 木工蚁

(引自 Engeman JG,1981)

第五节　昆虫的经济意义

昆虫与人类的关系是十分密切的，这是由于昆虫的种类多、数量大、分布广、生活方式多种多样所致。这种关系主要表现在有利与有害两个方面。据美国1976年报道，全年被害虫造成的损失达50亿美元，而全年由昆虫带来的好处估计超过70亿美元。而实际上人们对昆虫的有益方面往往认识不足，而较多地看到它们的有害方面。直接或间接与人类相关的昆虫仅占昆虫总数的0.5%，对大量的昆虫人们尚未认识到它们的重要性。

一、有益方面

昆虫对人类的益处是多方面的，主要的概括以下几点：

(1) 产生具商业价值的产物。众所周知，一些昆虫能产生有经济价值的产品。例如家蚕、柞蚕能吐丝结茧，它们所产的生丝，每年以数十万公斤计，其丝织品可用于航空工业及其他民用工业。蜜蜂能产蜂蜜、蜂蜡、王浆等，除了食用，还可用于医药工业及其他工业。紫胶虫分泌的紫胶可制成高级的绝缘体，白蜡虫分泌的白蜡熔点高达80～83℃，这些产品都是航空工业、无线电通信业等的重要工业原料。

(2) 昆虫的传粉作用。昆虫在进化过程中与植物的演化相辅相成，彼此建立了密切的相互关系。植物产生的花粉及花蜜为许多昆虫提供了新的食物源，而昆虫在采粉过程中帮助植物传粉、授粉。虽然某些大田作物是风媒授粉，但也有相当多的大田作物，特别是蔬菜、果树及观赏植物是虫媒花，即靠蜜蜂等昆虫进行传粉与授粉，这样可以3～4倍地增加果实的产量。

(3) 昆虫在自然界中作为一种生物调节因素。这一点具有很重要的作用，但常常不被人们所认识，一旦由于人们的自身活动造成昆虫的调节作用丧失时，它的重要性才被认识到。如一种仙人掌(*Opuntia* sp.)曾作为一种观赏植物被带到澳洲，由于失去了它的控制者(天敌昆虫)而迅速蔓延开，到1925年已扩展到整个澳洲，无法控制。最后，人们想到到南美洲去寻找它的天敌昆虫，结果发现五十多种天敌，并送到澳洲。其中有一种叫仙人掌螟(*Cactoblastis*)，由阿根廷带回2750条幼虫，当年(1925年)仅1070条幼虫化蛹并羽化成成虫，但10年后仙人掌的危害已被这种昆虫所抑制。又如20世纪50年代我国四川等西南地区的柑橘树上的吹绵介壳虫(*Icerya purchasi*)几乎造成了柑橘业的全面毁灭，后来引进了大红瓢虫(*Rodolia rufopilosa*)，数年后吹绵介壳虫才得到了控制。

昆虫的生物控制作用，常常因为使用杀虫药剂而遭破坏，造成害虫的大发生。因为大量的益虫——捕食性昆虫，如蜻蜓、螳螂、食虫虻、瓢虫以及寄生性昆虫，如寄生蜂、寄生蝇等常常同时也被杀虫剂杀死。因此应当尽量减少杀虫剂的使用，而多采取生物防治。

(4) 清除腐物。许多地下生活的昆虫，如鞘翅目、直翅目及鳞翅目等的幼虫或成虫，过去只注意到它们危害作物的一面，实际上它们在土壤中的活动增加了土壤的通气性与排水性，也具有翻土作用，这都有利于作物的生长；另一方面还有清除土壤中腐烂有机物的作用。例如金龟岬科的昆虫能将动物新鲜粪便做成团粒，并产卵其中。澳洲有发达的畜牧业，牛羊的粪便造成了严重的问题，不仅为蝇类提供了大面积的滋生环境，而且干燥的粪便不能分解。在这种条件下长出的牧草牲畜不喜欢吃，结果大量的土地不能被利用。1967年他们由南非引进几种粪岬，很快这些粪岬便担负起了清除工作，几年后牛羊粪便的污染问题得到了控制。

(5) 昆虫作为食物。一些昆虫本身是可食的,如蝗虫、蚕蛹、蚜虫等。特别是在非洲,人们甚至有食昆虫的习惯。大量的脊椎动物,如鸟兽、鱼等是以昆虫为食,最后这些鸟兽等再被人取食。

(6) 作为科学研究的材料。昆虫由于食物简单、繁殖快、世代短等优点,常被作为科学研究的材料。例如,果蝇用于遗传学的研究,许多昆虫用于营养代谢、神经内分泌及肌肉生理的研究,仓库昆虫用于种群生态的研究等。

二、有害方面

(1) 昆虫直接危害人畜。许多昆虫是直接攻击人畜的,如蚊、虱、蚤等吸食人体血液;蚊、蝇、虻、蚋、虱、蚤等吸食畜禽血液,这些都属于外寄生种类。还有的是内寄生的,如马胃蝇寄生在马胃中,牛皮蝇等的幼虫生活在牛真皮之下。这些都直接损害人畜健康。但更严重的是它们也是病原体的携带者,引起人畜严重的疾病。例如,蚊子传播病毒性脑炎,蝇类传播消化道疾病等。

(2) 危害各种农作物。这是昆虫给人类造成经济损失的最严重方面,无论大田作物、森林、草原、蔬菜园、果园中的一切经济作物,都有直翅目、同翅目、半翅目、鞘翅目、鳞翅目等大量昆虫的危害,直接引起作物减产,甚至死亡。另外,昆虫也作为病原体的携带者,对植物传播几百种疾病,这对农业造成的破坏力是难以估量的。

(3) 危害仓库贮物。各种贮存物质,特别是来源于动、植物的谷类、果类、木材、皮毛,甚至衣服、书籍等都可能被鳞翅目、鞘翅目等一些仓库害虫所危害,造成各种程度的经济损失。

关于昆虫纲各目的演化已超出本书应涉及的领域范畴,但从昆虫分目表中根据口与颚着生部位、翅的有无以及翅的起源及结构、变态类型等可以大致确定各目的分类及进化地位,而各目之间的亲缘关系,这里就不再论及。

第十三章　触手冠动物

帚虫动物门(Phoronida)
外肛动物门(Ectoprocta)
腕足动物门(Brachiopoda)

帚虫动物、外肛动物及腕足动物这三类都是小型，主要是浅海固着生活的动物，它们没有头，有体腔，都有一个身体前端体壁形成的触手冠(lophophore)，向口面弯曲成环状、马蹄形或卷曲，环绕口而不环绕肛门。触手冠动物(Lophophorates)都具有真体腔，有发达的后肾，或兼做生殖导管，也都有一个相似于担轮幼虫的幼虫期，这些特征都属于原口动物。但触手冠动物又都具有棘皮动物等后口动物所有的三分体区及三分体腔，即身体分为前体、中体及后体，并分别包括前体腔(protocoel)、中体腔(mesocoel)及后体腔(metacoel)，而且体腔是由肠腔法形成。另外，受精卵是经放射卵裂而不再是螺旋卵裂，这又属后口动物的特征，这些双重特征使原口动物与后口动物通过它们联系起来。

第一节　帚虫动物门

帚虫动物门是仅有两个属(*Phoronis*，*Phoronopsis*)十几个种的一个小门，全部是海洋底栖动物，分布在温带及亚热带地区的潮间带及亚潮间带的沙粒或软质海底，管居，虫体各自分泌角质管，附着在岩石、贝壳或埋在沙粒中，常成群聚集，虫管相互附着缠绕在一起(图 13-1A)。

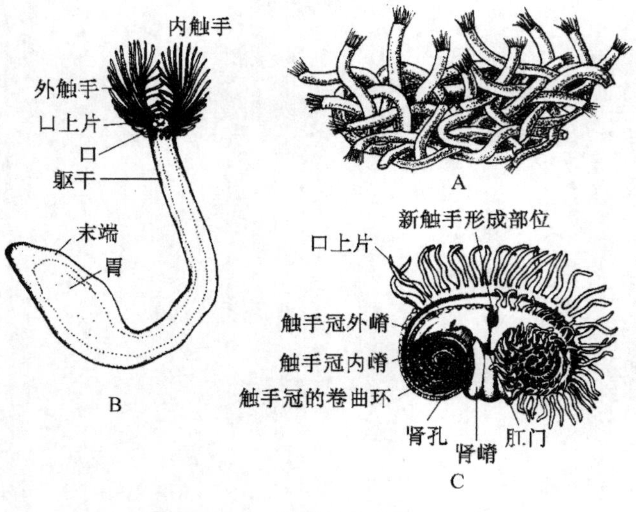

管内虫体呈蠕虫状或圆柱形，体长 2～20 cm(图 13-1B)，前端为触手冠，后端膨大，前端口上具有一小的突起，称口上片(epistome)，盖住口，它相当于前体区，内有体腔，即前体腔；口上片下即为中体区，具有触手冠与口，内有中体腔，中体腔进入触手冠及触手；触手冠之后为躯干部，即后体区，内有躯干体腔。

图 13-1　帚虫(*Phoronis*)的外形
A. 聚集的虫体；B. 一个去管的个体；C. 触手冠
(A. 引自 Wilson，1881；B，C. 引自 Shipley A，1910)

原始的触手冠为环状，围绕口与口上片，但多数是身体前端形成两个平行的嵴，嵴呈马蹄形弯曲，马蹄形开口的一面为背面，外凸的是腹面，口即位于腹面两嵴之间。马蹄形两端常各自向内卷曲（图 13-1C）。每个嵴上都生有触手，其数目从十几个到 300 个以上，触手表面密布纤毛，内有中体腔伸入触手，触手冠的卷曲增大了表面积及触手的数目，触手冠是其取食及气体交换部位。肛门和肾孔开口在背面触手冠之外。

体壁最外层为单层上皮细胞，它分泌角质并掺有一些颗粒物做成虫管；上皮细胞内为一层环肌及较发达的纵肌，靠纵肌收缩，触手冠可以伸出管外，或迅速撤回管内；最内层为体腔膜，在躯干部包围体腔。体腔内有纵行的隔膜固定内部器官。当遇到紧急情况时触手冠可以自切，然后再生。

帚虫动物为过滤取食者，触手上纤毛的摆动在两嵴之间激起水流，嵴上的上皮细胞分泌黏液，黏住浮游生物或沉渣，再靠纤毛作用输送到两嵴末端的口处。不取食时，口被口上片所遮盖。消化道呈"U"形（图 13-2A），包括口、口腔、食道、胃、肠及肛门。胃膨大，位于躯干近后端。肠折行向前，以肛门开口在前端背面（图 13-2B）。胃与肠表面具纤毛上皮，消化可能是在细胞内进行。

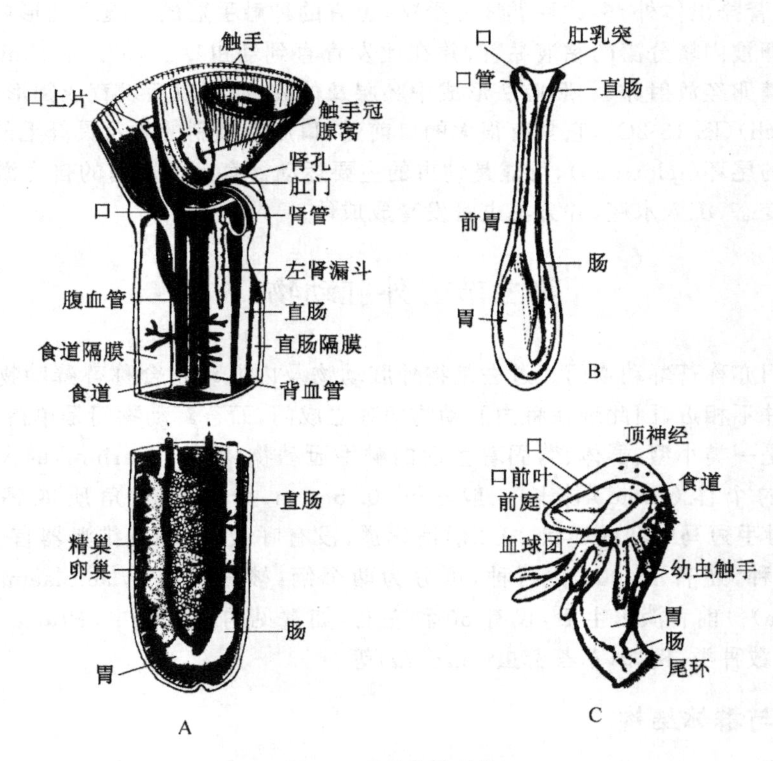

图 13-2　帚虫的结构

A. 内部结构；B. 消化道；C. 幼虫

（A. 引自 Benham，1880；B. 引自 Hyman LH，1959）

帚虫类有发达的循环系统，包括两条纵行的血管：一条位于背面，携带血液向前流进入触手冠及触手；另一条携带血液向后流到身体末端。两条血管之间在前端有一对半环形血管相连，后端在胃的周围也有一丛血管相连，没有心脏，靠血管壁肌肉的收缩而推动血液的流动。血液中包含有血细胞，其中含有血红蛋白，故血液为红色。这在无脊椎动物中是很少见的，因为血红蛋白在无脊椎动物中多在细胞之外,即在血浆中,即使在细胞之中也多是在体腔细胞之内,从不在血细胞之内,而帚虫的血红蛋白在血细胞之内,这样可以携带更多的氧。帚虫在管内居住,与外界并无通风结构,所以具血红蛋白的血细胞担任这一功能,使之对底栖少氧的条件有了更大的适应能力。

排泄器官为一对"U"形后肾,内有纤毛,肾口通体腔,外肾孔开口在肛门两侧,肾管也兼作配子的排出管。在触手冠外嵴的基部有一神经环,是其主要的神经结构,由它发出神经到触手及体壁纵肌。此外,在身体左侧的上皮内还有一单个的巨大运动纤维,称为侧神经。由侧神经发出分支到体壁肌肉,可引起肌肉的迅速收缩。没有感官,只有神经感觉细胞散布在触手及躯干的体表。

帚虫动物具无性生殖及有性生殖,聚集生活的种靠出芽生殖及分裂生殖形成大的聚合体,另外,再生能力很强,有时身体的碎片也能再生。

大多数种类为雌雄同体,少数为雌雄异体。生殖细胞来自腹血管周围的体腔上皮,在雌雄同体的种中,卵巢位于腹血管的背面,精巢位于腹血管的腹面(图 13-2A)。生殖细胞形成后进入体腔,再经后肾排出体外,多数种类体外受精,也有的种触手冠的两腕之间形成孵育室,在其中受精。受精卵被内嵴分泌的黏液黏着,并在此发育直到幼虫期。1977 年 Emig 报道大多数的帚虫动物受精卵经放射卵裂、肠腔法形成中胚层及体腔,原肠以后发育成圆形具纤毛的辐轮幼虫(actinotroch)(图 13-2C),它具有很大的口前盖,口后是倾斜的领及具纤毛的触手,在躯干的后端有纤毛的尾环(telotroch),可能是幼虫的主要运动器官。经数周的自由游泳生活之后,辐轮幼虫迅速变态,沉入水底,并分泌虫管发育成成体。

第二节 外肛动物门

外肛动物门亦称苔藓动物门。过去是将外肛动物及内肛动物合称苔藓动物,但它们的体腔及许多特征并不相近,因此现在将内肛动物门独立成门,而苔藓动物门是单指外肛动物门。

外肛动物是一类小型、群体、营固着生活的触手冠动物,群体(zoarium)的大小、形状因种而异,群体中的个体(zooid)体长一般小于 0.5 mm,个体外有角质或钙质壳称虫室(zooecium)。触手冠马蹄状或环状,"U"形消化道,没有呼吸、循环及排泄器官。目前生存的种类有近 5000 种,还有 15 000 化石种,可分为两个纲:被唇纲(Phylactolaemata)及裸唇纲(Gymnolaemata)。前者淡水生活,仅有 50 种左右,如常见的羽苔藓虫(*Plumatella*);后者海产,包括绝大多数种类,例如,草苔藓虫(*Bugula*)等。

一、分布与群体结构

外肛动物在淡水及海水中均有较广泛的分布,淡水种分布在各种纬度的溪流及湖泊中,一般在石块下固着生活。海产种类更普遍,虽然少数种类可在 6000～8000 m 的深海发现,但多数都分布在滨海地带,它们附着在各种硬质表面,例如,岩石、贝壳、珊瑚、木质、海藻及其他动物体表,充分利用各种有效空间。许多种也是世界性分布的,但极少在咸水中发现它们。化石种类也主要分布在滨海带,在古生代奥陶纪时已有大量的记录。

淡水生活的被唇类群体结构比较简单,例如,小栉苔藓虫(*Pectinatella*)分泌一团厚的胶状物质附着在物体上,由胶质团伸出虫体(图 13-3A);另一种群体形式树枝状,有匍匐茎(直立或爬行），其上长出虫体，例如羽苔藓虫，虽然个体很小，但群体可达数厘米，甚至更大。

海水生活的裸唇类群体结构比较多样，根据群体中个体出芽生殖的方式、多态个体的排列、骨骼的形式及成分等，其群体可分成匍匐状、灌木状、皮壳状及叶状等形式。

这其中匍匐状群体是原始的类型，匍匐枝实际上是改变了的个体，有的竖立，有的爬行，枝上有隔板将其分成节状，在枝上独立的长出许多个体，它们各自分离，以后端附着（图 13-4），多呈管状，虫室为几丁质、胶质或膜质，未钙化，口孔在顶端。例如 *Bowerbankia*。

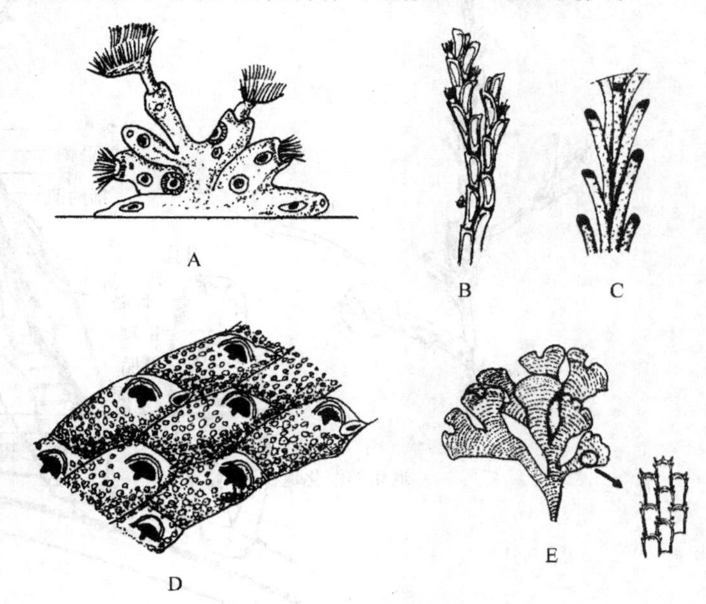

图 13-3　苔藓虫的群体形态

A. 小栉苔藓虫；B. 草苔藓虫；
C. 栉苔藓虫（*Crisia*）；D. 裂孔苔藓虫；E. 藻苔藓虫
（A. 引自 Hickman CP，1973；B，D. 引自 Barnes RD，1980；
C. 引自 Rogick，1955；E. 引自 Hincks T，1851）

绝大多数海产种类并非匍匐状群体，而是邻近个体之间相互连接，个体不再独立，例如，灌木状草苔藓虫（*Bugula*），个体以二列状边对边交错相连，形成竖立分支的茎，同时虫室也出现轻微钙化（图 13-3B）。

最普遍的是皮壳状群体，它们以背面附着在基底上，腹面暴露在水面，同时相邻个体相互联结，口孔在腹面，也称前面，例如裂孔苔藓虫（*Schizoporella*）（图 13-3D）、膜孔苔藓虫（*Membranipora*）。原始种类个体侧壁有小孔，使体液相互沟通，多数种类相邻个体间小孔被细胞堵塞。整个群体呈片状或皮壳状，钙化，同时通过新个体向四周扩展，群体直径可达 50 cm，虫体多到 200 万个。

叶状体是由单层的片状体或双层的背对背附着形成叶片状竖立在基底上，例如，藻苔藓虫（*Flustra*）（图 13-3E），还有的群体呈簇状。

大多数裸唇类是多态的，即群体中的一些个体能正常取食消化，这种个体称为独立个体（autozooid），是群体的主干；另一部分个体形状改变，失去独立的营养机能而具其他机能，这种个体称为异个体（heterozooid）。例如，在低等种类异个体变成了匍匐基、附着盘或根状结构，用以附着，它们只保留了正常个体的体壁及胃绪。又如鸟头体（avicularia）（图 13-5C），其体积较正常个体大量减少，内脏器官消失，但厣板部分高度发达形成可动的颚，形似鸟喙，故名。鸟头体的基部有的有柄，有的无柄，有柄的种类使之可以弯曲转动。鸟头体担任防卫及清除体表附着物的功能。另外还有一种异个体称为鞭状体（vibraculum），即由厣板变成长鞭状，可以在一个平面上扫动，以清除落入体表的沉渣及微小生物。还有的个体因生殖目的而改变形态。

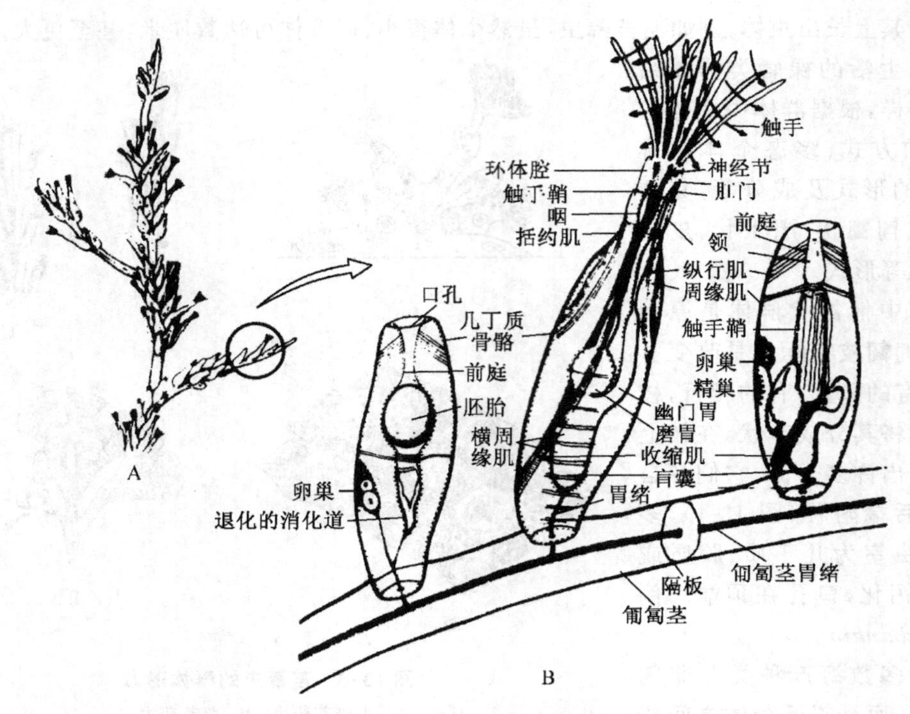

图 13-4 原始的裸唇类 *Bowerbankia*,示匍匐状群体

A. 群体；B. 部分个体放大

(转引自 Barnes RD，1980)

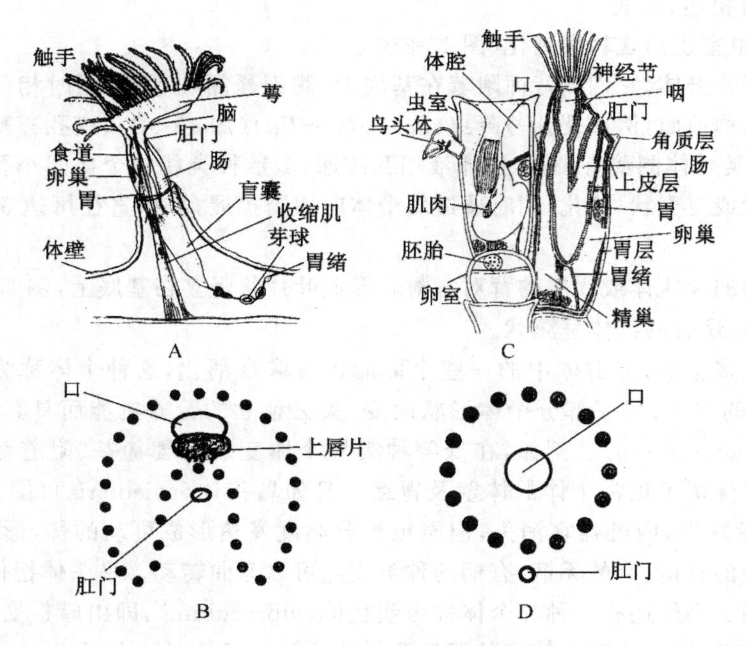

图 13-5 个体结构及触手排列

A,B. 被唇类；C,D. 裸唇类

(A. 引自 Pennak RW，1978；B,D. 引自 Harmer S，1910；C. 引自 Store TL，et al,1979)

二、个体的形态与生理

群体中的个体除了异个体之外，形态均是相似的，每个个体外均有虫室包围。在被唇类虫室可能是胶状的、膜状的或几丁质的，在裸唇类虫室的形状可以是盒状、瓶状、卵圆状、管状等形状，由蛋白质及几丁质组成的角质层构成，或是由角质层及钙质层共同组成。典型的独立个体身体分为前体、中体及后体，其中分别包含有前、中、后体腔，前体很小，是口上的一个背叶盖住口，称为口上片或上唇片(图 13-5B)。被唇纲就是因为上唇片的存在而命名；而裸唇纲是因为上唇片的不存在而命名(图 13-5D)。中体区包括触手冠，中体腔伸入到触手之内，触手冠之后为后体区，包括身体的大部分，也称躯干部(图 13-5A，C)。

虫室之内为体壁，是由上皮细胞、环肌、纵肌及体腔膜组成，被唇类是这样，但裸唇类由于虫室钙化变硬，不再能弯曲、变形，使体壁的肌肉层消失。被唇类靠体壁环肌的收缩，压缩体腔液产生压力使触手冠由虫室孔伸出，呈马蹄形环绕口。裸唇类虫室由于不同程度的钙化，体壁中与上皮细胞伴行的肌肉虽然消失，但出现了成束的周缘肌(parietal muscles)以控制(图 13-6)。虫室中如果底部与侧壁钙化，而上端游离端未钙化成膜状(称前膜)，膜下有周缘肌连接到底部，周缘肌的收缩，前膜下降，增加压力使触手冠伸出(图 13-6A)，例如膜孔苔藓虫。有的种前膜下出现钙化的隐板(cryptoplate)(图 13-6B)，隐板上有小孔允许周缘肌穿过。以控制前膜的升降及触手冠的伸出，例如微孔苔藓虫(*Micropora*)。如果前膜完全钙化，失去调节能力(图 13-6C)，则在前板下会出现补偿囊，周缘肌收缩时，水进入囊内，产生压力使触手冠外伸，例如，裂孔苔藓虫。口处还有厣板可以完全关闭虫口。更复杂的环口类触手冠的伸出是由括张肌及括约肌控制(图 13-6D)。触手冠的缩回都是由一对触手冠收缩肌(lophophoral retractor muscles)，由底部连接到触手冠，进行控制。

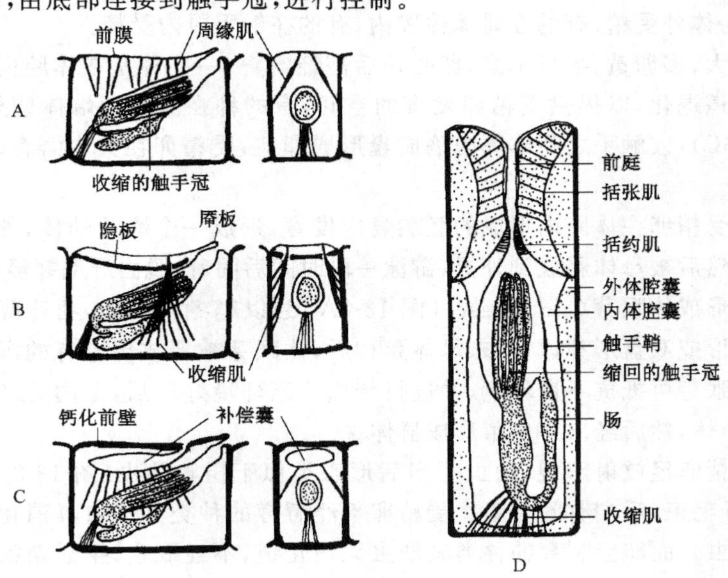

图 13-6　外肛类触手冠外伸的四种机制

A. 前膜被肌肉收缩拉下；B. 肌肉通过隐板孔到前膜；C. 虫室完全钙化，出现了补偿囊，肌肉附着在囊下；D. 环管口类具管形虫室，括张肌收缩压迫体腔压力改变，引起触手冠外伸

(引自 Hickman CP，1973)

外肛动物为悬浮取食。取食时触手冠伸出，展开成漏斗形，靠触手纤毛的摆动，使得水由触手顶端流入，由触手之间的缝隙流出，随水流进入的食物颗粒被送入口部，形成食物团，然后被膨大的咽吸入；其消化道成“V”形（图 13-5A，C），食物由咽经食道进入胃，胃的前端为贲门胃（cardia），可研磨食物，后端为幽门胃（pylorus），从胃的中部向后伸出一盲囊（cecum），是其胞外消化及胞内消化的主要场所；胃的两端均有瓣膜控制以防逆行，胃后为肠，折向前行，经直肠以肛门开口在触手冠之外，未消化的残渣以粪粒排出。另外，在胃的底部有由间质细胞形成的管状结构连接到虫室底部，其中充有液体，称为胃绪（funiculus），在某些裸唇类虫体间的胃绪是相连的，一般认为它是个体内及个体间的营养物质的输送系统。此外，精巢、子宫室及淡水种的越冬休眠芽都是在胃绪上形成。

外肛动物没有专门的呼吸、循环、排泄器官。由体表及触手进行气体交换，由体腔液及胃绪担任输送。其代谢产物氨是由体表及触手扩散排出，其他代谢产物，如尿酸、死亡个体的解体组织有的由体腔细胞吞噬后进入新形成的个体中再被排出，有的留在体腔内形成称为褐体（brown body）的球状物，成为贮存排泄。在咽的背面有一神经环及细胞聚集成一神经节，由它分出神经到触手冠、消化道、肌肉等，在体壁上还有上皮下神经网，没有特殊的感官，仅有少量的具刚毛的神经感觉细胞存在于体表。

三、生殖与发育

所有的淡水种和大部分海产种为雌雄同体，但更多的是雄性先熟，自体受精较少。由于雄性先熟，所以整个群体在机能上表现出雄性和雌性，因此相同群体中雄体与雌体的受精是很普通的，而不同群体间个体的受精也是存在的。生殖细胞来自体腔膜细胞，一般卵巢在体壁上端。精巢在底部或胃绪（图 13-5A，C），没有生殖导管，精子成熟后多由背部触手顶端的小孔排出体外，卵有的为体外受精，有的在雌体体腔内，有的在触手冠内受精。

产生的卵较大，多卵黄，数目不多，卵受精后需经孵育，一些种是在体腔内孵育，这时个体的触手冠及消化道退化，以提供受精卵发育的空间，有的种在身体远端体壁外突形成一卵室（ovicell）（图 13-5C），或触手之间体壁内陷成囊形成卵室，受精卵在其中孵育。卵室也被认为是改变了的虫体。

淡水种类的受精卵在体腔内形成的胚胎囊内发育，形成一个囊状幼体，外有纤毛，内有一个或几个个体。然后被母体释放到外界，游泳一段时间后固着，脱去纤毛并经出芽方式形成群体。淡水种还可形成休眠芽（statoblast）（图 13-7A，B）以越冬。例如，羽苔藓虫在夏、秋季节胃绪上形成椭圆形或双盘形芽体，秋末母体死亡后，休眠芽被释放出来有的沉入水底，有的有气室以漂浮。休眠芽可抵抗不良环境，并进行传播。当环境好转后，芽内的细胞开始分裂，外壳脱落，形成新个体，然后经出芽生殖形成群体。

海产种类受精卵经放射卵裂，幼虫孵出后形态类似于担轮幼虫（图 13-8），具有运动的纤毛冠，前端有顶纤毛束，后端有附着囊。受精卵不经孵育的种类其幼虫具消化道，经取食生活数月后变态成成虫。而卵经孵育的种类其幼虫无消化道，不经取食，生活期很短，幼虫游泳一段时间后附着囊翻出，黏着在基底上，随后变态成成虫。变态后的虫体称第一虫体，它经出芽生殖形成一系列的个体。这些个体再经出芽生殖形成群体（图 13-9），并不断地经无性生殖而增大体积。

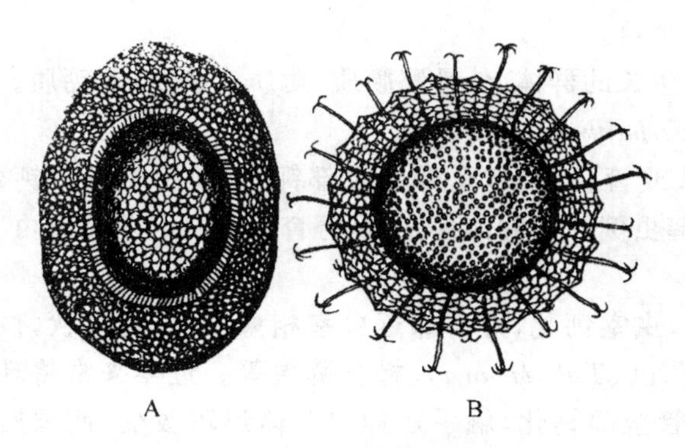

图 13-7　淡水苔藓虫的休眠芽

A. 漂浮的休眠芽；B. 具钩的休眠芽

（引自 Allman G,1856）

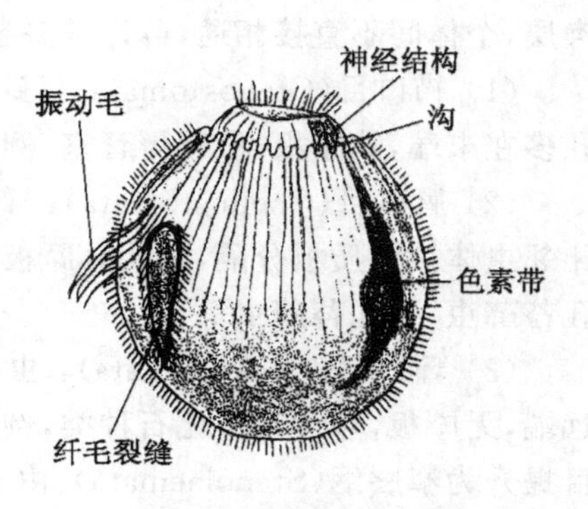

图 13-8　草苔藓虫的幼虫

（引自 Hyman LH,1959）

群体出芽的方式（芽体的数目及位置）决定了群体生长的方式，例如，草苔藓虫生长发生在双分支的顶端，皮壳生长的种其生长发生在群体的周缘。群体中个体的退化、死亡以及个体的再生常交替进行，使群体出现再生区及退化区。

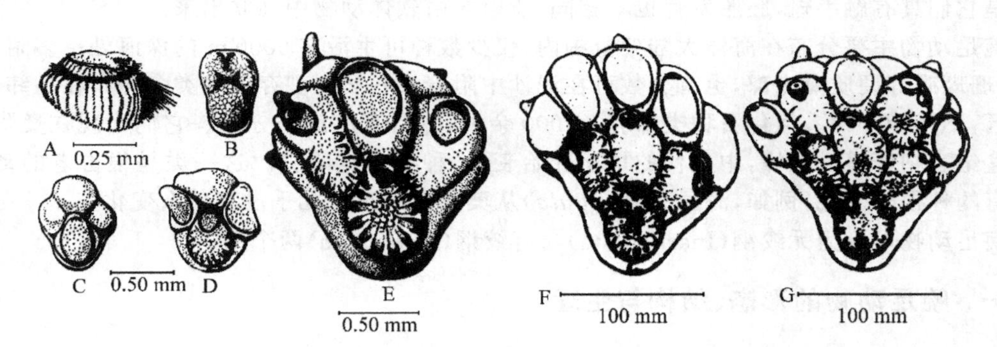

图 13-9　唇口类的群体形成

A. 幼虫；B,C. 变态后的第一虫体；D～G. 群体形成

（引自 Barnes RD,1980）

群体的寿命也因种而不同。一些种（特别是附着在藻类上的种）生活期为一年，每年春季随温度的升高而开始生长，秋末释放幼虫，意味着群体寿命的结束。也有一些种为二年生或多年生的，最长可达 12 年，其有性生殖发生在整个生长期内。

四、外肛动物门的分类

1. 被唇纲

淡水生活，个体圆柱形，虫室角质或胶质，无钙化，触手冠马蹄形，口上具上唇盖，体壁具肌肉，个体间的体腔是相通的，群体无多态现象，例如，羽苔藓虫、小桁苔藓虫等。

2. 裸唇纲

海水生活，虫体圆柱形、盒形、瓶形等，虫室角质或钙质，触手冠环状，无上唇盖，体壁无肌肉层，个体间不直接相通，群体常多态，分三个目。

(1) 栉口目(Ctenostomata)：多为匍匐生长的群体，外骨骼膜质、角质或胶质，非钙质。口孔多在末端，缺厣板，没有孵育室，例如 *Bowerbankia*。

(2) 唇口目(Cheilostomata)：个体盒状或管状，虫室全部或大部钙化，前膜膜质或钙化，相邻虫体被钙质板分隔，口孔具厣板(草苔藓虫例外)，群体多态，具孵育室，例如，草苔藓虫、膜孔苔藓虫、裂孔苔藓虫等。

(3) 环口目(Cyclostomata)：虫体管状，虫室钙化，并与邻近虫室相愈合，口孔环状，位于远端，无厣板，包含许多化石种类，例如，管孔虫(*Tubulipora*)、栉苔藓虫等。近年来常将环口目提升为窄唇纲(Stenolaemata)，由于其虫管全部钙化，触手冠伸出时体形不改变，而裸唇纲触手冠的伸出要依靠体形的改变。

第三节 腕足动物门

腕足动物全部是海产、底栖、具双壳的触手冠动物，由于其身体具有两片外套膜及其分泌的两枚壳，与软体动物的双壳纲很相似，直到20世纪初，一直把它们列入软体动物门内。随后的研究发现它们的壳均背腹位置而非两侧生长，且腹壳略大于背壳，常以腹壳或肉质柄附着，特别是它们具有触手冠，胚胎发育也不相同，所以才由软体动物中独立出来。

腕足动物主要分布在海洋大陆架范围内，仅少数种可生活在5000 m的深海处。多附着在岩石、珊瑚礁等硬质海底部，也有少数可在泥沙中附着或穴居。现存的种类多分布在高纬度的冷水区，不足300种。但化石种类却有30 000余种，并具有广泛的分布。它们出现在奥陶纪，到泥盆纪达到繁盛的顶峰，中生代的早期开始衰退，种类大量减少。这一类是很古老的动物，其中有的种很少变化，例如，海豆芽(*Lingula*)从奥陶纪到现在几乎没有什么变化。

腕足动物可分为无绞纲(Inarticulata)与有绞纲(Articulata)两个纲。

一、腕足动物的形态、结构与生理

1. 壳与柄

腕足动物具背、腹两枚壳，一般大小在5～80 mm之间，但化石种类可达375 mm。一般呈灰黄色，但也有的种呈草绿色或明亮的红色、橘色。壳的形状因种有很大的变化。例如，无绞类的代表种海豆芽的壳呈长圆形(图13-10A)，均较扁平，两壳相似，腹壳略大于背壳。而有绞类的代表种酸酱贝(*Terebratella*)(图13-10B)，壳呈卵圆形，背壳较小且平，腹壳较大且向外凸，前端较圆，后端较尖，壳顶位于后端，并向背面弯曲以至形成喙状，其中央有孔(foramen)，柄由此孔伸出，因此腹壳也称为柄壳。以腹壳直接附着的种类则无此孔。壳的表面有的光滑，

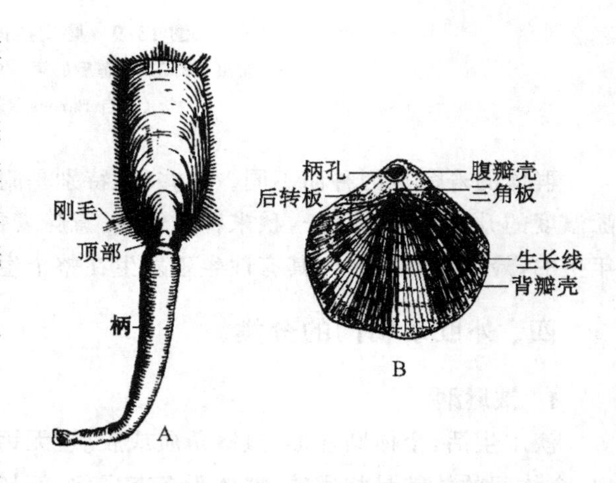

图13-10 腕足动物的代表种

A. 海豆芽；B. 酸酱贝

(引自 Hyman LH，1959)

有的有生长线、嵴、沟、刺等装饰。

背、腹壳后方接触线称绞合线。如果绞合线处两壳仅以肌肉连接在一起，由身体向后收缩，使体腔液压力增加以张开两壳，这种壳属于无绞类。如果腹壳后端有一对绞合齿（hinge tooth），而背壳相对的部位有一对绞合槽（hinge sockets），两者恰好吻合，使壳相连，它形成一个支点，使壳的前端仅能做有限的开闭（接近 10°），这种壳属于有绞类。闭壳均由肌肉完成。

壳的内面也留有肌痕、外套叶内体腔管的印痕，有绞类背壳内面还有凸起及沟、环等以支持触手冠，这些印痕及凸、沟的形状、数目、排列因种而异（图 13-11）。

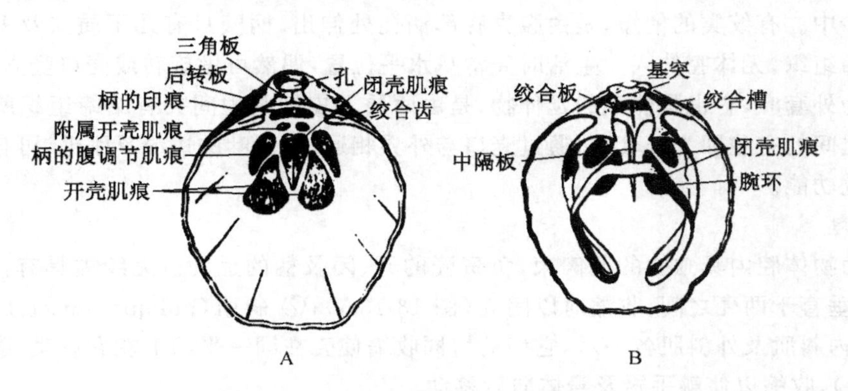

图 13-11　有绞类 *Maqellania* 壳的内面观

A. 腹壳；B. 背壳

（引自 Reed，1895）

壳是由下面的外套膜所分泌，壳的最外层为几丁质层，由外套膜边缘分泌；其下是磷酸钙与几丁质混合的几丁磷酸钙层（图 13-12A），这种结构成分是原始的，因为寒武纪化石种都是几丁磷酸钙质壳，无绞类的壳如此。有绞类的壳除了角质层外，其主要成分为碳酸钙，可分为纤维钙质层与棱柱层（图 13-12B），棱柱层是由整个外套内面分泌形成。奥陶纪之后的壳才出

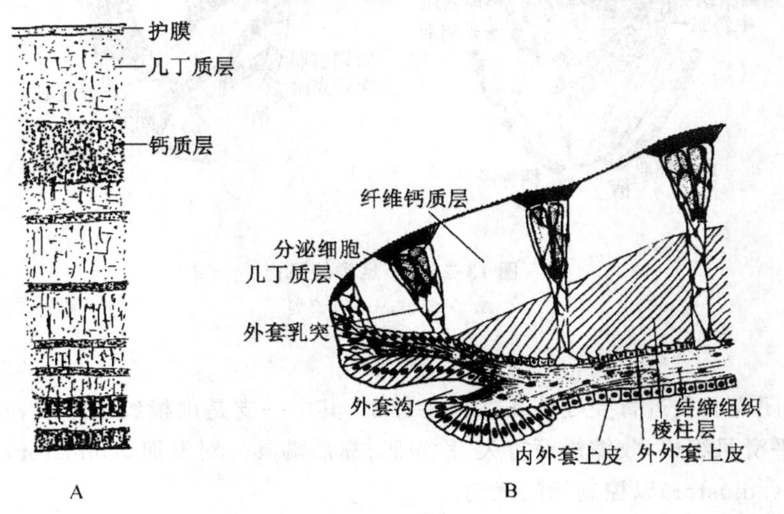

图 13-12　壳的结构

A. 无绞类；B. 有绞类

（A. 引自 Blochmann，1900；B. 引自 Williams A，et al，1965）

现了碳酸钙。

许多有绞类具疹壳(punctate shell),如果将这种壳对着光线观察,则可看到壳上有无数透光亮点,这是由于外套膜突出许多垂直于壳面的小柱,它的末端有成丛的分泌细胞(图 13-12B),当动物死亡后,这些小柱就形成了疹壳。

在两个纲中都有一些种类是以腹壳直接附着在硬物体上的,不过大多数种类都有圆柱形柄(pedicle)用以附着。无绞类的柄较长,可弯曲,是由后端体壁延伸形成,由两壳之间伸出。柄由角质层、上皮细胞、肌肉及体腔膜组成,中央包围体腔。柄有很大收缩力,收缩时可拖动身体进入泥沙中。有绞类的柄短,是由腹壳喙部柄孔处伸出,柄壁只有几丁质层及上皮细胞,其内充满结缔组织,无体腔伸入。生活时壳常呈水平位置,偶然可做旋转或壳口竖立。

壳下为外套叶,它也是体壁的延伸物,是由两层上皮细胞中间夹有结缔组织所组成,背腹两外套叶之间的空腔即为外套腔,通过壳口与外界相通,外套叶的边缘具刚毛,可自由活动,具保护及感觉功能。

2. 肌肉

腕足动物体腔内具独立的肌肉束,负责壳的开、闭及柄的运动。无绞类具有:① 前、后闭壳肌,几乎垂直于两壳之间,收缩时以闭壳(图 13-13A);② 斜肌(oblique muscle),很发达,分为中斜肌、内斜肌及外斜肌各一对,它们的协同收缩使壳在同一平面上左右移动;③ 侧肌(lateral muscle),收缩以使触手冠及身体向后移动。

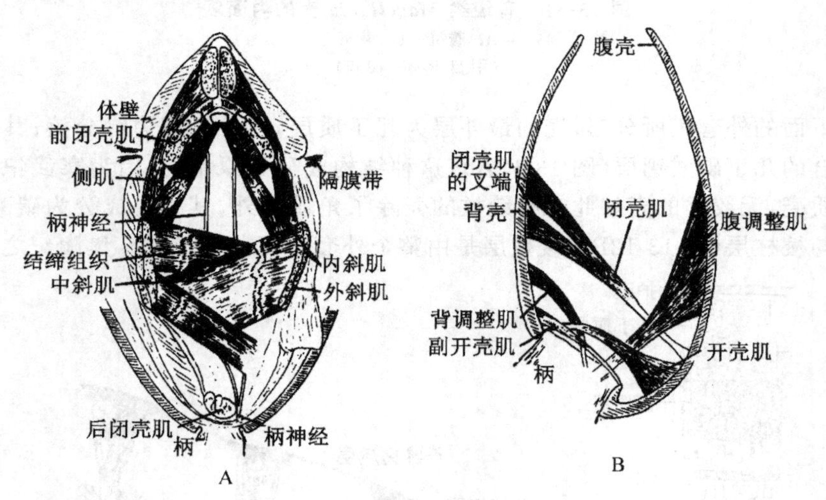

图 13-13 腕足类的肌肉

A. 无绞类; B. 有绞类

有绞类的闭壳肌在近背壳处分叉(图 13-13B),其中一支是由横纹肌组成,收缩迅速,为快肌;另一支为平滑肌组成,收缩慢而持久,称慢肌;靠后端具一对开肌(abductor),用以开壳;还有背腹调整肌(adjustor)以控制柄的运动。

3. 触手冠与取食消化

触手冠是由身体前端体壁延伸形成,占据外套腔的大部分。原始的种类多呈盘形或马蹄形。无绞类是由两个腕卷曲成环状(图 13-14A),以增加冠的表面积。许多有绞类向前伸出三个腕(图 13-14B,C):一个在中央,两个在两侧,腕上具 1～2 行触手,着生在腕嵴上,触手基部具腕沟,沿腕长形成食物沟。触手上及腕沟两侧满布纤毛。靠纤毛的摆动激起水流,经两壳间前侧缘缝隙处流入,经触手冠后由中央缝隙处流出。随水流进入的微小食物颗粒经触手、腕沟进入口,口后为食道,再进入膨大的胃(图 13-15),胃周围有发达的分支消化腺包围,也称肝,具有 1～3 对肝管与胃相连,在此进行细胞内消化。胃后为肠,无绞类肠盘旋,经直肠以肛门开口在两壳中间的右侧处,也有的种开口在后端中央。有绞类肠为盲管,伸向身体后端,无肛门。

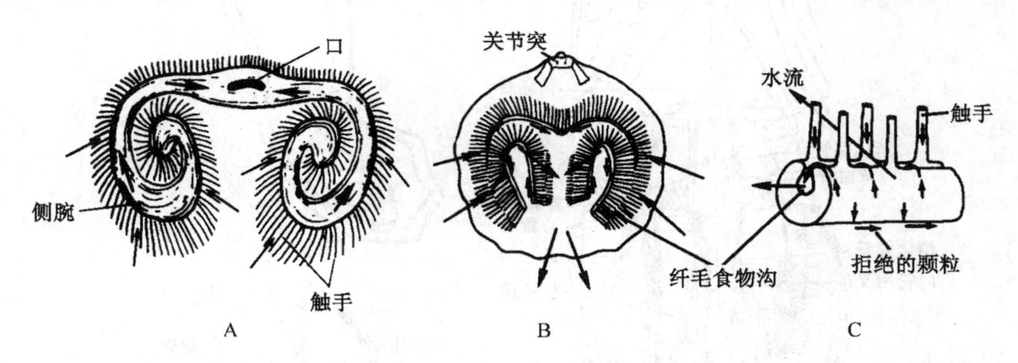

图 13-14　触手冠

A. 无绞类; B,C. 有绞类,触手冠上食物颗粒运动的方向

(A. 引自 Hickman CP,1973; B,C. 引自 Russell-Hunter WD,1979)

4. 体腔

腕足类体腔相似于其他触手冠动物,胚胎时期的中体腔进入触手冠、触手以及食道背面结缔组织包围的腔,有隔膜与后面宽阔的后体腔相隔,围绕内脏器官的是来自胚胎期的后体腔,在无绞类它伸入到柄中,在有绞类它进入外套叶中形成 2～4 个主管,再分支成小管,并在壳内面留下管痕。它的数目及形态是分类依据之一。体腔液中包括有球形、变形虫形及颗粒形细胞,其中一些含有蚯蚓血红素。

5. 循环、呼吸及排泄

腕足动物具开放式循环系统,包括一个可收缩的囊状心脏,位于胃的背面体腔的背系膜上。由心脏向前、后各分出一条血管,进入前肠及触手冠后成为血窦,向后进入外套及内脏后也成为血窦。血液无色,其中有体腔细胞,担任物质的输送功能。没有特殊的呼吸器官,触手冠及外套叶是其主要气体交换场所,O_2 与 CO_2 由体腔液传递。因此在外套窦中存在着体腔液的循环,至少部分 O_2 可被体腔细胞中的蚯蚓血红蛋白所携带。

排泄器官为 1～2 对后肾,位于消化道的两侧。后肾的一端为褶皱的肾口,开口到后体腔。肾管前行到口后端两侧以肾孔开口到外套腔。后肾为生殖细胞排出的导管,不具明显的排泄机能。腕足类产生的含氮物是氨,主要由体表及外套叶触手冠扩散排出。

6. 神经与感官

腕足类的神经系统主要位于上皮基部,在食道处形成一个环。在食道的背面环膨大成一神经节,腹面也形成一较大的神经节,由背面的节发出神经到触手冠及触手,由腹面的节发出神经到背、腹、外套叶、消化系统及柄部。一般没有专门的感觉器官,但在海豆芽靠近前闭壳肌两侧的体壁上有一对平衡囊,是其唯一的感官,外套膜边缘及其附近的刚毛可能是其感受刺激的部位。

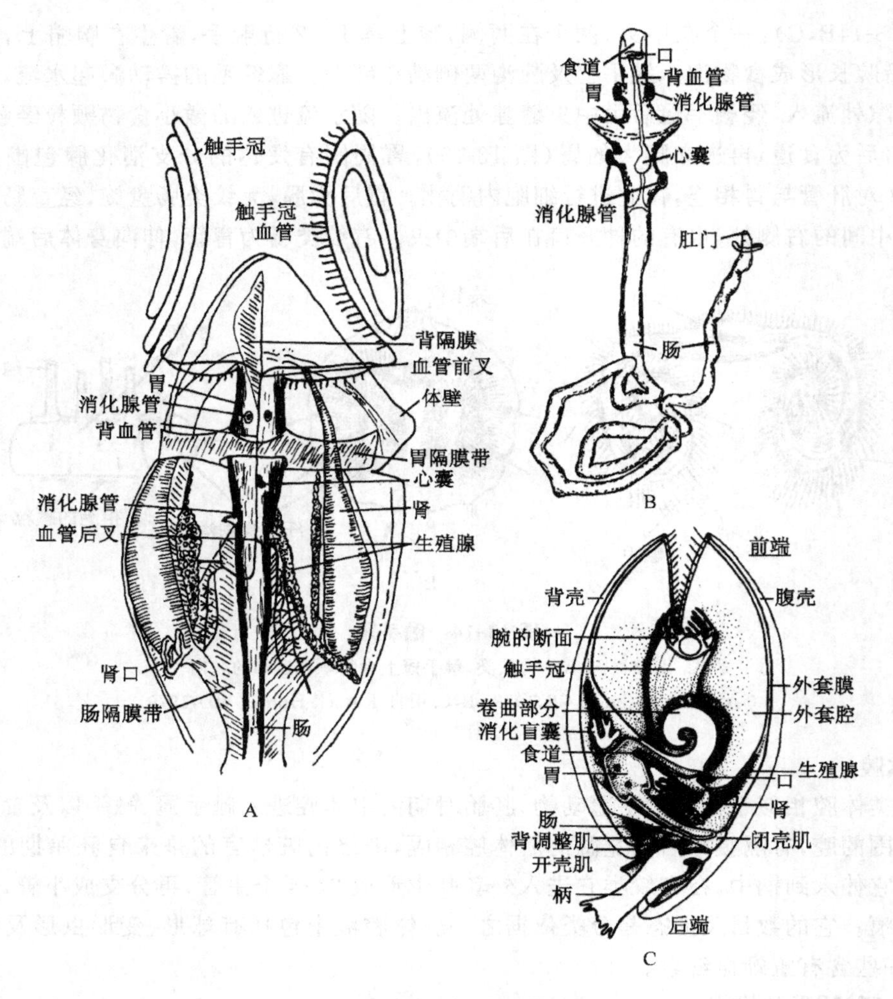

图 13-15 腕足动物的内部结构

A,B. 无绞类(海豆芽);C. 有绞类(酸酱贝)

(A. 引自 Schaeffer AA,1926;C. 引自 Williams A,Rowell AJ,1965)

7. 生殖与发育

除了极少数例外,腕足动物皆雌雄异体,生殖腺来源于后体腔的体腔上皮细胞。无绞类生殖腺位于体腔中结缔组织隔膜上。大多数有绞类有 4 个发达的生殖腺位于外套叶的体腔管中。

性成熟时,生殖细胞有不同的颜色以区别雌雄。成熟的配子进入体腔,并通过肾脏排出体外。卵在海水中受精,极少数在外套腔中受精,并在肾管或外套叶特化成的囊中孵育。其受精卵经放射卵裂、有腔囊胚,以内陷法形成原肠胚。特别是经肠腔法形成中胚层及真体腔,这是后口动物所具有的胚胎发育特征。胚胎最后形成自由游泳的幼虫期(图 13-16),无绞类的幼虫具成对的外套叶及其分泌的瓣壳和具纤毛的触手冠(图 13-16A);有绞类的幼虫分为前叶、外套叶及后叶(图 13-16B),前叶有纤毛,以后发育成触手冠及身体大部分结构,外套叶形成外套,后叶形成柄,经过 1~2 天游泳后附着在基底,经变态,即外套叶翻转位置,并分泌外壳包围触手冠及身体,最终成为成体。

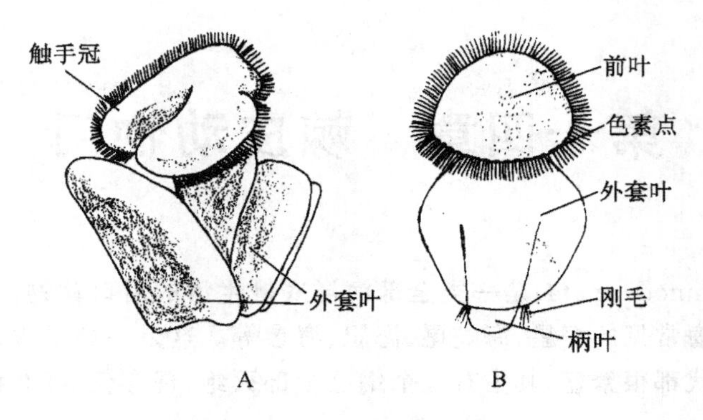

图 13-16 腕足类的幼虫

A. 海豆芽；B. 酸酱贝

(引自 Hyman LH,1959)

二、分类

1. 无绞纲

无绞纲两壳仅被肌肉连接，触手冠内不具骨骼，有肛门，可分两个目。

(1) 无孔目(Atremata)：具磷酸钙质壳，柄经过两壳之间的凹陷连到腹瓣上，如海豆芽、*Glottidia*。

(2) 新孔目(Neotremata)：壳为磷酸钙或碳酸钙，柄经过腹壳的凹陷附着，如盘形腕足虫(*Discina*)、*Gramia*。

2. 有绞纲

有绞纲两壳有绞合齿相连，触手冠内有骨骼支持，柄由腹壳发出，无肛门。分二目。

(1) 穿孔贝目(Terebratulida)：大部分有绞类属此目，属近代的腕足动物。腕骨复杂呈环状，如酸酱贝(*Terebratella*)、穿孔贝(*Terebratula*)等。

(2) 喙腕足目(Rhynchonellida)：腕骨简单，壳外凸强烈，具两对后肾。例如 *Hemithyris*，*Notosaria*。

帚虫动物门、外肛动物门及腕足动物门也称为触手冠动物，它们之间的亲缘关系以及触手冠动物与原口动物、后口动物之间的关系一直是进化上讨论的问题，而且形态学及分子生物学的证据并不一致。传统上也把它们放在后口动物中，特别是它们的卵裂是放射卵裂，囊胚孔在外肛动物及腕足动物关闭，体腔形成是肠腔法并三分体腔，这些都属后口动物特征。但近年来新的研究指明它们不是三分体腔，即当“前体腔”存在时它不是体腔来源，特别是 18S rDNA 核苷酸序列研究指明触手冠动物与原口动物更相似；腕足动物与外肛动物具几丁质毛，而后口动物是缺乏几丁质的；另外，帚虫动物与外肛动物又有与担轮幼虫相似的幼虫及成对的原肾，所以，现在更多的学者主张触手冠动物与软体动物及环节动物更相近，应归属于原口动物更为适当。

第十四章　棘皮动物门

棘皮动物门(Echinodermata)是一类全部海洋底栖生活的后口动物。从浅海到深海都有广泛的分布,包括沿海常见的海星、海蛇尾、海胆、海参等。这是一类很古老的动物,从早寒武纪出现,在整个古生代都很繁盛,其中有五个纲已全部灭绝,现存仅 6000 种左右,化石种类在 13 000～20 000 种。

在棘皮动物之前,本书所讲过的全部动物都属原口动物,也就是成体的口是来自胚胎时期原肠胚的胚孔。而棘皮动物原肠胚期的胚孔变成了成体的肛门,而在肛门相对的另一端重新形成成体的口,这个口称为后口。同时棘皮动物在发育中受精卵是放射卵裂,体腔形成是肠腔法,这都不同于原口动物(螺旋卵裂,裂腔法)。而在动物界中只有棘皮动物、半索动物及脊索动物三门是属于后口动物。无疑的,棘皮动物在动物的进化中处于较高等的地位。

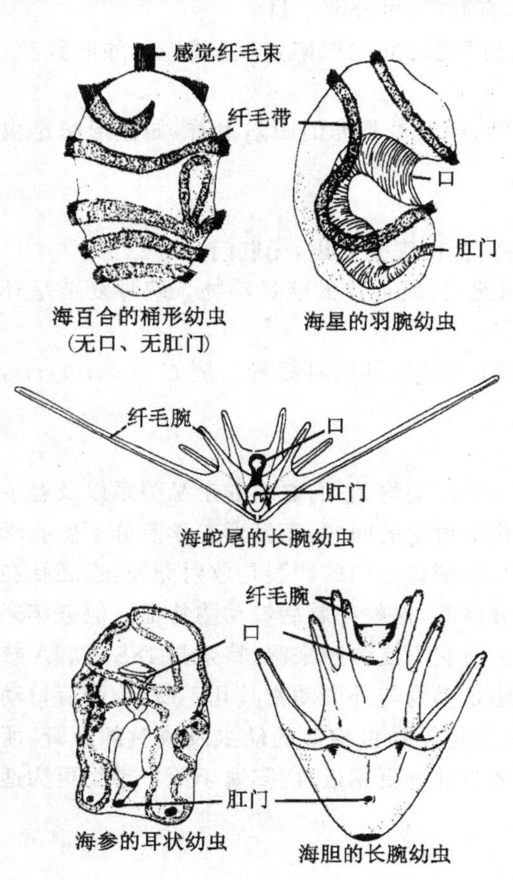

图 14-1　棘皮动物各纲的幼虫

(引自 Hickman CP,1973)

棘皮动物的成体全部是五辐对称(pentamerous radial symmetry),也就是沿身体的中轴可将身体分成五个相等的部分,例如常见的海星(*Asteria*)呈五星状。在不同纲中无论成虫期与幼虫期形态是如何不同(图 14-1),它们的幼虫期都是两侧对称的,这说明两侧对称是原始的,而五辐对称是次生性的。而原口动物中仅有腔肠动物是辐射对称的,那是由于对固着生活的一种适应,而化石棘皮动物及现存的古老的海百合类也都是固着生活的,各纲的幼虫期也都有一简短的附着期。这说明棘皮动物的五辐对称应该也是对固着生活方式的一种适应。

棘皮动物具有发达的真体腔,并具有由部分体腔发育形成的水管系统(water vascular system)、血系统及围血系统(perihemal system),在体内担任着呼吸、循环及排泄等多种生理机能。棘皮动物的体腔从发生上是来自肠腔上的两个体腔囊,以后也经历三分体腔,由前向后依次为轴体腔(axocoel)、水体腔(hydrocoel)及躯体腔(somatocoel)(图 14-2)分别同源于触手冠动物的前、中、后体腔,这在棘皮动物的幼虫变态中可以看到。最初幼虫的体轴还是前后方向的(图14-2A),随后体轴向右侧倾斜,直至 90°(图 14-2B,C)。幼体的中、后体腔也随体轴的倾斜而旋转,围绕体轴成环。其中左中体腔发育成水管系统；左前体腔发育成石管及筛板，连接水管系统及外界，还有一部分发育成轴器；右侧的前、中体腔均退化；而左、右后体腔愈合包围内脏，形成围脏腔并进入成体的腕内，左后体腔的一部分围绕体轴成环形成生殖腺。前端的体壁形成柄，做短暂的附着，柄以后退化。最后，幼体的左侧发育成成体的口面，右侧成为反口面，体轴也由前后轴变成了口与反口轴，幼体由两侧对称也变成了成体的五辐对称。

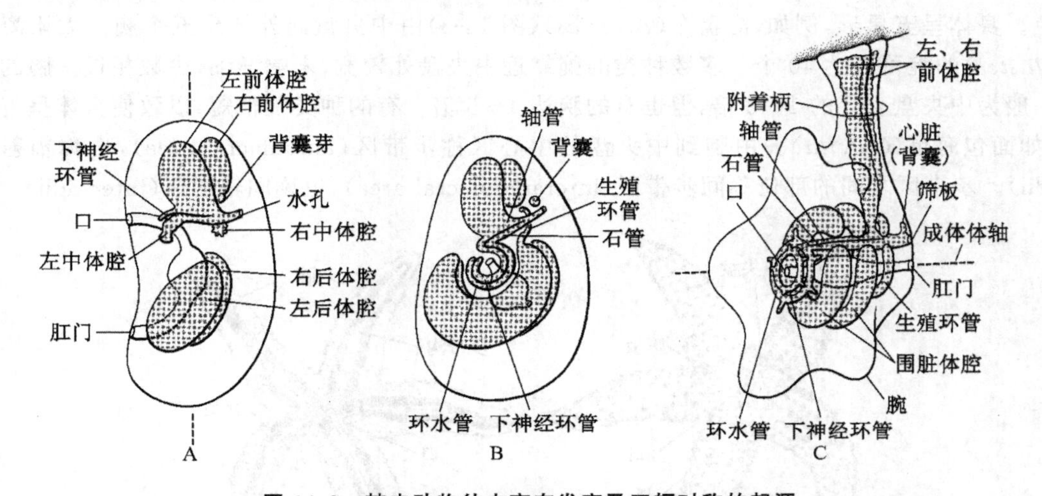

图 14-2　棘皮动物幼虫变态发育及五辐对称的起源

A. 左侧观；B. 中、后体腔旋转体轴倾斜；C. 幼体附着，新体轴形成，五辐对称出现

（引自 Ruppert EE，2004）

此外，棘皮动物的体壁是由外胚层起源的表皮细胞及中胚层起源的真皮及体腔膜组成，真皮包括结缔组织、肌肉及内骨骼，内骨骼是由钙化的小骨片（ossicles）连接组成，小骨片也可以形成刺、棘、突状伸出体表（棘皮动物得名于此）。总之，骨骼位于体内，有固定结构，由中胚层形成，这些都不同于原口动物由表皮分泌的外骨骼。

现存棘皮动物可分为两个亚门五个纲：

有柄亚门（Pelmatozoa）　附着或固着生活

　　海百合纲（Crinoidea）

游在亚门（Eleutherozoa）　自由生活

　　海星纲（Asteroidea）

　　海蛇尾纲（Ophiuroidea）

　　海胆纲（Echinoidea）

　　海参纲（Holothuroidea）

第一节　海星纲

海星纲是棘皮动物中结构生理最有代表性的一类，分布也很广泛，在砂质海底、软泥海底、珊瑚礁及各种深度的海中都有分布。

海星纲动物身体呈星形，由中央盘（central disc）及辐射出的 5 个或 5 的倍数的腕（arm）组成，两者分界不清。腕的口面有步带沟（ambulacral groove），内有 2～4 行管足。

一、形态与生理

1. 外形

海星纲动物身体的直径一般在12～24 cm左右，但大小在不同种变化很大，直径的变化幅度在1～80 cm之间。多数体表黄褐色，但也有的种具明亮红、橘、蓝、紫等色，或几种颜色的混合色。身体呈五星形，例如，海盘车(*Asterias*)(图14-3)由中央盘向外伸出五个腕。太阳海星(*Solaster*)的腕可多达40个。多数种类的腕靠近中央盘处较宽，末端渐细，少数相近。腕的长度一般为中央盘直径的1～3倍，但也有的腕达4～5倍。有的种类腕很短，以致使身体呈五角形，如面包海星(*Culcita*)。由腕到中央盘的中心区称步带区(ambulacral area)，也称辐射区(radii)。步带区之间的部位称间步带区(interambulacral area)，也称间辐射区(interradii)。

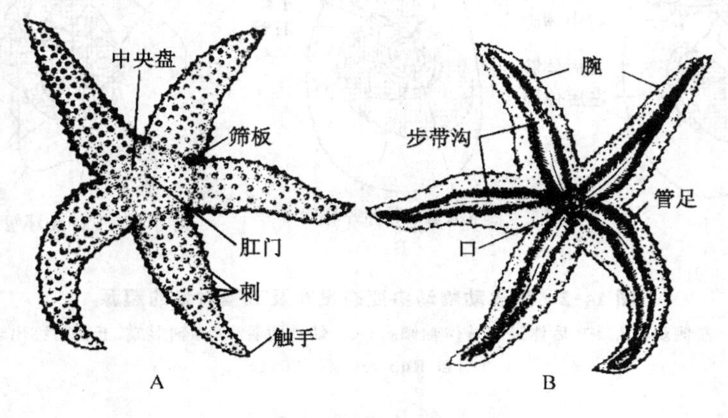

图14-3 海盘车的外形

A. 反口面观；B. 口面观

(引自 Storer TI,1979)

生活时，海盘车向下的一面，中央盘的中央有口，口的周围为膜质的围口部(peristome)，这一面称为口面(oral surface)；相对的一面，即上表面称为反口面(aboral surface)。口面从口到各腕的末端伸出一条很宽的沟，称为步带沟，沟内有2～4列管足(podia)。步带沟的两侧边缘有可动的长棘，可随时关闭及保护步带沟。腕的末端具一小丛触手，末端的一个触手下具红色眼点。反口面中央盘的中央部位有肛门，但一般不易看到。在中央盘靠边缘某两腕之间有一圆形小板，称筛板(madreporite)，它是水管系与外界相通的门户。由于由体表向外伸出许多刺和棘，所以整个身体的表面，特别是反口面通常是很粗糙的。也有的种类体表的刺和棘呈扁平状，而使体表略光滑。口面与反口面的位置在棘皮动物各纲中并不完全相同。由于生活方式的改变，或使口面向上(海百合纲)，或口面向下(海星纲、蛇尾纲及海胆纲)，或使口面与反口面呈水平分布(海参纲)(图14-4)。

2. 体壁与骨骼

棘皮动物的体壁是由表皮与真皮组织(图14-5)组成。最外为一很薄的角质层，内为单层单纤毛的柱状上皮细胞，上皮中还有无纤毛的感觉细胞及腺细胞，腺细胞分泌的黏液可黏着落入体表的沉渣，再由纤毛排走。感觉细胞与另外的神经细胞形成一上皮内的网，构成外神经系统(ectoneural system)的一部分。真皮中包括结缔组织以及造骨细胞形成的骨片，然后是单层单纤毛的体腔上皮细胞，体腔上皮内具肌纤维以及神经细胞的网，构成下神经系统(hypo-

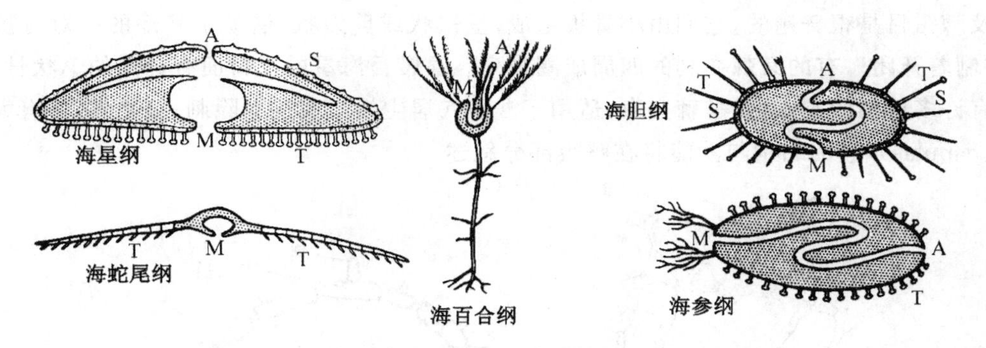

图 14-4　示口面与反口面在各纲中的位置

M. 口；A. 肛门；S. 刺；T. 管足

（引自 Storer TI,1979）

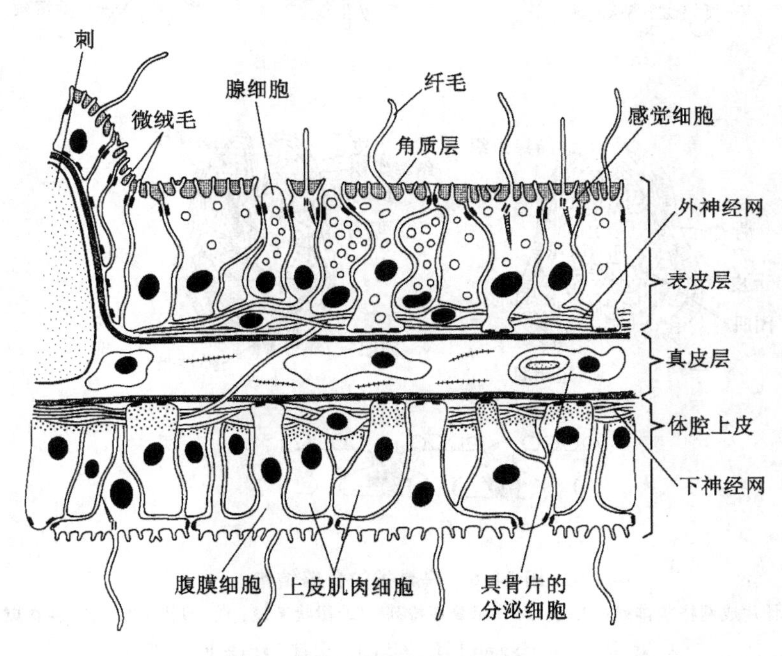

图 14-5　棘皮动物体壁结构

（引自 Ruppert EE, et al,2004）

neural system）的一部分，支配肌肉及结缔组织。

棘皮动物的骨骼由中胚层形成，属内骨骼，位于体壁的结缔组织内。它是由许多分离的小骨片在结缔组织的连接下形成的网格状骨骼（图 14-6A），由掺有 10%$MgCO_3$ 的钙盐（$CaCO_3$）组成。小骨片上有穿孔，这样既可减轻重量，又可增加强度。每个小骨片是由真皮中一个细胞先分泌一个晶体，围绕晶体再由周围的细胞分泌及积累钙盐形成，因此骨片可随动物的生长而增大。骨片的大小、形状及网格的排列都决定于真皮细胞的结构与排列。除了骨片之外，还有一些刺（spine）（图 14-6B）、叉棘（pedicellaria）（图 14-6C，D）及棘突束（paxilla）（图 14-6E）等骨骼成分散布于体表，用以防卫及消除体表的沉积物。其中叉棘有的无柄，有的有柄。叉棘在海盘车及棘钳目是很普遍的，它们由小骨板组成，呈钳状或剪刀状，借助于基部的一对对抗肌牵引，控制着开闭。有的叉棘在刺的四周成圈排列。显带目海星的反口面有分离的伞状骨片，伞面上有许多可动的刺，这就是棘突束，适用于沙面穴居生活。表皮上除刺、棘之外，还有大量的皮鳃(papulae)，它的结构与功能将在呼吸部分叙述。

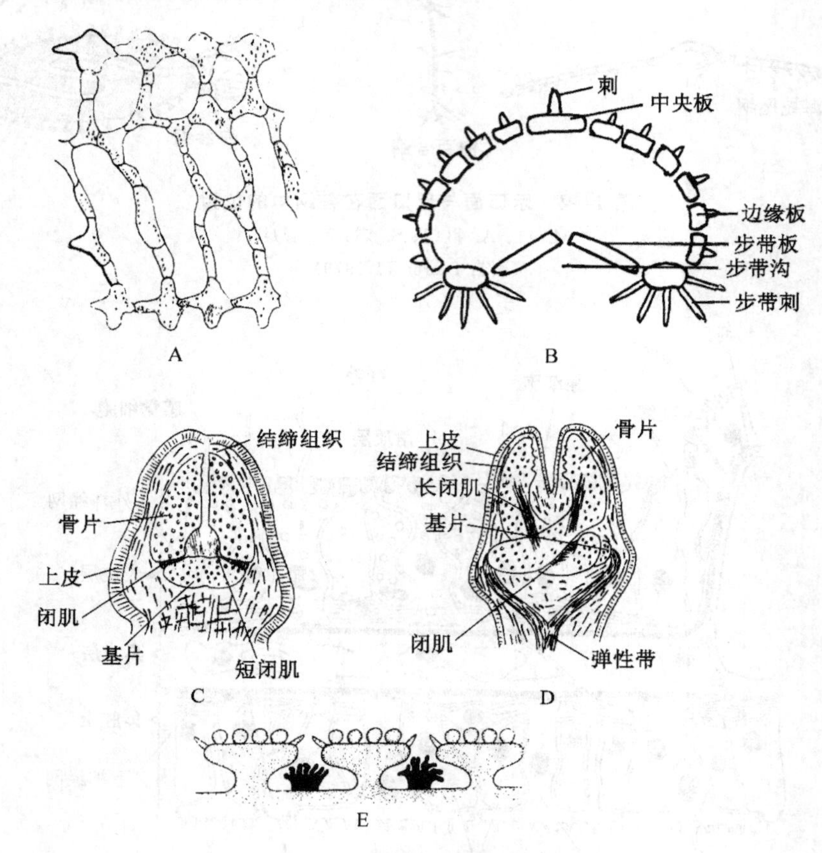

图 14-6 海星类的骨骼结构

A. 腕内骨片成网格状排列；B. 腕横切，示骨板排列；C. 钳状叉棘；D. 剪状叉棘；E. 棘突束与皮鳃

(A～D. 引自 Hyman LH,1955；E. 引自 Barnes RD,1980)

3. 水管系统

水管系统(water vascular system)是棘皮动物所特有的一个管状系统，它全部来自体腔，因此管内壁裹有体腔上皮，并充满液体，它的主要机能在于运动、呼吸及输送等。

水管系统通过筛板与外界相通。筛板是一石灰质圆板，上面盖有一层具纤毛的上皮，表面具有许多沟道(图 14-7A)，沟底部有许多小孔及管道，并进入下面的一个囊内，由囊再连到下面的石管(stone canal)(图 14-7B)。石管是由于管壁有钙质骨片而得名，由于管壁内有纤毛及突起伸入管腔(图 14-7C)将管腔不完全隔开，以允许管内液体向口面与反口面双向流动，但向内打动的纤毛更强，使外界水经过筛板孔流入水管系统，因此石管相当于纤毛泵以维持水管系统的液体体积。由于水管系统的末端(管足)是封闭的，所以管内液体的流动是缓慢的。

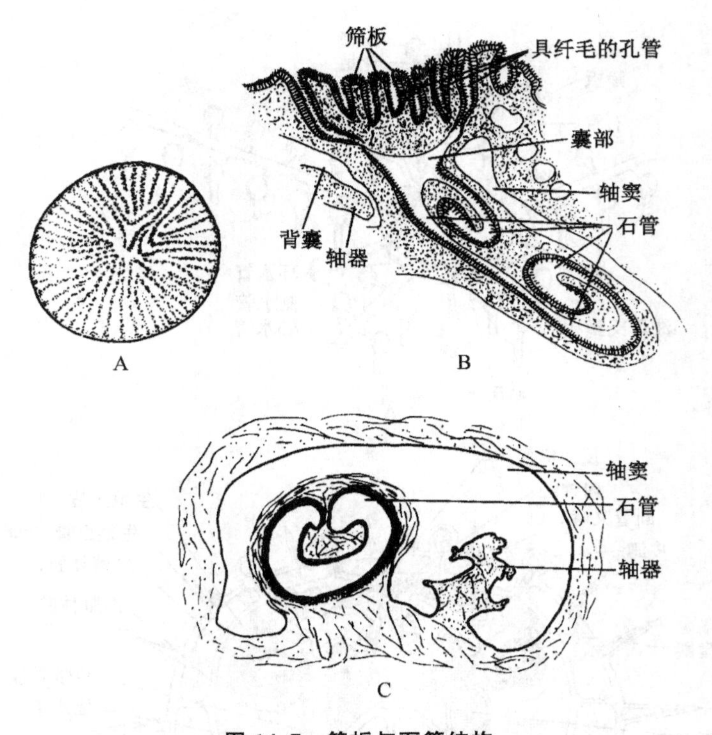

图 14-7　筛板与石管结构

A. 筛板背面观；B. 筛板处纵切；C. 石管的水平切面

（引自 Chadwick HC，1923）

石管由反口面垂直向下，到达口周围骨板的内面与环水管（circular canal）相连（图14-8A），环管是水管系的中心。在间辐区环管上有4～5对囊状结构，称贴氏体（Tiedemann's body）。它的机能相似于淋巴结，用于移走水管系统内死亡的细菌或其他颗粒物质。另外，相当多的海星环管上还有1～5个具管的囊称波氏囊（Polian vesicle），其机能不详，但可能是用以贮存水管系统内的液体。海盘车不具波氏囊。

由环管向每个腕伸出一条辐水管（radial canal）直达腕的末端。它位于腕骨板外的步带沟中，并沿途向两侧交替伸出成对的侧水管，侧水管末端膨大，穿过骨板进入脏体腔中形成坛囊（ampulla），侧水管与坛囊之间有瓣膜相阻，防液体逆流。坛囊的下端延伸形成管足（tube foot）穿过骨板进入步带沟内，有的种的管足末端形成吸盘。如果每侧的侧水管等长，则步带沟内的管足成2行排列，如侧水管长短交替，则管足成4行排列。

水管系统包括管足的内壁都具有纤毛，液体都是双向流动，管壁的结构均类似于体壁，只是其中没有骨骼，管足与坛囊上有长的缩肌。当其收缩时，侧水管关闭，坛囊中的液体进入管足，管足延伸并用吸盘附着在基底上，或分泌黏液物质黏着在基底上，拖动身体移动；随后管足肌肉收缩，管足回缩，液体又回到坛囊，附着消失。海盘车也靠管足的伸缩，一步步移动前行。水管系统中的体液与海水是等渗的，其中含有体腔细胞，少量蛋白质及很高的钾离子，在运动中相当于一个液压系统。运动中五个腕的管足也并不总是协调一致，常常是1～2个腕作为领导腕，运动是很缓慢的。生活在软质海底的种类管足无吸盘，例如砂海星（*Luidia*）。

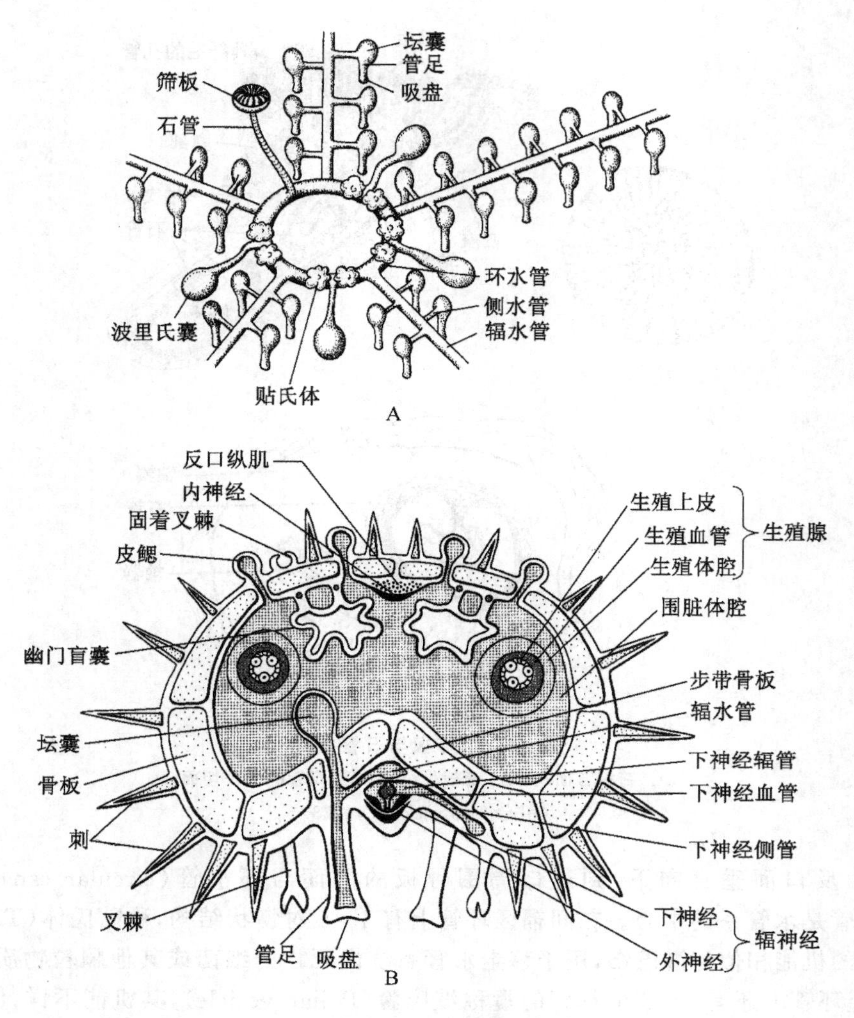

图 14-8　海星的水管系统

A. 全形；B. 过腕横切

（转引自 Ruppert EE, et al, 2004）

4. 营养

海星类为肉食性动物，多取食贝类、甲壳类、多毛类等。例如，海星取食双壳类时，靠管足末端吸盘的真空作用吸着在壳的两侧，用腕拉开双壳，并常翻出贲门胃插入壳口，同时分泌消化酶进行体外消化。当贝壳张开后，再用胃包围食物一同吞咽进入口内。一些短腕无吸盘的种类，是以小的甲壳类整个吞咽。而深海生活的种类靠纤毛作用将落入体表的沉积物扫入步带沟，形成食物索再送入口内。例如鸡爪海星(*Henricia*)。

海星类的消化道占据着体内大部分体积。口位于口面中央，周围有围口膜，膜上有环肌及括约肌，调节口的扩张与收缩。口后为食道，很短，随后进入膨大的胃(图 14-9)。胃壁上有水平方向的紧缩，使胃被分隔成近口面的贲门胃(cardiac stomach)和近反口面的较小的幽门胃(pyloric stomach)。取食时贲门胃常外翻，进行体外消化，然后包裹食物后再一同缩回体内。

胃壁上有2～10条体腔膜起源的胃带(gastric ligaments),将胃连接到骨板上。胃及消化道的内壁均裹有纤毛上皮,消化腺在贲门胃内可进行胞外消化。贲门胃后连接幽门胃,由幽门胃向各腕伸出幽门管,进入腕后立刻分为两支,直达腕的末端。幽门管沿途向两侧分出侧管,其周围有大量腺细胞包围形成幽门盲囊(pyloric caecum),它实际上是消化腺,也称肝脏,在此分泌蛋白酶、脂肪酶及淀粉酶,并进行胞内消化及吸收、贮藏。幽门胃后为很短的肠,肠末端直肠周围有5个直肠盲囊(rectal caecum),它也具吸收作用,最后以很小的肛门开口在反口面中央。有的种甚至没有肠,不能消化的食物通常仍由口吐出。

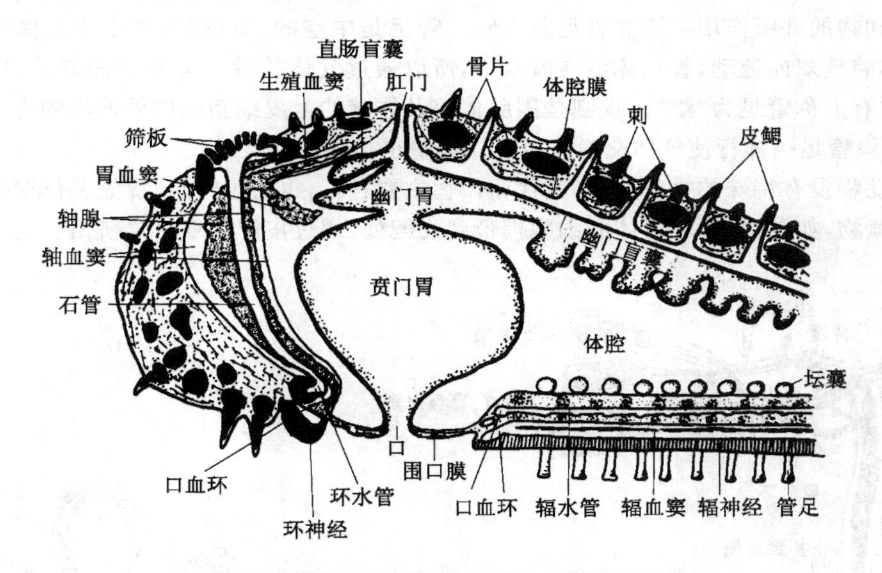

图14-9　海盘车内部结构(过中央盘及腕的纵切)

(引自 Hickman CP,1973)

5. 体腔、血系统及围血系统

棘皮动物具有发达的体腔系统。最明显的是在中央盘及腕内的围脏体腔(perivisceral coelom),内有消化道、生殖腺、坛囊管足等内部器官。靠体腔上皮的纤毛摆动,造成体腔液的双向流动以完成气体及营养物的输送。体腔中也含有体腔细胞,具吞噬机能。除了围脏体腔,水管系统、生殖腺腔及围血系统也都是起源于胚胎期的体腔囊,它们也被认为是体腔的一部分。由于体腔液与海水等渗,很少具调节能力,因此棘皮动物只能生存在海水中(盐度3.5%),很少侵入河口。仅有个别种可以在低浓度盐水中(0.8%～1.8%)生活。

血系统很不发达,它包括位于水管系统下面并与之平行分布的管道(图14-10),其中充满液体,液体中也有体腔细胞。在口面环水管的下面有环血管,向各腕也伸出辐血管,也位于辐水管之下。由环血管向反口面伸出一深褐色海绵状组织的腺体与石管伴行,称轴腺(axial gland),它可能具有一定的搏动能力。在接近反口面处伸出胃血环(gastric hemal ring),并分支到幽门盲囊,到达反口面时形成反口面血环,并分支到生殖腺。在靠近筛板处有一背囊,也有搏动能力,可推动液体的流动。血系统的功能尚不能确定,可能与物质的输送有关。

围血系统是包围在血系统之外的,除了没有胃围血环之外,完全相伴而行,实际上它也是像水管系统一样由一系列管道组成,但管道多数是成对存在,即左右管中间有隔膜相隔离。隔膜之间留下的空隙即为血系统,所以它包围着血管,并与之伴行。在口面形成围口血环、辐围血管,并有轴窦连接围口血环及筛板坛囊,包在轴腺及石管之外。在筛板坛囊处,围血系统与水管系统中的液体可以交换。

生殖体腔是来源于胚胎期左后体腔,在成体后它独立于其他体腔,具有反口面的生殖环管及进入生殖腺的生殖辐管。

6. 呼吸与排泄

棘皮动物的呼吸作用主要靠管足及皮鳃。管足是中空的、薄壁的,其中充满体腔液,管壁具纤毛,体腔液双向流动,管足沐浴在海水中,所以通过气体扩散及体腔液的流动以完成呼吸作用,因此有人称管足为"鳃"。皮鳃是围脏体腔及体壁的上皮细胞向体外伸出的许多突起(图14-11),它像管足一样行使气体交换的机能。体壁也担任此功能。

棘皮动物没有特殊的排泄器官,其代谢产物主要是氨,也通过管足、皮鳃及体壁扩散排除,另外的含氮物,如尿素等,可由体腔细胞携带到皮鳃处,通过皮鳃收缩将之挤出。

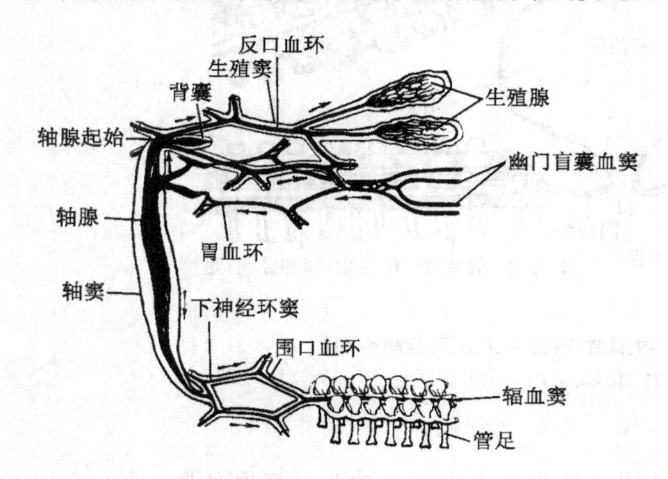

图 14-10 海盘车的血系统与围血系统

(引自 Ubaghs G,1967)

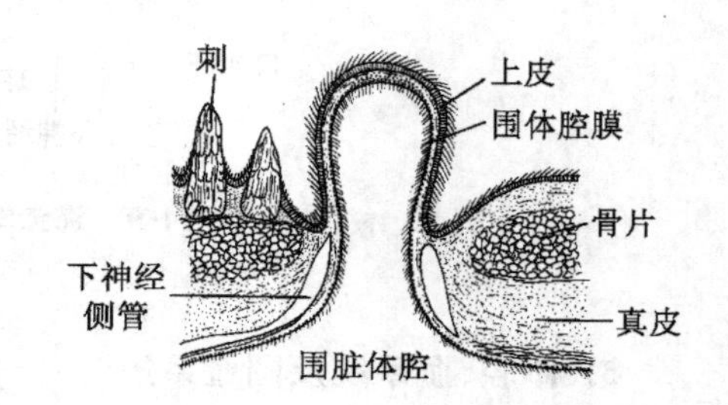

图 14-11 海星皮鳃纵切

(引自 Cuenot L,1948)

7. 神经与感官

海盘车的神经系统包括一个中枢神经系统及两个上皮内的神经网,便于区别可称为周边神经系统,都五辐排列。所谓中枢神经系统是位于口面骨板的最外层(最下层),包括一个口神经环(oral nerve ring)及其伸向腕的五条辐神经(radial nerve)(图 14-8B,14-9)。由神经环发出神经支配围口膜、食道等。由辐神经发出神经支配管足、坛囊,直达腕的末端。它起源于外胚层,具感觉与运动的机能,是最重要的神经结构。

另外,还有两个上皮细胞内的神经网组成的周边神经系统,其中一个位于体壁表皮细胞基部的神经网称之为外神经网(ectoneural nerve net),它具有感觉功能(图 14-5),由它发出神经支配步带骨板肌肉收缩;另一个位于体腔上皮细胞之内,称为下神经网(hyponeural nerve net),也称体腔神经,它属运动神经,也形成围口神经环及五个辐神经,有的种在反口面体腔膜上也形成五条辐神经,支配坛囊管足及体壁肌肉。下神经起源于中胚层,这在动物界是唯一的例外。

海盘车的运动要求有完整的神经系统，切断环神经则失去协调运动。每个腕也有运动中心，一般在辐神经与环神经连接处。运动时常有一个领导腕，多数种是临时性的，个别种是永久性的，运动的方向由领导腕决定。

海盘车在腕的末端具一丛管足，具触手功能，末端还有一触手具红色的眼点，是由 80～200 个色素杯小眼组成，对光线敏感，具正趋性。另外，表皮上具大量的神经感觉细胞，它们对光、触觉及化学刺激都有反应，特别是在管足及步带沟边缘分布特别丰富。

二、生殖与发育

除少数种类为雌雄同体，但雄性先熟外，绝大多数种为雌雄异体。共有 10 个葡萄状生殖腺体位于五个腕的基部，每个生殖腺具有自己的生殖孔，位于反口面腕基部的中央盘上；也有的种生殖孔开口在口面，性成熟时生殖腺几乎充满腕内。雄性多白色，雌性多橙色。

生殖细胞来自体腔上皮，产卵及受精均在海水中进行，繁殖季节时一个个体产卵能刺激其他个体产卵或排精。少数种类产卵少，卵大，卵黄多，直接发育，但需经孵化，卵有的在母体口面孵化，有的产在反口面，腕基部长出长刺包围，在其中孵化。但大多数种类发育经过幼虫期。

由受精卵经辐射卵裂发育成囊胚期，即可开始自由游泳，起初体表都具纤毛，以后纤毛限制在纤毛带上，前端起自口，后端到肛门前(图 14-12A,B)，靠纤毛带游泳与取食。随后口前纤毛带成环状，与其他纤毛带分离，同时体内出现三分体腔，左前、中体腔形成水孔，形成羽腕幼虫(bipinnaria)(图 14-1)。羽腕幼虫游泳取食一段时间后，在其前端出现三个短腕，在腕顶端及基部具黏细胞或吸盘，当幼虫固着时，这些短腕及吸盘用以附着，这时称为短腕幼虫(brachiolaria)(图 14-12C,D)。短腕幼虫之后开始变态：幼虫前端口前叶特化成一固着柄，用以固着在基底上，幼虫后端部分分化成成体结构；幼虫的消化道退化消失，成虫的消化道按辐射对称发生(图 14-12E,F)；幼虫的后体腔变成了成体的内脏腔及围血系统，左侧的前中体腔形成水管系统，左侧中体腔形成五对突起进入发育中的腕，分别代表第一对管足，随着管足更多的

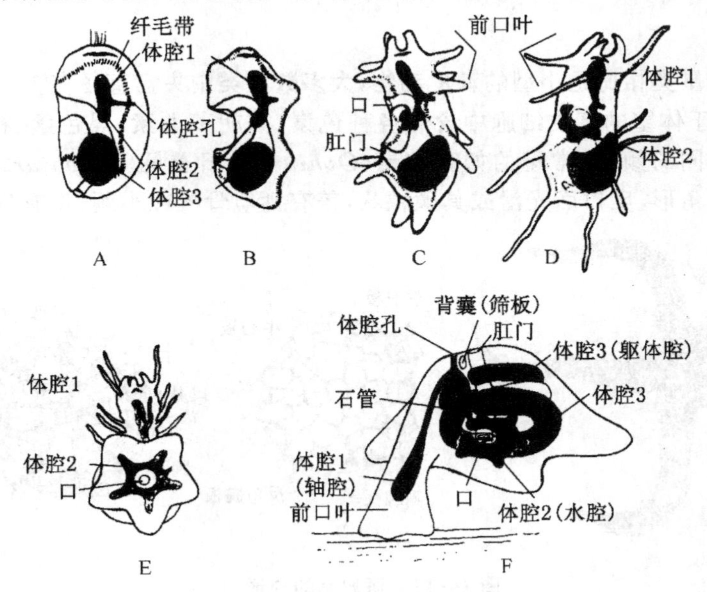

图 14-12　海盘车的发育及变态

(引自 Barnes RD,1980)

形成,则用以附着;原来的柄脱落,成虫的腕也形成。约经两个月完成发育与变态,身体由两侧对称也变成五辐对称,形成的幼体约1 mm左右。幼体经迅速生长,1～2年后(少数需5年)达到性成熟,寿命数年至10年不等,最多的可达30多年。

一些海星可通过中央盘的分裂行无性生殖,另外海星类再生能力很强,一个腕或1/15的中央盘碎片都可再生成成体,只要有筛板存在,再生更容易。

三、海星纲的分目

现存种类1600种,化石种类300种,分目意见并不一致。

1. 显带目(Phanerozonia)

腕具两行明显的边缘板,管足2列,没有皮鳃,例如,槭海星、砂海星。

2. 有棘目(Spinulosa)

边缘板很小,叉棘简单或缺乏,例如太阳海星、海燕(*Asterina*)。

3. 钳棘目(Forcipulata)

边缘板不显著,叉棘复杂,具剪状,例如,海盘车、翼海星、冠海星(*Stephanasterias*)。

第二节 海蛇尾纲

海蛇尾纲是现存棘皮动物中最大的一个纲,约有2000种及200化石种,浅海及深海均有分布,在深海软质海底很丰富。

身体均呈扁平星形,分为中央盘及5个腕,两者分界十分明显。腕均细长,没有步带沟,但腕内具发达的骨板,管足没有坛囊及吸盘。

一、形态与生理

1. 外形

海蛇尾类与海星类相比是小型的棘皮动物,大多数种类中央盘直径在1～3 cm之间,最大的也仅12 cm。由于体壁的真皮细胞中含有各种色素,如胡萝卜素、黑色素、核黄素及叶黄素等而使体表出现不同的颜色,常见的如真蛇尾(*Ophiura*)、阳遂足(*Amphiura*)。海蛇尾的中央盘呈扁圆形或五角形,反口面光滑或具颗粒状,盖有钙质骨板或小刺,没有皮鳃(图14-13A,

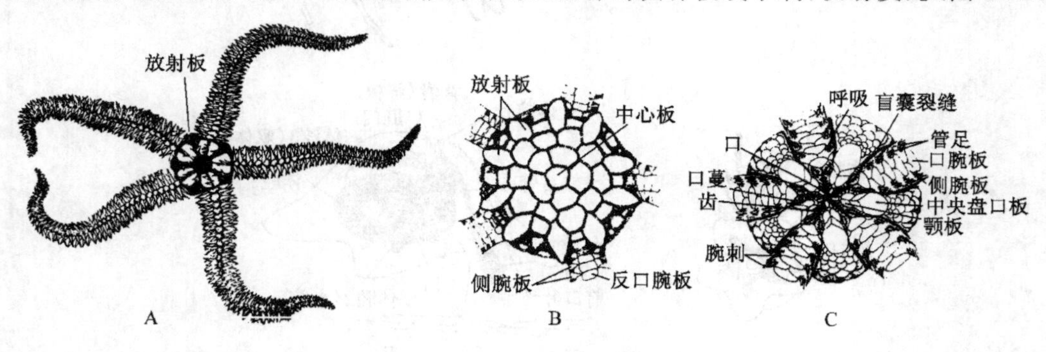

图14-13 海蛇尾的外形

A. 刺蛇尾(*Ophiothrix*)的反口面观; B. 鳞蛇尾(*Ophiolepis*)中央盘的反口面观; C. 真蛇尾中央盘口面观

(A. 引自MacBride,1906; B,C. 引自Hyman LH,1955)

B)。口面中央盘是由一系列复杂的口板组成(图14-13C),其中五个间辐区的颚板(jaw)具有齿,用以咀嚼食物,相间的是五个口板(oral shield),大多数种类其中一个口板变成筛板。中央盘的中央为口,由中央盘向外伸出五个腕,两者分界明显,腕细长,有的种腕可连续分支如蔓蛇尾类的筐蛇尾(*Gorgonocephalus*)。

2. 体壁与骨骼

体壁结构与海星类相似,但角质层外无纤毛,表皮细胞常为合胞体,真皮中没有肌肉层,有骨板,也有体腔上皮,体表无叉棘等。

海蛇尾类的腕是由分节状的一系列骨板组成,海星腕的边缘骨板在海蛇尾类愈合成包围四周的骨板。从断面上看包含四个骨板,即口板、反口板(aboral shield)各一个,两个侧板(lateral shield)(图 14-14B),侧板向外伸出 2～15 个刺垂列于两腕,海星类的两个步带骨板沉入腕内愈合形成海蛇尾类的椎骨(vertebra),它几乎充满了整个腕体腔。椎骨与椎骨之间邻近面有突起及凹槽使之相关节,使腕运动自如。但同时口板也把辐神经、辐水管等都包在了腕内,因此海蛇尾类没有了步带沟。管足是每个关节一对,由侧板与口板之间伸出。有的种管足外有小骨片保护。另外,椎骨外有四个发达的椎骨间肌,控制椎骨运动及腕的弯曲,也由于椎骨及独立的肌肉使海蛇尾类成为棘皮动物中运动最快的一类。

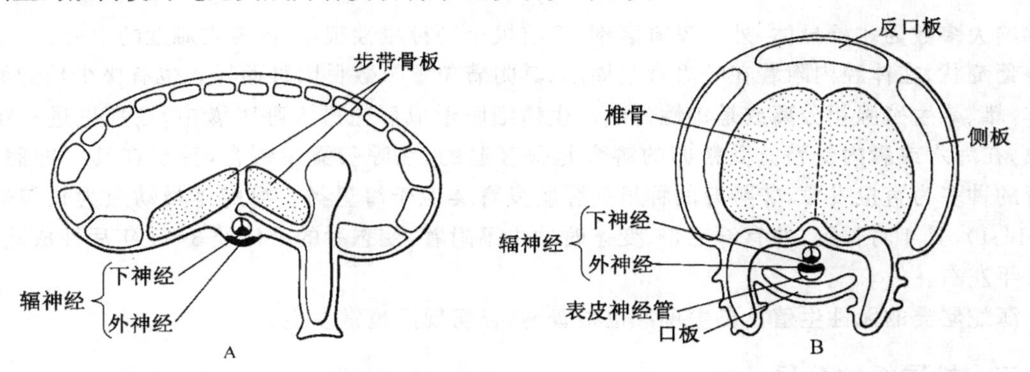

图 14-14　海星、海蛇尾的腕内骨板与辐神经的排列

A. 海星过腕横切; B. 海蛇尾过腕横切

(引自 Nichols D, 1969)

3. 水管系统

海蛇尾类的水管系统与海星纲基本相似,只是筛板位于口面。也有环水管与辐水管,环水管上有 4 个波里氏囊,无贴氏体。由辐水管沿腕的脊骨分出一对侧水管,再连到管足,在侧水管与管足之间也具瓣膜。管足没有坛囊及吸盘,但外表有许多黏着的棘。管足的伸缩可能是由肌肉控制,整个水管系内都有具纤毛的体腔上皮。其中液体也是双向流动。

海蛇尾类的体腔比海星类大大地减少,中央盘内仅限于内脏之间的空隙,在腕内也仅限于椎骨上反口面的一点空腔为其体腔。

4. 取食与消化

海蛇尾类以各种小型动物如甲壳类、多毛类以及底部的沉积物为食,悬浮取食是靠腕有节奏的运动将食物扫入口内,小的食物由腕刺或管足送入口内,口后经一短的食道进入膨大的胃,胃充满整个中央盘,胃折成 10 个胃盲囊(图 14-15),也有系膜将胃固定在骨板上,没有幽门胃,也没有肠及肛门,胃及胃盲囊是消化、吸收及贮存的主要场所,不能消化的食物残渣仍由口吐出。

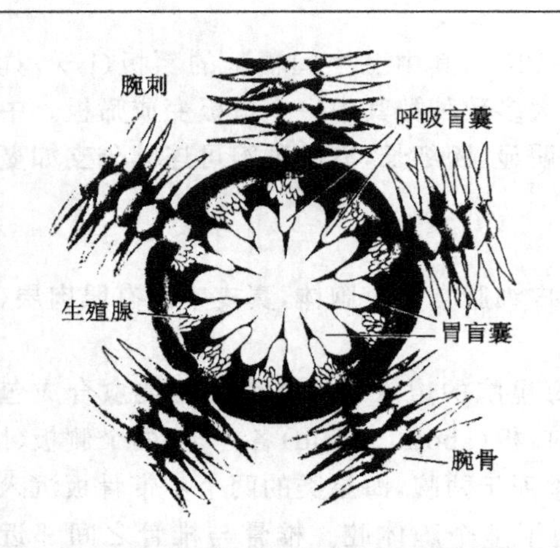

图 14-15 海蛇尾类中央盘内部结构(反口面观)
(引自 Hickman CP,1973)

5. 呼吸、传递、排泄及神经

海蛇尾类以口面中央盘体壁内陷形成 10 个呼吸盲囊进行气体交换,它与胃盲囊相间排列,与外界有裂缝相通。盲囊内部具纤毛,薄壁,靠纤毛摆动使海水流进与流出,以完成气体交换。少数穴居海蛇尾类的水管系统中体腔细胞具血红蛋白,可以更好地输送气体。呼吸盲囊也是海蛇尾类的排泄器官,由体腔细胞携带的代谢产物由此排出,血系统及围血系统类似于海星类。

神经系统也类似于海星类,但由于腕部的骨板化,辐神经都包在了腕骨之内。而且外胚层的中枢辐神经成管状,形成神经管(epineural canal)。

二、生殖与发育

绝大多数为雌雄异体,外形没有区别,只有极个别种雄性很小,附着在雌性的中央盘上。生殖腺葡萄状,在体腔内附着在呼吸盲囊周围,其附着位置及数目因种而异。也有极少数为雌雄同体,雌、雄生殖腺相分离或是雄性先熟。生殖细胞形成后先进入呼吸囊中,在那里进一步地成熟,在海水或囊内受精。受精卵的孵育是很普遍的,在呼吸囊中孵育,甚至在其中卵胎生。孵育的种多为直接发育,非孵育的种早期胚胎发育类似于海星类。海蛇尾类幼虫为长腕幼虫(图 14-1),具 4 对长腕,并有纤毛带,变态时幼虫不附着,变态后的个体经 3~4 年后性成熟,寿命 5 年左右。

海蛇尾类的无性生殖及再生现象也很普遍,自切现象也常发生。

三、蛇尾纲的分目

1. 蔓蛇尾目(Euryalae)

腕分支,常缠绕成团,中央盘及腕上不具骨板,如蔓蛇尾、筐蛇尾等。

2. 真蛇尾目(Ophiurae)

腕不分支,中央盘及腕常覆盖有骨板,如孔蛇尾(*Ophiotrema*)、真蛇尾、阳遂足等。

第三节 海胆纲

海胆纲分布在从潮间带到几千米深的海底,多集中在滨海带的岩质海底或沙质海底,或有广泛的分布,或局限在特定的海域,因种而异。现存种类 900 多种,化石有 7000 多种。

海胆纲身体均包在一钙质骨板形成的胆壳中,胆壳形状为球形、盘形等,实际由 5 个腕向反口面愈合而成,壳上具长的可动的刺,具叉棘。可分为规则形海胆(Endocyclica)和不规则海胆(Exocyclica)两个亚纲。

一、形态与生理

1. 外形

规则海胆身体多数呈球形，辐射对称，体表具长刺，如我国沿海常见的马粪海胆（*Hemicentrotus pulcherrimus*）、细刻肋海胆（*Temnopleurus toreumaticus*）等。胆壳的直径多数在6～12 cm之间，但有的种小于1 cm，也有的种大于36 cm。体表多呈灰褐色、黑色、深紫色、绿色和白色等不同颜色。喜欢生活在岩石、珊瑚礁及硬质海底，多潜伏在缝隙或凹陷处。周围食物丰富时，很少移动，每天仅移动几个厘米。当食物缺乏时，每天可移动50 cm。

身体的口面向下，平坦，中央有口，反口面向上隆起，呈半球形，顶端中央有肛门及围肛区（periproct region）。身体沿口与反口极轴呈放射状相间排列着五个步带区及五个间步带区（图14-16），每个步带区及间步带区分别由两列步带板（ambulacral plate）及两列间步带板（interambulacral plate）组成，因此整个胆壳由20列骨板围成。在每个步带区分布有两列管足，在骨板上留有管足孔，间步带区没有管足孔。

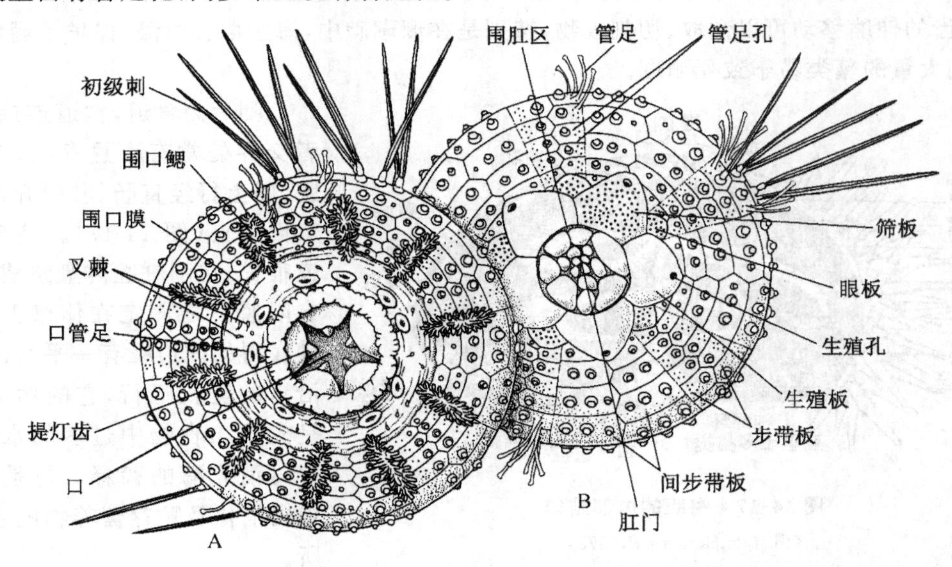

图14-16　规则海胆 *Arbacia Punctulata* 的外形

A. 口面观；B. 反口面观

（引自 Reid WM，1950）

口的周围有围口膜（图14-16A），其内缘加厚形成唇。围口膜的步带区有五对突出的、很大的管足称口管足（buccal podia），其外围有五对葡萄状的鳃。在围口区还有许多小刺及叉棘。反口面中央为围肛区，中心是一围肛板（periproct plate），其中央为肛门。围肛板周围有10个骨板，5个大的为生殖板（genital plates），中央有生殖孔（gonopore），其中一个生殖板变成了筛板；另外5个骨板成相间位置的是眼板（ocular plates），对准步带区。整个胆壳及围口区均有叉棘，许多海胆在步带区还有一种球形小体。其中含有平衡囊，有的分散于步带区全长，有的仅限于口面。

海胆胆壳表面伸出大量中空的刺，根据刺的长短及发生可分为初级刺及次级刺。刺在胆壳的赤道处最长，两极处最短，刺的基部凹陷与壳的突起相嵌合，之间还有肌肉及结缔组织鞘，可以控制刺的倾斜运动及恢复。有的种刺上还生有倒刺，有的种刺的顶端有毒腺，其分泌物可杀死小生物或造成疼痛，一种热带海胆石笔海胆(*Heterocentrotus*)，它的刺变成桨状、扁平或长圆。

2. 内部结构与生理

海胆的体壁结构与海星相似，也是由表皮与真皮组成，但真皮中没有肌肉层，所以骨板都是不动的，体腔上皮也包围围脏体腔。体腔液中有大量的体腔细胞，在损伤时有凝血作用。

海胆的运动是由管足及体表的长刺共同完成，管足的伸缩移动与海星相似，体表的刺可以拖动或举起身体离开地面而前行。一些海胆在岩石缝隙或穴洞中生活，如穴很浅，它们还出来觅食；如穴较深则不再外出，这种生活方式是对大浪地带的一种适应。

海胆的食性相当广泛，主要取食各种藻类，也有的取食贝类、多毛类等，软质海底的则取食有机物碎屑，由纤毛作用送入口内。口位于围口膜中央，口后为口腔、咽。在咽的周围有一圈骨板及肌肉组成的取食结构。呈方灯形，称亚里士多德提灯(Aristotle's lantern)，其中有五块较大的颚板(pyramids)，之间有肌肉相连，每个颚板内面有齿带，末端有齿，可伸出口外，靠骨板及齿的伸缩移动可以刮取、切割食物，特别是在珊瑚礁中，海胆取食海藻，保护了珊瑚的生长，否则大量的藻类易于致死珊瑚。

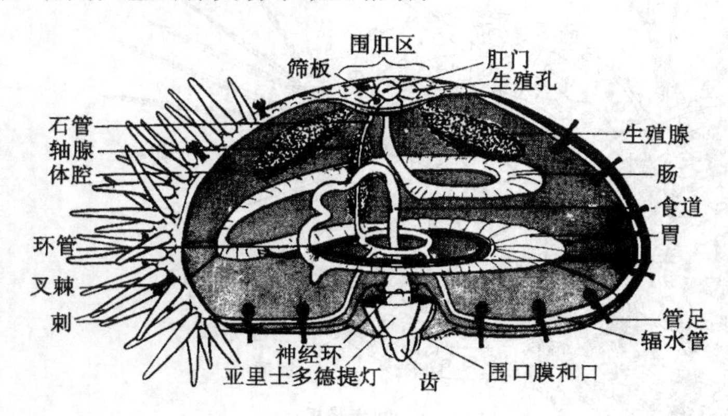

图 14-17 海胆的内部结构

(引自 Hickman CP,1973)

咽后为食道，食道连接胃，二者交界处常有盲囊存在，胃后为肠，肠上行经直肠、肛门开口在反口面中央(图 14-17)。整个消化道很长，在围脏腔内盘绕成两圈，有隔膜将之固定在体壁上，许多种在胃的内边缘有一平行的水管沿胃的全长运行，它的功能可能是先排出食物中过多的水分，减少对消化酶的稀释。胃是胞外、胞内消化及贮存营养物的主要场所。

水管系统类似于海星，反口面有一筛板(由生殖板形成)，由石管连到口面的环水管，环管上有 5 个波里氏囊，由环管分出 5 个辐水管，在胆壳内沿步带区向反口面集中，由辐管沿途向两侧交替发出侧管，向内连到坛囊，向外伸出管足。管足穿过步带板，具吸盘、肌肉及支持骨片。不规则海胆的管足主要用于呼吸等其他机能。

血系统与海星纲相似，即与水管系统伴行，也有环血管、辐血管、轴腺等，同时也伴有围血系统，其在海胆纲中的循环作用尚不了解，可能由体腔液担任循环功能。

海胆在围口区具有 5 对鳃。鳃是体壁向外凸出的分支状结构，是气体交换的主要场所，其内的腔与围咽部体腔相通，其中充满体腔液。亚里士多德提灯的骨片及肌肉的收缩压挤体腔液进入鳃，以进行气体的交换。其抽吸运动是由体腔液中 O_2 与 CO_2 分压的改变刺激神经，再由神经支配骨片及肌肉的运动。不规则海胆没有鳃，由管足来完成呼吸机能。其管足短而扁平，管足外纤毛的运动造成水流，正好与管足内体腔液的流动方向相反，以促使气体进行交换。即使是规则海胆，其反口部位的管足也主要执行呼吸机能。

代谢产物主要是氨及尿素，由体腔细胞携带到鳃及管足处，然后排出体外。轴腺可能也是排泄器官，因为其中的体腔细胞也满载有代谢废物。

神经系统与水管系统伴行，最重要的为外胚层中枢神经系统，在提灯内环绕咽形成一围口的神经环，由它分出五条辐神经穿过提灯骨板到胆壳内面步带区的中线处，位于辐水管的下面，再由辐神经分出分支穿过胆壳达到管足及体壁、刺及叉棘。每个管足神经在末端吸盘处形成网状，表皮内神经丛也以神经网形式到达刺及叉棘处。下神经系统在围口环上分出神经到提灯的肌肉等处，下神经系统在围肛区也形成环，并发出神经到生殖腺。

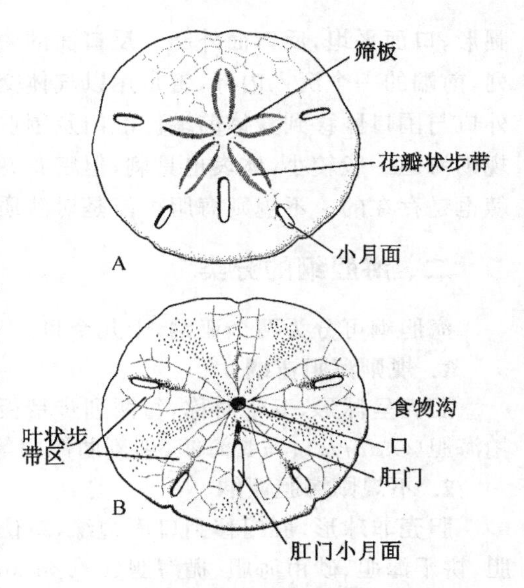

图 14-18　砂币海胆

A. 反口面观；B. 口面观

（引自 Ruppert EE，2004）

没有特殊的感官，感觉细胞主要分布在管足、刺及叉棘处的上皮细胞之间，具触觉及味觉功能。也有球形小体，有平衡作用。海胆对光也很敏感，多为负趋光性，在反口面的表皮细胞中有眼点或感光细胞。

3. 不规则海胆(irregular Echinoids)

不规则海胆是指身体沿口—反口轴压扁，以致胆壳呈圆屋顶状、饼干状、圆盘状或椭圆形。结果肛门被压到了盘的边缘或板区与边缘之间，这意味着在五辐对称的基础上又出现了两侧对称，又出现了前后轴与背腹面。同时步带区中管足在背面与腹面也分化成不同的机能，腹面步带区呈叶瓣状，管足改变成把持或黏着食物，背面的步带区呈花瓣状，管足用以呼吸，成为扁宽的鳃状。例如砂币海胆(*Mellita*)，身体呈扁平盘状(图 14-18)，口面与反口面中心仍在身体中央，口面步带区叶瓣状，反口面花瓣状，肛门位置有的在后端边缘，有的在板区与边缘之间(图 14-18B)。又如心形海胆(*Echinocardium*)(图14-19)，身体的长轴为前后轴，体呈卵形，椭

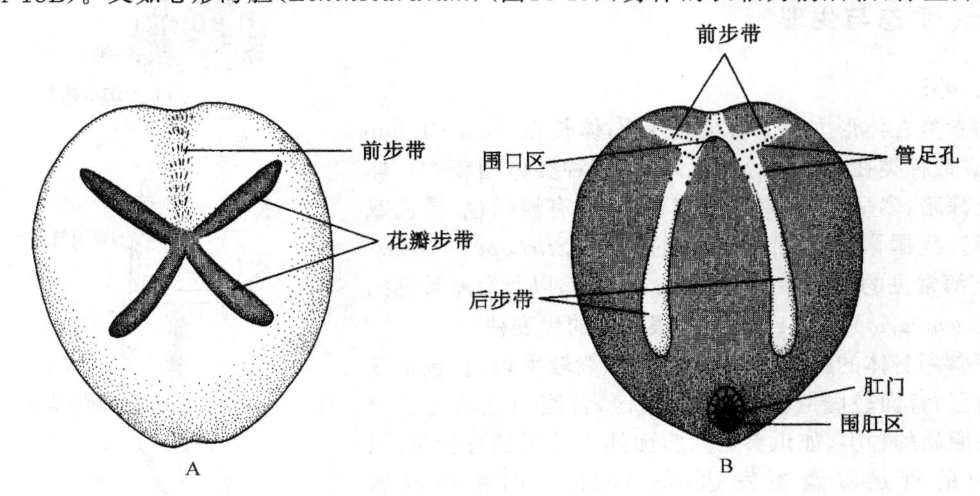

图 14-19　心形海胆

A. 反口面观；B. 口面观

（引自 Hyman LH，1955）

圆形，口面平坦，反口面外凸。反口面的中心仍在背面中央，五个步带区只有四个呈花瓣状排列，前端的一个沉入内部，管足用以气体交换。口面（腹面）前三个步带区很短，后两个很长，另外口与围口区移到身体前端。肛门及围肛区移到后端边缘，管足较少，用以捕获食物颗粒。不规则海胆一般较小，体表也具刺，但密布，短小，有的种刺变成纤毛状，有的仅分布在步带区，叉棘也是存在的。不规则海胆可能是对沙质海底或穴居生活的一种适应结果。

二、海胆纲的分类

海胆纲可分为两个亚纲，十几个目。

1. 规则海胆亚纲

胆壳呈球形，五辐对称，每两列步带板与两列间步带板相间排列，具亚里士多德提灯，如头帕海胆（*Cidaris*）、马粪海胆、细刻肋海胆等。

2. 不规则海胆亚纲

胆壳非球形，肛门移到口面边缘，口位于口面中央或非中央，提灯存在或不存在，如心形海胆、饼干海胆、砂币海胆、楯海胆（*Clypeaster*）等。

第四节　海参纲

海参纲是潮间带很常见的棘皮动物，它们分布在不同深度的海底，多隐藏在石块下，常成堆聚集。它们的形态与其他棘皮动物有很大区别，身体沿口极与反口极拉长，又成为圆柱形，步带区及间步带区沿身体的长轴呈子午线排列，不以口面附着，而以部分步带及间步带区附着，因此称腹面。口与肛门位于身体的两端，又次生性地出现两侧对称状。骨板大量地减少，成为极微小的骨片埋在体壁中。体表也没有棘与叉棘。口管足变成了触手，围绕口排成一圈。

现存种类约有 1200 种，化石种类较少。

一、形态与生理

1. 外形

海参类在体形大小上有很大变化，体长在 3 cm～1.5 m 之间，多数种类在 10～30 cm 之间，热带种类体型较大。体表颜色深暗，多呈黑色、褐色或灰色等，偶有淡绿色、橘色或紫色等。我国渤海湾沿岸常见的刺参（*Stichopus japonicus*），南海常见的梅花参（*Thelenota ananas*）以及沿海常见的瓜参（*Cucumaria*）（图 14-20）都是很典型的代表种。

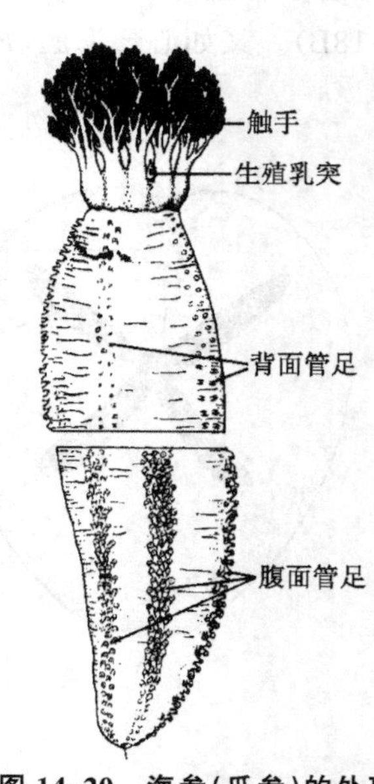

图 14-20　海参（瓜参）的外形
（引自 Barnes RD，1980）

海参用身体的腹面附着在海底，一般较平坦，它包括三个步带区，背面较隆起，具两个步带区，背腹面逐渐有了分化。在原始的种类，如瓜参，背、腹面的步带区都有管足，只是腹面的管足吸盘更发达（图 14-20）。而在海参属（*Holothuria*），其背面及侧面的管足减少成瘤状或乳突状。硬海参（*Psolus*）背、侧面的管足完全消失，仅留有腹面的管足以爬行。赛瓜参(*Thyone*)管足在整个体表散布,而锚海参(*Synapta*)所有管足均消失。

口与肛门沿身体的长轴位于身体的两端,或迁移到身体的背面或腹面。口周围也有围口膜,其外围有一圈触手,一般10～30个,是由口管足改变形成的。触手在大小、形状上有很大变化,有的有分支,如瓜参,有的呈指状,如芋参(*Molpadia*)。触手本身可伸缩,必要时由于体壁的收缩,口及触手可以完全缩入体内。肛门周围常有小的乳突或钙质骨板所环绕。

2. 内部结构与生理

海参身体柔软,因为体壁中的骨骼减少,体壁最外层为一角质膜。下为无纤毛的上皮细胞,再下为真皮层,其结缔组织中包埋有不同形状的微小骨片(图14-21),需借助于显微镜才能看到,骨片的形状,因种而异。结缔组织下为一层环肌,环肌下为沿步带沟分布的几条纵行肌肉带,最内为体腔膜。体壁中含有大量的蛋白质,根据其含量多少、骨片数量及大小,可以确定海参的食用价值。蛋白质含量越多,骨片越小越少,则越为名贵品种。

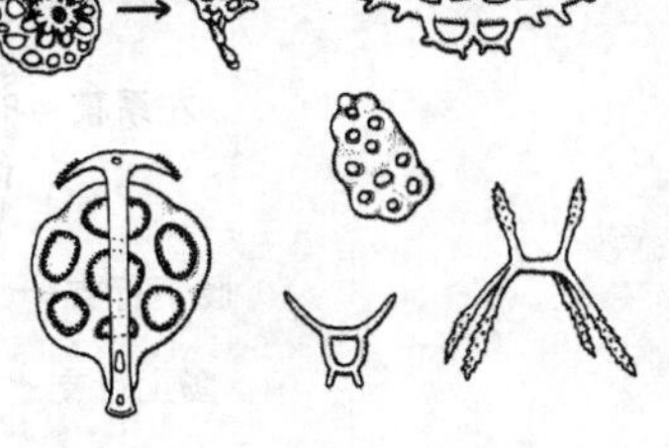

图14-21　海参的小骨片

水管系统与其他棘皮动物相似,但筛板不直接与外界相通,而是悬挂于体腔内,咽的下面(图14-22)经一很短的石管与咽基部的环水管相连。因此体腔液进入筛板及环管,体腔液再用肛门进入的海水补充。筛板及石管不止一个。由环管上伸出波里氏囊,也悬于体腔中。囊的数目在瓜参只有一个,赛瓜参可能有3～4个,无足目的一些种可多至10～50个。它们的机能在于形成一个膨胀室,以维持水管系统内的压力。由环水管向前分出一些小管,进入触手;向后发出5条辐水管,它们穿过围咽的骨板到体壁内面沿步带区全身分布,并沿途分出侧管进入管足,具坛囊。如管足减少,坛囊也相应地减少。在无管足的种类,辐管及侧管也消失。

海参类主要是悬浮取食或沉积取食,许多穴居或石下静止生活的种类,如瓜参及赛瓜参等,以分支的触手向体外延伸,触手表面具有黏液,黏着落入表面的有机物颗粒或主动捕捉微小食物,然后送入口。另一些种类如刺参等为沉积取食,它们吞咽底部的泥沙,消耗其中的有机物,然后再将不能消化的物质由肛门排出。

消化道的前端为口,在触手基部围口膜中央。口后为咽,咽的前部被一钙质环环绕,它由10个板(步带区及间步带区各5个)联结形成,钙质环不仅支持咽与环水管,也是体壁纵肌束及触手伸缩肌的附着处。当遇紧急时,口触手及口可以缩回到体内,咽后有微小的食道,咽与食道可分泌黏液以黏着食物。咽后有的有很小的胃,由外胚层组成,用以研磨食物;也有许多种无胃,直接连接肠,肠很长,先后行,再上行,再下行;肠为内胚层,在肠内进行细胞外及细胞内的消化。肠壁外有隔膜固定位置,肠后端进入泄殖腔(cloaca)或直肠,以肛门开口在身体后端。泄殖腔上有小孔与体腔相通,也有扩张肌连接到体壁上。

除了无管足类是以体表进行气体交换之外,大多数种类在消化道两侧有一对呼吸树(respiratory trees)作为呼吸器官,它由泄殖腔的前端发出的一对主干,由主干分出大量的分支及再分支,最后末端形成成丛的小囊,囊内充满体腔液,通过泄殖腔及呼吸树有节奏地收缩与扩张,使水由肛门流入与流出以进行气体的交换。没有呼吸树的种类也没有泄殖腔。一般仅一次收缩就可将呼吸树中的水分完全排光。

海参的体腔是很宽阔的,包括围脏体腔、水管系统的腔,体腔具纤毛上皮,使体腔液在体内流动并完成物质的循环。体腔内含有几种体腔细胞,有的体腔细胞中含有血红素,使体腔液变成红色。例如瓜参、赛瓜参即是。

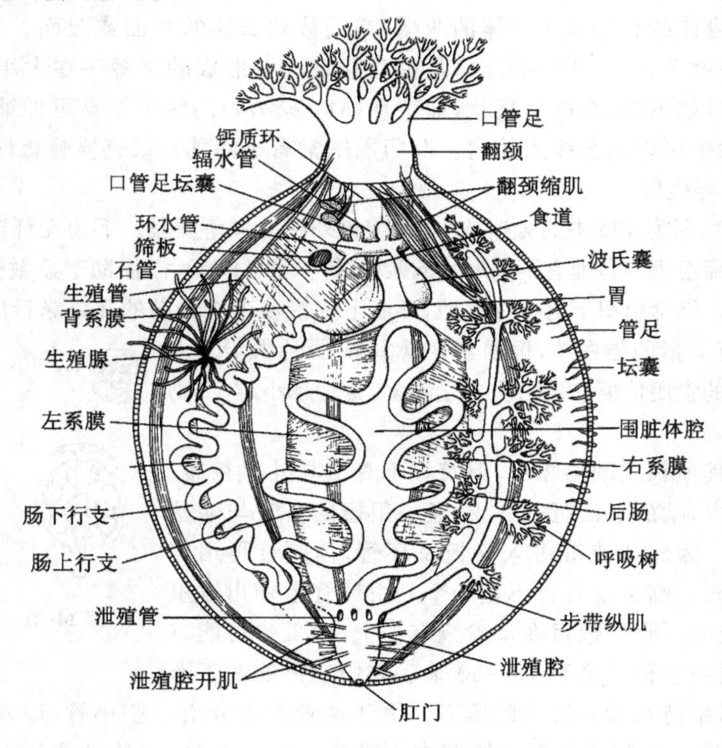

图 14-22 赛瓜参的内部结构
(引自 Hyman LH,1955)

代谢产物主要为氨,常以结晶形式被体腔细胞携带到呼吸树、肠道等处,然后再排出体外。

海参类,特别是海参属及刺参属具有很发达的血系统,具有平行于水管系统的环血管和辐血管,伴随肠道有背、腹血窦(图 14-22),由背血窦分出大量的血管进入肠壁,由肠壁的小血管再汇集成腹血窦,也有血管分布到呼吸树。血液类似于体腔液,体腔细胞也由血管壁产生。血液的循环途径尚不清楚,但背血窦的搏动可以推动血液的流动。海参的血系统对气体及食物的输送可能起着一定的作用。

神经系统也与水管系统相平行,在触手基部有神经环,由它提供神经到触手及咽。5 条辐神经穿过咽部的钙质板,到达 5 个步带区辐水管之下靠近真皮层的地方。神经的内面还有表皮细胞的外神经及体腔上皮的下神经包围,辐神经本身也可分为厚的外神经及薄的下神经。实验证明神经环并不起主要的控制作用。

具较发达的感觉细胞,分布在上皮层中,特别是在身体的两端。整个表面对光具反应,触手的基部有眼点。在钙质板附近有中空的平衡球,内有平衡石,司身体的平衡。穴居种类具向地性(geotropic)。

海参类具有很强的自切及再生能力。例如海参、刺参等在其呼吸树的基部有数目不等的黏液性盲管,称居维叶氏小管(Cuvier's tubules),呈白色、粉色及红色等,在海参受到剧烈刺激、损伤或过度拥挤等异常情况下,可引起体壁的剧烈收缩,并由肛门排出这些居维叶氏小管,或同时释放出黏液以缠绕入侵者,有的其中还含有毒素用于防卫。有的种在排放同时,还伴随有内脏切除(evisceration),即同时排出其两侧的呼吸树,甚至消化道、生殖腺及全部内脏器官,有的种如瓜参等还可由身体前端断裂。这种自切在有的种是一种季节性的自然现象。自切以后都能再生,泄殖腔是再生的中心。如果身体自切成两段,两段都能再生成两个个体。如自切成多段,一般只有带有部分泄殖腔的片段能再生成一整体。但少数穴居的种类,只有前端部分才能再生。

二、生殖与发育

大多数海参为雌雄异体。极少数为雌雄同体,但雄性先熟。海参只有一个生殖腺,由简单的或分支的管丛组成,后端连接一生殖导管,形成一拖布状,悬在体腔的前端,最后以生殖孔开口于背、中部的两触手之间的生殖乳突上(图14-20)。一般为体外受精,发育几天后形成耳状幼虫(图14-2),也有纤毛带,很相似于海星的双羽幼虫。然后,又经过一桶形幼虫期(图14-23)。因此有人主张桶形幼虫是棘皮动物的最基本的幼虫形态。最后,经变态成为成体。一些种类具孵育幼虫的能力,特别是一些寒带海洋生活的种类,在其腹面或背面形成孵育袋,受精卵在其中发育。也有少数种可在体腔内受精并孵育幼体,通过肛门区体壁的破裂而释放出卵胎生幼体。

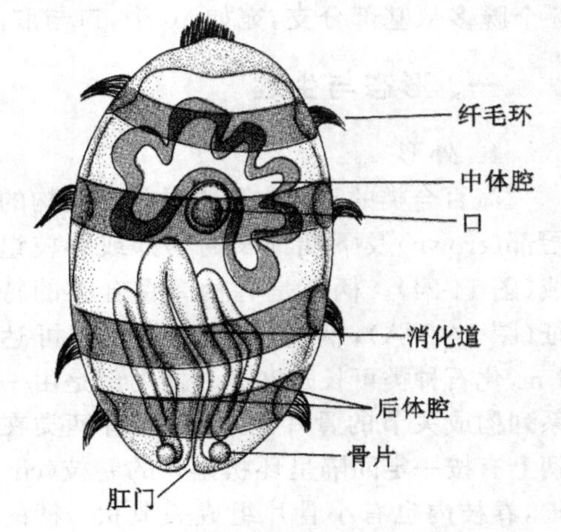

图 14-23　海参的桶形幼虫

(引自 Cuenot L,1948)

三、海参纲的分目

1. 指手目(Dactylochirotida)

属原始种类,触手简单,身体包在一可变形的壳内,如 *Sphaerothuria*。

2. 枝手目(Dendrochirotida)

触手(或口管足)树状分支,不具坛囊,腹面步带沟中有管足,或管足在腹面及背面均有分布,有呼吸树,如瓜参、赛瓜参等。

3. 楯手目(Aspidochirotida)

触手叶状或盾形,身体腹面有时具发达的管足,有呼吸树,如海参、刺参等。

4. 弹足目(Elasipodida)

大多数为深海种,触手叶状,管足少,口在腹面,无呼吸树,如浮游海参(*Pelagothuria*)。

5. 芋参目(Molpadiida)

具15个指状触手,管足乳突状,仅存在肛门附近,有呼吸树,身体后端成尾状,如芋参(*Molpadia*)、*Caudina*。

6. 无管足目(Apodida)

触手10～20个,指状或羽状,无管足,无呼吸树,如锚海参(*Synapta*)、细锚参(*Leptosynapta*)等。

第五节 海百合纲

海百合纲是现有棘皮动物中最古老与最原始的一纲，大多数种类已灭绝，有5000多化石种，是古生代地层中很繁盛的一类。现存种类仅630多种，其中80多种具长柄，固着生活在深海软泥或沙质海底，这一类俗称海百合(sea lily)；其余550种无柄，多自由生活在潮间带及浅海硬质海底或珊瑚礁中，俗称海羽星(feather star)或海羊齿。海百合身体的主体部分呈杯形，5个腕多从基部分支，宛如10个，口与肛门在同一面，均向上。

一、形态与生理

1. 外形

海百合类的身体由顶端呈放射结构的冠部(crown)及下端细长的柄部或卷枝组成(图14-24)。柄部是有柄海百合类的特征(图14-24A)，柄的长度现存种类可达1 m，化石种类可长达20 m。柄内部是由一系列构成关节的骨片组成，许多有柄类在柄上有按一定间隔呈环状排列的卷枝(cirri)，卷枝内也有小骨片组成关节状。柄的末端呈根状卷枝，固着在基底上。

在无柄海百合类柄消失，但在冠的基部下面有一到几圈卷枝(图14-24B)，不运动时用以附着在岩石、海藻等上。

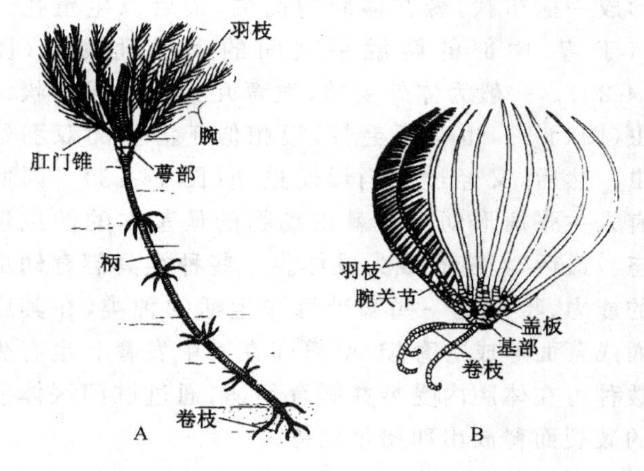

图14-24 海百合纲的外形

A. 有柄海百合类；B. 无柄海百合类

(A.引自 Storer,1979；B.引自 Hyman LH,1955)

冠部相当于海星或蛇尾类的中央盘部，它以反口面附着在柄或卷枝上，反口面骨板发达，由基板及放射板形成杯状，称为萼部(图14-25A)。口面有的形成膜状的覆盖物，有的由骨片形成覆盖物，统称盖板(tegmen)。盖板可分成5个步带区及5个间步带区(图14-25B)，口位于口面中央或近中央，肛门开口在口面一个间步带区的肛锥(anal cone)上。

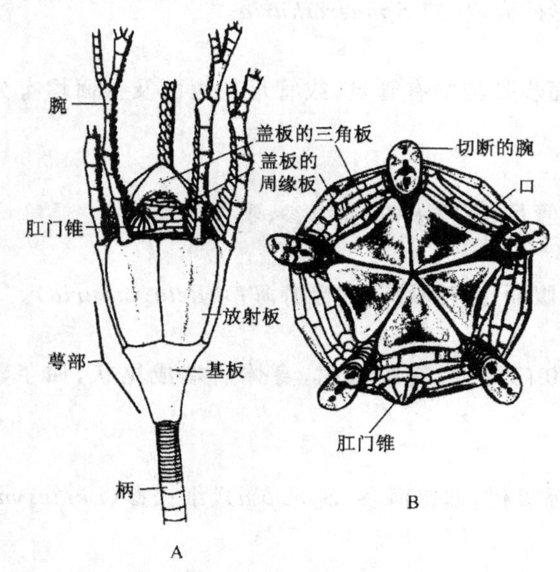

图14-25 海百合冠部结构

A. 侧面观；B. 口面观

(引自 Hyman LH,1955)

由冠部周缘向外伸出腕，原始的种类仅有5个腕，但大多数种类腕在离开冠部后立刻分成两支，因此共有10个腕。这10个腕也可再分支，有柄类的腕最多可达40个，无柄类可达80～200个。腕长通常小于10 cm，腕的两侧向外伸出羽枝(pinnule)，腕及羽枝都是由一系列小骨片组成，由口向腕也伸出五条步带沟，并进入分支及羽枝之中，步带沟边缘具可动的小瓣，它可以关闭及暴露步带沟，在每个小瓣的内边是三个一簇基部相连的管足。

一般冷水种类身体多呈褐色，热带生活的种类，特别是无柄类多表现出颜色的变化。

2. 内部结构与生理

海百合类体壁的外层是角质层及无纤毛的表皮细胞，与下层的真皮细胞分界不清。真皮层的结缔组织中几乎全部被骨片所充满（图14-26），柄、卷枝、步带区及羽枝也都由一系列骨片组成。前、后骨片之间被韧带相连，腕内还有肌肉。由骨片间的关节、韧带及肌肉控制腕、卷枝及羽枝等的运动与弯曲。有柄类的运动仅限于腕及柄的弯曲，而没有整体的位置移动。而在无柄类，靠两侧腕的交替打动可游泳或做上下移动，另外用卷枝的交替固着可做缓慢地爬行。

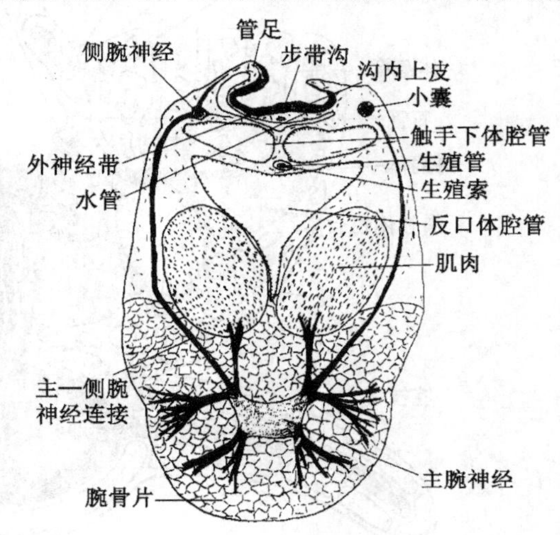

图 14-26　海百合腕的断面

（引自 Hyman LH，1955）

海百合为悬浮取食，生活时腕及羽枝常常对着水流方向伸展，同时伸出管足。管足上有大量的黏着颗粒，水中的微小生物及有机颗粒像黏着在触手上一样黏着在管足上，再由纤毛作用沿步带沟进入口内。所以管足及水管系统的最初机能可能是用以捕食，以后才变成运动器官。进入口内的食物经短的食道再进入肠。肠在萼部环绕一圈后变成直肠，最后以肛门开口在突起的肛锥上以减少粪粒对周围的污染，胞外及胞内消化在肠道中进行。

海百合的水管系统相似于其他棘皮动物，但有两点不同，首先是没有筛板，而是口面盖板上有许多独立的盖板孔（tegmental pore），经过体壁上的小管进入围脏体腔（图 14-27）；其次环水管在每个间步带区给出几个石管，也直接开口到围脏体腔，外界的水经盖板孔进入围脏体腔，再经石管抽吸到水管系统。由环管向各腕伸出辐水管，也立刻分为两支进入 10 个腕，然后经侧管进入羽枝，再到管足，没有坛囊。通过辐水管壁的收缩产生液体压力以伸缩羽枝与管足。

海百合类在萼部有发达的围脏体腔，并伸入到柄、腕及羽枝中。在腕及羽枝中它又分成反口面及口面的体腔，靠纤毛运动引导体腔液由萼部经反口体腔再到口面体腔流动，以完成物质的输送，围血腔也存在但不发达。生殖体腔与腕内的生殖腺相伴随。血系统的中心是围口血环，由它给出网状的血管称轴器官，并给出辐血管进入腕，轴器官具搏动能力，血液无色。血液及体腔中具体腔细胞。

呼吸主要由体表进行，特别是在腕及羽枝处。管足也完成一定的呼吸机能。代谢产物被体腔细胞携带到步带沟的两侧，形成一些球形小体，然后周期性地排出。

海百合的神经系统包括三个互相联系的部分。口面的外神经系统具感觉功能的，它围绕口，包括一上皮内的神经环，也给出辐神经到腕，支配表皮及管足的感觉细胞。另外两个神经系统是下神经及中枢神经系统，是运动神经。下神经系统不在体腔膜上，而位于结缔组织中，在口面形成环，也有辐神经进入腕及羽枝，支配管足肌肉的运动。中枢神经系统位于反口萼部顶端，呈杯状神经团，也发出神经到腕、羽枝及柄，支配腕及柄内肌肉及骨片的运动。海百合没有特殊的感官，是由体表上皮中感觉细胞及管足上的突起司感觉功能。

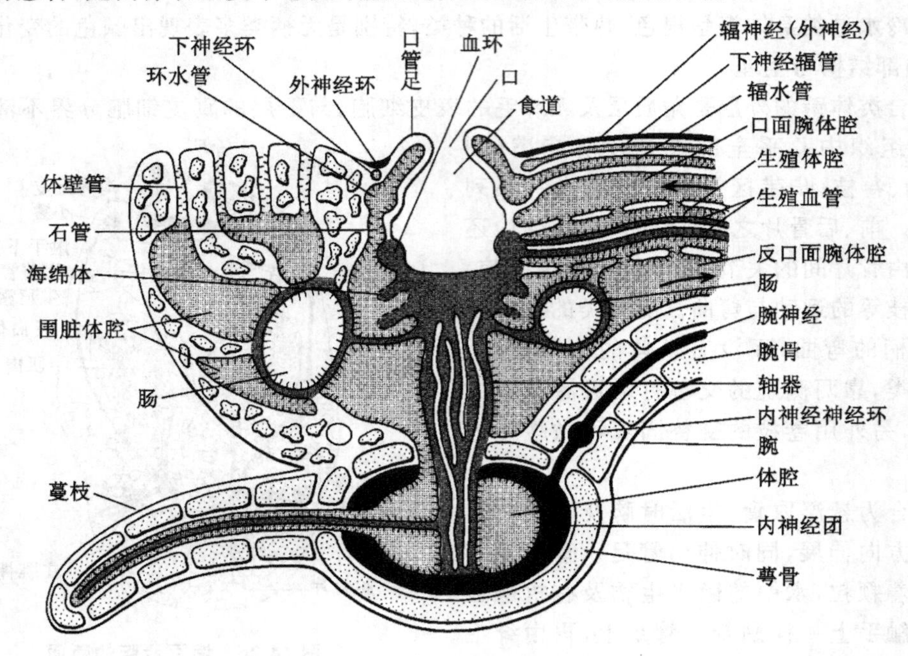

图 14-27 海羊齿过中央盘纵切，示内部结构

（引自 Lang A，1894）

二、生殖与发育

海百合类均为雌雄异体，没有固定的生殖腺，生殖细胞来源于腕近端的羽枝或腕部体腔上皮细胞。有柄的海百合(*Metacrinus*)将精、卵释放到海水中，无柄类的海羊齿(*Antedon*)通过羽枝的破裂排出生殖细胞，并黏着在羽枝表面进行孵育，直到幼虫阶段，即海百合类不取食的桶形幼虫，它自由游泳一段时间后附着变态成一个具柄的海百合。海羊齿由桶形幼虫变态成一有柄的固着的五角海百合幼虫(pentacrinoid larva)，它很类似于一个小百合，经数月生长后长出卷枝，离开柄而营自由生活。此外，许多冷水生活的种都有孵育幼体的习性，它们在腕或羽枝外形成外突的囊状物，受精卵进入其中，孵育成幼虫后离开母体。

海百合类也有很强的再生能力，失去部分腕或萼部都能再生。再生过程中，中枢神经系统起着主要的控制作用。体腔细胞将损伤组织移走，并带来营养物质，因此在再生中起着重要作用。

三、海百合的分类

大部分海百合类已灭绝，现存种类分属四个目。

1. 等节海百合目(Isocrinida)

具卷枝的海百合，例如海百合、*Cenocrinus*。

2. 羽星目(Comatulida)

无柄，自由生活的种类，如海羊齿、羽星(*Comanthus*)。

3. Millericrinida 目

无卷枝的海百合，如深海海百合(*Bathycrinus*)。

4. 弓海百合目(Cyrtocrinida)

无卷枝但有萼骨的海百合。

关于棘皮动物的起源尚存在不同看法，有学者根据棘皮动物的幼虫是两侧对称的，幼虫也具有三分体腔，认为棘皮动物是来自两侧对称的祖先，而五辐对称是由自由活动的棘皮动物经过固着生活以后发展而来。但这种看法不被其他学者接受，因为辐射对称是对固着生活的一种适应。而最早的棘皮动物是固着生活的。从化石记录也说明这一点，棘皮动物出现在早寒武纪，繁盛在古生代中后期，在古生代的海洋中不仅生存着现有的五个纲。还有另外 15 个已灭绝的纲。最早的棘皮动物有的是不对称的，悬浮取食的，固着的，步带沟及管足直立向上与海百合类是相似的。在 20 个纲中有 15 个纲是悬浮取食的，11 个纲是五辐对称的。从化石记录也支持棘皮动物的五辐对称是原始的，而不是由两侧对称转变形成的，这种观点似乎更接近真实情况。

在现存棘皮动物中可分为两个姊妹类群：一个是固着或附着生活的，口面及步带沟管足向上的海百合类，这是原始古老的一类；另一类是可动的，口面及步带沟向下的其他棘皮动物。在后者中海星纲动物的环神经与辐神经暴露在口面步带沟的最表层，其幼虫还有短暂的固着期，可能是最早分离出的一支。海蛇尾纲与海胆纲由于步带沟的关闭，神经位于骨板之内，且两纲幼虫相似，说明亲缘相近。海胆纲与海参纲共享一个围咽的钙质环，口与反口极拉长，说明它们亲缘关系也密切。而海参纲由于又出现了背腹、前后，且骨片退化，步带沟由口极到反口极，筛板内移，发展成很特殊的一类。

附　毛颚动物门

毛颚动物门(Chaetognatha)是海洋中广泛分布的小型浮游动物。身体接近透明，总共仅 150 种左右，除了个别种，如锄虫属(*Spadella*)为底栖生活外，一般均在海洋表层(200 m 以内的透光层)或中层(200～1000 m 之内)，营浮游生活，由于种群中个体数量极大，它们在海洋初级食物链中占有重要地位，特别是在热带海洋中，它们既有三分体腔，发育中又出现后口，属后口动物的特征，但同时也有腹神经中心，类似于早期的螺旋卵裂，又类似于原口动物，其亲缘关系尚不清楚。

一、外形

毛颚动物体呈鱼雷形，一般体长 2～3 cm，大小范围在 0.5～10 cm 之间。身体透明，可分为头、躯干及尾部(图 14-28)。头部的前端下面有一很大的空腔称为前庭，其后端为口。头部前庭两侧有 4～14 个刺，生活时后端的刺可以脱落，前端再生出新刺。在头的前端也有 1～2 行小的刺，称为前齿与后齿。刺与齿是非几丁质的，均用以捕食及切碎食物，因此得名毛颚动物。头的背面有一对眼点，在最普通的一种毛颚动物——箭虫(*Sagitta*)(图14-28A)，每个眼是由 5 个愈合的色素杯组成。头后端与躯干连接处，体壁产生一皱褶，称为笠，它可以向前包围整个头部，或游泳时包被刺与齿以行保护及减少阻力。

大多数种类在躯干部两侧有一对水平侧鳍，如锄虫（*Spadella*）（图 14-28B），少数种类有两对，如箭虫。尾部都有一匙状尾鳍包裹着尾部，侧鳍与尾鳍都是由体壁的上、下两层上皮细胞及中间髓质组成。

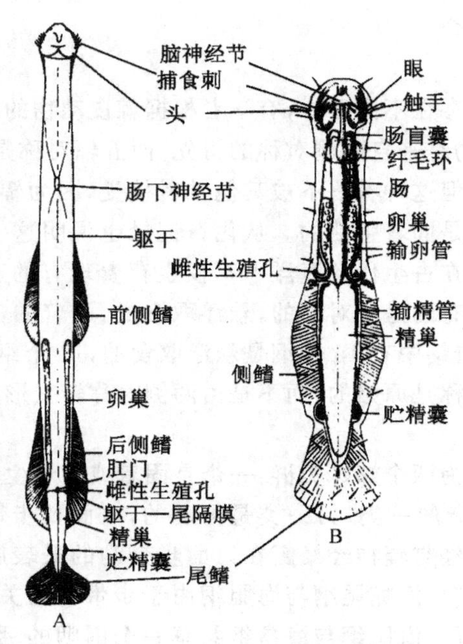

图 14-28 毛颚动物

A. 箭虫腹面观；B. 锄虫背面观

（A. 引自 Ritter-Zahony，1909；B. 引自 Hertwig，1880）

二、内部结构与生理

体壁的表面覆盖有一层很薄的角质层，但仅限于头部，角质层下为多层上皮细胞。体壁具多层上皮细胞，这是无脊椎动物中仅有的一类。上皮细胞的基部具有基膜，鳍内基膜加厚，在两层上皮细胞之间形成放射状支持物，以保持鳍的形态及硬度。躯干部及尾部没有角质层，基膜发达。体壁的纵肌常排列成两个背侧带及两个腹侧带，头部还有另外的肌肉控制刺与齿的运动。

毛颚动物在海洋中行浮游及游泳的交替运动。靠肌肉的收缩使身体快速地游动，随后靠鳍的伸展以行漂浮及滑行。底栖的锄虫可用黏乳突黏着或做短距离的运动。

毛颚动物的体腔是三分室的，即头部一个，躯干部左右一对，尾部一个或一对，之间均有隔膜相分隔。它的体腔缺乏体腔膜，这一点是很特殊的，体腔液担任输送机能。

箭虫类均为肉食性，捕食甲壳类、多毛类，甚至小的鱼类，每只虫体每天可捕食相当于自身体重 40％的食物。消化道结构简单，口后为肌肉质咽，进入躯干部后变成肠，肠的前端有一对侧盲囊，后端以肛门开口在尾前的腹面。食物在肠内行细胞外消化。在消化道的背、腹面，体壁基膜延伸形成隔膜以固着肠道。

毛颚动物在躯干部消化道及卵巢周围有血窦包围其中，液体无色，可能具循环机能。

毛颚动物以体表进行呼吸及排泄机能，神经系统发达。头部有发达的脑，由它发出一对神经到前庭，两侧发出一对神经到食道，并在咽处围成环，躯干部腹部有一大的腹神经节，有神经与脑相连；感官包括眼、感觉毛及纤毛环。感觉毛沿身体纵行成行排列，用以感受水流的震动。

三、生殖与发育

毛颚动物均为雌雄同体。在躯干部的体腔内有一对卵巢，尾部体腔内有一对精巢。每个卵巢通出一生殖管，以雌性生殖孔开口在躯干及尾隔膜之前。每个精巢通出一输精管，向后行进入体壁内形成贮精囊，精子在贮精囊内形成单个的精荚，然后排出体外，仍为异体受精，卵多在输卵管内受精，或附着在亲本体表处受精。受精卵在分裂成四个细胞时为螺旋卵裂，有腔囊胚，内陷法形成原肠胚，由肠腔法形成中胚层及体腔，然后直接发育成成体。

毛颚动物的很多特征类似于原口动物，例如，头部具角质层，刺的脱落与再生（如蜕皮），具围食膜，早期的螺旋卵裂，具有发达的腹部神经，特别是 18S rDNA 序列指明毛颚动物与线虫接近，但它又是三分体腔，口是后口来源，所以它的分类地位及亲缘关系尚有待进一步的研究。

第十五章　半索动物门

半索动物门(Hemichordata)全部是海产,多呈蠕虫形的一类后口动物,全部不足100种。它们都是三分体腔,放射卵裂、肠腔法形成体腔及中胚层,口为后口,所以属后口动物。但它们的咽及前端体壁具有鳃裂,背神经索在前端形成中空的管状,特别是咽部前端突出一个盲囊进入吻中前体腔内,称为口索(stomochord)。人们一度把它视为脊索(脊索动物所特有)动物中的一个亚门,但近年来根据组织学与胚胎学研究发现它们并非同源器官。另外它们也有一些无脊椎动物特征,因而将它们独立出来列为无脊椎动物的一个门。

半索动物可分为肠鳃纲(Enteropneusta)及羽鳃纲(Pterobranchia)两个纲,前者占有近80%的种。

一、肠鳃纲

1. 外形

肠鳃类动物主要分布在浅海泥沙中穴居,或在石块下生活,例如柱头虫(*Balanoglossus*)、囊舌柱头虫(*Saccoglossus*)(图15-1),特别是多分布在潮间带,身体呈蠕虫形,一般在10～45 cm之间。但小的仅1～2 cm,最大的可达2.5 m(例如*B. gigas*)。圆柱形身体可分为吻、领(collar)及躯干,分别代表后口动物的前体、中体及后体,整个身体脆弱易断,很难采到完整的个体。吻部短小,柱形,柱头虫即由此命名。后端有柄连接领,领前伸环绕吻。其腹面有很大

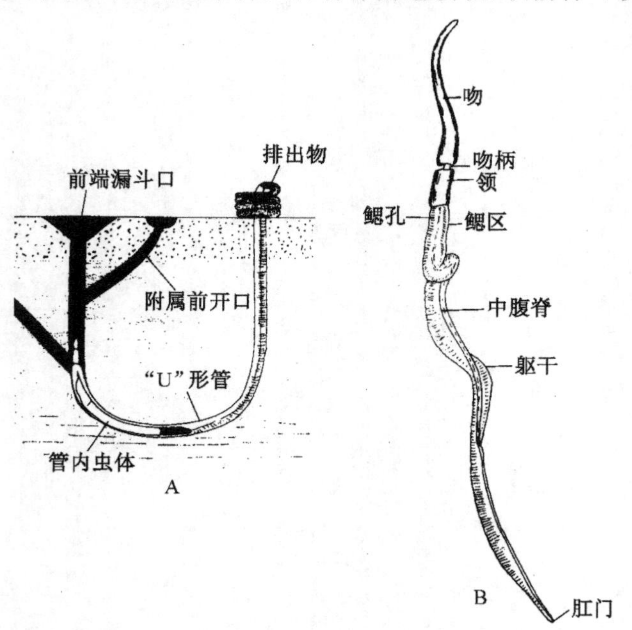

图15-1　半索动物肠鳃类的外形

A. 柱头虫及穴道；B. 囊舌虫

(引自Hyman LH,1955)

的口,躯干部细长,其前端背中线两侧各有一列小孔为鳃裂孔(gille pore),是体壁及咽部鳃裂的开口,其数目因种而异,鳃裂两侧是2～4个或两列扩张的生殖翼,躯干的这一部分称为鳃生殖区(branchiogenital region),其后消化道及体壁伸出许多指状的中空突起,称为肝区(hepatic region),是其消化道盲囊突起,肝区后为肠区,其末端具肛门。

2. 内部结构与生理

柱头虫类的体壁最外层为单层上皮细胞,表面具大量微纤毛,无角质层,上皮内含有大量的腺细胞,特别是在吻及领部,上皮细胞基部包含有发达的神经层,类似于海星类。其下为基膜。基膜下为结缔组织的真皮层,虽具有一些肌肉但不发达,因此使身体易于断裂。

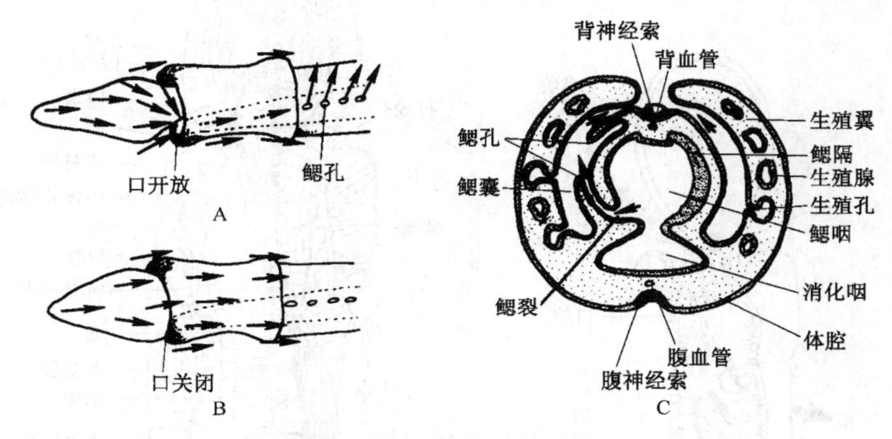

图 15-2　肠鳃类的取食及咽的结构

A. 口开放经纤毛作用行悬浮取食; B. 口关闭停止取食; C. 过咽的横切,示咽部结构
(A,B.引自 Russell-Hunter WD,1979; C.引自 Hickman CP,1973)

半索动物的体腔亦为三分体腔,即单个的吻体腔、成对的领体腔及成对的躯干体腔,三者之间均有隔膜分隔。吻体腔通过一中背孔开口到外界,领体腔也有一对管及孔开口在中背线,躯干体腔与外界不相通。另外,肠鳃类的体腔上皮是很特殊的,它不再具体腔膜,而是在体腔上皮处形成了结缔组织及肌肉,并充满体腔的大部分,它在很大程度上已代替了体壁的肌肉层。

穴居的种类多吞食泥沙,从中获得有机食物。当它们以吻在泥沙中挖掘或以躯干蠕动时,周围的泥沙可以大量地被吞咽,然后再由肛门排出到洞穴之外(图 15-1A)。而非穴居的种类为悬浮取食,由于吻、领部甚至躯干部体表均有纤毛,靠纤毛运动使水流经过体表,悬浮于水中的食物颗粒被吻及领部的黏液黏捕,然后随水流由吻基部腹面的口流入(图 15-2A),水再由咽部的鳃孔流出。当不取食时,口关闭,水流经体表流过(图 15-3B)。消化道为一直管,由口进入,在领内形成口腔,由口腔向前伸出一盲囊进入到吻中,形成一细长的口盲囊(buccal diverticulum)(图 15-3)。口盲囊也被称为口索,由口管向后进入咽,咽占据着躯干部前端的鳃裂区,咽的背侧有鳃裂及鳃孔与外界相通(图 15-2C),咽的腹面一半作为消化道部分。咽后为食道,有的种食道上也有小孔可与外界相通。食道后为肠,肠的前端呈褐色或绿色,有大量腺细胞的部分称肝区(hepatic division),在此进行消化与吸收,肝区后即为直肠,最后以肛门开口在身体末端。

柱头虫是以鳃裂完成气体交换。水随食物由口进入咽,咽背壁两侧有几个到 200 个成行排列的"U"形鳃裂(图 15-3A,B),鳃裂之间及之内有胶原纤维组成的骨质棒支持。水通过咽壁的裂孔进入由体壁内陷形成的鳃囊,鳃囊经体壁上的鳃孔开口体外,将过多的水排出,围绕鳃裂处有大量的血管及纤毛,靠纤毛的摆动使水由口进入经咽、鳃裂、鳃囊、鳃孔排出,同时完成气体交换。

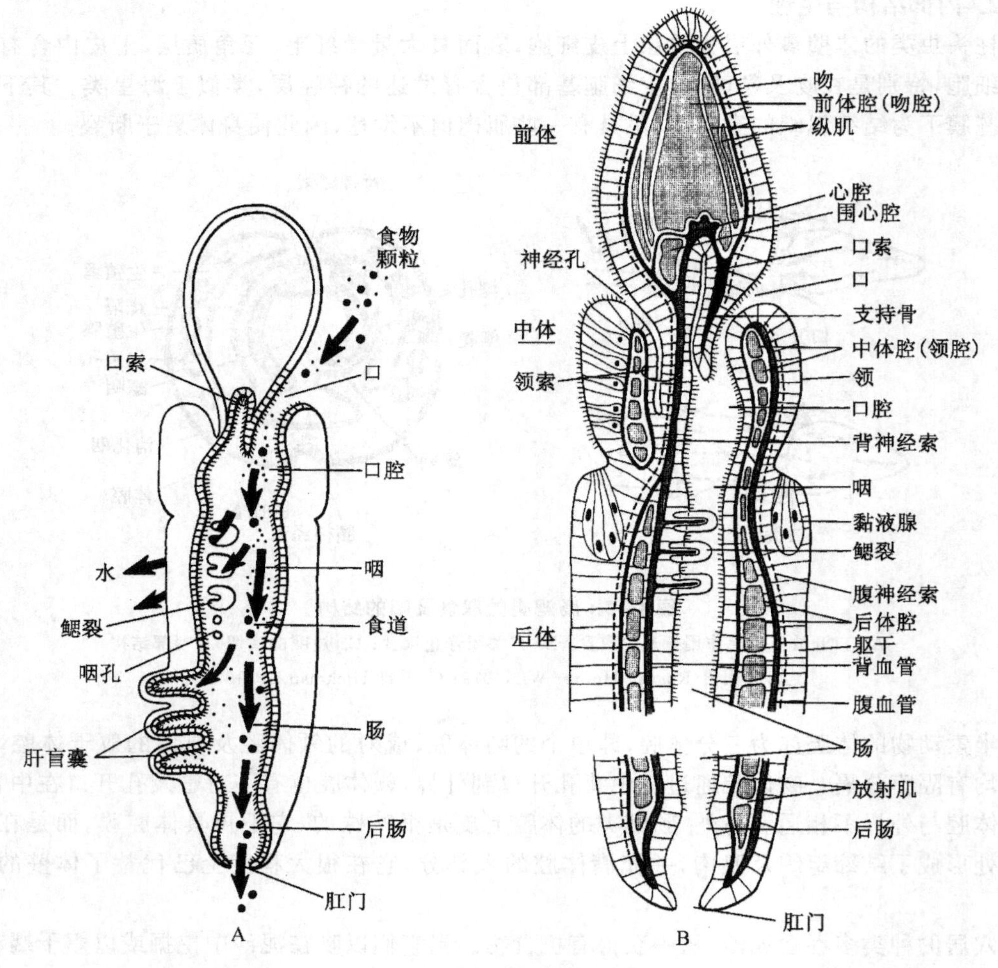

图 15-3 肠腔类的结构

A. 示食物及水流;B. 内部解剖

(引自 Ruppert EE, et al,2004)

肠鳃类血系统具有一心脏,位于吻腔中口索的前端(图 15-3B),心脏前端有许多褶形成血管球(glomerulus)以扩大血液与吻腔的接触面。在吻腔的背腹面伸出一条向前流的背血管及一条向后流的腹血管,还有许多小血管提供体壁、鳃裂等。在吻腔及领腔中都有孔与外界相通,可以排出代谢产物,但躯干体腔与外界不相通,肠鳃类的排泄生理尚有待研究。

半索动物的神经系统是很原始及特殊的,和棘皮动物一样,在身体表皮细胞的基部有一层神经纤维网,但在背、腹中线处神经层加厚而形成神经索(nerve cord),两个神经索在领部被一神经环相连,中背神经索在领内形成领索(collar cord)(图 15-3B),领索是中空的,其中有小的间隙，这时神经已离开表皮而进入体腔内了。领索可能是其神经中枢，其中含有巨大的神经细胞，并可能与脊索动物中空的神经索同源。切断神经索，其上皮神经丛仍可进行传导。

感觉功能主要是由散布在上皮中的感觉细胞完成。特别是在吻处，吻基部腹面的口前纤毛环具化学感觉功能。

3. 生殖与发育

半索动物的一些种有无性生殖的报道，再生能力也很强，至少可以再生失去的躯干部分。有性生殖为雌雄异体，生殖腺呈囊状，纵列在躯干部前端鳃裂区两侧的体腔中，在生殖腺之外躯干的体壁向外扩张形成生殖翼(genital wing)。每个生殖腺开口到外界，因此生殖孔也排成列。卵产出后往往黏成团块状。雄性个体在卵的刺激下排精，卵在体外受精。受精卵由潮汐作用而被分散。

半索动物发育类似于棘皮动物，受精卵经均等辐射卵裂、内陷法形成原肠胚，经肠腔法形成中胚层及体腔，体腔亦为三分体腔。幼虫自由生活，称柱头幼虫(tornaria)，类似于海星的双羽幼虫，自由游泳数周后沉入水底变态成成虫。也有的种没有柱头幼虫期，而是由具纤毛的原肠胚自由游泳，最后直接发育成成体。

二、羽鳃纲

羽鳃纲大多数是生活在较深海水中管居的半索动物，表面上类似于苔藓动物，附着在壳或岩石上生活。仅有三个属 22 种，分别是杆壁虫(*Rhabdopleura*)、头盘虫(*Cephalodiscus*)及无管虫(*Atubaria*)。杆壁虫群体生活，其他单体或聚集生活。

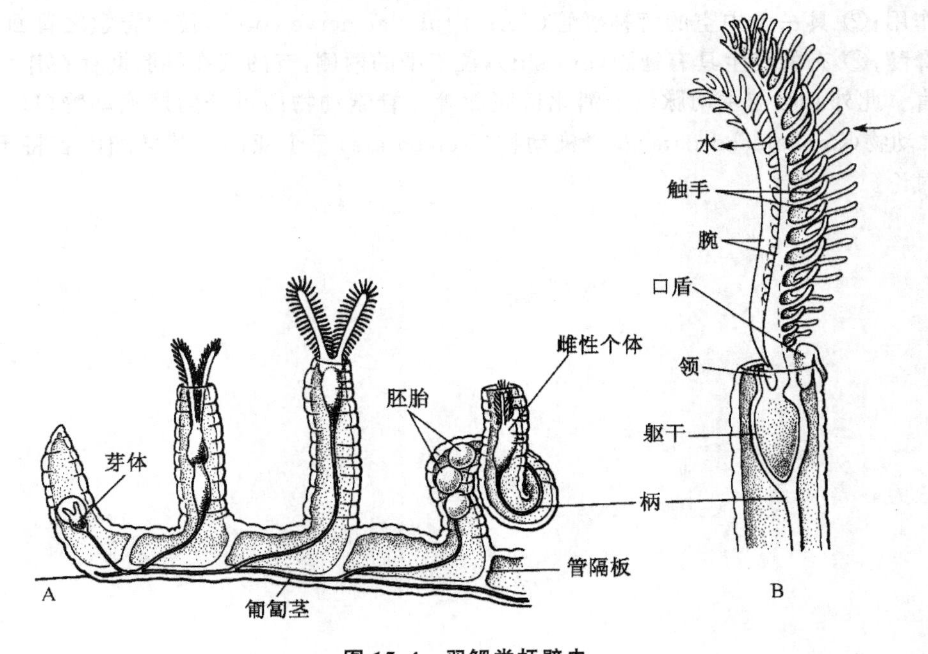

图 15-4　羽鳃类杆壁虫

A. 群体结构；B. 一个个体结构

(引自 Ruppert EE, et al,2004)

虫体外有分泌的虫管，以柄附着在海底。个体一般在1～5 mm之间，群体生活时，基部有匍匐茎使个体相连(图15-4A)。身体亦分为吻、领及躯干三部分(图15-4B)。吻成楯形，用以吸着管壁，其基部有口。由领部向管外伸出两个腕，腕的两侧为密生纤毛的触手，腕与触手中空，体腔伸入其中。管壁虫无鳃裂。但头盘虫具2～18个腕(随种及年龄而异)，向管外伸出呈球状分布。同时，在躯干前端两侧有一对中体腔开孔及一对鳃裂孔。由触手上黏着食物颗粒经腕中央的沟送入口内，消化道"U"形，肛门开口在领的背面。吻腔中也有口索及心囊，吻腔及领腔中也有孔与外界相通，可能完成输送及排泄机能。血系统不详，神经系统在表皮细胞内，无领神经索，具有一领神经节。并围绕咽形成神经环，雌雄异体，受精卵被孵育成一纤毛幼虫，释放后沉入水底形成茧状附着，经变态成一个体破茧而出，再经出芽方式形成群体。

半索动物由中体(领)形成腕与触手，类似于棘皮动物由中体腔形成腕与管足，两者的胚胎发育(卵裂、胚层及体腔形成，口的形成)也十分相似，也具有相似的幼虫，这说明它们之间有着共同的起源，但半索动物又有鳃裂与中空成管状的神经，这又类似于脊索动物，也说明它们之间有某种亲缘关系。但后口动物中这仅有的三类(棘皮、半索、脊索)之间的关系以及它们的祖先是怎样演化的，还均未得到解决，尚有待进一步的研究。

在后口动物的三个类群中，棘皮动物与半索动物被列为无脊椎动物学范畴，而脊索动物无论在形态生理、生态适应都成为动物界中发展最高等的一类，它们在水、陆、空各种生境中都有分布，仅这一门被列为脊椎动物学。这一门区别于其他动物的主要特征是：① 具有脊索(notochord)，位于身体背部，在大多数种类发育后期脊索被分节的骨质脊柱所取代，起着支撑身体的作用；② 具一条中空的背神经管(dorsal tubular nerve cord)，位于脊索之背面，可分化成脑与脊髓；③ 有的终生具有鳃裂(gill slit)，位于咽的两侧，有的仅在胚胎期存在作为水流及呼吸器官。此外心脏与主动脉位于消化道腹面等。脊索动物门可分为尾索动物(Urochordata)、头索动物(Cephalochordata)及脊椎动物(Vertebrata)三个亚门。其详细内容将于脊椎动物学中讨论。

主要参考书目录

王家辑. 1961. 中国淡水轮虫志. 北京：科学出版社.

中国科学院海洋研究所. 1962—1988. 海洋科学集刊. 北京：科学出版社.

中国科学院南海海洋研究所. 1963. 南海海洋生物研究论文集. 北京：海洋出版社.

中国科学院南海研究所海洋生物研究室. 1978. 南海海洋药用生物. 北京：科学出版社.

北京大学生物学系《北京动物调查》编写组. 1964. 北京动物调查. 北京：北京出版社.

江静波，等. 1982. 无脊椎动物学. 修订本. 北京：高等教育出版社.

刘月英，等. 1979. 中国经济动物志：淡水软体动物志. 北京：科学出版社.

孙仪临，张维真. 1981. 人体寄生虫学图谱. 北京：人民卫生出版社.

华中师范学院，南京师范学院，湖南师范学院. 1985. 动物学. 上册. 北京：高等教育出版社.

任淑仙，施浒，杨安峰. 1982. 动物的类群. 北京：人民教育出版社.

曲漱蕙，李嘉永，等. 1980. 动物胚胎学. 北京：人民教育出版社.

陈义，等. 1955. 无脊椎动物学. 北京：高等教育出版社.

陈义. 1956. 中国蚯蚓. 北京：科学出版社.

陈义，等. 1959. 中国动物图谱：环节动物. 北京：科学出版社.

陈心陶. 1960. 医学寄生虫学. 北京：人民卫生出版社.

宋大祥，冯钟琪. 1978. 蚂蟥. 北京：科学出版社.

李永才，黄溢明. 1984. 比较生理学. 北京：高等教育出版社.

邹仁林，宋善文，马江虎. 1975. 海南岛浅水造礁珊瑚. 北京：科学出版社.

张作人，朱洗. 1950. 动物学. 北京：商务印书馆.

张玺，齐钟彦，李洁民. 1955. 中国北部海产经济软体动物. 北京：科学出版社.

张玺，齐钟彦. 1955. 贝类学纲要. 北京：科学出版社.

张玺，齐钟彦，等. 1960. 南海得双壳类软体动物. 北京：科学出版社.

张玺，等. 1962. 中国经济动物志：海产软体动物. 北京：科学出版社.

张风瀛. 1964. 中国动物图谱：棘皮动物. 北京：科学出版社.

武汉大学，南京大学，北京师范大学. 1978. 普通动物学. 北京：人民教育出版社.

南开大学，等. 1980—1981. 昆虫学. 上、下册. 北京：人民教育出版社.

赵慰先，等. 1983. 人体寄生虫学. 北京：人民卫生出版社.

徐炭南，甘运兴. 1965. 动物寄生虫学. 北京：人民教育出版社.

徐炭南. 1975. 动物寄生线虫学. 北京：科学出版社.

徐秉锟，等. 1984. 人体寄生虫学. 北京：人民卫生出版社.

黄福珍. 1982. 蚯蚓. 北京：农业出版社.

蔡英亚，等. 1979. 贝类学概论. 上海：上海科学技术出版社.

戴爱云，等. 1986. 中国海洋蟹类. 北京：海洋出版社.

Abbott R T. 1974. American seashells. 2nd ed. New York: Van Nostrand Reinhold Co.

Adam K M G, Paul J, Zaman V. 1971. Medical and veterinary protozoology: an illustrated guide. Edinburgh: Churchil Livingstone.

Alexander R M. 1917. The invertebrates. Cambridge: Cambridge University Press.

Anderson D T. 1973. Embryology and phylogeny in annelids and arthopods. Oxford :Pergamon Press, 495.

Apelt G. 1969. Fortpflanzungs biologie Entwicklungszyklen und vergleichende Fruhentwicklung acoeler Turbellarien. Mar Biol,4 :267—325

Arnett J. 1968. The beetles of the United States: a manual for identification. Washington D. C.: The American Entomological Institute.

Atkins D. 1933. Rhopalura granosa, orthonectid parasite of Heteranomia. J Mar Biol Assoc, 19.

Atkins D. 1937. On the ciliary mechanisms and interrelationship of lamellibranchs. Ⅱ. Sorting devices on the gill. Quart J Microsc Sci,79:339—370.

Ax P. 1963. Relationships and phylogeny of the Turbellaria. //Dougherty E C. The Lower Metazoa. Berkeley :University of California Press, 191—224.

Baker E W, Wharton G W. 1952. An introduction to acarology. New York:Macmillan.

Balinsky B I. 1970. An introduction to embryology. 3rd ed. Philadephia:W B Saunders.

Barnes R D. 1980. Invertebrate zoology. 4th ed. Fort Worth: Saunders College Publishing.

Barrington E J W. 1979. Invertebrate structure and function. 2nd ed. London: Nelson.

Bayer F, Owre H B. 1968. The free-living invertebrates. New York:Macmillan,229.

Beauchamp P de. 1965. Classe des Rotiferes. //Grasse P P. Grassé de Zoologie. Vol. 4. Paris:Masson et Cie, 1235.

Bergquist P R. 1978. Sponges. London:Hutchinson, 268.

Bick H. 1971. Ciliate Protozoa:an illustrated guide to the species used as biological indicators in freshwater biology. Geneva: World Health Organization.

Birky C W. 1964. Studies on the physiology and genetics of the rotifer Asplanchna. I. Methods and physiology. J Exp Zool, 155: 273—292

Bliss D E. 1979. Biology of Crustacea. 5 Vols. New York: Academic Press.

Bogitsh J B, Cheng T C. 1998. Human parasitology. 2nd ed. New York: Academic Press.

Boolootian R A. 1979. Zoology: an introduction to the study of animals. New York: Macmillan.

Boolootian R A,Stiles K A. 1981. College zoology. 10th ed. New York: Macmillan.

Borradaile L A, Potts F A. 1958. The invertebrate. 3rd ed. Cambridge: Cambridge University Press.

Borradaile L A, Potts F A. 1959. The invertebrata:a manual for the use of students. Cambridge : Cambridge University Press,795.

Borror D J, et al. 1976. An introduction to the study of insects. 4th ed. New York:Holt Rinehort and Winston Inc.

Borror D J, De Long D M. 1971. An introduction to the study of insects. 3rd ed. New York:Holt Rinehart and Winston, 812.

Bousfield E L. 1973. Shallow-water gammaridean Amphipoda of New England. New York: Cornell University Press, 344.

Bresciani J. 1991. Nematomorpha. //Harrison F W, Ruppert E E. Microscopic anatomy of invertebrate. Vol. 4. Aschelminthes. New York:Wiley-Liss, 197—218.

Brill B. 1973. Untersuchungen zur Ultrastruktur der Choanocyte von Ephydatia fluviatilis L. Z Zellforsch Mikrosk Anat, 144:231—245.

Brown F A. 1950. Selected invertebrate types. New York:John Wiley and Sons.

Budelmann B U, Schipp R, von Boletzky S. 1997. Cephalopoda. //Harrison F W, Kohn A J. Microscopic anatomy of invertebrates. Vol 6. Mollusca Ⅱ. New York:Wiley-Liss,119—414

Bullough W B. 1958. Practical invertebrate anatomy. 2nd ed. Oxford: Macmillan.

Burks B D. 1953. The mayflies, or Ephemeroptera, of Illinois. Illinois Natural History Survey Bulletin, 26: 1—216.

Calman W T. 1909. Crustacea. //Lankester E R. Treatise on Zoology. Vol 8. London: A&C, Black.

Calow P. 1981. Invertebrate biology. London: Croom Helm.

Caudell A N. 1918. Zoraptera not an apterous order. Proceedings of the Entomological Society of Washington, 22:84—97.

Chadwick H C. 1923. Asterias. Liverpool Marine Biol Comm Mem, 25.

Chapman G, Barker W B. 1972. Zoology. 2nd ed. London: Longman.

Chapman R F. 1982. The insects-structure and function. 3rd ed. Cambridge MA:Harvard University Press.

Chappeall L H. 1986. Physiology of parasites. Glasgow: Blackie.

Chen Y T. 1950. Investigation on the biology of *Peranema trichophorum*. J Microscop Sci,91:279—308.

Cheng T C. 1973. General parasitology. London:Academic Press,965.

Chitwood B G. 1931. A Comparative histological study of certain Nematodes. Zeitschrift fur Morphologie und Okologie der Tiere, 23

Comstock J H. 1940. An introduction to entomology. 9th ed. New York: Cornell University Press.

Comstock J H. 1940. The spider book. New York :Doubleday, 729.

Corliss J O. 1961. The ciliated protozoa. New York: Pergamon Press.

Corliss J O. 1979. The ciliated protozoa: characterization, classification and guide to the literature. 2nd ed. New York:Pergamon press,455.

Cuénot L. 1948. Anatomie Éthologie et Systématique des Echinodermes. //Grassé P. Traité de Zoologie. Vol. Ⅱ Echinodermes Stomocordes, Procordes. Paris :Masson et Cie, 1—363

Cuénot L. 1949. Les Onychophores, Les Tardigrades, et Les Pentastomides. //Grassé P. Traité de Zoologie. Vol 6. Paris:Masson et Cie,3—75.

Dawydoff C. 1933. Morphologie et Biologie des Ctenoplana. Areh Zool Expt Gen, 75.

Dawydoff C. 1959. Classes des Echiuriens et Priapuliens. //Grassé P. Traite de Zoologie. Vol 5. Paris: Masson et Cie, 855—926.

Day J. 1967. Polychaeta of South Africa. London:British Museum.

Deflandre G. 1953. Radiolaries fossiles. //Grasse P. Traite de zoologie. Vol I. Paris:Masson and Co.

Delage Y, Herouard E. 1901. Traite de Zoologie Concrete. Vol 2. Les Coelenteres. Paris:Schleicher Freres, 848.

Den Hartog J C. 1977. Descriptions of two new marine Ceriantharia from the Caribbean region. Biol Meded, 51:211—242.

Doflein F. 1917. Rhizochrysis Zool Jahrb. Abt Zool physiol,40

Dougherty E C. 1963. The lower metazoan. Berkeley: University of California Press.

Drew G A. 1911. Sexual activites of the squid, Loligo pealii. J Morphol, 22:327—359

Dubois F. 1949. Contribution letude de la régénération chez planaires dulcicoles. Bull Biol, 83: 213—283.

Edmondson W T, Ward H B, Whipple G C. 1959. Freshwater Biology. 2nd ed. New York:John Wiley and Sons, 558—901.

Edwarks C A, Lofty J R. 1972. Biology of earthworms. London:Chapman and Hall.

Edwards C A,Lofty J R. 1977. Biology of earthworms. 2nd ed. London: Chapman and Hall.

Engemann J G, Hegner R W. 1981. Invertebrate zoology. 3rd ed. New York: Macmillan.

Essig E O. 1942. College entomology. New York: Macmillan.

Ewing H E. 1940. The protura of North America. Annals of the Entomological Society of America,33:495—

551.

Fage L. 1949. Classe des Merostomaces. //P. Grassé. Traité de Zoologie. Vol 6. Paris: Masson et Cie, 219—262.

Farmer J N. 1980. The protozoa: introduction to protozoology. St Louis: The C V Mosby Co.

Faurel P, Avel M, Harant H, et al. 1959. Embranchement des Annélides. //Grassé P. Traite de zoologie. Vol 5. Paris: Masson et Cie, 3—686.

Felgenhauer B E, Abele L G, Felder D L. 1992. Remipedia. //Harrison F W, Humes A G. Microscopic anatomy of invertebrates. Vol 9. Crustacea. New York: Wiley-Liss, 225—247.

Fisher W K, MacGinitie G E. 1928. The natural history of an echiuroid worm. Ann Mag Nat Hist, 10:204—213

Foster C I. 1966. Hewer's textbook of histology for medical students. 8th ed. London: William Heinemann Medical Books Ltd. 1966

Fretter V, Graham A. 1994. British prosobranch molluscs. 2nd ed. London: Ray Society, Vol 161, 820.

Frison T H. 1935. The stoneflies, or plecoptera of Illinois. Bull Ill Nat Hist Surv, 20:281—471.

Froeschner R C. 1941—1944. Contributions to a synopsis of the Hemiptera of Missouri. Am Midl Naturalist, 26:122—146, 27:591—609, 31:638—683, 42:123—188.

George J D, Southward E C. 1973. A comparative study of the setae of Pogonophora and polychaetous Annelida. J Mar Biol Assoc U K, 53:403—424.

Gertsch W J. 1979. American spiders. 2nd ed. New York: Van Nostrand Reinhold.

Gibbs P E. 1977. British sipunculans. Synopses of the British fauna. No12. London: Academic Press, 3.

Gilbert L I. 1964. Physiology of growth and development: endocrine aspects. //Rockstein M. The physiology of insect. New York: Academic Press.

Gillott C. 1980. Entomology. New York: Plenum Press.

Glaessner M F. 1969. Decapoda. //Moorés R C. Treaties on invertebrate paleontology. Part R. Arthropoda. Vol 2, 401.

Goodrich E S. 1945. The study of nephridia and genital ducts since 1895. Quart J Micr Sci, 86:113—392.

Graham A. 1971. British Prosobranch and other Operculate Gastropod Molluscs Synopses of the British Fauna. No 2. New York: Academic Press, 112.

Grasse P P. 1949. Traite de zoologie. Vol IX. Paris: Masson.

Grasse P P. 1959. Traite de zodogie. Vol Ⅴ. Paris Masson, 784.

Gray J, Lissman H W. 1938. Studies in animal locomotion. Ⅶ. Locomotory reflexes in the earthworm. J Exp Biol, 15:506.

Gray J, Lissman H W, et al. 1938. The mechanism of locomotion in the leech (*Hirudo medicinalis* Ray). J Exp Biol, 15:408

Gupta A P. 1979. Arthropoda phylogeny. New York: Van Nostrand Reinhold Co.

Hackman R H. 1971. The integument of arthropoda. //Florkin M, Scheer B T. Chemical Zoology. Vol 6. New York: Acadernic Press, 1—62.

Hamilton K G A. 1972. The insect wing. Part Ⅱ, Ⅲ. Vein homology and the archetypal insect wing. J Kans Entomol Soc: 54—58, 145—162.

Hebard M. 1934. The dermaptera and orthoptera of Illinois. Bull Ill Nat Hist Surv, 20:(3).

Hermans C O, Eakin R M. 1974. Fine structure of the eyes of an alciopid polychaete Vanadis tagensis. Z Morph, Tiere 79:245—267.

Herms W, James M T. 1961. Medical entomology. 5th ed. New York: Macmillan.

Hickman C P. 1973. Biology of invertebrates. 2nd ed. St Louis:The C V Mosby Co.

Hickman C P. 2003. Animal diversity. 3rd ed. New York:McGraw Hill.

Hickman C P. Hickman C P, Jr, Hickman F M. 1978. Biology of animals. St Louis:The C V Mosby Co.

Hickman C P, Roberts L S, Larson A, et al. 2004. Integrated principles of zoology. 12th ed. Boston: McGraw Hill.

Hyman L H. 1940—1967. The invertebrates. 1—6. New York:McGraw Hill.

Imms A D. 1957. A general textbook of entomology. 9th ed. London:Chapman and Hall.

Ivanov A V. 1963. Pogonophora. New York: Consultants Bureau, 479.

Ivanov A V. 1975. Embryonalentwicklung der Pogonophora und ihre systematische stellung. Z Zool Syst Evol Sonderheft, 10—44.

Jahn T L. , Bovee E C, Jahn F F. 1979. How to know the Protozoa. 2nd ed. Dubuque:Wm C Brown.

Jahn T L, Bovee E C. 1967. Motile behavior of Protozoa. //Chen T. Research in protozoology. New York: Pergamon Press, 41—200.

James M T, Harwood R F. 1969. Herms's medical entomology. New York: Macmillan, 1969.

Johnson W H, Delanney L E, Williams E C, et al. 1977. Principles of zoology. 2nd ed. New York: Holt, Rinehart and Winston.

Kaestner A. 1968. Invertebrate zoology. Vol 2. New York:Wiley Interscience, 472.

Kaestner A. 1970. Invertebrate zoology. Vol 3. Crustacea. New York:Wiley Interscience, 523.

Kaestner A. 1984. Lehrbuch der Speziellen Zoologie. 2 Teil. Stuttgart :Gustav Fischer Velag, 621.

Kaston B J. 1948. Spiders of Connecticut. State Biol Nat Hist Sury Bull, 70:874.

Kaston B J. 1978. How to know the spiders. 3rd ed. Dubuque: Wm C Brown.

Kennedy J S, Stroyan H L G. 1959. Biology of aphids. Annual Review of Enotomology, 4:159—160.

Kennedy W J, Taylor J D, Hall A. 1969. Environmental and biological controls on bivalve shell mineralogy. Bilo Rev, 44:199—530

Kirby H. 1932. Genus Trichonympha. Calif Univ Pubs Zool, 37

Knight J B, Cox LR, Keen A M, et al. 1960. Systematic descriptions. //Moore R C. Treatise on invertebrate paleontology. Vol I. Kansas:Geological Society of America University of Kansas Press, 169—1330.

Kofoid C A, Swezy O. 1919. Studies on the parasites of the termites. Calif Univ Zool, 20

Krantz G W. 1978. A manual of acarology. 2nd ed. Corvallis :Oregon State University Press.

Kristensen R M. 1983. Loricifera, a new phylum with Aschelminthes characters from the meiobenthos. Z Zool Syst Evolut-forsch, 21:163—180

Kristensen R M. 1991. Loricifera. //Harrison F N, Ruppert E E. Microscopic Anatomy of Invertebrates. New York: Wiley Liss, 334—335.

Kudo R R. 1966. Protozoology. 5th ed. Springfield :Charles C Thomas.

Kummel G. 1962. Zwei neue Formen von Cyrtocyten. Vergleich der bisher bekannten Cyrtocyten und Eroerterung des Begriffes "Zelltyp." Z. Zellforsch, 57:172—201.

Lang A. 1894. Lehrbuch der Vergleichenden Anatomie der Wirbellosen Thiere. Gustav. Jena :Fischer Verlag, 1197.

Lapage G. 1925. Notes on the choanoflagellate. Ehrb Q J Microsc Sci, 69

Laverack M S. 1963. The physiology of earthworms. Oxford :Pergamon Press, 67

Lee D L, Athinson H J. 1977. Physiology of nematodes. New York: Columbia University Press, 161

Lemche H, Wingstrand K G. 1959. The anatomy of Neopilina galatheae Lemche. 1957. Copenhagen Galathea Report, 3:9—71.

Lentz T L. 1968. Primitive nervous systems. New Haren :Yale University Press,72, 77.

Lockwood A P M. 1967. Aspects of the physiology of Crustacea. San Francisco :W H Freeman, 328.

MacGinitie G E. 1939. The method of feeding of Chaetopterus. Biol Bull, 77:115—118.

MacGinitie G E, MacGinitie N. 1968. Natural history of marine animal. New York :McGraw-Hill Book, 523.

Machemer H. 1974. Ciliary activity and metachronism in protozoa. //Sleigh MA. Cilia and Flagella. London: Academic Press, 224.

Mackie G O, Passano L M. 1968. Epithelial conduction in hydromedusae. J Gen Physiol, 52:600.

Maggenti A. 1981. General nematology. New York:Springer-Verlag.

Mann K H. 1962. Leeches. Elmsford: Pergamon Press.

Marcus E. 1929. Tardigrada. //Bronn H G. Klassen und Ordnungen des Tierreichs, Vol 5,156.

Martin J W. 1992. Branchiopoda. //Harrison F W, Humes A G. Microscopic anatomy of invertebrates. Vol 9. Crustacea. New York:Wiley Liss.

Mast S O. 1931. Locomotion in *Amoeba proteus*. Protoplasma,14:321—330

May H G. 1919. Contributions to the life histories of *Gordius robustus* (Leidy) and *Paragordius varius* (Leidy). Ⅲ. Biol Momogr, 5:1—118

Mayer A G. 1910. Medusae of the World. 3 Vols, Washington Carnegie Inst.

Mckanna J A. 1973. Fine structure of the contractile vacuole pore in Paramecium. J Protozool, 20:631—638.

Millot J, Dawydoffc, Vachon M, et al. 1949. Classe des Arachnides. //Grasse P. Traité de Zoologie. Vol 6. Paris: Masson et Cie, 263—905.

Millot J. 1949. Classé des Arachnides I. Morphologie général et anatomé interne. //Grasse P. Traite de Zoologie. Vol Ⅱ. Paris: Masson, 263—349.

Millot J, Vachon M. 1949. Traite de Zoologie. Vol 71. Paris: Masson et Cie.

Mills H B. 1934. A monograph of the Collembola of Iowa. Iowa:Collegiate Press.

Moore R C. 1957—1971. Treatise on invertebrate paleontology. Part N. Mollusca. Vols, 1—N. Kansas:Geological Society of America and University of Kansas Press.

Morton J E. 1967. Molluscs. 4th ed. London :Hutchinson University Library.

Newell R C. 1970. Biology of intertidal animals. New York :American Flsevier.

Nicholas W L. 1984. The biology of free living Nematodes. 2nd ed. Oxford:Clarendon Press.

Nichols D. 1969. Echinoderms. 4th ed. London :Hutchinson University Library, 200.

Nicol J A C. 1948. The giant axons of Annelids. Q Rev Biol,23:291—323.

Nielsen C. 1964. Studies on Danish Entoprocta. Ophelia I: 1—76

Noble E R, Noble G A. 1982. Parasitology. 5th ed. Philadelphia:Lea & Febiger. ,522.

Novak V J A. 1975. Insect hormones. London: Chapman & hall,600.

Owen G. 1956. Observation on the stomach and digestive on the Lamellibranchia. Ⅰ. The Anisomyaria and Eulamellibranchia. Quart J Micr Sci, 96:517—537

Owen G. 1956. Observation on the stomach and digestive on the Lamellibranchia. Ⅱ. The Nuculidae. Quart. J Micr Sci, 97:541—567

Parker T J, Haswell W A. 1963. A Textbook of zoology. New York:Macmillan.

Patterson D S. 1980. Contractile vacuoles and associated structures:their organization and function. Biol Rev, 55:1—46

Pechenik J A. 1985. Biology of the invertebrates. Boston:Prindle, Weber & Schmidt.

Pechenik J A. 2000. Biology of the invertebrates. 4th ed. New York:McGraw Hill.

Pennak R W. 1953. Freshwater invertehrates of the United States. New York:Ronald Press.

Pennak R W. 1978. Freshwater invertebrates of the United States. 2nd ed. New York: Wiley, 803.

Pennak R W. 1989. Freshwater invertebrates of United States: Protozoa to Mollusca. 3rd ed. New York: Wiley Interscience, 628.

Pratje A. 1921. Noctiluca miliaris Suriray. Beitrflge zur Morphologie, Physiologie und Cytologie. I. Morphologie und Physiologie. Arch Protistenk, 42

Ratcliffe N A, Rowley A F. 1981. Invertebrate blood cell. Vol 1—2. New York: Academic Press.

Reid W M. 1950. Arbacia punctulate. //Brown F A. Selected Invertebrate Types. New York ; Wiley, 528—538.

Reiswig H M. 1975. The aquiferous systems of three marine Demospongiae. J Morphol, 145: 493—502

Remane A. 1929—1933. Rotatoria. //Bronn H G. Klassen Ordn Tierreichs, 2: 1—576.

Remane A. 1936. Gastrotricha. //Bronn H G. Klesson ordn Tierreichs, 4: 1—242.

Rempel J G. 1975. The evolution of the insect head: the endless dispute. Quaest Entomol, 11: 7—25

Rieger R M, Tyler S, Smith JPS Ⅲ, et al. 1991. Platyhelminthes Turbellaria. //Harrison F W, Botish B. Microscopic anatomy of invertebrates. Vol 3. New York: Wiley-Liss, 98.

Roberts L S, John J, Jr. 2000. Foundations of parasitology. 6th ed. Boston: McGraw-Hill.

Rogick, Mary. 1934. Studies on fresh-water Bryozoa. Ⅰ. The occurrence of Lephopodella earteri in North America. Trans Amer Microso Soc, 53.

Rogick, Mary. 1955. Studies on marine Bryozoa. VI. Antaretio Escharoides. Biol Bull, 109.

Romoser W S, Stoffolano J G, Jr. 1994. The science of entomology. 3rd ed. Dubuque: Wm C Brown.

Rosenbluth J. 1965. Ultrastructural organization of obliquely striated muscle fibers in Ascaris lumbricoides. J Cell Biol, 25: 495—515.

Ross H H. 1965. A textbook of entomology. 3rd ed. New York: Wiley.

Ross H H, Ross C A, Ross J R P. 1982. A textbook of entomology. 4th ed. New York: Wiley.

Ruppert E E. 1973. A review of metamorphosis of turbellarian larvae. //Chia F, Rice M E. Settlement and metamorphosis of marine invertebrate larvae. Amsterdam: Elsevier/North-Holland Biomedical Press, 73.

Ruppert E E. 1991. Microscopic anatomy of Invertebrates. Vol 4. New York: Wiley, 41—109.

Ruppert E E, Fox R S. 1988. Seashore animals of the southeast. Columbia : University of South Carolina Press.

Ruppert E E, Fox R S, Barnes R D. 2004. Invertebrate zoology. 7th ed. Belmont : Thomson-Brooks/cole 2004

Russell-Hunter W D. 1979. A life of invertebrates. New York: Macmillan.

Ruttner-kolisko A. 1974. Plankton rotifers. Biology and Taxonomy Binnengewasser, Suppl: 10

Salvini-Plawen L V. 1972. Zur Morphologie und Phylogenie der Mollusken: Die Beziehungen der Caudofoveata und der Solenogastres als Aculifera, als Mollusca und als Spiralia. Z wiss Zool. 184: 205—394.

Sanders H L. 1955. The Cephalocarida, a new subclass of Crustacea from Long Island sound. Proc Nat Acad Sci, 41: 61—66.

Sanders H L. 1963. The Cephalocarida. Mem Conn Acad Arts Sci 15: 1—180.

Sawyer R T. 1972. North American freshwater Leeches exclusive of the Piscicolidae, with a key to all species. . Illinois Biol Monogr, 46: 154.

Schaeffer A A. 1920. Amoeboid movement. Princeton: Princeton University Press, 56.

Schmidt G D, Roberts L S, Janovy J, Jr. 2000. Foundations of Parasitology. 6th ed. New York: McGraw-Hill.

Schmitt W L. 1965. Crustaceans. Ann Arbor : University of Michigan Press, 204.

Schmitt W L. 1975. Crustaceans. Ann Arbor:University of Michigan Press.
Schram F R. 1986. Crustacea. Oxford :Oxford University Press.
Shimek R L, Steiner G. 1997. Scaphopoda. //Harrison F W, Kohn A J. Microscopic anatomy of invertebrates. Vol. 68. Mollusca Ⅱ. New York:Wiley-Liss, 719—781.
Shrock R R, Twenhofel W H. 1953. Principles of invertebrate paleontology. New York: McGraw-Hill, 516
Singla C L. 1975. Statocysts of hydromedusae. Cell Tissue Res, 158:391—407.
Sleigh M A. 1973. The biology of protozoa. New York:American Elsevier, 315.
Sleigh M A. 1974. Cilia and Flagella. London: Academic Press, 500.
Sleigh M A. 1989. Protozoa and other Protists. London: Edward Arnold,140.
Smith J P S, Ⅲ,Tyler S, Rieger R M. 1986. Is the Turbellaria polyphyletic. Hydrobiologia, 132:13—21.
Smyth J D. 1976. Introduction to animal parasitology. 2nd ed. London :Hodder Stoughton, 486.
Snodgrass R E. 1935. Principles of insect morphology. New York: McGraw-Hill, 667.
Snodgrass R E. 1938. Evolution of the Annelida, Onychophora and Arthropoda. Smiths Misc Coll, 97:1—159.
Snodgrass R E. 1948. The feeding organs of Arachnida, including mites and ticks. Smithsonian Misc Collect, 110:1—93
Snodgrass R E. 1952. A textbook of Arthropoda anatomy. New York: Cornell University Press, 363.
Snodgrass R E. 1961. The caterpillar and the butterfly. Smiths Instit Misc Coll,143(6).
Sommerman K M. 1944. Bionomiss of *Amapsocus amibilis* (Walsh). Ann Entomol Soc Am, 37:359—364.
Southward E C. 1988. Development of the gut and segmentation of newly settled stages of Ridgea (Vestimentifera): implications for relationships between Vestimentifera and Pogonophora. J Mar Biol Assoc U K, 68:465—467.
Southward A J. 1955. Observations on the ciliary currents of the jellyfish *Aurelia aurita*. JMBA, 34:201—216.
Southwell T. 1930. Cestoda. //Stephenson J. Fauna of British India. London: Taylor and Francis.
Starr C, Taggart R. 1984. Biology: the unity and diversity of life. 3rd ed. Belmont:Wadsworth.
Steinmann P, Bresslau E. 1913. Die Strudelwürmer (Turbellaria). //Ziegler H E, Woltereck R. Monographien einheimischer Tiere. Band 5. Leipzig :Klinkhardt Verlag.
Stephenson J. 1930. The Oligochaeta. Oxford: Clarendon Press.
Sterrer W. 1972. Systematics and evolution within the Gnathostomulida. Syst Zool, 21:151—173.
Storch V. 1993. Pentastomida. //Harrison F W, Rice M E. Microscopic anatomy of invertebrates. Vol 12. Onychophora, Chilopoda and Lesser protostomata. New York: Wiley-Liss,115—142
Store T L, Usinger R L, Stebbins R C,et al. 1979. General zoology. 6th ed. New York: McGraw-Hill.
Stormer L. 1949. Sous embranchement des Trilobitomorphes. //Grassé P. Traité de Zoologie, Vol 6. Paris: Masson et Cie, 159—216.
Stummer-Traunfels R V. 1933. Polycladida. //Bronn H G. Klassen und Ordnungen des Tierreichs. Vierter Band: Vermes.
Swan L A, Papp C S. 1972. The common insect of North America. New York:Harper & Row.
Toernquist N. 1931. Die Nematodenfamilien Cucullanidae und Camallanidae. Goeteborgsk vetensk. Vitterhets Handl, ser 5: 32
Trueman E R. 1966. Bivalve mollusks:fluid dynamics of burrowing. Science, 152:237—261
Trueman E R. 1968. The burrowing process of Dentalium. J Zool London, 154:19—27
Turner R D. 1966. A survey and illustrated catalogue of the Teredinidae. Cambridge,Mass: Museum of Com-

patative Zoology, 200

Tuzet O. 1932. Histologie des Eponges Reniera. Soc Biol Compt Rend,103

Tyler S. 1976. Comparative ultrastructure of adhesive system in the Turbellaria. Zoolmorphologie, 84:1—76.

Tyler S. 1999. Platyhelminthes. //Knobile E, Neill J D. Encyclopedia of Reproduction. Vol 3. San Diego : Academic Press, 901—908

Ubaghs G. 1967. Eocrinoidea. //Moore RC. Treatise on invertebrate paleontology. Vol Ⅰ. Kansas :The University of Kansas Press.

Van Name W G. 1936. The American land and freshwater isopod Crustacea. Bull Mus Nat Hist, 71:7

Vandel A. 1949. Généralités sur les Arthropodes. //Grassé P. Traité de Zoologies. Vol 6. Paris: Masson et Cie, 79—158.

Wainwright S A, Biggs W D, et al. 1976. Mechanical design in organism. London :Arnold.

Waterman T H, Chase F A. 1960. General crustacean biology. //Waternan T H. The physiology of Crustacea. I. Metabolism and growth. New York :Academic Press, 1—33.

Wells G P. 1950. Spontaneous activity cycles in polychaeta worms. Symp Soc Exp Biol,4:127—142.

Wells G P. 1959. Worm autobiographies. Sci Ame, 200: 132—141.

Wells M J. 1961. What the octopus makes of it: our world from another point of view. Adr Sci London, 20: 461—471.

Weygoldt P. 1969. Biology of Pseudoscorpions. Cambridge, MA: Harvard University Press.

Weygoldt P. 1996. Chelicerata, Spinneneiere. //Westheide W, Rieger R. Spezielle Zoologie. I. Einzeller und Wirbellose Tiere. Stuttgart:Gustav Fischer Verlag, 449—497.

Wichterman R. 1953. The biology Paramecium. New York: McGraw-Hill, 527.

Wigglesworth V B. 1930. The formation of the peritrophic membrane in insects with special reference to the larvae of mosquitoes. Quart J Micro Sci, 73:593—616.

Wigglesworth V B. 1972. The principles of insect physiology. 7th ed. London: Chapman & Hall, 827.

Williams A, Rowell A J. 1965. Brachiopod anatomy. //Moore R C. Treatise on invertebrate paleontology. Vol H. Kansas:University of Kansas Press,H6—H57.

Wilson R A,Webster L A. 1974. Protonephridia. Biol Rev, 127—160.

Wilson R S. 1969. Control of drag-line spinning in certain spiders. Am Zool, 9:103—111.

Wolgelum R S, McGregor F A. 1958. Observations on the life history and morphology of Agulla Bractea Carpenter. Ann Entomol Soc Am, 51:129—141.

Woodland W. 1905. Spicule formation. Quart J Micr Sci, 49

Yamaguti S. 1935. Studies on the helminch fauna of Japan. Part 8. Acanthocephala. I. Jap Jour Zool, 6: 247—278.

Yamaguti S. 1935. Studies on the helminch fauna of Japan. Part 29. Acanthocephala. Ⅱ. Jap Jour Zool, 8: 317—351.

Yonge C M. 1939. On the mantle cavity and its contained organs in the Loricata. Quart J Micr Sci, 81:367—390.

Yonge C M. 1941. The Protobranchiate Mollusca: a functional interpretation of their structure and evolution. Phil Trans R Soc London, B (230):79—147.

Yonge C M. 1953. Form and habit in *Pinna carnea* Gmelin. Phil Trans R Soc London,B(237):365

Yonge C M. 1957. Mantle fusion in the Lamellibranchia. Pubbl Staz Zool Napoli,29:151—171.

Yonge C M. 1971. On functional morphology and adaptive radiation in the bivalve superfamily. Saricavacea Malacologia,11:1—44